# C

# HOW TO PROGRAM

## NINTH
## EDITION

# Deitel® Series Page

To receive updates on Deitel publications, please join the Deitel communities on

- Facebook®—DeitelFan

- Twitter®—@deitel

- LinkedIn®—deitel-&-associates

- YouTube™—DeitelTV

To communicate with the authors, send e-mail to:

    deitel@deitel.com

For information on Deitel programming-languages corporate training offered online
and on-site worldwide, write to deitel@deitel.com or visit:

    https://deitel.com/training/

For continuing updates on Pearson/Deitel publications visit:

    https://deitel.com
    https://pearson.com/deitel

# C

DEITEL®

# HOW TO PROGRAM

## NINTH
### EDITION

with
Case Studies Introducing

**Applications
Programming** and

**Systems
Programming**

PAUL DEITEL
HARVEY DEITEL

Content Development: **Tracy Johnson**
Content Management: **Dawn Murrin**, **Tracy Johnson**
Content Production: **Carole Snyder**
Product Management: **Holly Stark**
Product Marketing: **Wayne Stevens**
Rights and Permissions: **Anjali Singh**
Cover credit: **Willyam Bradberry/Shutterstock**

Please contact https://support.pearson.com/getsupport/s/ with any queries on this content.

**Library of Congress Cataloging-in-Publication Data**
**On file**

**ScoutAutomatedPrintCode**

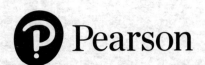

ISBN-10:    0-13-739839-5
ISBN-13: 978-0-13-739839-3

*In memory of Dennis Ritchie,*
*    creator of the C programming language*
*    and co-creator of the UNIX operating system.*

*Paul and Harvey Deitel*

## Trademarks

DEITEL and the double-thumbs-up bug are registered trademarks of Deitel and Associates, Inc.

Apple, Xcode, Swift, Objective-C, iOS and macOS are trademarks or registered trademarks of Apple, Inc.

Java is a registered trademark of Oracle and/or its affiliates.

Linux is a registered trademark of Linus Torvalds.

Microsoft and/or its respective suppliers make no representations about the suitability of the information contained in the documents and related graphics published as part of the services for any purpose. All such documents and related graphics are provided "as is" without warranty of any kind. Microsoft and/or its respective suppliers hereby disclaim all warranties and conditions with regard to this information, including all warranties and conditions of merchantability, whether express, implied or statutory, fitness for a particular purpose, title and non-infringement. In no event shall Microsoft and/or its respective suppliers be liable for any special, indirect or consequential damages or any damages whatsoever resulting from loss of use, data or profits, whether in an action of contract, negligence or other tortious action, arising out of or in connection with the use or performance of information available from the services.

The documents and related graphics contained herein could include technical inaccuracies or typographical errors. Changes are periodically added to the information herein. Microsoft and/or its respective suppliers may make improvements and/or changes in the product(s) and/or the program(s) described herein at any time. Partial screen shots may be viewed in full within the software version specified.

Other names may be trademarks of their respective owners.

# C

# 程序设计教程（第9版）

包含案例研究

介绍 **应用编程、系统编程**

[美]　保罗·戴特尔（Paul Deitel）　著
哈维·戴特尔（Harvey Deitel）

王海鹏　译

人民邮电出版社

北　京

图书在版编目（CIP）数据

C程序设计教程 ：第9版 / （美）保罗·戴特尔
(Paul Deitel)，（美）哈维·戴特尔（Harvey Deitel）
著；王海鹏译. -- 北京 ：人民邮电出版社，2023.10
ISBN 978-7-115-59721-2

Ⅰ. ①C… Ⅱ. ①保… ②哈… ③王… Ⅲ. ①C语言－
程序设计－高等学校－教材 Ⅳ. ①TP312.8

中国版本图书馆CIP数据核字(2022)第126051号

## 版权声明

## 内 容 提 要

本书介绍了 4 种当今流行的程序设计方法——面向过程、基于对象、面向对象以及泛型编程，内容全面、生动、易懂。作者由浅入深地介绍了结构化编程及软件工程的基本概念，从基础概念到最终完整的语言描述，清晰、准确、透彻、详细地讲解了 C 语言，尤其注重程序设计思想和方法的介绍。此外，还涉及保障 C 程序设计的安全性环节，覆盖 C++和面向对象程序设计、基于 Allegro 的游戏编程、C 标准介绍等内容。本书可作为高等院校进行编程语言和 C 语言教学的教材，也可作为软件设计人员使用 C 语言进行程序设计时的参考资料。

◆ 著　　　　［美］保罗·戴特尔（Paul Deitel）
　　　　　　　　哈维·戴特尔（Harvey Deitel）
　　译　　　　王海鹏
　　责任编辑　郭泳泽
　　责任印制　王　郁　焦志炜

◆ 人民邮电出版社出版发行　　北京市丰台区成寿寺路 11 号
　　邮编　100164　电子邮件　315@ptpress.com.cn
　　网址　https://www.ptpress.com.cn
　　三河市君旺印务有限公司印刷

◆ 开本：787×1092　1/16
　　印张：35.75　　　　　　　　2023 年 10 月第 1 版
　　字数：1 093 千字　　　　　2023 年 10 月河北第 1 次印刷
　　著作权合同登记号　图字：01-2021-7610 号

定价：139.80 元

读者服务热线：(010)81055410　印装质量热线：(010)81055316
反盗版热线：(010)81055315
广告经营许可证：京东市监广登字 20170147 号

# 前　言

## 21 世纪 20 年代的创新 C 语言编程教材

好的程序员写的代码是人类可以理解的[①]。

——马丁·福勒（Martin Fowler）

我认为，在计算机科学中保持计算的乐趣非常重要[②]。

——艾伦·佩利（Alan Perlis）

欢迎阅读本书。我们提供了一个友好的、现代的、代码密集的、面向案例研究的 C 语言介绍：C 是世界上最流行的编程语言之一[③]。在这篇前言中，我们展示了"本书的灵魂"。

本书的核心是 Deitel 标记性的活代码方法——我们总体上在 147 个完整的、可运行的、真实世界的 C 语言程序中展示了各种概念，而不是使用代码片段。我们在每个代码示例后面都有一个或多个活程序的输入和输出对话框。所有的代码都可以在以下网页免费下载：

- Deitel 网站的 C How to Program，9/e 网页；
- Pearson 网站的 Deitel Series 网页。

你应该在阅读本书的过程中执行每个程序，使你的学习经验"活起来"。

几十年来：

- 计算机硬件已经迅速变得速度更快、价格更低、尺寸更小；
- 因特网带宽（用于衡量其信息承载能力）迅速变得更大，且价格更低；
- 高质量的计算机软件变得越来越多，而且经过开源运动，软件经常是免费或几乎免费的。

关于这些重要的趋势，我们会说很多。物联网（IoT）已经连接了数以百亿计的各种可以想象的计算机式设备。这些设备产生了大量的数据（"大数据"的一种形式），其速度和数量迅速增加。大多数计算最终将在"云"中在线进行，即通过使用可通过因特网访问的计算服务。

对于新手来说，本书的前面一些章节奠定了坚实的程序设计基础。从中端到高端的一些内容以及 20 多个案例研究，使初学者能够轻松进入专业软件开发挑战和实践的世界。

鉴于今天的应用程序对计算机硬件、软件和因特网的性能要求极高，专业人士通常选择 C 语言来构建这些应用程序中性能最密集的部分。在全书中，我们强调了性能问题，以帮助你为进入业界做好准备。

本书的模块化架构使它适合于以下场景。

---

[①] 马丁·福勒［加上肯特·贝克（Kent Beck）的贡献］的著作. *Refactoring*：*Improving the Design of Existing Code* 的第 15 页。该书于 1999 年由艾迪生-韦斯利出版公司出版。

[②] 艾伦·佩利引用于哈尔·埃布尔森（Hal Abelson）、杰拉尔德·杰伊·萨斯曼（Gerald Jay Sussman）和朱莉·萨斯曼（Julie Sussman）合著的 *The Structure and Interpretation of Computer Programs*，2/e。该书于 1996 年由麦格劳希尔出版。

[③] Tiobe Index for November 2020. 2020 年 11 月 9 日访问。

- 大学编程入门和中级课程，适用于计算机科学、计算机工程、信息系统、信息技术、软件工程和相关学科。
- 科学、技术、工程和数学大学课程，包含编程内容。
- 专业的行业培训课程。
- 有经验的专业人士计划学习 C 语言，为即将到来的软件开发项目做准备。

在过去的 29 年中，我们在编写这本书的 9 个版本过程中很享受。当你准备在职业生涯中开发前沿、高性能的应用程序和系统时，我们希望你发现本书内容丰富、具有挑战性和娱乐性。

# 第 9 版的新特征和更新

在这里，我们简要介绍一下本版的一些新特征和更新。

- 我们在封二增加了目录表（英文），使你可以很容易地"从高空俯瞰"整本书。这个表强调了本书的模块化架构，并列出了大部分的案例研究。
- 有些案例研究会构成相对独立的小节，其中会要求查看完整的源代码——这些章节由章末练习支持，可能会要求你修改书中展示的代码或接受相关挑战。有些练习有详细的说明，帮助你自己开发代码解决方案。有些练习要求你访问包含优良教程的网站。还有一些练习要求你访问开发者网站，那里可能有代码可供学习，但没有教程，而且代码可能没有很好的注释。教师将决定哪些案例研究适合于他们的特定受众群体。
- 我们遵从 C11/C18 标准。
- 我们分别使用最新版本的 Visual C++、Xcode 和 GNU gcc 编译器在 Windows、macOS 和 Linux 操作系统上测试所有代码的正确性，并考虑了不同平台之间的差异。关于软件的安装说明，请参见前言后面的"开始之前"部分。
- 我们使用 clang-tidy 静态代码分析工具来检查书中所有代码示例，以获取改进建议，从确保变量初始化等简单项目到潜在安全缺陷警告。我们还针对为本书数百个练习提供给教师的代码解决方案运行了这个工具。完整的代码检查列表可以搜索 Extra Clang Tools 15.0.0git documentation 查询。
- GNU gcc 往往是最兼容的 C 编译器。为了使 macOS 和 Windows 用户能够根据自己的意愿使用 gcc，第 1 章包括一个测试程序，演示如何在跨平台的 GNU Compiler Collection Docker 容器中使用 gcc 编译程序并运行它们。
- 我们增加了 350 多个综合的自测题，每个练习后面都有答案。这些练习非常适合自学和在"翻转课堂"中使用（见前言稍后的"翻转课堂"部分）。
- 为了确保书中内容的时效性，我们在因特网上做了大量关于 C 语言和整个计算机世界的研究，这影响了我们对案例研究的选择。我们用丰富的应用编程和系统编程案例研究来展示 C 语言的用途，重点是计算机科学、人工智能、数据科学和其他领域。更多细节见前言稍后的"案例研究"部分。
- 在正文、代码示例、练习和案例研究中，我们让学生熟悉开发者感兴趣的当前话题，包括开源软件、虚拟化、模拟、网络服务、多线程、多核硬件架构、系统编程、游戏编程、动画、可视化、二维和三维图形、人工智能、自然语言处理、机器学习、机器人、数据科学、安全编程、密码学、Docker、GitHub、StackOverflow、论坛等。
- 我们坚持最新的 ACM/IEEE 计算课程建议，其中要求涵盖安全、数据科学、伦理、隐私和性能概念，并在整个课程中使用真实世界的数据。详情请见"计算和数据科学课程"部分。
- 本书最近几个版本中的大多数章节都以"安全的 C 语言编程"小节结尾，这些小节侧重于卡内基梅隆大学软件工程研究所（SEI）CERT 小组的 SEI CERT C 编码标准。在这个版本中，我们调整了基于 SEI CERT 的小节。我们在正文中讨论与安全有关的问题时，还在页边添加了带有"SEC"字样的安全图标。所有这些都与 ACM/IEEE 计算课程文件中对安全的强调一致。参见

SEC🔒

前言稍后的"计算和数据科学课程"部分，以了解关键课程文件的清单。

- 与对安全的丰富处理相一致，我们增加了关于密钥和公钥密码学的案例研究。后者包括非常流行的 RSA 算法步骤的详细介绍，提供了一些提示以帮助你建立一个有效、简单、小规模的实现。

- 我们加强了现有的案例研究，并增加了侧重于人工智能和数据科学的新案例研究，包括模拟随机数生成、调查数据分析、自然语言处理（NLP）和人工智能（机器学习与简单线性回归）。在最新的 ACM/IEEE 计算机课程文件中强调了数据科学。

- 我们增加了一些练习，让学生使用因特网来研究计算机中的伦理和隐私问题。

- 我们调整了多线程和多核性能案例研究。每当我们在正文中讨论与性能有关的问题时，还会在页边显示一个带有"PERF"字样的性能图标。 ⚡PERF

- 我们将前一版的数百个软件开发技巧直接整合到正文中，以获得更顺畅的阅读体验。我们用新的带有"ERR"和"SE"字样的页边图标分别指出了常见错误和良好软件工程实践。 ⊗ERR ⚠SE

- 我们将关于其他排序算法和大 $O$ 算法分析的内容扩充为一整章（第 13 章）。

- C 语言程序员往往还会学习一种或多种基于 C 语言的面向对象语言。我们增加了一个附录，对面向对象的编程概念和术语进行了友好的介绍。C 语言是一种过程式编程语言，所以这个附录将帮助学生了解 C 语言开发者与使用 C++、Java、C#、Objective-C、Swift 和其他面向对象语言编程的人之间的思维差异。我们在书中做了很多这样的事情，让学生为进入行业做好准备。

- 我们增加了几个案例研究，让你使用免费的开源库和工具。

- 我们增加了一个用 gnuplot 进行可视化的案例研究。

- 我们删除了前一版的 C++编程介绍，以便为数百个综合的自测题和新的应用编程与系统编程案例研究腾出空间。

- 调整了字体和页面版式，以增强可读性。

## 本书简介

封二的目录表展示了本书的模块化架构。教师可以很方便地根据不同的课程和受众来调整内容。在此，我们将逐章进行简要介绍，并指出本书案例研究的位置。有些是章中的例子，有些是章末的练习。有些是完全编码的。对于其他案例，你将开发解决方案。

第 1～5 章是传统的 C 语言编程入门主题。第 6～11 章是中级主题，构成 CS1 课程和相关课程的高端课题。第 12～15 章是 CS1 后期或 CS2 早期课程的高级主题。下面列出了一些具有挑战性且通常很有趣的实践案例研究。

### 系统编程案例研究

- 系统软件——建立你自己的计算机（虚拟机）。
- 系统软件——建立你自己的编译器。
- 嵌入式系统编程——使用 Webots 模拟器的机器人、3D 图形和动画。
- 多线程和多核系统的性能

### 应用编程案例研究

- 算法开发——计数器控制的循环。
- 算法开发——标记控制的循环。
- 算法开发——嵌套控制语句。
- 随机数模拟——建立一个运气游戏。
- 随机数模拟——洗牌和发牌。
- 随机数模拟——龟兔赛跑。

- 数据科学入门——调查数据分析。
- 直接访问文件处理——建立一个交易处理系统。
- 搜索和排序算法的可视化——二分搜索和合并排序。
- 人工智能/数据科学——自然语言处理（"威廉·莎士比亚的作品到底是谁写的？"）。
- 人工智能/数据科学——使用 GNU 科学库的机器学习（"统计数据可能具有欺骗性"和"纽约市一月的平均气温在 20 个世纪一直在上升吗？"）。
- 游戏编程——使用 raylib 库的加农炮游戏。
- 游戏编程——使用 raylib 库的 SpotOn 游戏。
- 多媒体：音频和动画——使用 raylib 库的龟兔赛跑。
- 安全与密码学——实现维吉尼亚密钥密码和 RSA 公钥密码学。
- 使用 raylib 的动画可视化——大数定律。
- 网络服务和云计算——使用 libcurl 和 OpenWeatherMap 网络服务获取天气报告，以及使用网络服务构建混搭的简介。

无论你是对将要使用的教材有所了解的学生，还是计划课程大纲的教师，或者是决定在准备项目时阅读哪些章节的专业软件开发人员，接下来的章节概述都将帮助你做出最佳决定。

## 第一部分：编程基础知识快速入门

第 1 章用引人入胜的事实和数字吸引新手学生，使他们对学习计算机和计算机编程感到兴奋。该章包括当前的技术趋势、硬件和软件概念以及从位到数据库的数据层次结构。它为第 2～15 章的 C 语言编程讨论、附录和综合案例研究奠定了基础。

我们讨论了编程语言的类型和开发软件时可能用到的各种技术。我们介绍了 C 语言标准库——现有的、可重复使用的、高质量的、高性能的函数，以帮助你避免"重新发明轮子"。你将通过使用库来执行重要的任务，同时只编写少量的指令来提高你的工作效率。我们还介绍了因特网、万维网、"云"和物联网，它们为现代应用开发奠定了基础。

本章的测试驱动演示了如何用以下工具编译和执行 C 代码。

- 微软公司在 Windows 上的 Visual Studio 中的 Visual C++。
- 苹果公司在 macOS 上的 Xcode。
- GNU 在 Linux 上的 gcc。

我们在每种环境下都运行了本书的 147 个代码示例[①]。选择你喜欢的程序开发环境——本书程序在其他环境下也能很好地工作。

我们还在 GNU Compiler Collection Docker 容器中演示了 GNU gcc。这让你能够在 Windows、macOS 或 Linux 上运行最新的 GNU gcc 编译器——这很重要，因为 GNU 编译器通常会实现最新语言标准的所有（或大部分）特征。关于编译器的安装说明，请参见前言后面的"开始之前"部分。关于这个重要的开发工具的更多信息，请参见前言稍后的"Docker"部分。对于 Windows 用户，我们提供微软的分步说明，允许你通过 Windows Subsystem for Linux（WSL）在 Windows 中安装 Linux。这是另一种能够在 Windows 上使用 GNU gcc 编译器的方法。

你会了解到"大数据"有多大，以及它是如何迅速变得更大的。本章最后介绍了人工智能——计算机科学和数据科学领域的一个重要重叠点。人工智能和数据科学很可能在你的计算机职业生涯中扮演重要角色。

第 2 章介绍了 C 语言的基础知识，并说明了关键的语言特征，包括输入、输出、基本数据类型、计算机内存概念、算术操作符及其优先级，以及做判断。

第 3 章是对编程新手最重要的一章。它的重点是用 C 语言的控制语句来解决问题和开发算法。你将通过自顶向下逐步完善地开发算法，使用 if 和 if...else 选择语句，用于计数器控制的循环和标记控

---

① 我们指出了少数编译器不支持某个特定功能的情况。

制的循环的 while 循环语句，以及递增、递减和赋值操作符。本章介绍了 3 个算法开发的案例研究。

第 4 章介绍了 C 语言的其他控制语句——for、do...while、switch、break 和 continue，以及逻辑操作符。本章的一个主要特点是包含结构化编程总结。

第 5 章介绍了使用现有的和自定义的函数作为构建模块的程序构造。我们演示了使用随机数生成的模拟技术。我们还讨论了函数之间的信息传递，以及函数调用栈和栈帧如何支持函数调用/返回机制。我们开始了对递归的处理。本章还介绍了我们的第一个模拟案例研究——建立一个运气游戏，并通过章末的练习来加强它。

## 第二部分：数组、指针和字符串

第 6 章介绍了 C 语言的内置数组数据结构，用于表示列表和数值表。你将定义和初始化数组，并引用它们的各个元素。我们讨论了将数组传递给函数、对数组进行排序和搜索、操作多维数组以及创建在执行时确定大小的可变长度数组。第 13 章讨论了更复杂和更高性能的排序算法，并友好地介绍了用计算机科学的大 O 符号来分析算法的方法。第 6 章介绍了我们的第一个数据科学案例研究——数据科学入门：调查数据分析。在练习中，我们还提供了两个带有图形、声音和碰撞检测的游戏编程案例研究和一个嵌入式系统编程案例研究（使用 Webots 模拟器的机器人技术）。

第 7 章介绍了 C 语言的强大特性——指针。指针使程序能够完成以下任务。

- 按引用传递。
- 将函数传递给其他函数。
- 创建和操作动态数据结构，你将在第 12 章中详细学习。

本章解释了指针的概念，包含声明指针、初始化指针、获取变量的内存地址、对指针解引用、指针算术以及数组和指针之间的密切关系。本章介绍了我们的第一个系统软件案例研究练习——用模拟技术建立你自己的计算机。这个案例研究介绍了一个重要的现代计算机体系结构主题——虚拟机。

第 8 章介绍了 C 语言标准库的字符串、字符和内存块处理函数。你将在第 11 章中使用这些强大的功能，因为你要完成一个自然语言处理（NLP）案例研究。你将看到，字符串与指针和数组密切相关。

## 第三部分：格式化的输入输出、结构体和文件处理

第 9 章讨论了函数 scanf 和 printf 的强大格式化功能。如果使用得当，这些函数可以从标准输入流中安全地输入数据，或向标准输出流中输出数据。

第 10 章介绍了用于将相关数据项聚合成自定义类型的结构体（struct）、用于在多个变量之间共享内存的共用体、用于为先前定义的数据类型创建别名的类型定义（typedef）、用于操作整型操作数各个位的位操作符，以及用于定义命名整数常量集合的枚举。许多 C 语言程序员继续学习 C++ 和面向对象编程。在 C++ 中，C 的结构体演变为类，这是 C++ 程序员用来创建对象的"蓝图"。C 语言的结构体只包含数据。C++ 的类可以包含数据和函数。

第 11 章介绍了用于长期保留数据的文件，即使是在计算机关机的情况下。这种数据被描述为"持久的"。本章解释了纯文本文件和二进制文件是如何创建、更新和处理的。我们同时考虑了顺序访问和随机访问的文件处理。在我们的一个案例研究练习中，你将从逗号分隔值（CSV）文件中读取数据。CSV 是数据科学界流行的文件格式之一。本章介绍了我们的下一个案例研究——建立一个随机访问的交易处理系统。我们使用随机访问文件来模拟工业级数据库管理系统所具有的那种高速直接访问能力。本章还介绍了我们的第一个人工智能/数据科学案例研究，它使用自然语言处理（NLP）技术开始调查有争议的问题："威廉·莎士比亚的作品到底是谁写的？"第二个人工智能/数据科学案例研究（使用 GNU 科学库的机器学习）使用简单的线性回归对安斯科姆的四重奏[1]进行了研究。这是由 4 个具有相同或几乎相同的基本描述性统计数据的明显不同的数据集组成的。对于在这本计算机科学教材

---

[1] "Anscombe's Quartet." 2020 年 11 月 13 日访问。

中学习一些数据科学基础知识的学生和开发者，它提供了一个有价值的洞见。该案例研究要求你对纽约市126年来1月平均气温数据进行简单的线性回归，以确定是否存在降温或升温趋势。

## 第四部分：算法和数据结构

第12章使用结构体将相关的数据项聚合成自定义类型，使用typedef为先前定义的类型创建别名，使用动态链接的数据结构（这些结构可以在执行时增长和收缩）：链表、栈、队列和二叉树。你可以使用你学到的技术来实现其他数据结构。本章还介绍了我们下一个系统软件案例研究练习——建立你自己的编译器。我们将定义一种简单而强大的高级语言。你将编写一些高级语言程序，你的编译器将把这些程序编译成你在第7章中构建的计算机的机器语言。编译器将把它的机器语言输出放到一个文件中。你的计算机会将文件中的机器语言加载到它的内存中，执行它并产生适当的输出。

第13章介绍了一些经典的计算机科学主题。我们考虑了几种算法，并对它们的处理器需求和内存消耗进行了比较。我们对计算机科学的大$O$符号做了易于理解的介绍，该符号根据一个算法必须处理的数据项数量，表明该算法为解决一个问题可能需要付出多大的努力。本章包括案例研究"高性能合并排序的可视化"。

我们的递归（第5章）、数组（第6章）、搜索（第6章）、数据结构（第12章）、排序（第13章）和大$O$（第13章）的内容为C语言数据结构课程提供了很好的内容。

## 第五部分：预处理器和其他主题

第14章讨论了C语言预处理器的其他特征，例如使用#include来帮助管理大型程序中的文件，使用#define来创建带参数和不带参数的宏，使用条件编译来指定程序中不应该总是被编译的部分（例如，仅在程序开发期间使用的额外代码），在条件编译期间显示错误信息，以及使用断言来测试表达式的值是否正确。

第15章涵盖了其他C语言主题，包括多线程支持（在GNU gcc中可用，但在Xcode或Visual C++中不可用）、可变长度的参数列表、命令行参数、编译多源文件程序、其他文件中全局变量的extern声明、函数原型、用static限制作用域、用exit和atexit终止程序、整数和浮点字面量的后缀、信号处理、动态内存分配函数calloc和realloc，以及用goto进行无条件分支。本章介绍了我们的最后一个案例研究——多线程和多核系统的性能。这个案例研究展示了如何创建多线程程序，让它在当今的多核计算机架构上通常运行得更快。这对一本关于C语言的书来说是一个很好的顶点案例研究，因为编写高性能程序是很重要的。

## 附录

附录A按照从高到低的优先级顺序列出C语言的操作符。

附录B显示了字符和它们相应的数字代码。

附录C包括指定的初始化器、复合字面量、bool类型、复数、对预处理器的扩展、restrict关键字、可靠的整数除法、灵活数组成员、对聚合初始化的放松限制、泛型数学、内联函数、无表达式return、__func__预定义标识符、va_copy宏、C11头文件、_Generic关键字（泛型表达式）、quick_exit函数、Unicode®支持、_Noreturn函数限定符、泛型表达式、Annex L可分析性和未定义、内存对齐控制、静态断言、浮点类型和timespec_get函数。

附录D对面向对象编程术语和概念进行了友好的概述。学习C语言后，你可能还会学习一种或多种基于C语言的面向对象语言（如C++、Java、C#、Objective-C或Swift），并与C语言一起使用。

## 在线附录

附录E介绍了二进制、八进制、十进制和十六进制的数字系统。

附录F～附录H展示了如何使用3种首选编译器的基本调试功能来定位和纠正程序中的执行时间问题。

# 本书主要特点

## C 语言编程基础

在我们丰富的 C 语言基础知识的介绍中：

- 我们强调问题解决和算法开发；
- 为了帮助学生为在业界工作做准备，我们使用最新的 C 标准文档中的术语，而不是一般的编程术语；
- 我们避免了复杂的数学推导过程，而将它留给高级课程。可选的数学练习包括在科学和工程课程中。

## C11 和 C18 标准

C11 完善并扩展了 C 的功能。我们增加了来自 C11 标准的更多特征。自 C11 以来，只有一个新的版本，即 C18[1]。它"解决了 C11 的缺陷，但没有引入新的语言特征[2]"。

## 创新："入门"教学法，包含 350 多个综合自测题

本书采用了我们新的"入门"教学法，包含综合的自测题和答案。我们在最近的教材 Intro to Python for Computer Science and Data Science: Learning to Program with AI, Big Data and the Cloud 中引入了这种教学方法。

- 章节有意设计得比较短小。我们采用"读一点，做一点，测一点"的方法。你阅读一个新的概念，学习并执行相应的代码示例，然后通过综合的自测题练习和立即给出的答案，来测试你对新概念的理解。这有助于你保持学习节奏。
- 填空、判断和讨论自测题使你能够测试你对刚刚学习的概念和术语的理解。
- 基于代码的自测题使你有机会使用术语并强化你刚刚学习的编程技术。
- 自测题对翻转课堂的课程特别有价值——我们很快会对这种流行的教育现象做更多的介绍。

## KIS (Keep It Simple), KIS (Keep It Small), KIT (Keep It Topical)

这几个短语的含义和解释如下。

- 保持简单——我们努力追求简单和清晰。
- 保持小巧——本书的许多例子都很小。在适当的时候，我们会使用更多代码量的例子、练习和项目，特别是在案例研究中，这是本书的一个核心特征。
- 保持时效性——"敢于教学的人一定不会停止学习[3]。"在我们的研究中，我们浏览、阅读或观看了数以千计的最新文章、研究论文、白皮书、书籍、视频、网络研讨会、博客文章、论坛文章、文档片段等。

## 数百个当代示例、练习和项目

你将使用一种适合动手的方法，从广泛选择的现实世界的示例、练习和项目（Example, Exercise and Project; EEP）中学习，它们来自计算机科学、数据科学和其他领域。

- 你将在我们的大型案例研究中攻克令人兴奋和有趣的挑战，如建立一个运气游戏，建立一个调查数据分析程序，建立一个交易处理系统，建立你自己的计算机（使用模拟建立一个虚拟机），使用 AI/数据科学技术（如自然语言处理和机器学习）建立你自己的编译器，计算机游戏编程，用 Webots 模拟机器人编程，以及编写多线程代码以利用当今的多核计算机架构从

---

① ISO/IEC 9899:2018, Information technology — Programming languages — C.

② 参阅维基百科的 C18(C Standard Rcvision)页面。

③ 来自约翰·科登·达纳(John Cotton Dana)。1912 年,达纳(新泽西州纽瓦克市的一名图书管理员)被要求提供一段适合在新泽西州联合市纽瓦克州学院(现在的肯恩大学)的新建筑上铭文的拉丁语引文。达纳找不到合适的引文,于是写下了后来的校训。——《纽约时报书评》,1967 年 3 月 5 日,第 55 页。

你的计算机中获得最佳性能。

- 研究、项目和练习鼓励你深入研究你所学的知识并探索其他技术。我们鼓励你使用计算机和因特网来解决重大问题。项目通常比练习的范围更广——有些项目可能需要几天或几周才能实现。许多项目适合作为课堂项目、学期项目、定向研究项目、顶点课程项目和论文研究。我们不提供项目的解决方案。
- 教师可以根据受众的独特要求定制他们的课程，并在每个学期改变实验和考试题目。

## 使用开源软件

在那些（使用批处理的）日子里，程序员甚至从来没有为他们的程序写过文档，因为他们认为没有人会去阅读它们。然而现在，**分时系统使软件的交换变得很简单：你只需在公共资源库中存储一份副本，就能有效地把它交给全世界。**人们立即开始为他们的程序写文档，并认为它们可以为其他人所用。**他们开始在彼此的工作基础上进行开发**[1]。

——罗伯特·范诺（Robert Fano）

罗伯特·范诺是 20 世纪 60 年代麻省理工学院 MAC 项目的创始主任，该项目后来发展成为今天的计算机科学与人工智能实验室（Computer Science and Artificial Intelligence Laboratory，CSAIL）[2]。

"开源是指具有源代码的软件，任何人都可以检查、修改和增强[3]。"我们鼓励你尝试大量的演示程序，并查看免费的开源代码示例（可在 GitHub 等网站上找到）以获得灵感。我们在"像开发者一样思考——GitHub、StackOverflow 及其他"部分详细介绍了 GitHub。

## 可视化

本书包含用 gnuplot 开源可视化软件包制作的高级可视化内容，以加强你对概念的理解。

- 我们将可视化作为一种教学工具。例如，有一个例子让大数定律在抛掷骰子模拟中"活灵活现"（见前言后面的第 10 章——raylib 游戏编程案例研究）。当这个程序进行越来越多的抛掷骰子时，你会看到 6 个面（1、2、3、4、5、6）在总掷骰子中的百分比逐渐接近 16.667%（1/6），而且代表百分比的条形图的长度相等。
- 你应该对代码进行实验，实现你自己的可视化。

## 数据体验

在书中的示例、练习和项目中（特别是在第 11 章中），你将使用真实世界的数据，如莎士比亚的戏剧《罗密欧和朱丽叶》。你将从古腾堡计划中下载并分析文本，它提供了大量可供免费下载的分析文本。该网站包含近 63000 本各种格式的电子书，包括纯文本文件——这些文件在美国是没有版权的。你还将使用真实世界的温度数据。具体来说，你将分析 126 年来纽约市 1 月平均气温数据，并确定是否有降温或升温的趋势。你将从国家海洋和大气管理局（National Oceanic and Atmospheric Administration，NOAA）网站获得这些数据。

## 像开发者一样思考——GitHub、StackOverflow 及其他

准备（成为一名程序员）的最好方法是编写程序，并研究其他人所写的卓越程序。以我为例，我去计算机科学中心的垃圾桶里翻出了他们的操作系统的程序清单[4]。

——比尔·盖茨（Bill Gates）

---

[1] 罗伯特·范诺引用米歇尔·沃尔德罗普（Mitchell Waldrop）的著作 *Dream Machine: J. C. R. Licklider and the Revolution That Made Computing Personal* 的第 232 页。该书于 2002 年由普特南出版社出版。

[2] "MIT Computer Science and Artificial Intelligence Laboratory." 2020 年 11 月 9 日访问。

[3] "What is open source?" 2020 年 11 月 14 日访问。

[4] 引用苏珊·拉默斯（Susan Lammers）著 *Programmers at Work: Interviews With 19 Programmers Who Shaped the Computer Industry* 的第 83 页。该书于 1986 年由微软出版社出版。

- 为了帮助你为职业生涯做准备，你将利用 GitHub 和 StackOverflow 等流行的开发者网站进行研究。

- StackOverflow 是最受欢迎的面向开发者的问答网站之一。

- C 语言开源社区规模庞大。例如，在 GitHub 上，有超过 32000 个 C 语言代码库[①]！你可以查看其他人的代码。你可以在 GitHub 上查看其他人的 C 语言代码，如果你愿意，甚至可以在此基础上进行构建。这是一种很好的学习方式，也是我们活代码教学理念的自然延伸[②]。

- GitHub 是一个可以找到免费开源代码的绝佳场所，你可以将这些代码纳入你的项目，如果你愿意，还可以将你的代码贡献给开源社区。有 5000 万开发者使用 GitHub[③]。该网站目前拥有超过 1 亿个以多种语言编写的代码库[④]——仅在 2019 年，开发者就为 4400 多万个代码库做出了贡献[⑤]。GitHub 是专业软件开发者的一个重要元素，其版本控制工具可以帮助开发者团队管理公共开源项目和私人项目。

- 2018 年，微软以 75 亿美元收购了 GitHub。如果你成为一名软件开发人员，你几乎肯定会经常使用 GitHub。根据微软的首席执行官萨蒂亚·纳德拉（Satya Nadella）的说法，他们购买 GitHub 是为了"让每个开发者都能建立、创新和解决世界上最紧迫的挑战[⑥]"。

- 我们鼓励你在 GitHub 上研究和执行大量开发者的开源 C 代码。

## 隐私

ACM/IEEE 对计算机科学、信息技术和网络安全的课程建议中，有 200 多次提到隐私。每个编程的学生和专业人士都需要敏锐地意识到隐私问题和关注。学生在第 1 章、第 3 章和第 10 章的 4 个练习中研究隐私。

在第 1 章的练习中，你将开始思考这些问题，研究越来越严格的隐私法，如美国的《健康保险可携性和责任法案》（*Health Insurance Portability and Accountability Act*，HIPAA）、《加利福尼亚消费者隐私法》（*California Consumer Privacy Act*，CCPA）以及欧盟的《通用数据保护条例》（*General Data Protection Regulation*，GDPR）。

## 伦理学

ACM 对计算机科学、信息技术和网络安全的课程建议中，有 100 多次提到伦理。在第 1 章的几个练习中，你将通过因特网研究关注伦理问题。你将调查围绕智能助手的隐私和伦理问题，如 IBM Watson、亚马逊 Alexa、苹果 Siri、谷歌助手和微软 Cortana。例如，一名法官要求亚马逊交出 Alexa 的录音，作为刑事案件的证据[⑦]。

## 性能

对于性能密集型的操作系统、实时系统、嵌入式系统、游戏系统和通信系统，程序员们更喜欢使用 C 语言（和 C++），因此我们关注性能问题。我们在多线程示例中使用计时操作来衡量我们在当今流行的多核系统上得到的性能改进，因为我们采用的核数越来越多。

## 静态代码分析工具

静态代码分析工具可以让你快速检查代码中的常见错误和安全问题，并为改进你的代码提供洞见。我们使用 clang-tidy 工具（参阅 Clang 官方网站）检查了我们所有的 C 代码。我们还使用 GNU

---

① "C." 2021 年 1 月 4 日访问。

② 学生们需要熟悉 GitHub 上各种各样的开源软件许可。

③ "GitHub." 2020 年 11 月 14 日访问。

④ "GitHub is how people build software." 2020 年 11 月 14 日访问。

⑤ "The State of the Octoverse." 2020 年 11 月 14 日访问。

⑥ "Microsoft to acquire GitHub for \$7.5 billion." 2020 年 11 月 14 日访问。

⑦ "Judge orders Amazon to turn over Echo recordings in double murder case." 2020 年 11 月 14 日访问。

gcc 和 Clang 编译器的编译器标记-Wall 来启用所有的编译器警告。除了一些超出本书范围的警告外，我们确保我们的程序在编译时没有警告信息。

### 我们如何处理 C11 的 Annex K 和 printf_s/scanf_s

C11 标准的 Annex K 引入了更安全的 printf（用于输出）和 scanf（用于输入）的版本，称为 printf_s 和 scanf_s。我们在 6.13 节和 7.13 节中讨论这些函数和相应的安全问题。

- Annex K 是可选的，所以并不是每个 C 供应商都实现了它。具体来说，GNU C++和 Clang C++没有实现 Annex K，所以使用 scanf_s 和 printf_s 可能会影响你的代码在编译器之间的可移植性。

- 微软在 C11 标准之前就实现了自己的 Visual C++版本的 printf_s 和 scanf_s。它的编译器会在每次调用 scanf 时发出警告：scanf 已被废弃，即不应再使用，你应该考虑使用 scanf_s 来代替。微软现在把过去对 scanf 的警告当作错误。默认情况下，使用 scanf 的程序不会在 Visual C++上编译。第 1 章的 Visual C++试运行显示了如何处理这个问题并编译我们的程序。

- 许多组织机构有编码标准，要求代码在编译时没有警告信息。有两种方法可以消除 Visual C++的 scanf 警告——使用 scanf_s 代替 scanf 或者禁用这些警告。

- 有一些关于从 C 标准中删除 Annex K 的讨论。出于这个原因，我们在本书中一直使用 printf/scanf，并向 Visual C++用户展示如何禁用微软的 printf/scanf 错误。不喜欢这样做的 Windows 用户可以使用 GNU GCC Docker 容器中的 gcc 编译器，我们在前言的 "Docker" 部分讨论了这个问题。见前言后面的 "开始之前" 部分，详情见 1.10 节。

### 新的附录：面向对象的编程介绍附录

C 的编程模型被称为过程式编程。我们将它作为结构化过程式编程来教授。在学习了 C 语言之后，你可能还会学习一种或多种基于 C 语言的面向对象的语言（如 Java、C++、C#、Objective-C 或 Swift）并与 C 语言一起使用。这些语言中有许多支持过程式编程、面向对象编程、泛型编程和函数式编程等多种编程范式。在附录 D 中，我们对面向对象编程的基本原理进行了友好的概述。

## 案例研究

我们将许多案例研究作为更多的章节示例、练习和项目。这些案例对于编程入门课程来说是适当的。我们预计教师会选择适合其特定课程的案例研究。

### 第 5 章——随机数模拟：建立一个运气游戏

在这个案例研究中，你将使用随机数生成和模拟技术来实现流行的运气骰子游戏，名为 craps。

### 第 5 章——随机数模拟案例研究：龟兔赛跑

在这个案例研究练习中，你将使用随机数生成和模拟技术实现著名的龟兔赛跑。

### 第 6 章——二分搜索的可视化

在这个案例研究中，你将学习高速二分搜索算法，并看到一个可视化方案，显示该算法的减半效果，从而实现高性能。

### 第 6 章——数据科学入门：调查数据分析

在这个案例研究中，你将学习各种基本的描述性统计（平均数、中位数和众数），它们通常用于 "了解你的数据"。然后，你将建立一个漂亮的数组操作应用程序，为一批调查数据计算这些统计数据。

### 第 7 章——随机数模拟：洗牌和发牌

在这个案例研究中，你将使用字符串数组、随机数生成和模拟技术实现一个基于文本的洗牌和发牌程序。

## 第 7 章——嵌入式系统编程：使用 Webots 模拟器的机器人技术

Webots（参阅 Cyberbotics 网站）是一个很好的开源三维机器人模拟器，可以在 Windows、macOS 和 Linux 上运行。它打包了几十个机器人的行走、飞行、滚动、驾驶等模拟功能。

你将使用 Webot 机器人模拟器的免费方案来探索它们的几十个模拟机器人。你将执行各种全彩 3D 机器人模拟程序（它们都是用 C 语言编写的），并研究提供的代码。Webots 是一个自包含的开发环境，它提供一个 C 代码编辑器和编译器。你将使用这些工具对使用 Webot 的机器人进行自己的模拟编程。

Webots 提供了很多完全编码的 C 程序。学习 C 语言的一个好方法是研究现有的程序，修改它们的工作方式，并观察其结果。许多知名的机器人公司使用 Webots 模拟器来制作新产品的原型。

## 第 7 章——系统软件案例研究：用模拟技术建立你自己的计算机（虚拟机）

在几个练习中，你将"剥开"一台假想的计算机，查看其内部结构。我们介绍了简单的机器语言编程，并为这台计算机编写几个小型机器语言程序，我们称这台计算机为 Simpletron。顾名思义，它是一台简单的机器，但你将看到，它也是一台强大的机器。Simpletron 运行的程序是用它唯一能直接理解的语言编写的，即 Simpletron 机器语言（Simpletron Machine Language，SML）。为了使这一经验特别有价值，你将建立一台计算机（通过基于软件的模拟技术），并在上面实际运行你的机器语言程序！Simpletron 的经验将为你提供关于虚拟机概念的基本介绍，虚拟机是现代计算中最重要的系统架构概念之一。

## 第 8 章——Pqyoaf X Nylfomigrob Qwbbfmh Mndogvk：Rboqlrut yua Boklnxhmywex

这个案例研究练习的标题看起来像胡言乱语。这并不是一个错误！在这个练习中，我们介绍了密码学，它在今天的互联世界中是非常重要的。每天，密码学都被用于幕后，以确保你基于网络的通信是私密和安全的。这个案例研究练习继续我们对安全性的强调，研究维吉尼亚密码的加密算法，并使用数组处理技术实现它[①]。你会用它来加密和解密信息，并解密本标题。

## 第 8 章——RSA 公钥加密法

密钥加密和解密有一个弱点——加密的信息可以被任何发现或窃取密钥的人解密。我们用 RSA 算法来探索公钥加密技术。这种技术用一个公钥进行加密，该密钥为每一个可能想向特定接收者发送秘密信息的发送者所知。公钥可以用来加密信息，但不能用来解密。信息只能用只有接收者知道的成对的私钥来解密，所以它比秘密密钥加密法中的秘密密钥要安全得多。RSA 是世界上最广泛使用的公钥加密技术之一。你将建立一个可用的、小规模的、教学版的 RSA 密码系统。

## 第 10 章——raylib 游戏编程案例研究

在这一系列的 5 个案例研究练习和 10 个附加练习中，你将使用开源、跨平台的 raylib[②]游戏编程库，它支持 Windows、macOS、Linux 和其他平台。raylib 开发团队提供了许多 C 语言演示程序，以帮助你学习库的关键特征和技术。你将学习两个完全编码的游戏，并创建动态的可视化动画。

- SpotOn 游戏测试你的反应能力，要求你在移动的斑点消失之前点击它们。每到一个新的游戏关卡，斑点就会移动得更快，也更难点击。
- 加农炮游戏挑战你反复瞄准和发射加农炮，在限制时间内摧毁 9 个移动目标。移动的阻挡物使游戏更加困难。
- 大数定律的动态可视化动画反复抛掷一个六面骰子并创建一个动画条形图。可视化为你提供了一个强大的方式来理解数据，而不是简单地看原始数据。这个案例研究练习让学生看到了"大数定律"的作用。当重复抛掷骰子时，我们预期每个骰子面大约有 1/6（16.667%）的时间会出现。对于小数量的抛掷（如 60 或 600），你会发现频率通常不是均匀分布的。当你模

---

① "Vigenère Cipher." 2020 年 11 月 22 日访问。

② "raylib." 2020 年 11 月 14 日访问。

拟较大数量的抛掷骰子（如60000次）时，你会看到抛掷骰子的频率变得更加平衡。当你模拟更大数量的抛掷骰子（如60000000）时，这些条形图看起来大小相同。

这些游戏和模拟使用各种raylib功能，包括形状、颜色、声音、动画、碰撞检测和用户输入事件（如鼠标点击）。

在学习了我们的代码之后，你将使用你所学到的raylib图形、动画和声音特征来增强你对第5章的龟兔赛跑的实现。你将结合传统赛马的声音和多个龟兔赛跑的图像来创造一个有趣的、动画的多媒体"狂欢"。然后，你将使用raylib来加强本章的高性能洗牌和发牌模拟，以显示牌的图像。最后，你可以从10个额外的raylib游戏编程和模拟练习中进行选择。发挥创意——设计和构建你自己的游戏，也会有一些乐趣！

## 第11章——案例研究：构建一个随机存取的交易处理系统

在本案例研究中，你将使用随机存取文件处理来实现一个简单的交易处理系统，该系统模拟了工业级数据库管理系统所具有的那种高速直接访问能力。这个案例研究为你提供了应用程序设计和一些"底层的"系统编程经验。

## 第11章——人工智能案例研究：自然语言处理（NLP）

NLP帮助计算机理解、分析和处理文本。它最常见的用途之一是情感分析——确定文本是否具有积极、中立或消极的情感。NLP的另一个有趣的用途是评估文本的可读性，它受到所用词汇、单词长度、句子结构、句子长度、主题等的影响。在写这本书时，我们使用了付费的工具Grammarly[1]来帮助调整稿件，确保文本对广大读者具有可读性。使用"翻转课堂"形式的教师更喜欢学生能够自己理解的教材。

有些人认为，威廉·莎士比亚的作品实际上可能是由克里斯托弗·马洛或弗朗西斯·培根爵士等人写的[2][3]。在NLP案例研究练习中，你将使用数组、字符串和文件处理技术，对莎士比亚的《罗密欧和朱丽叶》和马洛的《爱德华二世》进行简单的相似性检测，以确定它们的相似程度。你可能会对结果感到惊讶。

## 第11章——人工智能案例研究：使用GNU科学库的机器学习

统计数据可能具有欺骗性。显著不同的数据集可以有相同或几乎相同的描述性统计数据。你将考虑这种现象的一个著名例子（安斯科姆的四重奏[4]），它由4个 $x$-$y$ 坐标对数据集组成，这些数据集差别很大，但描述性统计却几乎相同。然后，你将学习一个完全编码的例子，该例子使用称为简单线性回归的机器学习技术来计算直线的方程（$y = mx + b$），给定代表自变量（$x$）和因变量（$y$）的点集合（$x$-$y$ 坐标对），用一条直线描述这些变量之间的关系，称为回归线。正如你所看到的，安斯科姆的四重奏的回归线在视觉上对所有4个完全不同的数据集都是相同的。然后，你要研究的程序将命令传递给开源的gnuplot包，以创建几个有吸引力的可视化效果。gnuplot使用它自己的不同于C语言的绘图语言，所以在我们的代码中，我们提供了大量的注释来解释它的命令。最后，案例研究要求你对纽约市126年来1月平均气温数据进行简单的线性回归，以确定是否存在降温或升温趋势。作为本案例研究的一部分，你还将读取包含数据集的逗号分隔值（CSV）文本文件。

## 第11章——网络服务和云：使用libcurl和OpenWeatherMap Web服务获取天气报告；介绍Mashups

今天越来越多的计算是在"云"中完成的，使用分布在全球因特网上的软件和数据。我们每天使

---

[1] Grammarly有免费和付费版本(参阅其官方网站)，并且提供免费的插件，可以在许多流行的网络浏览器中使用。

[2] "Did Shakespeare Really Write His Own Plays?" 2020年11月13日访问。

[3] "Shakespeare authorship question." 2020年11月13日访问。

[4] "Anscombe's quartet." 2020年11月13日访问。

用的应用程序在很大程度上依赖于各种基于云的服务。一个通过因特网提供访问自己的服务被称为 Web 服务。在这个案例研究练习中，你将通过一个完全编码的应用程序，使用开源的 C 语言库 libcurl 来调用 OpenWeatherMap（免费方案）的 Web 服务，返回指定城市的当前天气。Web 服务以 JSON 格式返回结果，我们使用开源的 cJSON 库来处理。

这个练习打开了一个充满可能性的世界。你可以探索 ProgrammableWeb[①] 目录中列出的近 24000 项 Web 服务。许多都是免费的，或者提供免费方案，你可以用来创建有趣的混搭，将互补的 Web 服务组合在一起。

### 第 12 章——系统软件案例研究：构建你自己的编译器

在几个练习中，你将构建一个简单的编译器，将用简单的高级编程语言编写的程序翻译成我们的 Simpletron 机器语言。你将用这种新的小型高级语言编写程序，在你建立的编译器上编译它们，并在你的 Simpletron 模拟器上运行它们。在第 11 章，编译器可以将生成的机器语言代码写入一个文件，然后你的 Simpletron 计算机可以从该文件中读取 SML 程序，将它加载到 Simpletron 的内存中并执行它！这对计算机新手来说是一组很好的全过程练习。

### 第 13 章——高性能合并排序的可视化

我们的排序处理的核心是高性能合并排序算法的实现。在该案例研究中，你将使用输出来可视化该算法的分割和合并步骤，这将有助于用户理解合并排序的工作原理。

### 附录 C——系统架构案例研究：多线程和多核系统的性能

多线程（它允许你将一个程序分解成独立的"线程"，这些线程可以并行执行）已经存在了几十年，但由于计算机和设备（包括智能手机和平板电脑）中多核处理器的出现，人们对它的兴趣更浓了。这些处理器在一个集成电路芯片上经济地实现了多个处理器。它们让多个内核并行执行程序的不同部分，从而使单个任务和整个程序能够更快地完成。今天，4 核和 8 核的设备很常见，而且内核的数量将继续增长。我们使用 8 核的 MacBook Pro 编写和测试了本书的代码。多线程应用程序使你能够在多个核上同时执行独立的线程，这样你就可以充分地利用多核架构的优势。

为了令人信服地展示多核系统上多线程的威力，我们用两个程序做了一个案例研究。一个依次执行两个计算密集型的计算，另一个则以并行线程执行同样的计算密集型计算。我们为每个计算过程计时，并确定每个程序的总执行时间。程序的输出结果显示，多核系统极大地缩短了执行时间。

## 安全的 C 语言编程

负责 ACM/IEEE 课程指南的人强调了安全的重要性——它在计算机科学课程文件中被提及 395 次，在信息技术课程文件中被提及 235 次。2017 年，ACM/IEEE 发布了"网络安全课程"，重点关注安全课程和贯穿其他计算课程的安全。该文件提及安全问题 865 次。

第 2～12 章和第 14 章均以与"安全的 C 语言编程"相关的节收尾。这些都是为了提高编程新手对可能导致漏洞的安全问题的认识。这些节展示了一些关键问题和技术，并提供了链接和参考资料，以便你继续学习。我们的目标是鼓励你开始思考安全问题，即使这是你的第一个编程课程。

经验表明，建立能够抵御攻击的工业强度的系统是具有挑战性的。今天，通过因特网，这种攻击可以是即时且全球性的。软件漏洞往往来自于简单的编程问题。从开发周期的一开始就在软件中注重安全问题，可以大大减少漏洞。

卡内基梅隆大学软件工程学院的 CERT 部门是为了分析和及时应对攻击而设立的。他们发布和推广安全编码标准，以帮助 C 语言程序员和其他人实现工业强度的系统，避免系统受到攻击。他们的标准随

---

① "ProgrammableWeb." 2020 年 11 月 22 日访问。

着新的安全问题的出现而不断发展。

我们解释了如何升级你的代码（适合于入门书籍）以符合最新的安全 C 编码建议。如果你在业界构建 C 系统，可以考虑阅读 SEI CERT 的 C 编码标准规则。此外，请考虑阅读罗伯特·塞克德（Robert Seacord）的《C 和 C++安全编码（第 2 版）》（Addison-Wesley Professional，2013 年）。塞克德先生是本书早期版本的技术审查员，他对我们的安全 C 语言编程的每个部分都提供了具体的建议。当时，他是 CERT 的安全编码经理和卡内基梅隆大学计算机科学学院的兼职教授。他现在是 NCC 集团（一家 IT 安全公司）的技术总监。

"安全的 C 语言编程"小节陆续讨论了许多重要的主题，包括：
- 测试算术溢出；
- C 标准的 Annex K 中的更安全的函数；
- 检查标准库函数返回的状态信息的重要性；
- 范围检查；
- 安全的随机数生成；
- 数组的边界检查；
- 防止缓冲区溢出；
- 输入验证；
- 避免未定义行为；
- 选择返回状态信息的函数与使用不返回状态信息的类似函数；
- 确保指针始终为空或包含有效地址；
- 使用 C 函数与使用预处理器宏等。

## 计算和数据科学课程

本书是为遵守以下一个或多个 ACM/IEEE CS 及相关课程文件的课程设计的。
- CC2020：未来计算课程的范式[1]。
- 计算机科学课程 2013[2]。
- 信息技术课程 2017[3]。
- 网络安全课程 2017[4]。

### 计算课程
- 根据"CC2020：计算机课程愿景[5]"，课程"需要进行审查和更新，以包括网络安全和数据科学等新兴的计算机领域"（见稍后的"数据科学与计算机科学的重叠"和稍前的"安全的 C 语言编程"部分）。
- 数据科学包括一些关键的课题（除了统计学和通用编程），如机器学习、深度学习、自然语言处理、语音合成和识别，以及其他一些经典的人工智能课题，因此也是 CS 课题。我们在案例研究中涉及机器学习和自然语言处理。

[1] "Computing Curricula 2020." 2020 年 11 月 22 日访问。
[2] ACM/IEEE (Assoc. Comput. Mach./Inst. Electr. Electron. Eng.). 2013. *Computer Science Curricula 2013: Curriculum Guidelines for Undergraduate Degree Programs in Computer Science* (New York: ACM).
[3] *Information Technology Curricula 2017.*
[4] *Cybersecurity Curricula 2017.*
[5] A. Clear, A. Parrish, G. van der Veer and M. Zhang, "CC2020: A Vision on Computing Curricula".

# 数据科学与计算机科学的重叠[1]

本科生数据科学课程建议[2]包括算法开发、编程、计算思维、数据结构、数据库、数学、统计思维、机器学习、数据科学等，这与计算机科学有很大的重叠，特别是考虑到数据科学课程包括一些关键的人工智能主题。尽管我们的教材是一本 C 语言编程教材，但我们将数据科学的主题融入各种示例、练习、项目和案例研究。

## 数据科学课程建议的关键点

本部分从数据科学本科课程建议及其详细的课程描述附录中抽取了一些要点[3]。以下每项内容在本书中都有涉及。

- 计算机科学课程中常见的编程基础知识，包括数据结构的使用。
- 通过创建算法来解决问题。
- 使用过程式编程。
- 通过模拟探索概念。
- 使用开发环境（我们在 Microsft Visual C++、Apple Xcode、Linux 上的 GNU 命令行 gcc 编译器以及 GNU Compiler Collection Docker 容器中测试了所有的代码）。
- 在实际的案例研究和项目中使用真实世界的数据——例如来自古腾堡计划（参阅 Project Gutenberg 官方网站）的威廉·莎士比亚的《罗密欧和朱丽叶》和克里斯托弗·马洛的《爱德华二世》，以及 126 年来纽约市 1 月平均气温。
- 创建数据可视化。
- 交流可重复的结果（Docker 在这方面发挥了重要作用——见 "Docker" 部分）。
- 使用现有的软件和基于云的工具。
- 使用高性能工具，如 C 语言的多线程库。
- 关注数据的伦理、安全、隐私和可重复性问题。

# 获取代码示例和安装软件

为了方便你，我们以 C 语言源码（.c）文件的形式提供本书的例子，供集成开发环境（IDE）和命令行编译器使用。有关软件安装的细节，请参见前言之后的 "开始之前" 部分。有关运行本书代码示例的信息，请参见第 1 章的测试驱动相关内容。如果你遇到问题，可以通过 deitel@deitel.com 或 Deitel 网站 Contact Us 页面的联系表格联系我们。

# Docker

我们介绍了 Docker，一种将软件打包成容器的工具，它捆绑了跨平台地执行该软件所需的一切，方便、可重复、可移植。你要用的一些软件包需要复杂的设置和配置。对于其中的许多软件，你可以下载免费的预置 Docker 容器，帮助你避免复杂的安装问题。你可以简单地在你的桌面或笔记本电脑上本地执行软件，这让 Docker 成为帮助你快速、方便和经济地开始使用新技术的好方法。为方便起见，我们展示了如何安装和执行一个预先配置了 GNU 编译器集合（GCC）的 Docker 容器，其中包括 gcc 编译器。它可以在 Windows、macOS 和 Linux 上的 Docker 中运行。它对使用 Visual C++的人特别有用，因为 Visual C++可以编译 C 代码，但不是 100% 兼容最新的 C 标准。

---

[1] 本节主要是为数据科学教师准备的。鉴于新兴的 2020 年计算机科学和相关学科的计算课程可能包括一些关键的数据科学主题，本节也包括对计算机科学教师的重要信息。

[2] "Curriculum Guidelines for Undergraduate Programs in Data Science".

[3] "Appendix—Detailed Courses for a Proposed Data Science Major".

Docker 还有助于提高可重复性。自定义 Docker 容器可以配置你使用的每一个软件和每一个库。这使其他人能够再现你使用的环境，然后再现你的工作，并将帮助你再现自己的结果。可重复性在科学和医学领域尤其重要——例如，当研究人员想要证明和扩展已发表文章中的工作时。

## 翻转课堂

许多教师使用"翻转课堂[①][②]"。学生在上课前自己学习内容，课堂时间用于实践编码、小组工作和讨论等任务。我们的书和补充材料也适合翻转课堂。

- 我们使用 Grammarly 来控制本书的阅读难度，以帮助确保它适合于学生自学。
- 在阅读文本的同时，学生应该执行 147 个活代码的 C 语言例子，并做 350 个以上的综合自测题，这些练习的答案紧随其后。这些都鼓励了学生的主动参与。他们用"读一点，做一点，测一点"的方法把内容分成小块学习——适合翻转课堂的主动、自主、动手学习。我们鼓励学生修改代码，并看到他们修改的效果。
- 我们提供了 445 个练习和项目，学生可以在家里或在课堂上进行练习。许多练习处于初级或中级水平，学生应该能够独立完成。许多练习适合于小组项目，学生可以在课堂上进行合作。
- 详细的关键知识回顾和用楷体显示的关键术语帮助学生快速复习材料。
- 在本书英文版的索引中，关键术语的定义出现处突出显示，并标有粗体页码，使学生很容易找到他们正在学习的主题的介绍。这促进了翻转课堂的课外学习体验。

翻转课堂的一个关键方面是当你自己学习时，你的问题会得到解答。详情请见稍后的"获得问题解答"部分。你也可以随时通过 deitel@deitel.com 联系我们。

## 教学方法

本书包含丰富的例子、练习、项目和案例研究，这些内容来自许多领域。学生用真实世界的数据来解决有趣的、真实世界的问题。本书专注于良好的软体工程原则，并强调程序的清晰性。

### 目标和大纲

每一章都以目标开始，告诉你应该期待什么，并给你一个机会，在阅读完本章后确定它是否达到了预期的目标。章节大纲使学生能够以自顶向下的方式处理内容。

### 示例

本书的 147 个实时代码（live-code）示例包含了数千行经过验证的代码。

### 图表

本书包括大量的图表。

### 编程智慧

本书结合共计 90 多年的编程和教学经验，吸取审查过本书 9 个版本的数十位学者和行业专家的反馈，总结了如下编程智慧和防错技巧。

- 良好的编程实践以及首选的 C 语言习惯写法，帮助你产生更清晰、更易理解和更易维护的程序。
- 常见的编程错误，以减少你犯这些错误的可能性。

ERR ⊗

- 预防错误的技巧，包括暴露错误和从你的程序中消除错误的建议。其中许多技巧描述了从一

---

① 参阅维基百科的 Flipped Classroom 页面。
② 参阅 Edsurge 的文章"A Case For Flipping Learning Without Videos"。

开始就防止错误进入程序的技术。
- 性能提示，强调使你的程序运行得更快或尽量减少它们所占用的内存。
- 软件工程方面的论断，强调了正确的软件架构和设计问题，特别是对于大型系统。
- 安全方面的最佳实践，帮助你加强程序，从而免受攻击。

PERF
SE
SEC

**分节展示的关键知识回顾**

为了帮助学生快速复习相关内容，大部分章的结尾带有详细的关键知识回顾，并对大多数关键术语使用了楷体显示。

# 本书中使用的免费软件

前言之后的"开始之前"部分讨论了示例所需的软件的安装。我们使用以下流行的免费编译器测试了本书的例子。
- Linux 上的 GNU gcc ——它已经安装在大多数 Linux 系统上，并且可以安装在 macOS 和 Windows 系统上。
- Windows 上微软公司的 Visual Studio 社区版。
- 苹果公司在 macOS 上的 Xcode 中的 Clang 编译器。

## Docker 中的 GNU gcc

我们还展示了 Docker 容器中的 GNU gcc——这对于那些希望所有学生都能使用 GNU gcc 的教师来说是非常理想的，无论学生们的操作系统如何。这为 Visual C++用户提供了一个真正的 C 语言编译器选项，因为 Visual C++不是 100% 兼容最新的 C 语言标准。

## 用于 Linux 的 Windows 子系统

Windows Subsystem for Linux（WSL）使 Windows 用户能够安装 Linux 并在 Windows 中运行它。我们提供了一个链接到微软关于设置 WSL 和安装 Linux 发行版的分步说明。这为 Windows 用户提供了另一个访问 GNU gcc 编译器的选择。

# C 文档

在阅读本书的过程中，你会发现以下文档很有帮助：
- GNU C 标准库参考手册；
- cppreference 网站上的 C 语言参考资料；
- cppreference 网站上的 C 标准库头文件文档；
- 微软的 C 语言参考文档。

# 获得问题解答

在线论坛使你能够与世界各地的其他 C 语言程序员互动，并得到你的问题的解答。流行的 C 语言和通用编程在线论坛包括：
- StackOverflow；
- Reddit 网站的 C Programming 页面；
- 谷歌 comp.lang.C 群组；
- C Board 网站的 C Programming 页面；
- Dream In Code 网站的 C and C++论坛。

另外，供应商经常为他们的工具和库提供论坛。许多库是在 GitHub 管理和维护的。一些库的维护者通过特定库的 GitHub 页面上的 Issues 标签提供支持。

## 学生和教师的补充资料

以下是提供给学生和教师的补充资料。

### Deitel 网站上的材料

为了最大限度地利用本书的学习经验，你应该在阅读相应讨论的同时，执行每个代码示例。在 Deitel 网站的本书页面提供了以下资源。

- 本书代码示例和练习的可下载 C 源代码（.c 文件）的链接，其中包括练习描述中的代码。你也可以从本书的培生网站的 Deitel 页面上获得这些资源。
- 我们的入门视频，展示如何使用编译器和代码示例。我们也在第 1 章中介绍了这些工具。
- 博客文章——Deitel 网站的 Blog 页面。
- 书籍更新——Deitel 网站的 C How to Program，9/e 页面。
- 针对 Visual Studio、GNU gdb 和 Xcode 调试器的"使用调试器"附录。

关于下载示例和设置 C 语言开发环境的更多信息，参见前言之后的"开始之前"部分。

### 教师补充资料

培生教育的 IRC（教师资源中心，参阅培生网站 Higher Education 下的 IRC 相关内容）为有资格的教师提供以下本书的补充资料。

- PowerPoint 幻灯片。
- 教师解决方案手册，包括大多数练习的解决方案。对于"项目"和"研究"练习，不提供解决方案。在布置家庭作业前，教师应检查 IRC，以确保解决方案是可用的。
- 测试项文件包括四部分选择题、简答题和答案。你也可以向你的培生代表索取测试项文件的版本，以用于流行的自动评估工具。

请不要写信给我们要求访问培生 IRC。IRC 上的教师补充资料和练习解决方案的访问权被我们的出版商严格限制，仅供在课程中采用本书的大学教师使用。教师可以通过联系培生代表获得访问权。如果你不是注册的教师，请联系你的培生代表，或访问培生网站的 Connect with Pearson 页面。教师可以从他们的培生代表处申请 Deitel 书籍的配套试题。

## 与作者沟通

如有问题、请求教师教学大纲协助或报告错误，可以通过以下电子邮箱联系我们：deitel@deitel.com。你也可以通过 Deitel 网站 Contact Us 页面的联系表格联系我们。

通过以下社交媒体可以与我们互动：

- Facebook®的 DeitelFan 页面；
- Twitter®的@deitel 账户；
- LinkedIn®的 Deitel & Associates 页面；
- YouTube®的 DeitelTV 频道。

## O'Reilly Online Learning 上的 Deitel Pearson 产品

O'Reilly Online Learning 的用户可以获得 Deitel Pearson 的教材、专业书籍、LiveLessons 视频和全速网络研讨会的参与资格。注册新用户可以获得为期 10 天的免费试用权限。请登录 Deitel 网站的 Learn with Deitel 页面。

### 教材和专业书籍

O'Reilly Online Learning 上的每一本 Deitel 电子书都是全彩的，并有详尽的索引。

**LiveLessons 视频产品**

与保罗·戴特尔（Paul Deitel）一起动手学习，因为他介绍了 Python、数据科学、AI 和 Java 中引人注目的前沿计算技术，以及 2021 年推出的 C++20 和 C 语言更新。

**全速网络研讨会直播**

保罗·戴特尔在 O'Reilly Online Learning 提供全速网络研讨会。这些是为期一天、节奏快速、代码密集的 Python、Python 数据科学/AI 和 Java 介绍，以及已于 2021 年推出的 C++20 和 C 语言。保罗的全速网络研讨会是为有经验的开发人员和软件项目经理准备使用其他语言的项目而举办的。在参加完"全速"课程后，学员通常会参加相应的 LiveLessons 视频课程，该课程有更多的学习时间。

# 致谢

我们要感谢芭芭拉·戴特尔（Barbara Deitel）长时间致力于这个项目的因特网研究。我们很幸运能与培生的专业出版团队合作。我们感谢特雷西·约翰逊（Tracy Johnson；培生教育，计算机科学全球内容经理）对于我们的学术出版物（包括印刷品和数字出版物）付出智慧和精力。她在每一个步骤中都向我们提出挑战，要求我们"把它做好"，做出最好的书。卡罗尔·斯奈德（Carole Snyder）负责本书的制作，并与培生的许可团队互动，及时整理我们的图片和引文，以保证本书的进度。艾琳·沙利文（Erin Sullivan）招募并管理该书的审查团队。我们选择了封面图，楚蒂·普拉塞特西斯（Chuti Prasertsith）设计了封面，融入了他特殊的平面设计能力。

我们要感谢我们的学术和专业审稿人的努力。审稿人在紧张的日程安排下，仔细检查了手稿，为提高表述的准确性、完整性和及时性提供了无数建议。他们帮助我们制作了一本更好的书。

本书审稿人如下：Dr. Danny Kalev（内盖夫本·古里安大学，认证系统分析师、C 语言专家和 C++标准委员会前成员）、José Antonio González Seco（安达卢西亚议会）。

本书第 8 版审稿人如下：Dr. Brandon Invergo（GNU/欧洲生物研究所）、Jim Hogg（微软公司 C/C++编译器团队项目经理）、José Antonio González Seco（安达卢西亚议会）、Alan Bunning（普渡大学）、Paul Clingan（俄亥俄州立大学）、Michael Geiger（马萨诸塞大学洛厄尔分校）、Dr. Danny Kalev（内盖夫本·古里安大学，认证系统分析师、C 语言专家和 C++标准委员会前成员）、Jeonghwa Lee（西盆斯贝格大学）、Susan Mengel（得克萨斯理工大学）、Judith O'Rourke（纽约州立大学奥尔巴尼分校）、Chen-Chi Shin（瑞德福大学）。

本书其他近期版本审稿人如下：William Albrecht（南佛罗里达大学）、Ian Barland（瑞德福大学）、Ed James Beckham（Altera 公司）、John Benito（Blue Pilot Consulting 公司以及 ISO WG14 的召集人，C 语言标准工作小组负责人）、Dr. John F. Doyle（印第安纳大学东南分校）、Alireza Fazelpour（棕榈沙滩社区学院）、Mahesh Hariharan（微软）、Hemanth H.M.（SonicWALL 的软件工程师）、Kevin Mark Jones（惠普公司）、Lawrence Jones（UGS 公司）、Don Kostuch（独立顾问）、Vytautus Leonavicius（微软）、Xiaolong Li（印第安纳州立大学）、William Mike Miller（爱迪生设计集团）、Tom Rethard（得克萨斯大学阿灵顿分校）、Robert Seacord（SEI/CERT 的安全编码经理，《CERT C 安全编码标准》的作者，C 语言国际标准化工作组的技术专家）、Benjamin Seyfarth（南密西西比大学）、Gary Sibbitts（圣路易斯社区学院梅勒梅克分校）、William Smith（塔尔萨社区学院）、Douglas Walls ［Sun Microsystems（现在的 Oracle）公司的 C 编译器高级工程师］。

特别感谢艾莉森·克利尔（Alison Clear）教授，她是新西兰东部理工学院（EIT）计算机学院的副教授，也是计算课程 2020（CC2020）工作组的联合主席，该工作组最近发布了新的计算课程建议——*Computing Curricula 2020：Paradigms for Future Computing Curricula*。

克利尔教授慷慨地回答了我们的问题。

最后，要特别感谢全世界为开源运动做出贡献并在网上写下他们的工作的大量技术人才，感谢他们的组织机构鼓励这种开放软件和信息的扩散，感谢谷歌，它的搜索引擎在一秒钟内就回答了我们源源不断的问题，且无论在白天还是晚上，都是免费的。

好了，你已经拥有了本书！当你阅读本书时，我们希望你能提出意见、更正和改进建议。请将任何评价，包括问题，发送给我们，我们会及时回复。欢迎来到 21 世纪 20 年代令人兴奋的 C 语言编程世界。我们希望你在本书中获得丰富的信息、有趣且具有挑战性的学习经验，并喜欢这种用 C 语言进行的前沿软件开发过程！

## 关于作者

保罗·J. 戴特尔（Paul J. Deitel）是 Deitel & Associates 公司的首席执行官兼首席技术官，他毕业于麻省理工学院，在计算机领域有 41 年的经验。保罗有丰富的编程语言培训经验，自 1992 年以来一直为软件开发人员教授专业课程。他已经为国际上的学术、工业、政府和军事客户提供了数百门编程课程，包括加州大学洛杉矶分校、思科、IBM、西门子、Sun Microsystems（现在的 Oracle）、戴尔、Fidelity、NASA 肯尼迪航天中心、美国国家恶劣风暴实验室、白沙导弹发射场、Rogue Wave 软件、波音、北电网络、彪马、iRobot 和其他许多机构。他和他的合著者哈维·M. 戴特尔博士是畅销的编程语言教材、专业书籍、视频和互动多媒体电子学习资源作者，以及虚拟和现场培训主持人。

哈维·M. 戴特尔博士（Dr. Harvey M. Deitel）是 Deitel & Associates 公司的董事长兼首席战略官，在计算机领域有 59 年的经验。戴特尔博士在麻省理工学院获得了电子工程的学士和硕士学位，并在波士顿大学获得了数学博士学位，他在这些学位项目中研究计算机的时间要早于这些项目衍生出计算机科学项目的时间。他有丰富的大学教学经验，包括获得终身教职并担任波士顿学院计算机科学系主任。1991 年他与他的儿子保罗一起成立了 Deitel & Associates 公司。戴特尔父子的出版物赢得了国际认可——他们以日文、德文、俄文、西班牙文、法文、波兰文、意大利文、中文、韩文、葡萄牙文、希腊文、乌尔都文和土耳其文出版了 100 多部翻译作品。戴特尔博士已经为学术界、企业、政府和军事客户提供了数百门编程课程。

## 关于 Deitel® & Associates 公司

Deitel & Associates 公司由保罗·戴特尔和哈维·戴特尔创立，是一家有国际知名度的写作和企业培训机构，专注于计算机编程语言、对象技术、移动应用开发以及因特网和 web 软件技术。该公司的培训客户包括世界范围内的一些大公司、政府机构、军事部门和学术机构。该公司为全球客户提供虚拟和现场的教师指导的培训课程，并为培生教育提供 O'Reilly Online Learning 资源。

通过与培生和 Prentice Hall 45 年的出版合作，Deitel & Associates 公司以印刷和电子书的形式出版领先的编程教材和专业书籍、LiveLessons 视频课程、O'Reilly Online Learning 网络研讨会和 Revel™ 互动多媒体大学课程。

如需联系 Deitel & Associates 公司和作者，或要求提供全球范围内的虚拟或现场教师指导的培训方案，请发送电子邮件至 deitel@deitel.com。要了解更多关于 Deitel 现场企业培训的信息，请访问 Deitel 网站。

希望购买 Deitel 书籍的个人可以通过亚马逊网站购买。

来自企业、政府、军队和学术机构的大宗订单应直接向培生订购。企业和政府请发送电子邮件至 corpsales@pearsoned.com。如需订购教材，请访问培生官方网站。

Deitel 电子书有多种格式，可从 Amazon、VitalSource、B&N、RedShelf、Inform IT、Chegg 等网站获取。要体验 O'Reilly Online Learning 的 10 天免费试用，请访问 Deitel 网站的 Learn with Deitel 页面。你将跳转到我们的 O'Reilly Online Learning 登录页面。在该页面上，点击 "Begin a free trial" 链接。

# 开 始 之 前

在使用本书之前，请阅读此文以进一步了解本书，确保你的计算机能够编译和运行我们的示例程序。

## 获取代码示例

我们在 GitHub 资源库中维护本书的代码示例。

Deitel 网站中关于本书的页面包括一个指向该库的链接和一个包含代码的 ZIP 文件的链接。如果你下载了 ZIP 文件，请确保在下载完成后对它解压。在我们的讲解中，我们假设这些示例位于你的用户账户的 Documents 文件夹中一个名为 examples 的子文件夹中。

如果你不熟悉 Git 和 GitHub，但有兴趣了解这些基本的开发工具，请在 GitHub Docs 网站查看它们的指南。

## 本书中使用的编译器

我们使用下列免费编译器测试了本书的例子。

- 对于 Windows，我们使用 Visual Studio 社区版[1]，它包括 Visual C++编译器和其他开发工具。Visual C++可以编译 C 代码。
- 对于 macOS，我们使用苹果 Xcode，它包括 Clang C 编译器。
- 命令行 Clang 也可以安装在 Linux 和 Windows 系统上。
- 对于 Linux，我们使用 GNU gcc 编译器——GNU Compiler Collection（GCC）的一部分。GNU gcc 已经安装在大多数 Linux 系统上，也可以安装在 macOS 和 Windows 系统上。

本文描述了编译器的安装。1.10 节的测试驱动演示了如何使用这些编译器编译和运行 C 程序。

## "开始之前"视频

为了帮助你开始使用我们的每一个首选编译器，我们在 Deitel 网站关于本书的页面中提供了"开始之前"视频。

"开始之前"视频演示如何安装 GNU GCC Docker 容器。这使你能够在任何支持 Docker 的计算机上使用 gcc 编译器[2]。请参阅本节稍后的"GNU 编译器集合（GCC）Docker 容器"部分。

## 在 Windows 上安装 Visual Studio 社区版

如果你使用 Windows，首先要确保你的系统符合 Visual Studio 社区版的要求（参见微软技术文档的 System Requirements 页面）。

---

① 在本书编写时，最新的版本是 Visual Studio 2019 社区版。

② "Docker Frequently Asked Questions (FAQ)." 2021 年 1 月 3 日访问。

接下来，进入微软 Visual Studio 官网，然后执行以下安装步骤。

 （1）单击 Community 下的 "Free download" 开始下载。

 （2）根据你的网络浏览器，你可能会在屏幕底部看到一个弹出窗口，你可以单击 "Run"（运行）来开始安装过程。如果没有，请双击你的 Downloads 文件夹中的安装程序文件。

 （3）在 "User Account Control"（用户账户控制）对话框中，单击 "Yes"（是），允许安装程序对你的系统进行修改。

 （4）在安装窗口中，单击 "Continue"，允许安装程序下载它所需要的组件，以配置你的安装。

 （5）对于本书的例子，选择 "Desktop Development with C++"（用 C++ 进行桌面开发），其中包括 Visual C++ 编译器以及 C 和 C++ 标准库。

 （6）单击 "Install"（安装）。根据你的因特网连接速度，安装过程可能需要大量的时间。

## 在 macOS 上安装 Xcode

在 macOS 上，执行以下步骤来安装 Xcode。

 （1）单击苹果菜单并选择 "App Store..."，或者单击 Mac 屏幕底部 Dock 中的 App Store 图标。

 （2）在 App Store 的 Search 栏中，输入 Xcode。

 （3）单击 Get 按钮来安装 Xcode。

## 在 Linux 上安装 GNU gcc

大多数 Linux 用户已经安装了 GNU gcc 的最新版本。要核实这一点，你可以在 Linux 系统上打开一个 shell 或终端窗口，然后输入以下命令

```
gcc --version
```

如果这个命令不能被识别，那么你必须安装 GNU gcc。我们使用 Ubuntu Linux 发行版。在该发行版上，你必须以管理员身份登录或有管理员密码才能执行以下命令：

```
sudo apt update
sudo apt install build-essential gdb
```

Linux 发行版通常使用不同的软件安装和升级技术。如果你没有使用 Ubuntu Linux，请在网上搜索 "Install GCC on MyLinuxDistribution"，用你的 Linux 版本替换 MyLinuxDistribution。你可以在 GCC 网站下载各种平台的 GNU 编译器集合。

## 在运行于 Windows Subsystem for Linux 的 Ubuntu Linux 中安装 GNU GCC

在 Windows 上安装 GNU GCC 的另一种方法是借助 Windows Subsystem for Linux（WSL），它可以让你在 Windows 上运行 Linux。Ubuntu Linux 在 Windows 商店中提供了一个易于使用的安装程序，但首先你必须安装 WSL。

 （1）在任务栏的搜索框中，输入 "Turn Windows features on or off"（打开或关闭 Windows 功能），然后在搜索结果中单击 "Open"（打开）。

 （2）在 "Windows Features"（Windows 功能）对话框中，找到 "Windows Subsystem for Linux" 并确定它被选中。如果是，WSL 已经安装了。否则，请勾选它并单击 OK。Windows 将安装 WSL 并要求你重新启动系统。

 （3）一旦系统重启，你就可以登录，打开 Microsoft Store 应用程序，搜索 Ubuntu，选择名为 Ubuntu 的应用程序，单击 Install。这就安装了最新版本的 Ubuntu Linux。

 （4）安装完成后，单击 Launch 按钮，显示 Ubuntu Linux 命令行窗口，这将继续安装过程。它会要求你为 Ubuntu 创建一个用户名和密码，且不需要与你的 Windows 用户名和密码一致。

（5）当 Ubuntu 安装完成后，执行下面两个命令来安装 GCC 和 GNU 调试器——可能会要求你输入创建的 Ubuntu 账户的密码：

```
sudo apt-get update
sudo apt-get install build-essential gdb
```

（6）通过执行以下命令确认 gcc 已经安装：

```
gcc --version
```

为了访问我们的代码文件，使用 cd 命令将 Ubuntu 中的文件夹改为：

```
cd /mnt/c/Users/YourUserName/Documents/examples
```

请使用你自己的用户名，并更新路径到你的系统中放置我们的示例的地方。

# GNU 编译器集合（GCC）Docker 容器

Docker 是一个将软件打包成容器（也叫镜像）的工具，它捆绑了跨平台执行软件所需的一切。Docker 对于具有复杂设置和配置的软件包特别有用。你通常可以免费下载预置的 Docker 容器（通常在 Docker Hub 官网），并在你的计算机上本地执行。这使得使用 Docker 成为快速和方便地开始使用新技术的好方法。

Docker 使你可以在大多数版本的 Windows 10 以及 macOS 和 Linux 上轻松使用 GNU 编译器集合。GNU Docker 容器在 Docker Hub 的 gcc 页面。

## 安装 Docker

要使用 GCC Docker 容器，首先要安装 Docker。Windows（64 位）[1]和 macOS 用户可以从 Docker 网站的 Get Started 页面下载并运行 Docker Desktop 安装程序，然后按照屏幕上的指示操作。Linux 用户可以借助 Docker 技术文档安装 Docker Engine，另外，你可以注册一个 Docker Hub 账户，这样你就可以从 Docker Hub 官网安装配置好的容器。

## 下载 Docker 容器

安装并运行 Docker 后，打开命令提示符（Windows）、Terminal（macOS、Linux）或 shell（Linux），然后执行命令：

```
docker pull gcc:latest
```

Docker 会下载 GNU 编译器集合（GCC）容器的当前版本[2]。在 1.10 节，我们将演示如何执行该容器并使用它来编译和运行 C 程序。

---

① 如果你有 Windows Home(64位)，请按照 Docker 文档网站的 Install Windows Home 页面的指示。

② 在本书写作时，GNU 编译器集合的版本是 10.2。

# 资源与支持

## 资源获取

本书提供如下资源：

● 本书配套代码；

● 本书思维导图；

● 异步社区 7 天 VIP 会员。

要获得以上资源，您可以扫描下方二维码，根据指引领取。

如果您是教师，希望获得教师补充资料，请发送邮件到 contact@epubit.com.cn，注明您的学校、专业等信息。

## 提交勘误

作者和编辑尽最大努力来确保书中内容的准确性，但难免会存在疏漏。欢迎您将发现的问题反馈给我们，帮助我们提升图书的质量。

当您发现错误时，请登录异步社区（www.epubit.com），按书名搜索，进入本书页面，点击"发表勘误"，输入勘误信息，点击"提交勘误"按钮即可（见下图）。本书的作者和编辑会对您提交的勘误进行审核，确认并接受后，您将获赠异步社区的 100 积分。积分可用于在异步社区兑换优惠券、样书或奖品。

| 图书勘误 | | ⌀ 发表勘误 |
|---|---|---|
| 页码： 1 | 页内位置（行数）： 1 | 勘误印次： 1 |
| 图书类型： ⦿ 纸书 ○ 电子书 | | |

添加勘误图片（最多可上传4张图片）

`+`

提交勘误

全部勘误　　我的勘误

## 与我们联系

我们的联系邮箱是 contact@epubit.com.cn。

如果您对本书有任何疑问或建议，请您发邮件给我们，并请在邮件标题中注明本书书名，以便我们更高效地做出反馈。

如果您有兴趣出版图书、录制教学视频，或者参与图书翻译、技术审校等工作，可以发邮件给我们。

如果您所在的学校、培训机构或企业，想批量购买本书或异步社区出版的其他图书，也可以发邮件给我们。

如果您在网上发现有针对异步社区出品图书的各种形式的盗版行为，包括对图书全部或部分内容的非授权传播，请您将怀疑有侵权行为的链接发邮件给我们。您的这一举动是对作者权益的保护，也是我们持续为您提供有价值的内容的动力之源。

## 关于异步社区和异步图书

"**异步社区**"是由人民邮电出版社创办的 IT 专业图书社区，于 2015 年 8 月上线运营，致力于优质内容的出版和分享，为读者提供高品质的学习内容，为作译者提供专业的出版服务，实现作者与读者在线交流互动，以及传统出版与数字出版的融合发展。

"**异步图书**"是异步社区策划出版的精品 IT 图书的品牌，依托于人民邮电出版社在计算机图书领域 30 余年的发展与积淀。异步图书面向 IT 行业以及各行业使用 IT 技术的用户。

# 目　　录

# 第1章　计算机和C语言简介

## 目标

在本章中，你将学习以下内容。

- 了解计算机领域令人振奋的最新发展。
- 学习计算机硬件、软件和因特网基础知识。
- 理解从位到数据库的数据层次结构。
- 理解不同类型的编程语言。
- 理解C语言和其他主要编程语言的优势。
- 学习可重用函数的C标准库，它可以帮助你避免"重新发明轮子"（即重复劳动）。
- 以测试驱动的方法编写C语言程序，用一个或多个流行的C语言编译器编译，我们用它来开发本书的数百个C语言代码实例、练习和项目（EEP）。
- 学习大数据和数据科学。
- 学习人工智能：计算机科学和数据科学的关键交叉点。

## 提纲

## 1.1　简介

欢迎学习 C 语言——世界上资深的计算机编程语言之一，根据 Tiobe 指数，它也是世界上受欢迎的语言之一[①]。你可能对计算机执行的许多功能强大的任务很熟悉。在本教材中，你将获得编写 C 语言指令的强化实践经验，这些指令可以命令计算机执行任务。软件（即你编写的 C 语言指令，也称为代码）控制硬件（即计算机和相关设备）。

C 语言在业界广泛用于各种任务[②]。今天流行的桌面操作系统——Windows[③]、macOS[④] 和 Linux[⑤]——部分是用 C 语言编写的。许多流行的应用程序部分是用 C 语言编写的，包括流行的网络浏览器（如 Google Chrome[⑥] 和 Mozilla Firefox[⑦]）、数据库管理系统（如 Microsoft SQL Server[⑧]、Oracle[⑨] 和 MySQL[⑩]）等。

本章将介绍术语和概念，为你在第 2 章开始学习的 C 语言编程打下基础。本章将介绍硬件和软件的概念，还将概述数据层次结构——从单个位（1 和 0）到数据库，数据库存储了组织实现当代应用（如 Google Search、Netflix、Twitter、Waze、Uber、Airbnb 和无数其他的应用）所需的大量数据。

本章将讨论编程语言的类型，并介绍 C 标准库和各种基于 C 的"开源"库，它们可以帮助你避免"重新发明轮子"。你将使用这些库，以适当的指令数量执行强大的任务。本章还会介绍其他软件技术，这些技术在你的职业生涯中开发软件时可能会用到。

有许多开发环境可以让你编译、构建和运行 C 语言应用程序。你将通过以下 4 个测试驱动中的一个或多个来展示如何编译和执行 C 代码：

- Windows 的 Visual Studio 2019 社区版；
- macOS 上 Xcode 中的 Clang；
- 在 Linux 的 shell 中的 GNU gcc；
- 在 GNU 编译器集合（GCC）Docker 容器内运行的 shell 中的 GNU gcc。

你可以只阅读你的课程或业界项目所需的测试驱动。

在过去，大多数计算机应用程序运行在"独立"的计算机上（也就是说，没有联网）。今天的应用程序可以通过因特网在全世界的计算机之间进行通信。本章将介绍因特网、万维网、云和物联网（IoT），它们中的每一个都可能在 21 世纪 20 年代（甚至很长一段时间之后）建立的应用程序中发挥重要作用。

## 1.2　硬件和软件

计算机进行计算和做出逻辑决定的速度比人类快得多。今天的个人计算机和智能手机可以在一秒内进行数十亿次计算——比人类一生中所能完成的还要多。超级计算机已经可以在一秒内执行数千万

---

[①] "TIOBE Index." 2020 年 11 月 4 日访问。

[②] "After All These Years, the World is Still Powered by C Programming." 2020 年 11 月 4 日访问。

[③] "What Programming Language is Windows written in?" 2020 年 11 月 4 日访问。

[④] "macOS." 2020 年 11 月 4 日访问。

[⑤] "Linux kernel." 2020 年 11 月 4 日访问。

[⑥] "Google Chrome." 2020 年 11 月 4 日访问。

[⑦] "Firefox." 2020 年 11 月 4 日访问。

[⑧] "Microsoft SQL Server." 2020 年 11 月 4 日访问。

[⑨] "Oracle Database." 2020 年 11 月 4 日访问。

[⑩] "MySQL." 2020 年 11 月 4 日访问。

亿的指令！截至 2020 年 12 月，富士通的 Fugaku[1]是世界上最快的超级计算机——它每秒可以进行 442 万亿次计算（442 petaflops）[2]！从这个角度来看，这台超级计算机可以在一秒内为地球上的每个人进行近 5800 万次计算[3]，而超级计算的上限还在迅速增长。

计算机在名为计算机程序（或简称程序）的指令序列的控制下处理数据。这些程序引导计算机完成一些有序行动，它们由所谓的计算机程序员指定。

一台计算机由各种名为硬件的物理设备组成，如键盘、屏幕、鼠标、固态硬盘、硬盘、内存、DVD 驱动器和处理单元。由于硬件和软件技术的快速发展，计算成本正在急剧下降。几十年前可能占满大房间并花费数百万美元的计算机，现在被嵌入比指甲盖还小的硅计算机芯片，每个芯片的成本可能只有几美元。具有讽刺意味的是，硅是地球上最丰富的元素之一，它是普通沙子的一种成分。硅芯片技术使计算变得如此经济，以至于计算机和计算机化设备已经成为商品。

## 1.2.1 摩尔定律

每年，你可能预期会为大多数产品和服务至少多付一点钱。在计算机和通信领域，情况恰恰相反，特别是在支持这些技术的硬件方面。多年来，硬件成本已经迅速下降。

几十年来，每隔几年，计算机处理能力就会增加一倍左右，而其价格不会变贵。这一显著的趋势通常被称为摩尔定律，以英特尔公司的联合创始人戈登·摩尔（Gordon Moore）的名字命名，他在 20 世纪 60 年代发现了这一趋势。英特尔是当今计算机和嵌入式系统中处理器的领先制造商，如智能家用电器、家庭安全系统、机器人、智能交通路口等。

计算机处理器公司 NVIDIA 和 Arm 的主要管理人员表示，摩尔定律不再适用[4][5]。计算机处理能力会继续增加，但会依赖于新的处理器设计，如多核处理器（1.2.2 节）。

摩尔定律及相关论断尤其适用于：

- 计算机用于程序的内存量；
- 用于保存程序和数据的二级存储（如硬盘和固态硬盘存储）的数量；
- 它们的处理器速度——即计算机执行程序以完成其工作的速度。

类似的增长也发生在通信领域。由于对通信带宽（即信息承载能力）的巨大需求吸引了激烈的竞争，成本已经大幅下降。据我们所知，没有哪个领域的技术改进如此迅速，成本下降如此迅速。这种惊人的改进真正促进了信息革命的发展。

## 1.2.2 计算机组织

不管物理上有什么不同，计算机可以被想象为划分成各种逻辑单元或部分。

### 输入单元

这个"接收"部分从输入设备获得信息（数据和计算机程序），并将其交给其他单元处理。计算机通过键盘、触摸屏、鼠标和触摸板接收大部分用户输入。其他形式的输入包括：

- 接收语音命令；
- 扫描图像和条形码；

---

[1] "Top 500." 2020 年 12 月 24 日访问。

[2] "Flops." 2020 年 11 月 1 日访问。

[3] 为了了解计算性能的发展情况，请考虑：在 20 世纪 60 年代的早期计算机时代，Harvey Deitel 使用的是数字设备公司的 PDP-1，它每秒只能进行 93458 次运算，而 IBM 1401 每秒只能进行 86957 次运算。

[4] "Moore's Law turns 55: Is it still relevant?" 2020 年 11 月 2 日访问。

[5] "Moore's Law is dead: Three predictions about the computers of tomorrow." 2020 年 11 月 2 日访问。

- 从二级存储设备（如固态硬盘、机械硬盘、蓝光光盘™驱动器和 USB 闪存驱动器——也称为"拇指驱动器"或"记忆棒"）读取数据；
- 接收来自网络摄像头的视频；
- 接收来自因特网的信息（比如你从 YouTube® 上观看流媒体视频或从 Amazon 上下载电子书）；
- 接收来自 GPS 设备的位置数据；
- 从智能手机或无线游戏控制器（如 Microsoft® Xbox®、Nintendo Switch™ 和 Sony® PlayStation® 的控制器）中的加速度计（对上下、左右和前后加速做出反应的装置）接收运动和方向信息；
- 接收来自 Apple Siri®、Amazon Alexa® 和 Google Home® 等智能助手的语音输入。

### 输出单元

这个"发送"部分接收计算机处理过的信息，并将其放在各种输出设备上，使其在计算机之外可用。现今，从计算机中输出的大多数信息会：

- 显示在屏幕上；
- 打印在纸上（"绿色行动"不鼓励这样做）；
- 在智能手机、平板电脑、个人计算机和体育场馆的大屏幕上以音频或视频形式播放；
- 在因特网上传输；
- 用于控制其他设备，如自动驾驶汽车（和一般的自主车辆）、机器人和"智能"电器。

信息通常也输出到二级存储设备，如固态硬盘、机械硬盘、USB 闪存驱动器和 DVD 驱动器。最近流行的输出形式是智能手机和游戏控制器的振动、虚拟现实设备（如 Oculus Rift®、Oculus Quest®、Sony® PlayStation® VR 和 Samsung Gear VR®）以及混合现实设备（如 Magic Leap® One 和 Microsoft HoloLens™）。

### 存储单元

这个快速访问、相对低容量的"仓库"部分保留了通过输入单元输入的信息，使其在需要时可立即进行处理。存储单元还保留处理后的信息，直到输出单元将其放在输出设备上。存储单元中的信息是不稳定的——通常在计算机电源关闭时就会丢失。存储单元通常称为内存、主存或 RAM（随机存取存储器）。台式机和笔记本电脑的主存包含多达 128 GB 的 RAM，尽管 8~16 GB 是最常见的。GB 是吉字节的意思，一吉字节大约是 10 亿字节。一字节是 8 位。一位（"二进制数字"的简称）是 0 或 1。

### 算术和逻辑单元（ALU）

这个"制造"部分执行计算（例如，加法、减法、乘法和除法），并做出判断（例如，比较存储单元中的两个数据项以确定它们是否相等）。在今天的系统中，ALU 是下面的逻辑单元（即 CPU）的一部分。

### 中央处理单元（CPU）

这个"管理"部分协调和监督其他部分的操作。CPU 将执行如下操作：

- 告诉输入单元何时将信息读入存储单元；
- 告诉 ALU 何时在计算中使用存储单元的信息；
- 告诉输出单元何时将信息从存储单元发送到特定的输出设备。

今天的大多数计算机都有多核处理器，在一个集成电路芯片上经济地实现多个处理器。这种处理器可以同时执行许多操作。一个双核处理器有 2 个 CPU，一个四核处理器有 4 个 CPU，一个八核处理器有 8 个 CPU。英特尔有一些处理器有多达 72 个内核。

### 二级存储单元

这是长期的、高容量的"仓库"部分。其他单元没有活跃使用的程序和数据被放置在二级存储设备上，直到再次需要它们，可能是几小时、几天、几个月甚至几年之后。二级存储设备上的信息是持久的——即使计算机电源被关闭，它也会被保存下来。二级存储信息的访问时间比主存中的信息要长得多，但其每字节的成本却要低得多。二级存储设备包括固态硬盘、USB 闪存驱动器、硬盘和读/写蓝光驱动器等。目前许多驱动器可容纳 TB 级的数据。一太字节（TB）大约是一万亿字节。典型的台式机和笔记本电脑硬盘可容纳 4 TB 数据，一些最新的台式机硬盘可容纳 20 TB 数据[①]。庞大的商用固态硬盘可容纳 100 TB 数据（价格为 4 万美元）[②]。

### ✓ 自测题

1  （填空）几十年来，每隔几年，计算机的容量就会增加一倍左右，而其价格不会变贵。这种显著的趋势通常被称为_____。

答案：摩尔定律。

2  （判断）存储单元中的信息是持久的——即使在计算机电源关闭的情况下也能保存下来。

答案：错。存储单元中的信息是不稳定的——当计算机的电源关闭时，它通常会丢失。

3  （填空）今天大多数计算机有_____处理器，在一个集成电路芯片上实现多个处理器。这种处理器可以同时执行许多操作。

答案：多核。

## 1.3  数据层次结构

计算机处理的数据项形成了一个数据层次结构，随着我们从最简单的数据项（称为"位"）到更丰富的数据项（如字符和字段），这个层次结构变得更大，且结构更复杂。图 1-1 说明了数据层次结构的一部分。

### 位

位是"二进制数字"的简称（一个可以承担两个数值之一的数字），它是计算机中最小的数据项。它的值可以是 0 或 1。值得注意的是，计算机令人印象深刻的功能只涉及对 0 和 1 的最简单操作——检查一位的值、设置一位的值和翻转一位的值（从 1 到 0 或从 0 到 1）。位构成了二进制数字系统的基础，我们在本书在线资源中的附录 E 中讨论了这一点。

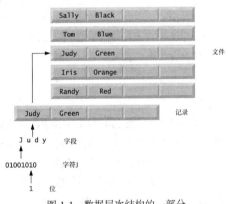

图 1-1  数据层次结构的一部分

### 字符

以位的低级形式处理数据是很乏味的。相反，人们更喜欢用十进制数字（0～9）、字母（A～Z 和 a～z）和特殊符号，如

$ @ % & * ( ) - + " : ; , ? /

数字、字母和特殊符号被称为字符。计算机的字符集包含用于编写程序和表示数据项的字符。计算机只处理 1 和 0，所以计算机的字符集将每个字符表示为 1 和 0 的模式。C 语言默认使用 ASCII（American Standard Code for Information Interchange，美国信息交换标准代码）字符集。C 语言也支持由 1、2、3 或 4 字节（分别为 8、16、24 或 32 位）组成的 Unicode®字符[③]。

Unicode 包含了世界上许多语言的字符。ASCII 是 Unicode 的一个（很小的）子集，代表字母（a～z 和 A～Z）、数字和一些常见的特殊字符。你可以通过 Unicode 网站查看 Unicode 的 ASCII 子集。关于所有语言、符号、表情符号等的冗长的 Unicode 图表，也请访问 Unicode 网站。

---

① "History of hard disk drives." 2020 年 11 月 1 日访问。

② "At 100TB, the world's biggest SSD gets an (eye-watering) price tag." 2020 年 11 月 1 日访问。

③ "Programming with Unicode." 2020 年 11 月 1 日访问。

## 字段

正如字符是由位组成的一样，字段是由字符或字节组成的。一个字段是一组传递意义的字符或字节。例如，一个由大写和小写字母组成的字段可以代表一个人的名字，一个由十进制数字组成的字段可以代表一个人的年龄。

## 记录

几个相关的字段可以用来组成一条记录。在一个工资系统中，例如，一个雇员的记录可能由以下字段组成（这些字段的可能类型显示在括号里）：

- 雇员识别号码（一个整数）；
- 姓名（一组字符）；
- 地址（一组字符）；
- 时薪（一个带小数点的数字）；
- 年初至今的收入（一个带小数点的数字）；
- 预扣税款的数额（一个带小数点的数字）。

因此，一条记录是一组相关的字段。上面列出的所有字段都属于同一个雇员。一家公司可能有许多雇员，每个人都有一条工资记录。

## 文件

一个文件是一组相关的记录。更一般地说，一个文件包含任意格式的任意数据。一些操作系统将一个文件简单地看作一个字节序列——对文件中的字节的任何组织（如将数据组织成记录），都是由应用程序的编程人员创建的视图。你将在第 11 章中看到如何做到这一点。一个组织有许多文件，有些文件包含数十亿甚至数万亿字符的信息，这是很正常的。正如我们将在下面看到的，随着大数据的出现，更大的文件变得越来越普遍。

## 数据库

数据库是为方便访问和操作而组织的数据集合。最流行的模型是关系型数据库，其中数据被存储在简单的表中。一个表包括记录和字段。例如，一个学生表可能包括名、姓、专业、年级、学生证号和年级平均分字段。每个学生的数据是一条记录，而每条记录中的各个信息是字段。你可以根据数据与多个表或数据库的关系进行搜索、排序和其他操作。例如，一个大学可能使用来自学生数据库的数据与来自课程、校内住宿、膳食计划等数据库的数据相结合。

## 大数据

图 1-2 显示了一些常见的字节度量单位。

| 单位 | 值 | 换算为字节 |
|------|------|-----------|
| 1 kilobyte (KB) | 1024 bytes | $10^3$ bytes (准确来说是 1024) |
| 1 megabyte (MB) | 1024 kilobytes | $10^6$ (1000000) bytes |
| 1 gigabyte (GB) | 1024 megabytes | $10^9$ (1000000000) bytes |
| 1 terabyte (TB) | 1024 gigabytes | $10^{12}$ (1000000000000) bytes |
| 1 petabyte (PB) | 1024 terabytes | $10^{15}$ (1000000000000000) bytes |
| 1 exabyte (EB) | 1024 petabytes | $10^{18}$ (1000000000000000000) bytes |
| 1 zettabyte (ZB) | 1024 exabytes | $10^{21}$ (1000000000000000000000) bytes |

图 1-2　常见的字节度量单位

全世界产生的数据量是巨大的，而且其增长速度也在加快。大数据应用处理大量的数据。这一领域正在迅速发展，为软件开发人员创造了大量的机会。全球数以百万计的信息技术（IT）工作已经支持大数据应用。

### Twitter®——受欢迎的大数据源

开发人员青睐的一个大数据源是 Twitter。每天大约会产生 800000000 条推文①。虽然推文看起来被限制在 280 个字符，但实际上每条推文为想要分析推文的程序员提供了近 10000 字节的数据。800000000 乘以 10000，大约是 8000000000000 字节或每天 8 太字节（TB）的数据。这就是大数据。

预测是一个具有挑战性的过程，往往成本很高，但准确预测的潜在回报是巨大的。数据挖掘是在广泛的数据集合中搜索的过程，通常是大数据，以找到对个人和组织有价值的洞见。你从推文中挖掘出的情绪可以帮助预测选举结果，预测一部新电影可能产生的收入，以及预测一家公司的营销活动是否成功。它还可以帮助公司发现竞争对手产品的不足之处。

### ✔ 自测题

1 （填空）_____是"二进制数字"的简称，即一个可以承担两个数值之一的数字，是计算机中最小的数据项。
答案：位。

2 （判断）在一些操作系统中，文件被简单地看作一个字节序列——对文件中的字节的任何组织（如将数据组织成记录），都是由应用程序的编程人员创建的视图。
答案：对。

3 （填空）数据库是为方便访问和操作而组织的数据集合。最流行的模型是_____数据库，其中数据被存储在简单的表中。
答案：关系型。

## 1.4　机器语言、汇编语言和高级语言

程序员用各种编程语言编写指令，有些是计算机可以直接理解的，有些则需要中间的翻译步骤。今天有数百种这样的语言在使用。这些语言可以分为 3 个一般类型：

- 机器语言；
- 汇编语言；
- 高级语言。

### 机器语言

任何计算机都只能直接理解它自己的机器语言，由它的硬件设计决定。机器语言通常由一串数字（通常简化为 1 和 0）组成，它们指示计算机一次只执行一个最基本的操作。机器语言依赖于机器，即一种特定的机器语言只能在一种类型的计算机上使用。这种语言对人类来说是很麻烦的。例如，以下是一个早期机器语言工资程序的部分内容，它将加班费加到基本工资中，并将结果存储在工资总额中：

```
+1300042774
+1400593419
+1200274027
```

在练习 7.28～7.30 中，你将"拆开"一台计算机并观察其内部结构。我们将介绍机器语言编程，而你将编写几个机器语言程序。为了使这成为一个特别有价值的经验，你将建立一个计算机的软件模拟，可以在上面执行你的机器语言程序。

---

① "Twitter Usage Statistics." 2020 年 11 月 1 日访问。

### 汇编语言和汇编程序

对大多数程序员来说，用机器语言编程实在是太慢、太乏味了。程序员不再使用计算机能够直接理解的数字串，而是开始使用类似英语的缩写来表示基本操作。这些缩略语形成了汇编语言的基础。

名为汇编程序的翻译程序被开发出来，以计算机的速度将汇编语言程序转换成机器语言。汇编语言工资程序的以下部分也将加班费添加到基本工资中，并将结果存储在工资总额中：

```
load      basepay
add       overpay
store     grosspay
```

虽然这样的代码对人类来说比较清晰，但在翻译成机器语言之前，计算机是无法理解的。

### 高级语言和编译器

随着汇编语言的出现，计算机的使用迅速增加。然而，即使是简单的任务，程序员也不得不使用大量的指令来完成。为了加快编程过程，高级语言被开发出来，在这些语言中，单个语句可以完成大量任务。一个典型的高级语言程序包含许多语句，称为程序的源代码。

名为编译器的翻译程序将高级语言的源代码转换成机器语言。高级语言允许你编写几乎与日常英语一样的指令，并包含常见的数学符号。一个用高级语言编写的工资程序可能包含一个单一的语句，如

```
grossPay = basePay + overTimePay
```

从程序员的角度来看，高级语言比机器语言和汇编语言更受欢迎。C 语言是世界上使用广泛的高级编程语言之一。

在练习 12.24～12.27 中，你将建立一个编译器，它将用高级编程语言编写的程序转换为你在练习 7.28 中学到的 Simpletron 机器语言。练习 12.24～12.27 将整个编程过程"联系"起来。你将用一种简单的高级语言编写程序，在你建立的编译器上编译这些程序，然后在练习 7.29 中建立的 Simpletron 模拟器上运行这些程序。

### 解释器

将一个大型的高级语言程序编译成机器语言可能会花费大量的计算机时间。解释器直接执行高级语言程序。解释器避免了编译的延迟，但你的代码运行速度比编译后的程序慢。一些编程语言，如 Java[①]和 Python[②]，使用编译和解释的巧妙组合来运行程序。

### ✓ 自测题

1　（填空）名为_____的翻译程序以计算机的速度将汇编语言程序转换成机器语言。

　　答案：汇编程序。

2　（填空）为了直接执行高级语言程序而开发的_____程序，避免了编译的延迟，尽管它们的运行速度比编译后的程序慢。

　　答案：解释器。

3　（判断）高级语言允许你编写的指令看起来几乎和日常英语一样，并包含常用的数学符号。

　　答案：对。

## 1.5　操作系统

操作系统是使用户、软件开发商和系统管理员更方便地使用计算机的软件。它们提供服务，使应用程序能够安全、有效、并发地执行。包含操作系统核心组件的软件称为内核。Linux、Windows 和 macOS 是流行的桌面计算机操作系统——你可以配合本书使用任何一种。每种都有一部分是用 C 语言

---

① "Java virtual machine." 2020 年 11 月 2 日访问。

② "An introduction to Python bytecode." 2020 年 11 月 1 日访问。

编写的。智能手机和平板电脑中使用的流行的移动操作系统是谷歌的安卓和苹果的 iOS。

## Windows：专有操作系统

在 20 世纪 80 年代中期，微软开发了 Windows 操作系统，包含一个建立在 DOS（磁盘操作系统）之上的图形用户界面——这是一个非常流行的个人计算机操作系统，用户通过输入命令进行交互。Windows 10 操作系统包括用于语音交互的 Cortana 个人助理。Windows 是一个专有操作系统，它由微软独家控制。目前，它是使用广泛的桌面操作系统。

## Linux：开源操作系统

Linux 操作系统是开源运动的成功产物之一。软件的早期主要是销售或租赁专有软件。通过开放源码，个人和公司可以开发、维护和发展软件。然后，任何人都可以出于自己的目的使用该软件——通常是免费的，但要符合各种（通常是慷慨的）许可要求。与专有软件相比，开放源码通常会被更多的人审查，所以错误可以更快地消除，使软件鲁棒性更强。开放源码提高了生产力，并促进了创新的爆发。在本书中，你将使用各种流行的开源库和工具。

开源社区中有许多组织机构。一些关键的组织机构如下：

■ GitHub（提供管理开源项目的工具——它有数百万个正在开发的项目）；
■ Apache 软件基金会（最初是 Apache web 服务器的创建者）现在监管着 350 多个开源项目，包括一些大数据基础设施技术；
■ Eclipse 基金会（Eclipse 集成开发环境帮助程序员方便地开发软件）；
■ Mozilla 基金会（Firefox 网络浏览器的创建者）；
■ OpenML（专注于机器学习的开源工具和数据）；
■ OpenAI（从事人工智能的研究，发布用于人工智能强化学习研究的开源工具）；
■ OpenCV（专注于开源计算机视觉工具，可以在各种操作系统和编程语言中使用）；
■ Python 软件基金会（负责 Python 编程语言）。

计算和通信的快速改进、成本的降低和开源软件使现在创建基于软件的业务比 10 年前更容易、更经济。一个很好的例子是 Facebook，它是在大学宿舍里推出并用开源软件建立的。

Linux 内核是流行的开源、自由发布、全功能操作系统的核心。它由一个松散的志愿者团队开发，在服务器、个人计算机和嵌入式系统（如智能手机、智能电视和汽车系统的核心计算机系统）中很受欢迎。与微软的 Windows 和苹果的 macOS 源代码不同，Linux 的源代码可供公众检查和修改，并可免费下载和安装。因此，Linux 用户可以从大量积极调试和改进内核的开发人员社区中获益，也可以从定制操作系统以满足特定需求的能力中获益。

## 苹果的 macOS 和苹果的 iOS 用于 iPhone®和 iPad®设备

苹果公司由史蒂夫·乔布斯（Steve Jobs）和史蒂夫·沃兹尼亚克（Steve Wozniak）于 1976 年创立，很快成为个人计算机领域的领导者。1979 年，乔布斯和几位苹果员工参观了施乐 PARC（Palo Alto Research Center，Palo Alto 研究中心），了解了以图形用户界面（GUI）为特色的施乐台式机。该图形用户界面成为 1984 年推出的苹果 Macintosh 的灵感来源。

由 Stepstone 公司在 20 世纪 80 年代初创建的 Objective-C 编程语言为 C 编程语言增加了面向对象编程（OOP）的功能。史蒂夫·乔布斯于 1985 年离开苹果公司，成立了 NeXT 公司。1988 年，NeXT 从 Stepstone 获得了 Objective-C 的授权。NeXT 开发了 Objective-C 编译器和库，并将其作为 NeXTSTEP 操作系统的用户界面和 Interface Builder（用于构建图形用户界面）的平台。

1996 年，苹果公司收购了 NeXT，乔布斯回到了苹果公司。苹果的 macOS 操作系统是 NeXTSTEP 的后裔。苹果还有其他几个源自 macOS 的专有操作系统：

■ iOS 用于 iPhone 手机；
■ iPadOS 用于 iPad；
■ watchOS 用于苹果手表；

■ tvOS 用于苹果电视设备。

2014 年，苹果推出了 Swift 编程语言，并在 2015 年将其开源。苹果的应用开发社区在很大程度上已经从 Objective-C 转向了 Swift。基于 Swift 的应用程序可以导入 Objective-C 和 C 软件组件[①]。

### 谷歌的安卓系统

安卓（广泛使用的移动和智能手机操作系统）基于 Linux 内核、Java 编程语言以及现在的开源 Kotlin 编程语言。安卓是开源的、免费的。虽然你不能纯粹用 C 语言开发安卓应用，但你可以将 C 语言代码纳入安卓应用[②]。

根据 IDC 的数据，2020 年出货的智能手机中有 84.8% 使用安卓系统，而苹果系统只占 15.2%[③]。安卓操作系统被用于众多智能手机、电子阅读设备、平板电脑、电视设备、店内触摸屏亭、汽车、机器人、多媒体播放器等。

### 数十亿计算机化设备

现在有数十亿台个人计算机和更多的移动设备在使用。智能手机、平板电脑和其他设备的爆炸性增长为移动应用开发者创造了巨大的机会。图 1-3 列出了许多计算机化设备，每一个都可以成为物联网的一部分（见 1.11 节）。

| | | |
|---|---|---|
| 汽车 | 蓝光光盘™播放器 | 楼宇控制器 |
| 有线电视盒 | 台式机 | 信用卡 |
| CT扫描器 | GPS导航系统 | 电子阅读器 |
| 游戏机 | 彩票系统 | 家用电器 |
| 家庭安全系统 | 核磁共振仪 | 医疗设备 |
| 移动电话 | 停车计时器 | 个人计算机 |
| 光学传感器 | 打印机 | 机器人 |
| 销售点终端 | 服务器 | 智能卡 |
| 智能电表 | 电视机 | 智能手机 |
| 平板电脑 | 电视机顶盒 | 温控器 |
| 交通卡 | 自动取款机 | 车辆诊断系统 |

图 1-3 一些计算机化设备

### ✓ 自测题

1 （填空）Windows 是一个_____操作系统——它是由微软公司控制的。

答案：专有。

2 （判断）与开源软件相比，专有代码通常会被更多的人审查，所以错误往往能更快地消除。

答案：错。与专有软件相比，开源代码通常会被更多的人审查，所以错误往往能更快地消除。

3 （判断）与安卓相比，iOS 在全球智能手机市场上占主导地位。

答案：错。安卓目前控制着 84.8% 的智能手机市场，但 iOS 应用的收入几乎是安卓应用的两倍[④]。

---

① "Imported C and Objective-C APIs." 2020 年 11 月 3 日访问。

② "Add C and C++ code to your project." 2020 年 11 月 3 日访问。

③ "Smartphone Market Share." 2020 年 12 月 24 日访问。

④ "Global App Revenue Reached \$50 Billion in the First Half of 2020，Up 23% Year-Over-Year." 2020 年 11 月 1 日访问。

## 1.6　C 编程语言

C 语言是从两种早期的语言（BCPL[①]和 B[②]）演变而来的。BCPL 是由马丁·理查德（Martin Richards）在 1967 年开发的，是一种用于编写操作系统和编译器的语言。肯·汤普森（Ken Thompson）在他的 B 语言中模仿了 BCPL 中的许多特征，1970 年他在贝尔实验室用 B 语言创建了 UNIX 操作系统的早期版本。

贝尔实验室的丹尼斯·里奇（Dennis Ritchie）在 B 语言的基础上提出了 C 语言并于 1972 年首次实现[③]。C 语言最初作为 UNIX 操作系统的开发语言而广为人知。今天许多领先的操作系统都是用 C 或 C++编写的。C 语言在很大程度上独立于硬件——通过精心设计，有可能写出可移植到大多数计算机上的 C 语言程序。

### 为性能而生

C 语言被广泛用于开发对性能有要求的系统，如操作系统、嵌入式系统、实时系统和通信系统，如图 1-4 所示。

| 系　　统 | 描　　述 |
|---|---|
| 操作系统 | C 语言的可移植性和性能使它成为实现操作系统的理想选择，如 Linux 和 Windows 的一部分以及谷歌的安卓。苹果公司的 macOS 是用 Objective-C 构建的，而 Objective-C 是由 C 衍生出来的。我们在 1.5 节讨论了一些主要的流行的桌面/笔记本操作系统和移动操作系统 |
| 嵌入式系统 | 每年生产的绝大部分微处理器被嵌入通用计算机以外的设备中。这些嵌入式系统包括导航系统、智能家用电器、家庭安全系统、智能手机、平板电脑、机器人、智能交通路口等。C 语言是开发嵌入式系统的流行的编程语言之一，这些系统通常需要尽可能快地运行并节省内存。例如，汽车的防抱死制动系统必须立即响应，在不打滑的情况下使汽车减速或停止；视频游戏控制器应即时响应，以防止控制器和游戏动作之间的滞后 |
| 实时系统 | 实时系统通常用于"关键任务"的应用，需要近乎瞬时和可预测的响应时间。实时系统需要连续工作。例如，一个空中交通管制系统必须持续监测飞机的位置和速度，并毫不拖延地将信息报告给空中交通管制员，以便他们在有可能发生碰撞时提醒飞机改变航线 |
| 通信系统 | 通信系统需要将大量的数据快速传送到目的地，以确保诸如音频和视频的顺利及无延迟传递 |

图 1-4　对性能有要求的系统及其描述

到 20 世纪 70 年代末，C 语言已经发展成为现在所称的"传统 C"。1978 年，克尼汉（Kernighan）和里奇（Ritchie）的书《C 程序设计语言》（*The C Programming Language*）出版，引起了人们对该语言的广泛关注。这本书成为非常成功的计算机科学书籍之一。

### 标准化

C 语言迅速扩展到各种硬件平台（即计算机硬件的类型），导致了许多相似但往往不兼容的 C 语言版本。这对于需要为多个平台开发代码的程序员来说是一个严重的问题。很明显，需要一个标准的 C 语言版本。1983 年，美国国家计算机和信息处理标准委员会（X3）成立了 X3J11 技术委员会，以"提供一个明确的和独立于机器的语言定义"。1989 年，该标准通过美国国家标准协会（American National Standards Institute，ANSI）在美国得到批准，然后通过国际标准化组织（International Standards Organization，ISO）在全世界得到批准。这个版本就被简单地称为标准 C。

---

[①] "BCLP." 2020 年 11 月 1 日访问。

[②] "B（programming language）." 2020 年 11 月 1 日访问。

[③] "C（programming language）." 2020 年 11 月 1 日访问。

### C11 和 C18 标准

我们讨论了最新的 C 标准（称为 C11），该标准于 2011 年得到批准，并在 2018 年通过错误修复进行了更新（称为 C18）。C11 完善并扩展了 C 的能力。我们在正文和附录 C 中（在容易包含或忽略的一些小节中）集成了许多在领先的 C 编译器中实现的新特征。目前的 C 标准文件称为 ISO/IEC 9899:2018。可以从 ISD 官网订购副本。

根据 C 标准委员会的说法，下一个 C 标准可能会在 2022 年发布[①]。

由于 C 语言是一种独立于硬件的、广泛使用的语言，C 语言的应用程序通常可以在各种计算机系统上运行，很少或不需要修改。

### ✓ 自测题

1   （填空）C 是由以前的两种语言_____和_____演变而来的。

　　答案：BCPL，B。

2   （判断）可以写出可以移植到大多数计算机上的 C 语言程序。

　　答案：对。

## 1.7   C 语言标准库和开源库

C 语言程序由称为函数的片段组成。你可以编写所有你需要的函数来组成一个 C 程序。然而，大多数 C 程序员利用了 C 标准库中丰富的现有函数集合。因此，学习 C 语言编程实际上有两个部分：

- 学习 C 语言本身；
- 学习如何使用 C 语言标准库中的函数。

在本书中，我们讨论了其中的许多函数。P. J. 普劳格（P. J. Plauger）的《C 标准库》（*The Standard C Library*）一书是需要深入了解库中函数、如何实现它们以及如何使用它们来编写可移植代码的程序员的必读之作。我们在本文中使用并解释了许多 C 库函数。

本书鼓励采用搭积木的方式来创建程序。当用 C 语言编程时，你通常会使用以下构建模块：

- C 标准库函数；
- 开放源码的 C 库函数；
- 你自己创建的函数；
- 其他人（你信任的人）创建并提供给你的函数。

创建你自己的函数的好处在于，你会清楚地知道它们是如何工作的。缺点是在设计、开发、调试和性能调优新函数时需要花费大量的时间。在本书中，我们将重点放在使用现有的 C 语言标准库，以充分利用你的程序开发工作，避免"重新发明轮子"。这就是所谓的软件复用。

PERF 🖉　　　使用 C 标准库函数而不是编写自己的版本可以提高程序的性能，因为这些函数是精心编写的，效率很高。使用 C 语言标准库函数而不是自己编写的类似版本也可以提高程序的可移植性。

### 开源库

有大量的第三方和开源的 C 语言库，可以帮助你用少量的代码完成重要的任务。GitHub 在其 C 语言类别中列出了超过 32000 个存储库（参见 GitHub 网站 C 语言相关内容），此外，一些网页，如 Awesome C（请参阅 GitHub 网站的 Kozross/awesome-c 库），为广泛的应用领域中流行的 C 语言库提供了精心挑选的清单。

---

① "Programming Language C — C2x Charter." 2020 年 11 月 4 日访问。

✓ **自测题**

1　（填空）大多数 C 语言程序员都利用了丰富的现有函数集合，这些函数被称为_____。

　　答案：C 标准库。

2　（填空）避免"重新发明轮子"，而是使用现有的片段。这被称为_____。

　　答案：软件复用。

# 1.8　其他流行的编程语言

下面是对其他几种流行的编程语言的简要介绍。

- BASIC 是 20 世纪 60 年代在达特茅斯学院开发的，用于让新手熟悉编程技术。它的许多最新版本是面向对象的。

- C++是以 C 语言为基础的，由本贾尼·斯特劳斯特卢普（Bjarne Stroustrup）在 20 世纪 80 年代初在贝尔实验室开发。C++提供了增强 C 语言的功能，并增加了面向对象的编程能力。我们在附录 D 中介绍了面向对象编程的概念。

- Python 是一种面向对象的语言，于 1991 年公开发布。它是由阿姆斯特丹国家数学和计算机科学研究所的吉多·范罗苏姆（Guido van Rossum）开发的。Python 已经迅速成为世界上流行的编程语言之一，特别是在教育和科学计算方面，2017 年，它超过了编程语言 R，成为流行的数据科学编程语言[1][2][3]。Python 流行的原因：它是开源的、免费的，可以广泛使用[4][5][6]。它得到了一个庞大的开源社区的支持，相对容易学习。它的代码比许多其他流行的编程语言更容易阅读。它通过广泛的标准库和数以千计的第三方开源库提高了开发者的生产力。它在网络开发和人工智能领域很受欢迎，人工智能正在享受爆炸性增长，部分原因是它与数据科学的特殊关系。它在金融界广泛使用[7]。

- Java——Sun 微系统公司在 1991 年资助了一个由詹姆斯·高斯林（James Gosling）领导的公司内部研究项目，该项目产生了基于 C++的面向对象的编程语言，称为 Java。Java 的一个关键目标是"一次编写，随处运行"，使开发人员能够编写在各种计算机系统上运行的程序。Java 被用于企业应用、网络服务器（向我们的网络浏览器提供内容的计算机）、消费设备（如智能手机、平板电脑、电视机顶盒、家用电器、汽车等）的应用以及许多其他用途。Java 最初是首选的安卓应用开发语言，尽管安卓现在也支持其他几种语言。

- C#（基于 C++和 Java）是微软的 3 种主要面向对象编程语言之一，另外两种是 Visual C++和 Visual Basic。C#的开发是为了将网络整合到计算机应用程序中，现在被广泛用于开发许多种类的应用程序。作为微软的许多开源计划的一部分，他们现在提供 C#和 Visual Basic 的开源版本。

- JavaScript 是一种广泛使用的脚本语言，主要用于降低编写网页的难度（例如，动画、用户互动性等）。所有主要的网络浏览器都支持它。许多 Python 可视化库输出 JavaScript 来创建交互式的可视化，你可以在你的网络浏览器中查看。NodeJS 等工具也使 JavaScript 能够在网络浏览器之外运行。

---

[1] "5 things to watch in Python in 2017." 2020 年 11 月 1 日访问。

[2] "Python overtakes R, becomes the leader in Data Science, Machine Learning platforms." 2020 年 11 月 1 日访问。

[3] "Data Science Job Report 2017: R Passes SAS, But Python Leaves Them Both Behind." 2020 年 11 月 1 日访问。

[4] "Why Learn Python? Here Are 8 Data-Driven Reasons." 2020 年 11 月 1 日访问。

[5] "Why Learn Python." 2020 年 11 月 1 日访问。

[6] "5 things to watch in Python in 2017." 2020 年 11 月 1 日访问。

[7] M Kolanovic, Krishnamachari R, *Big Data and AI Strategies: Machine Learning and Alternative Data Approach to Investing* [M]. New York: J.P. Morgan, 2017.

- Swift 在 2014 年推出，是苹果公司开发 iOS 和 macOS 应用程序的编程语言。Swift 是一种现代语言，包括 Objective-C、Java、C#、Ruby、Python 和其他语言的流行特征。Swift 是开源的，所以它也可以在非苹果平台上使用。
- R 是一种流行的用于统计应用和可视化的开源编程语言。Python 和 R 是两种最广泛使用的数据科学语言。

### ✓ 自测题

1　（填空）现在，通用操作系统和其他对性能要求很高的系统的大部分代码都是用_____编写的。
　答案：C 或 C++。
2　（填空）_____的一个关键目标是"一次编写，随处运行"，使开发人员能够编写在各种计算机系统和计算机控制的设备上运行的程序。
　答案：Java。
3　（判断）R 是最流行的数据科学编程语言。
　答案：错。2017 年，Python 超过了 R，成为更加流行的数据科学编程语言。

## 1.9　典型的 C 语言程序开发环境

C 系统通常由 3 个部分组成：程序开发环境、语言和 C 标准库。下面的讨论解释了典型的 C 语言开发环境。

C 程序的执行通常要经过 6 个阶段——编辑、预处理、编译、链接、加载和执行。尽管本书是一本通用的 C 语言教材（独立于任何特定的操作系统而编写），但我们在本节中集中讨论一个典型的基于 Linux 的 C 系统。在 1.10 节中，你将尝试在 Windows、macOS 和 Linux 上创建和运行 C 程序。

### 1.9.1　第 1 阶段：创建程序

第 1 阶段（在图 1-5 中）包括在一个编辑器程序中编辑一个文件。

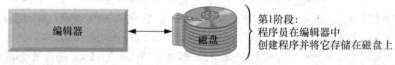

图 1-5　第 1 阶段

在 Linux 系统上广泛使用的两个编辑器是 vi 和 emacs。C 和 C++集成开发环境（IDE），如 Visual Studio 和 Xcode 都有集成编辑器。在编辑器中输入一个 C 程序，必要时进行修改，然后将该程序存储在二级存储设备（如硬盘）上。C 程序的文件名应该以 .c 为扩展名结尾。

### 1.9.2　第 2 阶段和第 3 阶段：预处理和编译 C 语言程序

在第 2 阶段（如图 1-6 所示），给出编译程序的命令。

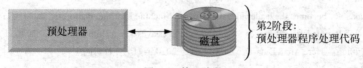

图 1-6　第 2 阶段

编译器将 C 语言程序翻译成机器语言代码（也称为目标代码）。在 C 语言系统中，在编译器的翻译阶段开始之前，编译命令会调用一个预处理器程序。C 语言预处理器服从特殊的命令，称为预处理器指令，对程序的源代码文件进行文本操作。这些操作包括插入其他文件内容和各种文本替换。前面几章讨论了最常见的预处理器指令。第 14 章将讨论其他预处理器特征。

在第 3 阶段（如图 1-7 所示），编译器将 C 语言程序翻译成机器语言代码。

图 1-7　第 3 阶段

当编译器无法识别一个语句时，会发生语法错误，因为它违反了语言规则。编译器会发出一条错误提示，以帮助你找到并修复错误的语句。C 标准没有规定编译器发出的错误提示的措辞，所以你在你的系统上看到的信息可能与其他系统上的不同。语法错误也被称为编译错误或编译时错误。

## 1.9.3　第 4 阶段：链接

第 4 阶段（如图 1-8 所示）称为链接。

图 1-8　第 4 阶段

C 语言程序通常使用其他地方定义的函数，如标准库、开源库或特定项目的私有库。由 C 语言编译器产生的目标代码通常包含由于这些缺失的部分而导致的"漏洞"。链接器将程序的目标代码与缺失函数的代码链接起来，以产生一个可执行映像（没有缺失部分）。在一个典型的 Linux 系统中，编译和链接程序的命令是 gcc（GNU C 编译器）。要使用最新的 C 标准（C18）编译和链接一个名为 welcome.c 的程序，请在 Linux 提示符下输入

```
gcc -std=c18 welcome.c
```

并按下 Enter 键（或 Return 键）。Linux 命令是区分大小写的。如果程序编译和链接正确，编译器会产生一个名为 a.out 的文件（默认情况下），这就是 welcome.c 的可执行映像。

## 1.9.4　第 5 阶段：加载

第 5 阶段（如图 1-9 所示）称为加载。

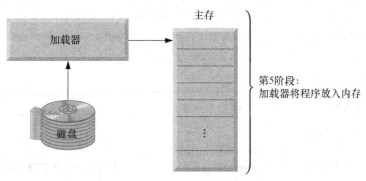

图 1-9　第 5 阶段

在一个程序能够执行之前，操作系统必须将它加载到内存中。加载器从磁盘上获取可执行映像并将其转移到内存中。支持该程序的共享库中的其他组件也被加载。

## 1.9.5　第 6 阶段：执行

在第 6 阶段（如图 1-10 所示），计算机在其 CPU 的控制下，每次执行一条指令。

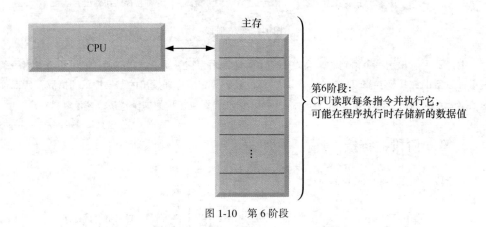

图 1-10　第 6 阶段

要在 Linux 系统上加载和执行该程序，请在 Linux 提示符下输入 ./a.out 并按 Enter 键。

## 1.9.6　执行时可能出现的问题

程序并不一定在第一次尝试时就会成功，每个阶段都可能因为各种错误而失败，我们将讨论这些错误。例如，一个正在执行的程序可能试图除以 0（在计算机上是一个非法操作，就像算术中一样）。这将导致计算机显示一个错误信息。然后返回编辑阶段，进行必要的修正，并继续执行其余阶段，以确定修正工作是否正常。

在程序运行过程中发生的诸如除以 0 的错误被称为运行时错误或执行时错误。除以 0 通常是一个致命的错误，它导致程序在没有成功完成其工作的情况下立即终止。非致命错误允许程序运行到完成，但往往往会产生不正确的结果。

## 1.9.7　标准输入、标准输出和标准错误流

大多数 C 程序输入或输出数据。某些 C 语言函数从 stdin（标准输入流）获取输入，stdin 通常是指键盘。数据被输出到 stdout（标准输出流），这通常是指计算机屏幕。当我们说一个程序输出一个结果时，通常是指该结果显示在屏幕上。数据也可能被输出到诸如磁盘和打印机等设备上。还有一个被称为 stderr 的标准错误流，它通常连接到屏幕上，用于显示错误信息。常见的做法是将常规输出数据（即 stdout）路由到屏幕以外的设备，同时将 stderr 分配给屏幕，以便用户能够立即获知错误。

### ✓ 自测题

1　（填空）C 语言程序的执行通常要经过 6 个阶段：_____、_____、_____、_____、_____和_____。

答案：编辑，预处理，编译，链接，加载，执行。

2　（填空）当编译器不能识别一个语句时，会发生_____，因为它违反了语言规则。

答案：语法错误。

3　（填空）在程序运行时发生的错误被称为_____或执行时错误。

　　答案：运行时错误。

# 1.10　在 Windows、Linux 和 macOS 中测试驱动 C 语言应用程序

在本节中，你将编译、运行你的第一个 C 应用程序——猜数字游戏，并与之互动，它在 1～1000 中随机挑选一个数字并提示你猜。如果你猜对了，游戏结束。如果你猜错了，应用程序会显示你的猜测是比正确的数字高还是低。对你的猜测次数没有限制，但你应该能够在 10 次或更少的尝试中正确猜出 1～1000 的数字。这个游戏背后有一些很好的计算机科学知识——在后面的章节中，你将探索二分搜索技术。

你将在第 5 章的练习中创建这个应用程序。通常情况下，这个应用程序会随机选择正确的答案。我们在测试驱动中禁用了随机选择。这个应用程序在你每次运行时都使用相同的正确答案。这样，你可以使用我们所用的相同的猜测，并看到相同的结果。这个答案可能因编译器而异。

## 测试驱动的总结

我们将演示如何创建一个 C 语言应用程序，使用：

- Windows 的 Visual Studio 2019 社区版（1.10.1 节）；
- macOS 上 Xcode 中的 Clang（1.10.2 节）；
- Linux 上 shell 中的 GNU gcc（1.10.3 节）；
- 在 GNU Compiler Collection (GCC) Docker 容器内运行的 shell 中的 GNU gcc（1.10.4 节）。

你只需要阅读与你的设置相对应的部分。

有许多开发环境可以让你编译、构建和运行 C 语言应用程序。如果你的课程使用的工具与我们在这里演示的不同，请向你的老师咨询有关该工具的信息。

## 1.10.1　在 Windows 10 上用 Visual Studio 2019 社区版编译和运行 C 语言应用程序

在本节中，你将使用 Visual Studio 2019 社区版在 Windows 10 上运行一个 C 程序。有几个版本的 Visual Studio 可用。在某些版本中，我们介绍的选项、菜单和说明可能略有不同。从现在起，我们将简单地说"Visual Studio"或"IDE"。

### 第 1 步：检查你的设置

如果你还没有做过，请阅读本书的"开始之前"部分，了解关于安装 IDE 和下载本书代码示例的说明。

### 第 2 步：启动 Visual Studio

从"开始"菜单中启动 Visual Studio。按 Esc 键关闭最初的 Visual Studio 窗口。不要单击右上角的×，因为这将导致 Visual Studio 的关闭。你可以在任何时候通过选择 File > Start Window 进入这个窗口。我们用">"来表示从一个菜单中选择一个菜单项，所以 File > Open 意味着"从 File 菜单中选择 Open 菜单项"。

### 第 3 步：创建一个项目

一个项目（project）是一组相关的文件，例如构成一个应用程序的 C 源代码文件。Visual Studio 将应用程序组织成项目和解决方案（solution），后者包含一个或多个项目。程序员使用多个项目的解决方案来创建大规模的应用程序。我们的例子只需要单个项目的解决方案。对于我们的代码示例，你将从一个空项目开始，并向其中添加文件。创建一个项目的过程如下。

（1）选择 File > New > Project...，显示 Create a new project 对话框。

（2）选择带有 C++、Windows 和 Console 标签的 Empty Project 模板。Visual Studio 没有 C 语言编译器，但它的 Visual C++编译器可以编译大多数 C 语言程序。我们在这里使用的模板是用于在命令提示符窗口中的命令行上执行的程序。根据你的 Visual Studio 版本和安装的选项，可能有许多其他项目模板。你可以使用 Search for templates 文本框和它下面的下拉列表来过滤你的选择。单击 Next 显示 Configure your new project 对话框。

（3）提供一个 Project name（项目名称）和 Location（位置）。对于项目名称，我们指定为 c_test。对于位置，我们选择了本书的 examples 文件夹，我们假定它在你的用户账户的 Documents 文件夹中。单击 Create，在 Visual Studio 中打开你的新项目。

此时，Visual Studio 创建了你的项目，把它的文件夹放在了

C:\Users\*YourUserAccount*\Documents\examples

（或你指定的文件夹），并打开 Visual Studio 的主窗口。

当你编辑 C 代码时，Visual Studio 将每个文件作为一个单独的标签显示在窗口中。Solution Explorer 停靠在 Visual Studio 的左侧或右侧，用于查看和管理你的应用程序的文件。在本书的例子中，你通常会把每个程序的代码文件放在 Source Files 文件夹中。如果 Solution Explorer 没有显示，你可以通过选择 View > Solution Explorer 来显示它。

## 第 4 步：将 GuessNumber.c 文件添加到项目中

接下来，让我们把 GuessNumber.c 文件添加到项目中。在 Solution Explorer 中：

（1）右击 Source Files 文件夹，选择 Add > Existing Item...；

（2）在出现的对话框中，导航到本书 examples 文件夹的 ch01 子文件夹，选择 GuessNumber.c 并单击 Add[1]。

## 第 5 步：配置你的项目的编译器版本和禁用错误信息

在"开始之前"部分中提到，Visual C++可以编译大多数 C 程序。Visual C++编译器支持几个 C++标准版本。我们将使用微软的 C++17 编译器，我们必须在项目的设置中配置它。

（1）在 Solution Explorer 中右击项目的节点（ c_test），选择 Properties 来显示项目的 C_test Property Pages 对话框。

（2）在 Configuration 下拉列表中，将 Active(Debug)改为 All Configurations。在 Platform 下拉列表中，将 Active(Win32)改为 All Platforms。

（3）在左栏中，展开 C/C++节点，然后选择 Language。

（4）在右栏中，单击 C++ Language Standard 右边的字段，单击向下的箭头，然后选择 ISO C++ 17 Standard (/std:c++17)[2]。

（5）在左栏的 C/C++节点中，选择 Preprocessor。

（6）在右栏中，在 Preprocessor Definitions 值的末尾，插入

;_CRT_SECURE_NO_WARNINGS

（7）在左栏的 C/C++节点中，选择 General。

（8）在右栏中，单击 SDL checks 右边的字段，单击向下的箭头，然后选择 No (/sdl-)。

（9）单击 OK 按钮以保存更改。

上述第（6）项和第（8）项消除了我们在本书中使用的几个 C 库函数的 Visual C++警告和错误信息。关于这个问题，我们将在 3.13 节中详细说明。

---

[1] 对于你将在以后的章节中看到的多源代码文件程序，选择一个特定程序的所有文件。当你开始自己创建程序时，你可以右击 Source Files 文件夹，选择 Add > New Item…来显示一个添加新文件的对话框。你需要把你的 C 程序文件的文件名扩展名从 .cpp 改为 .c。

[2] 在写这篇文章的时候，微软仍然在完成对 C++20 标准的支持。一旦可用，你应该选择 ISO C++20 Standard (/std: c++20)。

### 第 6 步：编译和运行项目

接下来，让我们来编译和运行这个项目，这样你就可以试运行这个应用程序了。选择 Debug > Start without debugging 或者键入 Ctrl + F5。如果程序编译正确，Visual Studio 会打开一个 Command Prompt 窗口并执行该程序。我们改变了 Command Prompt 的颜色方案[①]和字体大小，以利于阅读。

### 第 7 步：输入你的第一次猜测

在?提示符下（如图 1-11 所示），输入 500 并按 Enter 键。应用程序会显示"Too high. Try again."，表示你输入的数值大于应用程序选择的正确猜测的数字（如图 1-12 所示）。

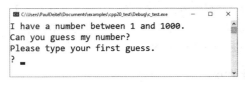
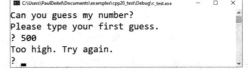

图 1-11　?提示符界面　　　　　　　图 1-12　输入 500 并按 Enter 键

### 第 8 步：输入另一个猜测

在下一个提示符下，输入 250 并按 Enter 键。应用程序会显示"Too high. Try again."，表示你输入的数值大于正确的猜测（如图 1-13 所示）。

```
C:\Users\PaulDeitel\Documents\examples\cpp20_test\Debug\c_test.exe
I have a number between 1 and 1000.
Can you guess my number?
Please type your first guess.
? 500
Too high. Try again.
? 250
Too high. Try again.
?
```

图 1-13　输入 250 并按 Enter 键

### 第 9 步：输入其他猜测值

继续通过输入数值进行游戏，直到你猜出正确的数字。当你猜对时，应用程序会显示"Excellent! You guessed the number!"（如图 1-14 所示）。

```
C:\Users\PaulDeitel\Documents\examples\cpp20_test\Debug\c_test.exe
I have a number between 1 and 1000.
Can you guess my number?
Please type your first guess.
? 500
Too high. Try again.
? 250
Too high. Try again.
? 125
Too high. Try again.
? 63
Too high. Try again.
? 31
Too low. Try again.
? 47
Too high. Try again.
? 39
Too low. Try again.
? 43
Too high. Try again.
? 41
Too low. Try again.
? 42

Excellent! You guessed the number!
Would you like to play again?
Please type (1=yes, 2=no)?
```

图 1-14　猜对时的界面

---

① 如果你想修改你系统上的 Command Prompt 颜色，右击标题栏，选择 Properties。在"Command Prompt" Properties 对话框中，单击 Colors 选项卡，并选择你喜欢的文本和背景颜色。

### 第 10 步：再玩一次游戏或退出应用程序

在你猜对数字后，应用程序会问你是否想再玩一次。在 "Please type (1=yes, 2=no)?" 的提示下，输入 1 可以再玩一次，这样可以选择一个新的数字来猜。如果你想终止这个应用程序，请输入 2。每次你执行这个程序（第 6 步），它都会选择相同的数字让你猜。要玩随机版本的游戏，请使用 ch01 文件夹的 randomized_version 子文件夹中的 GuessNumber.c 版本。

### 在以后的例子中复用这个项目

你可以按照本节的步骤，为本书中的每一个应用创建一个单独的项目。然而，对于我们的例子来说，你可能会发现从项目中删除 GuessNumber.c 程序，然后添加另一个 C 程序，这样重复使用这个项目会更方便。要从你的项目（但不是你的系统）中删除一个文件，在 Solution Explorer 中选择它，然后按 Del（或 Delete）键。重复第 4 步，在项目中添加一个不同的程序。

### 在 Linux 的 Windows 子系统中使用 Ubuntu Linux

一些 Windows 用户可能会想在 Windows 上使用 GNU gcc 编译器，特别是对于本书中少数 Visual C++无法编译的程序。你可以使用 GCC Docker 容器（1.10.4 节），或者你可以在运行 Windows Subsystem for Linux 的 Ubuntu Linux 中使用 gcc。要安装 Windows Subsystem for Linux，请按照微软网站的说明进行操作。

一旦你在 Windows 系统上安装并启动 Ubuntu，就可以使用下面的命令来切换到你的 Windows 系统上包含测试驱动代码例子的文件夹：

```
cd /mnt/c/Users/YourUseName/Documents/examples/ch01
```

然后你可以继续进行 1.10.3 节的第 2 步。

## 1.10.2　在 macOS 上用 Xcode 编译和运行 C 语言应用程序

在本节中，你将使用苹果公司 Xcode IDE 中的 Clang 编译器在 macOS 上运行一个 C 程序。

### 第 1 步：检查你的设置

如果你还没有做过，请阅读本书的"开始之前"部分，以了解关于安装 IDE 和下载本书代码示例的说明。

### 第 2 步：启动 Xcode

打开 Finder 窗口，选择 Applications 并双击 Xcode 图标（🔨）。如果这是你第一次运行 Xcode，会出现 Welcome to Xcode 窗口。单击左上角的×来关闭这个窗口——你可以在任何时候通过选择 Window > Welcome to Xcode 来访问这个窗口。我们使用>字符来表示从一个菜单中选择一个菜单项。例如，符号 File > Open... 意味着"从 File 菜单中选择 Open... 菜单项"。

### 第 3 步：创建一个项目

一个项目是一组相关的文件，例如构成一个应用程序的 C 源代码文件。我们为本书的例子创建的 Xcode 项目是 Command Line Tool 项目，你将在 IDE 中执行。创建一个项目的过程如下。

（1）选择 File > New > Project...。

（2）在 Choose a template for your new project 对话框的顶部，单击 macOS。

（3）在 Application 下，单击 Command Line Tool 并单击 Next。

（4）在 Product Name 中，为你的项目输入一个名称——我们指定为 C_test_Xcode。

（5）在 Language 下拉列表中，选择 C，然后单击 Next。

（6）指定你要保存项目的位置。我们选择了包含本书代码示例的 examples 文件夹。

（7）单击 Create。

Xcode 创建你的项目并显示工作区窗口，最初显示 3 个区域——Navigator 区(左边)、Editor 区(中间)和 Utilities 区(右边)。

左边的 Navigator 区的顶部有一些图标,导航器可以在那里显示。在本书中,你将主要使用:

■　项目（▢）——显示你项目中的所有文件和文件夹;

■　问题（⚠）——显示由编译器产生的警告和错误。

单击一个导航器按钮会显示相应的导航器面板。

中间的 Editor 区用于管理项目设置和编辑源代码。这个区域总是显示在你的工作区窗口中。在 Project 导航器中选择一个文件,会在 Editor 区中显示该文件的内容。在本书中,你不会使用右侧的 Utilities 区。你将在调试区中运行“猜数字”程序并与之互动,该区域将出现在 Editor 区的下方。

工作区窗口的工具栏包含了执行程序的选项,显示在 Xcode 中执行任务的进度,以及隐藏或显示左侧（Navigator）、右侧（Utilities）和底部（Debug）区域。

## 第 4 步:从项目中删除 main.c 文件

默认情况下,Xcode 创建了一个 main.c 源码文件,其中包含一个简单的程序,显示“Hello, World!”。在这次测试中,你将不会使用 main.c。在 Project 导航中,右击 main.c 文件并选择 Delete。在出现的对话框中,选择 Move to Trash。如果你清空垃圾桶,该文件将从你的系统中删除。

## 第 5 步:将 GuessNumber.c 文件添加到项目中

在 Finder 窗口中,打开本书 examples 文件夹中的 ch01 文件夹,然后将 GuessNumber.c 拖到 Project 导航中的 C_Test_Xcode 文件夹。在出现的对话框中,确保选中 Copy items if needed,然后单击 Finish[①]。

## 第 6 步:编译和运行该项目

要编译和运行该项目,以便你可以测试该应用程序,只需单击 Xcode 工具栏上的运行（▶）按钮。如果程序编译正确,Xcode 将打开 Debug 区并在 Debug 区的右半部分执行该程序。

应用程序显示“Please type your first guess.”,然后在下一行显示一个问号（?）作为提示（如图 1-15 所示）。

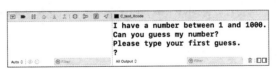

图 1-15　提示输入第一个猜测

## 第 7 步:输入你的第一个猜测

单击 Debug 区,然后输入 500 并按 Enter 键,应用程序显示“Too low. Try again.”（如图 1-16 所示）,意思是你输入的数值小于应用程序选择的正确猜测的数字。

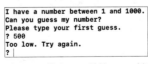

图 1-16　输入 500 并按 Enter 键

## 第 8 步:输入另一个猜测

在下一个提示中,输入 750 并按 Enter 键,应用程序显示“Too low. Try again.”（如图 1-17 所示）,

---

① 对于你在本书后面将看到的多源代码文件程序,将一个特定程序的所有文件拖到项目的文件夹中。当你开始创建自己的程序时,你可以右击项目的文件夹,选择 New File…来显示一个添加新文件的对话框。

意思是你再次输入的数值小于正确的猜测。

```
I have a number between 1 and 1000.
Can you guess my number?
Please type your first guess.
? 500
Too low. Try again.
? 750
Too low. Try again.
?
```

图 1-17　输入 750 并按 Enter 键

### 第 9 步：输入额外的猜测值

继续玩游戏，直到你猜出正确的数字。如果你猜对了，应用程序会显示"Excellent! You guessed the number!"（如图 1-18 所示）。

### 再玩一次游戏或退出应用程序

在你猜对数字后，应用程序会问你是否想再玩一次游戏。在"Please type (1=yes, 2=no)?"的提示下，输入 1 可以再玩一次，这样可以选择一个新的数字来猜。如果你想终止这个应用程序，请输入 2。每次你执行这个程序（第 6 步），它都会选择相同的数字让你猜。

```
? 875
Too high. Try again.
? 812
Too high. Try again.
? 781
Too low. Try again.
? 797
Too low. Try again.
? 805
Too low. Try again.
? 808

Excellent! You guessed the number!
Would you like to play again?
Please type (1=yes, 2=no)?
```

图 1-18　猜对时的界面

要玩随机版本的游戏，请使用 ch01 文件夹的 randomized_version 子文件夹中的 GuessNumber.c 版本。

### 在以后的例子中重复使用这个项目

你可以按照本节的步骤，为本书中的每一个应用创建一个单独的项目。对于我们的例子，你可能会发现通过删除项目的当前程序，然后添加一个新的程序来复用这个项目更为方便。要从你的项目（但不是你的系统）中删除一个文件，在 Project 导航中右击该文件并选择 Delete。在出现的对话框中，选择 Remove Reference。然后你可以重复第 6 步，在项目中添加一个不同的程序。

## 1.10.3　在 Linux 上用 GNU gcc 编译和运行 C 语言应用程序

在这次试运行中，我们假设你已经阅读了"开始之前"部分，并将下载的例子放在你的用户账户的 Documents 文件夹中。

### 第 1 步：切换到 ch01 文件夹

在 Linux shell 中，使用 cd 命令切换到本书的 ch01 子文件夹中的 examples 文件夹：

```
~$ cd  ~/Documents/examples/ch01
~/Documents/examples/ch01$
```

在本节的代码片段中，我们用粗体来突出你应该输入的文本。我们的 Ubuntu Linux shell 中的提示符使用了一个波浪符号（~）来代表你的主目录。每个提示符以美元符号（$）结束。其他 Linux 发行版的提示符可能有所不同。

### 第 2 步：编译应用程序

在运行应用程序之前，你必须先编译它：

```
~/Documents/examples/ch01$ gcc -std=c18 GuessNumber.c -o GuessNumber
~/Documents/examples/ch01$
```

gcc 命令编译该应用程序：

- -std=c18 选项表示我们使用的是 C18——最新版本的 C 语言标准；
- 选项-o 命名了你用来运行程序的可执行文件（GuessNumber）。

## 第 3 步：运行应用程序

在提示符下输入 ./GuessNumber，然后按 Enter 键来运行该程序：

```
~/Documents/examples/ch01$ ./GuessNumber
I have a number between 1 and 1000.
Can you guess my number?
Please type your first guess.
?
```

./ 告诉 Linux 在当前目录下运行一个文件。这里需要它来表示 GuessNumber 是一个可执行文件。

## 第 4 步：输入你的第一个猜测

应用程序显示 "Please type your first guess."，然后在下一行显示一个问号（?）作为提示。在提示符下，输入 500——注意，结果可能因你使用不同的编译器而不同：

```
~/Documents/examples/ch01$ ./GuessNumber
I have a number between 1 and 1000.
Can you guess my number?
Please type your first guess.
? 500

Too high. Try again.
?
```

应用程序显示 "Too high. Try again."，意思是你输入的数值大于应用程序选择的正确猜测的数字。

## 第 5 步：输入另一个猜测

在下一个提示中，输入 250：

```
~/Documents/examples/ch01$ ./GuessNumber
I have a number between 1 and 1000.
Can you guess my number?
Please type your first guess.
? 500
Too high. Try again.
? 250

Too low. Try again.
?
```

这一次，应用程序显示 "Too low. Try again."，意思是你输入的数值小于正确的猜测。

## 第 6 步：输入其他猜测值

继续通过输入数值进行游戏，直到你猜中正确的数字。如果你猜对了，应用程序会显示 "Excellent! You guessed the number!"：

```
Too low. Try again.
? 375

Too low. Try again.
? 437

Too high. Try again.
? 406

Too high. Try again.
? 391

Too high. Try again.
? 383

Too low. Try again.
? 387

Too high. Try again.
```

```
? 385
Too high. Try again.
? 384

Excellent! You guessed the number!
Would you like to play again?
Please type (1=yes, 2=no)?
```

### 第7步：再次玩游戏或退出应用程序

当你猜对数字后，应用程序会问你是否想再玩一次游戏。在"Please type (1=yes, 2=no)?"的提示下，输入 1 可以再玩一次，这样可以选择一个新的数字来猜。如果你想终止这个应用程序，请输入 2。每次你执行这个程序时（第 3 步），它都会选择相同的数字让你猜。要玩随机版本的游戏，请使用 ch01 文件夹的 randomized_version 子文件夹中的 GuessNumber.c 版本。

## 1.10.4 在 GCC Docker 容器中编译和运行 C 语言应用程序，该容器在 Windows 10、macOS 或 Linux 上原生运行

运行 GNU 的 gcc 编译器最方便的跨平台方式之一是通过 GCC Docker 容器。本节假定你已经安装了 Docker Desktop（Windows 或 macOS）或 Docker Engine（Linux），如"开始之前"部分所述，并且 Docker 正在你的计算机上运行。

### 执行 GCC Docker 容器

打开一个命令提示符（Windows）、终端（macOS/Linux）或 shell（Linux），然后执行以下步骤来启动 GCC Docker 容器。

（1）使用 cd 命令导航到包含本书示例的 examples 文件夹。从这里执行 Docker 容器将使该容器能够访问我们的代码示例。

（2）Windows 用户。用命令启动 GCC Docker 容器[1]：

```
docker run --rm -it -v "%CD%":/usr/src gcc:latest
```

（3）macOS、Linux 用户。用以下命令启动 GCC Docker 容器：

```
docker run --rm -it -v "$(pwd)":/usr/src gcc:latest
```

在前面的命令中：

- --rm 在你最终关闭 GCC 容器时清理了它的资源；
- -it 在交互式模式下运行容器，所以你可以输入命令来改变文件夹，使用 GNU gcc 编译器编译程序和运行程序；
- -v "%CD%":/usr/src (Windows) 或 -v "$(pwd)":/usr/src (macOS、Linux) 允许 Docker 容器通过 Docker 容器的/usr/src 文件夹访问你当前文件夹的文件和子文件夹，你可以用 cd 命令导航到/usr/src 的子文件夹来编译和运行我们的程序；
- gcc:latest 是你在"开始之前"部分中安装的容器名称[2]。

一旦容器运行，你会看到一个类似于下面的提示

```
root@67773f59d9ea:/#
```

---

[1] 会出现一个通知，要求你允许 Docker 访问当前文件夹中的文件。你必须允许，否则，你将无法在 Docker 中访问我们的源代码文件。

[2] gcc：latest 是 gcc Docker 容器在你下载到机器上时的最新版本名称。一旦下载，该容器就不会自动更新。你可以通过执行 docker pull gcc：latest 来使你的 GCC 容器保持最新的可用版本。如果有新的版本，Docker 会下载它。

但 "@67773f59d9ea" 在你的计算机上会有所不同。容器使用的是 Linux 操作系统，其中的文件夹分隔符是正斜杠（/）。提示显示当前文件夹在:和#之间的位置。

### 改变到 Docker 容器中的 ch01 文件夹

使用 cd 命令来改变到/usr/src/ch01 文件夹：

```
root@01b4d47cadc6:/# cd /usr/src/ch01
root@01b4d47cadc6:/usr/src/ch01#
```

现在你可以使用 1.10.3 节第 2～7 步的命令，在 Docker 容器中编译、运行并与 GuessNumber 应用程序进行交互。

### 终止 Docker 容器

你可以通过在容器的提示符下键入 Ctrl + d 来终止 Docker 容器。

## 1.11　因特网、万维网、云和物联网

20 世纪 60 年代末，美国国防部 ARPA（Advanced Research Projects Agency，高级研究计划局）推出了将大约十几所 ARPA 资助的大学和研究机构的主要计算机系统联网的计划。这些计算机将与通信线路连接，其运行速度为 50000 位/秒，这在当时是一个惊人的速度，当时大多数人（甚至有联网能力的少数人）通过电话线与计算机的连接速度为 110 位/秒。学术研究即将向前迈出一大步。ARPA 开始实施很快就被称为 ARPANET 的项目，即今天因特网的前身。今天最快的因特网速度是十亿位/秒级的，而万亿位/秒（terabit）级的速度已经在测试之中[1]！2020 年，澳大利亚研究人员成功测试了44.2 万亿位/秒的因特网连接[2]。

事情的结果与原来的计划不同。尽管 ARPANET 使研究人员能够将他们的计算机联网，但它的主要好处被证明是能够通过后来被称为电子邮件（e-mail）的方式进行快速和方便的通信。即使在今天的因特网上也是如此，电子邮件、即时通信、文件传输和社交媒体，如 Snapchat、Instagram、Facebook 和 Twitter，使全世界数十亿人能够快速和方便地进行交流。

通过 ARPANET 进行通信的协议（一套规则）被称为传输控制协议（Transmisson Control Protocol，TCP）。TCP 确保了名为数据包的顺序编号的信息从发送方正确地传递到接收方，并以正确的顺序到达。

### 1.11.1　因特网：一个网络的网络

在因特网早期发展的同时，世界各地的组织都在实施自己的网络，用于组织内部和组织间的通信。出现了大量的网络硬件和软件。一个挑战是如何使这些不同的网络能够相互沟通。ARPA 通过开发因特网协议（IP）实现了这一目标，它创造了一个真正的"网络的网络"，也就是因特网目前的架构。这套组合协议现在被称为 TCP/IP。每个连接因特网的设备都有一个 IP 地址，IP 地址是通过 TCP/IP 进行通信的设备用来在因特网上定位彼此的唯一数字标识符。

企业迅速意识到，通过使用因特网，他们可以改善他们的运作，为他们的客户提供新的和更好的服务。公司开始花费大量的资金来发展和加强他们在因特网上的影响力。这导致了通信运营商以及硬件和软件供应商之间的激烈竞争，目的是满足增加的基础设施需求。结果，因特网带宽（通信线路的信息承载能力）得到了极大的提高，而硬件成本却直线下降。

---

[1] "BT Testing 1.4 Terabit Internet Connections." 2020 年 11 月 1 日访问。

[2] "Monash，Swinburne，and RMIT universities use optical chip to achieve 44Tbps data speed." 2021 年 1 月 9 日访问。

## 1.11.2　万维网：让因特网变得更友好

万维网是一个与因特网相关的硬件和软件的集合，允许计算机用户查找和查看几乎任何主题的文件（包括文本、图形、动画、音频和视频的各种组合）。1989 年，欧洲核子研究组织（也称为 CERN）的蒂姆·伯纳斯-李（Tim Berners-Lee）开始开发超文本标记语言（Hyper Text Markup Language，HTML）——通过"超链接"的文本文件共享信息的技术。他还编写了超文本传输协议（Hyper Text Transfer Protocol，HTTP）等通信协议，以形成他的新的超文本信息系统的主干，他把这个系统称为万维网。

1994 年，伯纳斯-李创立了万维网联盟（World Wide Web Consortium，W3C；见 W3C 官网），致力于开发网络技术。万维网联盟的主要目标之一是使每个人都能无障碍地使用网络，无论其能力、语言或文化如何。

## 1.11.3　云

如今，越来越多的计算是在"云"中完成的，也就是说，使用分布在全球因特网而不是本地台式机、笔记本电脑或移动设备上的软件和数据。云计算允许你增加或减少计算资源，以满足你在任何特定时间的需求，这比购买硬件提供足够的存储和处理能力以满足偶尔的峰值需求更具有成本效益。云计算还通过将管理这些应用程序的负担（如安装和升级软件、安全、备份和灾难恢复）转移给服务提供商来节省资金。

你每天使用的应用程序在很大程度上依赖于各种基于云的服务。这些服务使用大规模的计算资源集群（计算机、处理器、内存、磁盘驱动器等）和数据库，通过因特网与你使用的应用程序相互通信。一个通过因特网提供对自身访问的服务称为 web 服务。

### 软件即服务

云供应商专注于面向服务的架构（Service-Oriented Architecture，SOA）技术。他们提供"即服务"的能力，应用程序连接到云中并使用。云供应商提供的常见服务如图 1-19 所示，它们的名称往往带有"即服务"字样[1]。

| | |
|---|---|
| 大数据即服务（BDaaS） | 平台即服务（PaaS） |
| Hadoop 即服务（HaaS） | 软件即服务（SaaS） |
| 基础设施即服务（IaaS） | 存储即服务（SaaS） |

图 1-19　云供应商提供的常见服务，注意，一些服务可能具有相同的缩写形式

### 混搭

混搭的应用开发方法使你能够通过组合（通常是免费的）互补的 web 服务和其他形式的信息馈送，快速开发功能强大的软件应用程序。最早的混搭之一，Housing Maps 网站，将来自 Craigslist 网站的房地产列表与谷歌地图结合起来，以显示特定区域内待售或出租房屋的位置。查看 Housing Maps 网站，了解一些有趣的事实、历史、文章以及它如何影响房地产行业的列表。

ProgrammableWeb（参见 Program mable Web 网站）提供了一个包含近 24000 个 web 服务和近 8000 个混搭的目录。它还提供了如何使用 web 服务和创建自己的混搭的指南和示例代码。根据他们的网站，一些最广泛使用的 web 服务是谷歌地图和其他由 Facebook、Twitter 和 YouTube 提供的服务。

---

[1]　关于更多的"即服务"的缩写，见维基百科的 Cloud Computing 页面和 As a Service 页面。

## 1.11.4  物联网

因特网不再只是一个计算机网络——它是一个物联网（Internet of Things，IoT）。物是指任何具有 IP 地址且能够通过因特网自动发送，并在某些情况下接收数据的东西。这些物包括：

- 一辆带转发器的汽车，用于支付通行费；
- 车库中停车位的监视器；
- 植入人体内的心脏监视器；
- 水质监测器；
- 报告能源使用情况的智能电表；
- 辐射检测器；
- 仓库中的物品追踪器；
- 可以追踪你的行动和位置的移动应用程序；
- 可根据天气预报和家庭活动调整室温的智能恒温器；
- 智能家用电器。

根据 Statista 网站的数据，目前已经有超过 230 亿台物联网设备在使用，到 2025 年可能会有超过 750 亿台物联网设备[①]。

### ✓ 自测题

1 （填空）_____ 是今天因特网的前身。
    答案：ARPANET。

2 （填空）_____（简称为"the web"）是与因特网相关的硬件和软件的集合，允许计算机用户查找和查看文件（包括文本、图形、动画、音频和视频的各种组合）。
    答案：万维网。

3 （填空）在物联网中，物是指任何具有_____的东西，能在因特网上发送数据，并在某些情况下接收数据。
    答案：IP 地址。

## 1.12  软件技术

当你学习和从事软件开发工作时，你会经常遇到以下流行语。

- 重构：对程序进行返工，使其更加清晰和容易维护，同时保持其正确性和功能。许多 IDE 包含内置的重构工具，可以自动完成大部分的重构工作。
- 设计模式：构建灵活和可维护的面向对象软件的成熟架构。设计模式领域试图列举那些重复出现的模式，鼓励软件设计者复用它们，以用更少的时间、金钱和精力开发更高质量的软件。
- 软件开发工具包（Software Development Kit，SDK）：开发人员用来编写应用程序的工具和文档。

### ✓ 自测题

（填空）_____ 是对程序进行返工的过程，以使其更加清晰和易于维护，同时保持其正确性和功能。
答案：重构。

---

① "Internet of Things（IoT）connected devices installed base worldwide from 2015 to 2025." 2020 年 11 月 1 日访问。

## 1.13　大数据有多大

对于计算机科学家和数据科学家来说，数据现在和编写程序一样关键。根据 IBM 的统计，每天大约有 2.5 百亿亿字节（2.5 艾字节）的数据被创造出来[1]，世界上 90% 的数据是在过去两年中创造的[2]。将在你职业生涯中发挥重要作用的因特网是这一趋势的主要原因。据 IDC 称，到 2025 年，全球数据供应量将达到每年 175 泽字节（相当于 175 万亿吉字节或 1750 亿太字节）[3]。请考虑以下各种流行的数据度量单位的例子。

### 兆字节（MegaByte，MB）

1 兆字节大约是 100 万（实际上是 $2^{20}$）字节。我们每天使用的许多文件需要一个或多个 MB 的存储空间。一些例子如下。

- MP3 音频文件——高质量的 MP3 每分钟 1～2.4 MB[4]。
- 照片——用数码相机拍摄的 JPEG 格式的照片，每张大约需要 8～10MB。
- 视频——智能手机摄像头可以录制不同分辨率的视频。每分钟的视频可能需要许多兆字节的存储空间。例如，在我们的一部 iPhone 手机上，相机设置应用程序报告说，每秒包含 30 帧（也称为"帧率为 30"或"30 fps"），其中 fps 代表 frames per second 的 1080p 视频需要 130 MB/min，30 fps 的 4K 视频需要 350 MB/min。

### 吉字节（GigaByte，GB）

1 吉字节大约是 1000 兆字节（实际上是 $2^{30}$ 字节）。一张双层的 DVD 可以存储高达 8.5 GB[5]，这相当于：

- 多达 141 小时的 MP3 音频；
- 约 1000 张来自 1600 万像素相机的照片；
- 约 7.7 分钟的 30 fps 的 1080p 视频；
- 约 2.85 分钟 30 fps 的 4K 视频。

目前最高容量的超高清蓝光光盘可以存储 100 GB 的视频[6]。流媒体 4K 电影每小时可以使用 7～10 GB（高度压缩的）。

### 太字节（TeraByte，TB）

1 太字节大约是 1000 吉字节（实际上是 $2^{40}$ 字节）。最近用于台式机的磁盘驱动器的大小高达 20 TB[7]，这相当于：

- 约 28 年的 MP3 音频；
- 一台 1600 万像素相机拍摄的约 168 万张照片；
- 约 226 小时的 30 fps 的 1080p 视频；
- 约 84 小时 30 fps 的 4K 视频。

Nimbus Data 的固态硬盘容量可达 100 TB，可以存储上述 20 TB 的音频、照片和视频例子

---

[1] "Welcome to the world of A.I.." 2020 年 11 月 1 日访问。

[2] "Accelerate Research and Discovery." 2020 年 11 月 1 日访问。

[3] "IDC: Expect 175 zettabytes of data worldwide by 2025." 2020 年 11 月 1 日访问。

[4] "Audio File Size Calculations." 2020 年 11 月 1 日访问。

[5] "DVD." 2020 年 11 月 1 日访问。

[6] "Ultra HD Blu-ray." 2020 年 11 月 1 日访问。

[7] "History of hard disk drives." 2020 年 11 月 1 日访问。

的 5 倍[1]。

## 拍字节（PetaByte，PB）、艾字节（ExaByte，EB）和泽字节（ZettaByte，ZB）

有超过 40 亿人在线，每天创造约 2.5 百亿亿字节的数据[2]，即 2500 PB（1PB 约为 1000 TB）或 2.5 EB（1EB 约为 1000 PB）。2016 年 3 月 AnalyticsWeek 的一篇文章指出，到 2021 年，将有超过 500 亿台设备连接到因特网（其中大部分是通过物联网；1.11.4 节），到 2020 年，地球上每个人每秒将产生 1.7 MB 的新数据[3]。按照写作本书时的数字（大约 77 亿人[4]），这大约是：

- 每秒产生 13 PB 的新数据；
- 每分钟 780 PB；
- 每小时 46800 PB（46.8 EB）；
- 每天 1123 EB，即每天 1.123 ZB（1ZB 约为 1000 EB）。

这相当于每天超过 550 万小时（超过 600 年）的 4K 视频或每天约 1160 亿张照片！

## 其他大数据统计数据

如需了解大数据的实时情况，请查看 Internet Live Stats 网站，上面有各种统计数据：

- 谷歌搜索；
- 推文；
- 在 YouTube 上观看的视频；
- 在 Instagram 上上传的照片。

你可以单击每个统计数据，深入了解更多信息。

其他一些有趣的大数据事实：

- 每小时，YouTube 用户上传 30000 小时的视频，每天有近 10 亿小时的视频在 YouTube 上被观看[5]。
- 每秒钟都有 103777 GB（即 103.777 TB）的因特网流量，发送 9204 条推文，87015 次谷歌搜索和 86617 次 YouTube 视频浏览[6]。
- 在 Facebook 上，每天有 32 亿个 "点赞" 和评论[7]，并通过 Facebook Messenger 发送 50 亿个表情符号[8]。

Domo, Inc. 名为 "数据不眠 8.0" 的信息图显示了有关每分钟产生多少数据的有趣统计数据，包括[9]：

- 347222 个 Instagram 帖子；
- 500 小时上传到 YouTube 的视频；
- 147000 张上传至 Facebook 的照片；
- 41666667 条共享的 WhatsApp 信息；
- 404444 小时的 Netflix 视频浏览；
- 479452 名用户与 Reddit 内容互动；

---

[1]　"Nimbus Data 100TB SSD – World's Largest SSD." 2020 年 11 月 1 日访问。

[2]　"How Much Data Is Created Every Day in 2020?" 2020 年 11 月 1 日访问。

[3]　"Big Data Facts." 2020 年 11 月 1 日访问。

[4]　"World Population."2020 年 11 月 1 日访问。

[5]　"57 Fascinating and Incredible YouTube Statistics." 2020 年 11 月 1 日访问。

[6]　"Tweets Sent in 1 Second." 2020 年 11 月 1 日访问。

[7]　"Facebook：3.2 Billion Likes & Comments Every Day." 2020 年 11 月 1 日访问。

[8]　"Facebook celebrates World Emoji Day by releasing some pretty impressive facts." 2020 年 11 月 1 日访问。

[9]　"Data Never Sleeps 8.0." 2020 年 11 月 1 日访问。

- 208333 名用户参加了 Zoom 会议；
- 1388889 人进行了视频通话。

## 多年来的计算能力

数据越来越庞大，处理数据的计算能力也越来越强。今天的处理器性能通常是以每秒浮点运算次数（记为 FLOPS，代表 floating-point perations per second；也作为单位使用）来衡量的。在 20 世纪 90 年代早期到中期，最快的超级计算机速度可以达到 GFLOPS（即 $10^9$ FLOPS）级别。到 20 世纪 90 年代末，英特尔生产了第一台达到 TFLOPS（即 $10^{12}$ FLOPS）级别的超级计算机。在 2000 年后的前几年，速度达到了数百 TFLOPS，然后在 2008 年，IBM 发布了第一台 PFLOPS（即 $10^{15}$ FLOPS）级别的超级计算机。目前，富士通的 Fugaku[1]能够达到 442 PFLOPS[2]。

分布式计算可以通过因特网连接数千台个人计算机，产生更多的 FLOPS。2016 年后半年，Folding@home 网络（一个分布式网络，人们自愿将他们的个人计算机资源用于疾病研究和药物设计[3]）能够达到超过 100 PFLOPS。像 IBM 这样的公司现在正在努力实现能够达到 EFLOPS（即 $10^{18}$ FLOPS）级别的超级计算机[4]。

现在正在开发的量子计算机理论上能以 18000000000000000000 倍于今天的"传统计算机"的速度运行[5]！这个数字是如此非凡，在一秒内，量子计算机显然可以完成比世界上第一台计算机出现以来所有计算机完成的计算总数还多得多的计算。这种几乎无法想象的计算能力可能会对基于区块链的加密货币（如比特币）造成严重破坏。工程师们已经在重新思考区块链[6]，以便为计算能力的这种大规模增长做准备[7]。

超级计算能力的历史是，它最终会从研究实验室（在实验室里，为了实现这些性能数字而花费了大量资金）进入"价格合理的"商业计算机系统，甚至进入台式机、笔记本电脑、平板电脑和智能手机。

计算能力的成本继续下降，特别是在云计算方面。人们曾经问过这样一个问题："我的系统需要多少计算能力来处理我的峰值处理需求？"今天，这种想法已经转变为："我可以在云端快速划出我暂时需要的东西来处理我最苛刻的计算事务吗？"你只需为完成特定任务所使用的东西付费。

## 处理世界上的数据需要大量的电力

来自世界因特网连接设备的数据正在爆炸性增长，而处理这些数据需要大量的能源。根据最近的一篇文章，2015 年用于处理数据的能源以每年 20% 的速度增长，消耗了大约 3%～5% 的世界电力。文章说，到 2025 年，数据处理的总耗电量可能达到 20%[8]。

另一个巨大的电力消费者是基于区块链的加密货币比特币。处理一比特币交易所消耗的能源大约相当于一个普通美国家庭一周的电力。能源的使用来自于比特币"矿机"用来证明交易数据的有效性的过程[9]。

---

[1] "Top 500." 2020 年 12 月 24 日访问。

[2] "FLOPS." 2020 年 11 月 1 日访问。

[3] "Folding@home." 2020 年 11 月 1 日访问。

[4] "A new supercomputing-powered weather model may ready us for Exascale." 2020 年 11 月 1 日访问。

[5] "Only God can count that fast — the world of quantum computing." 2020 年 11 月 1 日访问。

[6] "Blockchain." 2020 年 12 月 24 日访问。

[7] "Is Quantum Computing an Existential Threat to Blockchain Technology?" 2020 年 11 月 1 日访问。

[8] "'Tsunami of data' could consume one fifth of global electricity by 2025." 2020 年 11 月 1 日访问。

[9] "One Bitcoin Transaction Consumes As Much Energy As Your House Uses in a Week." 2020 年 11 月 1 日访问。

据估计，比特币交易一年所消耗的能源比许多国家一年消耗的还多[1]。比特币和以太坊（另一种流行的基于区块链的平台和加密货币）每年消耗的能源比芬兰、比利时或巴基斯坦还多[2]。

摩根士丹利在 2018 年预测，"今年创造加密货币所需的电力消耗实际上可能超过该公司预测的 2025 年全球电动汽车需求[3]。"这种情况是不可持续的，特别是考虑到人们对基于区块链的应用的巨大兴趣，甚至超越了加密货币潮流。区块链社区正在努力解决这个问题[4][5]。

### 大数据机会

大数据潮流可能会在未来几年内以指数形式持续下去。随着 500 亿台计算设备的出现，我们只能想象在接下来的几十年里还会有多少设备出现。对企业、政府、军队，甚至个人来说，掌握所有这些数据是至关重要的。

有趣的是，一些关于大数据、数据科学、人工智能和其他方面的最佳著作都来自于著名的商业组织，如摩根大通、麦肯锡、彭博社等。鉴于快速加速的成就，大数据对大企业的吸引力是不可否认的。许多公司正在进行大量投资，并通过大数据、机器学习和自然语言处理等技术获得宝贵的成果。这迫使竞争者也进行投资，迅速增加了对具有计算机科学和数据科学经验的计算机专业人员的需求。这种增长可能会持续很多年。

### ✓ 自测题

1　（填空）今天的处理器性能通常是以_____来衡量的。
　　答案：FLOPS（每秒浮点运算次数）。
2　（填空）可能对基于区块链的加密货币，如比特币，以及其他基于区块链的技术造成破坏的技术是_____。
　　答案：量子计算机。
3　（判断）有了云计算，无论你使用了多少云服务，你都要为这些服务支付固定的价格。
　　答案：错。云计算的一个关键好处是，你只需为完成特定任务所使用的东西付费。

## 1.13.1　大数据分析

数据分析是一门成熟而发达的学科。"数据分析"一词是在 1962 年提出的[6]，尽管人们利用统计学分析数据的历史已经有几千年了，可以追溯到古埃及人[7]。大数据分析是一个较新的现象——"大数据"一词是在 1987 年左右提出的[8]

考虑一下大数据的 4 个 V[9][10]。

---

[1] "Bitcoin Energy Consumption Index." 2020 年 11 月 1 日访问。

[2] "Ethereum Energy Consumption Index." 2020 年 11 月 1 日访问。

[3] "Power Play: What Impact Will Cryptocurrencies Have on Global Utilities?" 2020 年 11 月 1 日访问。

[4] "Blockchains Use Massive Amounts of Energy—But There's a Plan to Fix That." 2020 年 11 月 1 日访问。

[5] "How to fix Bitcoin's energy-consumption problem." 2020 年 11 月 1 日访问。

[6] "A Very Short History Of Data Science." 2020 年 11 月 1 日访问。

[7] "A Brief History of Data Analysis." 2020 年 11 月 1 日访问。

[8] Diebold, Francis. (2012). On the Origin(s) and Development of the Term "Big Data". SSRN Electronic Journal. 10.2139/ssrn.2152421.

[9] "The Four V's of Big Data." 2020 年 11 月 1 日访问。

[10] There are lots of articles and papers that add many other "V-words" to this list. "Volume, velocity, and variety: Understanding the three V's of big data." 2020 年 11 月 1 日访问。

(1) 数量（Volume）：世界上产生的数据正以指数形式增长。

(2) 速度（Velocity）：数据产生的速度、数据在组织中流动的速度以及数据变化的速度都在快速增长[1][2][3]。

(3) 多样性（Variety）：数据曾经是字母数字（即由字母、数字、标点符号和一些特殊字符组成）。今天，它还包括图像、音频、视频和来自家庭、企业、车辆、城市等爆炸性数量的物联网传感器的数据。

(4) 真实性（Veracity）：数据的有效性：它是否完整和准确？我们在做关键决策时能相信这些数据吗？它是真实的吗？

现在，大多数数据都是以数字形式创建的，种类繁多，数量巨大，速度惊人。摩尔定律和相关论断使我们能够以经济的方式存储数据，并以更快的速度处理和移动数据，而且所有这些都随着时间的推移以指数级的速度增长。数字数据存储的容量已经非常大，而且非常便宜，在物理空间上非常小，我们现在可以方便和经济地保留我们正在创造的所有数字数据[4]。这就是大数据。

以下是理查德·卫斯里·汉明（Richard W. Hamming）的一句话——虽然是 1962 年的，但为本书的其余部分定下了基调：

"计算的目的是洞见，而不是数字[5]。"

数据科学正在以惊人的速度产生新的、更深入、更微妙和更有价值的见解。它正在真正发挥作用。大数据分析是答案的一个组成部分。

要想了解大数据在工业、政府和学术界的应用范围，可以搜索名为 "Matt_Turck_FirstMark_Big_Data_Landscape_2018_Final.png" 的高分辨率图片[6]——你可以单击放大，以方便阅读。

## 1.13.2　数据科学和大数据正在发挥作用：使用案例

数据科学领域正在迅速发展，因为它正在产生重大的成果，并带来了变化。我们在图 1-20 中列举了数据科学和大数据的使用案例。我们希望这些使用案例以及我们的例子、练习和项目能够激发出有趣的学期项目、定向学习项目、顶点课程项目和论文研究。大数据分析提高了利润、改善了客户关系，甚至有体育队在减少球员支出的同时赢得了更多的比赛和冠军[7][8][9]。

---

① "3Vs（volume，variety and velocity）." 2020 年 11 月 1 日访问。

② "Big Data：Forget Volume and Variety，Focus On Velocity." 2020 年 11 月 1 日访问。

③ "How Much Information Is There In the World？" 2020 年 11 月 1 日访问。[Forbes 网站的 "A Very Short History of Data Science" 这篇文章将我们引向了 Michael Lesk 的文章]

④ W Hamming R，*Numerical Methods for Scientists and Engineers* [M]. New York：McGraw Hill，1962. [Forbes 网站的 "A Very Short History of Data Science" 这篇文章将我们引向了 Hamming 的书和他的引用]

⑤ M Turck，Hao J，Great Power，Great Responsibility：The 2018 Big Data & AI Landscape."

⑥ T Sawchik. *Big Data Baseball：Math, Miracles, and the End of a 20-Year Losing Streak* [M]. New York：Flat Iron Books，2015.

⑦ I Ayres. *Super Crunchers* [M]. New York：Bantam Books，2007，pp. 7-10。

⑧ M Lewis. *Moneyball：The Art of Winning an Unfair Game* [M]. New York：W. W. Norton & Company，2004。

⑨ "Waze Communities." 2020 年 11 月 1 日访问。

| | | |
|---|---|---|
| 异常情况检测 | 改善健康结果 | 共享汽车 |
| 协助残疾人 | 人类基因组测序 | 风险最小化 |
| 自动闭路字幕 | 防止身份盗窃 | 机器人财务顾问 |
| 脑功能图 | 免疫治疗 | 节省能源 |
| 癌症诊断/治疗 | 智能助手 | 自动驾驶汽车 |
| 笔迹分类 | 物联网（IoT）和医疗设备监测 | 感情分析 |
| 计算机视觉 | 库存控制 | 共享经济 |
| 信用评分 | 语言翻译 | 相似性检测 |
| 犯罪预防 | 基于位置的服务 | 智能城市 |
| CRISPR 基因编辑 | 恶意软件检测 | 智能家居 |
| 农作物产量提高 | 营销分析 | 智能电表 |
| 客户流失和保留 | 自然语言翻译 | 智能温控器 |
| 客户服务人员 | 新药品 | 智能交通控制 |
| 网络安全 | 个人助理 | 社交图谱分析 |
| 数据挖掘 | 个性化医疗 | 垃圾邮件检测 |
| 数据可视化 | 消除污染 | 股市预测 |
| 诊断医学 | 精准医疗 | 摘要文本 |
| 动态驾驶路线 | 预测疾病爆发 | 远程医疗 |
| 动态定价 | 预测健康结果 | 恐怖袭击预防 |
| 电子健康记录 | 预测对天气敏感产品的销售 | 盗窃预防 |
| 情感检测 | 预防性医疗 | 趋势发现 |
| 面部识别 | 预防疾病爆发 | 视觉产品搜索 |
| 欺诈检测 | 房地产估价 | 语音识别 |
| 游戏玩法 | 推荐系统 | 天气预报 |

图 1-20　数据科学和大数据的使用案例

# 1.14　案例研究：大数据移动应用

在你的职业生涯中，会使用许多编程语言和软件技术。谷歌的 Waze GPS 导航应用拥有 1.3 亿月活跃用户[①]，是使用最广泛的大数据应用之一。早期的 GPS 导航设备和应用程序依靠静态地图和 GPS 坐标来确定到达目的地的最佳路线。它们无法根据不断变化的交通状况进行动态调整。

Waze 处理大量的众包数据，即由它们的用户和世界各地的用户设备不断提供的数据。它们对这些数据进行分析，以确定最佳路线，让你在最短的时间内安全到达目的地。为了实现这一目标，Waze 依靠你的智能手机的因特网连接。该应用程序自动向它们的服务器发送位置更新（假设你允许）。它们利用这些数据，根据当前的交通状况动态地重新安排你的路线，并调整它们的地图。用户报告其他信息，如路障、施工、障碍物、故障车道上的车辆、警察位置、汽油价格等。然后，Waze 会提醒这些地方的其他司机。

Waze 使用许多技术来提供服务。我们不知道 Waze 是如何实现的，但我们推断出以下它们可能使用的技术清单。

- 今天创建的大多数应用程序至少使用一些开源软件。你会在案例研究中利用开源库和工具。
- Waze 通过因特网在其服务器和用户的移动设备之间进行信息交流。今天，这种数据通常以 JSON（JavaScript 对象符号）格式传输。通常情况下，JSON 数据会被你使用的库所隐藏。
- Waze 使用语音合成向你说出驾驶路线和警报，并使用语音识别来理解你的口语命令。许多云供应商提供语音合成和语音识别功能。

---

① "Deep Blue versus Garry Kasparov." 2020 年 11 月 1 日访问。

- 一旦 Waze 将口语自然语言命令转换为文本，它就会确定要执行的行动，这需要自然语言处理（NLP）。
- Waze 显示动态更新的可视化信息，如警报和交互式地图。
- Waze 将你的手机作为一个流式物联网设备。每部手机都是一个 GPS 传感器，通过因特网向 Waze 持续传输数据。
- Waze 同时接收来自数百万部手机的物联网流数据。它必须立即处理、存储和分析这些数据，以更新你的设备的地图，显示并发出相关警报，并可能更新你的驾驶方向。这需要通过云端的计算机集群实现大规模的并行处理能力。你可以使用各种大数据基础设施技术来接收流数据，将大数据存储在适当的数据库中，并使用提供大规模并行处理能力的软件和硬件来处理数据。
- Waze 使用人工智能能力来执行数据分析任务，使其能够根据收到的信息预测最佳路线。你可以分别使用机器学习和深度学习来分析大量的数据并根据这些数据进行预测。
- Waze 可能将其路由信息存储在一个图数据库中。这种数据库可以有效地计算出最短路线。你可以使用图数据库，如 Neo4J。
- 许多汽车都配备了帮助它们"看到"汽车和周围障碍物的设备。这些设备被用来帮助实现自动刹车系统，是自动驾驶汽车技术的一个关键部分。与其依靠用户报告路边的障碍物和停在路边的汽车，导航应用程序可以利用摄像头和其他传感器，通过使用深度学习计算机视觉技术来"飞速"分析图像并自动报告这些项目。你可以将深度学习用于计算机视觉。

## 1.15　AI：计算机科学和数据科学的交汇点

当一个婴儿第一次睁开眼睛时，他是否"看到"了父母的脸？它是否理解什么是脸，甚至什么是简单的形状？婴儿必须"学习"他们周围的世界。这就是人工智能（Artificial Intelligence，AI）今天正在做的事情。它正在观察大量的数据并从中学习。人工智能正被用于玩游戏，实现广泛的计算机视觉应用，实现自动驾驶汽车，使机器人能够学习执行新的任务，诊断医疗状况，近乎实时地将语音翻译成其他语言，创建聊天机器人，可以使用大量的知识数据库来回应各种问题，等等。就在几年前，谁会想到人工智能自动驾驶汽车会被允许上路，甚至变得普遍？然而，这现在是一个竞争非常激烈的领域。所有这些学习的最终目标是通用人工智能：一种能够像人类一样完成智能任务的人工智能。

### 人工智能的里程碑

具体来说，有几个人工智能的里程碑吸引了人们的注意力和想象力，使公众开始认为人工智能是真实的，并使企业考虑将人工智能商业化。

- 在 1997 年 IBM 的深蓝（Deep Blue）计算机系统与国际象棋大师加里·卡斯帕罗夫（Gary Kasparov）的比赛中，深蓝成为第一台在锦标赛条件下击败卫冕世界象棋冠军的计算机[1]。IBM 在深蓝上装载了数十万个国际象棋大师游戏。深蓝能够使用蛮力手段，每秒评估多达 2 亿步棋[2]！这就是大数据的作用。IBM 获得了卡内基梅隆大学的 Fredkin 奖，该奖在 1980 年向第一台击败世界象棋冠军的计算机的创造者提供了 10 万美元[3]。
- 2011 年，IBM Watson 在一场 100 万美元的比赛中击败了游戏《危险边缘》（*Jeopardy!*）的两位顶尖选手。Watson 同时使用了数百种语言分析技术，在 2 亿页的内容（包括维基百科的全

① "Deep Blue（chess computer）." 2020 年 11 月 1 日访问。
② "IBM Deep Blue Team Gets $100,000 Prize." 2020 年 11 月 1 日访问。
③ "IBM Watson：The inside story of how the Jeopardy-winning supercomputer was born, and what it wants to do next." 2020 年 11 月 1 日访问。

部内容）中找到了正确的答案，需要 4 太字节的存储[1][2]。Watson 是用机器学习和强化学习技术进行训练的[3]。强大的库使你能够用各种编程语言进行机器学习和强化学习。

- 围棋是几千年前在中国创造的一种棋类游戏[4]，被广泛认为是有史以来最复杂的游戏之一，有 $10^{170}$ 种可能的棋盘配置。为了让你了解这个数字有多大，据说已知的宇宙中（只有）$10^{78} \sim 10^{82}$ 个原子[5][6]！2015 年，由谷歌 DeepMind 团队创造的 AlphaGo 利用两个神经网络的深度学习，击败了欧洲围棋冠军樊麾。围棋被认为是一种比国际象棋复杂得多的游戏。强大的库使你能够使用神经网络进行深度学习。

- 最近，谷歌对其 AlphaGo 人工智能进行了推广，创造了 AlphaZero——一个可以自学玩其他游戏的人工智能。2017 年 12 月，AlphaZero 利用强化学习，在不到 4 小时的时间里学会了国际象棋的规则并自学下棋。然后，它在 100 场比赛中击败了世界冠军国际象棋程序 Stockfish 8，每场比赛都获胜或打平。在对自己进行了短短 8 小时的围棋训练后，AlphaZero 就能够与它的前辈 AlphaG 对弈，在 100 场比赛中赢了 60 场[7]。

### 人工智能：一个有问题但没有解决方案的领域

几十年来，人工智能一直是一个有问题而无解决方案的领域。这是因为一旦某个问题得到解决，人们就会说："好吧，这不是智能；这只是一个计算机程序，它告诉计算机到底该怎么做。"然而，有了机器学习、深度学习和强化学习，我们并没有对特定问题的解决方案进行预编程。相反，我们让计算机通过从数据中学习（通常是大量的数据）来解决问题。许多最有趣和最具挑战性的问题都是用深度学习来解决的。仅谷歌就有数千个正在进行的深度学习项目[8][9]。

### ✓ 自测题

1 （填空）人工智能的最终目标是产生_____。

答案：通用人工智能。

2 （填空）IBM 的 Watson 击败了游戏《危险边缘》的两位顶尖选手。Watson 是用_____学习和_____学习技术的组合来训练的。

答案：机器，强化。

3 （填空）谷歌的_____在不到 4 小时的时间里用强化学习的方法教了自己下棋，然后在 100 场比赛中击败了世界冠军国际象棋程序 *Stockfish 8*，每场比赛都获胜或打平。

答案：AlphaZero。

### 自测练习

1.1　请在下列各句中填空。

（a）计算机在被称为_____的指令的控制下处理数据。

（b）计算机的关键逻辑单元是_____单元、_____单元、_____单元、_____单元、_____单元和_____单元。

---

[1] "Watson (computer)." 2020 年 11 月 1 日访问。

[2] "Building Watson: An Overview of the DeepQA Project." 2020 年 11 月 1 日访问。参阅 AAAI 网站 Watson 的相关内容，*AI Magazine*，2010 年秋。

[3] "A Brief History of Go." 2020 年 11 月 1 日访问。

[4] "Google artificial intelligence beats champion at world's most complicated board game." 2020 年 11 月 1 日访问。

[5] "How Many Atoms Are There in the Universe?" 2020 年 11 月 1 日访问。

[6] "Observable universe." 2020 年 11 月 1 日访问。

[7] "AlphaZero AI beats champion chess program after teaching itself in four hours." 2020 年 11 月 1 日访问。

[8] "Google has more than 1000 artificial intelligence projects in the works." 2020 年 11 月 1 日访问。

[9] "Google says 'exponential' growth of AI is changing nature of compute." 2020 年 11 月 1 日访问。

（c）本章中讨论的 3 种编程语言是_____、_____和_____。

（d）将高级语言程序翻译成机器语言的程序被称为_____。

（e）_____是一种基于 Linux 内核的移动设备的操作系统。

（f）_____允许设备对运动做出反应。

（g）C 被广泛地称为_____操作系统的语言。

1.2　在下列关于 C 环境的句子中填空。

（a）C 语言程序通常是用_____录入计算机的。

（b）在 C 系统中，_____在翻译阶段开始前自动执行。

（c）_____将编译器的输出与各种库函数相结合，产生一个可执行的映像。

（d）_____将可执行映像从磁盘转移到内存。

**自测练习答案**

1.1　（a）程序。（b）输入，输出，内存，中央处理，算术和逻辑，二级存储。（c）机器语言、汇编语言、高级语言。（d）编译器。（e）安卓。（f）加速度计。（g）UNIX。

1.2　（a）编辑器。（b）预处理器。（c）链接器。（d）装载器。

**练习**

1.3　将下列各项归类为硬件或软件。

（a）CPU。

（b）C 语言编译器。

（c）ALU。

（d）C 预处理器。

（e）输入单元。

（f）一个编辑程序。

1.4　（计算机组织）在下列各语句中填空。

（a）从计算机外部接收信息供计算机使用的逻辑单元是_____。

（b）_____是一个逻辑单元，它将计算机已经处理过的信息发送到各种设备，供计算机外部使用。

（c）_____和_____是计算机的逻辑单元，用于保留信息。

（d）_____是计算机的逻辑单元，用于进行计算。

（e）_____是计算机的逻辑单元，用于做出逻辑决策。

（f）_____是计算机的逻辑单元，用于协调其他逻辑单元的活动。

1.5　讨论以下各项的目的。

（a）stdin。

（b）stdout。

（c）stderr。

1.6　（性别中立）写出手动程序的步骤，以处理一个文本段落，用性别中立的词语替换特定的性别。假设你已经得到了一个有性别区分的词及其中性替换词的列表（例如，用 "spouse" 替换 "wife" 或 "husband"，用 "person" 替换 "man" 或 "woman"，用 "child" 替换 "daughter" 或 "son"，等等），解释你用来阅读一段文本并手动执行这些替换的程序。你的程序如何产生像 "woperchild" 这样的奇怪术语？你如何修改你的程序以避免这种可能性？在第 3 章中，你将了解到 "程序" 的一个更正式的计算术语是 "算法"，而算法指定了要执行的步骤以及执行这些步骤的顺序。

1.7　（自动驾驶汽车）就在几年前，在我们的街道上出现无人驾驶汽车的概念似乎是不可能的 [事实上，我们的拼写检查软件并不能识别 "driverless"（无人驾驶）这个词]。你将在本书中学习的许多技术正在使自动驾驶汽车成为可能。它们在一些地区已经很普遍了。

（a）如果你叫了一辆出租车，一辆无人驾驶的出租车为你停下，你会坐到后座上吗？你会放心地告诉它你想去哪里，并相信它能把你送到那里吗？你希望有哪些安全措施？如果汽车向错误的方向行驶，你会怎么做？

(b) 如果两辆自动驾驶汽车从相反的方向驶入一座单车道的桥梁，会怎样？它们应该通过什么协议来决定哪辆车应该继续前进？

(c) 如果你在一辆停在红灯前的汽车后面，信号灯变成了绿灯，但汽车没有动，怎么办？你按喇叭，但什么也没有发生。你下了车，发现没有司机。你会怎么做？

(d) 如果警察拦下一辆超速行驶的无人驾驶汽车，而你是唯一的乘客，谁或什么实体应该支付罚单？

(e) 无人驾驶汽车的一个严重问题是，它们有可能被黑客攻击。有人可以把速度设置得很高（或很低），这可能是很危险的。如果他们把你引向一个你不希望的目的地呢？

1.8 （研究：可重复性）数据科学研究中的一个重要概念是可重复性，这有助于其他人（和你）重复你的结果。请研究可重复性，并列出用于在数据科学研究中创造可重复结果的概念。

1.9 （研究：通用人工智能）人工智能领域最雄心勃勃的目标之一是实现通用人工智能——机器智能与人类智能相当。研究这个耐人寻味的话题。预计这种情况何时会发生？这引发了哪些关键的伦理问题？人类的智力似乎在很长一段时间内是稳定的。可以想象，具有通用人工智能的强大计算机可以令人信服地（而且很快）进化出远远超过人类的智能。请研究并讨论这引起的问题。

1.10 （研究：智能助手）许多公司现在提供计算机化的信息助手，如 IBM Watson、亚马逊 Alexa、苹果 Siri、谷歌助手和微软 Cortana。请研究这些和其他公司，并列出可以改善人们生活的用途。请研究智能助手的隐私和伦理问题。找出有趣的智能助手的轶事。

1.11 （研究：AI 在医疗保健中的应用）研究 AI 大数据在医疗保健中的应用这一快速增长的领域。例如，假设一个诊断性的医疗应用可以访问曾经拍摄过的每一张 X 光片和相关的诊断结果——这肯定是大数据。"深度学习"的计算机视觉应用可以利用这些"标记"数据来学习诊断医学问题。请研究诊断医学中的深度学习，并描述其一些最重要的成就。让机器而不是人类医生进行医疗诊断有哪些伦理问题？你会相信机器生成的诊断吗？你会要求提供第二种意见吗？

1.12 （研究：隐私和数据完整性立法）在前言中，我们提到了美国的《健康保险可携性和责任法案》（*Health Insurance Portability and Accountability Act*，HIPAA）和加利福尼亚的《消费者隐私法案》（*California Consumet Privacy Act*，CCPA）以及欧盟的《通用数据保护条例》（*General Data Protection Regulation*，GDPR）。像这样的法律正变得越来越普遍和严格。请调查这些法律中的每一条以及它们对你的隐私的影响。

1.13 （研究：个人身份信息）保护用户的个人身份信息是隐私的一个重要方面。请对这个问题进行研究和评论。

1.14 （研究：大数据、AI 和云——公司如何使用这些技术）对于你选择的一个主要组织，研究他们如何使用以下技术。AI、大数据、云、移动、自然语言处理、语音识别、语音合成、数据库、机器学习、深度学习、强化学习、Hadoop、Spark、物联网和 web 服务。

1.15 （研究：树莓派和物联网）现在，几乎所有设备的核心都有一台计算机，并将这些设备连接到因特网上。这导致了物联网的出现，它将数十亿的设备互联起来。树莓派是一种经济型计算机，经常处于物联网设备的核心位置。请研究树莓派以及它在物联网方面的一些应用。

1.16 （研究：深度造假的伦理）人工智能技术使得创造深度造假成为可能，这些造假视频捕捉了人们的外表、声音、身体动作和面部表情。你可以让他们做任何你指定的事情。研究深度造假的伦理问题。如果你打开电视，看到一个著名的政府官员或新闻播报员报道核攻击即将发生的深度造假视频，会发生什么？请研究奥森·威尔斯（Orson Welles）和他在 1938 年的"世界大战"广播，这造成了大规模的恐慌。

1.17 （研究：区块链——机会的世界）像比特币和以太坊这样的加密货币是基于一种名为区块链的技术，这种技术在过去几年中出现了爆炸式增长。研究区块链的起源、应用以及它如何被用作加密货币的基础。研究区块链的其他主要应用。在未来的许多年里，对于彻底了解区块链应用开发的软件开发人员来说，将有非凡的机会。

1.18 （研究：安全 C 编程和卡内基梅隆大学软件工程研究所的 CERT 部门）经验表明，建立能够抵御攻击的工业强度的系统具有挑战性。这种攻击可能是即时的，而且是全球性的。许多世界上最大的公司、政府机构和军事组织的系统都被破坏了。这样的漏洞往往来自于简单的编程问题。在软件开发之初就将安全问题纳入其中，可以大大减少漏洞的出现。卡内基梅隆大学的软件工程研究所（Software Engineering Institute，SEI）创建了 CERT（参阅 SEI 网站的 CERT 相关内容）来分析和及时应对攻击。CERT 发布和推广安全编码标准，以帮助 C 语言程序员和其他人实现工业强度的系统，避免使系统容易受到攻击的编程实践。CERT 的标准随着新的安全问题的出现而不断发展。SEI CERT C 编码标准关注的是"加固"计算机系统和应用程序以抵御攻击。研究 CERT 并讨论他们的成就和当前的挑战。为了帮助你专注于安全的 C 语言编码实践，第 2～12 章和第 14 章包含安全 C 语言编码部分，介绍了一些关键问题和技术，并提供了链接和参考，以便你可以继续学习。

1.19 （研究：IBM Watson）IBM 与数以万计的公司（包括培生教育）合作，涉及广泛的行业。请研究 IBM Watson 的一些主要成就以及 IBM 及其合作伙伴正在解决的各种挑战。

# 第2章 C语言编程入门

**目标**

在本章中，你将学习以下内容。

- 编写简单的 C 语言程序。
- 使用简单的输入和输出语句。
- 使用基本的数据类型。
- 学习计算机内存的概念。
- 使用算术操作符。
- 学习算术操作符的优先级。
- 编写简单的判断语句。
- 开始专注于安全的 C 语言编程实践。

**提纲**

## 2.1 简介

C 语言为计算机程序设计提供了一种结构化和规范化的方法。本章介绍了 C 语言编程，并展示了几个例子，说明了许多基本的 C 语言特性。我们对每个例子逐一进行分析。在第 3 章和第 4 章中，我们将介绍结构化编程——一种能够帮助你产生清晰、易于维护的程序的方法。然后，我们将在本书的其余部分使用结构化方法。本章最后是第一个"安全的 C 语言编程"小节。

## 2.2 一个简单的 C 语言程序：输出一行文本

我们从一个简单的 C 语言程序开始，它可以打印一行文本。该程序及其屏幕输出如清单 2.1 所示。

**清单2.1 | 第一个C语言程序**[①]

```
1   // fig02_01.c
2   // A first program in C.
3   #include <stdio.h>
4
```

---

[①] 本书中展示为"清单"形式的代码文件中，第1行展示该文件在配套电子资源中的命名，如本清单在配套资源中的文件名为fig02_01.c。为方便读者查找文件，本书引进时，代码文件名与英文原书保持一致，因此偶尔会出现文件名中数字序号不连续的情况。——编者注

```
5    // function main begins program execution
6    int main(void) {
7        printf("Welcome to C!\n");
8    } // end function main
```

```
Welcome to C!
```

## 注释

第1行和第2行

```
// fig02_01.c
// A first program in C.
```

以//开头，表示这两行是注释。插入注释是为了提供程序文档并提高程序的可读性。当你执行程序时，注释不会导致计算机执行动作，它们只是被忽略。在每个程序中，我们的惯例是用第1行的注释来指定文件名，用第2行的注释来描述程序的目的。注释也有助于其他人阅读和理解你的程序。

你也可以使用/**/来包含多行注释，其中从第一行的/*到最后一行末尾的*/都是一个注释。我们更喜欢较短的//注释，因为它们可以消除使用/**/注释时常见的编程错误，例如不小心忽略了结尾的*/。

ERR⊗

## #include 预处理器指令

第3行

```
#include <stdio.h>
```

是一个 C 预处理器指令。预处理器在编译前处理以#开头的行。第3行告诉预处理器要包括标准输入和输出头文件（<stdio.h>）的内容。这是一个包含信息的文件，编译器用这些信息来确保你正确使用标准输入和输出库函数，如 printf（第7行）。第5章更详细地解释了头文件的内容。

## 空行和空白

我们就让第4行留成空行。你使用空行、空格键和制表符来使程序更容易阅读。这些都被称为空白，通常会被编译器忽略。

## main 函数

第6行

```
int main(void) {
```

是每个 C 程序的一部分。main 后面的括号表示 main 是一个称为函数的程序构建块。C 语言程序由多个函数组成，其中一个必须是 main。每个程序都是从函数 main 开始执行的。作为一种良好的实践，在每个函数之前都要有一个注释（如第5行），说明该函数的目的。

函数可以返回信息。main 左边的关键字 int 表示 main "返回"一个整数（完整的数）值。在第4章中，当我们使用数学函数进行计算时，以及在第5章中，当我们创建自定义函数时，我们将解释函数 "返回值"的含义。现在，只要在你的每个程序的 main 左边包含关键字 int 即可。

函数在被调用执行时也可以接收信息。这里括号中的 void 意味着 main 没有接收任何信息。在第15章中，我们将展示一个 main 接收信息的例子。

左花括号 "{"（第6行末）开始了每个函数的主体。对应的右花括号 "}"（第8行开头）结束每个函数的主体。当程序到达 main 的右括号结束时，程序就终止了。花括号和它们之间的程序部分构成了一个语句块，这是一个重要的程序单元，我们将在以后的章节中进一步讨论。

## 一个输出语句

第7行

```
printf("Welcome to C!\n");
```

指示计算机执行一个动作，即在屏幕上显示引号中所包含的字符串。字符串有时被称为字符组成的串、消息或字面量。

整个第7行（包括 "调用" printf 函数以执行其任务、括号内的 printf 的参数和分号 ";"）被称为一个语句。每个语句都必须以分号作为语句终止符。printf中的"f"代表"格式化的"。当第 7 行执行时，它在屏幕上显示消息"Welcome to C!"。字符通常按照它们在双引号之间出现的样子打印，但请注意，字符\n没有被显示。

## 转义序列

在一个字符串中，反斜杠（\）是一个转义字符。它表示 printf 应该做一些超出常规的事情。在一个字符串中，编译器将反斜杠与下一个字符结合起来，形成一个转义序列。转义序列\n 表示换行。当printf 在一个字符串中遇到换行时，它将输出光标定位到下一行的开头。图 2-1 列出了一些常见的转义序列。

| 转义序列 | 说明 |
| --- | --- |
| \n | 将光标移到下一行的开头 |
| \t | 将光标移到下一个水平制表符处 |
| \a | 在不改变当前光标位置的情况下，产生一个声音或可见警报 |
| \\ | 因为反斜杠在字符串中具有特殊意义，所以要在字符串中插入一个反斜杠字符，需要使用\\ |
| \" | 因为字符串是用双引号括起来的，所以要在一个字符串中插入一个双引号字符，需要使用\" |

图 2-1　常见转义序列

## 链接器和可执行文件

标准库函数（如 printf 和 scanf）并不是 C 语言的一部分。例如，编译器不能发现 printf 或 scanf 的拼写错误。在编译 printf 语句时，编译器只是在目标程序中为"调用"库函数提供空间。但编译器并不知道库函数在哪里——链接器知道。当链接器运行时，它定位库函数并在目标程序中插入对这些函数的适当调用。现在，目标程序已经完成，可以执行了。链接后的程序被称为可执行程序。如果函数名称拼错了，链接器将发现这个错误——它将无法将程序中的名称与库中任何已知的函数名 ERR⊗
称相匹配。

## 缩进约定

将每个函数的整个主体缩进一级（我们推荐 3 个空格），放在定义函数主体的花括号内。这种缩进方式强调了程序的功能结构，有助于使它们更容易阅读。

请为你喜欢的缩进尺寸设定一个惯例，并统一应用该惯例。Tab 键可以用来创建缩进，但 Tab 键的显示可能不同。专业风格指南通常建议使用空格而不是制表符。一些代码编辑器在你按下 Tab 键的时候会自动插入空格。

## 使用多个 printf

printf 函数可以用几种不同的方式显示"Welcome to C!"。例如，清单 2.2 使用两条语句产生与清单 2.1 相同的输出。这是因为每个 printf 都在前一个语句结束后继续输出。第 7 行在 Welcome 后面加了一个空格（但没有换行）。第 8 行的 printf 在空格后的同一行开始输出。

**清单 2.2 | 用两个printf语句输出一行字符**

```
1   // fig02_02.c
2   // Printing on one line with two printf statements.
3   #include <stdio.h>
4
5   // function main begins program execution
6   int main(void) {
7      printf("Welcome ");
8      printf("to C!\n");
9   } // end function main
```

```
Welcome to C!
```

### 用一个 printf 显示多行

一个 printf 语句可以显示多行，如清单 2.3 所示。每一个 \n 都将输出光标移到下一行的开头。

**清单 2.3 | 用一个 printf 语句输出多行字符**

```
1   // fig02_03.c
2   // Printing multiple lines with a single printf.
3   #include <stdio.h>
4
5   // function main begins program execution
6   int main(void) {
7      printf("Welcome\nto\nC!\n");
8   } // end function main
```

```
Welcome
to
C!
```

### ✓ 自测题

1　（选择）考虑代码：

　　`int main(void)`

　　以下哪项陈述是错误的？

　　（a）main 后面的括号表示它是一个函数。

　　（b）main 左边的关键字 int 表示 main 返回一个整数值，括号中的 void 表示 main 不接收任何信息。

　　（c）左括号 "(" 是每个函数主体的开始，相应的右括号 ")" 是每个函数主体的结束。

　　（d）当执行到 main 的末端时，程序终止。

　　答案：（c）是错误的。实际上，一个左花括号 "{" 开始了每个函数的主体，而一个对应的右花括号 "}" 结束了每个函数的主体。

2　（选择）以下哪项陈述是错误的？

　　（a）每个 printf 都在前一个停止输出的地方继续输出。

　　（b）在下面的代码中，第一个 printf 显示 Welcome，后面是一个空格，第二个 printf 在下一行输出：

　　　　`printf("Welcome ");`
　　　　`printf("to C!\n");`

　　（c）下面的 printf 输出了几行文字。

　　　　`printf("Welcome\nto\nC!\n");`

　　（d）每当遇到 \n 转义序列时，在下一行的开头继续输出。

　　答案：（b）是错误的。实际上，第二个 printf 在第一个 printf 输出的空格后立即开始打印。

## 2.3　另一个简单的 C 语言程序：两个整数相加

我们的下一个程序使用 scanf 标准库函数来获取用户在键盘上输入的两个整数，然后计算它们的和，并用 printf 显示结果。清单 2.4 显示了该程序和示例输出。在清单 2.4 的输入和输出对话框中，我们用粗体字强调了用户输入的数字。

**清单 2.4 | 加法程序**

```
1   // fig02_04.c
2   // Addition program.
3   #include <stdio.h>
4
5   // function main begins program execution
6   int main(void) {
```

```
7      int integer1 = 0; // will hold first number user enters
8      int integer2 = 0; // will hold second number user enters
9
10     printf("Enter first integer: "); // prompt
11     scanf("%d", &integer1); // read an integer
12
13     printf("Enter second integer: "); // prompt
14     scanf("%d", &integer2); // read an integer
15
16     int sum = 0; // variable in which sum will be stored
17     sum = integer1 + integer2; // assign total to sum
18
19     printf("Sum is %d\n", sum); // print sum
20  } // end function main
```

```
Enter first integer: 45
Enter second integer: 72
Sum is 117
```

　　第 2 行的注释说明了该程序的目的。同样，程序从 main 开始执行（第 6~20 行）——第 6 行和第 20 行的花括号分别标记着 main 主体的开始和结束。

### 变量和变量定义

　　第 7 行和第 8 行

```
int integer1 = 0; // will hold first number user enters
int integer2 = 0; // will hold second number user enters
```

是定义。名字 integer1 和 integer2 是变量，即内存中的位置，程序可以在这里存储数值供以后使用。这些定义指定 integer1 和 integer2 的类型为 int。这意味着它们将保存整数的整数值，如 7、−11、0 和 31914。第 7 行和第 8 行将每个变量初始化为 0，在变量的名称后面加上一个=和一个值。尽管没有必要明确初始化每个变量，但这样做有助于避免许多常见的问题。

### 在使用前定义变量

　　在程序中使用所有的变量之前，都必须定义它们的名称和类型。你可以将每个变量的定义放在 main 的任何地方，直到该变量第一次在代码中使用为止。一般来说，你应该在接近第一次使用时定义变量。

### 标识符和大小写敏感

　　变量名可以是任何有效的标识符。每个标识符可以由字母、数字和下划线（_）组成，但不能以数字开头。C 是大小写敏感的，即将大写字母和小写字母视为不同字符所以 a1 和 A1 是不同的标识符。变量名应该以小写字母开头。在本书的后面，我们将对以大写字母开头的标识符和使用全大写字母的标识符赋予特殊意义。

　　选择有意义的变量名有助于程序成为自身的文档，因此需要的注释更少。避免用下划线（_）开始标识符，以防止与编译器生成的标识符和标准库标识符发生冲突。多单词的变量名可以使程序更有可读性。例如以下的命名方式：

- 用下划线隔开单词，如 total_commissions；
- 把单词放在一起，后面的每个单词以大写字母开头，如 totalCommissions。

后者被称为"驼峰式"，因为大写字母和小写字母相间的模式类似于骆驼的剪影。我们更喜欢驼峰式。

### 提示信息

　　第 10 行

```
printf("Enter first integer: "); // prompt
```

显示"Enter first integer:"。这条信息被称为提示，因为它告诉用户要采取一个特定的行动。

### scanf 函数和格式化的输入

第 11 行

```
scanf("%d", &integer1); // read an integer
```

使用 scanf 从用户那里获得一个值。该函数从标准输入中读取，通常是指键盘。

scanf 中的 "f" 代表 "格式化的"。这个 scanf 有两个参数——"%d" 和 &integer1。"%d" 是格式控制字符串。它表示用户应该输入的数据类型。%d 转换规范指定数据应该是一个整数，d 代表 "十进制整数"。每个转换规范都从一个%字符开始。

scanf 的第二个参数以与（&）符号开始，后面是变量名。&是地址操作符，当与变量名结合时，告诉 scanf 变量 integer1 在内存中的位置（或地址），然后 scanf 将用户输入的值保存在该内存位置。

使用&经常会让新手程序员和用其他不需要这种符号的语言编程的人感到困惑。现在，只要记住在每次调用 scanf 时，在每个变量前面加一个&。在第 6 章和第 7 章将讨论这一规则的一些例外情况。在第 7 章学习了指针之后，&的使用将变得清晰。

⊗ERR 在 scanf 语句中忘记了变量前的&，通常会导致执行时错误。在许多系统中，这将导致 "段错误" 或 "访问违规"。当用户的程序试图访问计算机内存中它没有访问权限的部分时，就会发生这种错误。这种错误的确切原因将在第 7 章解释。

当第 11 行执行时，计算机等待用户输入一个 integer1 的值。用户输入一个整数，然后按 Enter 键（或 Return 键），将数字发送给计算机。然后计算机将该数字（或值）放入 integer1 中。在程序中对 integer1 的任何后续引用都使用这个相同的值。

函数 printf 和 scanf 有助于用户和计算机之间的互动。这种互动类似于对话，通常被称为交互式计算。

### 提示并输入第二个整数

第 13 行

```
printf("Enter second integer: "); // prompt
```

提示用户输入第二个整数，然后第 14 行

```
scanf("%d", &integer2); // read an integer
```

从用户那里获得变量 integer2 的值。

### 定义 sum 变量

第 16 行

```
int sum = 0; // variable in which sum will be stored
```

在我们在第 17 行使用 sum 之前，定义了 int 型变量 sum 并将其初始化为 0。

### 赋值语句

第 17 行的赋值语句

```
sum = integer1 + integer2; // assign total to sum
```

计算变量 integer1 和 integer2 的和，然后使用赋值操作符（=）将结果赋给变量 sum。该语句读作："sum 得到表达式 integer1 + integer2 的值。"大多数计算是在赋值中进行的。

### 二元操作符

=操作符和+操作符是二元操作符——每个操作符都有两个操作数。+操作符的操作数是 integer1 和 integer2。=操作符的操作数是 sum 和表达式 integer1 + integer2 的值。在二元操作符的两边放置空格，使操作符突出，使程序更易读。

### 用格式控制字符串打印

第 19 行的格式控制字符串"Sum is %d\n"

```
printf("Sum is %d\n", sum); // print sum
```

包含一些要显示的字面字符（"Sum is "）和转换规范%d，它是一个整数的占位符。sum 是要代替%d

插入的值。整数（%d）的转换规范在 printf 和 scanf 中都是一样的——这对大多数（但不是所有）C 数据类型都是如此。

### 结合变量定义和赋值语句

你可以在定义中初始化一个变量。例如，第 16 行和第 17 行可以将变量 integer1 和 integer2 相加，然后用结果初始化变量 sum：

```
int sum = integer1 + integer2; // assign total to sum
```

### printf 语句中的计算

实际上，我们不需要变量 sum，因为我们可以在 printf 语句中进行计算。因此，第 16～19 行可以替换为

```
printf("Sum is %d\n", integer1 + integer2);
```

### ✓ 自测题

1　（选择）哪条语句正确地提示了用户的输入？

（a）printf("Enter the day of the week: ")

（b）printf(Enter the day of the week: );

（c）printf('Enter the day of the week: ');

（d）printf("Enter the day of the week: ");

答案：（d）。

2　（选择）下面的语句读作："sum 得到表达式 integer1 + integer2 的值"。在该语句中，=是_____操作符。

```
sum = integer1 + integer2;
```

（a）相等。

（b）比较。

（c）赋值。

（d）以上都不是。

答案：（c）。

## 2.4　内存概念

每个变量都有名字、类型、值和在计算机内存中的位置。在清单 2.4 中，当第 11 行

```
scanf("%d", &integer1); // read an integer
```

执行时，程序将用户的输入放入 integer1 的内存位置。假设用户输入 45 作为 integer1 的值。从概念上讲，内存看起来如图 2-2 所示。

当一个值被放置在一个内存位置时，它取代了该位置之前的值，而这个值已经丢失。所以，我们说这个过程是破坏性的。

再次回到清单 2.4，当第 14 行

```
scanf("%d", &integer2); // read an integer
```

执行时，假设用户输入了 72。从概念上讲，内存看起来如图 2-3 所示。

图 2-2　输入 integer1 后的内存

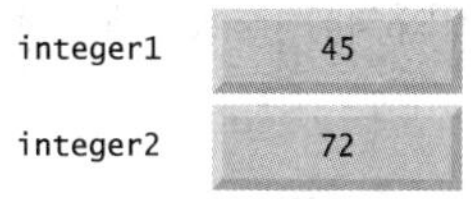

图 2-3　输入 integer2 后的内存

这些位置在内存中不一定相邻。

一旦我们有了 integer1 和 integer2 的值，第 18 行

```
sum = integer1 + integer2; // assign total to sum
```

将这些值相加，并将总数放入变量 sum 中，以取代其先前的值。从概念上讲，现在的内存看起来如图 2-4 所示。

integer1 和 integer2 的值在计算中没有变化，计算使用但不破坏这些值。因此，从内存位置读取一个值是非破坏性的。

| integer1 | 45 |
| integer2 | 72 |
| sum | 117 |

图 2-4　integer1 和 integer2 求和后的内存

### ✓ 自测题

（选择）以下哪些陈述是正确的？

（a）变量名对应于计算机内存中的位置。

（b）每个变量都有名称、类型和值。

（c）当一个值被放置在一个内存位置时，它将取代该位置的前一个值。之前的值会丢失，所以这个过程被称为破坏性的。当一个值从一个内存位置被读出时，这个过程被称为非破坏性的。

答案：（a）（b）（c）。

## 2.5　C 语言中的算术

大多数 C 语言程序使用如图 2-5 所示的二元算术操作符进行计算。

| C操作 | 算术操作符 | 代数运算表达式 | C表达式 |
|---|---|---|---|
| 加 | + | $f + 7$ | f + 7 |
| 减 | − | $p - c$ | p − c |
| 乘 | * | $bm$ | b * m |
| 除 | / | $x/y$ 或 $\dfrac{x}{y}$ | x / y |
| 取余 | % | $r \bmod s$ | r % s |

图 2-5　二元算术操作符

注意，这里使用了代数中没有使用的各种特殊符号。星号（*）表示乘法，百分号（%）表示取余操作符（下文介绍）。在代数中，为了将 a 乘以 b，我们将这些单字母的变量名并排放在一起，如 ab。在 C 语言中，ab 将被解释为一个单一的、两个字母的名称（或标识符）。大多数编程语言通过使用 * 操作符来表示乘法，如 a * b。

### 整数除法和取余运算

整数除法（即一个整数除以另一个整数）产生一个整数结果，所以 7/4 的值为 1，17/5 的值为 3。只针对整数的取余操作符"%"，产生整数除法后的余数，所以 7 % 4 得到 3，17 % 5 得到 2。我们将讨论取余操作符的几个有趣的应用。

⊗ERR　　在计算机系统中，试图除以零的做法通常是未定义的。一般来说，它会导致一个致命错误，使程序在没有成功完成其工作的情况下立即终止。非致命错误允许程序运行到完成，但往往产生不正确的结果。

### 直线形式的算术表达式

算术表达式必须以直线形式书写，以便将程序输入计算机。像"a 除以 b"这样的表达式必须写成 a/b，所有操作符和操作数都在一条直线上。代数符号

$$\frac{a}{b}$$

通常不被编译器接受，尽管一些特殊用途的软件包支持复杂数学表达式的更自然的符号。

### 用于对子表达式组合的括号

在 C 语言表达式中，括号的使用方式与代数表达式相同。例如，要将 a 乘以数量 b + c，我们写成 a * (b+ c)。

### 操作符的优先级规则

C 语言以精确的顺序应用算术表达式中的操作符，该顺序由以下操作符优先级规则决定，与代数中的规则大致相同：

(1) 用括号组合的表达式首先求值。括号被称为"最高级别的优先权"。在嵌套的括号中，如

((a + b) + c)

最内层的一对括号中的操作符被首先应用。

(2) \*、/ 和 % 接下来被应用。如果一个表达式包含多个 \*、/和%操作符，则运算从左到右进行。这 3 个操作符被称为处于相同的优先级。

(3) + 和 − 接下来进行求值。如果一个表达式包含 + 和 − 操作符，则求值从左至右进行。这两个操作符具有相同的优先级，低于\*、/ 和 %。

(4) 赋值操作符（=）最后进行求值。

操作符优先级规则规定了 C 语言用于求值表达式的顺序[1]。当我们说求值从左到右进行时，我们指的是操作符的组合，这有时被称为结合律。一些操作符从右到左组合。

### 代数和 C 语言表达式示例

让我们考虑几个表达式的求值。每个例子都列出了一个代数表达式和它的 C 语言等价表达式。下面的表达式计算 5 个项的平均数（算术平均值）。

代数：$m = \dfrac{a + b + c + d + e}{5}$；

C 语言：m = (a + b + c + d + e) / 5。

在 C 语句中，需要用括号将加法进行组合，因为除法的优先级比加法高。整个数量(a + b + c + d + e)应该除以 5。如果我们错误地省略了括号，会得到 a + b + c + d + e / 5，这时求值结果不正确，为

$a + b + c + d + \dfrac{e}{5}$

下面的表达式是直线形式的方程。

代数：$y = mx + b$；

C 语言：y = m \* x + b。

不需要括号。乘法首先进行求值，因为它比加法有更高的先决条件。

下面的表达式包含取余(%)、乘法、除法、加法、减法和赋值操作。

代数：$z = pr \bmod q + w/x − y$；

C 语言：如图 2-6 所示。

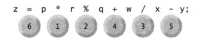

图 2-6　C 语言表达式

圆圈中的数字表示 C 计算操作符的顺序。乘法、取余和除法首先从左到右求值（也就是说，它们从左到右组合），因为它们比加法和减法的优先级高。接下来，加法和减法从左至右进行求值。最后，结果被赋给 z。

### 括号"在同一层次上"

有几对括号的表达式并非都包含嵌套的括号。在以下表达式中，括号被认为是"在同一层次上"：

a \* (b + c) + c \* (d + e)

在这种情况下，括号中的表达式从左到右进行求值。

---

[1] 我们用简单的例子来解释表达式的求值顺序。微妙的问题发生在更复杂的表达式中，你将在本书后面遇到。我们将在这些问题出现时进行讨论。

### 二次多项式的求值

为了更好地理解操作符的优先级规则，我们来看看 C 语言是如何对二次多项式进行求值的。

考虑图 2-7 中的表达式，其中语句下圆圈中的数字表示 C 语言执行操作的顺序。C 语言没有指数操作符，所以我们把 x 的平方表示为 x * x。标准库的 pow（power 的缩写，代表幂）函数可以进行指数运算，你将在第 4 章看到。

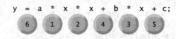

图 2-7  C 语言中的二次多项式

在前面的二次多项式中，假设 a=2，b=3，c=7 和 x=5。图 2-8 说明了这些操作符的应用顺序。

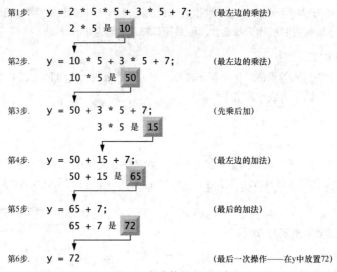

图 2-8  操作符的应用顺序

### 使用括号来提高清晰度

如同在代数中一样，可以使用冗余的括号来使一个表达式更加清晰。因此，前面的语句可以用括号表示如下：

y = (a * x * x) + (b * x) + c;

### ✓ 自测题

1  （选择）以下哪个表达式（如果有）能正确地进行 C 语言计算"在 4 乘以 5 的数量上加 3"？

(a) 3 + 4 * 5

(b) 3 + (4 * 5)

(c) (3 + (4 * 5))

(d) 以上都是。

答案：(d)。

2  （选择）请考虑以下语句：

y = a * x * x + b * x + c;

前面语句以下的哪种变体包含了冗余的括号？

(a) y = (a * x * x + b * x + c);

(b) y = a * (x * x) + (b * x) + c;

(c) y = (a * x * x) + (b * x) + c;

（d）以上都是。

答案：（d）。

## 2.6　判断：相等和关系操作符

可执行语句要么执行计算、输入和输出等动作，要么（正如你即将看到的）做出判断。例如，一个程序可以判断一个人的考试成绩是否大于或等于 60 分，因此它可以决定是否打印消息"Congratulations! You passed."。

条件是一个表达式，可以是真（即满足条件）或假（即不满足条件）。本节介绍了 if 语句，它允许程序根据条件的值做出决定。如果条件为真，if 语句主体中的语句就会执行；否则就不会执行。

### 相等和关系操作符

条件是用以下相等操作符和关系操作符形成的（如图 2-9 所示）。

| 操作符分类 | 代数中的操作符 | C 语言中的操作符 | C 语言示例 | 示例的含义 |
| --- | --- | --- | --- | --- |
| 关系操作符 | > | > | x > y | x 大于 y |
| | < | < | x < y | x 小于 y |
| | ≥ | >= | x >= y | x 大于或等于 y |
| | ≤ | <= | x <= y | x 小于或等于 y |
| 相等操作符 | = | == | x == y | x 等于 y |
| | ≠ | != | x != y | x 不等于 y |

图 2-9　相等操作符和关系操作符

关系操作符<、<=、>和>=具有相同的优先级，并且从左到右组合。相等操作符 == 和 != 具有相同的优先级，比关系操作符的优先级低，也是从左到右组合。在 C 语言中，一个条件实际上可以是产生零（假）或非零（真）值的任何表达式。

### 混淆相等操作符==和赋值操作符

混淆相等操作符（==）和赋值操作符（=）是一个常见的编程错误。为了避免这种混淆，应将相等操作符读作"双等"，将赋值操作符读作"取"或"被赋值为"。正如你将看到的，混淆这些操作符会导致难以发现的逻辑错误，而不是编译错误。

ERR ⊗

### 示范 if 语句

清单 2.5 使用 6 个 if 语句来比较用户输入的两个数字。对于每条 if 语句的条件为真，就会执行相应的 printf。清单 2.5 显示了该程序和 3 个执行输出的示例。

**清单 2.5 | 使用 if 语句、关系操作符和相等操作符**

```
 1  // fig02_05.c
 2  // Using if statements, relational
 3  // operators, and equality operators.
 4  #include <stdio.h>
 5
 6  // function main begins program execution
 7  int main(void) {
 8     printf("Enter two integers, and I will tell you\n");
 9     printf("the relationships they satisfy: ");
10
11     int number1 = 0; // first number to be read from user
12     int number2 = 0; // second number to be read from user
13
14     scanf("%d %d", &number1, &number2); // read two integers
15
16     if(number1 == number2) {
17        printf("%d is equal to %d\n", number1, number2);
```

```
18      } // end if
19
20      if (number1 != number2) {
21         printf("%d is not equal to %d\n", number1, number2);
22      } // end if
23
24      if (number1 < number2) {
25         printf("%d is less than %d\n", number1, number2);
26      } // end if
27
28      if (number1 > number2) {
29         printf("%d is greater than %d\n", number1, number2);
30      } // end if
31
32      if (number1 <= number2) {
33         printf("%d is less than or equal to %d\n", number1, number2);
34      } // end if
35
36      if (number1 >= number2) {
37         printf("%d is greater than or equal to %d\n", number1, number2);
38      } // end if
39 } // end function main
```

```
Enter two integers, and I will tell you
the relationships they satisfy: 3  7
3 is not equal to 7
3 is less than 7
3 is less than or equal to 7
```

```
Enter two integers, and I will tell you
the relationships they satisfy: 22  12
22 is not equal to 12
22 is greater than 12
22 is greater than or equal to 12
```

```
Enter two integers, and I will tell you
the relationships they satisfy: 7  7
7 is equal to 7
7 is less than or equal to 7
7 is greater than or equal to 7
```

该程序使用 scanf（第 14 行）将两个整数读入 int 型变量 number1 和 number2。第一个 %d 转换为一个值，存储在变量 number1 中。第二个转换的值将被存储在变量 number2 中。

### 数字的比较

第 16～18 行的 if 语句

```
if (number1 == number2) {
   printf("%d is equal to %d\n", number1, number2);
} // end if
```

比较 number1 和 number2 的数值是否相等。如果数值相等，第 17 行显示一行文本，表明数字相等。对于从第 20、24、28、32 和 36 行开始的 if 语句中的每个真实条件，相应的主体语句显示一行文本。缩进每个 if 语句的主体，并在每个 if 语句上下放置空行，可以提高程序的可读性。

左花括号"{"是每个 if 语句主体的开始（例如，第 16 行）。对应的右花括号"}"结束每个 if 语句的主体（例如，第 18 行）。任何数量的状态都可以放在 if 语句的主体中①。

ERR⊗　　在 if 语句的条件后面，将分号紧紧地放在右括号的右边是一个常见的错误。在这种情况下，分号被视为一个不执行任务的空语句——原本打算作为 if 语句主体一部分的语句不再受 if 条件控制，总是会执行。

---

① 使用花括号来限定 if 语句的主体，对于单语句的主体来说是可选的，但总是使用这些花括号被认为是好的做法。在第 3 章中，我们将解释这些问题。

## 目前为止介绍的操作符

图 2-10 按优先级从高到低列出了到目前为止介绍的操作符。

| 操作符 | 组合方向 |
| --- | --- |
| () | 从左到右 |
| * / % | 从左到右 |
| + - | 从左到右 |
| < <= > >= | 从左到右 |
| == != | 从左到右 |
| = | 从右到左 |

图 2-10　目前为止介绍的操作符

赋值操作符（=）从右到左组合。在编写包含许多操作符的表达式时，请参考操作符优先级表。确认表达式中的操作符是按照正确的顺序应用的。如果你不确定复杂表达式中的求值顺序，可以使用括号将表达式组合，或者将语句分成几个更简单的语句。

## 关键字

我们在本章的例子中使用的一些词，如 int、if 和 void，都是语言的关键字或保留字，对编译器有特殊的意义。图 2-11 包含了 C 语言的关键字。请不要把它们作为标识符使用。

| 关键字 | | | | |
| --- | --- | --- | --- | --- |
| auto | do | goto | signed | unsigned |
| break | double | if | sizeof | void |
| case | else | int | static | volatile |
| char | enum | long | struct | while |
| const | extern | register | switch | |
| continue | float | return | typedef | |
| default | for | short | union | |

C99 *标准增加的关键字*
_Bool　_Complex　_Imaginary　inline　restrict

C11 *标准增加的关键字*
_Alignas　_Alignof　_Atomic　_Generic　_Noreturn　_Static_assert　_Thread_local

图 2-11　C 语言的关键字

## ✔ 自测题

1　（选择）以下哪项陈述是错误的？

（a）一个条件是一个可以为真或假的表达式。

（b）一个条件可以是产生零（真）或非零（假）值的任何表达式。

（c）if 语句根据条件的值做出决定。如果条件为真，if 语句主体中的语句就会执行；否则就不会执行。

（d）你用相等操作符和关系操作符形成条件。

答案：（b）是错误的。实际上，在 C 语言中，一个条件可以是任何产生零（假）或非零（真）值的表达式。

2　（选择）以下哪项陈述是错误的？

（a）如果 number1 等于 number2，下面的 if 语句会执行其主体：

```
if (number1 == number2) {
  printf("%d is equal to %d\n", number1, number2);
} // end if
```

（b）如果你对一个复杂的表达式的求值顺序不确定，可以使用括号来组合表达式，或将语句分成更简单的语句。

（c）任何数量的语句都可以放在 if 语句的主体中。使用花括号来限定 if 语句的主体是必须的。

（d）C 语言的一些操作符，如赋值操作符（=），从右到左组合，而不是从左到右。

答案：（c）是错误的。实际上，当 if 语句的主体只包含一条语句时，使用花括号来限定该语句的主体是可选的。尽管如此，总是使用这些花括号有助于避免错误。

## 🔒SEC 2.7　安全的 C 语言编程

我们在前言中提到了 SEI CERT C 编码标准，并指出我们将遵循某些准则来帮助你避免让系统受到攻击的编程实践。

### 🔒SEC 避免使用单参数的 printf

其中一条准则是避免使用带有单个字符串参数的 printf[①]。printf 的第一个参数是一个格式化字符串，printf 检查它是否有转换规范，然后它用一个后续参数的值替换每个转换规范。无论是否有后续参数可供使用，它都会尝试这样做。

在后面的章节中，你将学习如何从用户那里输入字符串。尽管第一个 printf 参数通常是一个字符串字面量，但它可能是一个包含用户输入的字符串的变量。在这种情况下，攻击者可以制作一个用户输入的格式字符串，其转换规格比额外的 printf 参数还要多。这个漏洞已经被攻击者用来读取他们不应该访问的内存[②]。

你可以采取一些预防措施来防止这种攻击。如果你需要显示一个以换行符结尾的字符串，而不是printf，可以使用 puts 函数，该函数显示其字符串参数后的换行符。例如，在清单 2.1 中，第 7 行

```
printf("Welcome to C!\n");
```

应写成

```
puts("Welcome to C!");
```

函数 puts 只是显示其字符串参数的内容，所以转换规范会显示为单个字符。

要显示一个没有换行符的字符串，可以使用带有两个参数的 printf ——"%s"格式控制字符串和要显示的字符串。%s 转换规范是一个字符串的占位符。例如，在清单 2.2 中，第 7 行

```
printf("Welcome ");
```

应写成

```
printf("%s", "Welcome ");
```

和 puts 一样，如果 printf 的第二个参数包含一个转换规范，它将作为单独的字符显示。

按照本章的写法，printfs 实际上是安全的，但这些改变是负责任的编码实践，随着我们对 C 语言的深入了解，它们将消除某些安全漏洞。我们将在本书后面解释其基本原理。从现在开始，我们在例子中使用这些实践，你也应该在你的代码中使用它们。

### scanf、printf、scanf_s 和 printf_s

🔒SEC 本书后面几章中的"安全的 C 语言编程"节会逐步介绍 scanf 和 printf，从 3.13 节开始。我们还将讨论 scanf_s 和 printf_s，它们是在 C11 中引入的，试图消除各种 scanf 和 printf 的安全漏洞。在后面章节的"安全的 C 语言编程"节，我们将讨论众所周知的 scanf 安全漏洞以及如何避免它们。

### ✓　自测题

1　（代码）将下面的语句改写成一个等价的安全 puts 语句：

---

① 欲了解更多信息，请参阅 CERT 规则 FIO30-C。6.13 节解释了本 CERT 指南中提到的用户输入的概念。

② "Format String Attack，"Format String Software Attack | OWASP Foundation. 2020 年 7 月 22 日访问。

```
printf("Enter your age:");
```
答案: puts("Enter your age:");
2　(代码) 将下面的语句改写为一个等价的安全 printf 语句:
```
printf("Enter your age:");
```
答案: printf("%s", "Enter your age:");

**关键知识回顾**

本章介绍了许多重要的 C 语言特征,包括在屏幕上显示数据、从用户那里输入数据、进行计算和做出判断。在第 3 章,我们将在这些技术的基础上介绍结构化编程。你将更加熟悉缩进技术。我们将研究如何指定语句的执行顺序——这被称为控制流。

## 2.1 节

- C 语言为计算机程序设计提供了一种结构化和规范化的方法。

## 2.2 节

- 注释以//开头。它们提供程序文档并提高程序的可读性。多行注释以/*开始,以*/结束。
- 注释会被编译器忽略。
- 预处理器在程序编译前会处理以#开头的行。#include 指令告诉预处理器包括另一个文件的内容。
- <stdio.h>头文件包含编译器使用的信息,以确保你正确使用标准输入和输出库函数,如 printf。
- 函数 main 是每个程序的一部分。main 后面的括号表示 main 是一个称为函数的程序构建块。程序包含一个或多个函数,其中一个必须是 main,它是程序开始执行的地方。
- 函数可以返回信息。main 左边的关键字 int 表示 main "返回" 一个整数值。
- 当函数被调用执行时,它们可以接收信息。main 后面的括号中的 void 表示 main 不接收任何信息。
- 左花括号 "{" 开始每个函数的主体。对应的右花括号 "}" 结束每个函数。一对花括号和它们之间的代码被称为一个语句块。
- printf 函数指示计算机在屏幕上显示信息。
- 字符串有时被称为字符组成的串、消息或字面量。
- 每个语句都必须以分号语句终止符结束。
- 在 \n 中,反斜杠 (\) 是一个转义字符。当在一个字符串中遇到反斜杠时,编译器会将其与下一个字符结合起来,形成一个转义序列。转义序列 \n 表示换行。
- 当 printf 输出的字符串中出现换行时,输出光标会定位到下一行的开头。
- 双反斜杠 "\\" 转义序列在字符串中放置一个单反斜杠。
- 转义序列 "\"" 代表一个字面量双引号字符。

## 2.3 节

- 变量是内存中的一个位置,可以存储一个值供程序使用。
- 类型为 int 的变量可以保存整数值。
- 所有的变量都必须在程序中使用前定义名称和类型。
- C 语言中的变量名是任何有效的标识符。一个标识符是由字母、数字和下划线 (_) 组成的一系列字符,不以数字开头。
- C 是大小写敏感的。
- 函数 scanf 从标准输入中获取输入,通常是键盘。
- scanf 格式控制字符串指出要输入的数据类型。
- %d 转换规范表示一个整数 (字母 d 代表 "十进制整数")。% 是每个转换规范的开头。

- scanf 的格式控制字符串后面的参数以与（&）符号开始，后面是一个变量名。在这种情况下，与符号称为地址操作符，它告诉 scanf 变量的内存位置。然后，计算机将数值存储在该位置。
- 大多数计算是在赋值语句中进行的。
- = 操作符和 + 操作符是二元操作符——每个都有两个操作数。
- 在指定格式控制字符串为其第一个参数的 printf 中，转换规范表示要输出的数据的占位符。

## 2.4 节

- 每个变量都有名称、类型、值和内存位置。
- 当一个值被放置在一个内存位置时，它取代了该位置之前的值，而这个值已经丢失。所以这个过程被称为破坏性的。
- 从内存位置读取一个值是非破坏性的。

## 2.5 节

- 大多数编程语言用 * 操作符表示乘法，如 a * b。
- 算术表达式必须以直线形式书写，以方便向计算机输入程序。
- 括号在 C 语言表达式中的组合方式与代数表达式的组合方式基本相同。
- C 语言求值算术表达式的顺序由以下操作符优先规则决定，这些规则通常与代数中遵循的规则相同。
- 包含多个 +、/ 和 % 操作的表达式从左到右进行求值。这 3 个操作符的优先级是一样的。
- 含有多个 + 和 − 操作的表达式从左到右求值。这两个操作符的优先级相同，比 *、/ 和 % 的优先级低。
- 操作符组合规定了操作符是从左到右还是从右到左进行求值。

## 2.6 节

- 可执行的 C 语句要么执行动作，要么做出判断。
- C 语言的 if 语句允许程序根据一个条件是真还是假来做决定。如果条件为真，if 语句的主体就会执行；否则就不会执行。
- 你可以使用相等和关系操作符在 if 语句中形成条件。
- 关系操作符都有相同的优先级，并从左到右组合。相等操作符的优先级比关系操作符低，也是从左到右组合。
- 为了避免混淆赋值（=）和相等（==），赋值操作符应该读作"得到"，而相等操作符应该读作"双等"。
- 编译器通常会忽略空白字符，如制表符、换行符和空格。
- 关键字（或保留字）对 C 语言编译器有特殊的意义，所以你不能用它们作为变量名等标识符。

## 2.7 节

- 一种有助于避免系统受到攻击的做法是避免使用带有单个字符串参数的 printf。
- 要显示一个带有换行符的字符串，请使用 puts 函数，该函数显示其字符串参数后的换行符。
- 要显示一个没有换行符的字符串，可以使用 printf，将"%s "转换规范作为第一个参数，将要显示的字符串作为第二个参数。

### 自测练习

2.1 在下列各项中填空。
  (a) 每个 C 语言程序都从函数_____开始执行。
  (b) 每个函数的主体以_____开始，以_____结束。
  (c) 每个语句都以_____结束。

(d)＿＿＿＿＿标准库函数在屏幕上显示信息。

(e)转义序列 \n 表示＿＿＿＿＿字符，它使光标定位到屏幕上下一行的开头。

(f)＿＿＿＿＿标准库函数从键盘上获取数据。

(g)printf 或 scanf 格式控制字符串中的转换规范＿＿＿＿＿表示将分别输出或输入一个整数。

(h)每当一个新的数值被放置在一个内存位置时，该数值就会覆盖该位置的前一个数值。这个过程被称为＿＿＿＿＿。

(i)当从一个内存位置读出一个值时，该位置的值被保留下来；这个过程被称为＿＿＿＿＿。

(j)＿＿＿＿＿语句是用来做判断的。

2.2　请说明以下各项是对还是错。如果是错的，请解释原因。

(a)函数 printf 总是在新行的开始处开始打印。

(b)注释使计算机在执行程序时将//后面的文字显示在屏幕上。

(c)printf 格式控制字符串中的转义序列\n 将光标移到下一行的开头。

(d)所有的变量在使用前都必须被定义。

(e)所有的变量在定义时都必须给出一个类型。

(f)C 认为变量 number 和 NuMbEr 是相同的。

(g)定义可以出现在一个函数主体的任何地方。

(h)在 printf 函数中，格式控制字符串后面的所有参数必须以与（&）符号开头。

(i)取余操作符（%）只能用于整数操作数。

(j)算术操作符 *、/、%、+和–都有相同的优先级。

(k)一个打印 3 行输出的程序必须包含 3 个 printf。

2.3　编写一个 C 语句来完成下列各项工作。

(a)将变量 number 定义为 int 类型，并将其初始化为 0。

(b)提示用户输入一个整数。在提示信息的末尾加上一个冒号（:），并将光标置于空格之后。

(c)从键盘上读取一个整数，并将该值存入整数变量 a 中。

(d)如果数字不等于 7，显示 "number is not equal to 7."。

(e)在一行上显示 "This is a C program."。

(f)在两行上显示 "This is a C program."，使得第一行以 C 结束。

(g)显示 "This is a C program."，每个单词都在一个单独的行上。

(h)显示 "This is a C program."，单词用制表符隔开。

2.4　编写一个语句（或注释）来完成下列各项工作。

(a)说明一个程序将计算 3 个整数的乘积。

(b)提示用户输入 3 个整数。

(c)定义变量 x 为 int 类型，并将其初始化为 0。

(d)定义变量 y 为 int 类型，并将其初始化为 0。

(e)定义变量 z 为 int 类型，并将其初始化为 0。

(f)从键盘上读取 3 个整数，并将它们存储在变量 x、y 和 z 中。

(g)定义变量 result，计算变量 x、y 和 z 中的整数的乘积，并使用该乘积来初始化变量 result。

(h)显示 "The product is"，后面是 int 类型变量 result 的值。

2.5　使用你在自测练习 2.4 中写的语句，编写一个完整的程序，计算 3 个整数的积。

2.6　找出并改正下列各语句中的错误：

(a) printf("The value is %d\n", &number);

(b) scanf("%d%d", &number1, number2);

(c) if (c < 7);{
    puts("C is less than 7");
    }

```
(d) if (c => 7) {
        puts("C is greater than or equal to 7");
    }
```

## 自测练习答案

2.1　(a) main。(b) 左花括号 "{"，右花括号 "}"。(c) 分号。(d) printf。(e) 换行。

　　　(f) scanf。(g) %d。(h) 破坏性的。(i) 非破坏性的。(j) if。

2.2　见下面的答案。

　　　(a) 错。函数 printf 总是从光标所在的位置开始打印，而这可能是屏幕上的任何一行。

　　　(b) 错。当程序被执行时，注释不会导致任何动作的执行。它们用于提供程序文档并提高其可读性。

　　　(c) 对。

　　　(d) 对。

　　　(e) 对。

　　　(f) 错。C 是大小写敏感的，所以这些变量是不同的。

　　　(g) 对。

　　　(h) 错。printf 函数中的参数通常不应该在前面加与符号。在 scanf 函数中，格式控制字符串后面的参数通常应该在前面加一个与符号。我们将在第 6 章和第 7 章讨论这些规则的例外情况。

　　　(i) 对。

　　　(j) 错。操作符 *、/和%的优先级相同，而操作符 + 和 − 的优先级较低。

　　　(k) 错。一个带有多个转义序列的 printf 语句可以打印数行。

2.3　见下面的答案。

　　　(a) int number = 0;

　　　(b) printf("%s", "Enter an integer: ");

　　　(c) scanf("%d", &a);

　　　(d) if (number != 7) {
　　　　　　　puts("The variable number is not equal to 7.");
　　　　　}

　　　(e) puts("This is a C program.");

　　　(f) puts("This is a C\nprogram.");

　　　(g) puts("This\nis\na\nC\nprogram.");

　　　(h) puts("This\tis\ta\tC\tprogram.");

2.4　见下面的答案。

　　　(a) // Calculate the product of three integers

　　　(b) printf("%s", "Enter three integers: ");

　　　(c) int x;

　　　(d) int y;

　　　(e) int z;

　　　(f) scanf("%d%d%d", &x, &y, &z);

　　　(g) int result = x * y * z;

　　　(h) printf("The product is %d\n", result);

2.5　见下面。

```
1   // Calculate the product of three integers
2   #include <stdio.h>
3
4   int main(void) {
5       printf("Enter three integers: "); // prompt
```

```
6
7      int x = 0;
8      int y = 0;
9      int z = 0;
10     scanf("%d%d%d", &x, &y, &z); // read three integers
11
12     int result = x * y * z; // multiply values
13     printf("The product is %d\n", result); // display result
14  } // end function main
```

2.6　见下面的答案。

(a) 错误：&number。

更正。去掉&。我们在后面讨论这方面的例外情况。

(b) 错误：number2 没有与符号。

更正：number2 应该是&number2。稍后我们将讨论这方面的例外情况。

(c) 错误。在 if 语句的条件的右括号后有分号。无论 if 语句的条件是否为真，puts 都会执行。右括号后的分号是一个空语句，不做任何事情。

更正：删除右括号后的分号。

(d) 错误：=>在 C 语言中不是一个操作符。

更正：关系操作符=>应改为>=（大于或等于）。

## 练习

2.7　找出并改正下列每条语句中的错误。（注意：每条语句可能有一个以上的错误。）

(a) scanf("d", value);

(b) printf("The product of %d and %d is %d"\n, x, y);

(c) firstNumber + secondNumber = sumOfNumbers

(d) if (number => largest) {
　　　largest == number;
　}

(e) */ Program to determine the largest of three integers /*

(f) Scanf("%d", anInteger);

(g) printf("Remainder of %d divided by %d is\n", x, y, x % y);

(h) if (x = y); {
　　printf(%d is equal to %d\n", x, y);
　}

(i) print("The sum is %d\n," x + y);

(j) Printf("The value you entered is: %d\n, &value);

2.8　完成以下填空。

(a) _____是用来提供程序文档并提高其可读性。

(b) 用来在屏幕上显示信息的函数是_____。

(c) 做出判断的 C 语句是_____。

(d) 计算通常是由_____语句来完成的。

(e) _____函数从键盘上输入数值。

2.9　编写一条 C 语句或一行，以完成下列各项工作。

(a) 显示信息 "Enter two numbers."。

(b) 将变量 b 和 c 的乘积赋给变量 a。

(c) 说明程序执行工资计算示例（即使用有助于提供程序文档的文字）。

(d) 输入 3 个整数值，并把它们放在 int 型变量 a、b 和 c 中。

2.10　说明下列哪些是对的，哪些是错的。如果是错的，请解释原因。

（a）C 操作符从左到右进行求值。

（b）以下每一个都是有效的变量名称：_under_bar_, m928134, t5, j7, her_sales, his_account_total, a, b, c, z, z2。

（c）语句"printf("a = 5;");"是一个赋值语句的例子。

（d）一个不包含括号的算术表达式从左到右进行求值。

（e）以下是所有无效的变量名称：3g, 87, 67h2, h22, 2h。

2.11　在下列各项中填空。

（a）哪些算术运算与乘法运算处于同一优先级？＿＿＿＿。

（b）当括号被嵌套时，哪一组括号在算术表达式中首先被求值？＿＿＿＿。

（c）在计算机内存中的一个位置，在程序执行的不同时期可能包含不同的值，这个位置被称为＿＿＿＿。

2.12　当下列每条语句被执行时，如果有显示，是什么？如果没有显示，就回答"没有"。假设 x=2，y=3。

（a）printf("%d", x);

（b）printf("%d", x + x);

（c）printf("%s", "x=");

（d）printf("x=%d", x);

（e）printf("%d = %d", x + y, y + x);

（f）z = x + y;

（g）scanf("%d%d", &x, &y);

（h）// printf("x + y = %d", x + y);

（i）printf("%s", "\n");

2.13　下面的 C 语句中，哪些包含变量的值被重置？

（a）scanf("%d%d%d%d%d", &b, &c, &d, &e, &f);

（b）p = i + j + k + 7;

（c）printf("%s", "Values are replaced");

（d）printf("%s", "a = 5");

2.14　给定方程 $y = ax^3 + 7$，以下是否含有表示这个方程的正确 C 语句？

（a）y = a * x * x * x + 7;

（b）y = a * x * x * (x + 7);

（c）y = (a * x) * x * (x + 7);

（d）y = (a * x) * x * x + 7;

（e）y = a * (x * x * x) + 7;

（f）y = a * x * (x * x + 7);

2.15　请说明以下每条 C 语句中操作符的求值顺序，并显示每条语句执行后的 x 值。

（a）x = 7 + 3 * 6 / 2 - 1;

（b）x = 2 % 2 + 2 * 2 - 2 / 2;

（c）x = (3 * 9 * (3 + (9 * 3 / (3))));

2.16　（算术）编写一个程序，从用户那里读取两个整数，然后显示其和、积、差、商和余数。

2.17　（用 printf 显示数值）编写一个程序，在同一行显示数字 1～4。用以下方法编写程序。

（a）使用一个没有转换规范的 printf 语句。

（b）使用一个 printf 语句，有 4 个转换规范。

（c）使用 4 个 printf 语句。

2.18　（比较整数）编写一个程序，从用户那里读取两个整数，然后显示较大的数字，后面跟着"is

larger."。如果两个数字相等，则显示消息 "These numbers are equal."。仅使用你在本章中学到的 if 语句的单选形式。

2.19 （算术、最大值和最小值）编写一个程序，从键盘上输入 3 个不同的整数，然后显示这些数字的和、平均数、积、最小值和最大值。仅使用本章中学习的 if 语句的单选形式。屏幕上的对话应该如下：

```
Enter three different integers: 13 27 14
Sum is 54
Average is 18
Product is 4914
Smallest is 13
Largest is 27
```

2.20 （圆的面积、直径和周长）对于半径为 2 的圆，显示直径、周长和面积。π 的值为 3.14159。使用以下公式（r 是半径）：直径 = 2r，周长 = 2πr，面积 = πr²。在 printf 语句中进行这些计算，并使用%f 的转换规范。本章只讨论了整数常量和变量。第 3 章将讨论浮点数，即可以有小数点的数值。

2.21 下面的代码会显示什么？
```
printf("%s", "*\n**\n***\n****\n*****\n");
```

2.22 （奇数或偶数）编写一个程序，读取一个整数，确定并显示它是奇数还是偶数。使用取余操作符。一个偶数是 2 的倍数。任何 2 的倍数除以 2 时，余数都为 0。

2.23 （倍数）编写一个程序，读取两个整数，确定并显示第一个整数是否是第二个整数的倍数。使用取余操作符。

2.24 区分致命性错误和非致命性错误两个术语。为什么你宁愿遇到一个致命性错误而不是一个非致命性错误？

2.25 （字符的整数值）下面是偷窥后面的内容。在本章中，你了解了整数和 int 类型。C 还可以表示大写字母、小写字母以及相当多的特殊符号。C 在内部使用小整数来表示每个不同的字符。一台计算机所使用的字符集以及这些字符的相应整数表示法称为该计算机的字符集。例如，你可以通过执行以下语句来显示大写字母 A 的整数等价物
```
printf("%d", 'A');
```
编写一个 C 程序，显示一些大写字母、小写字母、数字和特殊符号的整数等价物。至少要确定以下字符的整数等价物：A B C a b c 0 1 2 $ * + /和空格字符。

2.26 （分离整数中的数字）编写一个程序，输入一个 5 位数的数字，将其分离成各个数字，并在各个数字之间显示 3 个空格。（提示：使用整数除法和取余运算的组合。）例如，如果用户输入 42139，程序应显示

```
4  2  1  3  9
```

2.27 （正方形和立方体表）只用本章所学的技术，编写一个程序，计算 0~10 的正方形和立方体，并用制表符显示以下的数值表。

```
number     square       Cube
0          0            0
1          1            1
2          4            8
3          9            27
4          16           64
5          25           125
6          36           216
7          49           343
8          64           512
9          81           729
10         100          1000
```

2.28 （目标心率计算器）在运动时，你可以使用心率监测器来查看你的心率是否保持在医生和教练建议的安全范围内。根据美国心脏协会（American Heart Association，AHA）（在 AHA 官网搜索 AHA Target Heart Rates），计算你的最大心率（以每分钟为单位）的公式是 220 减去你的年龄。你的目标心率是你最大心率的 50%～85%。编写一个程序，提示并输入用户的年龄，计算并显示用户的最大心率和用户的目标心率范围。（这些公式是美国心脏协会提供的估计值；最大心率和目标心率可能因个人的健康、体能和性别而有所不同。在开始或修改运动计划之前，一定要咨询医生或合格的医疗保健专家。）

2.29 （按升序排序）编写一个程序，从用户那里输入 3 个不同的数字。按递增的顺序显示这些数字。回顾一下，一个 if 语句的主体可以包含多个语句。通过对所有 6 种可能的数字顺序运行脚本，证明你的脚本是有效的。你的脚本能处理重复的数字吗？（这很有挑战性。在后面的章节中，你会更方便地处理更多的数字。）

# 第3章 结构化程序开发

## 目标

在本章中，你将学习以下内容。

- 使用基本的问题解决技术。
- 通过自顶向下、逐步细化的过程开发算法。
- 使用 if 和 if...else 选择语句，根据一个条件选择要执行的动作。
- 使用 while 循环语句重复执行程序中的语句。
- 使用计数器控制的循环和标记控制的循环。
- 使用结构化编程技术。
- 使用递增、递减和赋值操作符。
- 继续我们对安全的 C 语言编程的介绍。

## 提纲

## 3.1　简介

在编写程序解决一个问题之前，你必须对问题有一个全面的了解，并仔细计划解决方法。第 3 章和第 4 章讨论了开发结构化计算机程序。在 4.11 节中，我们总结了这里和第 4 章中开发的结构化编程技术。

## 3.2　算法

任何计算问题的解决都涉及按照特定的顺序执行一系列的动作。算法是解决一个问题的过程，其内容包括：

（1）要执行的动作；

（2）这些动作的执行顺序。

下面的例子表明，正确指定动作的执行顺序是很重要的。

请考虑一位初级经理人员起床和上班时遵循的"起床喜洋洋算法"。

（1）从床上爬起来。

（2）脱掉睡衣。

（3）洗个澡。

（4）穿好衣服。

（5）吃早餐。

（6）拼车去上班。

这套例行动作使经理在工作中做好了做出关键决定的准备。假设同样的步骤是以稍微不同的顺序进行的。

（1）从床上爬起来。

（2）脱掉睡衣。

（3）穿上衣服。

（4）洗个澡。

（5）吃早餐。

（6）拼车去上班。

在这种情况下，我们的初级经理人员将湿漉漉地出现在工作岗位上。指定计算机程序中语句的执行顺序称为程序控制。在本章和第4章中，我们将研究C语言的程序控制能力。

✓ **自测题**

（填空）以要执行的动作和执行这些动作的顺序来说明解决一个问题的过程，这被称为_____。

答案：算法。

## 3.3  伪代码

伪代码是一种类似于日常英语的非形式化人工语言，它可以帮助你在将算法转换为结构化的C程序之前开发算法。伪代码是方便的，也是用户友好的。它可以帮助你在用编程语言写程序之前"思考"出一个程序。计算机不会执行伪代码。

伪代码纯粹由字符组成，所以你可以在任何文本编辑器中输入它。通常情况下，将精心准备的伪代码转换为C语言，就是简单地将一个伪代码语句替换为C语言的等价语句。

伪代码描述了一旦你将伪代码转换为C语言并运行程序时将执行的动作和判断。定义不是可执行的状态，它们只是给编译器的信息。例如，定义

```
int i = 0;
```

告诉编译器变量i的类型，指示编译器在内存中为该变量保留空间，并将其初始化为0。但这个定义在程序执行时并不执行动作，如输入、输出、计算或比较。所以，有些程序员在他们的伪代码中不包括定义。其他人则选择列出每个变量，并简要地提及其用途。

✓ **自测题**

（选择）以下哪项陈述是错误的？

（a）对于开发将转换为结构化C程序的算法，伪代码很有用。

（b）伪代码是一种比C语言更简洁的计算机编程语言。

（c）伪代码纯粹由字符组成，所以你可以方便地在任何文本编辑器程序中输入它。

（d）伪代码描述了一旦你把它转换为C语言并运行程序时将执行的动作和判断。

答案：（b）是错误的。实际上，伪代码不是一种实际的计算机编程语言。它可以帮助你在用编程语言写程序之前"思考"出一个程序。

## 3.4　控制结构

通常情况下，程序中的语句按照你写的顺序一个接一个地执行。这就是所谓的顺序执行。你很快会看到，各种 C 语句让你能指定接下来要执行的语句可能不是按顺序的下一个语句。这被称为控制转移。

在 20 世纪 60 年代，人们清楚地认识到，不加选择地使用控制转移是软件开发团队遇到的大量困难的根源。指责的矛头指向了 goto 语句，它允许你指定将控制转移到程序中许多可能的目的地之一。所谓的结构化编程的概念几乎成了"消除 goto"的同义词。

博姆（Böhm）和贾可皮尼（Jacopini）的研究[①]表明，可以在没有任何 goto 语句的情况下编写程序。这个时代的挑战是让程序员将他们的风格转变为"无 goto 编程"。直到 20 世纪 70 年代，编程行业才开始认真对待结构化编程。结果是令人印象深刻的，因为软件开发团队报告说，开发时间缩短了，更频繁地按时交付系统，更频繁地在预算内完成软件项目。用结构化技术生成的程序更清晰，更容易调试和修改，而且更有可能在一开始就没有错误。

博姆和贾可皮尼的工作表明，所有程序都可以用 3 种控制结构来编写，即顺序结构、选择结构和循环结构。顺序结构很简单——除非另有指示，否则计算机会按照 C 语句的编写顺序一个接一个地执行它们。

### 流程图

流程图是对一个算法或算法的一部分的图形表示。你可以使用某些特殊用途的符号来绘制流程图，如矩形、菱形、圆角矩形和小圆圈，并由名为流程线的箭头连接。

流程图可以帮助你开发和表示算法，尽管大多数程序员更喜欢使用伪代码。流程图清楚地显示了控制结构的运作方式。请看图 3-1 所示的流程图，它是计算班级小测验平均分的算法中的一部分顺序结构。

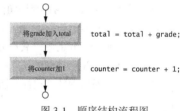

矩形（或动作）符号表示任何动作，如计算、输入或输出。流程线表示执行动作的顺序。这个程序片段首先将 grade 加入 total，然后将 counter 加 1。我们很快就会看到，在程序的任何地方都可以放置一个动作，你可以按顺序放置几个动作。

图 3-1　顺序结构流程图

当绘制一个完整算法的流程图时，第一个符号是一个包含"开始"的圆角矩形符号，最后一个是包含"结束"的圆角矩形。当只画算法的一部分时，我们省略圆角矩形符号，而使用称为连接器符号的小圆圈。

### C 语言中的选择语句

C 语言以语句的形式提供了 3 种类型的选择结构。

■　if 单选语句（3.5 节）只在条件为真时选择（执行）一个动作（或一组动作）。

■　if...else 双选语句（3.6 节）在条件为真时执行一个动作（或一组动作），在条件为假时执行另外一个动作（或一组动作）。

■　switch 选择语句（在第 4 章讨论）根据表达式的值，执行许多不同的动作之一。

### C 语言中的循环语句

C 语言以语句的形式提供了 3 种类型的循环结构，即 while（3.7 节）、do...while 和 for。这些语句重复地执行任务。我们将在第 4 章讨论 do...while 和 for。

---

① Böhm C，Jacopini G. *Flow Diagrams, Turing Machines, and Languages with Only Two Formation Rules* [J]. Communications of the ACM，1996，9(5)：336-371。这篇经典的计算机科学论文可以在各种在线网站上找到。

**控制语句的总结**

这就是全部内容。C语言只有7条控制语句：顺序、3种选择和3种循环。你可以根据程序实现的算法，将每种类型的控制语句尽可能多地组合起来，形成每个程序。

我们将看到，每个控制语句的流程图表示有两个小圆圈符号，一个在控制语句的入口处，一个在出口处。这些单入口/单出口的控制语句使我们很容易建立清晰的程序。

我们可以通过将一个控制语句的出口点与下一个控制语句的入口点连接起来，使控制语句的流程图片段相互连接。这类似于孩子堆叠积木，所以我们称之为控制语句堆叠。在本章后面你会看到，连接控制语句的唯一其他方法是通过嵌套。

因此，我们需要建立的任何C语言程序都可以由仅有的7条控制语句以两种方式组合构成。这就是简洁的本质。

## ✔ 自测题

1　（选择）以下哪项陈述是错误的？
　（a）通常情况下，程序中的语句按照编写的顺序一个接一个地执行。这被称为控制转移。
　（b）编写程序时可以没有任何goto语句。
　（c）所有的程序只能用3种控制结构来编写——顺序结构、选择结构和循环结构。
　（d）顺序结构很简单——除非另有指示，否则计算机会按照C语句的编写顺序一个接一个地执行它们。
　答案：（a）是错误的。这实际上被称为顺序执行。

2　（选择）以下哪项陈述是错误的？
　（a）C语言只有7条控制语句：顺序、3种选择和3种循环。
　（b）单入口/单出口的控制语句使建立清晰的程序变得容易。
　（c）将一个控制语句的出口点连接到下一个控制语句的入口点，称为控制语句的堆叠。
　（d）连接控制语句的唯一其他方法是通过堆叠。因此，我们需要建立的任何C语言程序只能由7种不同类型的控制语句以两种方式组合而成。
　答案：（d）是错误的。连接控制语句的唯一其他方法是通过嵌套。

## 3.5　if 选择语句

选择语句在备选的行动路线中进行选择。例如，假设一次考试的合格成绩是60分。下面的伪代码语句判断"学生的成绩大于或等于60"这一条件是真的还是假的：

```
if 学生的成绩大于或等于60
    打印 "Passed"
```

如果为真，则打印"Passed"，按顺序接下来的伪代码语句会"被执行"。记住，伪代码不是一种真正的编程语言。如果为假，则打印被忽略，并按顺序执行下一个伪代码语句。

前面的伪代码用C语言写为

```
if (grade >= 60) {
    puts("Passed");
} // end if
```

当然，你还需要声明int型变量grade，但C语言的if语句代码与伪代码紧密对应。伪代码的这一特性使它成为如此有用的程序开发工具。

**if 语句中的缩进**

if语句第二行的缩进是可选的，但强烈建议采用。它强调了结构化程序的内在结构。编译器忽略了用于缩进和垂直间隔的空白字符，如空格、制表符和换行符。

### if 语句流程图

图 3-2 所示的流程图说明了单选的 if 语句。

它包含了也许是最重要的流程图符号——菱形（判断）符号，它表示要做出一个判断。判断符号的表达式通常是一个条件，可以是真也可以是假。由它产生的两条流程线表示当表达式为真或假时要采取的路径。判断可以基于任何表达式的值——零为假，非零为真。

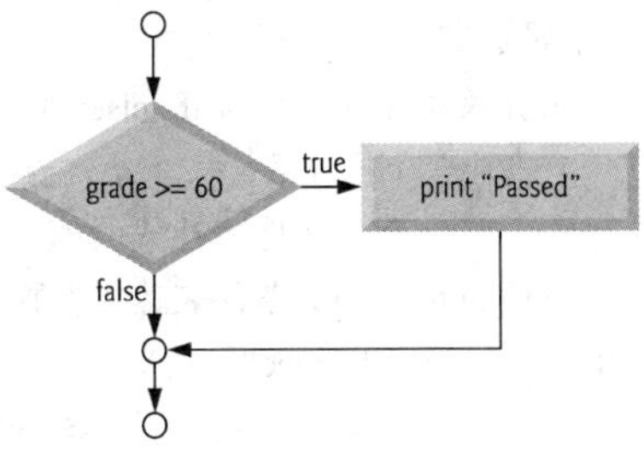

if 语句是一个单入口/单出口的语句。我们很快就会知道，其余控制结构的流程图片段也可以包含矩形符号来表示要执行的动作，菱形符号来表示要做出的判断。这就是我们一直强调的编程的动作/判断模型。

图 3-2　if 语句流程图

### ✓ 自测题

（选择）以下哪项陈述是错误的？

(a)　伪代码语句

```
if 学生的成绩大于或等于 60 分
    打印 "Passed"
```

可以用 C 语言写成

```
if (grade >= 60) {
    puts("Passed");
} // end if
```

(b)　从判断流程图符号中出现的两条流程线表示当符号中的表达式为真或假时要采取的方向。

(c)　判断可以基于任何表达式——如果表达式的值为非零，则被视为假，如果它的值为零，则被视为真。

(d)　if 语句是一个单入口、单出口的语句。

答案：（c）是错误的。实际上，判断可以基于任何表达式——如果表达式的值为零，它就被视为假；如果它的值为非零，它就被视为真。

## 3.6　if...else 选择语句

if...else 选择语句指定了条件为真或假时要执行的不同动作。例如，伪代码语句

```
if 学生的成绩大于或等于 60 分
    打印 "Passed"
else
    打印 "Failed"
```

如果学生的成绩大于或等于 60 分，打印 "Passed"；否则，打印 "Failed"。无论哪种情况，在打印之后，都会依次"执行"下一个伪代码语句。else 的主体也是缩进的。如果一个程序中有几级缩进，每一级都应该缩进相同的额外空间。前面的伪代码可以用 C 语言写为：

```
if (grade >= 60) {
    puts("Passed");
} // end if
else {
    puts("Failed");
} // end else
```

### if...else 语句流程图

图 3-3 所示的流程图说明了 if...else 语句的控制流程。

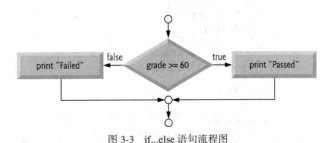

图 3-3　if...else 语句流程图

## 条件表达式

条件操作符（?:）与 if...else 语句密切相关。这个操作符是 C 语言中唯一的三元操作符，也就是说，它需要 3 个操作数。一个条件操作符和它的 3 个操作数构成一个条件表达式。第一个操作数是一个条件。第二个是条件表达式的值，如果条件为真。第三个是条件表达式的值，如果条件为假。例如，下面 puts 语句的条件表达式参数，如果条件 grade >= 60 为真，它的值是字符串 "Passed"；否则，它的值是字符串 "Failed"：

```
puts((grade >= 60) ? "Passed" : "Failed");
```

条件操作符可以用在 if...else 语句不能使用的地方，包括表达式和函数的参数（如 printf）。在条件操作符（?:）的第二和第三操作数中使用相同类型的表达式，以避免出现微妙的错误。

ERR⊗

## 嵌套的 if...else 语句

嵌套的 if...else 语句通过将 if...else 语句放在 if...else 语句中来测试多种情况。例如，下面的伪代码语句会打印：大于或等于 90 分的成绩为 A，大于或等于 80 分（但小于 90 分）的成绩为 B，大于或等于 70 分（但小于 80 分）的成绩为 C，大于或等于 60 分（但小于 70 分）的成绩为 D，所有其他成绩为 F。

伪代码

```
if 学生的成绩大于或等于90分
    打印 A
else
    if 学生的成绩大于或等于80分
    打印 B
    else
        if 学生的成绩大于或等于70分
            打印 C
        else
            if 学生的成绩大于或等于60分
                打印 D
            else
                打印 F
```

可以用 C 语言写为

```
if (grade >= 90) {
    puts("A");
} // end if
else {
    if (grade >= 80) {
        puts("B");
    } // end if
    else {
        if (grade >= 70) {
            puts("C");
        } // end if
        else {
            if (grade >= 60) {
                puts("D");
            } // end if
            else {
                puts("F");
            } // end else
        } // end else
    } // end else
} // end else
```

如果变量 grade 大于或等于 90 分，所有 4 个条件都为真，但只有第一个测试后的 puts 语句执行。然后，"外层" if...else 语句的 else 部分被跳过，绕过了其他嵌套的 if...else 语句。

大多数程序员把前面的 if 语句写成：

```
if (grade >= 90) {
    puts("A");
```

```
} // end if
else if (grade >= 80) {
    puts("B");
} // end else if
else if (grade >= 70) {
    puts("C");
} // end else if
else if (grade >= 60) {
    puts("D");
} // end else if
else {
    puts("F");
} // end else
```

这两种形式是等价的。后一种形式避免了向右缩进过多的深度。深度缩进降低了程序的可读性，有时还会导致换行。

## 语句块和复合语句

要在 if 的主体中包含几个语句，你必须把这些语句放在花括号（{和}）中。一组包含在一对花括号内的语句被称为复合语句或语句块。一个复合语句可以放置在程序中任何可以放置单个语句的地方。

下面的 if...else 语句的 else 部分包括一个复合语句，其中包含两个语句，在条件为假时执行：

```
if (grade >= 60) {
    puts("Passed.");
} // end if
else {
    puts("Failed.");
    puts("You must take this course again.");
} // end else
```

如果 grade 小于 60 分，else 中的两个 puts 语句都会执行，代码会打印：

```
Failed.
You must take this course again.
```

else 子句中两个语句周围的花括号很重要。没有它们，语句

```
puts("You must take this course again.");
```

会在 else 语句的主体之外（也在 if...else 语句之外），并且无论成绩是否低于 60 分都会执行，所以即使是合格的学生也必须重修该课程。为了避免这样的问题，请总是把控制语句的主体放在花括号里（{和}），即使这些主体只包含一个简单的语句。这就解决了我们在本章练习中讨论的"悬空 else"问题。

## 错误的种类

语法错误（如拼错了 else）会被编译器捕获。逻辑错误会在执行时产生影响。一个致命性的逻辑错误会导致程序失败并提前终止。一个非致命性的逻辑错误允许程序继续执行，但产生不正确的结果。　　⊗ERR

## 空语句

在任何可以放置单或复合语句的地方，都可以放置一个空语句，用分号（;）表示。将分号放在 if 的条件后面，如　　⊗ERR

```
if (grade >= 60);
```

导致单选的 if 语句出现逻辑错误，双选和嵌套的 if...else 语句出现语法错误。

在输入花括号内的各个条件之前，先输入复合语句的两个花括号。这有助于避免遗漏一个或两个花括号，预防语法错误（如一个 if 语句的 if 部分有多个语句，这需要一对花括号）和逻辑错误。许多集成开发环境和代码编辑器在你输入开头的花括号时就会为你插入结尾的花括号。

### ✓ 自测题

1　（判断）以下代码在 if...else 语句的 else 部分包括一个复合语句：

```
if (grade >= 60) {
    puts("Passed.");
} // end if
```

```
else
    puts("Failed.");
    puts("You must take this course again.");
```
答案：错。这个 if...else 语句中 else 部分中的两个 puts 语句周围的花括号缺失了。复合语句的正确代码是

```
if (grade >= 60) {
    puts("Passed.");
} // end if
else {
    puts("Failed.");
    puts("You must take this course again.");
} // end else
```

2　（判断）下面 puts 语句的条件表达式参数为
```
puts((grade >= 60) : "Passed" ? "Failed");
```
如果 grade >= 60 的条件为真，则求值为字符串"Passed"；否则，求值为字符串"Failed"。

答案：错。这个语句不会被编译，因为条件操作符的?和:的顺序颠倒了。产生所需结果的正确语句是
```
puts((grade >= 60) ? "Passed" : "Failed");
```

## 3.7　while 循环语句

循环语句（也叫重复语句或循环）在某些条件保持不变的情况下重复一个动作。伪代码语句

while 我的购物清单上还有物品
　　购买下一个物品并将其从清单上划掉

描述了在一次购物过程中发生的循环。条件"我的购物清单上还有物品"可能是真或假。如果是真，购物者就会在条件为真时反复执行"购买下一个物品并将其从清单上划掉"的动作。最终，该条件将变成假（当购物清单上的最后一个物品被购买并从清单上划掉时）。此时，循环终止，循环语句后的第一个伪代码语句会"执行"。

### 计算第一个大于 100 的 3 的幂

作为一个 while 语句的例子，考虑一个程序片段，它可以找到第一个大于 100 的 3 的幂。整数变量 product 被初始化为 3，当下面的代码段执行完后，product 将包含所需的答案：
```
int product = 3;
while (product <= 100) {
    product = 3 * product;
}
```
这个循环重复地将 product 乘以 3，所以它的值依次为 9、27 和 81。当 product 变成 243 时，条件 product <= 100 变成假，终止了循环——product 的最终值是 243。while 语句之后的下一个语句继续执行。while 语句中的一个动作必须最终导致条件变为假；否则，循环将永远不会终止——这种逻辑错误称为无限循环。while 循环语句中包含的语句构成了它的主体，它可以是单一的语句或一个复合语句。

### while 语句流程图

图 3-4 所示的流程图片段说明了前面的 while 循环语句。

流程图清楚地显示了循环——从矩形中出现的流程线又指向了进入判断的流程线。循环在每个循环过程中测试菱形中的条件，直到条件最终变成假。此时，while语句退出，控制按顺序继续下一个语句。

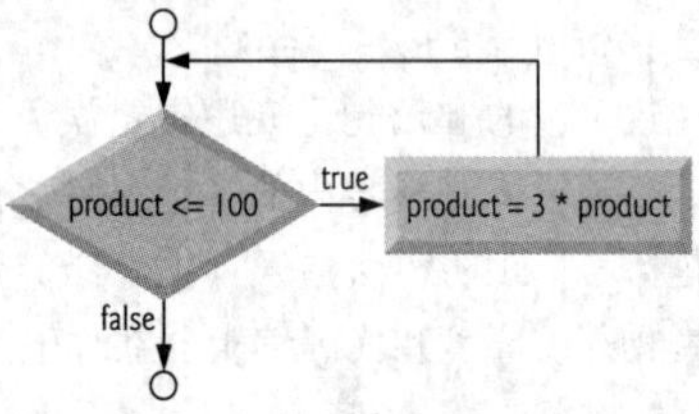

图3-4　while语句流程图

### ✓　自测题

1　（程序片段）本节中的 while 语句程序片段找到了第一个大于 100 的 3 的幂。重写这个程序片段，

使它能找到第一个大于或等于 1024 的 2 的幂，并把它留在 product 中。

答案：如下。

```
int product = 2;

while (product < 1024) {
    product = 2 * product;
}
```

2 （填空）在 while 语句的主体中的一个动作必须最终导致条件为假；否则，循环将永远不会终止。这是一个逻辑错误，称为_____。

答案：无限循环。

## 3.8　制定算法案例研究 1：计数器控制的循环

为了说明算法是如何开发的，我们在本节和 3.9 节中解决了一个班级平均分问题的两个变体。考虑下面的问题陈述：

一个由 10 个学生组成的班级进行了一次测验。你可以得到这次测验的成绩（范围为 0～100 的整数）。请确定这次测验的班级平均分。

班级平均分是成绩之和除以学生人数。解决这个问题的算法必须输入成绩，然后计算并显示班级平均分。

### 班级平均分问题的伪代码

让我们用伪代码来列出要执行的动作，并指定它们应该执行的顺序。我们使用计数器控制的循环，一次输入一个成绩。这种技术使用一个名为计数器的变量来指定一组语句应该执行的次数。在这个例子中，我们知道有 10 个学生参加了测验，所以我们需要输入 10 个成绩。如果该计数器超过 10，循环就终止。在这个案例研究中，我们只是提供了最终算法的伪代码（清单 3.1）和相应的 C 程序（清单 3.2）。在下一个案例研究中，我们将展示如何开发算法的伪代码。计数器控制的循环通常称为确定循环，因为在循环开始执行之前，循环的次数是已知的。

**清单 3.1 | 使用计数器控制的循环来解决班级平均分问题算法的伪代码**

```
1   将total设为0
2   将成绩计数器counter设为1
3
4   while成绩计数器counter小于或等于10
5       输入下一个成绩
6       将该成绩加入total中
7       给成绩计数器counter加1
8
9   设置班级平均分为total除以10
10  打印班级平均分
```

**清单 3.2 | 班级平均分问题，用计数器控制的循环**

```
1   // fig03_02.c
2   // Class average program with counter-controlled iteration.
3   #include <stdio.h>
4
5   // function main begins program execution
6   int main(void) {
7       // initialization phase
8       int total = 0; // initialize total of grades to 0
9       int counter = 1; // number of the grade to be entered next
10
11      // processing phase
12      while (counter <= 10) { // loop 10 times
13          printf("%s", "Enter grade: "); // prompt for input
14          int grade = 0; // grade value
15          scanf("%d", &grade); // read grade from user
```

```
16          total = total + grade; // add grade to total
17          counter = counter + 1; // increment counter
18      } // end while
19
20      // termination phase
21      int average = total / 10; // integer division
22      printf("Class average is %d\n", average); // display result
23  } // end function main
```

```
Enter grade: 98
Enter grade: 76
Enter grade: 71
Enter grade: 87
Enter grade: 83
Enter grade: 90
Enter grade: 57
Enter grade: 79
Enter grade: 82
Enter grade: 94
Class average is 81
```

total 是一个变量（第 8 行），用于累积一系列数值的总和。计数器是一个用于计数的变量（第 9 行）——在本例中，用于计数输入的成绩数量。总和的变量应该被初始化为零；否则，总和将包括存储在总和内存位置的前一个值。你应该初始化所有的计数器和总和。计数器通常被初始化为 0 或 1，这取决于它们的用途——我们将分别举出例子。一个未初始化的变量包含一个"垃圾"值——最后存储在为该变量保留的内存位置的值。如果一个计数器或总和没有被初始化，你的程序的结果可能会不正确。这些都是逻辑错误的例子。

ERR⊗

在前面的示例执行中，平均分是 81，但我们输入的成绩总和是 817。当然，817 除以 10 应该得到 81.7——一个带有小数点的数字。3.9 节将介绍如何处理这样的浮点数字。

✓ **自测题**

1　（填空）计数器控制的循环通常称为_____循环，因为在循环开始执行之前，循环的次数是已知的。
　答案：确定。

2　（判断）在程序中使用之前，用于存储总和的变量应初始化为 1，否则，总和将包括存储在总和内存位置的前一个值。
　答案：错。实际上，在程序中使用之前，用于存储总和的变量应该被初始化为 0；否则，总和将包括存储在总和内存位置的前一个值。

## 3.9　用自顶向下、逐步细化的方法制定算法案例研究 2：标记控制的循环

让我们来推广一下班级平均分问题。考虑以下问题：

开发一个班级平均分程序，每次运行该程序时，将处理任意数量的成绩。

在第一个班级平均分的例子中，我们事先知道有 10 个成绩。在这个例子中，没有说明用户可能输入多少个成绩。该程序必须处理任意数量的成绩。程序如何确定何时停止输入成绩？它如何知道何时计算和打印班级平均分？

### 标记值

一种方法是使用一个标记值来指示"数据输入结束"。标记值也被称为信号值、哑值或标志值。用户输入成绩，直到所有有效的成绩都被输入。然后，用户输入标记值，表示"最后一个成绩已被输入"。标记控制的循环通常称为不确定循环，因为在循环开始执行之前，循环的次数并不清楚。

你应该选择一个不能与可接受的输入值相混淆的标记值。测验中的分数是非负整数，所以 -1 是这

个问题可以接受的标记值。因此，班级平均分程序的运行可能会处理 95、96、75、74、89 和 –1 这样的输入流。然后程序将计算并打印出成绩 95、96、75、74 和 89 的班级平均分。标记值 –1 不应进入平均分计算。

## 自顶向下、逐步细化

我们用一种名为自顶向下、逐步细化的技术来处理班级平均分程序，这对开发结构良好的程序至关重要。我们首先用一行伪代码来表示顶层：

*确定小测验的班级平均分*

顶层是单一的语句，传达了程序的整体功能。因此，顶层实际上是一个程序的完整表述。遗憾的是，顶层很少能传达出足够多的细节来编写 C 程序。因此，我们现在开始了细化的过程。我们将顶层划分为较小的任务，并按照它们需要执行的顺序列出。这就产生了下面的第一次细化：

*初始化变量*
*输入、求和、计算测验成绩*
*计算并打印班级平均分*

这里，只使用了顺序结构——列出的步骤应该按顺序执行，一个接一个。每一个细化，以及顶层本身，都是一个完整的算法规格说明。只是细节的程度不同。

## 第二次细化

为了进入下一层的细化，即第二次细化，我们致力于具体的变量。我们需要：

■ 不断增加的成绩总和；
■ 一个已经处理了多少个成绩的计数；
■ 一个用于接收每个成绩的输入值的变量；
■ 一个用来保存计算出的平均分的变量。

伪代码语句

*初始化变量*

可以细化为以下内容：

*将 total 初始化为 0*
*将 counter 初始化为 0*

只有总和与计数器需要初始化。计算出的平均分和用户输入的成绩的变量不需要初始化，因为它们的值将分别由用户计算和输入。伪代码语句

*输入、求和、计算测验成绩*

需要一个循环结构来连续输入每个成绩。因为我们不知道要处理多少个成绩，所以我们将使用标记控制的循环。用户将一次输入一个合法的成绩。在输入最后一个合法成绩后，用户将输入标记值。程序将在每个成绩输入后测试这个值，并在输入标记值后终止循环。那么，前面的伪代码语句的细化为

**输入第一个成绩（可能是标记值）**

*while 用户没有输入标记值*
　　*把这个成绩加到 total 中*
　　*给成绩计数器 counter 加 1*
　　*输入下一个成绩（可能是标记值）*

在伪代码中，我们不使用花括号围绕构成循环主体的一组语句。我们只是将主体语句缩进到 while 下面。再说一次，伪代码是一种非形式化的程序开发辅助工具。

伪代码语句

*计算并打印班级平均分*

可以细化如下：

*if counter 不等于 0*
　　*将平均分设为 total 除以 counter*
　　*打印平均分*
*else*
　　*打印"没有输入成绩"*

ERR ⊗　　　我们在这里谨慎地测试除以 0 的可能性——这是一个致命性错误，如果没发现，将导致程序失败（通常称为"崩溃"）。你应该明确地测试这种情况，并在你的程序中适当地处理它，比如打印一条错误信息，而不是让致命性错误发生。

## 完整的第二次细化

清单 3.3 展示了完整的第二次细化。为了便于阅读，我们在伪代码中加入了一些空行。

**清单 3.3 | 使用标记控制的循环来解决班级平均分问题算法的伪代码**

```
 1   将total初始化为0
 2   将counter初始化为0
 3
 4   输入第一个成绩(可能是标记值)
 5   while用户没有输入标记值
 6       把这个成绩加入total中
 7       给成绩计数器counter加1
 8       输入下一个成绩(可能是标记值)
 9
10   if counter不等于0
11       将平均分设为total除以counter
12       打印平均分
13   否则
14       打印"没有输入成绩"
```

## 基本程序中的各个阶段

许多程序在逻辑上可以分为 3 个阶段。

- 初始化阶段，初始化程序的变量。
- 处理阶段，输入数据值并对程序变量进行相应调整。
- 终止阶段，计算并打印出最终结果。

## 伪代码细化的数量

清单 3.3 中的算法的伪代码解决的是更一般的班级平均分问题。这个算法只经过了两层细化。有时，更多层细化是必要的。当算法的伪代码提供了足够的细节，足以转换为 C 语言时，你就可以终止自顶向下、逐步细化的过程。

在计算机上解决一个问题最具挑战性的部分是为解决方案制定算法。一旦指定了正确的算法，编写一个能工作的 C 语言程序通常是很简单的。许多程序员在编写程序时从未使用过诸如伪代码之类的程序开发工具。他们认为他们的最终目标是解决问题，而编写伪代码只是推迟了最终输出的产生。这对你为自己使用而开发的小程序可能是有效的。但对于你可能在业界工作的实质性程序和软件系统，正式的开发过程是必不可少的。

## 任意数量成绩的班级平均分程序

清单 3.4 展示了该 C 语言程序和两次示例执行。虽然只输入了整数的成绩，但平均分计算可能会产生一个带小数点的数字。int 类型不能代表这样一个数字。所以这个程序引入了数据类型 double 来处理带有小数点的数字，也就是浮点数。我们引入了一个类型转换操作符，来强制平均分计算使用浮点数。这些特征在程序清单后会有解释。请注意，第 13 行和第 23 行在要求输入数据的提示中都包含了标记值。这是在标记控制的循环中的一个好做法。

**清单 3.4 | 班级平均分程序，用标记控制的循环**

```
1   // fig03_04.c
2   // Class-average program with sentinel-controlled iteration.
3   #include <stdio.h>
4
5   // function main begins program execution
6   int main(void) {
7       // initialization phase
```

```
8     int total = 0; // initialize total
9     int counter = 0; // initialize loop counter
10
11    // processing phase
12    // get first grade from user
13    printf("%s", "Enter grade, -1 to end: "); // prompt for input
14    int grade = 0; // grade value
15    scanf("%d", &grade); // read grade from user
16
17    // loop while sentinel value not yet read from user
18    while (grade != -1) {
19       total = total + grade; // add grade to total
20       counter = counter + 1; // increment counter
21
22       // get next grade from user
23       printf("%s", "Enter grade, -1 to end: "); // prompt for input
24       scanf("%d", &grade); // read next grade
25    } // end while
26
27    // termination phase
28    // if user entered at least one grade
29    if (counter != 0) {
30
31       // calculate average of all grades entered
32       double average = (double) total / counter; // avoid truncation
33
34       // display average with two digits of precision
35       printf("Class average is %.2f\n", average);
36    } // end if
37    else { // if no grades were entered, output message
38       puts("No grades were entered");
39    } // end else
40 } // end function main
```

```
Enter grade, -1 to end: 75
Enter grade, -1 to end: 94
Enter grade, -1 to end: 97
Enter grade, -1 to end: 88
Enter grade, -1 to end: 70
Enter grade, -1 to end: 64
Enter grade, -1 to end: 83
Enter grade, -1 to end: 89
Enter grade, -1 to end: -1
Class average is 82.50
```

```
Enter grade, -1 to end: -1
No grades were entered
```

### 在 while 语句中始终使用花括号

如果没有这个 while 循环的花括号（第 18 和 25 行），只有第 19 行的语句会出现在循环的主体中。这段代码会被错误地解释为

```
while (grade != -1)
   total = total + grade; // add grade to total
counter = counter + 1; // increment counter

// get next grade from user
printf("%s", "Enter grade, -1 to end: "); // prompt for input
scanf("%d", &grade); // read next grade
```

如果用户没有输入 –1 作为第一个成绩，就会导致一个无限循环。　　⊗ERR

### 显式地和隐式地在类型之间进行转换

平均分通常是包含小数部分的数值，如 7.2 或–93.5。这些浮点数可以用数据类型 double 来表示。第 32 行将变量 average 定义为 double 类型，以捕捉我们的计算结果中的小数部分。另外，计算结果 total / counter（第 32 行）是一个整数，因为 total 和 counter 都是 int 型变量。两个整数相除的结果是整

数除法——计算中的任何小数部分都被截断了（也就是说，丢失了）。你可以先创建临时的浮点数，然后用整数值进行浮点计算。C语言提供了一元类型转换操作符来完成这项任务。第32行

```
double average = (double) total / counter;
```

使用类型转换操作符(double)为其操作数 total 创建一个临时的浮点副本。存储在 total 中的值仍然是一个整数。以这种方式使用类型转换操作符被称为显式转换。现在的计算包括一个浮点值（total 的临时双精度版本）除以存储在 counter 中的 int 值。

C语言要求算术表达式中操作数的数据类型必须是相同的。在混合类型的表达式中，编译器会对选定的操作数执行一种名为隐式转换的操作，以确保它们的类型相同。例如，在一个包含数据类型 int 和 double 的表达式中，会制作 int 型操作数的副本，并隐式转换为 double 类型。在我们显式地将 total 转换为 double 类型后，编译器隐式地将 counter 复制为 double 类型，然后执行浮点除法，并将浮点结果赋给 average。第5章讨论了 C语言对不同类型操作数的转换规则。

类型转换操作符是通过在类型名称周围加上括号来形成的。类型转换是一元操作符，只接受一个操作数。C语言也支持加号（+）和减号（-）操作符的一元版本，因此你可以写出诸如-7或+5的表达式。类型转换操作符从右到左组合，其优先级与其他一元操作符相同，如一元+和一元-。这个优先级比多级操作符*、/和%的优先级高一级。

## 浮点数的格式化

清单3.4使用 printf 转换规范%.2f（第35行）来格式化 average 的值。f 表示将打印一个浮点值。.2 是精度——该值在小数点右边有2位。如果使用%f 转换规范而没有指定精度，默认精度是小数点右边的6位，就像使用了%.6f 转换规范一样。当浮点值使用精度打印时，打印值被四舍五入到指定的小数点位置。内存中的数值不做任何改变。下面的语句分别显示值3.45和3.4：

```
printf("%.2f\n", 3.446); // displays 3.45
printf("%.1f\n", 3.446); // displays 3.4
```

## 关于浮点数的说明

尽管浮点数并不总是"100%的精确"，但它们却有大量的应用。例如，当我们说到"正常"体温为98.6华氏度时，不需要精确到很多位数。当我们查看温度计上的温度并读作98.6时，它实际上可能是98.5999473210643。这里的重点是，对于大多数应用来说，简单地称呼这个数字为98.6就可以了。关于这个问题，我们稍后会详细说明。

浮点数常常通过除法得到。当我们用10除以3时，结果是3.3333333…，带有3的无限重复序列。计算机只分配了固定的空间来保存这样的数值，所以存储的浮点数值只能是一个近似值。在使用浮点数时，如果假设它们被精确表示，就会导致错误的结果。大多数计算机都是以近似方式表示浮点数的。出于这个原因，你也不应该比较浮点数值是否相等。

ERR⊗

## ✓ 自测题

1　（填空）标记控制的循环通常被称为_____循环，因为在循环开始执行之前，循环的次数并不清楚。

答案：不确定。

2　（选择）以下哪项陈述是错误的？

(a) 许多程序在逻辑上可以分为3个阶段：初始化阶段，初始化程序变量；处理阶段，输入数据值并相应调整程序变量；终止阶段，计算并打印最终结果。

(b) 当伪代码算法提供了足够的细节让你将伪码转换为 C语言时，你就可以终止自顶向下、逐步细化的过程。

(c) 经验表明，在计算机上解决一个问题最具挑战性的部分是从算法中产生一个有效的 C程序。

(d) 许多程序员在编写程序时从未使用过诸如伪代码之类的程序开发工具。他们认为他们的最终目标是在计算机上解决问题，而编写伪代码只是推迟了最终输出的产生。

答案：（c）是错误的。实际上，经验表明，在计算机上解决一个问题最具挑战性的部分是为解决方案制定算法。一旦指定了正确的算法，编写一个能工作的 C 语言程序的过程通常是很简单的。

3　（程序片段）当浮点值使用精度打印时，打印出来的数值是四舍五入的。编写语句，分别以 1 位、4 位和 10 位的精度显示数值 98.5999473210643，并说明每种情况下显示的内容。

答案：如下。

```
printf("%.1f\n", 98.5999473210643); // displays 98.6
printf("%.4f\n", 98.5999473210643); // displays 98.5999
printf("%.10f\n", 98.5999473210643); // displays 98.5999473211
```

# 3.10　用自顶向下、逐步细化的方法制定算法案例研究 3：嵌套控制语句

让我们来研究另一个完整的问题。我们将使用伪代码和自顶向下、逐步细化的方法来制定算法，并编写一个相应的 C 程序。我们已经看到，控制语句可以相互堆叠（按顺序），就像孩子堆叠积木一样。在这个案例研究中，我们将看到 C 语言中控制语句连接的唯一另一种结构化方式，即将一个控制语句嵌套在另一个控制语句中。请考虑下面的问题陈述：

一所大学开设了一门课程，为学生参加州房地产经纪人执照考试做准备。去年，完成该课程的学生中有 10 人参加了执照考试。当然，学院想知道学生的考试成绩如何。要求你编写一个程序来总结考试结果。你已经得到了这 10 个学生的名单。如果学生通过了考试，他们的名字旁边都有一个 1，如果学生没有通过，则有一个 2。

你的程序应该对考试的结果进行分析，具体如下。

（1）输入每个考试结果（即 1 或 2）。每次程序要求另一个考试结果时，显示提示信息"Enter result"（输入结果）。

（2）计算每种类型的考试结果的数量。

（3）显示考试结果的摘要，说明通过的学生人数和未通过的学生人数。

（4）如果超过 8 名学生通过了考试，打印出"Bonus to instructor!"（给教师发奖金！）的信息。

仔细阅读问题陈述后，我们提出以下论断。

（1）该程序必须处理 10 个考试结果。我们将使用一个计数器控制的循环。

（2）每个考试结果都是一个数字，要么是 1，要么是 2。我们将在算法中测试 1。练习 3.27 要求你确保每个考试结果都是 1 或 2，如果不是 1，我们就认为是 2。

（3）使用两个计数器：一个用来计算通过考试的学生人数，一个用来计算未通过考试的学生人数。

（4）在程序处理完所有的结果后，它必须判断是否有超过 8 名学生通过考试，如果有，则打印"Bonus to Instructor!"。

## 顶层的伪代码表示法

让我们继续进行自顶向下、逐步细化的过程。我们首先用一行伪代码来表示顶层：

分析考试结果，并判断教师是否应该获得奖金

再次强调，顶层是程序的完整表示，但在伪代码自然演化为 C 语言程序之前，可能还需要进行多次细化。

## 第一次细化

我们的第一次细化是：

初始化变量
输入 10 次测验的成绩，并计算通过和未通过的次数
打印一份考试结果摘要，并判断是否给教师发奖金

在这里，尽管我们已经有了整个程序的完整表述，但仍有必要进行进一步的细化。

## 第二次细化

我们现在致力于特定的变量。我们需要一个控制循环过程的计数器来记录通过和未通过的情况，以及一个存储用户输入的变量。伪代码语句

　　　初始化变量

可以细化为以下内容：

```
将 passes 初始化为 0
将 failures 初始化为 0
将 student 初始化为 1
```

只有计数器和总和被初始化。伪代码语句

　　　输入 10 次测验的成绩，并对 passes 和 failures 计数

需要一个循环，依次输入每个考试成绩。在这里，我们事先知道正好有 10 个考试成绩，所以由计数器控制的循环是合适的。在循环内（即嵌套在循环内），一个双选语句将判断每个考试结果是通过还是未通过，并将增加适当的计数器。那么，前面的伪代码语句的细化就是

```
while student 计数器小于或等于 10
    输入下一个考试结果
    if 该学生通过
        passes 加 1
    else
        failures 加 1
    在 student 计数器上加 1
```

伪代码语句

　　　打印考试结果摘要，并判断是否给教师发奖金

可以细化为以下内容：

```
打印 passes 的数值
打印 failures 的数值
如果超过 8 名学生通过
    打印 "Bonus to instructor!"
```

## 完整的第二次细化

清单 3.5 包含完整的第二次细化。为了便于阅读，我们使用了空白行。

**清单3.5 | 考试结果问题的伪代码**

```
1   将 passes 初始化为 0
2   将 failures 初始化为 0
3   将 student 初始化为 1
4
5   while student 计数器小于或等于 10
6       输入下一个考试结果
7
8       if 该学生通过
9           passes 加 1
10      else
11          failures 加 1
12
13      在 student 计数器上加 1
14
15  打印 passes 的数值
16  打印 failures 的数值
17  如果超过 8 名学生通过
18      打印 "Bonus to instructor!"
```

## 实现该算法

这个伪代码现在已经足够完善，可以转换为 C 语言。清单 3.6 展示了该 C 语言程序和两个执行示例。

**清单 3.6 | 考试结果分析**

```c
1   // fig03_06.c
2   // Analysis of examination results.
3   #include <stdio.h>
4
5   // function main begins program execution
6   int main(void) {
7      // initialize variables in definitions
8      int passes = 0;
9      int failures = 0;
10     int student = 1;
11
12     // process 10 students using counter-controlled loop
13     while (student <= 10) {
14        // prompt user for input and obtain value from user
15        printf("%s", "Enter result (1=pass,2=fail): ");
16        int result = 0; // one exam result
17        scanf("%d", &result);
18
19        // if result 1, increment passes
20        if (result == 1) {
21           passes = passes + 1;
22        } // end if
23        else { // otherwise, increment failures
24           failures = failures + 1;
25        } // end else
26
27        student = student + 1; // increment student counter
28     } // end while
29
30     // termination phase; display number of passes and failures
31     printf("Passed %d\n", passes);
32     printf("Failed %d\n", failures);
33
34     // if more than eight students passed, print "Bonus to instructor!"
35     if (passes > 8) {
36        puts("Bonus to instructor!");
37     } // end if
38  } // end function main
```

```
Enter Result (1=pass, 2=fail): 1
Enter Result (1=pass, 2=fail): 2
Enter Result (1=pass, 2=fail): 2
Enter Result (1=pass, 2=fail): 1
Enter Result (1=pass, 2=fail): 1
Enter Result (1=pass, 2=fail): 1
Enter Result (1=pass, 2=fail): 1
Enter Result (1=pass, 2=fail): 1
Enter Result (1=pass, 2=fail): 1
Enter Result (1=pass, 2=fail): 2
Passed 6
Failed 4
```

```
Enter Result (1=pass, 2=fail): 1
Enter Result (1=pass, 2=fail): 1
Enter Result (1=pass, 2=fail): 1
Enter Result (1=pass, 2=fail): 2
Enter Result (1=pass, 2=fail): 1
Enter Result (1=pass, 2=fail): 1
Enter Result (1=pass, 2=fail): 1
Enter Result (1=pass, 2=fail): 1
Enter Result (1=pass, 2=fail): 1
Enter Result (1=pass, 2=fail): 1
Passed 9
Failed 1
Bonus to instructor!
```

✓ **自测题**

（填空）控制语句可以相互堆叠（按顺序），就像孩子堆叠积木一样。在 C 语言中，控制语句连接的唯一另一种结构化方式是_____，即将一个控制语句放在另一个控制语句中。

答案：嵌套。

## 3.11   赋值操作符

C 语言提供了几个用于缩写赋值表达式的赋值操作符。例如，语句

c = c + 3;

可以用加法赋值操作符（+=）简写为

c += 3;

+= 操作符将操作符右边的表达式的值加到操作符左边的变量的值上，然后将结果存储在左边的变量中。因此，赋值 c += 3 将 3 加入 c 的当前值。图 3-5 显示了算术赋值操作符、使用这些操作符的示例表达式，以及解释。

假定：int c = 3, d = 5, e = 4, f = 6, g = 12;

| 赋值操作符 | 示例表达式 | 解释 | 赋值 |
|---|---|---|---|
| += | c += 7 | c = c + 7 | 将 10 赋值给 c |
| -= | d -= 4 | d = d - 4 | 将 1 赋值给 d |
| *= | e *= 5 | e = e * 5 | 将 20 赋值给 e |
| /= | f /= 3 | f = f / 3 | 将 2 赋值给 f |
| %= | g %= 9 | g = g % 9 | 将 3 赋值给 g |

图 3-5   赋值操作符、示例表达式及解释

✓ **自测题**

1   （填空）语句

b = b * 5;

可以用乘法赋值操作符 *= 简写为_____。

答案：b *= 5;

2   （填空）赋值 "c -= 3;" 的作用是什么? _____

答案：从 c 的当前值中减去 3。

## 3.12   递增和递减操作符

一元递增操作符（++）和一元递减操作符（--）分别对整数变量进行加一和减一。图 3-6 总结了每个操作符的两个版本。

| 操作符 | 示例表达式 | 解释 |
|---|---|---|
| ++ | ++a | 将 a 增加 1，然后在 a 所在的表达式中使用 a 的新值 |
| ++ | a++ | 在 a 所在的表达式中使用 a 的当前值，然后将 a 增加 1 |
| -- | --b | 将 b 减去 1，然后在 b 所在的表达式中使用 b 的新值 |
| -- | b-- | 在 b 所在的表达式中使用 b 的当前值，然后将 b 减去 1 |

图 3-6   递增和递减操作符、示例表达式及解释

为了使变量 C 增加 1，你可以使用 ++ 操作符，而不是表达式 c=c+1 或 c+=1。如果你把 ++ 或 -- 放

在一个变量之前（即前缀），它们被称为前递增或前递减操作符。如果你把++或--放在一个变量之后（即后缀），它们被称为后递增或后递减操作符。按照惯例，一元操作符应该放在其操作数的旁边，没有中间的空格。

清单 3.7 展示了++操作符的前递增和后递增版本之间的区别。后递增变量 c 在 printf 语句中使用后，会使其递增。前递增变量 c 使其在 printf 语句中使用之前被增加。该程序显示了使用++之前和之后的 c 的值。递减操作符（--）的作用与此类似。

**清单 3.7 | 前递增和后递增**

```
1   // fig03_07.c
2   // Preincrementing and postincrementing.
3   #include <stdio.h>
4
5   // function main begins program execution
6   int main(void) {
7      // demonstrate postincrement
8      int c = 5; // assign 5 to c
9      printf("%d\n", c); // print 5
10     printf("%d\n", c++); // print 5 then postincrement
11     printf("%d\n\n", c); // print 6
12
13     // demonstrate preincrement
14     c = 5; // assign 5 to c
15     printf("%d\n", c); // print 5
16     printf("%d\n", ++c); // preincrement then print 6
17     printf("%d\n", c); // print 6
18  } // end function main
```

```
5
5
6

5
6
6
```

清单 3.6 中的 3 个赋值语句

```
passes = passes + 1;
failures = failures + 1;
student = student + 1;
```

可以用赋值操作符更简明地写成

```
passes += 1;
failures += 1;
student += 1;
```

也可以用前递增操作符写成

```
++passes;
++failures;
++student;
```

或用后递增操作符写成

```
passes++;
failures++;
student++;
```

当在语句中单独递增或递减一个变量时，前递增和后递增形式具有相同的效果。只有当一个变量出现在一个更大的表达式的上下文中时，前递增和后递增才有不同的效果（类似的还有前递减和后递减）。

只有简单的变量名可以作为++或--操作符的操作数。试图在简单变量名以外的表达式上使用递增或递减操作符是一个语法错误，例如，++(x + 1)。  ⊗ERR

C 语言通常不指定操作符的操作数的求值顺序。我们将在第 4 章看到一些操作符的例外情况。为了避免微妙的错误，++和--操作符只能在修改一个变量的语句中使用。

图 3-7 按照递减的优先级顺序列出了到目前为止所显示的操作符。

| 操作符 | 组合 | 类型 |
|---|---|---|
| ++（后缀） --（后缀） | 从右到左 | 后缀 |
| + -（类型） ++（前缀） --（前缀） | 从右到左 | 一元 |
| * / % | 从左到右 | 乘法类 |
| + - | 从左到右 | 加法类 |
| < <= > >= | 从左到右 | 关系 |
| == != | 从左到右 | 相等 |
| ?: | 从右到左 | 条件 |
| = += -= *= /= %= | 从右到左 | 赋值 |

图 3-7　目前为止介绍的所有操作符

第三列为各组操作符命名。请注意，条件操作符（?:），一元操作符递增（++）、递减（--）、加号（+）、减号（-）和类型转换，以及赋值操作符=、+=、-=、*=、/=和%=从右向左组合。其他操作符从左到右组合。

### ✓ 自测题

1　（选择）给出以下代码：

--i;

以下哪句话描述了这段代码的作用？

（a）将 i 增加 1，然后在 i 所在的表达式中使用 i 的新值。

（b）在 i 所在的表达式中使用 i 的当前值，然后将 i 增加 1。

（c）将 i 减去 1，然后在 i 所在的表达式中使用 i 的新值。

（d）在 i 所在的表达式中使用 i 的当前值，然后将 i 减去 1。

答案：（c）。

2　（这段代码做什么？）这段程序显示 x 的最终值是什么？

```c
1  #include <stdio.h>
2
3  int main(void) {
4      int x = 7;
5      printf("%d\n", x);
6      printf("%d\n", x++);
7      printf("%d\n\n", x);
8      x = 8;
9      printf("%d\n", x);
10     printf("%d\n", ++x);
11     printf("%d\n", x);
12 }
```

答案：9。

3　（选择）以下哪个表达式包含语法错误？

（a）++x + 1

（b）x++ + x

（c）++(x) + 1

（d）++(x + 1)

答案：（d）。只有一个简单的变量名可以作为++或--操作符的操作数。试图在简单变量名以外的表达式上使用递增或递减操作符是一个语法错误，例如，++(x + 1)。

# 3.13　安全的 C 语言编程

## 算术溢出

清单 2.4 展示了一个计算两个 int 型值之和的加法程序，其语句如下

```
sum = integer1 + integer2; // assign total to sum
```

即使这个简单的语句也有一个潜在的问题。整数相加可能会产生一个太大的值，无法存储在 int 型变量 sum 中。这就是所谓的算术溢出，会导致未定义的行为，可能会使系统受到攻击。

常量 INT_MAX 和 INT_MIN 代表平台特定的最大和最小值，可以存储在一个 int 型变量中。这些常量被定义在头文件<limits.h>中。其他的积分类型也有类似的常量，我们将在第 4 章介绍。你可以通过在文本编辑器中打开头文件<limits.h>来查看你的平台对这些常量的定义[1]。

在你进行类似上述的算术计算之前，确保它们不会溢出是很好的做法。要找一个例子，请参阅 CERT 网站。

搜索准则 INT32-C。该代码使用了&&（逻辑 AND）和||（逻辑 OR）操作符，我们在第 4 章中讨论这些操作符。在工业强度的代码中，你应该对所有的计算进行这样的检查。在后面的章节中，我们将展示其他处理此类错误的编程技术。

## scanf_s 和 printf_s

C11 标准的 Annex K 引入了更安全的 printf 和 scanf 版本，称为 printf_s 和 scanf_s。我们在 6.13 节和 7.13 节中讨论这些函数和相应的安全问题。Annex K 被指定为可选的，所以并不是每个 C 供应商都实现了它。特别是，GNU C++和 Clang C++编译器没有实现 Annex K，所以使用 scanf_s 和 printf_s 可能会影响你的代码在编译器中的可移植性。

微软在 C11 标准之前就实现了自己的 Visual C++版本的 printf_s 和 scanf_s，它的编译器立即开始对每个 scanf 调用发出警告。这些警告说 scanf 已经过时了，不应该再使用，你应该考虑使用 scanf_s 来代替。微软现在把以前关于 scanf 的警告当作一个错误。使用 scanf 的程序不会在 Visual C++上编译，你将无法执行该程序。

许多组织有编码标准，要求代码在编译时没有警告信息。有两种方法可以消除 Visual C++的 scanf 警告——使用 scanf_s 代替 scanf 或者禁用这些警告。对于我们到目前为止所使用的输入语句，Visual C++用户可以简单地用 scanf_s 代替 scanf。你可以在 Visual C++中禁用这些警告信息，方法如下。

（1）按下 Alt+F7 键，显示项目的 Property Pages 对话框。

（2）在左栏中，展开 Configuration Properties > C/C++，并选择 Preprocessor。

（3）在右栏中，在 Preprocessor Definitions 值的末尾，插入

```
;_CRT_SECURE_NO_WARNINGS
```

（4）单击 OK 按钮以保存更改。

你不会再收到 scanf（或任何其他微软因类似原因而废弃的函数）的警告。对于工业强度的编码，不鼓励禁用警告。我们将在后面几章的"安全的 C 语言编程"节中进一步详细介绍 scanf_s 和 printf_s。

## ✓ 自测题

1　（填空）将两个整数相加，其结果是一个太大的值，无法存储在一个 int 型变量中，这就是所谓的算术_____，会导致未定义的行为，可能使系统受到攻击。

答案：溢出。

---

[1] 使用你的系统的搜索功能，找到文件 limits.h。

2　（填空）可以存储在 int 型变量中的特定平台的最大值和最小值分别由常量 INT_MAX 和 INT_MIN 表示，它们定义在头文件_____中。

答案：<limits.h>。

## 关键知识回顾

### 3.1 节
- 在编写解决某一特定问题的程序之前，你必须对该问题有一个全面的了解，并对解决该问题的方法进行仔细的规划。

### 3.2 节
- 任何计算问题的解决都涉及以特定的顺序执行一系列的动作。
- 算法是解决一个问题的过程，其中包括要执行的动作以及这些动作的执行顺序。

### 3.3 节
- 伪代码是一种人工和非正式的语言，可以帮助你开发算法。
- 伪代码类似于日常语言，它不是一种实际的计算机编程语言。
- 伪代码程序帮助你"思考"出一个程序。
- 伪代码纯粹由字符组成。你可以用任何文本编辑器输入伪代码。
- 精心准备的伪代码可以很容易地转换为相应的 C 程序。
- 伪代码只由动作和判断组成。

### 3.4 节
- 通常情况下，程序中的语句按照编写的顺序一个接一个地执行。这被称为顺序执行。
- 各种 C 语句使你能够指定下一个要执行的语句，它可能不是顺序中的下一个语句。这被称为控制转移。
- 结构化编程几乎成了"消除 goto"的同义词。
- 结构化程序更清晰，更容易调试和修改，更有可能没有错误。
- 所有程序都可以使用顺序、选择和循环控制结构来编写。
- 除非另有指示，否则计算机会自动按顺序执行 C 语句。
- 流程图是用矩形、菱形、圆角矩形和小圆圈画出的算法的图形表示，由称为流程线的箭头连接。
- 矩形（动作）符号表示任何类型的动作，包括计算或输入和输出操作。
- 流程线表示执行动作的顺序。
- 当绘制代表一个完整算法的流程图时，我们用一个包含"开始"的圆角矩形作为第一个符号，用一个包含"结束"的圆角矩形作为最后一个符号。当只画出算法的一部分时，我们省略圆角矩形符号，而使用名为连接器符号的小圆圈。
- if 单选语句选择或忽略一个动作（或一组动作）。
- if...else 双选语句在两个不同的动作（或动作组）之间进行选择。
- switch 选择语句根据一个表达式的值在许多不同的动作中进行选择。
- C 语言提供了 3 种类型的循环语句（也叫重复语句），即 while、do...while 和 for。
- 控制语句的流程图片段可以通过控制语句堆叠相互连接——将一个语句的出口点与下一个语句的入口点连接起来。
- 控制语句也可以是嵌套的。
- C 语言使用单入口/单出口的控制语句。

### 3.5 节
- 选择结构用于在备选的动作路线中进行选择。

- 菱形（判断）符号表示要做一个判断。
- 判断符号的表达式通常是一个条件，可以是真也可以是假。判断符号有两条流程线，表示当表达式为真或假时应采取的方向。
- 判断可以基于任何表达式的值——零为假，非零为真。

## 3.6 节

- 条件操作符（?:）与 if...else 语句密切相关。
- 条件操作符是 C 语言中唯一的三元操作符，它需要 3 个操作数。第一个是一个条件。第二个是如果条件为真时该条件表达式的值，第三个是如果条件为假时该条件表达式的值。
- 嵌套的 if...else 语句通过在 if...else 语句中放置 if...else 语句来测试多种情况。
- 一对花括号内的一组语句被称为复合语句或语句块。
- 语法错误会被编译器捕获。逻辑错误在执行时产生影响。一个致命性的逻辑错误导致程序失败并提前终止。非致命性的逻辑错误允许程序继续执行，但会产生不正确的结果。

## 3.7 节

- while 循环语句规定，当一个条件为真时，一个动作重复进行。最终，该条件将变为假。这时，循环终止，循环语句后的第一条语句执行。

## 3.8 节

- 计数器控制的循环使用一个名为计数器的变量来指定一组语句的执行次数。
- 计数器控制的循环通常被称为确定循环，因为在循环开始执行之前，循环的次数是已知的。
- 总和是一个用来累积一系列数值之和的变量。用于存储总和的变量应该被初始化为 0。
- 计数器是一个用于计数的变量。计数器变量通常被初始化为 0 或 1，这取决于其用途。
- 一个未初始化的变量包含一个"垃圾"值——最后存储在为该变量保留的内存位置的值。

## 3.9 节

- 标记值（也叫信号值、哑值或标志值）在标记控制的循环中用来指示"数据输入的结束"。
- 标记控制的循环通常被称为不确定循环，因为在循环开始执行之前，循环的次数是不知道的。
- 标记值的选择必须使它不会与可接受的输入值混淆。
- 在自顶向下、逐步细化中，顶层是一个传达程序总体功能的语句。它是一个程序的完整表述。在细化过程中，我们将顶层划分为较小的任务，并按执行顺序列出这些任务。
- double 类型表示带有小数点的浮点数。
- 当两个整数相除时，结果中的任何小数部分都被截断。
- 为了用整数值产生一个浮点计算，你可以将整数转换为浮点数。C 语言提供了一元类型转换操作符（double）来完成这一任务。
- 类型转换操作符进行显式转换。
- C 语言要求算术表达式中的操作数具有相同的数据类型。为了确保这一点，编译器对选定的操作数进行隐式转换。
- 类型转换操作符是通过在类型名称周围加上括号形成的。类型转换操作符是一个一元操作符，它只需要一个操作数。
- 类型转换操作符从右到左组合，与其他一元操作符（如一元 + 和一元 –）具有相同的优先权。这个优先级比 *、/ 和 % 的优先级高一级。
- printf 转换规范 %.2f 指定一个将小数点右边的两个数字显示出来的浮点值。如果用 %f 转换规范（不指定精度），默认精度为 6。
- 当浮点值使用精度打印时，打印值会四舍五入到指定的小数点位置，以便显示。

### 3.11 节

- C语言提供了几个用于缩写赋值表达式的赋值操作符。
- += 操作符将其右边的表达式的值加到其左边的变量的值上，并将结果存储在其左边的变量中。
- 赋值操作符针对每个二元操作符+、−、*、/和%提供。

### 3.12 节

- C提供了一元递增操作符 ++ 和一元递减操作符 −− ，用于整数类型。
- 如果 ++ 或 −− 操作符放在变量前面，它们分别被称为前递增或前递减操作符。如果 ++ 或 −− 操作符放在变量之后，它们分别被称为后递增或后递减操作符。
- 前递增（前递减）一个变量会使其增加（减少）1，然后在其出现的表达式中使用该变量的新值。
- 后递增（后递减）一个变量在其出现的表达式中使用该变量的当前值，然后该变量的值增加（减少）1。
- 当在语句中单独递增或递减一个变量时，前递增和后递增的效果是一样的。当一个变量出现在一个更大的表达式的上下文中时，前递增和后递增有不同的效果（前递减和后递减也类似）。

### 3.13 节

- 整数相加可能会导致数值过大，无法存储在 int 型变量中。这就是所谓的算术溢出，会导致不可预知的运行时行为，可能会使系统受到攻击。
- 可以存储在 int 型变量中的最大和最小值分别由头文件 <limits.h> 中的常量 INT_MAX 和 INT_MIN 表示。
- 在进行算术计算之前，确保算术计算不会溢出，这被认为是一种好的做法。在工业强度的代码中，你应该对所有可能导致上溢或下溢的计算进行检查。
- C11 标准的 Annex K 引入了 printf 和 scanf 的更安全的版本，称为 printf_s 和 scanf_s。Annex K 被指定为可选的，所以不是每个 C 编译器供应商都会实现它。
- 微软在 C11 标准之前就实现了自己的 printf_s 和 scanf_s 版本，并开始对每个 scanf 调用发出警告。这些警告说 scanf 已经废弃了，不应该再使用，你应该考虑使用 scanf_s 来代替。
- 许多组织有编码标准，要求代码在编译时没有警告信息。有两种方法可以消除 Visual C++ 的 scanf 警告。你可以立即开始使用 scanf_s 或者禁用这个警告信息。

### 自测练习

3.1 在下列各题中填空。

(a) 用要执行的动作和动作的执行顺序来解决一个问题的程序称为_____。

(b) 由计算机指定语句的执行顺序被称为_____。

(c) 所有的程序都可以用 3 种类型的控制语句来编写：_____、_____和_____。

(d) _____选择语句用于在一个条件为真时执行一个动作，在该条件为假时执行另一个动作。

(e) 用花括号（{和}）把几条语句组合在一起，称为_____。

(f) _____循环语句指定在某些条件为真时重复执行一个或一组语句。

(g) 循环一个特定的次数，称为_____循环。

(h) 如果事先不知道一组语句将被重复多少次，可以用一个_____值来终止循环。

3.2 编写出 4 条不同的 C 语句，分别向整型变量 x 加 1。

3.3 编写一条 C 语句来完成下列各项工作。

(a) 使用 *= 操作符将变量 product 乘以 2。

(b) 用 = 和 * 操作符将变量 product 乘以 2。

(c) 测试变量 count 的值是否大于 10。如果是，打印 "Count is greater than 10"。

(d) 计算 quotient 除以 divisor 后的余数，并将结果赋给 quotient。用两种不同的写法写这条语句。

(e) 以两位数的精度打印数值 123.4567。打印的是什么值？

(f) 打印小数点右边的 3 位数的浮点数值 3.14159。打印的是什么值？

3.4　编写一条 C 语句来完成下列每项任务。

(a) 将变量 x 定义为 int 类型，并将其设置为 1。

(b) 将变量 sum 定义为 int 类型，并将其设置为 0。

(c) 将变量 x 与变量 sum 相加，并将结果赋值给变量 sum。

(d) 打印 "The sum is:"，后面是变量 sum 的值。

3.5　将自测练习 3.4 中的语句合并成一个程序，计算 1～10 的整数之和。使用 while 语句来循环计算和递增语句。循环应该在 x 变成 11 时终止。

3.6　编写一条 C 语句来执行下列每项任务。

(a) 用 scanf 输入整数变量 x。使用转换规范 %d。

(b) 用 scanf 输入整数变量 y。使用转换规范 %d。

(c) 将整数变量 i 设置为 1。

(d) 将整数变量 power 设置为 1。

(e) 将整数变量 power 乘以 x，并将结果赋给 power。

(f) 将变量 i 增加 1。

(g) 在 while 语句的条件下，测试 i 是否小于或等于 y。

(h) 用 printf 输出整数变量 power。

3.7　编写一个 C 语言程序，使用前面自测练习中的语句来计算 x 的 y 次幂。该程序应该有一个 while 循环控制语句。

3.8　找出并纠正下列各项中的错误：

(a)
```
while (c <= 5) {
    product *= c;
    ++c;
```

(b)
```
scanf("%.4f", &value);
```

(c)
```
if (gender == 1) {
    puts("Woman");
}
else; {
    puts("Man");
}
```

3.9　下面的 while 循环语句（假设 z 的值为 100）有什么问题？它应该是计算从 100 到 1 的整数之和。

```
while (z >= 0) {
    sum += z;
}
```

## 自测练习答案

3.1　(a) 算法。(b) 程序控制。(c) 顺序，选择，循环。(d) if...else。(e) 复合语句或语句块。(f) while。(g) 计数器控制的或确定。(h) 标记。

3.2　见下面的答案。

```
x = x + 1;
x += 1;
++x;
x++;
```

3.3　见下面的答案。

(a) product *= 2;

(b) product = product * 2;

(c) if (count > 10) {
    puts("Count is greater than 10.");
}

(d) quotient %= divisor;
    quotient = quotient % divisor;

(e) printf("%.2f", 123.4567);
    123.46 is displayed.

(f) printf("%.3f\n", 3.14159);
    打印的值为 3.142。

3.4 见下面的答案。

(a) int x = 1;

(b) int sum = 0;

(c) sum += x; 或 sum = sum + x;

(d) printf("The sum is: %d\n", sum);

3.5 如下。

```
1  // Calculate the sum of the integers from 1 to 10
2  #include <stdio.h>
3
4  int main(void) {
5     int x = 1; // set x
6     int sum = 0; // set sum
7
8     while (x <= 10) { // loop while x is less than or equal to 10
9        sum += x; // add x to sum
10       ++x; // increment x
11    } // end while
12
13    printf("The sum is: %d\n", sum); // display sum
14 } // end main function
```

3.6 见下面的答案。

(a) scanf("%d", &x);

(b) scanf("%d", &y);

(c) i = 1;

(d) power = 1;

(e) power *= x;

(f) ++i;

(g) while (i <= y)

(h) printf("%d", power);

3.7 如下。

```
1  // raise x to the y power
2  #include <stdio.h>
3
4  int main(void) {
5     printf("%s", "Enter first integer: ");
6     int x = 0;
7     scanf("%d", &x); // read value for x from user
8     printf("%s", "Enter second integer: ");
9     int y = 0;
10    scanf("%d", &y); // read value for y from user
11
12    int i = 1;
13    int power = 1; // set power
```

```
14
15    while (i <= y) { // loop while i is less than or equal to y
16       power *= x; // multiply power by x
17       ++i; // increment i
18    } // end while
19
20    printf("%d\n", power); // display power
21 } // end main function
```

3.8　见下面的答案。

   （a）错误：缺少 while 主体的右括号。

      更正：在语句 "++c;" 后加上右括号。

   （b）错误：在 scanf 转换规范中使用了精度。

      更正：从转换规范中删除 .4。

   （c）错误：if...else 语句中 else 部分后的分号导致逻辑错误。第二个 puts 总会执行。

      更正：删除 else 后面的分号。

3.9　在 while 语句中，变量 z 的值从未改变。因此，会产生一个无限循环。为了防止无限循环，必须对 z 进行递减，使其最终变为 0。

**练习**

3.10　找出并改正下列各项的错误。（注意：每段代码中可能有一个以上的错误。）

   （a）
```
if (age >= 65); {
    puts("Age is greater than or equal to 65");
}
else {
    puts("Age is less than 65");
}
```

   （b）
```
int x = 1;
int total;

while (x <= 10) {
   total += x;
   ++x;
}
```

   （c）
```
while (x <= 100)
   total += x;
   ++x;
```

   （d）
```
while (y > 0) {
    printf("%d\n", y);
    ++y;
}
```

3.11　在下列各题中填空。

   （a）任何问题的解决都涉及在一个特定的_____中执行一系列的动作。

   （b）过程的一个同义词是_____。

   （c）一个累加了几个数字之和的变量是_____。

   （d）一个用于表示"数据输入结束"的特殊值被称为_____、_____、_____或_____值。

   （e）_____是一个算法的图形表示。

   （f）在流程图中，应该执行的步骤的顺序是由_____符号表示的。

   （g）矩形符号对应于通常由_____语句执行的计算，以及通常由调用_____和_____标准库函数导致的输入和输出操作。

   （h）写在判断符号内的项被称为_____。

3.12　下面的程序会打印什么？

```
1 #include <stdio.h>
```

```
 2
 3  int main(void) {
 4      int x = 1;
 5      int total = 0;
 6
 7      while (x <= 10) {
 8          int y = x * x;
 9          printf("%d\n", y);
10          total += y;
11          ++x;
12      } // end while
13
14      printf("Total is %d\n", total);
15  } // end main
```

3.13 编写一条伪代码语句表示下列各项。

(a) 显示消息 "Enter two numbers"。

(b) 将变量 x、y、z 之和赋值给变量 p。

(c) 在 if...else 选择语句中测试以下条件：变量 m 的当前值大于变量 v 的当前值的两倍。

(d) 从键盘上获取变量 s、r 和 t 的值。

3.14 为以下每项工作制定一个算法的伪代码。

(a) 从键盘上获得两个数字，计算它们的总和并显示结果。

(b) 从键盘上获得两个数字，确定并显示这两个数字中哪个（如果有）是较大的。

(c) 从键盘上获得一系列的正数，确定并显示它们的总和。假设用户输入标记值–1 来表示"数据输入结束"。

3.15 说明以下哪些是对的，哪些是错的。如果陈述是错的，请解释原因。

(a) 经验表明，在计算机上解决问题最具挑战性的部分是产生一个有效的 C 程序。

(b) 标记值必须是一个不能与合法数据值相混淆的值。

(c) 流程线表示要执行的动作。

(d) 写在判断符号内的条件总是包含算术操作符（即+、−、*、/和%）。

(e) 在自顶向下、逐步细化中，每次细化都是算法的一个完整表示。

## 编写、测试和调试

对于练习 3.16～3.20，执行以下步骤。

(1) 阅读问题陈述。

(2) 使用伪代码和自顶向下、逐步细化的方法来制定算法。

(3) 编写一个 C 语言程序。

(4) 测试、调试和执行 C 语言程序。

3.16 (汽油里程) 司机关心他们的汽车的里程数。一位司机通过记录每箱汽油的行驶里程和使用的加仑数来跟踪几箱汽油的用量。开发一个程序，使用 scanf 来输入每箱汽油的行驶里程和使用的加仑。该程序应计算并显示每箱汽油的每加仑里程数。在处理完所有的输入后，程序应该计算并打印出针对所有油箱的每加仑综合里程数。下面是一个输入和输出对话的例子。

```
Enter the gallons used (-1 to end): 12.8
Enter the miles driven: 287
The miles/gallon for this tank was 22.421875

Enter the gallons used (-1 to end): 10.3
Enter the miles driven: 200
The miles/gallon for this tank was 19.417475

Enter the gallons used (-1 to end): 5
Enter the miles driven: 120
```

```
The miles/gallon for this tank was 24.000000

Enter the gallons used (-1 to end): -1

The overall average miles/gallon was 21.601423
```

3.17 （信用额度计算器）开发一个 C 程序，以确定一个百货商店的客户是否超过了消费账户的信用
额度。对于每个客户，有以下事实可供参考：

（a）账号；

（b）月初的余额；

（c）该客户本月所有收费项目的总额；

（d）本月应用于该客户账户的所有信用总额；

（e）允许的信用额度。

程序应该使用 scanf 来输入每个事实，计算新的余额（=月初余额+收费-信用），并确定新的余
额是否超过客户的信用额度。对于那些超过信用额度的客户，程序应该显示客户的账号、信用
额度、新余额和 "Credit limit exceeded."（超过信用额度）的消息。下面是一个输入和输出对话
的例子。

```
Enter account number (-1 to end): 100
Enter beginning balance: 5394.78
Enter total charges: 1000.00
Enter total credits: 500.00
Enter credit limit: 5500.00
Account:        100
Credit limit: 5500.00
Balance:        5894.78
Credit Limit Exceeded.

Enter account number (-1 to end): 200
Enter beginning balance: 1000.00
Enter total charges: 123.45
Enter total credits: 321.00
Enter credit limit: 1500.00

Enter account number (-1 to end): 300
Enter beginning balance: 500.00
Enter total charges: 274.73
Enter total credits: 100.00
Enter credit limit: 800.00

Enter account number (-1 to end): -1
```

3.18 （销售佣金计算器）一家大型化工公司以佣金为基础付给销售人员工资。销售人员每周收到 200
美元，加上该周销售总额的 9%。例如，一个销售人员在一周内销售了价值 5000 美元的化学
品，他可以得到 200 美元和 5000 美元的 9%，即总共 650 美元。开发一个程序，使用 scanf 输
入每个销售人员上周的销售总额，计算并显示该销售人员的收入。每次处理一个销售人员的数
据。下面是一个输入和输出对话的例子。

```
Enter sales in dollars (-1 to end): 5000.00
Salary is: $650.00

Enter sales in dollars (-1 to end): 1234.56
Salary is: $311.11

Enter sales in dollars (-1 to end): -1
```

3.19　（利息计算器）贷款的单利计算公式为

interest = principal * rate * days / 365;

上面的公式假设利率是年利率，所以要除以 365（一年的天数）。开发一个程序，该程序使用 scanf 输入几笔贷款的 principal、rate 和 days，并使用前面的公式计算和显示每笔贷款的单利。下面是一个输入和输出对话的例子。

```
Enter loan principal (-1 to end): 1000.00
Enter interest rate: .1
Enter term of the loan in days: 365
The interest charge is $100.00

Enter loan principal (-1 to end): 1000.00
Enter interest rate: .08375
Enter term of the loan in days: 224
The interest charge is $51.40

Enter loan principal (-1 to end): -1
```

3.20　（工资计算器）开发一个程序，确定几个员工中每个人的总工资。公司为每个员工的前 40 小时的工作支付"规定工时"，为超过 40 小时的所有工作时间支付"1.5 倍工资"。你得到了一份该公司员工的名单，每个员工上周工作的小时数和每个员工的时薪。你的程序应该使用 scanf 为每个员工输入这些信息，并确定和显示该员工的总工资。下面是一个输入和输出对话的例子。

```
Enter # of hours worked (-1 to end): 39
Enter hourly rate of the worker ($00.00): 10.00
Salary is $390.00

Enter # of hours worked (-1 to end): 40
Enter hourly rate of the worker ($00.00): 10.00
Salary is $400.00

Enter # of hours worked (-1 to end): 41
Enter hourly rate of the worker ($00.00): 10.00
Salary is $415.00

Enter # of hours worked (-1 to end): -1
```

3.21　（前递减与后递减）编写一个程序，用递减操作符（--）演示前递减与后递减之间的区别。

3.22　（从循环中打印数字）编写一个程序，利用循环将 1～10 的数字并排打印在同一行，数字之间有 3 个空格。

3.23　（寻找最大的数字）寻找最大的数字（即一组数字的最大值）在计算机应用中经常使用。例如，一个判断销售竞赛优胜者的程序将输入每个销售人员销售的数量。销量最多的销售人员赢得比赛。编写一个伪代码程序，然后编写一个程序，使用 scanf 输入一组 10 个非负数，确定并打印其中最大的一个数字。你的程序应该使用 3 个变量。

　　（a）counter：一个计数到 10 的计数器（即跟踪有多少个数字被输入，并确定什么时候所有的 10 个数字都得到了）。

　　（b）number：当前输入程序的数字。

　　（c）largest：到目前为止找到的最大的数字。

3.24　（表格输出）编写一个程序，使用循环来打印下列数值的表格。在 printf 语句中使用制表符转义序列（\t），用制表符来分隔各列。

| N | 10*N | 100*N | 1000*N |
|---|------|-------|--------|
| 1 | 10 | 100 | 1000 |
| 2 | 20 | 200 | 2000 |
| 3 | 30 | 300 | 3000 |

| | | | |
|---|---|---|---|
| 4 | 40 | 400 | 4000 |
| 5 | 50 | 500 | 5000 |
| 6 | 60 | 600 | 6000 |
| 7 | 70 | 700 | 7000 |
| 8 | 80 | 800 | 8000 |
| 9 | 90 | 900 | 9000 |
| 10 | 100 | 1000 | 10000 |

3.25　（表格输出）编写一个程序，利用循环产生以下数值的表格。

| A | A+2 | A+4 | A+6 |
|---|---|---|---|
| 3 | 5 | 7 | 9 |
| 6 | 8 | 10 | 12 |
| 9 | 11 | 13 | 15 |
| 12 | 14 | 16 | 18 |
| 15 | 17 | 19 | 21 |

3.26　（寻找两个最大的数字）使用类似于练习 3.23 的方法，寻找 10 个数字中最大的两个值。你只可以对每个数字输入一次。

3.27　（验证用户输入）修改清单 3.6 中的程序以验证其输入。对于每一个输入，如果数值不是 1 或 2，就一直循环下去，直到用户输入一个正确的数值。

3.28　下面的程序会打印什么？

```
1  #include <stdio.h>
2
3  int main(void) {
4     int count = 1; // initialize count
5
6     while (count <= 10) { // loop 10 times
7        // output line of text
8        puts((count % 2) ? "****" : "++++++++");
9        ++count; // increment count
10    } // end while
11 } // end function main
```

3.29　下面的程序会打印什么？

```
1  #include <stdio.h>
2
3  int main(void) {
4     int row = 10; // initialize row
5
6     while (row >= 1) { // loop until row < 1
7        int column = 1; // set column to 1 as iteration begins
8
9        while (column <= 10) { // loop 10 times
10          printf("%s", (row % 2) ? "<": ">"); // output
11          ++column; // increment column
12       } // end inner while
13
14       --row; // decrement row
15       puts(""); // begin new output line
16    } // end outer while
17 } // end function main
```

3.30　（悬空 else 问题）当 x 是 9，y 是 11，以及当 x 是 11，y 是 9 时，请确定以下每项的输出。编译器在 C 程序中忽略缩进。另外，编译器总是将一个 else 与前一个 if 联系起来，除非通过花括号 {} 的位置告诉它有其他操作。乍一看，你可能不确定哪个 if 和 else 相匹配，所以这被称为"悬空 else"问题。我们在下面的代码中取消了缩进，使这个问题更具挑战性。（提示：应用你已经学过的缩进惯例。）

```
(a) if (x < 10)
    if (y > 10)
    puts("*****");
    else
    puts("#####");
    puts("$$$$$");
(b) if (x < 10) {
    if (y > 10)
    puts("*****");
    }
    else {
    puts("#####");
    puts("$$$$$");
    }
```

3.31 （另一个悬空 else 问题）修改下面的代码以产生所示的输出。使用适当的缩进技术。除了插入花括号外，你不可以做任何改动。编译器会忽略程序中的缩进。我们取消了以下代码的缩进，使问题更具挑战性。（注意：有可能不需要修改）。

```
if (y == 8)
if (x == 5)
puts("@@@@@");
else
puts("#####");
puts("$$$$$");
puts("&&&&&");
```

（a）假设 x=5，y=8，产生以下输出。

```
@@@@@
$$$$$
&&&&&
```

（b）假设 x=5，y=8，产生以下输出。

```
@@@@@
```

（c）假设 x=5，y=8，产生以下输出。

```
@@@@@
&&&&&
```

（d）假设 x=5，y=7，产生以下输出。

```
#####
$$$$$
&&&&&
```

3.32 （星号方阵图案）编写一个程序，读入一个正方形的边，然后将该正方形打印出星号。你的程序应该适用于所有边长为 1~20 的方阵。例如，如果你的程序读取的边长为 4，它应该打印出

```
****
****
****
****
```

3.33 （空心星号方阵图案）修改你在练习 3.32 中写的程序，使其打印出一个空心方阵。例如，如果你的程序读取的大小为 5，它应该打印出

```
*****
*   *
*   *
*   *
*****
```

3.34　（回文测试）回文是指一个数字或一个文本短语，其前后读法相同。例如，以下 5 位整数都是回文：12321、55555、45554 和 11611。编写一个程序，读入一个 5 位数的整数，并判断它是否是一个回文。（提示：使用除数和取余操作符将数分成单个数字。）

3.35　（打印二进制数的等价十进制数）输入一个只包含 0 和 1 的二进制整数（5 位或更少），并打印其等价十进制数。（提示：使用取余和除数操作符，从右到左逐个摘除"二进制"的数字。就像在十进制数字系统中，最右边的数字的位置值是 1，左边的下一个数字的位置值是 10，然后是 100，然后是 1000，以此类推，在二进制数字系统中，最右边的数字的位置值是 1，左边的下一个数字的位置值是 2，然后是 4，然后是 8，以此类推。因此，十进制数 234 可以理解为 4×1+3×10+2×100。二进制 1101 的十进制相当于 1×1 + 0×2 + 1×4 + 1×8，即 1 + 0 + 4 + 8，即 13。）

3.36　（你的计算机有多快？）你如何确定你自己的计算机的运行速度？编写一个带有 while 循环的程序，从 1 到 1000000000 进行计数，每次循环迭代递增 1。每当计数达到 100000000 的倍数时，在屏幕上打印这个数字。用你的表来计算每一亿次循环需要多长时间。（提示：使用取余操作符来识别每次计数器达到 100000000 的倍数时的情况。）

3.37　（检测 10 的倍数）编写一个程序，打印 100 个星号，每次一个。每 10 个星号后，打印一个换行符。（提示：从 1 数到 100。使用%操作符来识别每次计数器达到 10 的倍数。）

3.38　（统计 7 的数量）编写一个程序，读取一个整数（5 位或更少），确定并打印出该整数中有多少位是 7。

3.39　（棋盘式星号图案）编写一个程序，显示以下棋盘式图案。

```
* * * * * * * *
 * * * * * * * *
* * * * * * * *
 * * * * * * * *
* * * * * * * *
 * * * * * * * *
* * * * * * * *
 * * * * * * * *
```

你的程序必须只使用 3 个输出语句，以下形式各一个：
```
printf("%s", "* ");
printf("%s", " ");
puts(""); // outputs a newline
```

3.40　（无限循环的 2 的倍数）编写一个程序，不断打印整数 2 的倍数，即 2、4、8、16、32、64 等。你的循环不应该终止（也就是说，你应该创建一个无限循环）。当你运行这个程序时会发生什么？

3.41　（圆的直径、周长和面积）编写一个程序，读取圆的半径（作为一个 double 值），计算并打印出直径、周长和面积。使用 π 的值 3.14159。

3.42　下面的语句有什么问题？重写它以完成程序员可能想要做的事情。
```
printf("%d", ++(x + y));
```

3.43　（三角形的边）编写一个程序，读取 3 个非零整数值，确定并打印它们是否能代表三角形的边。

3.44　（直角三角形的边）编写一个程序，读取 3 个非零的整数，确定并打印它们是否可能是直角三角形的边。

3.45　（阶乘）一个非负整数 $n$ 的阶乘被写成 $n!$（读作"$n$ 的阶乘"），其定义如下：

$n! = n \times (n-1) \times (n-2) \times \cdots \times 1$（$n$ 的值大于或等于 1）

且

$n! = 1$（$n = 0$）。

例如，$5! = 5 \times 4 \times 3 \times 2 \times 1$，即为 120。

（a）编写一个程序，读取一个非负整数，计算并打印其阶乘。

（b）编写一个程序，用以下公式估计数学常数 e 的值：

$$e = 1 + \frac{1}{1!} + \frac{1}{2!} + \frac{1}{3!} + \cdots$$

（c）编写一个程序，用以下公式计算 $e^x$ 的值：

$$e^x = 1 + \frac{x}{1!} + \frac{x^2}{2!} + \frac{x^3}{3!} + \cdots$$

3.46 （世界人口增长）几个世纪以来，世界人口有了很大的增长。持续的增长最终会挑战可呼吸的空气、可饮用的水、可耕作的土地和其他有限资源的极限。有证据表明，近年来的增长已经放缓，世界人口可能在 21 世纪某个时候达到顶峰，然后开始下降。

在这个练习中，研究世界人口增长问题。这是一个有争议的话题，所以一定要调查各种观点。获取对当前世界人口及其增长率的估计。编写一个程序，计算未来 100 年每年的世界人口增长，使用简化的假设，即目前的增长率将保持不变。将结果打印在一个表格中。第一列应显示从 1 到 100 的年份。第二列应显示该年底的世界人口预测数。第三列应显示该年世界人口的增长数字。根据你的结果，确定哪一年的人口相较于今天翻一番，哪一年的人口是今天人口的 4 倍。

3.47 （用密码学加强隐私保护）因特网通信和连接因特网的计算机上的数据存储的爆炸性增长大大增加了对隐私的关注。密码学领域关注的是如何对数据进行编码，使得未经授权的用户难以读取（甚至无法读取）。在这个练习中，你将研究一个简单的数据加密和解密方案。一家想在因特网上发送数据的公司要求你编写一个程序，对数据进行加密，以便更安全地传输数据。所有的数据都是以 4 位数的整数传输的。你的程序应该读取用户输入的 4 位数的整数，并对其进行如下加密。对于每个数字，用该数字加 7 并除以 10 后得到余数来代替。然后将第一个数字与第三个数字交换，将第二个数字与第四个数字交换。然后打印加密后的整数。编写一个单独的应用程序，输入一个加密的 4 位数的整数，然后解密（通过颠倒加密方案），形成原始数字。[可选的阅读项目。在工业强度的应用中，你会希望使用比本练习中提出的更强大的加密技术。研究一般的"公钥密码学"和 PGP（Pretty Good Privacy，颇好保密性）特定的公钥方案。你可能还想研究一下 RSA 方案，它被广泛用于工业强度的应用中]。

# 第4章 程序控制

## 目标

在本章中，你将学习以下内容。

■ 学习计数器控制的循环的基本原理。

■ 使用 for 和 do...while 循环语句来重复执行语句。

■ 理解使用 switch 多重选择语句。

■ 使用 break 和 continue 语句来改变控制的流程。

■ 使用逻辑操作符在控制语句中形成复杂的条件。

■ 避免混淆相等和赋值操作符的后果。

## 提纲

## 4.1 简介

你现在应该能够熟练地阅读和编写简单的 C 语言程序。接下来，我们将更详细地考虑循环问题，并介绍 C 的 for 和 do...while 循环语句。我们还会介绍：

■ switch 多重选择语句；

■ break 语句，用于从某些控制语句中立即退出；

■ continue 语句，用于跳过循环语句主体的剩余部分，然后继续进行循环的下一次迭代。

我们还会讨论用于组合条件的逻辑操作符，并总结本章和第 3 章中介绍的结构化编程的原则。

## 4.2 循环要点

大多数程序都涉及循环（或迭代）。循环是当某些循环持续条件保持不变时，计算机重复执行的一组指令。我们已经讨论了两种循环的方式。

（1）计数器控制的循环。

（2）标记控制的循环。

你在第 3 章看到，计数器控制的循环使用一个控制变量来计算一组指令的循环次数。当控制变量的值表明已经完成了正确的循环次数时，循环就会终止，继续执行循环语句之后的语句。

你在第 3 章中看到，如果事先不知道精确的循环次数，而且循环包括每次执行循环时获得数据的语句，我们就使用标记值来控制循环。标记值表示"数据结束"。标记值在所有常规数据项提供给程序之后输入。标记值必须与常规数据项不同。

### ✓ 自测题

1　（填空）循环是计算机在_____条件不变的情况下重复执行的一组指令。
　　答案：循环持续。
2　（选择）以下哪项陈述是错误的？
　　（a）当事先不知道精确的循环次数，而且循环包括每次执行循环时获得数据的语句，就使用标记值来控制循环。
　　（b）标记值表示"数据结束"。
　　（c）标记值在所有常规数据项提供之后输入。
　　（d）标记值必须与常规数据项相匹配。
　　答案：（d）是错误的。实际上，标记必须与常规数据项不同。

## 4.3　计数器控制的循环

计数器控制的循环需要：
■　一个控制变量的名称；
■　该控制变量的初始值；
■　每次通过循环修改该控制变量的增量（或减量）；
■　循环持续条件，测试控制变量的最终值，以确定循环是否应该继续。
请看清单4.1，它显示了1～5的数字。定义
　　int counter = 1; // initialization
命名了控制变量（counter），将它定义为一个整数，为它保留了内存空间，并将它的初始值设置为1。

**清单4.1 | 计数器控制的循环**

```
1  // fig04_01.c
2  // Counter-controlled iteration.
3  #include <stdio.h>
4
5  int main(void) {
6     int counter = 1; // initialization
7
8     while (counter <= 5) { // iteration condition
9        printf("%d  ", counter);
10       ++counter; // increment
11    }
12
13    puts("");
14 }
```

```
1   2   3   4   5
```

语句
　　++counter; // increment
在每个循环迭代结束时将计数器增加1。while的条件是
　　counter <= 5
测试控制变量的值是否小于或等于5（条件为真时的最后一个值）。当控制变量超过5（即counter变为6）时，这个while就会终止。

**使用整数计数器**

浮点值可能是近似的，所以用浮点变量来控制计数循环可能会导致不精确的计数器值和不准确的终止测试。出于这个原因，你应该总是用整数值控制计数循环。

✓ **自测题**

1 （选择）以下哪项是计数器控制的循环所要求的?

(a) 控制变量（或循环计数器）的名称和初始值。

(b) 每次通过循环修改控制变量的增量（或减量）。

(c) 循环持续条件，测试控制变量的最终值，以确定循环是否应该继续。

(d) 以上都是计数器控制的循环所要求的。

答案：(d)。

2 （选择）根据本节的程序，以下哪项陈述是错误的?

(a) 控制变量 counter 在循环的每一次迭代中都增加 1。

(b) 当 counter 为 5 时，循环结束。

(c) 即使控制变量为 5，while 的主体也会执行。

答案：(b) 是错误的。实际上，当控制变量变成 6 时，循环结束。

# 4.4 for 循环语句

for 循环语句（清单 4.2 的第 8～10 行）处理所有计数器控制的循环的细节。为了便于阅读，请尽量将 for 语句的头部（第 8 行）放在一行中。for 语句的执行过程如下。

■ 当它开始执行时，for 语句定义了控制变量 counter，并将其初始化为 1。

■ 接下来，它测试其循环持续条件 counter <= 5。counter 的初始值是 1，所以条件为真，for 语句执行 printf 语句（第 9 行）以显示 counter 的值，即 1。

■ 接下来，for 语句使用表达式 ++counter 递增控制变量 counter，然后重新测试循环持续条件。控制变量现在等于 2，所以条件仍然为真，for 语句再次执行其 printf 语句。

■ 这个过程一直持续到控制变量的 counter 变成 6。此时，循环持续条件为假，循环结束。

程序继续执行 for 语句后的第一个语句（第 12 行）。

**清单 4.2 | 使用 for 语句的计数器控制的循环**

```
1  // fig04_02.c
2  // Counter-controlled iteration with the for statement.
3  #include <stdio.h>
4
5  int main(void) {
6      // initialization, iteration condition, and increment
7      // are all included in the for statement header.
8      for (int counter = 1; counter <= 5; ++counter) {
9          printf("%d ", counter);
10     }
11
12     puts(""); // outputs a newline
13 }
```

```
1  2  3  4  5
```

**for 语句头部组件**

图 4-1 详细解释了清单 4.2 的 for 语句，它指定了计数器控制的循环所需的各项信息。如果 for 语句的主体有多条语句，就需要使用花括号。与其他控制语句一样，即使 for 语句只有一条语句，也总是把它放在花括号里。

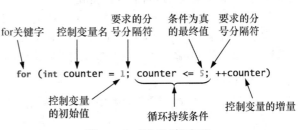

图 4-1 for 语句的详细解释

### 在 for 语句头部中定义的控制变量只存在于循环结束之前

如果你在 for 头部中的第一个分号（;）之前定义控制变量，如清单 4.2 的第 8 行：

```
for (int counter = 1; counter <= 5; ++counter) {
```

ERR ⊗

控制变量只存在于循环结束之前。因此，试图在 for 语句的右括号（}）结束后访问控制变量将导致一个编译错误。

### 差一错误

ERR ⊗

如果我们把循环持续条件 counter <= 5 写成 counter < 5，那么循环将只被执行 4 次。这是一个常见的逻辑错误，称为差一错误。在 while 或 for 语句条件中使用控制变量的最终值，并使用<=关系操作符，可以帮助避免差一错误。例如，要打印 1～5 的数值，循环持续条件应该是 counter <= 5，而不是 counter < 6。

### for 语句的一般格式

for 语句的一般格式是

```
for (初始化; 循环持续条件; 增量) {
    语句
}
```

其中：

- ■ "初始化"命名循环的控制变量并提供其初始值；
- ■ "循环持续条件"确定循环是否应该继续执行；
- ■ "增量"在执行语句后修改控制变量的值，使循环持续条件最终变为假。

for 语句头部中的两个分号是必需的。如果循环持续条件最初为假，程序不会执行 for 语句的主体。相反，会执行 for 后面的语句。

ERR ⊗

当循环持续条件永远不变成假时，就会出现无限循环。为了防止无限循环，请确保不要在 while 语句的头部之后立即放置一个分号。在一个计数器控制的循环中，请确保控制变量的增量（或减量）使循环的持续条件最终变为假。在一个标记控制的循环中，请确保标记值最终被输入。

### for 语句头部中的表达式是可选的

for 语句头部中的 3 个表达式都是可选的。如果你省略了循环持续条件，则该条件始终为真，从而形成一个无限循环。如果程序在循环之前初始化了控制变量，你可以省略初始化表达式。如果程序在循环的主体中计算增量，或者不需要增量，可以省略增量表达式。

### 增量表达式的作用与独立的语句相同

for 语句的增量就像一个独立的 C 语句，位于 for 语句主体的末尾。因此，以下内容在 for 语句的增量表达式中都是等价的：

```
counter = counter + 1
counter += 1
++counter
counter++
```

for 语句的增量表达式中的增量可能是负的，在这种情况下，它是一个减量，循环会向下计数。

### 在语句主体中使用 for 语句的控制变量

ERR ⊗

程序经常显示控制变量的值，或在循环主体的计算中使用它，但这种使用并不是必需的。控制变量通常被用来控制循环，而不需要在 for 语句的主体中提及。尽管控制变量的值可以在 for 循环的主体中改变，但要避免这样做，因为这种做法会导致微妙的错误。最好不要改变它。

### for 语句流程图

图 4-2 是清单 4.2 中 for 语句的流程图。

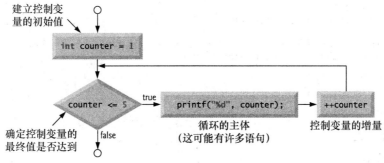

图 4-2    for 语句流程图

这个流程图清楚地表明,初始化发生一次,而增量发生在每次执行主体语句之后。

✓ **自测题**

1 (判断)当你在 for 头部中第一个分号(;)之前定义控制变量时,控制变量只存在于循环终止之前。

答案:对。

2 (选择)以下哪项陈述是正确的?

(a) for 语句头部用控制变量指定了计数器控制的循环所需的每项信息。

(b) 如果 for 语句的主体有一个以上的语句,需要使用花括号。

(c) 你应该总是把控制语句的主体放在花括号里,即使它只有一条语句。

(d) 以上所有的陈述都是正确的。

答案:(d)。

## 4.5    使用 for 语句的例子

下面的例子显示了在 for 语句中改变控制变量的方法。

(1) 让控制变量从 1 变到 100,增量为 1。

for (int i = 1; i <= 100; ++i)

(2) 让控制变量从 100 变到 1,增量为-1(即减去 1)。

for (int i = 100; i >= 1; --i)

(3) 让控制变量从 7 变到 77,增量为 7。

for (int i = 7; i <= 77; i += 7)

(4) 让控制变量从 20 变到 2,增量为-2。

for (int i = 20; i >= 2; i -= 2)

(5) 在 2、5、8、11、14 和 17 这几个值上改变控制变量。

for (int j = 2; j <= 17; j += 3)

(6) 在以下的数值序列中改变控制变量:44, 33, 22, 11, 0。

for (int j = 44; j >= 0; j -= 11)

### 应用:对 2~100 的偶数整数求和

清单 4.3 使用 for 语句对 2~100 的偶数整数进行求和。每个循环迭代(第 8~10 行)将控制变量 number 的当前值添加到 sum 中。

**清单 4.3 | 用 for 进行求和**

```
1  // fig04_03.c
2  // Summation with for.
3  #include <stdio.h>
4
```

```
5  int main(void) {
6     int sum = 0; // initialize sum
7
8     for (int number = 2; number <= 100; number += 2) {
9        sum += number; // add number to sum
10    }
11
12    printf("Sum is %d\n", sum);
13 }
```

```
Sum is 2550
```

## 应用：复利计算

下一个例子是使用 for 语句来计算复利。请考虑以下的问题陈述。

一个人将 1000 美元投资在一个利率为 5% 的储蓄账户上。假设所有的利息都留在账户中，计算并打印 10 年内每年年底账户中的资金数额。使用下面的公式来确定这些金额：

$$a = p(1 + r)^n$$

其中：

- $p$ 是原始投资额（即本金，这里是 1000.00 美元）；
- $r$ 是年利率（例如，5% 为 0.05）；
- $n$ 是年数，这里是 10；
- $a$ 是第 $n$ 年年底的存款金额。

解决方案（清单 4.4）使用了一个计数器控制的循环，对存款的 10 年中的每一年进行相同的计算。for 语句执行了 10 次，控制变量从 1 到 10 以 1 的增量变化。C 语言不包括指数操作符，所以我们使用标准库函数 pow（第 17 行）来实现。调用 pow(x, y) 计算 x 的 y 次幂。该函数需要两个数据类型为 double 的参数。当它完成计算时，pow 返回（即给出）一个 double 值，然后我们将其乘以 principal（第 17 行）。

**清单 4.4 | 计算复利**

```
1  // fig04_04.c
2  // Calculating compound interest.
3  #include <stdio.h>
4  #include <math.h>
5
6  int main(void) {
7     double principal = 1000.0; // starting principal
8     double rate = 0.05; // annual interest rate
9
10    // output table column heads
11    printf("%4s%21s\n", "Year", "Amount on deposit");
12
13    // calculate amount on deposit for each of ten years
14    for (int year = 1; year <= 10; ++year) {
15
16       // calculate new amount for specified year
17       double amount = principal * pow(1.0 + rate, year);
18
19       // output one table row
20       printf("%4d%21.2f\n", year, amount);
21    }
22 }
```

```
Year        Amount on deposit
   1              1050.00
   2              1102.50
   3              1157.63
   4              1215.51
   5              1276.28
   6              1340.10
   7              1407.10
   8              1477.46
```

| 9 | 1551.33 |
|---|---------|
| 10 | 1628.89 |

必须包含<math.h>（第 4 行）才能使用 pow 和 C 的其他数学函数[1]。如果不包含该头文件，这个程序就会出现故障，因为链接器无法找到 pow 函数。函数 pow 需要两个 double 型参数，但变量 year 是一个整数。math.h 文件包括一些信息，告诉编译器在调用 pow 之前将 year 值转换为临时的 double 表示。这个信息包含在 pow 的函数原型中。我们在第 5 章中解释了函数原型，在那里我们还总结了许多其他数学库函数。

## 数值输出的格式化

这个程序使用转换规范 %21.2f 来打印变量 amount 的值。转换规范中的 21 表示将打印数值的域宽。域宽为 21，表示打印的数值将使用 21 个字符位置。正如你在第 3 章中学到的，.2 表示精度（即小数点后的位数）。如果显示的字符数小于域宽，那么该值将用前导空格右对齐。这对于垂直对齐浮点数值的小数点特别有用。要使字段中的数值左对齐，可以在%和域宽之间加上一个–（减号）。我们将在第 9 章详细讨论 printf 和 scanf 的强大格式化功能。

## 浮点数精度和内存要求

float 类型的变量通常需要 4 字节的内存，大约有 7 位有效数字。double 类型的变量通常需要 8 字节的内存，大约有 15 位有效数字——大约是 float 精度的两倍。大多数程序员使用 double 类型。C 语言将 3.14159 这样的浮点值默认为 double 类型。这种值在源代码中被称为浮点字面量。

C 语言也有 long double 类型。这类变量通常被存储在 12 或 16 字节的内存中。C 标准规定了每种浮点类型的最小大小，并指出 double 类型提供的精度至少与 float 类型相同，long double 类型提供的精度至少与 double 类型相同。关于 C 语言的基本数值类型和它们的典型范围的列表，见 CppReference 网站。

## 浮点数是近似值

在传统的算术中，浮点数通常是由除法产生的——当我们用 10 除以 3 时，结果是无限重复的序列 3.3333333…，其中 3 的序列无限地重复。计算机只分配了固定的空间来保存这样的数值，所以存储的浮点数值只能是一个近似值。因此，C 语言的浮点类型存在着所谓的表示误差。假设浮点数被准确地表示出来（例如，在相等的比较中使用它们），这会导致错误的结果。

浮点数有很多应用，特别是在测量值方面。例如，当我们说到 98.6 华氏度的"正常"体温时，不需要精确到很多位数。当我们把温度计上的温度读成 98.6 时，它实际上可能是 98.5999473210643。对于涉及人体温度的大多数应用来说，称这个数字为 98.6 就可以了。

## 关于显示舍入值的警告

在这个例子中，我们声明变量 amount、principal 和 rate 都是 double 类型。我们要处理的是美元的小数部分，因此需要一个允许在其值中出现小数点的类型。遗憾的是，浮点数会带来麻烦。下面是一个简单的解释，当使用浮点数表示以小数点右边的两个数字显示的美元数额时，会出现什么问题。机器中存储的两个计算好的美元数额可能是 14.234（为显示目的的四舍五入为 14.23）和 18.673（为显示目的四舍五入为 18.67）。当这些数额相加时，它们会产生内部总和 32.907，为了显示，通常会被四舍五入为 32.91。因此，你的输出可能显示为

```
      14.23
  +   18.67
      32.91
```

但如果有人把显示的各个数字相加，会认为总和是 32.90。我们已经警告过了！

---

[1] 对于 gcc 编译器，你在编译清单 4.4 时必须包括-lm 选项（例如，gcc -lm fig04_04.c）。这将数学库与程序链接起来。

### 常见的美元数额可能有浮点表示误差

即使是简单的美元数额，比如你可能在杂货店或餐馆的账单上看到的那些，当它们被存储为double 类型时，也可能有表示误差。为了了解这一点，我们创建了一个简单的程序，声明如下

```
double d = 123.02;
```

然后显示 d 的值，小数点右边有很多位的精度。输出显示 123.02 为 123.0199999…，这是另一个表示误差的例子。尽管有些美元数额可以精确地表示为 double 类型，但许多不能。这是许多编程语言中常见的问题。

### ✓ 自测题

1 （填空）要_____一个字段中的数值，就在%和域宽之间加一个−（减号）。

答案：左对齐。

2 （选择）以下 for 语句头部，哪个是错误的？

(a) 让控制变量从 1 变到 100，增量为 1。

```
for (int i = 1; i <= 100; ++i)
```

(b) 让控制变量从 7 变到 77，增量为 7。

```
for (int i = 7; i <= 77; i += 7)
```

(c) 在以下序列中改变控制变量：2, 5, 8, 11, 15, 17。

```
for (int j = 2; j <= 17; j += 3)
```

(d) 让控制变量从 20 变到 2，增量为−2。

```
for (int i = 20; i >= 2; i -= 2)
```

答案：(c) 是错误的。for 语句实际上产生了序列 2, 5, 8, 11, 14, 17。它并没有生成原始序列中的值 15。

## 4.6  switch 多重选择语句

在第 3 章中，我们讨论了 if 单选和 if...else 双选语句。偶尔，一个算法会包含一系列的判断，对一个变量或表达式可能承担的每个整数值分别进行测试，然后执行不同的动作。这就是所谓的多重选择。C 语言提供了 switch 多重选择语句来处理这种判断。

switch 语句由一系列的 case 标签、一个可选的 default 情况和针对每个情况执行的语句组成。清单4.5 使用 switch 来计算学生在考试中获得的每个不同字母等级的数量。

**清单4.5 | 用switch计数字母等级**

```
 1  // fig04_05.c
 2  // Counting letter grades with switch.
 3  #include <stdio.h>
 4
 5  int main(void) {
 6     int aCount = 0;
 7     int bCount = 0;
 8     int cCount = 0;
 9     int dCount = 0;
10     int fCount = 0;
11
12     puts("Enter the letter grades.");
13     puts("Enter the EOF character to end input.");
14     int grade = 0; // one grade
15
16     // loop until user types end-of-file key sequence
17     while ((grade = getchar()) != EOF) {
18
19        // determine which grade was input
20        switch (grade) { // switch nested in while
21           case 'A': // grade was uppercase A
22           case 'a': // or lowercase a
```

```
23              ++aCount;
24              break; // necessary to exit switch
25          case 'B': // grade was uppercase B
26          case 'b': // or lowercase b
27              ++bCount;
28              break;
29          case 'C': // grade was uppercase C
30          case 'c': // or lowercase c
31              ++cCount;
32              break;
33          case 'D': // grade was uppercase D
34          case 'd': // or lowercase d
35              ++dCount;
36              break;
37          case 'F': // grade was uppercase F
38          case 'f': // or lowercase f
39              ++fCount;
40              break;
41          case '\n': // ignore newlines,
42          case '\t': // tabs,
43          case ' ': // and spaces in input
44              break;
45          default: // catch all other characters
46              printf("%s", "Incorrect letter grade entered.");
47              puts(" Enter a new grade.");
48              break; // optional; will exit switch anyway
49      } // end switch
50  } // end while
51
52  // output summary of results
53  puts("\nTotals for each letter grade are:");
54  printf("A: %d\n", aCount);
55  printf("B: %d\n", bCount);
56  printf("C: %d\n", cCount);
57  printf("D: %d\n", dCount);
58  printf("F: %d\n", fCount);
59 }
```

```
Enter the letter grades.
Enter the EOF character to end input.
a
b
c
C
A
d
f
C
E
Incorrect letter grade entered. Enter a new grade.
D
A
b
^Z——并非所有的系统都显示EOF字符

Totals for each letter grade are:
A: 3
B: 2
C: 3
D: 2
F: 1
```

## 读取字符输入

在该程序中，用户输入了学生的字母等级。在 while 语句头部中（第 17 行）

```
while ((grade = getchar()) != EOF)
```

括号内的赋值（grade = getchar()）首先执行。getchar 函数（来自<stdio.h>）从键盘上读取一个字符，并将该字符存入整型变量 grade 中。字符通常存储在 char 型变量中。然而，C 语言可以在任何整型变量中存储字符，因为字符在计算机中通常表示为一字节的整数。函数 getchar 将用户输入的字符作为一个 int 型返回。我们可以把一个字符当作一个整数或一个字符，这取决于它的用途。例如，语句

```
printf("The character (%c) has the value %d.\n", 'a', 'a');
```

使用转换规范 %c 和 %d 来打印字符'a'和其整数值。结果是

```
The character (a) has the value 97.
```

通过使用转换规范 %c，可以用 scanf 读取字符。整数 97 是字符'a'在计算机中的数字表示。今天许多计算机使用 Unicode® 字符集。附录 B 包含了 ASCII（American Standard Code for Information Interchange，美国信息交换标准代码）字符集及其数字值。ASCII 是 Unicode 的一个子集。

### 赋值有值

赋值作为一个整体实际上有一个值。赋值表达式 grade = getchar()的值是由 getchar 返回的字符，并赋给变量 grade。赋值有值这一事实对于将几个变量设置为相同的值很有用。例如

```
a = b = c = 0;
```

首先求值赋值 c = 0（因为=操作符从右到左组合）。然后，变量 b 被赋予 c = 0 的赋值（即 0）。接着，变量 a 被赋值为赋值 b=(c=0)的值（也是 0）。

赋值 grade = getchar()与 EOF（一个符号，其缩写表示 "end of file"）的值进行比较。我们使用 EOF（其值通常为-1）作为标记值。用户键入一个（依赖于系统的）按键组合来表示 "文件结束"，即 "我没有更多的数据要输入"。EOF 是一个在<stdio.h>头中定义的符号整数常量（我们将在第 6 章看到如何定义符号常量）。如果赋给 grade 的值等于 EOF，那么程序就会终止。

在这个程序中，我们用 int 表示字符，因为 EOF 有一个整数值（同样，通常是-1）。测试符号常量 EOF，而不是-1，使程序更容易移植。C 标准规定，EOF 是一个负的整型值（但不一定是-1）。因此，EOF 在不同的系统上可能有不同的值。

### 输入 EOF 指示符

输入 EOF（文件结束）的按键组合取决于系统。在 Linux/UNIX/macOS 系统中，EOF 指示符的输入方法是在一行中单独键入

```
Ctrl + d
```

这个符号意味着要同时按下 Ctrl 键和 d 键。在其他系统（如微软的 Windows）中，EOF 指标符可以通过键入

```
Ctrl + z
```

来输入。在 Windows 上还需要按 Enter 键。

用户在键盘上输入成绩。当按下 Enter 键时，通过函数 getchar 一次读取字符。如果输入的字符不等于 EOF，则执行 switch 语句（第 20~49 行）。

### switch 语句细节

关键字 switch 后面是括号中的变量名 grade。这被称为控制表达式。switch 将这个表达式的值与每个 case 标签进行比较。每个 case 可以有一个或多个动作，但在一个给定 case 中的多个动作周围不需要括号。

假设用户输入了字母 C 作为成绩。当 switch 将 C 与每个 case 进行比较时，如果出现匹配（case 'C':），则执行该 case 的语句。对于字母 C，switch 将 cCount 增加 1（第 31 行），然后 break 语句（第 32 行）立即退出 switch，使程序控制继续进行 switch 语句之后的第一条语句。

我们在这里使用 break 语句是因为如果不这样做，switch 语句中的这些 case 会一起运行。如果没有 break 语句，每次发生匹配时，所有剩下的 case 语句都会执行。[这个特征（称为 fallthrough，直落）很少有用，尽管它对于紧凑的编程练习 4.38 来说是完美的——循环歌曲 "*The Twelve Days of Christmas*"！] 在 switch 语句中需要 break 语句时，忘记 break 语句是一个逻辑错误。

ERR⊗

## default 情况

如果没有发生匹配，则执行 default 情况。在这个程序中，它显示一条错误消息。你应该总是包括一个 default 情况；否则，在 switch 中没有明确测试的值会被忽略。default 情况有助于防止这种情况的发生，因为它使你专注于处理特殊情况的需要。有时不需要 default 处理。

尽管 switch 语句中的 case 子句和 default 情况子句可以以任何顺序出现，但通常是将 default 子句放在最后。当 default 子句放在最后时，就不需要 break 语句了。但许多程序员为了清晰和与其他情况对称而加入这个 break 语句。

## switch 语句流程图

图 4-3 所示的 switch 多重选择语句流程图清楚地表明，每个 case 的 break 语句立即退出 switch 语句。

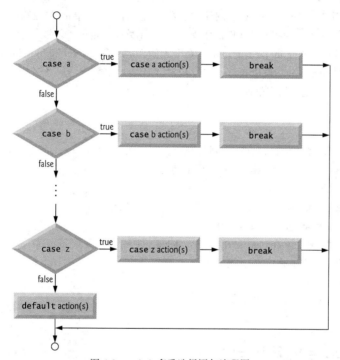

图 4-3　switch 多重选择语句流程图

### 忽略输入中的换行符、制表符和空白字符

在清单 4.5 的 switch 语句中，以下几行

```
case '\n': // ignore newlines,
case '\t': // tabs,
case ' ': // and spaces in input
    break;
```

导致程序跳过换行符、制表符和空白字符。一个一个地读取字符会引起问题。要让程序读取这些字符，你必须按 Enter 键将它们发送到计算机上。这样就把换行符放在我们希望处理的字符之后的输入中。

通常情况下，这个换行符（和其他空白字符）必须被特别忽略，以使程序正常工作。在我们的 switch 语句中，前面的情况可以防止每次在输入中遇到换行符、制表符或空格时打印 default 情况下的错误信息。这个例子中的每一个输入都会引起两次循环——第一次是字母等级，第二次是'\n'。列出几个 case 标签，中间没有语句，意味着每个 case 都会发生相同的动作。

## 常量整数表达式

在使用 switch 语句时，请记住，每个 case 只能测试一个常量整数表达式。该表达式可以是字符常量和整数常量的任意组合，其求值结果为一个常量整数值。一个字符常量可以用单引号表示具体的字符，例如'A'。字符必须包含在单引号内才能被识别为字符常量——双引号内的字符被识别为字符串。整数常量是简单的整数值。在我们的例子中，我们使用了字符常量。

## 关于整数类型的说明

像 C 语言这样的可移植语言必须有灵活的数据类型大小。应用程序可能需要不同大小的整数。C 语言提供了几种数据类型来表示整数。除了 int 和 char 类型之外，C 语言还提供了 short int（可以缩写为 short）和 long int（可以缩写为 long）类型。所有的整数类型还有无符号的变化，代表非负整数值。在 5.14 节中，我们将看到 C 语言还提供了 long long int 类型（可以简写为 long long）。

C 标准规定了每个整数类型的最小取值范围。实际范围可能更大，这取决于实现方式。对于 short int 类型，最小范围是-32767～+32767。对于大多数整数的计算，long int 类型就足够了。long int 类型的最小取值范围是-2147483647～+2147483647。一个 int 类型的范围大于或等于一个 short int 类型的范围，小于或等于一个 long int 类型的范围。在今天的许多平台上，int 和 long int 类型代表相同的数值范围。数据类型 signed char 可以表示-127～+127 范围内的整数或任何 ASCII 字符集。关于有符号和无符号的整数型最小范围的完整列表，请参见 C 标准文档的 5.2.4.2 节。

### ✓ 自测题

1  （填空）偶尔，一个算法会包含一系列的判断，在这些判断中，对一个变量或表达式可能承担的每一个常量整数值分别进行测试，并执行不同的动作。这被称为_____。
    答案：多重选择。

2  （选择）以下哪项陈述是错误的？
    (a) 赋值的值是赋给=左边的变量的值。
    (b) 赋值表达式 grade = getchar()的值是由 getchar 返回并赋给变量 grade 的字符。
    (c) 下面的语句将变量 a、b 和 c 设置为 0。
        0 = a = b = c;
    答案：(c) 是错误的。正确的说法是：
        a = b = c = 0;

## 4.7  do...while 循环语句

do...while 循环语句与 while 语句类似。while 语句在执行循环体之前测试其循环持续条件。而 do...while 语句是在执行完循环体后测试其循环持续条件，所以循环体总是至少执行一次。当 do...while 终止时，继续执行 while 子句之后的语句。清单 4.6 使用 do...while 语句来显示 1～5 的数字。我们选择在循环持续测试中先递增控制变量 counter（第 10 行）。

**清单4.6 | 使用do...while循环语句**

```
1  // fig04_06.c
2  // Using the do...while iteration statement.
3  #include <stdio.h>
4
5  int main(void) {
6      int counter = 1; // initialize counter
7
8      do {
9          printf("%d  ", counter);
10     } while (++counter <= 5);
11 }
```

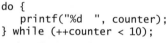

## do...while 语句流程图

图 4-4 所示的 do...while 语句流程图清楚地表明，循环持续条件要到循环的动作第一次执行后才执行。

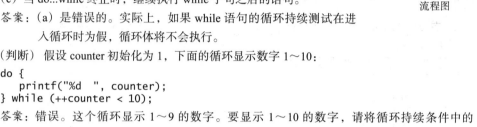

### ✓ 自测题

1. （选择）以下哪项陈述是错误的？

（a）while 语句在执行其主体之前测试其循环持续条件，所以循环主体总是至少执行一次。

（b）do...while 语句在执行其循环体后测试其循环持续条件。

（c）当 do...while 终止时，继续执行 while 子句之后的语句。

答案：（a）是错误的。实际上，如果 while 语句的循环持续测试在进入循环时为假，循环体将不会执行。

图 4-4 do...while 语句流程图

2. （判断）假设 counter 初始化为 1，下面的循环显示数字 1~10：

```
do {
    printf("%d  ", counter);
} while (++counter < 10);
```

答案：错误。这个循环显示 1~9 的数字。要显示 1~10 的数字，请将循环持续条件中的 <改为<=。

## 4.8　break 和 continue 语句

break 和 continue 语句是用来改变控制流的。4.6 节显示，在 switch 语句中遇到的 break 会终止 switch 的执行。本节讨论了如何在循环语句中使用 break。

### break 语句

break 语句，如果在 while、for、do...while 或 switch 语句中执行，导致立即从该语句中退出。程序的执行将在 while、for、do...while 或 switch 之后的下一个语句中继续。break 的常见用途是提前退出循环或跳过 switch 的剩余部分（如清单 4.5 所示）。清单 4.7 展示了 for 循环语句中的 break 语句（第 12 行）。

**清单 4.7 | 在 for 语句中使用 break 语句**

```
1  // fig04_07.c
2  // Using the break statement in a for statement.
3  #include <stdio.h>
4
5  int main(void) {
6     int x = 1; // declared here so it can be used after loop
7
8     // loop 10 times
9     for (; x <= 10; ++x) {
10        // if x is 5, terminate loop
11        if (x == 5) {
12           break; // break loop only if x is 5
13        }
14
15        printf("%d ", x);
16     }
17
18     printf("\nBroke out of loop at x == %d\n", x);
19  }
```

```
1 2 3 4
Broke out of loop at x == 5
```

当 if 语句检测到 x 变成 5 时，break 语句执行。这就终止了 for 语句，程序在 for 语句之后继续打印。这个循环只执行了 4 次。回顾一下，当你在 for 循环的初始化表达式中声明控制变量时，该变量在循环结束后不再存在。在这个例子中，我们在循环之前声明并初始化了 x，这样我们就可以在循环结束后使用其最终值。所以，for 语句头部的初始化部分（第一个分号之前）是空的。

## continue 语句

continue 语句，如果在 while、for 或 do...while 语句中执行，将跳过该控制语句主体中的剩余语句，执行循环的下一次迭代。在 while 和 do...while 语句中，循环持续测试在 continue 语句执行后立即被求值。在 for 语句中，先执行增量表达式，然后再求值循环持续测试。清单 4.8 在 for 语句中使用 continue（第 10 行），当 x 为 5 时跳过 printf 语句，开始下一个循环的迭代。

**清单 4.8 | 在 for 语句中使用 continue 语句**

```
1  // fig04_08.c
2  // Using the continue statement in a for statement.
3  #include <stdio.h>
4
5  int main(void) {
6     // loop 10 times
7     for (int x = 1; x <= 10; ++x) {
8        // if x is 5, continue with next iteration of loop
9        if (x == 5) {
10          continue; // skip remaining code in loop body
11       }
12
13       printf("%d ", x);
14    }
15
16    puts("\nUsed continue to skip printing the value 5");
17 }
```

```
1 2 3 4 6 7 8 9 10
Used continue to skip printing the value 5
```

### break 和 continue 注释

一些程序员认为 break 和 continue 违反了结构化编程的规范，所以不使用它们。这些语句的效果可以通过我们即将讨论的结构化编程技术来实现，但 break 和 continue 语句的性能更快。

PERF ✍

SE 🖊

在实现高质量的软件工程和实现最佳性能的软件之间存在着一种矛盾——其中一个是以牺牲另一个为代价的。对于所有的情况，除了性能最密集的情况外，都要应用以下准则：首先，使你的代码简单且正确；然后使它快速且小，但只有在必要的时候。

### ✓ 自测题

1 （选择）以下哪项陈述是错误的？
   （a）break 语句会终止 switch 语句的执行。
   （b）break 语句在 while、for 或 do...while 语句中执行时，会导致立即退出该语句。
   （c）break 的常见用途是提前退出循环或跳过 if...else 的剩余部分。
   答案：（c）是错误的。实际上，break 跳过的是 switch 的剩余部分，而不是 if...else。

2 （选择）以下的哪项陈述是错误的？
   （a）continue 语句在 while、for 或 do...while 语句中执行时，将跳过该控制语句主体中的剩余语句，执行循环的下一次迭代。

（b）在 while 和 do...while 语句中，循环持续测试在 continue 语句执行后立即被求值。

（c）在 for 语句中，在 continue 语句执行后，求值循环持续测试，然后执行增量表达式。

答案：（c）是错误的。实际上，在 for 语句中，在 continue 语句执行后，先执行增量表达式，然后求值循环持续测试。

## 4.9 逻辑操作符

到目前为止，我们已经使用了一些简单的条件，比如 counter <= 10、total > 1000 以及 grade != −1。我们已经用关系操作符（>、<、>= 和 <=）和相等操作符（== 和 !=）来表达这些条件。每个判断都精确地测试了一个条件。为了在做判断的过程中测试多个条件，我们不得不在单独的语句中或在嵌套的 if 或 if...else 语句中进行这些测试。C 语言提供了逻辑操作符，可以用来通过组合简单的条件形成更复杂的条件。逻辑操作符是 &&（逻辑 AND）、||（逻辑 OR）和 !（逻辑 NOT，也称逻辑否定）。我们将考虑这些操作符的例子。

### 逻辑 AND（&&）操作符

假设我们希望在选择一个特定的执行路径之前，确保两个条件都为真。在这种情况下，我们可以使用逻辑操作符 &&，如下所示：

```
if (gender == 1 && age >= 65) {
    ++seniorFemales;
}
```

这个 if 语句包含两个简单的条件。例如，条件 gender == 1 可以确定一个人是不是女性。条件 age >= 65 确定一个人是不是老年公民。这两个简单的条件首先被求值，因为 == 和 >= 的优先级都比 && 高。然后，if 语句考虑组合条件 gender == 1 && age >= 65，当且仅当两个简单条件都为真时，该条件为真。最后，如果这个组合条件为真，那么前面的 if 语句将 seniorFemales 增加 1。如果任何一个或两个简单条件为假，程序将跳过 if 语句的主体，依次进入下一个语句。

图 4-5 总结了 && 操作符的情况。

| 表达式 1 | 表达式 2 | 表达式 1 && 表达式 2 |
|---|---|---|
| 0 | 0 | 0 |
| 0 | 非 0 | 0 |
| 非 0 | 0 | 0 |
| 非 0 | 非 0 | 1 |

图 4-5 && 操作符真值表

图 4-5 的表显示了表达式 1 和表达式 2 的 0（假）和非 0（真）值的所有 4 种可能组合。这种表通常称为真值表。C 语言将所有包含关系操作符、相等操作符和逻辑操作符的表达式求值为 0 或 1。尽管 C 语言将真值设置为 1，但它接受任何非 0 值为真。

### 逻辑 OR（||）操作符

现在让我们来考虑 ||（逻辑 OR）操作符。假设我们希望在程序中的某一点，在我们选择某个执行路径之前，确保两个条件中的一个或两个都为真。在这种情况下，我们使用 || 操作符，如下面的程序片段：

```
if (semesterAverage >= 90 || finalExam >= 90) {
    puts("Student grade is A");
};
```

这个语句包含两个简单的条件。semesterAverage >= 90 这个条件确定学生是否应该得到 A，如果他在整个学期的表现很好就会得到 A。条件 finalExam >= 90 确定学生是否应该得到 A，如果他在期末考试中表现出色就会得到 A。然后，if 语句考虑综合条件，如果其中一个或两个简单条件为真，则授

予该学生 A。除非两个简单条件都为假（0），否则会打印出"Student grade is A"的消息。图 4-6 是一个逻辑 OR（||）操作符的真值表。

| 表达式1 | 表达式2 | 表达式1 \|\| 表达式2 |
|---------|---------|---------------------|
| 0 | 0 | 0 |
| 0 | 非0 | 1 |
| 非0 | 0 | 1 |
| 非0 | 非0 | 1 |

图 4-6　|| 操作符真值表

### 短路求值

&&操作符比||操作符具有更高的优先级。这两个操作符都是从左到右。包含&&或||操作符的表达式只在已知条件为真或假时才进行求值。因此，条件

```
gender == 1 && age >= 65
```

如果 gender 不等于 1，则停止求值，整个表达式肯定为假。如果 gender 等于 1，条件继续求值——如果 age 大于或等于 65，整个表达式可能为真。这种求值逻辑 AND 和逻辑 OR 表达式的性能特征被称为短路求值。

PERF

在&&表达式中，使最有可能为假的条件成为最左边的条件。在使用操作符||的表达式中，使最有可能为真的条件成为最左边的条件。这可以减少程序的执行时间。

PERF

### 逻辑否定（!）操作符

C 语言提供了一元!（逻辑否定）操作符，使你能够"反转"条件的含义。逻辑否定操作符有单一的条件作为操作数。当你想在操作数条件为假的情况下选择一个执行路径时，你可以使用它，例如在下面的程序段中：

```
if (!(grade == sentinelValue)) {
    printf("The next grade is %f\n", grade);
}
```

需要在条件 grade == sentinelValue 周围加上括号，因为逻辑否定操作符比相等操作符具有更高的优先级。图 4-7 是一个逻辑否定操作符的真值表。

| 表达式 | ! 表达式 |
|--------|----------|
| 0 | 1 |
| 非0 | 0 |

图 4-7　! 操作符真值表

在大多数情况下，你可以通过对条件的不同表达方式来避免使用逻辑否定。例如，前面的语句也可以写成：

```
if (grade != sentinelValue) {
    printf("The next grade is %f\n", grade);
}
```

### 操作符优先级和组合摘要

图 4-8 显示了到目前为止所介绍的操作符的优先级和组合。操作符从上到下按优先级递减的顺序显示。

| 操作符 | | | | | | 组合 | 类型 |
|---|---|---|---|---|---|---|---|
| ++(后缀) | | --(后缀) | | | | 从右到左 | 后缀 |
| + | - | ! | ++(前缀) | --(前缀) | (类型) | 从右到左 | 一元 |
| * | / | % | | | | 从左到右 | 乘法类 |
| + | - | | | | | 从左到右 | 加法类 |
| < | <= | > | >= | | | 从左到右 | 关系 |
| == | != | | | | | 从左到右 | 相等 |
| && | | | | | | 从左到右 | 逻辑 AND |
| \|\| | | | | | | 从左到右 | 逻辑 OR |
| ?: | | | | | | 从右到左 | 条件 |
| = | += | -= | *= /= %= | | | 从右到左 | 赋值 |
| , | | | | | | 从左到右 | 逗号 |

图 4-8　目前为止介绍的操作符的优先级和组合

### _Bool 数据类型

　　C 标准包括一个布尔类型（由关键字 _Bool 表示），它只能容纳 0 或 1 的值。回顾一下，条件中的值 0 为假，而任何非 0 值都为真。将任何非 0 值赋给 _Bool 都会将其设置为 1。标准还包括<stdbool.h>头文件，它将 bool 定义为 _Bool 类型的简写，将 true 和 false 分别作为 1 和 0 的命名表示。在预处理过程中，标识符 bool、true 和 false 分别被替换成 _Bool、1 和 0。

### ✓ 自测题

1　（选择）当下面的 if 语句执行时，哪一对变量会导致 seniorFemales 递增？

```
if (gender == 1 && age >= 65) {
    ++seniorFemales;
}
```

（a）gender 是 2，age 是 60。
（b）gender 是 2，age 是 73。
（c）gender 为 1，age 为 19。
（d）gender 是 1，age 是 65。
答案：（d）。

2　（选择）当下面的 if 语句执行时，哪一对变量不会导致 "Student grade is A" 打印？

```
if (semesterAverage >= 90 || finalExam >= 90) {
    puts("Student grade is A");
}
```

（a）semesterAverage 是 75，finalExam 是 80。
（b）semesterAverage 是 85，finalExam 是 91。
（c）semesterAverage 是 93，finalExam 是 67。
（d）semesterAverage 是 94，finalExam 是 90。
答案：（a）。

## 4.10　区分相等（==）和赋值（=）操作符　　⊗ERR

　　有一种类型的错误，C 程序员无论多么有经验，都会经常犯，以至于值得单独列出一个小节。这个错误就是不小心误用了==（相等）和=（赋值）这两个操作符。这些误用之所以如此具有破坏性，是因为它们通常不会导致编译错误。相反，有这些错误的语句通常都能正确编译，允许程序运行到完成，但却可能通过运行时的逻辑错误而产生错误的结果。

　　C 语言的两个方面导致了这些问题。一个是任何产生数值的表达式都可以用于任何控制语句的决策部分。如果该值为 0，则被视为假，如果该值为非 0，则被视为真。第二个是赋值有一个值——无论赋给=操作符左边变量的是什么值。

例如，假设我们打算写

```
if (payCode == 4) {
    printf("%s", "You get a bonus!");
}
```

但我们不小心写成了

```
if (payCode = 4) {
    printf("%s", "You get a bonus!");
}
```

第一个 if 语句正确地给 payCode 等于 4 的人发放了奖金。第二个 if 语句（有错误的语句）求值了 if 条件中的赋值表达。赋值后条件中的值是 4。因为任何非 0 值都是真，这个 if 语句中的条件总是真。不仅 payCode 被无意中设置为 4，而且不管实际的 payCode 是什么，这个人总是能得到奖金！不小心将操作符==用于赋值和不小心将操作符=用于相等都是逻辑错误。

**ERR** ⊗

### 左值和右值

你可能会倾向于写诸如 x == 7 这样的条件，变量名在左边，常量在右边。通过颠倒这些条件，使常量在左边，变量名在右边，如 7 == x，如果你不小心把==操作符换成了=，你将受到编译器的保护。编译器将把这视为一个语法错误，因为只有变量名可以放在赋值表达式的左边。这将防止运行时逻辑错误的潜在破坏性。

**ERR** ⊗

变量名被称为 lvalue（*左值，代表"左边的值"*），因为它们可以在赋值操作符的左边使用。常量被称为 rvalue（*右值，代表"右边的值"*），因为它们只能在赋值操作符的右边使用。一个左值也可以作为右值使用，但反之则不行。

### 在独立语句中混淆==和=的问题

硬币的另一面可能同样令人不快。假设你想用一个简单的语句将一个值赋给一个变量，如

```
x = 1;
```

但却写成了

```
x == 1;
```

**ERR** ⊗

在这里，这也不是一个语法错误。编译器求值了条件表达式。如果 x 等于 1，条件为真，表达式返回值为 1。如果 x 不等于 1，条件为假，表达式返回值为 0。不管返回的是什么值，都没有赋值操作符，所以这个值就会丢失。x 的值保持不变，可能导致执行时的逻辑错误。遗憾的是，我们没有一个方便的技巧来帮助你解决这个问题！然而，许多编译器会对这样的语句发出警告。

**ERR** ⊗

### ✓ 自测题

1  （判断）不小心误用操作符==（相等）和=（赋值）是有害的，因为这些错误通常能正确编译，允许程序运行到完成，但可能产生错误的结果。

  答案：对。

2  （判断）一个右值也可以作为一个左值使用，反之则不行。

  答案：错。实际上，一个左值也可以作为一个右值使用，反之则不行。

## 4.11  结构化编程总结

就像建筑师通过运用其专业的集体智慧来设计建筑一样，程序员也应该通过运用其专业的集体智慧来设计程序。我们的领域比建筑学要年轻，我们的集体智慧也相当稀少。在短短的 90 年里，我们已经学到了很多东西。也许最重要的是，我们了解到结构化程序比非结构化程序更容易理解、测试、调试、修改，甚至更容易在数学意义上证明其正确性。

第 3 章和第 4 章讨论了 C 语言的控制语句。现在，我们总结一下这些能力，并介绍一套简单的规则来形成结构化程序。图 4-9 总结了控制语句的流程图。

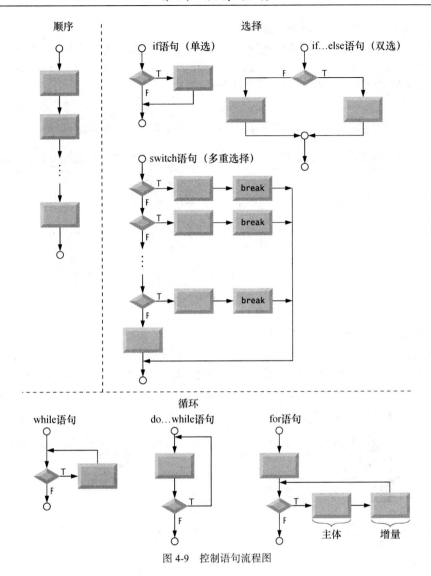

图 4-9　控制语句流程图

在图中，小圆圈表示每个语句的单一入口和单一出口。任意连接单个流程图符号会导致非结构化程序。因此，编程界选择了将流程图符号组合成一组有限的控制语句，并且只通过两种直接的方式组合控制语句来建立正确的结构化程序。简单起见，只使用单入口/单出口的控制语句，并且只能通过顺序堆叠控制语句或嵌套控制语句来组合它们。

**形成结构化程序的规则**

假设矩形流程图符号表示任何动作，包括输入和输出，总结形成结构化程序的规则如下。

（1）从图 4-10 所示的"最简单的流程图"开始。

（2）"堆叠"规则——任何矩形（动作）都可以被两个矩形（动作）依次替换。

（3）"嵌套"规则——任何矩形（动作）都可以被任何控制语句（顺序、if、if...else、switch、while、do...while 或 for）替换。

（4）规则 2 和规则 3 可以根据你的意愿以任何顺序应用。

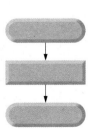

图 4-10　最简单的流程图

### 形成结构化程序的规则——堆叠规则

　　应用形成结构化程序的规则，总是会产生一个结构化的流程图，具有整齐的积木式外观。在最简单的流程图上重复应用规则2，会产生一个包含许多矩形的结构化流程图，如图4-11所示。规则2产生了一个控制语句的堆叠，所以我们把规则2称为堆叠规则。

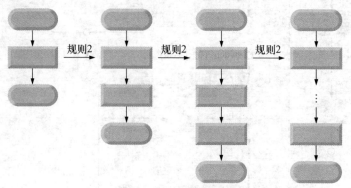

图4-11　包含许多矩形的结构化流程图重复（应用规则2）

### 形成结构化程序的规则——嵌套规则

　　规则3被称为嵌套规则。在最简单的流程图上反复应用规则3的结果是一个具有整齐嵌套的控制语句的流程图。例如，在图4-12中，最简单的流程图中的矩形被替换成一个双选（if..else）语句。然后将规则3再次应用于双选语句中的两个矩形，将这些矩形分别替换为双选语句。每个双选语句周围的虚线框代表我们在原始流程图中替换的矩形。

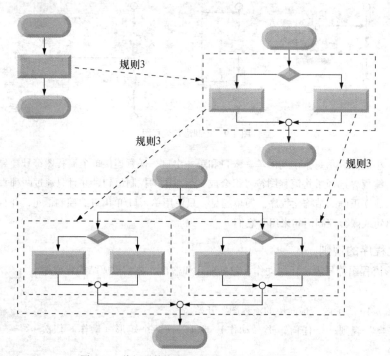

图4-12　将矩形替换为双选语句（重复应用规则3）

　　规则4产生了更大、更多、更深的嵌套结构。应用形成结构化程序的规则所产生的流程图构成了所有可能的结构化流程图的集合，因此也构成了所有可能的结构化程序的集合。

　　正是因为消除了goto语句，这些构建块才不会相互重叠。结构化方法的美妙之处在于，我们只使用了少量简单的单入口/单出口构件，并且只以两种简单的方式组装它们。图 4-13 展示了应用规则 2 所产生的各种堆叠式构建块和应用规则 3 所产生的各种嵌套式构建块。该图还展示了不能出现在结构化流程图中的那种重叠的构建块（因为消除了 goto 语句）。

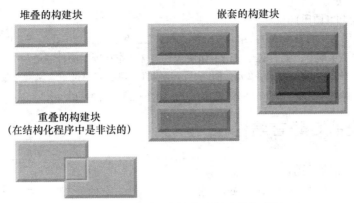

图 4-13　应用规则 2 和规则 3 所产生的构建块

如果遵循形成结构化程序的规则，就不能创建非结构化的流程图，如图 4-14 所示。

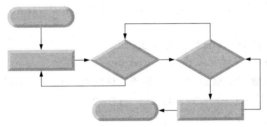

图 4-14　非结构化流程图

如果你不确定某个流程图是否是结构化的，可以反向应用形成结构化程序的规则，尝试将流程图简化为最简单的流程图。如果你成功了，原来的流程图就是结构化的；否则，它就不是。

## 控制的 3 种形式

结构化编程促进了简单性。博姆（Böhm）和贾可皮尼（Jacopini）证明，只需要 3 种形式的控制。

- 顺序。
- 选择。
- 循环。

顺序是直截了当的。选择是以 3 种方式之一实现的。

- if 语句（单选）。
- if...else 语句（双重选择）。
- switch 语句（多重选择）。

可以直接证明，简单的 if 语句足以提供任何形式的选择。所有可以用 if...else 语句和 switch 语句做的事情都可以用一个或多个 if 语句实现。

循环是以 3 种方式之一实现的。

- while 语句。
- do...while 语句。
- for 语句。

证明 while 语句足以提供任何形式的循环也是很简单的。所有可以用 do...while 语句和 for 语句完成的事情都可以用 while 语句完成。

将这些结果结合起来说明，C语言程序中需要的任何形式的控制都可以用3种形式的控制来表达。

■ 顺序。

■ if语句（选择）。

■ while语句（循环）。

而这些控制语句只能以两种方式组合——堆叠和嵌套。事实上，结构化编程提倡简单性。

在第3章和第4章中，我们已经讨论了如何从只包含动作和判断的控制语句中组成程序。在第5章中，我们将介绍另一个程序结构单元，即函数。我们将学习如何通过组合函数来编排大型程序，而函数又可以由控制语句组成。我们还将讨论如何使用函数促进软件的可复用性。

## SEC🔒 4.12　安全的C语言编程

### 检查函数scanf的返回值

清单4.4使用了数学库中的函数pow，它计算其第一个参数的第二个参数次幂，然后将结果以double值返回。接着，计算的结果被用于调用pow的语句中。

许多函数都会返回值来表明它们是否成功执行。例如，函数scanf返回一个int值，表示输入操作是否成功。如果在scanf输入一个值之前发生了输入失败，scanf返回值EOF（在<stdio.h>中定义）；否则，它返回被读入变量的项数。如果这个值与你想输入的数字不一致，那么scanf就没能完成输入操作。

考虑以下语句，它期望将一个int值读入grade：

```
scanf("%d", &grade); // read grade from user
```

如果用户输入的是一个整数，scanf返回1，表明确实读到了一个值。如果用户输入一个字符串，如"hello"，scanf返回0，表明它无法将输入值转换成一个整数。在这种情况下，变量grade没有收到值。

函数scanf可以输入多个数值，如

```
scanf("%d%d", &number1, &number2); // read two integers
```

如果两个变量的输入都成功，scanf将返回2。如果用户为第一个值输入一个字符串，scanf将返回0，number1和number2都不会得到值。如果用户在输入一个整数后再输入一个字符串，scanf将返回1，只有number1会收到一个值。

ERR⊗　　为了使你的输入处理更稳健，请检查scanf的返回值，以确保读取的输入数与预期的输入数一致。否则，你的程序将使用该变量的值，就像scanf已经成功完成一样。这可能会导致逻辑错误、程序崩溃甚至是攻击。

### 范围检查

即使scanf操作成功，读取的值仍然可能是无效的。例如，成绩通常是范围为0～100的整数。在一个输入成绩的程序中，你应该使用范围检查来验证每个成绩，确保它在0～100的范围内。然后你可以要求用户重新输入任何超出范围的数值。如果一个程序需要从一组特定的数值中输入（如非连续的产品代码），你可以确保每个输入与这组数值相一致[①]。

### ✓ 自测题

1　（填空）如果输入失败，scanf返回值_____；否则，它返回被读取的项数。

　　答案：EOF。

2　（选择）给定以下代码：

```
scanf("%d%d", &grade1, &grade2); // read two integers
```

---

① 想了解更多信息，请参见罗伯特·塞克德（Robert Seacord）的书 *Secure Coding in C and C++* 的第5章。

以下哪项陈述是错误的？

(a) 如果输入成功，scanf 将返回 0，表明两个变量的整数值被输入。

(b) 如果用户为第一个值输入了一个字符串，scanf 将返回 0，并且 grade1 和 grade2 都不会得到值。

(c) 如果用户在输入一个整数后再输入一个字符串，scanf 将返回 1，并且将只有 grade1 收到一个值。

答案：(a) 是错误的。实际上，如果两个值都输入正确，scanf 将返回 2。

## 关键知识回顾

### 4.2 节

■ 大多数程序都涉及循环（或迭代）。循环是当某些循环持续条件保持不变时，计算机重复执行的一组指令。

■ 计数器控制的循环使用一个控制变量来计算循环的次数。当正确的循环次数完成后，循环终止，程序将继续执行循环语句之后的语句。

■ 在标记控制的循环中，一个标记值在所有常规数据项之后被输入，以表示"数据结束"。标记值必须与常规数据项不同。

### 4.3 节

■ 计数器控制的循环需要控制变量的名称，它的初始值，每次通过循环修改它的增量（或减量），以及测试控制变量最终值的条件。

■ 控制变量在每次执行指令组时都会增加（或减少）。

### 4.4 节

■ for 循环语句处理所有由计数器控制的循环细节。

■ 当 for 语句开始执行时，其控制变量被初始化。然后，检查循环持续条件。如果该条件为真，循环的主体就会执行。然后，控制变量增加，并对循环持续条件进行测试。这个过程一直持续到循环持续条件变为假。

■ for 语句的一般格式是

```
for (初始化;条件;增量) {
    语句
}
```

其中"初始化"表达式初始化（可能还定义了）控制变量，"条件"表达式是循环持续条件，而"增量"表达式则是增加控制变量。

■ for 语句头部中的 3 个表达式是可选的。如果省略了条件，C 语言会假定条件为真，从而产生一个无限循环。如果控制变量在循环之前被初始化，我们可以省略初始化表达式。如果增量表达式是由 for 语句主体中的语句计算出来的，或者不需要增量，我们可以省略增量表达式。

■ for 头部中的两个分号是必须的。

■ "增量"可以是负数，以创建一个向下计数的循环。

■ 如果循环持续条件最初为假，循环的主体部分就不会被执行。相反，在 for 语句后面的语句继续执行。

### 4.5 节

■ 函数 pow 执行指数运算。调用 pow(x, y) 计算 x 的 y 次幂的值。该函数接收两个 double 型参数并返回一个 double 值。

■ 只要你需要像 pow 这样的数学函数，就应包含头文件<math.h>。

■ 转换规范%21.2f 表示一个浮点值将右对齐显示在 21 个字符的字段中，小数点右边有两位数字。

■ 要在字段中对数值进行左对齐，请在%和域宽之间放置一个–（减号）。

## 4.6 节

■ 偶尔，一个算法会包含一系列的判断，在这些判断中，对一个变量或表达式可能承担的每一个常量整数值分别进行测试，并执行不同的动作。这就是所谓的多重选择。C语言提供了 switch 语句来处理这个问题。

■ 字符通常存储在 char 类型的变量中。字符可以存储在任何整数数据类型中，因为它们在计算机中通常表示为一字节的整数。因此，我们可以将一个字符视为整数或字符，这取决于其用途。

■ switch 语句由一系列的 case 标签、一个可选的 default 情况和针对每个情况执行的语句组成。

■ getchar 函数（头文件<stdio.h>）从键盘上读取一个字符并以 int 形式返回。

■ 今天许多计算机使用 Unicode 字符集。ASCII 是 Unicode 的一个子集。

■ 通过使用转换规范%c，可以用 scanf 读取字符。

■ 赋值表达式作为一个整体实际上有一个值。这个值被赋给=左边的变量。

■ EOF 经常被用作一个标记值。EOF 是一个符号化的整数常量，定义在<stdio.h>中。

■ 在 macOS 和 Linux 系统中，EOF 指示符是通过键入 Ctrl + d 输入的。

■ EOF 指示符可以通过键入 Ctrl + z 来输入。

■ 关键字 switch 后面是括号内的控制表达式。这个表达式的值与每个 case 标签进行比较。如果出现匹配，则执行该 case 的语句。如果没有匹配，则执行 default 情况。

■ break 语句使程序控制继续进行 switch 后的语句。break 语句防止 switch 语句中的多个 case 一起运行。

■ 每个 case 可以有一个或多个动作。在 switch 的一个 case 中的多个动作周围不需要括号。

■ 将几个 case 标签列在一起，对其中任何一个情况都执行同一组动作。

■ switch 语句中的每个情况只能测试一个常量整数表达式——即字符常量和整数常量的任何组合，求值结果为一个常量整数值。一个字符常量可以表示为单引号中的特定字符，例如'A'. 字符必须包含在单引号内才能被识别为字符常量。整数常量是简单的整数值。

■ 除了整数类型 int 和 char 之外，C语言还提供了 short int（可以缩写为 short）和 long int（可以缩写为 long）类型，以及所有整数类型的无符号版本。C 标准规定了每种类型的最小值范围。实际范围可能更大，这取决于实现。对于 short int 类型，最小范围是–32767～+32767。long int 类型的最小取值范围是–2147483647～+2147483647。一个 int 类型的取值范围大于或等于一个 short int 类型的取值范围而小于或等于 long int 类型的取值范围。在今天的许多平台上，int 和 long int 类型代表相同的数值范围。数据类型 signed char 可以用来表示–127～+127 范围内的整数或 ASCII 字符集中的任何字符。

## 4.7 节

■ do...while 语句在循环体执行后测试循环持续条件。因此，循环体至少要执行一次。当 do...while 终止时，while 子句之后的语句继续执行。

## 4.8 节

■ break 语句在 while、for、do...while 或 switch 语句中执行时，会立即退出该语句。程序的执行将在下一个语句继续。

■ continue 语句在 while、for 或 do...while 语句中执行时，会跳过主体中剩余的语句，执行下一个循环迭代。while 和 do...while 会立即求值循环持续测试。for 语句执行它的增量表达式，然后测试循环持续条件。

## 4.9 节

- 逻辑操作符&&（逻辑 AND）、||（逻辑 OR）和!（逻辑 NOT，或逻辑否定）可以用于通过组合简单的条件形成复杂的条件。
- 当且仅当其操作数都为真时，&&（逻辑 AND）操作符的值为真。
- C 语言将所有包含关系操作符、相等操作符和逻辑操作符的表达式求值为 0 或 1。尽管 C 语言将一个 true 值设置为 1，但它接受任何非零值为真。
- 如果其操作数中的任何一个为真或两个都为真，||（逻辑 OR）操作符求值为真。
- &&操作符的优先级比||高。这两个操作符都是从左到右组合。
- 操作符&&或||使用短路求值，一旦知道条件为假或真，就立即终止。
- C 语言提供了!（逻辑否定）操作符，使你能够"反转"一个条件的含义。与二元操作符&&和||组合两个条件不同，一元逻辑否定操作符只有一个条件作为操作数。
- 当我们想在原始条件（不含逻辑否定操作符）为假时选择执行路径时，逻辑否定操作符就被放在条件之前。

## 4.10 节

- 程序员经常不小心误用了操作符==和=。有这些错误的语句通常都能正确编译，允许程序运行到底，但很可能因为运行时的逻辑错误而产生不正确的结果。
- 在 7 == x 这样的条件中，如果你不小心将==替换为=，编译器将报告一个语法错误。只有一个变量名可以放在赋值的左边。
- 变量名被称为 lvalue（代表"左值"），因为它们可以在赋值操作符的左边使用。
- 常量被称为 rvalue（代表"右值"），因为它们只能在赋值操作符的右边使用。左值也可以作为右值使用，反之则不行。

## 自测练习

4.1 在下列各句中填空。

(a) 在计数器控制的循环中，_____被用来计算一组指令应该被重复的次数。

(b) _____语句在循环语句中执行时，使循环的下一次迭代立即执行。

(c) _____语句在循环语句或 switch 语句中执行时，导致立即退出该语句。

(d) _____被用来测试一个特定的变量或表达式可能承担的每一个常量整数值。

4.2 说明以下内容是对还是错。如果答案是错，请解释原因。

(a) 在 switch 选择语句中需要 default 情况。

(b) break 语句在 switch 语句的 default 情况下是需要的。

(c) 如果 x > y 为真或 a < b 为真，表达式(x > y && a < b)为真。

(d) 含有||操作符的表达式，如果它的任何一个或两个操作数都为真，则它为真。

4.3 编写一个或一组语句来完成下列任务。

(a) 使用 for 语句对 1～99 的奇数进行求和。使用整数变量 sum 和 count。

(b) 在域宽为 15 个字符的地方打印数值 333.546372，精度为 1、2、3、4 和 5。对输出进行左对齐。打印的 5 个值是什么？

(c) 使用 pow 函数计算 2.5 的 3 次幂的值。在域宽为 10 位的情况下，打印出精度为 2 的结果。打印的数值是多少？

(d) 使用 while 循环和计数器变量 x 打印 1～20 的整数。每行只打印 5 个整数。（提示：使用 x % 5 的计算方法。当它为 0 时，打印一个换行符，否则打印一个制表符。）

(e) 使用 for 语句重复自测练习 4.3(d)。

4.4 找出以下各段代码中的错误，并解释如何纠正它。

```
(a) x = 1;
    while (x <= 10);
        ++x;
    }
(b) for (double y = .1; y != 1.0; y += .1) {
        printf("%f\n", y);
    }
(c) switch (n) {
        case 1:
            puts("The number is 1");
        case 2:
            puts("The number is 2");
            break;
        default:
            puts("The number is not 1 or 2");
            break;
    }
```

(d) 下面的代码应该打印 1~10 的数值。

```
    n = 1;
    while (n < 10) {
        printf("%d ", n++);
    }
```

## 自测练习答案

4.1 （a）控制变量或计数器。（b）continue。（c）break。（d）switch 选择语句。

4.2 请看下面的答案。

（a）错。default 情况是可选的。如果不需要默认动作，那么就不需要 default 情况。

（b）错。break 语句是用来退出 switch 语句的。break 语句在任何情况下都是不需要的。

（c）错。当使用&&操作符时，两个关系表达式都必须为真，整个表达式才为真。

（d）对。

4.3 请看下面的答案。

```
(a) int sum = 0;
    for (int count = 1; count <= 99; count += 2) {
        sum += count;
    }
(b) printf("%-15.1f\n", 333.546372); // prints 333.5
    printf("%-15.2f\n", 333.546372); // prints 333.55
    printf("%-15.3f\n", 333.546372); // prints 333.546
    printf("%-15.4f\n", 333.546372); // prints 333.5464
    printf("%-15.5f\n", 333.546372); // prints 333.54637
(c) printf("%10.2f\n", pow(2.5, 3)); // prints 15.63
(d) int x = 1;
    while (x <= 20) {
        printf("%d", x);
        if (x % 5 == 0) {
            puts("");
        }
        else {
            printf("%s", "\t");
        }
        ++x;
    }
```

或

```
    int x = 1;
    while (x <= 20) {
        if (x % 5 == 0) {
```

```
            printf("%d\n", x++);
        }
        else {
            printf("%d\t", x++);
        }
    }
```

或

```
    int x = 0;
    while (++x <= 20) {
        if (x % 5 == 0) {
            printf("%d\n", x);
        }
        else {
            printf("%d\t", x);
        }
    }
```

(e) 
```
for (int x = 1; x <= 20; ++x) {
    printf("%d", x);
    if (x % 5 == 0) {
        puts("");
    }
    else {
        printf("%s", "\t");
    }
}
```
或
```
for (int x = 1; x <= 20; ++x) {
    if (x % 5 == 0) {
        printf("%d\n", x);
    }
    else {
        printf("%d\t", x);
    }
}
```

4.4 （a）错误：while 语句头部后面的分号导致无限循环。

　　　更正：用{替换分号，或者同时删除;和}。

（b）错误：使用浮点数来控制 for 循环语句。

　　　更正：使用一个整数，并进行适当的计算以得到你想要的值。

```
for (int y = 1; y != 10; ++y) {
    printf("%f\n", (float) y / 10);
}
```

（c）错误：在第一个 case 的语句中缺少 break 语句。

　　　更正：在第一个 case 的语句末尾添加一个 break 语句。如果你想让"case 2:"的语句在"case 1:"的语句每次执行时都执行，那么这不一定是错误。

（d）错误：在 while 循环持续条件中使用了不当的关系操作符。

　　　更正：使用<=而不是<。

## 练习

4.5　找出以下每一项的错误。（注意：可能有不止一个错误。）

（a）
```
For (x = 100, x >= 1, ++x) {
    printf("%d\n", x);
}
```

（b）下面的代码应该打印一个给定的整数是奇数还是偶数：

```
switch (value % 2) {
   case 0:
      puts("Even integer");
   case 1:
      puts("Odd integer");
}
```

(c) 下面的代码应该输入一个整数和一个字符，并打印它们。假设用户输入 100 A。

```
scanf("%d", &intVal);
charVal = getchar();
printf("Integer: %d\nCharacter: %c\n", intVal, charVal);
```

(d)
```
for (x = .000001; x == .0001; x += .000001) {
    printf("%.7f\n", x);
}
```

(e) 下面的代码应该输出从 999 到 1 的奇数整数：

```
for (x = 999; x >= 1; x += 2) {
    printf("%d\n", x);
}
```

(f) 下面的代码应该输出 2~100 的偶数整数：

```
counter = 2;
Do {
   if (counter % 2 == 0) {
      printf("%d\n", counter);
   }
   counter += 2;
} while (counter < 100);
```

(g) 下面的代码应该对 100~150 的整数进行求和（假设 total 被初始化为 0）：

```
for (x = 100; x <= 150; ++x); {
    total += x;
}
```

4.6 请说明控制变量 x 的哪些值是由以下 for 语句打印的：

(a)
```
for (int x = 2; x <= 13; x += 2) {
    printf("%d\n", x);
}
```

(b)
```
for (int x = 5; x <= 22; x += 7) {
    printf("%d\n", x);
}
```

(c)
```
for (int x = 3; x <= 15; x += 3) {
    printf("%d\n", x);
}
```

(d)
```
for (int x = 1; x <= 5; x += 7) {
    printf("%d\n", x);
}
```

(e)
```
for (int x = 12; x >= 2; x -= 3) {
    printf("%d\n", x);
}
```

4.7 写出打印下列数值序列的 for 语句：

(a) 1, 2, 3, 4, 5, 6, 7

(b) 3, 8, 13, 18, 23

(c) 20, 14, 8, 2, −4, −10

(d) 19, 27, 35, 43, 51

4.8 以下程序是做什么的？

```
1  #include <stdio.h>
2
```

```
 3  int main(void) {
 4      int x = 0;
 5      int y = 0;
 6
 7      // prompt user for input
 8      printf("%s", "Enter two integers in the range 1-20: ");
 9      scanf("%d%d", &x, &y); // read values for x and y
10
11      for (int i = 1; i <= y; ++i) { // count from 1 to y
12
13          for (int j = 1; j <= x; ++j) { // count from 1 to x
14              printf("%s", "@");
15          }
16
17          puts(""); // begin new line
18      }
19  }
```

4.9 （对整数序列求和）编写一个程序，对一个整数序列求和。假设用 scanf 读取的第一个整数指定了其余要输入值的数量。你的程序每次执行 scanf 时应该只读一个值。一个典型的输入序列可能是

5 100 200 300 400 500

其中 5 表示接下来的 5 个值将被求和。

4.10 （整数序列的平均数）编写一个程序，计算并打印几个整数的平均数。假设用 scanf 读取的最后一个值是标记 9999。一个典型的输入序列可能是

10 8 11 7 9 9999

表示要计算 9999 之前的所有数值的平均值。

4.11 （查找最小值）编写一个查找几个整数中最小值的程序。假设读取的第一个值指定了剩余值的数量。

4.12 （计算偶数整数的总和）编写一个程序，计算并打印出 2～30 的偶数整数的总和。

4.13 （计算奇数整数的乘积）编写一个程序，计算并打印出 1～15 的奇数整数的乘积。

4.14 （阶乘）阶乘函数在概率问题中经常使用。正整数 $n$ 的阶乘（写作 $n!$，读作 "$n$ 的阶乘"）等于 $1～n$ 的正整数的乘积。编写一个程序，求值 $1～5$ 的整数的阶乘。将结果以表格的形式打印出来。有什么困难会妨碍你计算 20 的阶乘？

4.15 （修改后的复利程序）修改 4.5 节的复利程序，对 5%、6%、7%、8%、9% 和 10% 的利率重复其步骤。使用 for 循环来改变利率。

4.16 （三角形打印程序）编写一个程序，分别打印下列图案，一个在另一个下面。使用 for 循环来生成这些图案。所有的星号(*)应该由一个 printf 语句打印，其形式为 "printf("%s", "*");"（这使得星号并排打印）。（提示：最后两种模式要求每行以适当数量的空白开始。）

```
(A)              (B)              (C)              (D)
*                * * * * * * * *   * * * * * * * * *              *
* *              * * * * * * * *   * * * * * * * *              * *
* * *            * * * * * * *     * * * * * * *               * * *
* * * *          * * * * * * *     * * * * * * *              * * * *
* * * * *        * * * * * *       * * * * * *               * * * * *
* * * * * *      * * * * *         * * * * *               * * * * * *
* * * * * * *    * * * *           * * * *                * * * * * * *
* * * * * * * *  * * *             * * *                 * * * * * * * *
* * * * * * * * *  * *             * *                  * * * * * * * * *
* * * * * * * * * *  *             *                   * * * * * * * * * *
```

4.17 （计算信用额度）在经济衰退时期，收钱变得越来越困难，所以公司可能会收紧他们的信用额度，以防止他们的应收账款（欠他们的钱）变得过大。为了应对长期的经济衰退，一家公司将其客户的信用额度减半。因此，如果某位客户的信用额度是 2000 美元，现在是 1000 美元。如果一个客户的信用额度是 5000 美元，现在是 2500 美元。编写一个程序来分析这个公司 3 个客

户的信用状况。对于每个客户，你会得到：

（a）客户的账户号码；

（b）客户在经济衰退前的信用额度；

（c）客户目前的余额（即客户所欠的金额）。

你的程序应该计算并打印每个客户的新信用额度，并确定（和打印）哪些客户的余额超过了新的信用额度。

4.18 （条形图打印程序）计算机的一个有趣的应用是绘制图表和条形图。编写一个程序，读取 5 个数字（每个数字在 1 和 30 之间）。每读取一个数字，你的程序应该打印一行，其中包含相邻星号的数量。例如，如果你的程序读到数字 7，它应该打印＊＊＊＊＊＊＊。

4.19 （计算销售额）一个网上零售商销售 5 种不同的产品，其零售价格如图 4-15 所示。

| 产品编号 | 零售价格(元) |
|---|---|
| 1 | 2.98 |
| 2 | 4.50 |
| 3 | 9.98 |
| 4 | 4.49 |
| 5 | 6.87 |

图 4-15   5 种不同产品及其零售价格

编写一个程序，读取一系列的如下数字对：

（a）产品编号；

（b）一天的销售数量。

你的程序应该使用一个 switch 语句来帮助确定每个产品的零售价格。你的程序应该计算并显示上周售出的所有产品的总零售价值。

4.20 （真值表）通过在每个空白处填入 0 或 1，完成图 4-16 所示的真值表。

| 条件1 | 条件2 | 条件1 && 条件2 |
|---|---|---|
| 0 | 0 | 0 |
| 0 | 非 0 | 0 |
| 非 0 | 0 | — |
| 非 0 | 非 0 | — |

| 条件1 | 条件2 | 条件1 \|\| 条件2 |
|---|---|---|
| 0 | 0 | 0 |
| 0 | 非 0 | 1 |
| 非 0 | 0 | |
| 非 0 | 非 0 | |

| 条件1 | ! 条件1 |
|---|---|
| 0 | 1 |
| 非 0 | — |

图 4-16   真值表

4.21 重写清单 4.2 的程序，在 for 语句之前定义并初始化变量 counter，然后在循环结束后输出 counter 的值。

4.22 （平均成绩）修改清单 4.5 的程序，使其能计算出全班的平均成绩。

4.23 （用整数计算复利）修改清单 4.4 的程序，使其只使用整数来计算复利。（提示：将所有的货币数额视为整数的便士。然后通过除法和取余的操作，将结果"分解"为美元和美分两部分。插入一个句点。）

4.24 假设 i=1，j=2，k=3，m=2。每条语句打印什么？

 (a) printf("%d", i == 1);

 (b) printf("%d", j == 3);

 (c) printf("%d", i >= 1 && j < 4);

 (d) printf("%d", m <= 99 && k < m);

 (e) printf("%d", j >= i || k == m);

 (f) printf("%d", k + m < j || 3 - j >= k);

 (g) printf("%d", !m);

 (h) printf("%d", !(j - m));

 (i) printf("%d", !(k > m));

 (j) printf("%d", !(j > k));

4.25 （十进制、二进制、八进制和十六进制等值表）编写一个程序，打印出十进制数字 1~256 的二进制、八进制、十六进制表示的表格。如果你对这些数字系统不熟悉，在尝试这个练习之前，请阅读在线附录 E。（注意：你可以用转换规格 %o 和 %X 分别将一个整数显示为八进制或十六进制的值。）

4.26 （计算 π 的值）通过无限级数计算 π 的值

$$\pi = 4 - \frac{4}{3} + \frac{4}{5} - \frac{4}{7} + \frac{4}{9} - \frac{4}{11} + \cdots$$

打印一个表格，显示 π 的值由这个数列的一个项、两个项、三个项近似计算，等等。你要用这个数列的多少个项才能第一次得到 3.14？3.141 呢？3.1415 呢？3.14159 呢？

4.27 （勾股数）一个直角三角形的边都可以是整数。一个直角三角形的三条边的整数集合是一组勾股数。这三条边必须满足两条直角边的平方之和等于斜边的平方这一关系。找出边 1、边 2 和斜边的所有勾股数，所有这些边都不大于 500。使用三重嵌套的 for 循环尝试所有的可能性。这是一个"蛮力"计算的例子。对很多人来说，这并不符合审美。但有很多理由说明这种技术的重要性。首先，随着计算能力以惊人的速度增长，以几年前的技术，需要几年甚至几个世纪的计算机时间才能产生的解决方案，现在可以在几小时、几分钟、几秒甚至更短时间内产生。其次，有大量有趣的问题，除了纯粹的蛮力之外，没有已知的算法方法。我们在本书中研究了许多解决问题的方法。我们将考虑使用蛮力方法解决各种有趣的问题。

4.28 （计算周薪）一家公司以经理（获得固定的周薪）、小时工（前 40 个小时获得固定的小时工资，超出时间获得 1.5 倍工资）、提成工（获得 250 美元，加上每周总销售额的 5.7%）或计件工（生产每件物品获得固定的金额——这家公司的每个计件工人只生产一种物品）的方式支付员工。编写一个程序来计算每个雇员的周薪。你事先不知道雇员的数量。每种类型的雇员都有一个工资代码。经理的工资代码为 1，小时工的工资代码为 2，提成工的工资代码为 3，计件工的工资代码为 4。使用一个 switch 语句，根据工资代码计算每个雇员的工资。在 switch 语句中，提示用户输入程序需要的适当的事实，以根据每个雇员的工资代码计算出该雇员的工资。（注意：你可以通过 scanf 使用转换规范 %lf 来输入 double 类型的值。）

4.29 （德·摩根定律）我们讨论了逻辑操作符 &&、|| 和 !。德·摩根定律有助于更方便地表达逻辑表达式。该定律指出，表达式 !(条件 1 && 条件 2) 在逻辑上等同于表达式 (!条件 1 || !条件 2)。另外，表达式 !(条件 1 || 条件 2) 在逻辑上等同于表达式 (!条件 1 && !条件 2)。使用德·摩根定律写出以下每个表达式的等价表达式，然后编写一个程序来证明每种情况下的原表达式和新表达式都是等价的。

 (a) !(x < 5) && !(y >= 7)

(b) !(a == b) || !(g != 5)

(c) !((x <= 8) && (y > 4))

(d) !((i > 4) || (j <= 6))

4.30 （用 if...else 替换 switch）重写清单 4.5，用嵌套的 if...else 语句替换 switch。请注意正确处理默认情况。下一步，重写这个新版本，用一系列的 if 语句代替嵌套的 if...else 语句。在这里，也要注意正确处理默认情况。这个练习证明了 switch 的便利性，并且任何 switch 语句都可以只用单选语句来写。

4.31 （打印菱形的程序）编写一个程序，打印以下的菱形。你的 printf 语句可以打印一个星号（*）或一个空白。使用嵌套的 for 语句，尽量减少 printf 语句的数量。

```
        *
       ***
      *****
     *******
    *********
     *******
      *****
       ***
        *
```

4.32 （修改后的菱形打印程序）修改你在练习 4.31 中编写的程序，读取 1~19 范围内的一个奇数来指定菱形的行数。然后你的程序应该显示一个适当大小的菱形。

4.33 （十进制数值的等值罗马数字）编写一个程序，打印出 1~100 范围内十进制数的等值罗马数字表格。

4.34 描述你如何用一个等价的 while 循环来代替 do...while 循环。当你试图用一个等价的 do...while 循环来替换一个 while 循环时，会出现什么问题？假设有人告诉你，你必须删除一个 while 循环，用 do...while 循环来代替它。你需要使用什么额外的控制语句？你将如何使用它来确保所产生的程序的行为与原来的完全一样？

4.35 对 break 和 continue 语句的批评是，每个语句都是非结构化的。事实上，break 和 continue 语句总是可以被结构化的语句所取代，尽管这样做会很尴尬。请描述你如何从循环中删除任何 break 语句，并将该语句替换为一些等价的结构化语句。（提示：break 语句从循环体中终止循环。另一种退出的方式是使循环持续测试为假。考虑在循环持续测试中使用第二个测试，代表"由于'break'条件而提前退出"。）使用你在这里开发的技术，从清单 4.7 的程序中删除 break 语句。

4.36 下面的程序片段是做什么的？

```
1   for (int i = 1; i <= 5; ++i) {
2      for (int j = 1; j <= 3; ++j) {
3         for (int k = 1; k <= 4; ++k) {
4            printf("%s", "*");
5         }
6         puts("");
7      }
8      puts("");
9   }
```

4.37 描述一下你如何从程序的循环中删除任何 continue 语句，并将该语句替换为一些等价的结构化语句。使用你在这里开发的技术，从清单 4.8 的程序中删除 continue 语句。

4.38 （*The Twelve Days of Christmas* 歌曲）编写一个程序，使用循环和 switch 语句来打印歌曲 *The Twelve Days of Christmas* 的歌词。一个 switch 语句应该用来打印日期（如"first""second"等）。另一个 switch 语句应该用来打印每节的剩余部分。

4.39 （浮点数在货币计算中的局限性）4.5 节对使用浮点数进行货币计算提出了警告。试试这个实验。

创建一个数值为 1000000.00 的浮点变量。接下来，在该变量中加入字面浮点数 0.12f。使用 printf 和转换规范 "%.2f" 来显示结果。你会得到什么？

4.40　（世界人口增长）几个世纪以来，世界人口有了很大的增长。持续的增长最终会挑战可呼吸的空气、可饮用的水、可耕种的土地和其他有限资源的极限。有证据表明，近年来的增长已经放缓，世界人口可能在本世纪某个时候达到顶峰，然后开始下降。

在这个练习中，请在网上研究世界人口增长问题。一定要研究各种观点。获取对当前世界人口及其增长率（今年可能增加的百分比）的估计。编写一个程序，计算未来 75 年每年的世界人口增长，使用的简化假设是目前的增长率将保持不变。将结果打印在一个表格中。第一列应显示从第 1 年到第 75 年的年份。第二列应显示该年年底的预期世界人口。第三列应显示该年世界人口的增长数字。利用你的结果来确定，如果这一年的增长率持续下去，在哪一年人口将翻一番。

# 第5章 函 数

## 5.1　简介

大多数解决现实世界问题的计算机程序都比前几章中介绍的程序大得多。经验表明，开发和维护一个程序的最好方法是用较小的片段来构建它，每一个片段都比最初的程序更容易管理。这种技术被称为分而治之。我们将介绍一些设计、实现、操作和维护大型程序的关键C语言特性。

## 5.2　C语言中的程序模块化

在C语言中，通过将你编写的新函数与预先打包好的C标准库函数相结合，你可以使用函数来使程序模块化。C标准库提供了丰富的函数集合，用于执行常见的数学计算、字符串操作、字符操作、输入输出和许多其他有用的操作。预先打包的函数使你的工作更容易，因为它们提供了许多你需要的功能。

C 标准包括 C 语言和它的标准库——标准的 C 编译器实现了这两者[①]。我们在前几章中使用的函数 printf、scanf 和 pow 都来自标准库。

### 避免重新发明轮子

熟悉丰富的 C 标准库函数集，有助于减少程序开发时间。在可能的情况下，应该使用标准函数而不是编写新函数。C 标准库中的函数是由专家编写的，经过了良好的测试，效率很高。而且，使用 C 标准库中的函数使程序更容易移植。

### 定义函数

你可以定义函数来执行特定的任务，这些任务可以在程序中的许多地方使用。定义函数的这些语句只写一次，并对其他函数不可见。正如我们将看到的，这种不可见对于良好的软件工程是至关重要的。

### 函数的调用和返回

函数是通过函数调用来请求的，它指定了函数名称，并提供了函数执行其指定任务所需的信息（作为参数）[②]。对此的一个常见类比是管理的层次形式。一个老板（调用函数或调用者）要求一个工人（被调函数）执行一项任务，并在完成后汇报。例如，一个在屏幕上显示数据的函数调用工人函数 printf 来执行该任务。函数 printf 显示数据并在完成任务后向调用者报告或返回。老板函数不知道工人函数如何执行其指定的任务。工人可能会调用其他工人函数，而老板将不知道这一点。图 5-1 显示了一个老板函数与几个工人函数分层通信的情况。

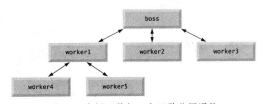

图 5-1　老板函数与工人函数分层通信

请注意，worker1 作为 worker4 和 worker5 的老板函数。职能部门之间的关系可能与本图所示的层次结构不同。

### ✔ 自测题

1　（填空）程序的编写通常是将你编写的新函数与_____中的预先打包函数相结合。

答案：C 标准库。

2　（填空）函数是通过函数_____来请求的，它指定了函数名称，并提供了函数执行其指定任务所需的信息（作为参数）。

答案：调用。

## 5.3　数学库函数

C 的数学库函数（头文件 math.h）允许你执行常见的数学计算。我们在本节中使用了许多这些函数。要计算并打印 900.0 的平方根，你可以这样写

---

[①] 一些 C 标准库的部分被指定为可选的，并不是在所有的标准 C 编译器中都可用。

[②] 在第 7 章中，我们将讨论函数指针。你会看到你也可以通过一个函数指针来调用一个函数，因此你实际上可以将函数传递给其他函数。

```
printf("%.2f", sqrt(900.0));
```

当这个语句执行时，它调用数学库中的函数 sqrt 来计算 900.0 的平方根，然后将结果打印为 30.00。sqrt 函数接收一个 double 类型的参数，并返回一个 double 类型的结果。事实上，数学库中所有返回浮点值的函数都返回 double 类型的数据。请注意，double 值和 float 值一样，可以使用%f 转换规范进行输出。你可以将一个函数调用的结果存储在一个变量中，以便以后使用，例如

```
double result = sqrt(900.0);
```

函数参数可以是常量、变量或表达式。如果 c = 13.0，d= 3.0，f = 4.0，那么语句

```
printf("%.2f", sqrt(c + d * f));
```

计算 13.0 + 3.0 * 4.0 = 25.0 的平方根，并将其打印为 5.00。

图 5-2 总结了 13 个 C 语言数学库函数。其中，变量 x 和 y 的类型是 double。C11 标准通过 complex.h 头文件增加了复数的能力。

| 函数 | 描述 | 示例 |
| --- | --- | --- |
| sqrt(x) | x 的平方根 | sqrt(900.0) 是 30.0<br>sqrt(9.0) 是 3.0 |
| cbrt(x) | x 的立方根（仅 C99 和 C11） | cbrt(27.0) 是 3.0<br>cbrt(-8.0) 是 -2.0 |
| exp(x) | 指数函数 $e^x$ | exp(1.0) 是 2.718282<br>exp(2.0) 是 7.389056 |
| log(x) | x 的自然对数（以 e 为底） | log(2.718282) 是 1.0<br>log(7.389056) 是 2.0 |
| log10(x) | x 的对数（以 10 为底） | log10(1.0) 是 0.0<br>log10(10.0) 是 1.0<br>log10(100.0) 是 2.0 |
| fabs(x) | x 的绝对值作为一个浮点数 | fabs(13.5) 是 13.5<br>fabs(0.0) 是 0.0<br>fabs(-13.5) 是 13.5 |
| ceil(x) | 将 x 舍入为不小于 x 的最小整数 | ceil(9.2) 是 10.0<br>ceil(-9.8) 是 -9.0 |
| floor(x) | 将 x 舍入为不大于 x 的最大整数 | floor(9.2) 是 9.0<br>floor(-9.8) 是 -10.0 |
| pow(x, y) | x 的 y 次幂（$x^y$） | pow(2, 7) 是 128.0<br>pow(9, .5) 是 3.0 |
| fmod(x, y) | x/y 的余数作为一个浮点数 | fmod(13.657, 2.333) 是 1.992 |
| sin(x) | x 的三角正弦（x 取弧度） | sin(0.0) 是 0.0 |
| cos(x) | x 的三角余弦（x 取弧度） | cos(0.0) 是 1.0 |
| tan(x) | x 的三角正切（x 取弧度） | tan(0.0) 是 0.0 |

图 5-2　13 个 C 语言数学库函数

### ✓ 自测题

1　（选择）以下哪些陈述是正确的？
　（a）你调用一个函数的方法是写上它的名字，然后是它的参数或者用逗号分隔的参数列表（放在括号中）。
　（b）下面的语句计算并存储 900.0 的平方根：
```
double result = sqrt(900.0);
```
　（c）要使用数学库函数，你必须包括 math.h 头文件。
　答案：（a）（b）（c）。

2　（判断）函数参数可以是常量、变量或表达式。如果 c = 16.0，d = 4.0，f = 5.0，那么下面的语句

会计算并打印出 100.00 的平方根：

```
printf("%.2f", sqrt(c + d * f));
```

答案：错。实际上，它计算的是 36.0 的平方根，并将其打印为 6.00。

## 5.4　函数

函数允许你将一个程序模块化。在包含许多函数的程序中，main 通常被实现为一组函数调用，以完成程序的大部分工作。

### 程序的函数化

对程序进行"函数化"有几个动机。分而治之的方法使程序开发更易于管理。另一个动机是通过使用现有的函数来建立新的程序。这种软件可复用性是源于 C 语言的面向对象编程语言的一个关键概念，如 C++、Java、C#（读作"C sharp"）、Objective-C 和 Swift。

有了好的函数命名和定义，你就可以用标准化的函数来创建程序，完成特定的任务，而不是自定义代码。这就是所谓的抽象。我们每次使用标准库函数（如 printf、scanf 和 pow）时，都会使用抽象。第三个动机是为了避免在程序中重复代码。将代码打包成一个函数，可以通过调用该函数，从其他程序位置执行它。

每个函数都应该限制为执行一个单一的、定义明确的任务，并且函数的名称应该表达这个任务。这有利于抽象和促进软件复用。如果你不能选择一个简洁的名字来描述函数的作用，它可能执行了太多不同的任务。通常最好的办法是将这样的函数分解成更小的函数，这个过程称为分解。

### ✓　自测题

1　（填空）对程序进行"函数化"有几个动机。分而治之的方法使程序开发更易于管理。另一个动机是_____，即用现有的函数作为构建块来创建新的程序。

　　答案：软件可复用性。

2　（判断）每个函数应该执行丰富的相关任务集合，函数名称应该描述这些任务。

　　答案：错。实际上，每个函数应该仅限于执行单一的、定义明确的任务，并且函数的名称应该描述该任务。这有利于抽象和促进软件复用。

## 5.5　函数的定义

我们所介绍的每个程序都包括一个叫作 main 的函数，它调用标准的库函数来完成其任务。现在我们考虑如何编写自定义函数。

### 5.5.1　square 函数

考虑一个程序，它使用函数 square 来计算和打印 1～10 的整数的平方（清单 5.1）。

**清单 5.1 | 创建和使用一个函数**

```
1  // fig05_01.c
2  // Creating and using a function.
3  #include <stdio.h>
4
5  int square(int number); // function prototype
6
7  int main(void) {
8     // loop 10 times and calculate and output square of x each time
9     for (int x = 1; x <= 10; ++x) {
10        printf("%d  ", square(x)); // function call
11    }
12
```

```
13     puts("");
14 }
15
16 // square function definition returns the square of its parameter
17 int square(int number) { // number is a copy of the function's argument
18     return number * number; // returns square of number as an int
19 }
```

| 1 | 4 | 9 | 16 | 25 | 36 | 49 | 64 | 81 | 100 |
|---|---|---|----|----|----|----|----|----|-----|

### 调用函数 square

在 printf 语句（第 10 行）中，main 请求或调用了函数 square：

`printf("%d  ", square(x)); // function call`

函数 square 在参数 number 中接收参数 x 的副本（第 17 行）。然后 square 计算 number * number 并将结果传回 main 中调用 square 的第 10 行。第 10 行将 square 的结果传给函数 printf，后者将结果显示在屏幕上。这个过程重复了 10 次——for 语句的每一次循环都要重复一次。

### square 函数的定义

函数 square 的定义（第 17~19 行）表明，它期望一个 int 型参数 number。在函数名前面的关键字 int（第 17 行）表明 square 返回一个整数结果。square 中的 return 语句将 number * number 的结果传回给调用函数。

SE△ 选择有意义的函数名和有意义的参数名可以使程序更具有可读性，有助于避免过多的注释。程序应该被写成小函数的集合。这使得程序更容易编写、调试、维护、修改和复用。

SE△ 一个需要大量参数的函数可能执行了太多的任务。可以考虑将该函数划分为更小的函数，分别执行不同的任务。如果可能，函数的返回类型、名称和参数列表应该放在一行中。

### 局部变量

所有在函数定义中定义的变量都是局部变量——它们只能在定义它们的函数中被访问。大多数函数都有参数，可以通过函数调用中的参数来实现函数间的通信。一个函数的参数也是该函数的局部变量。

### square 函数原型

第 5 行

`int square(int number); // function prototype`

是一个函数原型。括号中的 int 通知编译器，square 希望从调用者那里接收一个整数值。在函数名 square 左边的 int 通知编译器 square 向调用者返回一个整数结果。在函数原型的结尾处忘记分号是一 ERR⊗ 个语法错误。

编译器将 square 的调用（第 10 行）与它的原型相比较，以确保：

■ 参数的数量是正确的；
■ 参数的类型是正确的；
■ 参数类型的顺序是正确的；
■ 返回类型与调用该函数的上下文一致。

函数原型、函数定义的第一行和函数调用应该在参数的数量、类型和顺序上保持一致。函数原型和函数头必须有相同的返回类型，这影响到函数可以被调用的地方。例如，一个返回类型为 void 的函数不能在赋值语句中存储值，也不能在调用 printf 显示值时使用。5.6 节将详细讨论函数原型。

### 函数定义的格式

函数定义的格式是

```
返回值类型  函数名(参数列表) {
    语句
}
```

函数名是任何有效的标识符。返回值类型是返回给调用者的结果的类型。返回值类型为 void，表示函数不返回值。返回值类型、函数名和参数列表有时被称为函数头。

参数列表是一个以逗号分隔的列表，指定了函数在被调用时收到的参数。如果一个函数不接收任何参数，参数列表应该包含关键字 void。每个参数都必须包括它的类型，否则会发生编译错误。⊗ERR

在函数定义中，在参数列表的右括号后放置一个分号是一个错误，在函数中把参数重新定义为一⊗ERR
个局部变量也是如此。尽管这样做并非不正确，但不要在函数定义中对函数的参数和相应的参数使用相同的名称，这有助于避免歧义。

## 函数主体

花括号内的语句构成了函数主体，它也是一个语句块。可以在任何语句块中声明局部变量，并且⊗ERR
语句块可以嵌套。函数不能嵌套——在另一个函数中定义一个函数是一种语法错误。

## 从一个函数返回控制

有 3 种方法可以将控制从一个被调用的函数返回到调用函数的地方。如果函数不返回结果，控制将在到达函数结束的右花括号时简单地返回，或者通过执行下面的语句返回：

```
return;
```

如果函数确实返回了一个结果，那么语句

```
return 表达式;
```

将表达式的值返回给调用者。

## main 的返回类型

main 函数的 int 返回值表示程序是否正确地执行。在早期版本的 C 语言中，我们会明确地将

```
return 0; // 0 indicates successful program termination
```

放在 main 的末尾。C 标准指出，如果你省略前面的语句，main 会隐含地返回 0（就像我们在本书中所做的那样）。你可以明确地从 main 中返回非 0 值，以表明在你的程序执行过程中出现了问题。关于如何报告程序失败的信息，请参见你的特定操作系统的文档。

### 5.5.2　maximum 函数

让我们考虑一个自定义的 maximum 函数，它返回 3 个整数中最大的一个（清单 5.2）。接下来，它们被传递给 maximum（第 17 行），由它决定最大的整数。这个值由 maximum（第 32 行）的 return 语句返回给 main。然后，第 17 行的 printf 语句打印出 maximum 返回的值。

**清单 5.2 | 寻找 3 个整数的最大值**

```
 1  // fig05_02.c
 2  // Finding the maximum of three integers.
 3  #include <stdio.h>
 4
 5  int maximum(int x, int y, int z); // function prototype
 6
 7  int main(void) {
 8     int number1 = 0; // first integer entered by the user
 9     int number2 = 0; // second integer entered by the user
10     int number3 = 0; // third integer entered by the user
11
12     printf("%s", "Enter three integers: ");
13     scanf("%d%d%d", &number1, &number2, &number3);
14
15     // number1, number2 and number3 are arguments
16     // to the maximum function call
17     printf("Maximum is: %d\n", maximum(number1, number2, number3));
18  }
19
20  // Function maximum definition
```

```
21  int maximum(int x, int y, int z) {
22     int max = x; // assume x is largest
23
24     if (y > max) { // if y is larger than max,
25        max = y; // assign y to max
26     }
27
28     if (z > max) { // if z is larger than max,
29        max = z; // assign z to max
30     }
31
32     return max; // max is largest value
33  }
```

```
Enter three integers: 22  85  17
Maximum is: 85
```

```
Enter three integers: 47  32  14
Maximum is: 47
```

```
Enter three integers: 35  8  79
Maximum is: 79
```

这个函数最初假定它的第一个参数（存储在参数 x 中）是最大的，并把它赋给 max（第 22 行）。接下来，第 24～26 行的 if 语句确定 y 是否大于 max，如果是，将 y 赋给 max。然后，第 28～30 行的 if 语句确定 z 是否大于 max，如果是，将 z 赋给 max。最后，第 32 行将 max 返回给调用者。

### ✔ 自测题

1 （选择）下面这行代码是一个_____。

   int square(int y);

   （a）函数定义。
   （b）函数声明。
   （c）函数原型。
   （d）以上都不是。
   答案：（c）。

2 （选择）考虑清单 5.2 中的 maximum 函数。以下哪项陈述是错误的？
   （a）该代码确定了 3 个整数值中最大的一个。
   （b）语句“return max;”将结果送回给调用函数。
   （c）第 21 行的代码（int maximum(int x, int y, int z)）通常被称为函数头。
   （d）如果“int max = x;”（第 22 行）被意外地替换为“int max = y;”，该函数仍然会返回相同的结果。
   答案：（d）是错误的。该函数将错误地返回仅包含在参数 y 和 z 中的较大值。

## 5.6  函数原型：深入了解

C 语言的一个重要特征是函数原型，这是从 C++中借鉴来的。编译器使用函数原型来验证函数调用。前期标准的 C 语言并不执行这种检查，所以有可能在编译器没有检测到错误的情况下不恰当地调用函数。这样的调用可能会导致致命的运行时错误或非致命的错误，从而导致微妙的、难以察觉的问题。函数原型可以纠正这一缺陷。

你应该为所有的函数包含函数原型，以利用 C 的类型检查能力。使用#include 预处理器指令，从标准库头文件、第三方库头文件以及你或你的团队成员开发的函数头文件中获取函数原型。

清单 5.2 中 maximum 的函数原型（第 5 行）是

int maximum(int x, int y, int z); // function prototype

它指出 maximum 接收 3 个 int 类型的参数，并返回一个 int 型结果。注意，函数原型（省略分号）与 maximum 定义的第一行相同。我们在函数原型中加入参数名是为了编写文档。编译器忽略了这些名字，所以下面的原型也是有效的：

```
int maximum(int, int, int);
```

## 编译错误

一个与函数原型不匹配的函数调用是一个编译错误。如果函数原型和函数定义不一致，也是一个 ⊗ ERR
错误。例如，在清单 5.2 中，如果函数原型写成这样

```
void maximum(int x, int y, int z);
```

编译器将产生一个错误，因为函数原型的 void 返回类型与函数头中的 int 返回类型不同。

## 参数强制转换和"常见算术类型转换规则"

函数原型的另一个重要特征是参数强制转换，即隐含地将参数转换为适当的类型。例如，用一个整数参数调用数学库函数 sqrt，即使<math.h>中的函数原型指定了一个 double 型参数，仍然可以工作。下面的语句正确地求值了 sqrt(4)并打印出 2.000：

```
printf("%.3f\n", sqrt(4));
```

这个函数原型使编译器在将 int 型值 4 转换为 double 型值 4.0 后再传递给 sqrt。一般来说，在调用函数之前，那些与函数原型的参数类型不完全对应的参数值会被转换为适当的类型。如果不遵循 C 语言常见算术类型转换规则，这种转换可能导致不正确的结果。这些规则规定了如何将数值转换为其他 ⊗ ERR
类型而不丢失数据。

在我们的 sqrt 例子中，int 类型被自动转换为 double 类型而不改变其值——double 类型可以代表比 int 类型更广泛的值。然而，一个 double 类型转换为 int 类型时，会截断 double 类型的小数部分，从而改变原来的值。将大的整数类型转换为小的整数类型（例如，long 类型转换为 short 类型）也会改变数值。

## 混合类型的表达式

常见算术类型转换规则是由编译器处理的。它们适用于混合类型的表达式，即包含多种数据类型的值的表达式。在这种表达式中，编译器对需要转换的值进行临时复制，然后将副本转换为表达式中的"最高"类型——这就是所谓的类型提升。对于至少包含一个浮点值的混合类型表达式：

- 如果一个值是 long double 类型，其他的值会被转换为 long double 类型；
- 如果一个值是 double 类型，其他的值会被转换为 double 类型；
- 如果一个值是 float 类型，其他的值会被转换为 float 类型。

如果混合类型表达式只包含整数类型，那么常见算术类型转换会指定一组整数提升规则。

C 标准文档的 6.3.1 节规定了算术操作数和常见算术类型转换规则的完整细节。图 5-3 列出了浮点和整数数据类型以及每种类型的 printf 和 scanf 转换规范。在大多数情况下，图 5-3 中较低的整数类型被转换为较高的类型。

| | 数据类型 | printf转换规范 | scanf转换规范 |
|---|---|---|---|
| 浮点类型 | long double | %Lf | %Lf |
| | double | %f | %lf |
| | float | %f | %f |
| 整数类型 | unsigned long long int | %llu | %llu |
| | long long int | %lld | %lld |
| | unsigned long int | %lu | %lu |
| | long int | %ld | %ld |
| | unsigned int | %u | %u |
| | int | %d | %d |
| | unsigned short | %hu | %hu |
| | short | %hd | %hd |
| | char | %c | %c |

图 5-3 浮点和整数数据类型及其 printf 和 scanf 转换规范

一个值只能通过明确地将该值赋给一个较低类型的变量或通过使用类型转换操作符来转换为较低类型。参数被转换为函数原型中指定的参数类型，就像参数被赋给这些类型的变量一样。因此，如果我们向清单 5.1 中的 square 函数传递一个 double 类型，这个 double 类型会被转换为 int 类型（一个较低的类型），并且 square 通常会返回一个错误的值。例如，square(4.5)返回 16，而不是 20.25。

ERR⊗

从提升层次中较高的数据类型转换到较低的类型会改变数据值。许多编译器在这种情况下会发出警告。

### 函数原型说明

ERR⊗

如果一个函数没有函数原型，编译器会在该函数第一次出现时形成函数原型——无论是函数定义还是对函数的调用。这通常会导致警告或错误，取决于编译器。

SE▲

在你的程序中定义或使用的函数，一定要包括函数原型，以帮助防止编译错误和警告。

SE▲

放在任何函数定义之外的函数原型适用于在函数原型之后出现的对该函数的所有调用。放在函数主体中的函数原型只适用于在该原型之后对该函数的调用。

### ✓　自测题

1　（填空）在一个混合类型的表达式中，编译器对每个需要转换的值进行临时复制，然后将副本转换为表达式中的"最高"类型——这被称为_____。

答案：提升。

2　（选择）考虑下面这个 maximum 函数的函数原型：

```
int maximum(int x, int y, int z); // function prototype
```

以下哪项陈述是错误的？

（a）它指出 maximum 接收 3 个 int 类型的参数并返回一个 int 类型的结果。

（b）参数名称在函数原型中是必需的。

（c）一个函数的原型通常与函数头相同，只是函数头不以分号结尾。

（d）在函数原型的结尾处忘记分号是一个语法错误。

答案：（b）是错误的。函数原型中的参数名是为了编写文档。编译器会忽略这些名字，所以"int maximum(int, int, int);"等同于前面的原型。

## 5.7　函数调用栈和栈帧

为了理解 C 语言如何执行函数调用，我们首先需要考虑一个被称为栈的数据结构（即相关数据项的集合）。可以将栈类比为一堆盘子。你通常把一个盘子放在最上面——称为把盘子推入栈中。同样，你通常从顶部移走一个盘子，称为把盘子从栈中弹出。栈被称为后进先出（LIFO）数据结构——在栈上推入（插入）的最后一项就是从栈中弹出（移除）的第一项。

### 函数调用栈

对于计算机专业的学生来说，要理解的一个重要机制是函数调用栈（有时也称程序执行栈）。这个数据结构在"幕后"工作，支持函数调用/返回机制。正如你将在本节中看到的，函数调用栈还支持创建、维护和销毁每个被调函数的局部变量。

### 栈帧

当每个函数被调用时，它可能会调用其他函数，而其他函数又可能会调用其他函数——所有这些都在任何函数返回之前。每个函数最终都必须将控制返回给其调用者。因此，我们必须跟踪每个函数需要的返回地址，以便将控制返回给调用它的函数。函数调用栈是处理这一信息的完美数据结构。每次一个函数调用另一个函数时，都有一个条目被推入栈中。这个条目被称为栈帧，它包含了被调函数所需要的返回地址，以便返回到调用函数。它还包含一些我们即将要讨论的额外信息。当一个被调函数返回时，该函数调用的栈帧被弹出，控制转移到被弹出的栈帧中指定的返回地址。

　　每个被调函数总是在调用栈的顶部找到它需要返回给调用者的信息。如果一个被调函数调用另一个函数，新函数调用的栈帧就会被推到调用栈上。因此，新调用的函数返回给其调用者所需的返回地址现在位于栈的顶部。

　　栈帧还有一个重要的责任。大多数函数都有局部变量，这些变量在函数执行过程中必须存在。如果该函数对其他函数进行调用，它们需要保持活动。但是当一个被调函数返回给它的调用者时，被调函数的局部变量需要"消失"。被调函数的栈帧是一个为局部变量保留内存的完美场所。只要被调函数处于活动状态，该栈帧就会存在。当该函数返回时，不再需要它的局部变量，它的栈帧就会从栈中跳出。这些局部变量不再为程序所知。

### 栈溢出

　　当然，计算机中的内存数量是有限的，所以只有有限的内存可以用来存储函数调用栈中的栈帧。如果发生的函数调用超过了函数调用栈所能存储的栈帧，就会发生一个致命的错误，即栈溢出[①]。

### 函数调用栈实战

　　现在让我们考虑一下调用栈如何支持函数 main 调用函数 square 的操作（清单 5.3 第 8～12 行）。

**清单 5.3 | 用函数 square 演示函数调用栈和栈帧**

```
1   // fig05_03.c
2   // Demonstrating the function-call stack
3   // and stack frames using a function square.
4   #include <stdio.h>
5
6   int square(int x); // prototype for function square
7
8   int main() {
9      int a = 10; // value to square (local variable in main)
10
11     printf("%d squared: %d\n", a, square(a)); // display a squared
12  }
13
14  // returns the square of an integer
15  int square(int x) { // x is a local variable
16     return x * x; // calculate square and return result
17  }
```

```
10 squared: 100
```

### 第 1 步：操作系统调用函数 main 来执行应用程序

　　首先，操作系统调用函数 main——它将一个栈帧推入栈（如图 5-4 所示）。栈帧告诉函数 main 如何返回操作系统（即转移到返回地址 R1），并包含函数 main 的局部变量 a 的空间，a 被初始化为 10。

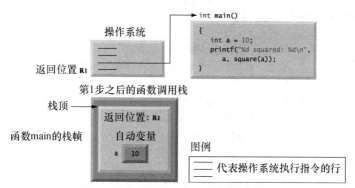

图 5-4　第 1 步及第 1 步之后的函数调用栈

---

[①] 这就是 StackOverFlow 网站的名字由来，它是一个为你的编程问题提供答案的流行网站。

### 第2步：函数 main 调用函数 square 来进行计算

函数 main（在返回操作系统之前）现在调用清单 5.3 第 11 行的函数 square。这导致函数 square 的栈帧（第 15～17 行）被推入函数调用栈，如图 5-5 所示。

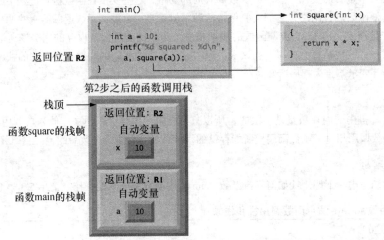

图 5-5    第 2 步及第 2 步之后的函数调用栈

这个栈帧包含了函数 square 需要返回给函数 main 的返回地址（即 R2）和函数 square 的局部变量（即 x）的内存。

### 第3步：函数 square 向函数 main 返回其结果

函数 square 计算完其参数的平方后，需要将结果返回给函数 main——不再需要其局部变量 x 的内存。所以栈被弹出，给出了函数 square 在函数 main 中的返回位置（即 R2），同时失去了 square 的局部变量。图 5-6 展示了函数 square 的栈帧被弹出后的函数调用栈。

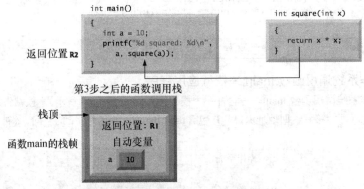

图 5-6    第 3 步及第 3 步之后的函数调用栈

函数 main 现在显示调用函数 square 的结果（清单 5.3 第 11 行）。到达函数 main 的右花括号结束时，它的栈帧从栈中弹出。这给了函数 main 一个它需要返回操作系统的地址（即图 5-6 中的 R1）。此时，函数 main 的局部变量（即 a）的内存是不可用的。

### 我们讨论中的不足

在前面的讨论和图中存在一点不足。我们展示了函数 main 调用到函数 square，然后函数 square 返回到函数 main，但是，printf 当然也是一个函数。当你研究清单 5.3 中的代码时，你可能倾向于说，main 调用 printf，然后 printf 调用 square。然而，在调用 printf 之前，必须完全知道 printf 的参数值。所以执行过程如下。

（1）操作系统调用 main，所以 main 的栈帧被推入栈。

（2）main 调用 square，所以 square 的栈帧被推入栈。

（3）square 计算并返回给 main 一个用于 printf 参数列表的值，所以 square 的栈帧被从栈中移出。

（4）main 调用 printf，所以 printf 的栈帧被推入栈。

（5）printf 显示其参数，然后返回 main，所以 printf 的栈帧被从栈中弹出。

（6）main 终止，所以 main 的栈帧被从栈中弹出。

**数据结构**

你现在已经看到了栈数据结构在实现支持程序执行的关键机制方面是多么重要。数据结构在计算机科学中有许多重要的应用。我们将在第 12 章讨论栈、队列、列表和树。

### ✓ 自测题

1. （填空）每次一个函数调用另一个函数时，都有一个条目被推入栈中。这个条目被称为_____，它包含了被调函数所需的返回地址，以便返回到调用函数。

   答案：栈帧。

2. （判断）被调函数的栈帧是一个为局部变量保留内存的完美场所。该栈帧只在被调函数处于活动状态时存在。当函数返回时，不再需要它的局部变量，它的栈帧就会从栈中弹出。这时，这些局部变量就不再为程序所知。

   答案：对。

## 5.8 头文件

每个标准库都有一个相应的头文件，包含了该库中所有函数的函数原型以及这些函数所需的各种数据类型和常量的定义。图 5-7 按字母顺序列出了可以包含在程序中的 15 个标准库的头文件。C 标准还包括其他头文件。术语"宏"（在本表中多次使用）将在第 14 章详细讨论。

| 头文件 | | 解释 |
|---|---|---|
| 本书使用或论讨的头文件 | <assert.h> | 包含用于添加诊断程序的信息，有助于程序调试 |
| | <ctype.h> | 包含测试字符某些属性的函数原型，可用于将小写字母转换成大写字母的函数原型，以及反过来的函数 |
| | <float.h> | 包含系统的浮点大小限制 |
| | <limits.h> | 包含系统的整数大小限制 |
| | <math.h> | 包含数学库函数的函数原型 |
| | <signal.h> | 包含处理程序执行中可能出现的各种情况的函数原型和宏 |
| | <stdarg.h> | 定义了用于处理数量和类型未知的函数参数列表的宏 |
| | <stdio.h> | 包含标准输入和输出库函数的函数原型和它们所使用的信息 |
| | <stdlib.h> | 包含数字到文本和文本到数字的转换、内存分配、随机数和其他实用功能的函数原型 |
| | <string.h> | 包含字符串处理函数的函数原型 |
| | <time.h> | 包含用于操作时间和日期的函数原型和类型 |
| 其他头文件 | <errno.h> | 定义了对报告错误情况有用的宏 |
| | <locale.h> | 包含函数原型和其他信息，使程序能够针对当前运行的 locale 进行修改。本地化概念使计算机系统能够处理不同的数据表达习惯，如日期、时间、货币数额和世界各地的大数字 |
| | <setjmp.h> | 包含允许绕过常规函数调用和返回序列的函数原型 |
| | <stddef.h> | 包含 C 语言使用的常用类型定义 |

图 5-7　15 个标准库的头文件

你可以创建自定义头文件。一个由程序员定义的头文件可以通过使用#include 预处理器指令来包含。例如，如果我们的 square 函数的原型位于头文件 square.h 中，我们可以在程序的顶部使用以下指令将该头文件包含在程序中：

```
#include "square.h"
```

14.2 节介绍了关于包括头文件的其他信息，例如为什么程序员定义的头文件要用引号（""）而不是尖括号（<>）括起来。

### ✓　自测题

1　（填空）_____头文件包含了字符串处理函数的函数原型。

　　答案：<string.h>。

2　（填空）_____头文件包含用于添加诊断程序的信息，有助于程序调试。

　　答案：<assert.h>。

## 5.9　按值和按引用传递参数

在许多编程语言中，有两种传递参数的方式：按值传递和按引用传递。当参数按值传递时，将生成参数值的副本并传递给函数。对副本的改变不会影响调用者中原始变量的值。当一个参数按引用传递时，调用者允许被调函数修改原始变量的值。

当被调函数不需要修改调用者的原始变量的值时，应该使用按值传递。这可以防止意外的副作用（变量修改），这些副作用可能会阻碍正确和可靠的软件系统的开发。按引用传递应该只用于需要修改原始变量的受信任的被调函数。

在 C 语言中，所有的参数都是按值传递的。在第 7 章中，我们将展示如何实现按引用传递。在第 6 章中，我们会看到，出于性能的考虑，数组参数是自动按引用传递的。在第 7 章中，我们会看到这并不矛盾。现在，我们集中讨论按值传递。

### ✓　自测题

1　（判断）当参数按值传递时，将生成参数值的副本并传递给函数。对副本的改变也会应用到调用者的原始变量的值上。

　　答案：错。在按值传递中，对副本的改变不会影响调用者中原始变量的值。

2　（判断）按引用传递只能用于需要修改原始变量的受信任的被调函数。

　　答案：对。

## 5.10　随机数生成

现在，我们来一点简短的、希望是令人愉悦的消遣：模拟和玩游戏。在本节和 5.11 节，我们将开发一个结构良好的游戏程序，其中包括多个自定义函数。该程序使用了函数和我们已经学习过的几个控制语句。通过使用<stdlib.h>头文件中的 C 标准库函数 rand[①]，可以将机会因素引入计算机应用程序。

### 获得一个随机的整数值

请考虑下面的语句：

```
int value = rand();
```

rand 函数生成一个介于 0 和 RAND_MAX（<stdlib.h>头文件中定义的一个符号常量）之间的整数。C

---

① 众所周知，C标准库函数rand是"可预测的"，这可能会产生安全漏洞。我们的每个首选平台都提供了一个非标准的安全随机数生成器。我们将在 5.17 节中提到这些。

标准规定，RAND_MAX 的值必须至少是 32767，这是一个 2 字节（即 16 位）整数的最大值。本节中的程序在 Visual C++ 上测试，RAND_MAX 的最大值为 32767，在 GNU gcc 和 Xcode Clang 上测试，RAND_MAX 最大值为 2147483647。如果 rand 真的随机产生整数，那么每次调用 rand 时，0 和 RAND_MAX 之间的每个数字都有相同的机会（或概率）被选中。

由 rand 直接产生的数值范围往往与特定应用中所需要的值不同。例如，一个模拟抛硬币的程序可能只需要 0 代表"正面"，1 代表"反面"。一个模拟 6 面骰子的抛掷骰子程序则需要 1～6 的随机整数。

## 抛掷 6 面骰子

为了演示 rand，让我们开发一个程序（清单 5.4）来模拟抛掷 10 次 6 面骰子，并打印每次抛掷的数值。

**清单 5.4 | 由 1 + rand () % 6 产生的平移、缩放的随机整数**

```
1  // fig05_04.c
2  // Shifted, scaled random integers produced by 1 + rand() % 6.
3  #include <stdio.h>
4  #include <stdlib.h>
5
6  int main(void) {
7
8     for (int i = 1; i <= 10; ++i) {
9        printf("%d  ", 1 + (rand() % 6)); // display random die value
10    }
11
12    puts("");
13 }
```

```
6  6  5  5  6  5  1  1  5  3
```

rand 函数的原型在 <stdlib.h> 中。在第 9 行，我们将取余操作符（%）与 rand 一起使用，如下所示
rand() % 6
来产生 0～5 范围内的整数。这就是所谓的缩放。数字 6 被称为缩放因子。然后我们通过在之前的结果上加 1 来平移产生的数字范围。输出结果证实了结果是在 1～6 的范围内——这些随机值的选择顺序可能因编译器而异。

## 抛掷一个 6 面骰子 60000000 次

为了说明这些数字出现的可能性大致相同，让我们用清单 5.5 的程序模拟 60000000 次抛掷骰子。1～6 的每个整数应该出现大约 10000000 次。

**清单 5.5 | 抛掷 6 面骰子 60000000 次**

```
1  // fig05_05.c
2  // Rolling a six-sided die 60000000 times.
3  #include <stdio.h>
4  #include <stdlib.h>
5
6  int main(void) {
7     int frequency1 = 0; // rolled 1 counter
8     int frequency2 = 0; // rolled 2 counter
9     int frequency3 = 0; // rolled 3 counter
10    int frequency4 = 0; // rolled 4 counter
11    int frequency5 = 0; // rolled 5 counter
12    int frequency6 = 0; // rolled 6 counter
13
14    // loop 60000000 times and summarize results
15    for (int roll = 1; roll <= 60000000; ++roll) {
16       int face = 1 + rand() % 6; // random number from 1 to 6
17
18       // determine face value and increment appropriate counter
19       switch (face) {
20          case 1: // rolled 1
21             ++frequency1;
```

```
22              break;
23           case 2: // rolled 2
24              ++frequency2;
25              break;
26           case 3: // rolled 3
27              ++frequency3;
28          break;
29           case 4: // rolled 4
30              ++frequency4;
31              break;
32           case 5: // rolled 5
33              ++frequency5;
34              break;
35           case 6: // rolled 6
36              ++frequency6;
37              break; // optional
38        }
39     }
40
41     // display results in tabular format
42     printf("%s%13s\n", "Face", "Frequency");
43     printf("   1%13d\n", frequency1);
44     printf("   2%13d\n", frequency2);
45     printf("   3%13d\n", frequency3);
46     printf("   4%13d\n", frequency4);
47     printf("   5%13d\n", frequency5);
48     printf("   6%13d\n", frequency6);
49 }
```

| Face | Frequency |
|------|-----------|
| 1 | 9999294 |
| 2 | 10002929 |
| 3 | 9995360 |
| 4 | 10000409 |
| 5 | 10005206 |
| 6 | 9996802 |

如程序输出所示，通过缩放和平移，我们用 rand 函数真实地模拟了一个 6 面骰子的抛掷。请注意，我们使用了 %s 转换规范来打印字符串 "Face" 和 "Frequency" 作为列标题（第 42 行）。在第 6 章学习了数组后，我们将展示如何用单行语句优雅地取代这个 20 行的 switch 语句。

## 随机数生成器的随机化

再次执行清单 5.4 的程序会产生

```
6  6  5  5  6  5  1  1  5  3
```

这正是我们在清单 5.4 中显示的数值序列。这些怎么可能是随机数呢？讽刺的是，这种可重复性是函数 rand 的一个重要特征。在调试程序时，这种特征对于证明对程序的修正是否正常工作是至关重要的。

函数 rand 实际上产生了伪随机数。反复调用 rand 会产生一个看起来是随机的数字序列。然而，在每次执行程序时，这个序列都会重复出现。一旦一个程序被彻底调试过，它就可以被调整为在每次执行时产生不同的随机数序列。这被称为随机化，通过标准库函数 srand 来完成。函数 srand 接受一个 int 参数，给函数 rand 提供种子，为每次程序的执行产生不同的随机数序列。

我们在清单 5.6 中演示了函数 srand。srand 的函数原型可以在 <stdlib.h> 中找到。

**清单 5.6 | 随机化抛掷骰子程序**

```
1 // fig05_06.c
2 // Randomizing the die-rolling program.
3 #include <stdio.h>
4 #include <stdlib.h>
5
6 int main(void) {
7    printf("%s", "Enter seed: ");
```

```
8     int seed = 0; // number used to seed the random-number generator
9     scanf("%d", &seed);
10
11    srand(seed); // seed the random-number generator
12
13    for (int i = 1; i <= 10; ++i) {
14       printf("%d   ", 1 + (rand() % 6)); // display random die value
15    }
16
17    puts("");
18 }
```

```
Enter  seed: 67
6   1   4   6   2   1   6   1   6   4
```

```
Enter  seed: 867
2   4   6   1   6   1   1   3   6   2
```

```
Enter  seed: 67
6   1   4   6   2   1   6   1   6   4
```

让我们多次运行该程序并观察其结果。注意，如果提供了不同的种子，那么每次运行程序都会得到不同的随机数序列。第一个和最后一个输出使用相同的种子值，所以它们显示了相同的结果。

要想不用每次输入种子而进行随机化，可以使用如下语句

```
srand(time(NULL));
```

这将使计算机读取其时钟以自动获得种子值。函数 time 返回自 1970 年 1 月 1 日午夜以来所经过的秒数。这个值被转换成一个整数，并作为随机数生成器的种子。time 的函数原型在<time.h>中。我们将在第 7 章中详细介绍 NULL。

### 推广的随机数缩放和平移

由 rand 直接产生的值总是在以下范围内：

$$0 \leqslant rand() \leqslant RAND\_MAX$$

如你所知，下面的语句模拟了抛掷一个 6 面骰子：

```
int face = 1 + rand() % 6;
```

这个语句总是在 $1 \leqslant face \leqslant 6$ 的范围内给变量 face 赋一个整数值（随机）。这个范围的宽度（即范围内连续整数的数量）是 6，范围内的起始数是 1。参照前面的语句，我们看到范围的宽度取决于用取余操作符缩放 rand 的数字（即 6），而范围的起始数字等于加到 rand % 6 的数字（即 1）。我们可以把这个结果推广如下：

```
int n = a + rand() % b;
```

其中：

- a 是平移值（等于所需连续整数范围内的第一个数字）；
- b 是缩放因子（等于所需连续整数范围的宽度）。

在练习中，你将从连续整数范围以外的数值集合中随机选择整数。

### ✓ 自测题

1　（填空）_____是函数 rand 的一个重要特征。在调试程序时，这种特征对于证明对程序的修正是否正常工作是至关重要的。

答案：可重复性。

2　（判断）如果 rand 真的随机产生整数，那么每次调用 rand 时，0 和 RAND_MAX 之间的每个数字都有相同的机会（或概率）被选中。

答案：对。

3　（填空）一旦一个程序被彻底调试过，它就可以被调整为在每次执行时产生不同的随机数序列。

这被称为随机化，通过标准库函数_____来完成。

答案：srand。

## 5.11  随机数模拟案例研究：建立一个运气游戏

在本节中，我们模拟了流行的骰子游戏，即"双骰子"。这个游戏的规则很简单。

玩家抛掷出两个骰子。每个骰子有 6 个面。这些面包含 1、2、3、4、5 和 6 点。骰子落下后，计算出两个向上的面的点数之和。如果第一次抛掷出的点数是 7 或 11，则玩家获胜。如果第一次抛掷出的点数是 2、3 或 12（称为"craps"），玩家就输了（即庄家获胜）。如果第一次抛掷出的总和是 4、5、6、8、9 或 10，这个总和就成为玩家的"点数"。为了获胜，你必须继续抛掷骰子，直到"抛掷出你的点数"。如果玩家在抛掷出该点数之前抛掷出一个 7，那么他就输了。

清单 5.7 模拟了双骰子游戏，并显示了几个执行的例子。

**清单 5.7 | 模拟双骰子游戏**

```
1   // fig05_07.c
2   // Simulating the game of craps.
3   #include <stdio.h>
4   #include <stdlib.h>
5   #include <time.h> // contains prototype for function time
6
7   enum Status {CONTINUE, WON, LOST}; // constants represent game status
8
9   int rollDice(void); // rollDice function prototype
10
11  int main(void) {
12     srand(time(NULL)); // randomize based on current time
13
14     int myPoint = 0; // player must make this point to win
15     enum Status gameStatus = CONTINUE; // may be CONTINUE, WON, or LOST
16     int sum = rollDice(); // first roll of the dice
17
18     // determine game status based on sum of dice
19     switch(sum) {
20        // win on first roll
21        case 7: // 7 is a winner
22        case 11: // 11 is a winner
23           gameStatus = WON;
24           break;
25        // lose on first roll
26        case 2: // 2 is a loser
27        case 3: // 3 is a loser
28        case 12: // 12 is a loser
29           gameStatus = LOST;
30           break;
31        // remember point
32        default:
33           gameStatus = CONTINUE; // player should keep rolling
34           myPoint = sum; // remember the point
35           printf("Point is %d\n", myPoint);
36           break; // optional
37     }
38
39     // while game not complete
40     while (CONTINUE == gameStatus) { // player should keep rolling
41        sum = rollDice(); // roll dice again
42
43        // determine game status
44        if (sum == myPoint) { // win by making point
45           gameStatus = WON;
46        }
47        else if (7 == sum) { // lose by rolling 7
48           gameStatus = LOST;
49        }
```

```
50       }
51
52       // display won or lost message
53       if (WON == gameStatus) { // did player win?
54          puts("Player wins");
55       }
56       else { // player lost
57          puts("Player loses");
58       }
59   }
60
61   // roll dice, calculate sum and display results
62   int rollDice(void) {
63       int die1 = 1 + (rand() % 6); // pick random die1 value
64       int die2 = 1 + (rand() % 6); // pick random die2 value
65
66       // display results of this roll
67       printf("Player rolled %d + %d = %d\n", die1, die2, die1 + die2);
68       return die1 + die2; // return sum of dice
69   }
```

玩家在第一次抛掷时获胜：

```
Player rolled 5 + 6 = 11
Player wins
```

玩家在随后的抛掷中获胜：

```
Player rolled 4 + 1 = 5
Point is 5
Player rolled 6 + 2 = 8
Player rolled 2 + 1 = 3
Player rolled 3 + 2 = 5
Player wins
```

玩家在第一次抛掷时就输了：

```
Player rolled 1 + 1 = 2
Player loses
```

玩家在随后的抛掷中输了：

```
Player rolled 6 + 4 = 10
Point is 10
Player rolled 3 + 4 = 7
Player loses
```

在游戏中，玩家每次必须抛掷出两个骰子。我们定义了 rollDice 函数来抛掷骰子，计算并打印它们的总和。该函数只定义了一次，但被调用了两次（第 16 和 41 行）。该函数不需要参数，所以我们在参数列表（第 62 行）和函数原型（第 9 行）中注明了 void。函数 rollDice 确实返回两个骰子的总和，所以在它的函数头和函数原型中表示返回类型为 int。

## 枚举

这个游戏是相当吸引人的。玩家可能在第一次抛掷骰子或随后的任何一次抛掷骰子中获胜或失败。变量 gameStatus 被定义为一个新的类型（enum Status）用于存储当前状态。第 7 行创建了一个名为枚举的新类型。枚举，由关键字 enum 引入，是一组由标识符表示的整数常量。枚举常量可以使程序更具可读性和更容易维护。enum 中的值以 0 开头，以 1 递增。在第 7 行中，常量 CONTINUE 的值为 0，WON 的值为 1，LOST 的值为 2。也可以给 enum 中的每个标识符赋一个整数值（见第 10 章）。枚举中的标识符必须是唯一的，但是值可以重复。在 enum 常量名称中只使用大写字母，使其在程序中显得突出，并表明它们不是变量。

当游戏获胜时，gameStatus 被设置为 WON。当游戏失败时，gameStatus 被设置为 LOST。否则，gameStatus 被设置为 CONTINUE，游戏继续进行。

### 游戏在第一次抛掷时结束

如果游戏在第一次抛掷后就结束了，那么 gameStatus 不是 CONTINUE，所以程序继续执行第 53～58 行的 if...else 语句，如果 gameStatus 是 WON，则打印 "Player wins"，否则打印 "Player loses"。

### 游戏在随后的抛掷中结束

在第一次抛掷之后，如果游戏没有结束，那么 sum 就会保存在 myPoint 中。while 语句继续执行，因为 gameStatus 是 CONTINUE。每次通过 while 语句，rollDice 被调用以产生一个新的 sum。

- 如果 sum 与 myPoint 匹配，gameStatus 被设置为 WON，while 循环结束，if...else 语句打印出 "Player wins"，执行结束。
- 如果 sum 是 7（第 47 行），gameStatus 被设置为 LOST，while 循环结束，if...else 语句打印出 "Player loses"，执行结束。

### 控制结构

请注意该程序的控制结构。我们使用了两个函数（main 和 rollDice）以及 switch、while 和嵌套的 if...else 语句。

### 相关练习

这个构建运气游戏的案例研究由以下练习支持。

- 练习 5.47。
- 练习 6.20。

### ✓　自测题

1　（填空）枚举，由关键字_____引入，是一组由标识符表示的整数常量。
　　答案：enum。

2　（填空）在下面的语句中
　　enum Status {CONTINUE, WON, LOST};
　　CONTINUE、WON 和 LOST 的值是_____、_____和_____。
　　答案：0，1，2。

## 5.12　存储类型

在第 2～4 章中，我们用标识符来表示变量名称。变量的属性包括名称、类型、大小和值。在本章中，我们也使用标识符作为用户定义的函数的名称。实际上，程序中的每个标识符都有其他属性，包括存储类型、存储周期、作用域和链接。

C 语言提供了存储类型说明符 auto、register[①]、extern 和 static[②]。存储类型决定了标识符的存储周期、作用域和链接。存储周期是一个标识符在内存中存在的时间。有些标识符存在的时间很短，有些标识符被反复创建和销毁，而有些标识符在整个程序执行过程中都存在。作用域决定了一个程序可以在哪里引用一个标识符。有些标识符可以在整个程序中被引用，有些则只能在程序的某些部分被引用。对于一个多源文件的程序来说，一个标识符的链接决定了该标识符是只在当前源文件中知道，还是在任何有适当声明的源文件中知道。本节讨论了存储类型和存储周期，5.13 节讨论了作用域。第 15 章讨论了标识符的链接和多源文件的编程。

### 局部变量和自动存储周期

存储类型说明符被分为自动存储周期和静态存储周期。auto 关键字声明一个变量具有自动存储周

---

① 关键字 register 是过时的，不应使用。

② C11 增加了存储类型说明符 _Thread_local，这已经超出了本书的范围。

期。这种变量在程序控制进入定义它们的语句块时被创建。当程序语句块处于活动状态时，它们就存在，而当程序控制退出程序语句块时，它们就被销毁。

只有变量可以有自动存储周期。一个函数的局部变量（那些在参数列表或函数主体中声明的变量）默认具有自动存储周期，所以 auto 关键字很少被使用。自动存储周期是一种节约内存的手段，因为局部变量只在需要时才存在。我们将把具有自动存储周期的变量简单地称为局部变量。　　🖉PERF

### 静态存储类型

关键字 extern 和 static 声明了具有静态存储周期的变量和函数的标识符。静态存储周期的标识符从程序开始执行时就存在，直到程序终止。对于 static 变量，在程序开始执行之前，存储只被分配和初始化一次。对于函数，当程序开始执行时，函数的名称就存在。然而，即使这些名字从程序开始执行时就存在，它们也不总是能被访问。正如我们在 5.13 节中所看到的，存储周期和作用域（名称可用于何处）是不同的问题。

有两种类型的标识符具有静态存储周期：外部标识符（如全局变量和函数名）和用存储类型说明符 static 声明的局部变量。全局变量和函数名默认具有存储类型 extern。全局变量是通过将变量声明放在任何函数定义之外来创建的。它们在整个程序执行过程中保留其值。在文件中，全局变量和函数的声明或定义后面的任何函数都可以引用它们。这是使用函数原型的一个原因——当我们在一个调用 printf 的程序中包含 stdio.h 时，函数原型被放在文件的开头，使文件的其他部分知道 printf 这个名字。

将变量定义为全局变量而不是局部变量，如果一个不需要访问该变量的函数意外地或恶意地修改它，就会产生意想不到的副作用。一般来说，你应该避免使用全局变量，除非是在有特殊性能要求的情况下（如第 15 章中讨论的）。只在某个特定函数中使用的变量应该被定义为该函数中的局部变量。　　⊗ERR 🖉PERF

局部 static 变量仍然只在定义它们的函数中是已知的，并且在函数返回时保留它们的值。下次调用该函数时，static 局部变量就会包含该函数最后一次退出时的值。下面的语句将局部变量 count 声明为 static，并将其初始化为 1：

```
static int count = 1;
```

如果你没有显式初始化静态存储周期的所有数值变量，默认情况下都将初始化为 0。

关键字 extern 和 static 在显式应用于外部标识符时有特殊的含义。第 15 章讨论了 extern 和 static 在外部标识符和多源文件程序中的显式使用。

### ✓ 自测题

1　（填空）程序中的每个标识符都有属性，包括存储类型、存储周期、_____和_____。
答案：作用域，链接。
2　（选择）以下哪些陈述是正确的？
（a）标识符的存储周期是标识符在内存中存在的时间。
（b）标识符的作用域是该标识符在程序中可以被引用的地方。
（c）关键字 auto 声明了自动存储周期的变量。这种变量在程序控制进入它们被定义的语句块时被创建。当程序语句块处于活动状态时，它们就存在，而当程序控制退出程序语句块时，它们就被销毁。
答案：（a）（b）（c）。

## 5.13　作用域规则

标识符的作用域是程序中可以引用该标识符的部分。例如，一个语句块中的局部变量只能在该语句块或嵌套在该语句块中的语句块的定义之后被引用。4 个标识符作用域是函数作用域、文件作用域、语句块作用域和函数原型作用域。

## 函数作用域

标签是后面有一个冒号的标识符，如 start:。标签是唯一具有函数作用域的标识符。标签可以在它们出现的函数中的任何地方使用，但不能在函数体之外被引用。标签可以在 switch 语句（作为 case 标签）和 goto 语句中使用（见第 15 章）。标签被隐藏在定义它们的函数中。这种信息隐藏是实现最小特权原则的一种手段，这是良好的软件工程的基本原则。该原则指出，在一个应用程序的上下文中，应该只授予代码完成其指定任务所需的权限和访问量，而不是更多。

## 文件作用域

在任何函数之外声明的标识符具有文件作用域。这样一个标识符是在所有函数中都"已知的"（即可访问的），从标识符被声明的那一刻起直到文件结束。全局变量、函数定义和置于函数之外的函数原型都有文件作用域。

## 语句块作用域

定义在语句块内的标识符有语句块作用域。语句块作用域结束于右花括号（}）。在一个函数开始时定义的局部变量具有语句块作用域，函数参数也是如此，它们被函数视为局部变量。任何语句块都可以包含变量的定义。当语句块被嵌套，并且外层语句块的标识符与内层语句块的标识符同名时，外层语句块的标识符被隐藏，直到内层语句块终止。在内层语句块中执行时，内层语句块看到的是它的局部标识符的值，而不是外层语句块的同名标识符的值。由于这个原因，一般来说，你应该避免会隐藏外层作用域中名称的变量名。声明为 static 的局部变量仍然有语句块的作用域，即使它们从程序启动前就存在。因此，存储周期并不影响标识符的作用域。

## 函数原型作用域

唯一具有函数原型作用域的标识符是那些在函数原型的参数列表中使用的标识符。如前所述，函数原型不需要在参数列表中使用名称，只需要使用类型。如果在一个函数原型的参数列表中使用了一个名字，编译器会忽略它。在函数原型中使用的标识符可以在程序中的其他地方重复使用，不会产生歧义。

## 作用域示例

清单 5.8 展示了全局变量、局部变量和 static 局部变量的作用域问题。一个全局变量 x 被定义并初始化为 1（第 9 行）。在任何定义了名为 x 的变量的语句块（或函数）中，这个全局变量就被隐藏了。在 main 中，一个局部变量 x 被定义并初始化为 5（第 12 行）。这个变量随后被打印出来，以表明全局变量 x 在 main 中被隐藏。接下来，在 main 中定义了一个新的语句块，并将另一个局部变量 x 初始化为 7（第 17 行）。这个变量被打印出来，表明它在 main 的外部语句块中隐藏了 x。当该语句块退出时，值为 7 的变量 x 被自动销毁，main 外部语句块中的局部变量 x 再次被打印出来，以表明它不再被隐藏。

**清单 5.8 | 作用域**

```
1   // fig05_08.c
2   // Scoping.
3   #include <stdio.h>
4
5   void useLocal(void); // function prototype
6   void useStaticLocal(void); // function prototype
7   void useGlobal(void); // function prototype
8
9   int x = 1; // global variable
10
11  int main(void) {
12      int x = 5; // local variable to main
13
14      printf("local x in outer scope of main is %d\n", x);
15
```

```
16      { // start new scope
17          int x = 7; // local variable to new scope
18
19          printf("local x in inner scope of main is %d\n", x);
20      } // end new scope
21
22      printf("local x in outer scope of main is %d\n", x);
23
24      useLocal(); // useLocal has automatic local x
25      useStaticLocal(); // useStaticLocal has static local x
26      useGlobal(); // useGlobal uses global x
27      useLocal(); // useLocal reinitializes automatic local x
28      useStaticLocal(); // static local x retains its prior value
29      useGlobal(); // global x also retains its value
30
31      printf("\nlocal x in main is %d\n", x);
32  }
33
34  // useLocal reinitializes local variable x during each call
35  void useLocal(void) {
36      int x = 25; // initialized each time useLocal is called
37
38      printf("\nlocal x in useLocal is %d after entering useLocal\n", x);
39      ++x;
40      printf("local x in useLocal is %d before exiting useLocal\n", x);
41  }
42
43  // useStaticLocal initializes static local variable x only the first time
44  // the function is called; value of x is saved between calls to this
45  // function
46  void useStaticLocal(void) {
47      static int x = 50; // initialized once
48
49      printf("\nlocal static x is %d on entering useStaticLocal\n", x);
50      ++x;
51      printf("local static x is %d on exiting useStaticLocal\n", x);
52  }
53
54  // function useGlobal modifies global variable x during each call
55  void useGlobal(void) {
56      printf("\nglobal x is %d on entering useGlobal\n", x);
57      x *= 10;
58      printf("global x is %d on exiting useGlobal\n", x);
59  }
```

```
local x in outer scope of main is 5
local x in inner scope of main is 7
local x in outer scope of main is 5

local x in useLocal is 25 after entering useLocal
local x in useLocal is 26 before exiting useLocal

local static x is 50 on entering useStaticLocal
local static x is 51 on exiting useStaticLocal

global x is 1 on entering useGlobal
global x is 10 on exiting useGlobal

local x in useLocal is 25 after entering useLocal
local x in useLocal is 26 before exiting useLocal

local static x is 51 on entering useStaticLocal
local static x is 52 on exiting useStaticLocal

global x is 10 on entering useGlobal
global x is 100 on exiting useGlobal

local x in main is 5
```

该程序定义了 3 个函数，每个函数都没有参数，也不返回任何东西。函数 useLocal 定义了一个局部变量 x 并将其初始化为 25（第 36 行）。当函数 useLocal 被调用时，该变量被打印、递增，并在退出函数前再次打印。每次调用这个函数时，局部变量 x 被重新初始化为 25。

函数 useStaticLocal 定义了一个 static 变量 x，并在第 47 行将其初始化为 50（回想一下，static 变量的存储空间只在程序开始执行前分配和初始化一次）。声明为 static 的局部变量会保留其值，即使它们超出了作用域。当调用 useStaticLocal 时，x 被打印、递增，并在退出函数前再次打印。在下一次调用这个函数时，static 局部变量 x 将包含先前递增的值 51。

函数 useGlobal 没有定义任何变量，所以当它引用变量 x 时，使用全局 x（第 9 行）。当调用 useGlobal 时，全局变量被打印出来，乘以 10，并在退出函数前再次打印。下次调用函数 useGlobal 时，全局变量仍有其修改后的值，即 10。最后，程序再次打印了 main 中的局部变量 x（第 31 行），以表明所有函数调用都没有修改 x 的值，因为这些函数都引用了其他作用域的变量。

### ✓ 自测题

1 （填空）标识符的_____是程序中可以引用该标识符的部分。例如，一个语句块中的局部变量只能在该语句块或嵌套在该语句块中的语句块的定义之后被引用。

　　答案：作用域。

2 （判断）任何语句块都可以包含变量的定义。当语句块被嵌套，并且外层语句块的标识符与内层语句块的标识符同名时，内层语句块的标识符被隐藏，直到外层语句块终止。

　　答案：错。实际上，当语句块被嵌套，并且外层语句块的标识符与内层语句块的标识符同名时，外层语句块的标识符被隐藏，直到内层语句块终止。

## 5.14 递归

对于某些类型的问题，让函数自己调用自己其实是很有用的。递归函数是直接或间接通过另一个函数调用自己的函数。递归是一个复杂的话题，在高级计算机科学课程中会详细讨论。在本节和 5.15 节中，我们将介绍简单的递归示例。我们展示了对递归的大量处理，这些处理分布在第 5～8 章、12 章和 13 章中。5.16 节的图 5-10 总结了本书的递归示例和练习。

### 基本情况和递归调用

我们首先从概念上考虑递归，然后研究几个包含递归函数的程序。递归解决问题的方法有几个共同的要素。调用递归函数来解决问题。该函数实际上只知道如何解决最简单的情况，或所谓的基本情况。如果用一个基本情况来调用该函数，它只返回一个结果。如果用更复杂的问题来调用，该函数通常将问题分成两个概念性的部分：

- 一个是该函数知道如何做；
- 另一个是它不知道如何做。

为了使递归可行，后一部分必须类似于原来的问题，但要稍微简单或更小。因为这个新问题看起来像原来的问题，所以函数启动（调用）一个新的自身副本来处理这个较小的问题——这被称为递归调用或递归步骤。递归步骤也包括一个返回语句，因为它的结果将与该函数知道如何解决的那部分问题结合起来，形成一个结果，再传回给原来的调用者。

递归步骤执行的同时，对函数的原始调用暂停，等待递归步骤的结果。递归步骤可以导致更多这样的递归调用，因为该函数会将调用它的每个问题划分为两个概念性的部分。为了使递归终止，每次函数调用原来问题的一个稍微简单的版本时，这个较小的问题序列最终必定收敛于基本情况。当函数识别出基本情况时，它就会向函数的前一个副本返回一个结果，然后一连串的返回就会一直进行下去，直到函数的原始调用最终向调用者返回最后结果。作为这些概念工作的示例，让我们编写一个递归程序来执行一个流行的数学计算。

## 阶乘的递归计算

一个非负整数 $n$ 的阶乘，写成 $n!$（读作 "$n$ 阶乘"），是指乘积

$$n \times (n-1) \times (n-2) \times \cdots \times 1$$

其中 $1!$ 等于 $1$，$0!$ 定义为 $1$。例如，$5!$ 是乘积 $5 \times 4 \times 3 \times 2 \times 1$，等于 $120$。

大于或等于 $0$ 的整数、数字的阶乘可以使用 for 语句循环（非递归）计算，如下所示：

```
unsigned long long int factorial = 1;
for (int counter = number; counter > 1; --counter)
    factorial *= counter;
```

阶乘函数的递归定义是通过观察以下关系得出的：

$$n! = n \times (n-1)!$$

例如，$5!$ 显然等于 $5 \times 4!$，如下所示：

$5! = 5 \times 4 \times 3 \times 2 \times 1$

$5! = 5 \times (4 \times 3 \times 2 \times 1)$

$5! = 5 \times (4!)$

## 递归地求值 5!

对 $5!$ 的求值如图 5-8 所示。图 5-8(a)显示了递归调用的连续过程，直到 $1!$ 被求值为 $1$（即基本情况），终止了递归过程。图 5-8(b)显示了从每次递归调用返回给其调用者的值，直到计算并返回最终值。

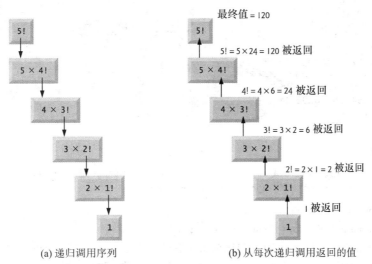

$$\text{(a) 递归调用序列} \qquad \text{(b) 从每次递归调用返回的值}$$

图 5-8　对 $5!$ 求值

## 递归阶乘计算的实现

清单 5.9 使用递归计算并打印整数 $0 \sim 21$ 的阶乘（unsigned long long int 类型的选择将在稍后解释）。

**清单 5.9 | 递归的阶乘函数**

```
1  // fig05_09.c
2  // Recursive factorial function.
3  #include <stdio.h>
4
5  unsigned long long int factorial(int number);
6
7  int main(void) {
8      // calculate factorial(i) and display result
9      for (int i = 0; i <= 21; ++i) {
```

```
10            printf("%d! = %llu\n", i, factorial(i));
11        }
12  }
13
14  // recursive definition of function factorial
15  unsigned long long int factorial(int number) {
16      if (number <= 1) { // base case
17          return 1;
18      }
19      else { // recursive step
20          return (number * factorial(number - 1));
21      }
22  }
```

```
0! = 1
1! = 1
2! = 2
3! = 6
4! = 24
5! = 120
6! = 720
7! = 5040
8! = 40320
9! = 362880
10! = 3628800
11! = 39916800
12! = 479001600
13! = 6227020800
14! = 87178291200
15! = 1307674368000
16! = 20922789888000
17! = 355687428096000
18! = 6402373705728000
19! = 121645100408832000
20! = 2432902008176640000
21! = 14197454024290336768
```

## 函数 factorial

递归的 factorial 函数首先测试一个终止条件是否为真，即 number 是否小于或等于 1。如果数字确实小于或等于 1，factorial 返回 1，不需要进一步递归，程序终止。

如果 number 大于 1，语句

```
return number * factorial(number - 1);
```

将问题表达为 number 和对 factorial 的递归调用的乘积，该递归调用求值 number − 1 的阶乘。调用 factorial(number − 1)是一个比原始计算 factorial(number)稍微简单一些的问题。

ERR⊗   省略基本情况或错误地编写递归步骤，使其不能收敛于基本情况，将导致无限的递归，最终耗尽内存。这类似于循环（非递归）解决方案中的无限循环问题，尽管无限循环通常不会耗尽内存。

## 阶乘很快就会变大

函数 factorial（第 15～22 行）接收一个 int 类型的值并返回一个 unsigned long long int 类型的值。C 标准规定，一个 unsigned long long int 类型的变量至少可以容纳 18446744073709551615 这么大的数值。从清单 5.9 中可以看出，阶乘值很快就会变大。我们选择的数据类型是 unsigned long long int，所以程序可以计算更大的阶乘值。转换规范%llu 被用来打印 unsigned long long int 类型的值。遗憾的是，factorial 函数产生大值的速度非常快，甚至 unsigned long long int 类型也不能帮助我们打印很多阶乘值，因为该类型的最大值很快就被超过了。

## 整数类型有局限性

即使我们使用 unsigned long long int 类型，我们仍然不能计算超过 21 的阶乘！这指出了像 C 语言这样的程序化编程语言的一个弱点——该语言不容易扩展以处理各种应用的独特要求。像 C++这样的面向对象的语言是可扩展的。通过一种名为类的语言特性，程序员可以创建新的数据类型，甚至可以容纳超大的整数。

✓  **自测题**

1  （填空）省略基本情况或错误地编写递归步骤，使其不能收敛于基本情况，将导致_____，最终耗尽内存。

答案：无限递归。

2  （填空）下面的代码应该循环地计算一个整数 number 的阶乘，但是代码中包含一个错误：

```
unsigned long long int factorial = 1;
for (int counter = number; counter >= 1; --counter)
    factorial * counter;
```

你可以通过将_____改成_____来纠正这个错误。

答案：*，*=。

## 5.15  使用递归的示例：斐波那契数列

斐波那契数列

$0, 1, 1, 2, 3, 5, 8, 13, 21, \cdots$

以 0 和 1 开始，其特性是每一个后续的斐波那契数都是前两个斐波那契数之和。

这个数列出现在自然界中，特别是描述了一种螺旋的形式。连续的斐波那契数的比率收敛到一个恒定值 $1.618\cdots$。这个数字也在自然界反复出现，被称为黄金比例或黄金分割。人类倾向于认为黄金分割线具有美感。建筑师经常设计出长度和宽度与黄金分割比例一致的窗户、房间和建筑物。明信片的设计也经常采用黄金分割的长宽比例。

斐波那契数列可以递归定义如下：

```
fibonacci(0) = 0
fibonacci(1) = 1
fibonacci(n) = fibonacci(n - 1) + fibonacci(n - 2)
```

清单 5.10 使用函数 fibonacci 递归地计算第 $n$ 个斐波那契数。斐波那契数往往会很快变大。因此，我们在函数 fibonacci 中选择了 unsigned long long int 数据类型作为返回类型。

**清单 5.10 | 递归的斐波那契函数**

```
 1  // fig05_10.c
 2  // Recursive fibonacci function.
 3  #include <stdio.h>
 4
 5  unsigned long long int fibonacci(int n); // function prototype
 6
 7  int main(void) {
 8     // calculate and display fibonacci(number) for 0-10
 9     for (int number = 0; number <= 10; number++) {
10        printf("Fibonacci(%d) = %llu\n", number, fibonacci(number));
11     }
12
13     printf("Fibonacci(20) = %llu\n", fibonacci(20));
14     printf("Fibonacci(30) = %llu\n", fibonacci(30));
15     printf("Fibonacci(40) = %llu\n", fibonacci(40));
16  }
17
18  // Recursive definition of function fibonacci
19  unsigned long long int fibonacci(int n) {
20     if (0 == n || 1 == n) { // base case
21        return n;
22     }
```

```
23      else { // recursive step
24          return fibonacci(n - 1) + fibonacci(n - 2);
25      }
26  }
```

```
Fibonacci(0) = 0
Fibonacci(1) = 1
Fibonacci(2) = 1
Fibonacci(3) = 2
Fibonacci(4) = 3
Fibonacci(5) = 5
Fibonacci(6) = 8
Fibonacci(7) = 13
Fibonacci(8) = 21
Fibonacci(9) = 34
Fibonacci(10) = 55
Fibonacci(20) = 6765
Fibonacci(30) = 832040
Fibonacci(40) = 102334155
```

来自 main 的 fibonacci 调用不是递归的（第 10 行和第 13～15 行），但所有对 fibonacci 的子序列调用都是递归的（第 24 行）。每次调用 fibonacci 时，它都会立即测试基本情况——n 是否等于 0 或 1。如果这为真，就会返回 n。有趣的是，如果 n 大于 1，递归步骤会产生两个递归调用，每一个都是比最初调用 fibonacci 时稍微简单的问题。图 5-9 的例子显示了函数 fibonacci 是如何求值 fibonacci(3) 的。

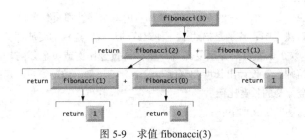

图 5-9   求值 fibonacci(3)

**操作数的求值顺序**

图 5-9 提出了一些有趣的问题，即 C 语言编译器求值操作数的顺序。这个问题不同于操作符应用于其操作数的顺序，也就是由操作符优先和组合规则所决定的顺序。图 5-9 显示，在求值 fibonacci(3) 时，将进行两个递归调用，即 fibonacci(2) 和 fibonacci(1)。但这些调用的顺序是什么？你可以简单地认为操作数将从左到右进行求值。由于优化的原因，C 语言并没有指定大多数操作符（包括+）的操作数的求值顺序。因此，你不应该对这些调用的执行顺序做出假设。这些调用可以先执行 fibonacci(2)，然后再执行 fibonacci(1)，也可以按相反的顺序执行，即先执行 fibonacci(1) 再执行 fibonacci(2)。在这个程序和其他大多数程序中，最终的结果都是一样的。但是在某些程序中，操作数的求值可能会产生副作用，影响表达式的最终结果。

**指定了操作数求值顺序的操作符**

C 语言只指定了 4 个操作符——&&、||、逗号（,）操作符和?:的操作数的求值顺序。前 3 个是二元操作符，其操作数被保证从左到右进行求值。（注意：用于分隔函数调用中的参数的逗号不是逗号操作符。）最后一个操作符是 C 语言中唯一的三元操作符。它最左边的操作数总是先被求值。如果最左边的操作数被求值为非 0（真），接下来求值中间的操作数，最后的操作数被忽略。如果最左边的操作数被求值为 0（假），那么接下来求值第三个操作数，而中间的操作数被忽略。

**指数级复杂度**

对于像我们在这里用来生成斐波那契数的递归程序，有一点需要注意。斐波那契函数中的每一级递归都会对调用的数量产生翻倍的影响。计算第 $n$ 个斐波那契数所执行的递归调用的数量是"$2^n$的数量"。这很快就会失去控制。仅计算第 20 个斐波那契数就需要 $2^{20}$ 次或大约 100 万次调用，计算第 30 个斐波那契数就需要 $2^{30}$ 次或大约 10 亿次调用，以此类推。计算机科学家称之为指数级复杂度。这种性质的问题甚至可以让世界上最强大的计算机都感到羞愧！这就是复杂度。一般来说，复杂度问题，特别是指数复杂度问题，将在一般称为"算法"的高级计算机科学课程中详细讨论。

我们在本节中展示的示例使用了一种直观上吸引人的解决方案来计算斐波那契数，但还有更好的方法。练习 5.48 要求你更深入地研究递归，并提出实现递归斐波那契算法的其他方法。

### ✓ 自测题

1 （判断）由于优化的原因，C 语言规定了大多数操作符（包括+）的操作数的求值顺序。

答案：错误。由于优化的原因，C 语言没有规定大多数操作符（包括+）的操作数的求值顺序。C 语言只规定了 4 个操作符——&&，||、逗号（,）操作符和?:的操作数的求值顺序。

2 （选择）考虑清单 5.10 中的代码，它实现了一个递归的 fibonacci 函数。以下哪项陈述是错误的？

（a）清单 5.10 中的所有 fibonacci 调用都是递归调用。

（b）每次调用 fibonacci 时，它都会立即测试基本情况——$n$ 是否等于 0 或 1。如果这为真，就会返回 $n$。

（c）如果 $n$ 大于 1，递归步骤会产生两个递归调用，每一个都是比最初调用 fibonacci 时稍微简单的问题。

答案：（a）是错误的。实际上，从 main 调用 fibonacci 不是递归调用，但所有随后对 fibonacci 的调用都是递归的（第 24 行）。

## 5.16　递归与循环

在前面的章节中，我们研究了两个可以很容易地实现为递归或循环的函数。本节比较了这两种方法，并讨论了为什么你会选择其中一种方法而不是另一种。

### 循环和递归的共同特点

- 循环和递归都是基于一个控制语句的：循环使用循环语句；递归使用选择语句。
- 循环和递归都涉及重复：循环使用一个循环状态；递归通过重复的函数调用实现重复。
- 循环和递归都有一个终止测试：循环在循环持续条件失败时终止；递归在一个基本情况被识别时终止。
- 计数器控制的循环和递归都逐渐接近终止。循环一直在修改一个计数器，直到该计数器的值使得循环持续条件失败；递归不断产生原始问题的更简单版本，直到达到基本情况。
- 循环和递归都可以无限地发生。如果循环持续测试永远不会变为假，就会发生无限循环；如果递归步骤每次都不能以收敛于基本情况的方式归约问题，就会发生无限递归。无限循环和递归通常是由程序的逻辑错误产生的。

### 递归的负面作用

递归有很多负面作用。它反复请求函数调用的机制，并因此产生开销。这在处理器时间和内存空间方面都很昂贵。每次递归调用都会导致函数的另一个副本（实际上只是函数的变量）被创建，这可能会消耗大量的内存。循环通常发生在一个函数中，所以重复的函数调用和额外的内存分配的开销被省略了。那么，为什么选择递归呢？

### 递归不是必需的

任何能够以递归方式解决的问题也能够以循环方式（非递归地）解决。当递归方法更自然地反映了问题，并导致程序更容易理解和调试时，就会优先选择递归方法而不是循环方法。选择递归方法的另一个原因是，循环方法可能不明显。

### 贯穿本书的递归示例和练习

大多数编程教材对递归的介绍都比我们这里要晚得多。我们认为，递归是一个足够丰富和复杂的主题，因此最好早些介绍它，并将示例分散到本书的其余部分。图 5-10 按章节总结了本节中的递归示例和练习。

| 递归示例和练习 | | |
|---|---|---|
| **第 5 章** | 向后打印一个数组 | **第 12 章** |
| 阶乘函数 | 向后打印一个字符串 | 搜索一个链表 |
| 斐波那契函数 | 检查一个字符串是不是回文 | 向后打印一个链表 |
| 最大公约数 | 数组中的最小值 | 二叉树的插入 |
| 两个整数相乘 | 线性搜索 | 二叉树的前序遍历 |
| 一个整数的整数次幂 | 二分搜索 | 二叉树的中序遍历 |
| 汉诺塔 | 八皇后 | 二叉树的后序遍历 |
| 递归的 main | **第 7 章** | 打印树 |
| 递归的可视化 | 迷宫遍历 | **第 13 章** |
| **第 6 章** | **第 8 章** | 选择排序 |
| 对一个数组的元素求和 | 按相反顺序输出键盘上输入的字符串 | 快速排序 |
| 打印一个数组 | | |

图 5-10　递归示例和练习

### 结束时的观点

让我们用我们在书中反复提出的一些观点来结束这次讨论。好的软件工程很重要，而高性能也很重要。因此，我们在书中加入了大量的软件工程和性能提示。遗憾的是，这些目标往往是相互矛盾的。良好的软件工程是使开发我们所需要的更大、更复杂的软件系统的任务更易于管理的关键。高性能是实现未来系统的关键，这些系统将对硬件提出越来越高的计算要求。函数在这里的地位如何？

SE△　**软件工程**

将一个大型程序划分为不同的函数，可以促进良好的软件工程。但这是有代价的。与没有函数的单体式（即一体式）程序相比，大量函数化的程序可能会产生大量的函数调用。这些调用会消耗计算机处理器的执行时间。尽管单体式程序可能表现得更好，但它们在编程、测试、调试、维护和演进方面更加困难。

PERF✗　**性能**

今天的硬件架构都经过了优化，以提高函数调用的效率。C 语言编译器可以帮助优化你的代码，而且今天的硬件处理器和多核架构都快得令人难以置信。对于你将要建立的绝大多数应用程序和软件系统来说，集中精力做好软件工程比高性能编程更重要。然而，在许多应用和系统中，如游戏编程、实时系统、操作系统和嵌入式系统，性能是至关重要的，因此我们在书中包含了性能提示。

### ✓　自测题

1　（判断）将一个大型程序划分为不同的函数，可以促进良好的软件工程。但是，与没有函数的单体式（即一体式）程序相比，大量函数化的程序可能会产生大量的函数调用。这些调用会消耗计算机处理器的执行时间。尽管单体式程序可能表现得更好，但它们在编程、测试、调试、维护和演进方面更加困难。
　　答案：对。

2　（选择）以下哪项陈述是错误的？
　　（a）递归反复请求函数调用的机制，并因此产生开销。这在处理器时间和内存空间方面都很昂贵。
　　（b）每次递归调用都会导致函数语句和变量的另一个副本被创建，这可能会消耗大量的内存。

(c) 循环通常发生在一个函数中，所以重复的函数调用和额外的内存分配的开销被省略了。

(d) 当递归方法更自然地反映了问题，并导致程序更容易理解和调试时，就会优先选择递归方法，而不是循环方法。

答案：（b）是错误的。实际上，每次递归调用都会导致只创建函数变量的另一个副本。

## 5.17　安全的 C 语言编程：安全的随机数生成

🔒SEC

在 5.10 节中，我们介绍了用于生成伪随机数的 rand 函数。这个函数对于教材上的示例来说已经足够了，但并不意味着可以在工业强度的应用中使用。根据 C 标准文件对函数 rand 的描述，"对产生的随机序列的质量没有任何保证，一些实现已知会产生具有令人不安的非随机低阶位的序列。" CERT 指南 MSC30-C 指出，必须使用特定实现的随机数生成函数，以确保产生的随机数是不可预测的——例如，在密码学和其他安全应用中，这一点极为重要。

该指南介绍了几个被认为是安全的特定平台随机数生成器。欲了解更多信息，请参见准则 MSC30-C（SEI 外部维基网站）。如果你正在建立需要随机数的工业强度的应用，你应该调查你的平台所推荐使用的函数，举例如下：

- Windows 提供 BCryptGenRandom 函数，它是微软 "Cryptography API: Next Generation:"（参见微软技术文档网站）的一部分；
- 基于 POSIX 的系统（如 Linux）提供了一个随机函数，你可以通过在终端或 shell 中执行以下命令来了解更多信息：
  man random
- macOS 的 stdlib.h 头文件提供了 arc4random 函数，你可以通过在 macOS 终端中执行以下命令来了解更多信息：
  man arc4random

### ✔ 自测题

（判断）CERT 指南 MSC30-C 指出，必须使用特定实现的随机数生成函数，以确保产生的随机数是可预测的——例如，在密码学和其他安全应用中，这一点极为重要。

答案：错。实际上，CERT 指南 MSC30-C 指出，必须使用特定实现的随机数生成函数，以确保产生的随机数是不可预测的。

### 关键知识回顾

**5.1 节**

- 开发和维护一个大型程序的最好方法是把它划分成若干小片段，每个小片段都比最初的程序更容易管理。

**5.2 节**

- 一个函数被一个函数调用所请求，该调用指定了函数的名称并提供了函数执行任务所需的信息（作为参数）。

**5.3 节**

- 调用一个函数的方法是写上它的名字，后面是一个左括号、参数（或一个用逗号分隔的参数列表）和一个右括号。
- 每个参数可以是常量、变量或表达式。

**5.4 节**

- 对程序进行"函数化"有几个动机。第一个动机是，分而治之的方法使程序开发更容易管理。第二个动机是，通过使用现有的函数来建立新的程序。这种软件的可复用性是源自 C 语言的面向对象编程语言的一个关键概念，如 C++、Java、C#（发音为"C sharp"）、Objective-C 和 Swift。

■ 有了良好的函数命名和定义，你就可以用标准化的函数来创建程序，完成特定的任务，而不是自定义代码。这被称为"抽象"。我们每次使用标准库函数（如 printf、scanf 和 pow）时，都会使用抽象。第三个动机是，避免在程序中重复代码。将代码打包成一个函数，可以通过调用该函数从其他程序位置执行。

## 5.5 节

■ 传递给函数的参数应该在数量、类型和顺序上与函数定义中的参数相匹配。
■ 当程序遇到一个函数调用时，控制从调用点转移到被调函数，执行该函数的语句，然后控制返回到调用者。
■ 被调函数可以通过以下 3 种方式之一将控制返回给调用者。如果函数没有返回值，则在到达函数结束的右花括号时，控制将被返回，或者通过执行语句
```
return;
```
如果函数确实返回一个值，那么语句
```
return 表达式;
```
返回表达式的值。
■ 局部变量只在函数定义中是已知的。其他函数不允许知道函数局部变量的名称，也不允许任何函数知道任何其他函数的实现细节。
■ 函数原型声明了函数的名称、其返回类型以及函数期望接收的参数的数量、类型和顺序。
■ 函数定义的一般格式是
```
返回值类型 函数名（参数列表）{
    语句
}
```
如果函数不返回值，那么返回值类型被声明为 void。函数名是任意有效的标识符。参数列表是一个逗号分隔的列表，包含将被传递给函数的变量的定义。如果函数不接收任何值，参数列表就被声明为 void。

## 5.6 节

■ 函数原型使编译器能够验证函数的调用是否正确。
■ 编译器忽略了函数原型中提到的变量名。
■ C 标准的常规算术转换规则决定了混合类型表达式中的参数如何转换为同一类型。

## 5.7 节

■ 栈被称为后进先出（LIFO）数据结构——在栈上推入（插入）的最后一项就是从栈中弹出（移除）的第一项。
■ 一个被调函数必须知道如何返回给它的调用者，所以当函数被调用时，调用函数的返回地址被推入程序执行栈。如果发生了一系列的函数调用，连续的返回地址将按照后进先出的顺序被推入栈，这样最后执行的函数将是第一个返回给其调用者的。
■ 程序执行栈包含了程序执行过程中每个函数调用所使用的局部变量的内存。这些数据被称为函数调用的栈帧。当一个函数被调用时，该函数调用的栈帧被推入程序执行栈。当函数返回给它的调用者时，栈帧被从栈中弹出，那些局部变量就不再为程序所知。
■ 如果函数调用数量超过了它们的栈帧在程序执行栈中的存储量，那么就会发生栈溢出的错误。

## 5.8 节

■ 每个标准库都有一个相应的头文件，其中包含该标准库函数的函数原型。
■ 你可以创建并包含自己的头文件。

## 5.9 节

- 当一个参数按值传递时，会产生一个副本并传递给被调函数。对副本的改变不会影响调用者中原始变量的值。
- 当一个参数按引用传递时，调用者允许被调函数修改原始变量的值。
- C 语言中的所有调用默认都是按值传递。

## 5.10 节

- 函数 rand 生成 0 和 RAND_MAX 之间的整数，C 标准定义 RAND_MAX 至少为 32767。
- 由 rand 产生的值可以被缩放和平移，以产生特定范围内的值。
- 要使程序随机化，可以使用 C 标准库中的函数 srand。
- srand 函数为随机数生成器提供种子。通常只有在程序经过彻底调试后，才会在程序中插入一个 srand 调用。这保证了可重复性，这对于证明随机数生成程序的修正是否正常工作是至关重要的。
- rand 和 srand 的函数原型包含在<stdlib.h>中。
- 为了在不需要每次输入种子的情况下进行随机化，我们使用 srand(time(NULL))。
- 缩放和平移随机数的一般公式是
  int n = a + rand() % b;
  其中 a 是平移值（即所需连续整数范围内的第一个数字），b 是缩放因子（即所需连续整数范围的宽度）。

## 5.11 节

- 枚举由关键字 enum 引入，是一组整数常量。枚举中的值从 0 开始，以 1 递增。你也可以给枚举中的每个标识符分配一个整数。枚举中的标识符必须是唯一的，但是值可以重复。

## 5.12 节

- 程序中的每个标识符都有存储类型、存储周期、作用域和链接等属性。
- C 语言提供了 4 种存储类型，由存储类型说明符 auto、register、extern 和 static 表示。
- 标识符的存储周期是指该标识符在内存中存在的时间。
- 标识符的链接决定了对于一个多源文件的程序来说，一个标识符是只在当前源文件或任何有适当声明的源文件中是已知的。
- 函数的局部变量有自动的存储周期——它们在程序控制进入定义它们的语句块时被创建，当该语句块处于活动状态时存在，当程序控制退出该语句块时被销毁。
- 关键字 extern 和 static 声明了具有静态存储周期的变量和函数的标识符。静态存储周期的变量在程序开始执行前被分配和初始化一次。
- 有两种类型的标识符具有静态存储周期：外部标识符（如全局变量和函数名）和用存储类型说明符 static 声明的局部变量。
- 全局变量是通过将变量定义放在任何函数定义之外来创建的。全局变量在整个程序执行过程中保留其值。
- 局部 static 变量在被定义的函数调用之间保留其值。
- 所有静态存储周期的数值变量默认都被初始化为 0。

## 5.13 节

- 标识符的作用域是指该标识符在程序中可以被引用的地方。
- 信息隐藏的目的是让函数只访问它们完成任务所需的信息。这是实现最小特权原则的一种手段。
- 标识符可以有函数作用域、文件作用域、语句块作用域和函数原型作用域。
- 标签是唯一具有函数作用域的标识符。标签可以在它们出现的函数中的任何地方使用，但不能在函数体之外被引用。

- 在任何函数之外声明的标识符具有文件作用域。这样的标识符在所有的函数中都是"已知的"，从它被声明的那一刻起直到文件的结束。
- 定义在语句块内的标识符有语句块作用域。语句块作用域在语句块的终端右花括号（}）处结束。
- 局部变量有语句块作用域，函数参数也有语句块作用域，它们是局部变量。
- 任何语句块都可以包含变量定义。当语句块被嵌套时，如果外层语句块中的标识符与内层语句块中的标识符名称相同，外层语句块中的标识符将被"隐藏"，直到内层语句块结束。
- 唯一具有函数原型作用域的标识符是那些在函数原型的参数列表中使用的标识符。

## 5.14 节

- 递归函数是一个可以直接或间接调用自己的函数。
- 如果递归函数被调用时有一个基本情况，该函数就返回一个结果。如果用一个较复杂的问题来调用它，它会把问题分成两个概念性的部分：一个是函数知道如何做的部分，另一个是原问题的一个稍小的版本。因为这个新的问题看起来像原来的问题，所以函数启动了一个递归调用来处理这个较小的问题。
- 为了使递归终止，每次递归函数调用原来问题的稍小版本时，越来越小的问题序列必须收敛于基本情况。当函数识别出基本情况时，结果就会返回给前一个函数的调用，接着就是一连串的返回，直到函数的原始调用最终返回最后的结果。
- 标准 C 语言没有规定大多数操作符（包括"+"）的操作数的求值顺序。在 C 语言的众多操作符中，标准只规定了操作符&&、||、逗号（,）操作符和?:的操作数的求值顺序。其中前 3 个是二元操作符，其两个操作数从左到右进行求值。最后一个操作符是 C 语言中唯一的三元操作符。它最左边的操作数首先被求值；如果它的求值结果为非 0，那么接下来求值中间的操作数，最后一个操作数被忽略；如果最左边的操作数求值结果为 0，接下来求值第三个操作数，中间的操作数被忽略。

## 5.16 节

- 循环和递归都是基于控制结构：循环使用循环语句；递归使用选择语句。
- 循环和递归都涉及重复：循环使用循环语句；递归通过重复的函数调用来实现重复。
- 循环和递归都涉及一个终止测试：循环在循环持续条件失败时终止；递归在基本情况被识别时终止。
- 循环和递归可以无限地发生：如果循环持续测试永远不会变为假，那么循环就会发生无限循环；如果递归步骤不能以收敛于基本情况的方式归约问题，那么就会发生无限递归。
- 递归反复调用函数调用的机制，并因此产生了开销。这在处理器时间和内存空间上都很昂贵。

## 自测练习

5.1　回答下列问题。

（a）_____是用来对程序进行模块化的。

（b）函数是用_____来请求的。

（c）只在定义它的函数中知道的变量被称为_____。

（d）_____语句用于将一个表达式的值传递给调用函数。

（e）关键字_____在函数头中用来表示函数不返回值或表示函数不包含参数。

（f）标识符的_____是程序中可以使用该标识符的部分。

（g）将控制从被调函数返回给调用者的 3 种方式是_____、_____和_____。

（h）_____允许编译器检查传递给函数的参数的数量、类型和顺序。

(i)　_____函数用于产生随机数。

(j)　_____函数用于设置随机数种子以随机化程序。

(k)　存储类型说明符是_____、_____、_____和_____。

(l)　在语句块中或函数的参数列表中声明的变量具有_____存储类型，除非另有规定。

(m)　在任何语句块或函数之外定义的非静态变量是一个_____变量。

(n)　为了使函数中的局部变量在函数调用之间保留其值，它必须用存储类型说明符_____来声明。

(o)　4 个标识符的作用域是_____、_____、_____和_____。

(p)　直接或间接调用自己的函数是_____函数。

(q)　递归函数通常有两个组成部分：一个是通过测试_____情况来提供递归终止的方法，另一个是将问题表达为一个比原始调用稍简单的问题的递归调用。

5.2　考虑以下程序：

```
 1  #include <stdio.h>
 2  int cube(int y);
 3
 4  int main(void) {
 5      for (int x = 1; x <= 10; ++x) {
 6          printf("%d\n", cube(x));
 7      }
 8  }
 9
10  int cube(int y) {
11      return y * y * y;
12  }
```

说明以下每个元素的作用域（函数作用域、文件作用域、语句块作用域或函数原型作用域）。

(a)　main 中的变量 x。

(b)　cube 中的变量 y。

(c)　函数 cube。

(d)　函数 main。

(e)　cube 的函数原型。

(f)　cube 的函数原型中的标识符 y。

5.3　编写一个程序，测试 5.3 节图 5-2 的表中所示的数学库函数调用的示例是否真的产生了指定的结果。

5.4　给出下列每个函数的函数头。

(a)　函数 hypotenuse 接收两个 double 参数 side1 和 side2，并返回一个 double 结果。

(b)　函数 smallest，接收 3 个整数 x、y、z，并返回一个整数。

(c)　不接收任何参数且不返回值的函数 instructions。

(d)　函数 intToFloat，接收一个整数参数 number，并返回一个 float 值。

5.5　给出下列每个函数的原型。

(a)　练习 5.4（a）中描述的函数。

(b)　练习 5.4（b）中描述的函数。

(c)　练习 5.4（c）中描述的函数。

(d)　练习 5.4（d）中描述的函数。

5.6　为浮点变量 lastValue 编写一个声明，在被定义的函数调用之间保留其值。

5.7　找出下列每个程序片段中的错误，并解释如何改正错误（参见练习 5.46）。

```
(a) int g(void) {
        printf("%s", "Inside function g\n");
        int h(void) {
            printf("%s", "Inside function h\n");
```

```
        }
    }
(b) int sum(int x, int y) {
        int result = x + y;
    }

(c) void f(float a); {
        float a;
        printf("%f", a);
    }

(d) int sum(int n) {
        if (0 == n) {
            return 0;
        }
        else {
            n + sum(n - 1);
        }
    }

(e) void product(void) {
        printf("%s", "Enter three integers: ")
        int a;
        int b;
        int c;
        scanf("%d%d%d", &a, &b, &c);
        int result = a * b * c;
        printf("Result is %d", result);
        return result;
    }
```

## 自测练习答案

5.1  (a) 函数。(b) 函数调用。(c) 局部变量。(d) return。(e) void。(f) 作用域。(g) "return;" 或 "return expression;" 或遇到一个函数的右花括号结束。(h) 函数原型。(i) rand。(j) srand。(k) auto，register，extern，static。(l) auto。(m) 外部，全局。(n) static。(o) 函数作用域，文件作用域，语句块作用域，函数原型作用域。(p) 递归。(q) 基本。

5.2  (a) 语句块作用域。(b) 语句块作用域。(c) 文件作用域。(d) 文件作用域。(e) 文件作用域。(f) 函数原型作用域。

5.3  如下。(注意：在大多数 Linux 系统上，编译这个程序时必须使用-lm 选项)。

```
1   // ex05_03.c
2   // Testing the math library functions
3   #include <stdio.h>
4   #include <math.h>
5
6   int main(void) {
7      // calculates and outputs the square root
8      printf("sqrt(%.1f) = %.1f\n", 900.0, sqrt(900.0));
9      printf("sqrt(%.1f) = %.1f\n", 9.0, sqrt(9.0));
10
11     // calculates and outputs the cube root
12     printf("cbrt(%.1f) = %.1f\n", 27.0, cbrt(27.0));
13     printf("cbrt(%.1f) = %.1f\n", -8.0, cbrt(-8.0));
14
15     // calculates and outputs the exponential function e to the x
16     printf("exp(%.1f) = %f\n", 1.0, exp(1.0));
17     printf("exp(%.1f) = %f\n", 2.0, exp(2.0));
18
19     // calculates and outputs the logarithm (base e)
20     printf("log(%f) = %.1f\n", 2.718282, log(2.718282));
21     printf("log(%f) = %.1f\n", 7.389056, log(7.389056));
22
23     // calculates and outputs the logarithm (base 10)
24     printf("log10(%.1f) = %.1f\n", 1.0, log10(1.0));
```

```
25      printf("log10(%.1f) = %.1f\n", 10.0, log10(10.0));
26      printf("log10(%.1f) = %.1f\n", 100.0, log10(100.0));
27
28      // calculates and outputs the absolute value
29      printf("fabs(%.1f) = %.1f\n", 13.5, fabs(13.5));
30      printf("fabs(%.1f) = %.1f\n", 0.0, fabs(0.0));
31      printf("fabs(%.1f) = %.1f\n", -13.5, fabs(-13.5));
32
33      // calculates and outputs ceil(x)
34      printf("ceil(%.1f) = %.1f\n", 9.2, ceil(9.2));
35      printf("ceil(%.1f) = %.1f\n", -9.8, ceil(-9.8));
36
37      // calculates and outputs floor(x)
38      printf("floor(%.1f) = %.1f\n", 9.2, floor(9.2));
39      printf("floor(%.1f) = %.1f\n", -9.8, floor(-9.8));
40
41      // calculates and outputs pow(x, y)
42      printf("pow(%.1f, %.1f) = %.1f\n", 2.0, 7.0, pow(2.0, 7.0));
43      printf("pow(%.1f, %.1f) = %.1f\n", 9.0, 0.5, pow(9.0, 0.5));
44
45      // calculates and outputs fmod(x, y)
46      printf("fmod(%.3f, %.3f) = %.3f\n", 13.657, 2.333,
47          fmod(13.657, 2.333));
48
49      // calculates and outputs sin(x)
50      printf("sin(%.1f) = %.1f\n", 0.0, sin(0.0));
51
52      // calculates and outputs cos(x)
53      printf("cos(%.1f) = %.1f\n", 0.0, cos(0.0));
54
55      // calculates and outputs tan(x)
56      printf("tan(%.1f) = %.1f\n", 0.0, tan(0.0));
57  }
```

```
sqrt(900.0) = 30.0
sqrt(9.0) = 3.0
cbrt(27.0) = 3.0
cbrt(-8.0) = -2.0
exp(1.0) = 2.718282
exp(2.0) = 7.389056
log(2.718282) = 1.0
log(7.389056) = 2.0
log10(1.0) = 0.0
log10(10.0) = 1.0
log10(100.0) = 2.0
fabs(13.5) = 13.5
fabs(0.0) = 0.0
fabs(-13.5) = 13.5
ceil(9.2) = 10.0
ceil(-9.8) = -9.0
floor(9.2) = 9.0
floor(-9.8) = -10.0
pow(2.0, 7.0) = 128.0
pow(9.0, 0.5) = 3.0
fmod(13.657, 2.333) = 1.992
sin(0.0) = 0.0
cos(0.0) = 1.0
tan(0.0) = 0.0
```

5.4 答案如下。

(a) double hypotenuse(double side1, double side2)

(b) int smallest(int x, int y, int z)

(c) void instructions(void)

(d) float intToFloat(int number)

5.5　答案如下。

(a) `double hypotenuse(double side1, double side2);`

(b) `int smallest(int x, int y, int z);`

(c) `void instructions(void);`

(d) `float intToFloat(int number);`

5.6　`static float lastValue;`

5.7　答案如下。

(a) 错误：函数 h 被定义在函数 g 中。

　　更正：将 h 的定义从 g 的定义中移出。

(b) 错误：函数主体应该返回一个整数，但却没有。

　　改正：将函数主体中的语句改为：

　　`return x + y;`

(c) 错误：在包围参数列表的右括号后有分号，并在函数定义中重新定义了参数 a。

　　更正：删除参数列表右括号后的分号，并删除函数主体中的声明 "float a;"。

(d) 错误：n + sum(n − 1) 没有返回；sum 返回一个不对的结果。

　　更正：将 else 子句中的语句改写为

　　`return n + sum(n - 1);`

(e) 错误：该函数在不应该返回的情况下返回一个值。

　　更正：取消 return 语句。

**练习**

5.8　显示以下每条语句执行后的 x 的值。

(a) `x = fabs(7.5);`

(b) `x = floor(7.5);`

(c) `x = fabs(0.0);`

(d) `x = ceil(0.0);`

(e) `x = fabs(-6.4);`

(f) `x = ceil(-6.4);`

(g) `x = ceil(-fabs(-8 + floor(-5.5)));`

5.9　（停车费用）停车场对停车的最低收费为 2 美元，最长为 3 小时，超过 3 小时的每小时额外收取 0.50 美元（不足 1 小时按 1 小时计）。24 小时内的最高收费是 10 美元。假设没有车一次停放超过 24 小时。编写一个程序，计算并打印昨天在该车库停车的 3 位客户的停车费。你应该输入每个客户的停车时间。你的程序应该以表格的形式打印结果，并计算和打印昨天的收入总额。程序应使用函数 calculateCharges 来确定每个客户的收费。你的输出结果应该以下面的格式出现：

| Car | Hours | Charge |
|---|---|---|
| 1 | 1.5 | 2.00 |
| 2 | 4.0 | 2.50 |
| 3 | 24.0 | 10.00 |
| TOTAL | 29.5 | 14.50 |

5.10　（四舍五入）函数 floor 的一个应用是将一个值舍入到最接近的整数。语句

　　`y = floor(x + .5);`

将 x 舍入到最接近的整数，并将结果赋给 y。编写一个程序，读取几个数字，并将每个数字四舍五入到最接近的整数。对于每个被处理的数字，打印原始数字和四舍五入后的数字。

5.11　（四舍五入）函数 floor 可以用来将一个数字四舍五入到一个特定的小数位。语句

　　`y = floor(x * 10 + .5) / 10;`

将 x 舍入到十分之一的位置（小数点右边的第一位）。

语句

y = floor(x * 100 + .5) / 100;

将 x 舍入到百分之一的位置（小数点右边的第二位）。编写一个程序，定义以各种方式对数字 x 进行四舍五入的函数。

（a）roundToInteger(number)

（b）roundToTenths(number)

（c）RoundToHundreths(number)

（d）roundToThousandths(number)

对于程序输入的每个值，显示原始值，四舍五入到最近的整数，四舍五入到最近的十分之一，四舍五入到最近的百分之一，以及四舍五入到最近的千分之一。

5.12　回答下面的每一个问题。

（a）"随机"选择数字是什么意思？

（b）为什么 rand 函数对模拟机会游戏有用？

（c）为什么你要用 srand 来随机化一个程序？在什么情况下不随机化是可取的？

（d）为什么经常需要对 rand 产生的数值进行缩放或平移？

5.13　编写语句，将随机的整数赋给以下范围的变量 $n$。

（a）$1 \leqslant n \leqslant 2$

（b）$1 \leqslant n \leqslant 100$

（c）$0 \leqslant n \leqslant 9$

（d）$1000 \leqslant n \leqslant 1112$

（e）$-1 \leqslant n \leqslant 1$

（f）$-3 \leqslant n \leqslant 11$

5.14　对于以下每一组整数，编写一条语句，从该组中随机打印一个数字。

（a）2, 4, 6, 8, 10。

（b）3, 5, 7, 9, 11。

（c）6, 10, 14, 18, 22。

5.15　（斜边计算）定义一个名为 hypotenuse 的函数，根据两个直角边的值计算直角三角形的斜边长。该函数应接收两个 double 参数，并将斜边返回为 double 类型。用图 5-11 中指定的边值测试你的程序。

| 参数 1 | 参数 2 |
| --- | --- |
| 3.0 | 4.0 |
| 5.0 | 12.0 |
| 8.0 | 15.0 |

图 5-11　给定的直角边的值

5.16　（指数）编写一个函数 integerPower(base, exponent)，其返回值为 base 的 exponent 次幂。例如，integerPower(3, 4)即计算 $3 \times 3 \times 3 \times 3$ 的值。假设 exponent 是一个正的、非零的整数，而 base 是一个整数。函数 integerPower 应该使用 for 语句来控制计算。不要使用任何数学库函数。

5.17　（倍数）编写一个函数 isMultiple，确定一对整数中第二个整数是不是第一个整数的倍数。该函数应该接收两个整数参数，如果第二个整数是第一个整数的倍数，则返回 1（真），否则返回 0（假）。在一个输入一系列整数对的程序中使用这个函数。

5.18　（奇数或偶数）编写一个程序，输入一系列的整数，并将它们一次传递给函数 isEven，该函数使用取余操作符来确定一个整数是否为偶数。该函数应该接受一个整数参数，如果该整数是偶数，则返回 1，否则返回 0。

5.19 （星号方阵）编写一个函数，显示一个星号的方阵，其边长由整数参数 side 指定。例如，如果 side 为 4，该函数显示：

```
****
****
****
****
```

5.20 （显示任何字符的方阵）修改练习 5.19 中的函数，用 char 参数 fillCharacter 中的任何字符来构成方阵。因此，如果 side 为 5，fillCharacter 为 "#"，那么这个函数应该打印：

```
#####
#####
#####
#####
#####
```

5.21 （项目：用字符绘制图形）使用与练习 5.19 和练习 5.20 中类似的技术，制作一个可以绘制各种图形的程序。

5.22 （分离数字）编写程序段以完成下列各项任务。
　　（a）当 int a 除以 int b 时，计算商的 int 部分。
　　（b）计算 int a 除以 int b 的余数。
　　（c）用（a）和（b）中开发的程序片编写一个函数，输入 1～32767 之间的整数，并打印成一系列的数字，每个数字之间有两个空格。例如，4562 应该被打印成：

```
4  5  6  2
```

5.23 （以秒为单位的时间）编写一个函数，将时间作为 3 个整数参数（小时、分钟和秒），并返回自上次时钟"敲 12 下"以来的秒数。使用该函数计算两个时间之间的秒数，这两个时间都在时钟的一个 12 小时周期内。

5.24 （温度转换）实现下列整数函数。
　　（a）toCelsius 返回华氏度等价的摄氏度。
　　（b）toFahrenheit 返回摄氏度等价的华氏度。
　　使用这些函数编写一个程序，打印显示 0～100 度的所有摄氏度等价的华氏度，以及 32～212 度的所有华氏度等价的摄氏度的图表。以表格格式打印输出结果，在保持可读性的同时尽量减少输出的行数。

5.25 （求最小值）编写一个函数，返回 3 个浮点数中最小的一个。

5.26 （完美数）如果一个整数的因子，包括 1（但不是该数本身），其总和等于该数，则该整数被称为完美数。例如，6 是一个完美数，因为 6 = 1 + 2 + 3。编写一个函数 isPerfect 来确定参数 number 是否是一个完美数。在一个程序中使用这个函数，确定并打印出 1～1000 的所有完美数。打印每个完美数的因子，以确认该数字确实是完美数。通过测试远大于 1000 的数字来挑战你的计算机的能力。

5.27 （质数）如果一个整数只能被 1 和它本身所整除，那么它就被称为质数。例如，2、3、5 和 7 是质数，但 4、6、8 和 9 不是。编写一个函数来确定一个数字是否是质数。在程序中使用这个函数，确定并打印 1～10000 的所有质数。在这 10000 个数字中，你到底要测试多少个才能确定你已经找到了所有的质数？最初你可能认为必须测试到 $n/2$，才能判断一个数字是否为质数，但是你最多只需要测试到 $n$ 的平方根。重新编写程序，并以两种方式运行它。估计一下性能的提高。

5.28 （颠倒数字）编写一个函数，接收一个整数值，并返回颠倒的数字。例如，给定数字 7631，该函数应返回 1367。

5.29 （最大公约数）两个整数的最大公约数（GCD）是平均除以这两个数的最大整数。编写一个函数 gcd，返回两个整数的最大公约数。

5.30 （学生成绩的质量分）编写一个函数 toQualityPoints，输入一个学生的平均分，如果是 90~100 分，则返回 4；如果是 80~89 分，则返回 3；如果是 70~79 分，则返回 2；如果是 60~69 分，则返回 1，如果平均分低于 60 分，则返回 0。

5.31 （抛掷硬币）编写一个模拟抛掷硬币的程序。对于每一次抛掷硬币，都要显示正面或反面。让程序抛掷硬币 100 次，并计算正面和反面的数量。显示结果。该程序应该调用一个函数 flip，该函数不需要任何参数，反面返回 0，正面返回 1。如果程序真实地模拟了抛掷硬币的过程，那么硬币的每一面应该出现大约一半的时间，总共大约有 50 次正面和 50 次反面。

5.32 （猜数字）编写一个 C 语言程序，玩"猜数字"的游戏，如下所示。你的程序通过在 1~1000 的范围内随机选择一个整数来选择要猜的数字。然后，该程序输入：

```
I have a number between 1 and 1000.
Can you guess my number?
Please type your first guess.
```

玩家输入第一个猜测。程序的反应是以下之一：

```
1. Excellent! You guessed the number!
   Would you like to play again (y or n)?
2. Too low. Try again.
3. Too high. Try again.
```

如果猜错了，你的程序应该循环，直到玩家猜出数字。你的程序应该不断地告诉玩家"Too high"或"Too low"，以帮助玩家"锁定"正确的答案。

5.33 （猜数字的修改）修改练习 5.32 的方案，计算玩家的猜测次数。如果数字是 10 或更少，打印 "Either you know the secret or you got lucky!" 如果玩家在 10 次尝试中猜到了数字，那么打印 "Aha! You know the secret!" 如果玩家的猜测超过 10 次，则打印 "You should be able to do better!" 为什么需要不超过 10 次的猜测？好吧，每一个"好的猜测"，玩家应该能够消除一半的数字。现在请证明为什么任何 1~1000 的数字都可以在 10 次或更少的尝试中被猜出来。

5.34 （递归指数计算）编写一个递归函数 power(base, exponent)，它在调用时返回 base 的 exponent 次幂。例如，power(3, 4) = 3 * 3 * 3 * 3。假设 exponent 是一个大于或等于 1 的整数，提示：递归步骤将使用以下关系

$$\text{base}^{\text{exponent}} = \text{base} \times \text{base}^{\text{exponent} - 1}$$

而当 exponent 等于 1 时，终止条件出现，因为

$$\text{base}^1 = \text{base}$$

5.35 （斐波那契）斐波那契数列 0, 1, 1, 2, 3, 5, 8, 13, 21, … 从 0 和 1 开始，它的特性是后面的每项都是前面两项之和。首先，编写一个非递归函数 fibonacci(n) 来计算第 n 个斐波那契数。该函数的参数类型为 int，其返回类型为 unsigned long long int。然后，确定可以在你的系统上打印的最大斐波那契数。

5.36 （汉诺塔）每个刚起步的计算机科学家都必须处理某些经典问题，而汉诺塔（如图 5-12 所示）是其中最著名的一个。

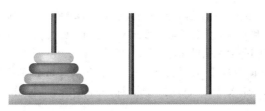

图 5-12　汉诺塔

传说在远东的一座寺庙里，祭司们正试图将一叠盘子从一个木桩移到另一个木桩。最初的一叠

盘子有 64 个，穿在一个木桩上，从下到上按大小排列。祭司们试图将这堆盘子从这个木桩上移到第二个木桩上，条件是每次只能移动一个盘子，而且任何时候都不能将大盘子放在小盘子上面。第三个木桩可用于临时存放盘子。据推测，当祭司们完成他们的任务时，世界就会结束，所以我们没有什么动力去帮助他们。

让我们假设祭司们试图将盘子从 1 号木桩移到 3 号木桩。我们希望开发一种算法，能够输出盘子到盘子木桩转移的精确顺序。

如果我们用传统的方法来处理这个问题，我们很快就会发现自己在管理盘子方面无望地纠结了。相反，如果我们用递归的方法来解决这个问题，它就会变得很容易解决。移动 $n$ 个盘子可以被看作只移动$(n-1)$个盘子（因此是递归），具体如下。

(a) 将$(n-1)$个盘子从木桩 1 移到木桩 2，用木桩 3 作为临时存放区。

(b) 将最后一个盘子（最大的）从木桩 1 移到木桩 3。

(c) 将$(n-1)$个盘子从木桩 2 移到木桩 3，使用木桩 1 作为临时存放区。

当最后一个任务涉及移动 $n=1$ 个盘子（即基本情况）时，这个过程就结束了。这是通过简单地移动盘子来完成的，不需要临时存放区。

编写一个程序来解决汉诺塔的问题。使用带有 4 个参数的递归函数：

(a) 要移动的盘子的数量；

(b) 这些盘子最初被穿在上面的木桩；

(c) 这些盘子要移到的木桩；

(d) 用来作为临时存放区的木桩。

你的程序应该打印出将盘子从起始木桩移动到目标木桩所需的精确指令。例如，要将一摞 3 个盘子从木桩 1 移到木桩 3，你的程序应该打印出以下一系列的移动作。

1 → 3 （这意味着将一个盘子从木桩 1 移到木桩 3。）

1 → 2

3 → 2

1 → 3

2 → 1

2 → 3

1 → 3

5.37 （汉诺塔：循环解决）任何可以递归实现的程序都可以循环实现，尽管有时难度大得多，清晰度低得多。请试着编写一个汉诺塔的循环版本。如果你成功了，将你的循环版本与你在练习 5.36 中开发的递归版本进行比较。调查一下性能、清晰度和你证明程序正确性的能力等问题。

5.38 （可视化递归）观察递归的"工作过程"是很有趣的。修改清单 5.9 的阶乘函数，打印其局部变量和递归调用参数。对于每个递归调用，在单独的一行中显示输出，并增加缩进的程度。尽最大努力使输出清晰、有趣和有意义。你的目标是设计和实现一种输出格式，帮助人们更好地理解递归。你可能想把这种显示功能添加到整本教材中的许多其他递归示例和练习中。

5.39 （递归最大公约数）整数 x 和 y 的最大公约数是 x 和 y 能整除的最大整数。编写一个递归函数 gcd 来返回参数 x 和 y 的最大公约数：如果 y 等于 0，那么 gcd(x, y)就是 x；否则 gcd(x, y)就是 gcd(y, x% y)，其中%是取余操作符。

5.40 （递归 main） main 能否被递归调用？编写一个包含函数 main 的程序。包括 static 局部变量 count，初始化为 1。每次调用 main 时，都要对 count 的值进行递增和打印。运行你的程序，会发生什么？

5.41 （点之间的距离）编写一个函数 distance，计算两点（x1, y1）和（x2, y2）之间的距离。所有的数字和返回值都应该是 double 类型的。

**5.42** 以下程序是做什么的？如果你交换第 7 行和第 8 行会发生什么？

```
 1  #include <stdio.h>
 2
 3  int main(void) {
 4     int c = '\0'; // variable to hold character input by user
 5
 6     if ((c = getchar()) != EOF) {
 7        main();
 8        printf("%c", c);
 9     }
10  }
```

**5.43** 以下程序是做什么的？

```
 1  #include <stdio.h>
 2
 3  int mystery(int a, int b); // function prototype
 4
 5  int main(void) {
 6     printf("%s", "Enter two positive integers: ");
 7     int x = 0; // first integer
 8     int y = 0; // second integer
 9     scanf("%d%d", &x, &y);
10
11     printf("The result is %d\n", mystery(x, y));
12  }
13
14  // Parameter b must be a positive integer
15  // to prevent infinite recursion
16  int mystery(int a, int b) {
17     // base case
18     if (1 == b) {
19        return a;
20     }
21     else { // recursive step
22        return a + mystery(a, b - 1);
23     }
24  }
```

**5.44** 在你确定练习 5.43 的程序是做什么的之后，取消第二个参数必须是正数的限制，将其修改为能够正确工作。

**5.45** （测试数学库函数）编写一个程序，测试 5.3 节图 5-2 的表中的数学库函数。通过让你的程序打印出不同参数值的返回值表，来练习其中的每个函数。

**5.46** 找出下列每个程序片段中的错误，并说明如何纠正。

(a) ```
double cube(float); // function prototype
cube(float number) { // function definition
    return number * number * number;
}
```

(b) ```
int randomNumber = srand();
```

(c) ```
double y = 123.45678;
int x;
x = y;
printf("%f\n", (double) x);
```

(d) ```
double square(double number) {
    double number;
    return number * number;
}
```

(e) ```
int sum(int n) {
    if (0 == n) {
        return 0;
    }
```
```

```
        else {
            return n + sum(n);
        }
    }
```

5.47 （双骰子游戏修改）修改清单 5.7 中的双骰子程序以允许下注。将程序中运行一个双骰子游戏的
部分打包成一个函数。将变量 bankBalance 初始化为 1000 美元。提示玩家输入一个 wager
（赌注）。使用 while 循环检查 wager 是否小于或等于 bankBalance，如果不是，提示用户重新输
入 wager，直到输入一个有效的 wager。在输入正确的 wager 后，运行一个双骰子游戏。如果玩
家赢了，让 bankBalance 增加 wager，并打印新的 bankBalance。如果玩家输了，让 bankBalance
减少 wager，打印新的 bankBalance，检查 bankBalance 是否为零，如果是，则打印消息，
"Sorry. You busted!"（对不起。你破产了！）随着游戏的进行，打印各种信息以创造一些"聊
天"，如 "Oh, you're going for broke, huh?"（哦，你要破产了，嗯？）或 "Aw cmon, take a
chance!"（哦，来吧，抓住机会！）或 "You're up big. Now's the time to cash in your chips!"（你
赢了很多。现在是兑现你的筹码的时候了！）

5.48 （研究项目：改进斐波那契的递归实现）在 5.15 节中，我们用来计算斐波那契数字的递归算法
在直觉上很有吸引力。然而，回顾一下，该算法导致了对递归函数调用的指数级爆炸。在网上
研究斐波那契的递归实现。研究各种方法，包括练习 5.35 中的循环版本和只使用所谓"尾递
归"的版本。讨论每种方法的相对优点。

## 计算机辅助教学

计算机为改善全世界所有学生的教育经验创造了令人兴奋的可能性，正如接下来的 5 个练习所建
议的那样。[注意：查看诸如"每个孩子一台笔记本电脑项目"（Laptop 网站）等倡议。]

5.49 （计算机辅助教学）计算机在教育中的使用被称为计算机辅助教学（Computer-Assisted
Instruction，CAI）。编写一个程序，帮助一个小学生学习乘法。使用 rand 函数产生两个正的 1
位数整数。然后程序应该提示用户一个问题，如

How much is 6 times 7?

然后学生输入答案。接下来，程序会检查学生的答案。如果是正确的，显示 "Very good!"（很
好！）并提出另一个乘法问题。如果答案是错误的，就显示 "No. Please try again."（不对，请再
试一次。）的信息，让学生反复尝试同一个问题，直到学生最终答对为止。应该用一个单独的
函数来生成每个新问题。这个函数应该在应用程序开始执行时被调用一次，并且在用户每次正
确回答问题时被调用。

5.50 （计算机辅助教学：减少学生的疲劳）CAI 环境中的一个问题是学生的疲劳。这可以通过改变计
算机的反应来保持学生的注意力。修改练习 5.49 的程序，使每个答案都显示不同的评论，
如下。

对正确答案的可能响应：

Very good!
Excellent!
Nice work!
Keep up the good work!

对不正确答案的可能响应：

No. Please try again.
Wrong. Try once more.
Don't give up!
No. Keep trying.

使用随机数生成，从 1～4 中选择一个数字，对每个正确或错误的答案，选择 4 个合适的响应
之一。使用一个 switch 语句来发出响应。

5.51 （计算机辅助教学：监测学生的表现）更为复杂的计算机辅助教学系统监测学生在一段时间内的
表现。开始一个新课题的决定通常是基于学生在以前课题上的成功。修改练习 5.50 的程序，计
算学生输入的正确和错误答案的数量。在学生输入 10 个答案后，你的程序应该计算出正确的

百分比。如果百分比低于 75%，显示 "Please ask your teacher for extra help."（请向你的老师寻求额外帮助。），然后重新设置程序，让另一个学生尝试。如果百分比是 75% 或更高，显示 "Congratulations, you are ready to go to the next level!"（恭喜你，你已经准备好进入下一关了!），然后重置程序，让另一个学生尝试。

5.52　（计算机辅助教学：难度等级）练习 5.49～练习 5.51 开发了一个计算机辅助教学程序来帮助教一个小学生乘法。修改该程序，允许用户输入难度等级。在难度为 1 的情况下，程序应该在问题中只使用个位数；在难度为 2 的情况下，使用大到两位数的数字，以此类推。

5.53　（计算机辅助教学：改变问题的类型）修改练习 5.52 的程序，允许用户选择要学习的算术问题类型。选项 1 表示只有加法问题，2 表示只有减法问题，3 表示只有乘法问题，4 表示所有这些类型的随机混合。

## 随机数模拟案例研究：龟兔赛跑

5.54　（龟兔赛跑）在这个问题中，你将重现历史上真正伟大的时刻之一：经典的龟兔赛跑。你将使用随机数生成来模拟这一令人难忘的事件。

我们的竞争者从 70 个方格的 "1 号方格" 开始比赛。每个方格代表了赛道上的一个可能位置。终点线在 70 号方格。第一个到达或通过 70 号方格的竞争者将得到一桶新鲜胡萝卜和生菜的奖励。赛道在湿滑的山坡上蜿蜒而上，因此，竞争者偶尔会处于不利位置。

有一个时钟每秒钟跳动一次。每滴答一次，根据如图 5-13 所示规则调整动物的位置。

| 动物 | 移动类型 | 时间的百分比 | 实际移动 |
|---|---|---|---|
| 乌龟 | 快爬 | 50% | 前进 3 格 |
|  | 打滑 | 20% | 后退 6 格 |
|  | 慢爬 | 30% | 前进 1 格 |
| 兔子 | 睡觉 | 20% | 完全不动 |
|  | 大跳 | 20% | 前进 9 格 |
|  | 大滑 | 10% | 后退 12 格 |
|  | 小跳 | 30% | 前进 1 格 |
|  | 小滑 | 20% | 后退 2 格 |

图 5-13　动物移动规则

使用变量来跟踪动物的位置（即位置编号为 1～70）。每只动物从 1 号位置开始（即 "出发门"）。如果一只动物在 1 号方格前向左滑落，则将该动物移回 1 号方格。如果一只动物移过 70 号方格，就把它移回 80 号方格。

通过在 $1 \leqslant x \leqslant 10$ 的范围内产生一个随机的整数 x，来产生前述表格中的百分比。对于乌龟来说，当 $1 \leqslant x \leqslant 5$ 时是 "快爬"，当 $6 \leqslant x \leqslant 7$ 时是 "打滑"，或当 $8 \leqslant x \leqslant 10$ 时是 "慢爬"。使用类似的技术来移动兔子。

比赛开始时打印

```
ON YOUR MARK, GET SET
BANG              !!!!
AND THEY'RE OFF   !!!!
```

然后，对于每一个时间片（即循环的每一次迭代），打印一条 70 个位置的线，显示乌龟位置的字母 T 和兔子位置的字母 H。偶尔，这两个竞争者会落在同一个方格上。在这种情况下，乌龟会咬住兔子，你的程序应该从这个位置开始打印 "OUCH!!!"。除了 T、H 或 OUCH!!（平局的情况）都应该是空白。

在打印完每一行后，测试任何一只动物是否已经到达或通过了方格 70。如果是，则打印赢家并终止模拟。如果乌龟赢了，打印 "TORTOISE WINS!!! YAY!!!"。如果兔子赢了，打印 "Hare wins. Yuch."。如果两只动物在同一时间赢了，你可能想支持乌龟（"黑马"），或者你可能想打印 "It's a tie."（这是一个平局）。如果两只动物都没有赢，则再次形成循环，模拟时钟的下一个刻度。当你准备好运行你的程序时，召集一群爱好者来观看比赛。你会对观众的参与程度感到惊讶的!

# 第6章 数 组

## 目标

在本章中，你将学习以下内容。

- 使用数组数据结构来表示数值的列表和表格。
- 定义数组、初始化数组和引用数组中的单个元素。
- 定义符号常量。
- 将数组传递给函数。
- 使用数组来存储、排序以及搜索值的列表和表格。
- 使用基本的描述性统计，如平均数、中位数和众数，介绍数据科学。
- 定义和操作多维数组。
- 创建可变长度数组，在执行时确定其大小。
- 了解与scanf的输入、printf的输出和数组有关的安全问题。

## 提纲

## 6.1　简介

本章介绍了数据结构。数组是由相同类型的相关数据项组成的数据结构。第 10 章讨论了 C 语言的 struct 概念——由可能不同类型的相关数据项组成的数据结构。数组和 struct 是"静态"实体,因为它们在整个生命周期中保持相同的大小。

## 6.2　数组

数组是一组连续存储在内存中的相同类型的元素。图 6-1 展示了一个名为 c 的整数数组,包含 5 个元素。

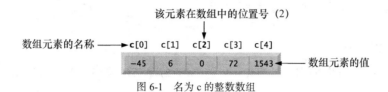

图 6-1　名为 c 的整数数组

为了引用数组中的某个特定位置或元素,我们指定数组的名称,然后在方括号中指定元素的位置号([])。第一个元素位于位置号 0(零)。位置号被称为元素的下标(或索引)。下标必须是一个非负的整数或整数表达式。

让我们更仔细地查看一下图 6-1 中的数组。该数组的名称是 c。c[0]的值是−45,c[2]的值是 0,c[4]的值是 1543。一个带下标的数组名称是一个左值,可以在赋值的左边使用。所以,语句:

```
c[2] = 1000;
```

将 c[2]的当前值(0)替换为 1000。要打印数组 c 前 3 个元素的值的总和,我们写成:

```
printf("%d", c[0] + c[1] + c[2]);
```

要将数组 c 中第 3 个元素的值除以 2,并将结果赋值给变量 x,写成:

```
x = c[3] / 2;
```

包围数组下标的方括号是一个具有最高优先级的操作符。图 6-2 显示了本书到目前为止介绍的操作符的优先级和组合情况。

| 操作符 | | | 组合 | 类型 |
|---|---|---|---|---|
| [] | () | ++(后缀)　--(后缀) | 从左到右 | 最高 |
| + | - | !　++(前缀)　--(前缀)　(类型) | 从右到左 | 一元 |
| * | / | % | 从左到右 | 乘法 |
| + | - | | 从左到右 | 加法 |
| < | <=　>　>= | | 从左到右 | 关系 |
| == | != | | 从左到右 | 相等 |
| && | | | 从左到右 | 逻辑 AND |
| \|\| | | | 从左到右 | 逻辑 OR |
| ?: | | | 从右到左 | 条件 |
| = | +=　-=　*=　/=　%= | | 从右到左 | 赋值 |
| , | | | 从左到右 | 逗号 |

图 6-2　目前为止介绍的操作符的优先级和组合情况

### ✔ 自测题

1　(选择)以下哪项陈述是错误的?

(a)任何数组元素都可以通过在方括号([])中给出数组的名称和元素的位置号来引用。

　　（b）每个数组的第一个元素的位置号是 1。

　　（c）数组的名称和其他标识符一样，只能包含字母、数字和下划线，不能以数字开头。

　　（d）方括号中的位置号称为元素的下标（或索引），必须是一个整数或整数表达式。

　　答案：（b）是错误的。实际上，每个数组的第一个元素的位置号是 0。

2　（代码）编写一条语句，显示 int 型数组 grades 的前 4 个元素所含数值的 int 型乘积。

　　答案：printf("%d", grades[0] * grades[1] * grades[2] * grades[3]);

## 6.3　定义数组

　　当你定义一个数组时，你要指定它的元素类型和元素数量，这样编译器就可以保留适当的内存量。下面的定义为整数数组 c 保留了 5 个元素，它的下标范围是 0～4。

```
int c[5];
```

定义

```
int b[100];
int x[27];
```

为整数数组 b 保留了 100 个元素，为整数数组 x 保留了 27 个元素，这两个数组的下标范围分别为 0～99 和 0～26。

　　一个 char 型数组可以存储一个字符串。字符串及其与数组的相似性将在第 8 章讨论。指针和数组之间的关系将在第 7 章讨论。

### ✓　自测题

（选择）以下哪项陈述是错误的？

（a）当创建一个数组时，你要指定数组的元素类型和元素数量，这样编译器可以保留适当的内存量。

（b）下面的定义为 double 型数组 temperatures 保留了空间，该数组的索引号范围是 0～6：

```
double temperatures[7];
```

（c）下面的定义为 float 型数组 b 保留 50 个元素，为 float 型数组 x 保留 19 个元素：

```
float b[50];
float x[19];
```

（d）string 类型的数组可以存储一个字符串。

答案：（d）是错误的。实际上，char 类型的数组可以存储一个字符串。C 语言没有 string 类型。

## 6.4　数组示例

　　本节介绍了几个示例展示如何定义和初始化数组，以及如何执行许多常见的数组操作。

### 6.4.1　定义数组并使用循环来设置数组的元素值

　　像任何其他局部变量一样，未初始化的数组元素包含“垃圾”值。清单 6.1 使用 for 语句将 5 个元素的整数数组 n 的元素设置为 0（第 10～12 行），并以表格格式打印数组（第 17～19 行）。第一个 printf 语句（第 14 行）显示了后续的 for 语句中打印的两列的列标题。

清单6.1 I 将数组元素初始化为0

```
1   // fig06_01.c
2   // Initializing the elements of an array to zeros.
3   #include <stdio.h>
4
5   // function main begins program execution
6   int main(void) {
7       int n[5]; // n is an array of five integers
8
```

```
 9      // set elements of array n to 0
10      for (size_t i = 0; i < 5; ++i) {
11          n[i] = 0; // set element at location i to 0
12      }
13
14      printf("%s%8s\n", "Element", "Value");
15
16      // output contents of array n in tabular format
17      for (size_t i = 0; i < 5; ++i) {
18          printf("%7zu%8d\n", i, n[i]);
19      }
20  }
```

```
Element    Value
      0        0
      1        0
      2        0
      3        0
      4        0
```

在每个 for 语句中，计数器控制变量 i 的类型是 size_t（第 10 行和第 17 行）。C 标准规定 size_t 代表无符号整型，建议用于代表数组大小或下标的任何变量。size_t 类型定义在头文件<stddef.h>中，它通常包含在其他头文件（如<stdio.h>）中[①]。转换规范 %zu 用于显示 size_t 值。

## 6.4.2　在定义中用初始值列表初始化数组

在定义数组时，你可以通过在花括号（{}）中提供用逗号分隔的数组初始值列表来初始化数组的元素。清单 6.2 用 5 个值初始化了一个整数数组（第 7 行），并以表格的形式打印出来。

**清单 6.2 | 用初始值列表初始化数组的元素**

```
 1  // fig06_02.c
 2  // Initializing the elements of an array with an initializer list.
 3  #include <stdio.h>
 4
 5  // function main begins program execution
 6  int main(void) {
 7      int n[5] = {32, 27, 64, 18, 95}; // initialize n with initializer list
 8
 9      printf("%s%8s\n", "Element", "Value");
10
11      // output contents of array in tabular format
12      for (size_t i = 0; i < 5; ++i) {
13          printf("%7zu%8d\n", i, n[i]);
14      }
15  }
```

```
Element    Value
      0       32
      1       27
      2       64
      3       18
      4       95
```

如果初始值的数量少于数组元素，其余元素就会被初始化为 0。例如，清单 6.1 可以将数组 n 的元素初始化为 0，如下所示：

int n[5] = {0}; // initializes entire array to zeros

这显式地将 n[0]初始化为 0，隐式地将其余元素初始化为 0。如果你在数组初始值列表中提供的初始值多于数组中的元素，这就是一个编译错误。例如，下面的数组定义产生了一个编译错误，因为有 4　⊗ERR

---

① 如果你试图编译清单 6.1 并遇到错误，请在你的程序中包含<stddef.h>。

个初始值，只有 3 个元素：

```
int n[3] = {32, 27, 64, 18};
```

下面的定义创建了一个 5 个元素的数组，初始化为 1～5 的值：

```
int n[] = {1, 2, 3, 4, 5};
```

当你省略数组大小时，编译器会从数字初始值中计算出数组的元素数。

## 6.4.3　用符号常量指定数组的大小，用计算方法初始化数组元素

清单 6.3 用 2、4、6、8 和 10 的值初始化 5 个元素的数组 s，然后以表格形式打印数组。为了生成这些值，我们将循环计数器乘以 2，然后加上 2。

**清单 6.3丨将数组 s 的元素初始化为 2～10 的偶数**

```
1   // fig06_03.c
2   // Initializing the elements of array s to the even integers from 2 to 10.
3   #include <stdio.h>
4   #define SIZE 5 // maximum size of array
5
6   // function main begins program execution
7   int main(void) {
8       // symbolic constant SIZE can be used to specify array size
9       int s[SIZE] = {0}; // array s has SIZE elements
10
11      for (size_t j = 0; j < SIZE; ++j) { // set the values
12          s[j] = 2 + 2 * j;
13      }
14
15      printf("%s%8s\n", "Element", "Value");
16
17      // output contents of array s in tabular format
18      for (size_t j = 0; j < SIZE; ++j) {
19          printf("%7zu%8d\n", j, s[j]);
20      }
21  }
```

```
Element   Value
      0       2
      1       4
      2       6
      3       8
      4      10
```

第 4 行使用#define 预处理器指令

```
#define SIZE 5
```

来创建数值为 5 的符号常量 SIZE。符号常量是一个标识符，在程序编译之前，C 语言预处理器会用替换文本来替换它。在这个程序中，预处理器将所有 SIZE 的出现都替换为 5。

用符号常量来指定数组的大小，这使程序更容易阅读和修改。例如，在清单 6.3 中，我们可以让第一个 for 循环（第 11 行）填充一个 1000 个元素的数组，只需将#define 指令中 SIZE 的值从 5 改为 1000。如果没有这个符号常量，我们就必须改变第 9、11 和 18 行的程序。随着程序越来越大，这种技术对于编写清晰、易读、可维护的程序变得越来越有用。符号常量（如 SIZE）比数值 5 更容易理解，后者在整个代码中可能有不同的含义。

不要用分号来结束#define 预处理器指令。如果你在第 4 行这样做，那么预处理器会将所有出现的 SIZE 替换为文本 "5;"。这可能导致编译时的语法错误或执行时的逻辑错误。请记住，预处理器不是 C 语言编译器。

在可执行语句中给符号常量赋值是一个编译错误——符号常量不是变量。按照惯例，符号常量的名称只能使用大写字母，这样它们在程序中就很突出。这也提醒了你，符号常量不是变量。

### 6.4.4 对数组中的元素求和

清单 6.4 对 5 个元素的整数数组 a 中的数值进行求和。for 语句的主体（第 14 行）进行求和。

**清单6.4 | 计算数组的元素之和**

```
1  // fig06_04.c
2  // Computing the sum of the elements of an array.
3  #include <stdio.h>
4  #define SIZE 5
5
6  // function main begins program execution
7  int main(void) {
8     // use an initializer list to initialize the array
9     int a[SIZE] = {1, 2, 3, 4, 5};
10    int total = 0; // sum of array
11
12    // sum contents of array a
13    for (size_t i = 0; i < SIZE; ++i) {
14       total += a[i];
15    }
16
17    printf("The total of a's values is %d\n", total);
18 }
```

```
The total of a's values is 15
```

### 6.4.5 使用数组来总结调查的结果

我们的下一个示例使用数组来总结在调查中收集的数据的结果。考虑以下问题陈述：

20 名学生被要求对学生食堂的食物质量进行评分，评分标准为 1~5（1 表示糟糕，5 表示优秀）。将这 20 个回答放在一个整数数组中，并总结出投票的结果。

清单 6.5 是一个典型的数组应用。我们希望总结每一种类型的回答的数量。20 个元素的数组 responses（第 10~11 行）包含了学生的回答。我们使用 6 个元素的数组 frequency（第 14 行）来计算每个回答的出现次数。我们忽略了 frequency[0]，因为让回答 1 增加 frequency[1] 而不是 frequency[0] 是合乎逻辑的。这使得我们可以直接使用每个回答作为 frequency 数组的下标。你应该努力追求程序的清晰性。有时候，为了写出更清晰的程序而牺牲掉最有效的内存或处理器时间可能是值得的。有时对性能的考虑要超过对清晰性的考虑。

**清单6.5 | 分析学生投票**

```
1  // fig06_05.c
2  // Analyzing a student poll.
3  #include <stdio.h>
4  #define RESPONSES_SIZE 20 // define array sizes
5  #define FREQUENCY_SIZE 6
6
7  // function main begins program execution
8  int main(void) {
9     // place the survey responses in the responses array
10    int responses[RESPONSES_SIZE] =
11       {1, 2, 5, 4, 3, 5, 2, 1, 3, 1, 4, 3, 3, 3, 2, 3, 3, 2, 2, 5};
12
13    // initialize frequency counters to 0
14    int frequency[FREQUENCY_SIZE] = {0};
15
16    // for each answer, select the value of an element of the array
17    // responses and use that value as a subscript into the array
18    // frequency to determine the element to increment
```

```
19      for (size_t answer = 0; answer < RESPONSES_SIZE; ++answer) {
20          ++frequency[responses[answer]];
21      }
22
23      // display results
24      printf("%s%12s\n", "Rating", "Frequency");
25
26      // output the frequencies in a tabular format
27      for (size_t rating = 1; rating < FREQUENCY_SIZE; ++rating) {
28          printf("%6zu%12d\n", rating, frequency[rating]);
29      }
30  }
```

```
Rating      Frequency
    1              3
    2              5
    3              7
    4              2
    5              3
```

### frequency 计数器是如何递增的

for 循环（第 19~21 行）从 responses 中获取每个回答，并增加 5 个 frequency 数组计数器（frequency[1]到 frequency[5]）之一。循环中的关键语句是第 20 行：

```
++frequency[responses[answer]];
```

它根据表达式 responses[answer]的值来递增相应的 frequency 计数器。当计数器变量 answer 为 0 时，responses[answer]为 1，所以 "++frequency[responses[answer]];" 被解释为

```
++frequency[1];
```

它使 frequency[1]递增。当 answer 是 1 时，responses[answer]的值是 2，所以 "++frequency[responses[answer]];" 被解释为

```
++frequency[2];
```

它使 frequency[2]递增。当 answer 是 2 时，responses[answer]的值是 5，所以 "++frequency[responses[answer]];" 被解释为

```
++frequency[5];
```

它使 frequency[5]递增，以此类推。

### 无效的调查回答

无论处理多少调查回答，都只需要一个 6 个元素的 frequency 数组（忽略 0 元素）来总结结果。但是，如果数据包含一个无效的值，如 13，怎么办？在这种情况下，程序会试图在 frequency[13]中添加 1，这就超出了数组的界限。C 语言没有数组边界检查功能来防止程序引用不存在的元素。因此，SEC 一个外部程序可以在没有警告的情况下 "越过" 数组的任何一端——这是我们在 6.13 节讨论的安全问题。程序应该验证所有的输入值是否正确，以防止错误的信息影响程序的计算。

### 验证数组下标

ERR 在数组边界之外引用元素是一个逻辑错误。当循环遍历数组时，数组的下标不应该低于 0，而且应该总是小于数组元素的总数——数组的大小减去 1。你应该确保所有的数组引用都保持在数组的范围内。

## 6.4.6    用条形图表示数组元素的值

我们的下一个示例（清单 6.6）从数组中读取数字，并以条形图的形式显示这些信息。我们在每个数字后面显示一个由许多星号组成的条形图。嵌套的 for 语句（第 17~19 行）通过循环 n[i]次来显示条形图，每次循环显示一个星号。第 21 行结束每个条形图。

**清单 6.6 | 显示条形图**

```
1   // fig06_06.c
2   // Displaying a bar chart.
3   #include <stdio.h>
4   #define SIZE 5
5
6   // function main begins program execution
7   int main(void) {
8      // use initializer list to initialize array n
9      int n[SIZE] = {19, 3, 15, 7, 11};
10
11     printf("%s%13s%17s\n", "Element", "Value", "Bar Chart");
12
13     // for each element of array n, output a bar of the bar chart
14     for (size_t i = 0; i < SIZE; ++i) {
15        printf("%7zu%13d%8s", i, n[i], "");
16
17        for (int j = 1; j <= n[i]; ++j) { // print one bar
18           printf("%c", '*');
19        }
20
21        puts(""); // end a bar with a newline
22     }
23  }
```

```
Element       Value    Bar Chart
      0          19     *******************
      1           3     ***
      2          15     ***************
      3           7     *******
      4          11     ***********
```

## 6.4.7　抛掷骰子 60000000 次并将结果汇总到一个数组中

在第 5 章中我们说过，我们将展示一种更优雅的方式来编写清单 5.5 的抛掷骰子程序。回顾一下，该程序将一个六面骰子抛掷了 60000000 次，并显示了面数。清单 6.7 是清单 5.5 的一个数组版本。第 17 行取代了清单 5.5 的整个 20 行 switch 语句。我们再次使用了一个忽略 0 号元素的 frequency 数组，所以我们可以把骰子的面数值作为数组的下标。

**清单 6.7 | 抛掷一个六面骰子 60000000 次**

```
1   // fig06_07.c
2   // Roll a six-sided die 60000000 times
3   #include <stdio.h>
4   #include <stdlib.h>
5   #include <time.h>
6   #define SIZE 7
7
8   // function main begins program execution
9   int main(void) {
10     srand(time(NULL)); // seed random number generator
11
12     int frequency[SIZE] = {0}; // initialize all frequency counts to 0
13
14     // roll die 60000000 times
15     for (int roll = 1; roll <= 60000000; ++roll) {
16        size_t face = 1 + rand() % 6;
17        ++frequency[face]; // replaces entire switch of Fig. 5.5
18     }
19
20     printf("%s%17s\n", "Face", "Frequency");
21
22     // output frequency elements 1-6 in tabular format
23     for (size_t face = 1; face < SIZE; ++face) {
```

```
24        printf("%4zu%17d\n", face, frequency[face]);
25    }
26 }
```

```
Face          Frequency
  1            9997167
  2           10003506
  3           10001940
  4            9995833
  5           10000843
  6           10000711
```

### ✓ 自测题

1  （代码）重写以下代码段，定义一个 7 个元素的 double 型数组 m，并将其每个元素初始化为 10：

```
int n[5]; // n is an array of five integers

// set elements of array n to 0
for (size_t i = 0; i < 5; ++i) {
    n[i] = 0; // set element at location i to 0
}
```
答案：
```
double m[7]; // m is an array of 7 doubles

// set elements of array m to 10.0
for (size_t i = 0; i < 7; ++i) {
    m[i] = 10.0; // set element at location i to 10.0
}
```

2  （选择）以下哪项陈述是正确的？

(a) 对于一个 int 型数组，如果你提供的初始值少于数组中的元素，其余元素就会被初始化为 0。

(b) 在数组初始值列表中提供的初始值比数组元素的数量多（例如，int n[3] = {32, 27, 64, 18};），这是一个语法错误，因为有 4 个初始值但只有 3 个数组元素。

(c) 如果在有初始值列表的定义中省略了数组大小，编译器会根据初始值列表中的元素数量来决定元素的数量。因此，下面创建了一个 3 个元素的 int 型数组 s。
```
int s[] = {10, 20, 30};
```

(d) 以上所有的陈述都是正确的。

答案：(d)。

## 6.5  使用字符数组来存储和操作字符串

数组可以保存任何类型的数据，不过一个给定的数组中的所有元素必须具有相同的类型。我们现在讨论在字符数组中存储字符串。到目前为止，我们拥有的唯一的字符串处理能力是用 printf 输出字符串。像"hello"这样的字符串实际上是由单个字符组成的数组。

### 6.5.1  用字符串初始化字符数组

字符数组有几个独特的特点。字符数组可以用字符串字面量来初始化。例如
```
char string1[] = "first";
```
将数组 string1 的元素初始化为字符串字面量"first"中的各个字符。在这个示例中，编译器根据字符串的长度来确定数组 string1 的大小。字符串"first"包含 5 个字符和一个表示字符串结束的空（null）字符。所以，string1 实际上包含 6 个元素。代表空字符的转义序列是'\0'。所有的字符串都以这个字符结束。代表字符串的字符数组应该定义得足够大，以容纳该字符串的字符数和结束的空字符。

### 6.5.2　用字符的初始化列表初始化字符数组

字符数组也可以用初始化列表中的单个字符常量来初始化，但是这可能是很烦琐的。上面的定义等同于

```
char string1[] = {'f', 'i', 'r', 's', 't', '\0'};
```

### 6.5.3　访问字符串中的字符

你可以使用数组下标符号直接访问字符串的各个字符。因此，string1[0]是字符 'f，string1[3]是字符's'，string1[5]是字符'\0'。

### 6.5.4　输入字符数组

下面的定义创建了一个字符数组，能够存储最多 19 个字符的字符串和一个表示字符串结束的空字符：

```
char string2[20];
```

语句

```
scanf("%19s", string2);
```

从键盘上读取一个字符串到 string2。将数组名称传递给 scanf，而不使用与非字符串变量一起使用的&。通常，&是用来向 scanf 提供一个变量在内存中的位置，以便将值存储在内存中。在 6.7 节，当我们讨论将数组传递给函数时，会讨论为什么数组名称不需要&。

你有责任确保读入字符串的数组有能力容纳用户在键盘上输入的任何字符串。scanf 函数不检查数组有多大。它将读取字符，直到遇到空格、制表符、换行符或文件结束符。字符串 string2 的长度不应超过 19 个字符，以便为表示结束的空字符留出空间。如果用户输入 20 个或更多的字符，你的程序可能会崩溃或产生一个名为缓冲区溢出的安全漏洞。出于这个原因，我们使用了转换规范%19s。这告诉 scanf 最多读取 19 个字符，防止它向内存中写入超过 string2 结尾的字符。（在 6.13 节中，我们将重新讨论输入字符数组引起的潜在安全问题，并讨论 C 标准的 scanf_s 函数。）

### 6.5.5　输出代表字符串的字符数组

代表字符串的字符数组可以使用%s 转换规范用 printf 输出。例如，你可以用以下方法打印字符数组 string2：

```
printf("%s\n", string2);
```

和 scanf 一样，printf 不检查字符数组的大小。它显示字符串的字符，直到遇到一个表示结束的空字符。（考虑一下，如果由于某种原因，表示结束的空字符丢失，会打印出什么。）

### 6.5.6　演示字符数组

清单 6.8 演示了用一个字符串字面量初始化一个字符数组，将一个字符串读入一个字符数组，将一个字符数组打印为一个字符串，以及访问字符串中的各个字符。该程序使用 for 语句（第 20～22 行）在 string1 数组中循环，并使用%c 转换规范打印由空格分隔的单个字符。当计数器小于数组的大小，并且在字符串中没有遇到表示结束的空字符时，for 语句中的条件为真。这个程序只读取不含空白字符的字符串。我们将在第 8 章展示如何读取含有空白字符的字符串。

**清单6.8 | 将字符数组视为字符串**

```
1   // fig06_08.c
2   // Treating character arrays as strings.
3   #include <stdio.h>
4   #define SIZE 20
5
6   // function main begins program execution
7   int main(void) {
8      char string1[SIZE] = ""; // reserves 20 characters
9      char string2[] = "string literal"; // reserves 15 characters
10
11     // prompt for string from user then read it into array string1
12     printf("%s", "Enter a string (no longer than 19 characters): ");
13     scanf("%19s", string1); // input no more than 19 characters
14
15     // output strings
16     printf("string1 is: %s\nstring2 is: %s\n", string1, string2);
17     puts("string1 with spaces between characters is:");
18
19     // output characters until null character is reached
20     for (size_t i = 0; i < SIZE && string1[i] != '\0'; ++i) {
21        printf("%c ", string1[i]);
22     }
23
24     puts("");
25  }
```

```
Enter a string (no longer than 19 characters): Hello there
string1 is: Hello
string2 is: string literal
string1 with spaces between characters is:
H e l l o
```

### ✓ 自测题

1  （选择）以下哪项陈述是错误的？

(a) 一个代表字符串的字符数组可以用 printf 和%s 转换规范输出，如：

printf("%s\n", month);

(b) 函数 printf 和 scanf 一样，不检查字符数组的大小。

(c) 当函数 printf 显示一个代表字符串的字符数组的字符时，当它试图打印超过数组末端的第一个字符时就会停止。

答案：(c) 是错误的。实际上，printf 一直在显示字符，直到遇到一个表示结束的空字符为止，即使它已经远远超过了数组的末端。

2  （判断）下面的数组最多可以存储 20 个字符的字符串和一个表示结束的空字符：

char name1[20];

答案：错。实际上，该语句创建了一个字符数组，能够存储最多 19 个字符的字符串和一个表示结束的空字符。

## 6.6  静态局部数组和自动局部数组

第 5 章讨论了存储类型说明符 static。一个 static 局部变量在程序的持续时间内存在，但只在函数主体中可见。我们可以将 static 应用于局部数组的定义，以防止在每次调用函数时创建和初始化数组，并在函数退出时销毁数组。这可以减少程序的执行时间，特别是对于那些频繁调用包含大型数组的函数的程序。static 的数组在程序启动时被初始化一次。如果没有显式初始化 static 数组，那么该数组的元素默认初始化为 0。

清单 6.9 展示了带有局部 static 数组（第 23 行）的函数 staticArrayInit（第 21～38 行）和带有局部自动数组（第 43 行）的函数 automaticArrayInit（第 41～58 行）。函数 staticArrayInit 被调用两次

（第 11 行和第 15 行）。函数中的局部 static 数组在程序启动时被初始化为 0（第 23 行）。该函数打印数组，在每个元素上加 5，然后再次打印数组。第二次调用该函数时，static 数组包含第一次调用时存储的值。

**清单 6.9 | 静态数组如果没有明确的初始化，则初始化为 0**

```c
1   // fig06_09.c
2   // Static arrays are initialized to zero if not explicitly initialized.
3   #include <stdio.h>
4
5   void staticArrayInit(void); // function prototype
6   void automaticArrayInit(void); // function prototype
7
8   // function main begins program execution
9   int main(void) {
10      puts("First call to each function:");
11      staticArrayInit();
12      automaticArrayInit();
13
14      puts("\n\nSecond call to each function:");
15      staticArrayInit();
16      automaticArrayInit();
17      puts("");
18  }
19
20  // function to demonstrate a static local array
21  void staticArrayInit(void) {
22      // initializes elements to 0 before the function is called
23      static int array1[3];
24
25      puts("\nValues on entering staticArrayInit:");
26
27      // output contents of array1
28      for (size_t i = 0; i <= 2; ++i) {
29          printf("array1[%zu] = %d   ", i, array1[i]);
30      }
31
32      puts("\nValues on exiting staticArrayInit:");
33
34      // modify and output contents of array1
35      for (size_t i = 0; i <= 2; ++i) {
36          printf("array1[%zu] = %d   ", i, array1[i] += 5);
37      }
38  }
39
40  // function to demonstrate an automatic local array
41  void automaticArrayInit(void) {
42      // initializes elements each time function is called
43      int array2[3] = {1, 2, 3};
44
45      puts("\n\nValues on entering automaticArrayInit:");
46
47      // output contents of array2
48      for (size_t i = 0; i <= 2; ++i) {
49          printf("array2[%zu] = %d   ", i, array2[i]);
50      }
51
52      puts("\nValues on exiting automaticArrayInit:");
53
54      // modify and output contents of array2
55      for (size_t i = 0; i <= 2; ++i) {
56          printf("array2[%zu] = %d   ", i, array2[i] += 5);
57      }
58  }
```

```
First call to each function:

Values on entering staticArrayInit:
```

```
array1[0] = 0   array1[1] = 0   array1[2] = 0
Values on exiting staticArrayInit:
array1[0] = 5   array1[1] = 5   array1[2] = 5

Values on entering automaticArrayInit:
array2[0] = 1   array2[1] = 2   array2[2] = 3
Values on exiting automaticArrayInit:
array2[0] = 6   array2[1] = 7   array2[2] = 8

Second call to each function:

Values on entering staticArrayInit:
array1[0] = 5   array1[1] = 5   array1[2] = 5 —上次调用保留的值
Values on exiting staticArrayInit:
array1[0] = 10   array1[1] = 10   array1[2] = 10

Values on entering automaticArrayInit:
array2[0] = 1   array2[1] = 2   array2[2] = 3 —上次调用后重新初始化的值
Values on exiting automaticArrayInit:
array2[0] = 6   array2[1] = 7   array2[2] = 8
```

　　函数 automaticArrayInit 也被调用两次（第 12 行和第 16 行）。自动局部数组的元素被初始化为 1、2 和 3 的值（第 43 行）。该函数打印数组，给每个元素加 5，然后再次打印数组。在第二次调用该函数时，数组元素再次被初始化为 1、2 和 3，因为该数组有自动存储时间。

### ✓ 自测题

（选择）以下哪些陈述是正确的？

（a）static 局部变量在程序运行期间存在，但只在函数主体中可见。

（b）static 局部数组只被创建和初始化一次，而不是在每次调用函数的时候都创建和初始化。这就减少了程序的执行时间，特别是对于那些频繁调用包含大型数组的函数的程序。

（c）如果没有显式初始化一个 static 数组，该数组的元素默认被初始化为 0。

答案：（a）（b）（c）。

## 6.7　将数组传递给函数

　　要将一个数组参数传递给一个函数，需要指定数组的名称，不需要任何括号。例如，如果数组 hourlyTemperatures 被定义为

```
int hourlyTemperatures[HOURS_IN_A_DAY];
```

函数调用

```
modifyArray(hourlyTemperatures,  HOURS_IN_A_DAY)
```

将数组 hourlyTemperatures 和它的大小传递给函数 modifyArray。

　　回顾一下，C 语言中所有的参数都是按值传递的。然而，C 语言会自动按引用将数组传递给函数——被调函数可以修改调用者的原始数组元素值。我们将在第 7 章中看到，这并不矛盾。一个数组的名称求值为数组第一个元素在内存中的地址。因为数组的起始地址被传递，被调函数准确地知道数组的存储位置。所以，被调函数对数组元素的任何修改都会改变原始数组元素在调用者那里的值。

### 显示数组名称是一个地址

　　清单 6.10 通过打印 array、&array[0]和&array，使用%p 转换规范打印地址，来证明"数组名称的值"实际上是数组的第一个元素的地址。%p 转换规范通常将地址显示为十六进制数字，但这是取决于编译器的。十六进制（基数 16）数字由数字 0～9 和字母 A～F 组成——相当于十进制数字 10～15。在线附录 E 深入讨论了二进制（基数 2）、八进制（基数 8）、十进制（基数 10，标准整数）和十六进

制整数之间的关系。输出显示 array、&array 和&array[0]具有相同的值。这个程序的输出与系统有关，但在特定计算机上的每次程序执行，其地址总是相同的。

**清单 6.10 | 数组名称与数组的第一个元素的地址相同**

```
1  // fig06_10.c
2  // Array name is the same as the address of the array's first element.
3  #include <stdio.h>
4
5  // function main begins program execution
6  int main(void) {
7     char array[5] = ""; // define an array of size 5
8
9     printf("    array = %p\n&array[0] = %p\n   &array = %p\n",
10       array, &array[0], &array);
11 }
```

```
    array = 0031F930
&array[0] = 0031F930
   &array = 0031F930
```

出于性能方面的考虑，按引用传递数组是合理的。如果数组是按值传递的，那么会传递每个元素的副本传递。对于大型的、经常传递的数组来说，这将是非常耗时的，并且会消耗数组副本的存储空间。按值传递数组是可能的（通过把它放在一个 struct 中，正如我们在第 10 章中所解释的）。 ⊗ERR　↗PERF

### 传递单个数组元素

尽管整个数组是按引用传递的，但是单个数组元素是按值传递，就像其他变量一样。单个的数据（如单独的整数、浮点数和字符）被称为标量。要把数组元素传递给函数，请在函数调用中使用下标的数组名称作为参数。在第 7 章，我们将展示如何按引用将标量（即单个变量和数组元素）传递给函数。

### 数组参数

对于通过函数调用接收数组的函数，函数的参数列表必须预期收到一个数组。函数 modifyArray（在本节的前面）的函数头可以写为

```
void modifyArray(int b[], size_t size)
```

表示 modifyArray 期望在参数 b 中接收一个 int 型数组，在参数 size 中接收该数组的元素数。在数组参数的方括号中不需要数组的元素数。如果它被包括在内，编译器会检查它是否大于 0，然后忽略它——指定负值是一个编译错误。当被调用的函数使用数组名称 b 时，它将指向调用者的原始数组。因此，在函数调用中： ⊗ERR

```
modifyArray(hourlyTemperatures,  HOURS_IN_A_DAY)
```

modifyArray 的参数 b 在调用者中表示 hourlyTemperatures。在第 7 章中，我们将介绍表示函数接收数组的其他符号。正如我们将看到的，这些符号是基于数组和指针之间的密切关系。

### 传递整个数组和传递数组元素的区别

清单 6.11 展示了传递整个数组和传递单个数组元素之间的区别。该程序首先打印了整数数组 a 的 5 个元素（第 18～20 行）。接下来，我们将数组 a 及其大小传递给 modifyArray（第 24 行），它将 a 的每个元素乘以 2（第 45～47 行）。然后，第 28～30 行显示 a 的更新内容。正如输出所显示的，modifyArray 确实修改了 a 的元素。接下来，第 34 行打印了 a[3]的值，第 36 行将其传递给函数 modifyElement。该函数将其参数乘以 2（第 53 行）并打印出新的值。当 main 的第 39 行再次显示 a[3]时，它并没有被修改，因为单个数组元素是按值传递的。

**清单 6.11 | 将数组和单个数组元素传递给函数**

```
1  // fig06_11.c
2  // Passing arrays and individual array elements to functions.
3  #include <stdio.h>
```

```
 4  #define SIZE 5
 5
 6  // function prototypes
 7  void modifyArray(int b[], size_t size);
 8  void modifyElement(int e);
 9
10  // function main begins program execution
11  int main(void) {
12     int a[SIZE] = {0, 1, 2, 3, 4}; // initialize array a
13
14     puts("Effects of passing entire array by reference:\n\nThe "
15        "values of the original array are:");
16
17     // output original array
18     for (size_t i = 0; i < SIZE; ++i) {
19        printf("%3d", a[i]);
20     }
21
22     puts(""); // outputs a newline
23
24     modifyArray(a, SIZE); // pass array a to modifyArray by reference
25     puts("The values of the modified array are:");
26
27     // output modified array
28     for (size_t i = 0; i < SIZE; ++i) {
29        printf("%3d", a[i]);
30     }
31
32     // output value of a[3]
33     printf("\n\n\nEffects of passing array element "
34        "by value:\n\nThe value of a[3] is %d\n", a[3]);
35
36     modifyElement(a[3]); // pass array element a[3] by value
37
38     // output value of a[3]
39     printf("The value of a[3] is %d\n", a[3]);
40  }
41
42  // in function modifyArray, "b" points to the original array "a" in memory
43  void modifyArray(int b[], size_t size) {
44     // multiply each array element by 2
45     for (size_t j = 0; j < size; ++j) {
46        b[j] *= 2; // actually modifies original array
47     }
48  }
49
50  // in function modifyElement, "e" is a local copy of array element
51  // a[3] passed from main
52  void modifyElement(int e) {
53     e *= 2; // multiply parameter by 2
54     printf("Value in modifyElement is %d\n", e);
55  }
```

```
Effects of passing entire array by reference:

The values of the original array are:
   0   1   2   3   4
The values of the modified array are:
   0   2   4   6   8

Effects of passing array element by value:

The value of a[3] is 6
Value in modifyElement is 12
The value of a[3] is 6
```

## 使用 const 来防止函数修改数组元素

在你的程序中，可能有这样的情况：函数不应该修改数组元素。C 语言的类型限定符 const　　ⒶSE
（"constant" 的缩写）可以防止函数修改参数。当数组参数前面有 const 限定符时，该函数将数组元素
视为常量。任何试图在函数主体中修改数组元素的尝试都会导致编译时错误。这是最小权限原则的另　　⊗ERR
一个例子。除非是绝对必要，否则不应该赋予函数在调用者中修改数组的能力。

下面是一个名为 tryToModifyArray 的函数的定义，它使用参数 const int b[]（第 3 行）来指定数组
b 是常量，不能被修改：

```
1   // in function tryToModifyArray, array b is const, so it cannot be
2   // used to modify its array argument in the caller
3   void tryToModifyArray(const int b[]) {
4       b[0] /= 2; // error
5       b[1] /= 2; // error
6       b[2] /= 2; // error
7   }
```

该函数每次尝试修改数组元素都会导致编译器错误。const 限定符在第 7 章中会有更多的讨论。

### ✓ 自测题

1　（选择）以下哪项陈述是错误的？

（a）给定以下数组 hourlyTemperatures：

　　　`int hourlyTemperatures[HOURS_IN_A_DAY];`

　　　下面的函数调用将 hourlyTemperatures 和它的大小传递给 modifyArray：

　　　`modifyArray(hourlyTemperatures, HOURS_IN_A_DAY)`

（b）回顾一下，C 语言中所有的参数都是按值传递的，所以 C 语言会自动按值将数组传递给
　　　函数。

（c）数组的名称被求值为数组第一个元素的地址。

（d）因为数组的第一个元素的地址被传递，所以被调函数准确地知道数组的存储位置。

答案：（b）是错误的。实际上，C 语言自动按引用将数组传递给函数——被调用的函数可以修改
　　　调用者原来数组中的元素值。

2　（讨论）根据以下函数头中有意义的函数名称和参数定义，尽可能多地描述这个函数可能做什么：

　　`void modifyArray(int b[], size_t size)`

答案：函数 modifyArray 希望在参数 b 中接收一个整数数组，在参数 size 中接收数组元素的数量。
　　　数组是按引用传递的，所以该函数能够在调用者中修改原始数组。

## 6.8　对数组排序

对数据排序（即将数据按升序或降序排列）是最重要的计算应用之一。银行在每个月的月底都会
按账号对支票进行排序，以编制个人银行报表。电话公司按姓氏对其账户列表进行排序，并在此基础
上按名字排序，以便于查找电话号码。几乎每个组织都必须对一些数据进行排序，而且在很多情况下
是大量的数据。数据排序是一个有趣的问题，吸引了部分最密集的计算机科学研究工作。在这里，我
们讨论一个简单的排序方案。在第 12 章和第 13 章，我们将研究产生更好性能的更复杂的方案。通常
情况下，最简单的算法性能很差。它们的优点是容易编写、测试和调试。为了实现最大的性能，往往　　⚡PERF
需要更复杂的算法。

### 冒泡排序

清单 6.12 将 10 个元素的数组 a 的值（第 8 行）按升序排序。我们使用的技术被称为冒泡排序或
下沉排序，因为较小的值会像水中的气泡一样逐渐"冒"到数组的顶部，而较大的值会下沉到数组的
底部。该技术使用了多次遍历数组的方法。每次遍历时，算法都会比较连续的元素对（元素 0 和元素 1，

然后是元素 1 和元素 2，等等）。如果一对元素处于升序（或者如果数值是相同的），我们就保留它们的值。如果一对元素处于降序，我们就在数组中交换它们的值。

**清单 6.12 | 将数组的值按升序排列**

```c
1   // fig06_12.c
2   // Sorting an array's values into ascending order.
3   #include <stdio.h>
4   #define SIZE 10
5
6   // function main begins program execution
7   int main(void) {
8       int a[SIZE] = {2, 6, 4, 8, 10, 12, 89, 68, 45, 37};
9
10      puts("Data items in original order");
11
12      // output original array
13      for (size_t i = 0; i < SIZE; ++i) {
14          printf("%4d", a[i]);
15      }
16
17      // bubble sort
18      // loop to control number of passes
19      for (int pass = 1; pass < SIZE; ++pass) {
20          // loop to control number of comparisons per pass
21          for (size_t i = 0; i < SIZE - 1; ++i) {
22              // compare adjacent elements and swap them if first
23              // element is greater than second element
24              if (a[i] > a[i + 1]) {
25                  int hold = a[i];
26                  a[i] = a[i + 1];
27                  a[i + 1] = hold;
28              }
29          }
30      }
31
32      puts("\nData items in ascending order");
33
34      // output sorted array
35      for (size_t i = 0; i < SIZE; ++i) {
36          printf("%4d", a[i]);
37      }
38
39      puts("");
40  }
```

```
Data items in original order
   2   6   4   8  10  12  89  68  45  37
Data items in ascending order
   2   4   6   8  10  12  37  45  68  89
```

首先，程序将 a[0] 与 a[1] 进行比较，然后将 a[1] 与 a[2] 进行比较，再将 a[2] 与 a[3] 进行比较，以此类推，直到将 a[8] 与 a[9] 比较完毕。虽然有 10 个元素，但只进行了 9 次比较。由于连续比较的方式，一个大的数值在一次遍历中可能向下移动许多位置，但是一个小的数值可能只向上移动一个位置。

在第一次遍历中，保证最大的值下沉到数组的底层元素 a[9]。在第二次遍历时，第二大的值保证下沉到 a[8]。在第九次遍历时，第九大的值下沉到 a[1]。这样就把最小的值留在了 a[0] 中，所以只需要遍历 9 遍就可以对 10 个元素的数组进行排序。

## 交换元素

排序是由嵌套的 for 循环来完成的（第 19～30 行）。如果有必要就进行交换，它由第 25～27 行中的 3 个赋值操作执行：

```c
int hold = a[i];
a[i] = a[i + 1];
a[i + 1] = hold;
```

变量 hold 临时存储了被交换的两个值中的一个。只用下面这两个赋值操作不能进行交换：

```
a[i] = a[i + 1];
a[i + 1] = a[i];
```

例如，如果 a[i] 是 7，a[i + 1] 是 5，在第一次赋值后，两个值都是 5，而 7 的值会丢失——因此需要额外的变量 hold。

### 冒泡排序很容易实现，但速度很慢

冒泡排序的主要优点是它很容易编程。然而，它运行缓慢，因为每一次交换都使一个元素向它的最终目标只移动一个位置。这在对大数组进行排序时变得很明显。在练习中，我们将开发出更有效的冒泡排序版本。比冒泡排序更有效的排序方法已经被开发出来。我们将在第 13 章研究其他算法。更高级的课程会更深入地研究排序和搜索。

### ✔ 自测题

1　（选择）以下哪项陈述是正确的？

（a）冒泡排序的主要优点是它很容易编程。

（b）冒泡排序的运行速度很慢，因为每一次交换都会使一个元素向它的最终位置只移动一个位置。这在对大数组进行排序时变得很明显。

（c）比冒泡排序更有效的排序方法已经被开发出来。

（d）以上所有的陈述都是正确的。

答案：（d）。

2　（判断）如果在冒泡排序中需要进行交换，它使用赋值：

```
a[i] = a[i + 1];
a[i + 1] = a[i];
```

答案：错。实际上，交换需要多一个变量，多一条语句：

```
int hold = a[i];
a[i] = a[i + 1];
a[i + 1] = hold;
```

其中，变量 hold 临时存储了被交换的两个值中的一个。

## 6.9　数据科学入门案例研究：调查数据分析

我们现在考虑一个更大的示例。计算机通常被用于调查数据分析，以收集和分析问卷调查和民意测验的结果。清单 6.13 用数组 response 初始化了 99 个对问卷调查的回答。每个回答都是一个 1～9 的数字。该程序计算了 99 个值的平均数、中位数和众数。这个示例包括许多数组问题中需要的常见操作，包括将数组传递给函数。请注意，第 48～52 行包含几个仅由空格分隔的字符串字面量。C 语言编译器会自动将这些字符串字面量合并为一个，这有助于让长字符串字面量更具可读性。

**清单 6.13 | 用数组进行调查数据分析：计算数据的平均数、中位数和众数**

```
 1  // fig06_13.c
 2  // Survey data analysis with arrays:
 3  // computing the mean, median and mode of the data.
 4  #include <stdio.h>
 5  #define SIZE 99
 6
 7  // function prototypes
 8  void mean(const int answer[]);
 9  void median(int answer[]);
10  void mode(int freq[], const int answer[]) ;
11  void bubbleSort(int a[]);
12  void printArray(const int a[]);
13
14  // function main begins program execution
15  int main(void) {
```

```
16      int frequency[10] = {0}; // initialize array frequency
17
18      // initialize array response
19      int response[SIZE] =
20          {6,  7,  8,  9,  8,  7,  8,  9,  8,  9,
21           7,  8,  9,  5,  9,  8,  7,  8,  7,  8,
22           6,  7,  8,  9,  3,  9,  8,  7,  8,  7,
23           7,  8,  9,  8,  9,  8,  9,  7,  8,  9,
24           6,  7,  8,  7,  8,  7,  9,  8,  9,  2,
25           7,  8,  9,  8,  9,  8,  9,  7,  5,  3,
26           5,  6,  7,  2,  5,  3,  9,  4,  6,  4,
27           7,  8,  9,  6,  8,  7,  8,  9,  7,  8,
28           7,  4,  4,  2,  5,  3,  8,  7,  5,  6,
29           4,  5,  6,  1,  6,  5,  7,  8,  7};
30
31      // process responses
32      mean(response);
33      median(response);
34      mode(frequency, response);
35  }
36
37  // calculate average of all response values
38  void mean(const int answer[]) {
39      printf("%s\n%s\n%s\n", "--------", "    Mean", "--------");
40
41      int total = 0; // variable to hold sum of array elements
42
43      // total response values
44      for (size_t j = 0; j < SIZE; ++j) {
45          total += answer[j];
46      }
47
48      printf("The mean is the average value of the data\n"
49             "items. The mean is equal to the total of\n"
50             "all the data items divided by the number\n"
51             "of data items (%u). The mean value for\n"
52             "this run is: %u / %u = %.4f\n\n",
53             SIZE, total, SIZE, (double) total / SIZE);
54  }
55
56  // sort array and determine median element's value
57  void median(int answer[]) {
58      printf("\n%s\n%s\n%s\n%s", "--------", " Median", "--------",
59             "The unsorted array of responses is");
60
61      printArray(answer); // output unsorted array
62
63      bubbleSort(answer); // sort array
64
65      printf("%s", "\n\nThe sorted array is");
66      printArray(answer); // output sorted array
67
68      // display median element
69      printf("\n\nThe median is element %u of\n"
70             "the sorted %u element array.\n"
71             "For this run the median is %u\n\n",
72             SIZE / 2, SIZE, answer[SIZE / 2]);
73  }
74
75  // determine most frequent response
76  void mode(int freq[], const int answer[]) {
77      printf("\n%s\n%s\n%s\n", "--------", "    Mode", "--------");
78
79      // initialize frequencies to 0
80      for (size_t rating = 1; rating <= 9; ++rating) {
81          freq[rating] = 0;
82      }
83
84      // summarize frequencies
```

```
85      for (size_t j = 0; j < SIZE; ++j) {
86          ++freq[answer[j]];
87      }
88
89      // output headers for result columns
90      printf("%s%11s%19s\n\n%54s\n%54s\n\n",
91              "Response", "Frequency", "Bar Chart",
92              "1    1    2    2", "5    0    5    0    5");
93
94      // output results
95      int largest = 0; // represents largest frequency
96      int modeValue = 0; // represents most frequent response
97
98      for (size_t rating = 1; rating <= 9; ++rating) {
99          printf("%8zu%11d              ", rating, freq[rating]);
100
101         // keep track of mode value and largest frequency value
102         if (freq[rating] > largest) {
103             largest = freq[rating];
104             modeValue = rating;
105         }
106
107         // output bar representing frequency value
108         for (int h = 1; h <= freq[rating]; ++h) {
109             printf("%s", "*");
110         }
111
112         puts(""); // being new line of output
113     }
114
115     // display the mode value
116     printf("\nThe mode is the most frequent value.\n"
117             "For this run the mode is %d which occurred %d times.\n",
118             modeValue, largest);
119 }
120
121 // function that sorts an array with bubble sort algorithm
122 void bubbleSort(int a[]) {
123     // loop to control number of passes
124     for (int pass = 1; pass < SIZE; ++pass) {
125         // loop to control number of comparisons per pass
126         for (size_t j = 0; j < SIZE - 1; ++j) {
127             // swap elements if out of order
128             if (a[j] > a[j + 1]) {
129                 int hold = a[j];
130                 a[j] = a[j + 1];
131                 a[j + 1] = hold;
132             }
133         }
134     }
135 }
136
137 // output array contents (20 values per row)
138 void printArray(const int a[]) {
139     // output array contents
140     for (size_t j = 0; j < SIZE; ++j) {
141
142         if (j % 20 == 0) { // begin new line every 20 values
143             puts("");
144         }
145
146         printf("%2d", a[j]);
147     }
148 }
```

```
--------
Mean
--------
```

```
The mean is the average value of the data
items. The mean is equal to the total of
all the data items divided by the number
of data items (99). The mean value for
this run is: 681 / 99 = 6.8788

--------
 Median
--------
The unsorted array of responses is
 6 7 8 9 8 7 8 9 8 9 7 8 9 5 9 8 7 8 7 8
 6 7 8 9 3 9 8 7 8 7 7 8 9 8 9 8 9 7 8 9
 6 7 8 7 8 7 9 8 9 2 7 8 9 8 9 8 9 7 5 3
 5 6 7 2 5 3 9 4 6 4 7 8 9 6 8 7 8 9 7 8
 7 4 4 2 5 3 8 7 5 6 4 5 6 1 6 5 7 8 7

The sorted array is
 1 2 2 2 3 3 3 3 4 4 4 4 4 5 5 5 5 5 5 5
 5 6 6 6 6 6 6 6 6 6 7 7 7 7 7 7 7 7 7 7
 7 7 7 7 7 7 7 7 7 7 7 7 7 8 8 8 8 8 8 8
 8 8 8 8 8 8 8 8 8 8 8 8 8 8 8 8 8 8 8 8
 9 9 9 9 9 9 9 9 9 9 9 9 9 9 9 9 9 9 9

The median is element 49 of
the sorted 99 element array.
For this run the median is 7

--------
 Mode
--------
Response        Frequency       Bar Chart
                                         1   1   2   2
                                     5   0   5   0   5
        1           1       *
        2           3       ***
        3           4       ****
        4           5       *****
        5           8       ********
        6           9       *********
        7          23       ***********************
        8          27       ***************************
        9          19       *******************

The mode is the most frequent value.
For this run the mode is 8 which occurred 27 times.
```

## 平均数

平均数是 99 个值的算术平均值。函数 mean（第 38～54 行）通过对 99 个元素进行加总并将结果除以 99 来计算平均数。

## 中位数

中位数是中间值。函数 median（第 57～73 行）首先通过调用函数 bubbleSort（定义在第 122～135 行）对回答进行排序。然后，它通过挑选排序后的数组的中间元素 answer[SIZE / 2]来确定中位数。当元素的数量是偶数时，中位数应该被计算为两个中间元素的平均值——函数 median 目前没有提供这种能力。第 61 行和第 66 行调用函数 printArray（第 138～148 行）来输出排序前后的 response 数组。

## 众数

众数是在 99 个回答中出现频率最高的值。函数 mode（第 76～119 行）通过计算每种类型的回答的数量来确定众数，然后选择具有最大计数的值。这个版本的函数 mode 并不处理出现平局的情况（见练习 6.14）。函数 mode 还产生一个条形图，来帮助以图形方式确定众数。

**相关练习**

本案例研究得到以下练习的支持：

■ 练习 6.14。

## ✔ 自测题

1. （选择）以下哪些陈述是正确的？

   （a）中位数是排序后的数据项中的中间值。

   （b）寻找数组中值的中位数的算法是将数组按升序排序，然后选取排序后的数组的中间元素。

   （c）当元素的数量是偶数时，中位数的计算方法是两个中间元素的平均值。

   答案：（d）。

2. （选择）以下哪些陈述是正确的？

   （a）众数是在数据项中出现频率最高的值。

   （b）寻找众数的算法是计算每个值的出现次数，然后选择出现频率最高的值。确定众数的一个问题是在出现平局的情况下该如何处理。

   （c）众数可以通过在条形图中绘制数值的频率来直观地确定——最长的条形代表众数。

   答案：（a）（b）（c）。

# 6.10 搜索数组

你经常要处理存储在数组中的大量数据。可能有必要确定一个数组是否包含与某个键值相匹配的值。在数组中寻找键值的过程称为搜索。本节讨论了两种搜索技术——简单的线性搜索技术，以及更有效（但更复杂）的二分搜索技术。练习 6.32 和练习 6.33 要求你实现线性搜索和二分搜索的递归版本。

## 6.10.1 用线性搜索来搜索数组

线性搜索（清单 6.14，第 37～46 行）将每个数组元素与搜索键进行比较。数组没有排序，所以在第一个元素和最后一个元素中找到值的可能性是一样的。因此，平均来说，程序将不得不把搜索键与一半的数组元素进行比较。如果找到键值，我们返回该元素的下标；否则，我们返回-1（一个无效的下标）。

**清单 6.14 | 数组的线性搜索**

```
1   // fig06_14.c
2   // Linear search of an array.
3   #include <stdio.h>
4   #define SIZE 100
5
6   // function prototype
7   int linearSearch(const int array[], int key, size_t size);
8
9   // function main begins program execution
10  int main(void) {
11     int a[SIZE] = {0}; // create array a
12
13     // create some data
14     for (size_t x = 0; x < SIZE; ++x) {
15        a[x] = 2 * x;
16     }
17
18     printf("Enter integer search key: ");
19     int searchKey = 0; // value to locate in array a
20     scanf("%d", &searchKey);
```

```
21
22      // attempt to locate searchKey in array a
23      int subscript = linearSearch(a, searchKey, SIZE);
24
25      // display results
26      if (subscript != -1) {
27          printf("Found value at subscript %d\n", subscript);
28      }
29      else {
30          puts("Value not found");
31      }
32  }
33
34  // compare key to every element of array until the location is found
35  // or until the end of array is reached; return subscript of element
36  // if key is found or -1 if key is not found
37  int linearSearch(const int array[], int key, size_t size) {
38      // loop through array
39      for (size_t n = 0; n < size; ++n) {
40          if (array[n] == key) {
41              return n; // return location of key
42          }
43      }
44
45      return -1; // key not found
46  }
```

```
Enter integer search key: 36
Found value at subscript 18
Enter integer search key: 37
Value not found
```

## 6.10.2　用二分搜索来搜索数组

　　线性搜索对于小型或未排序的数组来说效果很好。然而，对于大型数组，线性搜索是低效的。如果数组是有序的，可以使用高速的二分搜索技术。

　　二分搜索算法在每次比较后都不用考虑有序数组一半的元素。该算法定位中间的数组元素并将其与搜索键进行比较。如果它们相等，算法就找到了搜索键，所以它返回该元素的下标。如果它们不相等，问题就减少到搜索数组的一半。如果搜索键小于数组中间的元素，算法就搜索数组的前半部分；否则就搜索后半部分。如果搜索键不是当前子数组的中间元素（原数组的一部分），则算法在原数组的四分之一上重复进行。搜索继续进行，直到搜索键等于子数组的中间元素，或者直到子数组不包含等于搜索键的元素——即搜索键没有找到。

PERF ✗　**二分搜索算法的性能**

　　在最坏的情况下，搜索包含 1023 个元素的有序数组只需要 10 次比较。重复用 1024 除以 2 可以得到 512、256、128、64、32、16、8、4、2 和 1 的值。数字 1024（$2^{10}$）只需 10 次除以 2 就可以得到 1 的值。除以 2 相当于算法中的一次比较。一个由 1048576（$2^{20}$）个元素组成的数组最多只需要 20 次比较就能找到搜索键。一个 10 亿元素的有序数组，最多只需要 30 次比较就能找到搜索键。这比有序数组的线性搜索的性能有了极大的提高，线性搜索需要将搜索键与数组中一半元素的平均值进行比较。对于一个 10 亿元素的数组来说，这就是平均 5 亿次比较和最多 30 次比较之间的区别！任何数组的最大比较次数可以通过找到第一个大于数组元素数量的 2 的幂来确定。

**实现二分搜索**

　　清单 6.15 展示了函数 binarySearch 的循环版本（第 39~60 行）。该函数接收 4 个参数：要搜索的整数数组 b，要寻找的整数 key，low 数组下标和 high 数组下标。最后两个参数定义了要搜索的数组部分。如果搜索键与一个子数组的中间元素不匹配，则修改 low 下标或 high 下标，这样就可以搜索更小的子数组。

- 如果搜索键小于中间元素，算法将 high 下标设置为 middle – 1（第 52 行），然后继续搜索下标在 low～middle – 1 范围内的元素。
- 如果搜索键大于中间元素，则算法将 low 下标设置为 middle + 1（第 55 行），然后继续搜索下标在 middle + 1～high 范围内的元素。

该程序使用一个 15 个元素的数组。比该数组中的元素个数大的第一个 2 的幂是 $16(2^4)$，所以不需要超过 4 次的比较就可以找到搜索键。在二分搜索过程中，我们使用函数 printHeader（第 63～79 行）来输出数组的下标，使用函数 printRow（第 83～99 行）来输出每个子数组。我们在每个子数组的中间元素上标上星号（*），以表示搜索键所要比较的元素。

**清单 6.15 | 有序数组的二分搜索**

```c
1   // fig06_15.c
2   // Binary search of a sorted array.
3   #include <stdio.h>
4   #define SIZE 15
5
6   // function prototypes
7   int binarySearch(const int b[], int key, size_t low, size_t high);
8   void printHeader(void);
9   void printRow(const int b[], size_t low, size_t mid, size_t high);
10
11  // function main begins program execution
12  int main(void) {
13     int a[SIZE] = {0}; // create array a
14
15     // create data
16     for (size_t i = 0; i < SIZE; ++i) {
17        a[i] = 2 * i;
18     }
19
20     printf("%s", "Enter a number between 0 and 28: ");
21     int key = 0; // value to locate in array a
22     scanf("%d", &key);
23
24     printHeader();
25
26     // search for key in array a
27     int result = binarySearch(a, key, 0, SIZE - 1);
28
29     // display results
30     if (result != -1) {
31        printf("\n%d found at subscript %d\n", key, result);
32     }
33     else {
34        printf("\n%d not found\n", key);
35     }
36  }
37
38  // function to perform binary search of an array
39  int binarySearch(const int b[], int key, size_t low, size_t high) {
40     // loop until low subscript is greater than high subscript
41     while (low <= high) {
42        size_t middle = (low + high) / 2; // determine middle subscript
43
44        // display subarray used in this loop iteration
45        printRow(b, low, middle, high);
46
47        // if key matches, return middle subscript
48        if (key == b[middle]) {
49           return middle;
50        }
```

```
51        else if (key < b[middle]) { // if key < b[middle], adjust high
52            high = middle - 1; // next iteration searches low end of array
53        }
54        else { // key > b[middle], so adjust low
55            low = middle + 1; // next iteration searches high end of array
56        }
57    } // end while
58
59    return -1; // searchKey not found
60 }
61
62 // Print a header for the output
63 void printHeader(void) {
64    puts("\nSubscripts:");
65
66    // output column head
67    for (int i = 0; i < SIZE; ++i) {
68        printf("%3d ", i);
69    }
70
71    puts(""); // start new line of output
72
73    // output line of - characters
74    for (int i = 1; i <= 4 * SIZE; ++i) {
75        printf("%s", "-");
76    }
77
78    puts(""); // start new line of output
79 }
80
81 // Print one row of output showing the current
82 // part of the array being processed.
83 void printRow(const int b[], size_t low, size_t mid, size_t high) {
84    // loop through entire array
85    for (size_t i = 0; i < SIZE; ++i) {
86        // display spaces if outside current subarray range
87        if (i < low || i > high) {
88            printf("%s", "    ");
89        }
90        else if (i == mid) { // display middle element
91            printf("%3d*", b[i]); // mark middle value
92        }
93        else { // display other elements in subarray
94            printf("%3d ", b[i]);
95        }
96    }
97
98    puts(""); // start new line of output
99 }
```

```
Enter a number between 0 and 28: 25

Subscripts:
 0  1  2  3  4  5  6  7   8   9  10  11  12  13  14
---------------------------------------------------------------
 0  2  4  6  8 10 12 14*  16  18  20  22  24  26  28
                         16  18  20  22* 24  26  28
                                        24  26* 28
                                        24*
25 not found
```

```
Enter a number between 0 and 28: 8

Subscripts:
 0  1  2  3  4  5  6  7   8   9  10  11  12  13  14
---------------------------------------------------------------
 0  2  4  6  8 10 12 14*  16  18  20  22  24  26  28
```

```
0   2   4   6*  8   10   12
                8   10*  12
                8*
8 found at subscript 4
```

```
Enter a number between 0 and 28: 6

Subscripts:
 0   1   2   3   4   5    6    7    8    9   10   11   12   13   14
-------------------------------------------------------------------
 0   2   4   6   8   10   12   14*  16   18   20   22   24   26   28
 0   2   4   6*  8   10   12
6 found at subscript 3
```

### ✓ 自测题

1 （选择）以下关于线性搜索的陈述哪个是错误的？
  （a）它将每个数组元素与搜索键进行比较。
  （b）因为数组没有任何特定的顺序，所以在第一个元素和最后一个元素中找到值的可能性一样大。
  （c）平均来说，它将搜索键与数组中一半的元素进行比较。
  （d）对于小型或未排序的数组，它的效果很好。对于大型数组来说，它的效率很低。
  答案：（a）是错误的。它可以在到达数组的末端之前找到一个匹配的元素，在这种情况下，它将在将每个元素与搜索键进行比较之前终止搜索。

2 （选择）以下关于二分搜索的陈述哪个是错误的？
  （a）如果数组是有序的，可以使用高速的二分搜索技术。
  （b）二分搜索算法在每次比较后都不考虑排序后的数组中的两个元素。
  （c）该算法找到数组的中间元素，并将其与搜索键进行比较。如果它们相等，就会找到搜索键，并返回该元素的数组索引。如果搜索键小于数组的中间元素，那么该算法将搜索数组的前半部分；否则，该算法将搜索数组的后半部分。
  （d）搜索继续进行，直到搜索键等于子数组的中间元素，或者直到子数组不包含等于搜索键的元素（即搜索键没有找到）。
  答案：（b）是错误的。实际上，二分搜索算法在每次比较后都不用考虑有序数组一半的元素。

## 6.11 多维数组

数组可以有多个下标。多维数组的一个常见用途是表示由排列在行和列中的信息组成的数值表。为了识别一个特定的表元素，我们指定两个下标：
- 第一个（按惯例）标识该元素的行；
- 第二个（按惯例）标识该元素的列。

需要两个下标来标识特定元素的数组通常称为二维数组。多维数组可以有两个以上的下标。

### 6.11.1 展示二维数组

图 6-3 展示了一个名为 a 的二维数组。

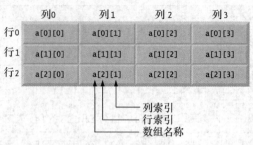

图 6-3 名为 a 的二维数组

这个数组包含 3 行 4 列，所以说它是一个 3×4 的数组。一般来说，一个有 m 行 n 列的数组被称为
m × n 的数组。

数组 a 中的每个元素都由 a[i][j] 形式的名称来标识，其中 a 是数组名称，i 和 j 是唯一标识每个元
素的下标。第 0 行的元素名称都有第一个下标 0，第 3 列的元素名称都有第二个下标 3。将一个二维
数组元素引用为 a[x, y] 而不是 a[x][y]，这是一个逻辑错误。C 语言将 a[x, y] 视为 a[y]，所以这个程序
错误不是一个语法错误。逗号在这里是一个逗号操作符，它保证表达式的列表从左到右进行求值。逗
号分隔的表达式列表的值是列表中最右边的表达式的值。

ERR⊗

## 6.11.2 初始化双下标数组

你可以在定义多维数组的时候初始化它。例如，你可以用以下方式定义并初始化二维数组
int b[2][2]：

```
int b[2][2] = {{1, 2}, {3, 4}};
```
初始值列表中的值按行用花括号组合。第一组花括号中的值初始化为第 0 行，第二组花括号中的值初
始化为第 1 行。所以，值 1 和 2 分别初始化元素 b[0][0] 和 b[0][1]，而值 3 和 4 分别初始化元素 b[1][0]
和 b[1][1]。如果某一行没有足够的初始值，该行剩余的元素将被初始化为 0。所以定义

```
int b[2][2] = {{1}, {3, 4}};
```
将把 b[0][0] 初始化为 1，b[0][1] 初始化为 0，b[1][0] 初始化为 3，b[1][1] 初始化为 4。清单 6.16 展示了
定义和初始化二维数组的过程。

**清单 6.16 | 初始化多维数组**

```
 1  // fig06_16.c
 2  // Initializing multidimensional arrays.
 3  #include <stdio.h>
 4
 5  void printArray(int a[][3]); // function prototype
 6
 7  // function main begins program execution
 8  int main(void) {
 9     int array1[2][3] = {{1, 2, 3}, {4, 5, 6}};
10     puts("Values in array1 by row are:");
11     printArray(array1);
12
13     int array2[2][3] = {{1, 2, 3}, {4, 5}};
14     puts("Values in array2 by row are:");
15     printArray(array2);
16
17     int array3[2][3] = {{1, 2}, {4}};
18     puts("Values in array3 by row are:");
19     printArray(array3);
20  }
21
22  // function to output array with two rows and three columns
23  void printArray(int a[][3]) {
24     // loop through rows
```

```
25      for (size_t i = 0; i <= 1; ++i) {
26          // output column values
27          for (size_t j = 0; j <= 2; ++j) {
28              printf("%d ", a[i][j]);
29          }
30
31          printf("\n"); // start new line of output
32      }
33  }
```

```
Values in array1 by row are:
1 2 3
4 5 6
Values in array2 by row are:
1 2 3
4 5 0
Values in array3 by row are:
1 2 0
4 0 0
```

### array1 的定义

该程序定义了 3 个 2 行 3 列的数组。array1 的定义（第 9 行）在两个子列表中提供了 6 个初始值。第一个子列表将第 0 行初始化为值 1、2 和 3，第二个子列表将第 1 行初始化为值 4、5 和 6。

### array2 的定义

array2 的定义（第 13 行）在两个子列表中提供了 5 个初始值，将第 0 行初始化为 1、2 和 3，将第 1 行初始化为 4、5 和 0。任何没有显式初始化的元素都自动初始化为 0，所以 array2[1][2] 被初始化为 0。

### array3 的定义

array3 的定义（第 17 行）在两个子列表中提供了 3 个初始值。第 1 行的子列表显式地将该行的前两个元素初始化为 1 和 2，隐式地将第三个元素初始化为 0。第 2 行的子列表显式地将第一个元素初始化为 4，隐式地将最后两个元素初始化为 0。

### printArray 函数

程序调用 printArray（第 23～33 行）来输出每个数组的元素。该函数定义将数组参数指定为 int a[][3]。在一维数组参数中，数组方括号是空的。多维数组的第一个下标是不需要的，但所有后续的下标是需要的。编译器使用这些下标来确定多维数组元素在内存中的位置。所有的数组元素都是连续存储在内存中的，与下标的数量无关。在二维数组中，第 1 行被存储在内存中，接下来是第 2 行。

在参数声明中提供下标值使编译器能够告诉函数如何定位数组元素。在二维数组中，每一行本质上是一个一维数组。为了定位某一行的元素，编译器必须知道每一行有多少个元素，这样在访问数组时可以跳过适当数量的内存位置。因此，在我们的示例中，当访问 a[1][2] 时，编译器知道要跳过第 1 行的 3 个元素进入第 2 行（行 1）。然后，编译器就会访问该行的元素 2。

## 6.11.3　设置某一行的元素

许多常见的数组操作都使用了循环语句。例如，下面的语句将 3×4 的 int 型数组 a 的第 2 行的所有元素设置为 0：

```
for (int column = 0; column <= 3; ++column) {
    a[2][column] = 0;
}
```

我们指定了第 2 行，所以第一个下标总是 2。循环只改变了列的下标。前面的 for 语句等同于赋值语句：

```
a[2][0] = 0;
a[2][1] = 0;
a[2][2] = 0;
a[2][3] = 0;
```

### 6.11.4　累加二维数组中的元素

下面的嵌套 for 语句对 3×4 的 int 型数组 a 中的元素进行累加：

```
int total = 0;
for (int row = 0; row <= 2; ++row) {
    for (int column = 0; column <= 3; ++column) {
        total += a[row][column];
    }
}
```

for 语句一次对一行元素进行累加。外层 for 语句首先将 row 的下标设置为 0，这样该行的元素就可以被内层 for 语句累加。然后外层 for 语句将 row 递增到 1，这样该行的元素就可以被累加。最后外层 for 语句将 row 递增到 2，这样该行的元素就可以被累加。当嵌套的 for 语句结束时，total 包含了数组 a 中所有元素的总和。

### 6.11.5　二维数组操作

清单 6.17 使用 for 语句对一个名为 studentGrades 的 3×4 数组进行了一些常见的数组操作。每一行代表一个学生，每一列代表学生在本学期参加的 4 次考试中的一次成绩。数组的操作由 4 个函数来完成。

- 函数 minimum（第 38~52 行）找到该学期任何学生的最低成绩。
- 函数 maximum（第 55~69 行）找到该学期任何学生的最高成绩。
- 函数 average（第 72~81 行）计算一个特定学生的学期平均成绩。
- 函数 printArray（第 84~98 行）以整齐的表格形式显示二维数组。

**清单6.17 | 二维数组操作**

```
1  // fig06_17.c
2  // Two-dimensional array manipulations.
3  #include <stdio.h>
4  #define STUDENTS 3
5  #define EXAMS 4
6
7  // function prototypes
8  int minimum(const int grades[][EXAMS], size_t pupils, size_t tests);
9  int maximum(const int grades[][EXAMS], size_t pupils, size_t tests);
10 double average(const int setOfGrades[], size_t tests);
11 void printArray(const int grades[][EXAMS], size_t pupils, size_t tests);
12
13 // function main begins program execution
14 int main(void) {
15    // initialize student grades for three students (rows)
16    int studentGrades[STUDENTS][EXAMS] =
17       {{77, 68, 86, 73},
18        {96, 87, 89, 78},
19        {70, 90, 86, 81}};
20
21    // output array studentGrades
22    puts("The array is:");
23    printArray(studentGrades, STUDENTS, EXAMS);
24
25    // determine smallest and largest grade values
26    printf("\n\nLowest grade: %d\nHighest grade: %d\n",
27       minimum(studentGrades, STUDENTS, EXAMS),
28       maximum(studentGrades, STUDENTS, EXAMS));
```

```
29
30     // calculate average grade for each student
31     for (size_t student = 0; student < STUDENTS; ++student) {
32        printf("The average grade for student %zu is %.2f\n",
33           student, average(studentGrades[student], EXAMS));
34     }
35  }
36
37  // Find the minimum grade
38  int minimum(const int grades[][EXAMS], size_t pupils, size_t tests) {
39     int lowGrade = 100; // initialize to highest possible grade
40
41     // loop through rows of grades
42     for (size_t row = 0; row < pupils; ++row) {
43        // loop through columns of grades
44        for (size_t column = 0; column < tests; ++column) {
45           if (grades[row][column] < lowGrade) {
46              lowGrade = grades[row][column];
47           }
48        }
49     }
50
51     return lowGrade; // return minimum grade
52  }
53
54  // Find the maximum grade
55  int maximum(const int grades[][EXAMS], size_t pupils, size_t tests) {
56     int highGrade = 0; // initialize to lowest possible grade
57
58     // loop through rows of grades
59     for (size_t row = 0; row < pupils; ++row) {
60        // loop through columns of grades
61        for (size_t column = 0; column < tests; ++column) {
62           if (grades[row][column] > highGrade) {
63              highGrade = grades[row][column];
64           }
65        }
66     }
67
68     return highGrade; // return maximum grade
69  }
70
71  // Determine the average grade for a particular student
72  double average(const int setOfGrades[], size_t tests) {
73     int total = 0; // sum of test grades
74
75     // total all grades for one student
76     for (size_t test = 0; test < tests; ++test) {
77        total += setOfGrades[test];
78     }
79
80     return (double) total / tests; // average
81  }
82
83  // Print the array
84  void printArray(const int grades[][EXAMS], size_t pupils, size_t tests) {
85     // output column heads
86     printf("%s", "                [0] [1] [2] [3]");
87
88     // output grades in tabular format
89     for (size_t row = 0; row < pupils; ++row) {
90        // output label for row
91        printf("\nstudentGrades[%zu] ", row);
92
93        // output grades for one student
94        for (size_t column = 0; column < tests; ++column) {
95           printf("%-5d", grades[row][column]);
96        }
97     }
98  }
```

```
The array is:

             [0]   [1]   [2]   [3]
studentGrades[0] 77    68    86    73
studentGrades[1] 96    87    89    78
studentGrades[2] 70    90    86    81

Lowest grade: 68
Highest grade: 96
The average grade for student 0 is 76.00
The average grade for student 1 is 87.50
The average grade for student 2 is 81.75
```

### 函数 minimum、maximum 和 printArray 中的嵌套循环

函数 minimum、maximum 和 printArray 分别接收 3 个参数——studentGrades 数组（在每个函数中称为 grades）、学生人数（数组中的行）和考试次数（数组中的列）。每个函数都使用嵌套的 for 语句循环处理数组 grades。下面的嵌套 for 语句来自函数 minimum 的定义：

```
// loop through rows of grades
for (size_t row = 0; row < pupils; ++row) {
    // loop through columns of grades
    for (size_t column = 0; column < tests; ++column) {
        if (grades[row][column] < lowGrade) {
            lowGrade = grades[row][column];
        }
    }
}
```

外层 for 语句开始时将 row 设置为 0，这样 row 的元素（即第一个学生的成绩）就可以与内层 for 语句中的变量 lowGrade 进行比较。内层 for 语句循环查看某一行的 4 个成绩，并将每个成绩与 lowGrade 进行比较。如果一个成绩小于 lowGrade，嵌套的 if 语句将 lowGrade 设置为该成绩。然后外层 for 语句将 row 增加到 1，并将该行的元素与 lowGrade 进行比较。接着外层 for 语句将 row 增加到 2，并将该行的元素与 lowGrade 进行比较。当嵌套语句执行完毕后，lowGrade 包含二维数组中最小的成绩。函数 maximum 的工作原理与函数 minimum 类似。

### 函数 average

函数 average（第 72～81 行）接收 2 个参数：特定学生的测试结果的一维数组（setOfGrades）和数组中测试结果的数量。当第 33 行调用 average 时，第一个参数（studentGrades[student]）传递二维数组中一行的地址。参数 studentGrades[1]是数组中第 1 行的起始地址。记住，二维数组本质上是一维数组的数组，一维数组的名称就是该数组在内存中的地址。函数 average 计算数组元素的总和，用总和除以测试结果的数量，并返回浮点结果。

### ✓ 自测题

1　（这段代码做什么？）下面嵌套的 for 语句做什么？

```
product = 1;

for (row = 0; row <= 2; ++row) {
    for (column = 0; column <= 3; ++column) {
        product *= m[row][column];
    }
}
```

答案：它计算的是 3×4 的二维数组 m 中所有元素值的乘积。

2　（这段代码是做什么的？）下面嵌套的 for 语句是做什么的？

```
// loop through rows of grades
for (i = 0; i < pupils; ++i) {
    // loop through columns of grades
```

```
        for (j = 0; j < tests; ++j) {
            if (grades[i][j] < lowGrade) {
                lowGrade = grades[i][j];
            }
        }
    }
```

答案：它在一个有 pupils 行和 tests 列的二维数组 grades 中循环，试图找到数组中的最小成绩。假设成绩为 0~100，lowGrade 需要被初始化为 100 或更大的值。

## 6.12　可变长度数组

对于到目前为止定义的每个数组，都在编译时指定了它的大小。但是在执行之前无法确定数组的大小，该怎么办呢？在过去，为了解决这个问题，必须使用动态内存分配（在第 12 章中介绍）。对于在编译时不知道数组大小的情况，C 语言有可变长度数组（Variable-Length Array，VLA）——数组的长度由执行时计算的表达式决定。[①] 清单 6.18 的程序声明并打印了一些 VLA。

**清单 6.18 | 在 C99 中使用可变长度数组**

```
1   // fig06_18.c
2   // Using variable-length arrays in C99
3   #include <stdio.h>
4
5   // function prototypes
6   void print1DArray(size_t size, int array[size]);
7   void print2DArray(size_t row, size_t col, int array[row][col]);
8
9   int main(void) {
10      printf("%s", "Enter size of a one-dimensional array: ");
11      int arraySize = 0; // size of 1-D array
12      scanf("%d", &arraySize);
13
14      int array[arraySize]; // declare 1-D variable-length array
15
16      printf("%s", "Enter number of rows and columns in a 2-D array: ");
17      int row1 = 0; // number of rows in a 2-D array
18      int col1 = 0; // number of columns in a 2-D array
19      scanf("%d %d", &row1, &col1);
20
21      int array2D1[row1][col1]; // declare 2-D variable-length array
22
23      printf("%s",
24          "Enter number of rows and columns in another 2-D array: ");
25      int row2 = 0; // number of rows in a 2-D array
26      int col2 = 0; // number of columns in a 2-D array
27      scanf("%d %d", &row2, &col2);
28
29      int array2D2[row2][col2]; // declare 2-D variable-length array
30
31      // test sizeof operator on VLA
32      printf("\nsizeof(array) yields array size of %zu bytes\n",
33          sizeof(array));
34
35      // assign elements of 1-D VLA
36      for (size_t i = 0; i < arraySize; ++i) {
37          array[i] = i * i;
38      }
39
40      // assign elements of first 2-D VLA
41      for (size_t i = 0; i < row1; ++i) {
42          for (size_t j = 0; j < col1; ++j) {
43              array2D1[i][j] = i + j;
```

---

[①] 在 Visual C++中不支持这个功能。

```
44            }
45         }
46
47         // assign elements of second 2-D VLA
48         for (size_t i = 0; i < row2; ++i) {
49            for (size_t j = 0; j < col2; ++j) {
50               array2D2[i][j] = i + j;
51            }
52         }
53
54         puts("\nOne-dimensional array:");
55         print1DArray(arraySize, array); // pass 1-D VLA to function
56
57         puts("\nFirst two-dimensional array:");
58         print2DArray(row1, col1, array2D1); // pass 2-D VLA to function
59
60         puts("\nSecond two-dimensional array:");
61         print2DArray(row2, col2, array2D2); // pass other 2-D VLA to function
62   }
63
64   void print1DArray(size_t size, int array[size]) {
65         // output contents of array
66         for (size_t i = 0; i < size; i++) {
67            printf("array[%zu] = %d\n", i, array[i]);
68         }
69   }
70
71   void print2DArray(size_t row, size_t col, int array[row][col]) {
72         // output contents of array
73         for (size_t i = 0; i < row; ++i) {
74            for (size_t j = 0; j < col; ++j) {
75               printf("%5d", array[i][j]);
76            }
77
78            puts("");
79         }
80   }
```

```
Enter size of a one-dimensional array: 6
Enter number of rows and columns in a 2-D array: 2   5
Enter number of rows and columns in another 2-D array: 4   3

sizeof(array) yields array size of 24 bytes

One-dimensional array:
array[0] = 0
array[1] = 1
array[2] = 4
array[3] = 9
array[4] = 16
array[5] = 25

First two-dimensional array:
    0    1    2    3    4
    1    2    3    4    5
Second two-dimensional array:
    0    1    2
    1    2    3
    2    3    4
    3    4    5
```

## 创建 VLA

第 10~29 行提示用户为一维数组和两个二维数组输入所需的大小，并使用第 14、21 和 29 行的输入值创建 VLA。只要代表数组大小的变量是整数，这些行就有效。

## 对 VLA 使用 sizeof 操作符

创建数组后，在第 32～33 行使用 sizeof 操作符来检查一维的 VLA 的长度。操作符 sizeof 通常是编译时的操作，但当应用于 VLA 时，它在运行时操作。输出窗口显示，sizeof 操作符返回 24 字节的大小——是我们输入的数字的 4 倍，因为我们机器上 int 类型的大小是 4 字节。

## 为 VLA 元素赋值

接下来，我们给 VLA 的元素赋值（第 36～52 行）。在填充一维数组时，我们使用循环持续条件 i < arraySize。与固定长度的数组一样，没有保护措施来防止超出数组的边界。

## 函数 print1DArray

第 64～69 行定义函数 print1DArray，显示其一维 VLA 参数。VLA 函数参数的语法与普通数组参数的语法相同。我们在参数数组的声明中使用了参数大小，但这纯粹是为程序员提供的文档。

## 函数 print2DArray

函数 print2DArray（第 71～80 行）显示一个二维的 VLA。回顾一下，你必须为多维数组参数中除第一个下标外的所有下标指定一个大小。同样的限制也适用于 VLA，只是大小可以由变量来指定。传递给函数的 col 的初始值决定了每一行在内存中的起始位置，就像固定大小的数组一样。

### ✓ 自测题

1 （判断） 与固定长度的数组不同，VLA 提供了防止超出数组的边界的保护。

答案：错。实际上，和固定长度的数组一样，没有保护措施防止超出数组的边界。

2 （判断） sizeof 操作符是一个仅在编译时进行的操作。

答案：错。实际上，一般来说，sizeof 操作符是编译时的操作，但当应用于 VLA 时，sizeof 操作符在运行时操作。

# 6.13 安全的 C 语言编程

🔒SEC

## 数组下标的边界检查

确保每个用于访问数组元素的下标都在数组的范围内是很重要的。一维数组的下标必须大于或等于 0 并且小于元素的数量。二维数组的行和列的下标必须大于或等于 0，并分别小于行和列的数量。这也适用于有更多维度的数组。

允许程序从数组的边界外读取或写入数组元素是常见的安全缺陷。从数组边界外的元素中读取会导致程序崩溃，甚至在使用错误数据时看起来在正确执行。写入边界外元素（称为缓冲区溢出）会破坏程序在内存中的数据，使程序崩溃，甚至允许攻击者利用系统并执行自己的代码。

C 语言没有为数组提供自动边界检查。你必须确保数组的下标总是大于或等于 0，并且小于数组的元素个数。关于帮助你防止出现问题的其他技术，请参见 CERT 指南 ARR30-C（SEI 外部维基网站 confluence 页面）。

## scanf_s

边界检查在字符串处理中也很重要。当读一个字符串到一个 char 型数组时，scanf 不会自动防止缓冲区溢出。如果输入的字符数大于或等于数组的长度，scanf 会把字符（包括字符串的结束符'\0'）写到数组的末端。这可能会覆盖内存中其他变量的值。此外，如果程序写到那些其他变量，它可能会覆盖字符串的'\0'。

函数通过寻找字符串的结束符'\0'来确定字符串的结束位置。例如，记得函数 printf 是通过从内存中的字符串开始处读取字符，并持续到遇到字符串的'\0'来输出一个字符串。如果'\0'不见了，printf 就会继续从内存中读取（和打印），直到它遇到内存中后来的'\0'。这可能导致奇怪的结果或导致程序崩溃。

C11 标准可选的 Annex K 提供了许多字符串处理和输入输出函数的更安全版本。当把一个字符串读入一个字符数组时，函数 scanf_s 会进行检查，以确保它不会写到数组的末端之外。假设 myString是一个 20 个字符的数组，语句

```
scanf_s("%19s", myString, 20);
```

读取一个字符串到 myString。函数 scanf_s 要求格式字符串中的每个%s 有两个参数：

- 一个字符数组，用来放置输入的字符串；
- 该数组的元素数量。

该函数使用元素的数量来防止缓冲区溢出。例如，可以为%s 提供一个对于底层字符数组来说过长的域宽，或者干脆完全省略域宽。在 scanf_s 中，如果输入的字符数加上结尾的空字符大于指定的数组元素数，则%s 转换失败。对于前面的语句，它只包含一个转换规范，scanf_s 将返回 0，表示没有进行转换。数组 myString 将不会被改变。我们在"安全的 C 语言编程"中讨论其他 Annex K函数。

不是所有的编译器都支持 C11 标准的 Annex K 函数。对于必须在多个平台和编译器上编译的程序，你可能必须编辑你的代码，以使用每个平台上可用的 scanf_s 或 scanf 的版本。你的编译器可能还需要一个特定的设置来使你能够使用 Annex K 函数。

### 不要使用从用户那里读来的字符串作为格式控制字符串

你可能已经注意到，在本书中，我们没有使用单参数的 printf 语句。作为替代，我们使用下列形式之一。

- 如果需要在字符串后面输出一个'\n'，可以使用函数 puts（它会在其单个字符串参数后面自动输出一个'\n'），如

  ```
  puts("Welcome to C!");
  ```
- 如果需要光标与字符串保持在同一行，可以使用函数 printf，如

  ```
  printf("%s", "Enter first integer: ");
  ```

因为我们要显示的是字符串字面量，所以我们当然可以使用 printf 的单参数形式，如

```
printf("Welcome to C!\n");
printf("Enter first integer: ");
```

当 printf 求值其第一个（可能也是唯一一个）参数中的格式控制字符串时，它根据该字符串中的转换规范执行任务。如果从用户那里获得格式控制字符串，攻击者可以提供恶意的转换规范，这些规范将被格式化输出函数"执行"。现在你知道了如何将字符串读入字符数组，重要的是要注意，绝不能将可能包含用户输入的字符数组作为 printf 的格式控制字符串。要了解更多信息，请参见 CERT 指南FIO30-C（SEI 外部维基网站 confluence 页面）。

### ✓ 自测题

1　（选择）以下哪项陈述是错误的?

　(a) 确保用来访问数组元素的每个下标都在数组的范围内是很重要的。一维数组的索引必须大于或等于 0 并且小于数组元素的数量。二维数组的行和列的下标必须大于或等于 0，并且分别小于行和列的数量。

　(b) C 语言没有为数组提供自动边界检查，所以你必须自己提供。允许程序从数组的边界外读取或写入数组元素是常见的安全缺陷。

　(c) 从数组边界外的元素中读取数据会导致程序崩溃，甚至在使用错误数据时看起来在正确执行。

　(d) 上述所有的陈述都是正确的。

　答案：（d）。

2　（判断）当 printf 求值其第一个（可能是唯一一个）参数中的格式控制字符串时，它根据该字符串中的转换规范字符执行任务。如果从用户那里获得格式控制字符串，攻击者可以提供恶意的转换规

范字符，这些规范字符将被格式化输出函数"执行"。绝不能将可能包含用户输入的字符数组作为 printf 的格式控制字符串。

答案：对。

## 关键知识回顾

### 6.1 节

- 数组是由同一类型的相关数据项组成的数据结构。
- 数组是"静态"实体，因为它们在整个程序执行过程中保持相同的大小。

### 6.2 节

- 数组是一组连续的内存位置，它们都有相同的名称和类型。
- 要引用一个特定的位置或元素，需要指定数组的名称和该元素的位置号。
- 每个数组中的第一个元素都在位置 0。
- 方括号中的位置号更正式地称为下标或索引。下标必须是整数或整数表达式。
- 包含数组下标的方括号是一个具有最高优先级的操作符。

### 6.3 节

- 指定数组的元素类型和元素数量，以便计算机可以预留适当的内存量。
- char 类型的数组可以用来存储字符串。

### 6.4 节

- size_t 类型代表无符号整型。这个类型被推荐用于表示数组大小或数组下标的任何变量。头文件<stddef.h>定义了 size_t，并且通常包含在其他头文件（如<stdio.h>）中。
- 数组的元素可以在定义数组时被初始化，方法是在定义后面加上等号和花括号（{}），花括号中包含一个用逗号分隔的初始值列表。如果初始值的数量少于数组元素，其余元素将被初始化为 0。
- 语句"int n[10] = {0};"显式地将第一个元素初始化为 0，并将其余 9 个元素初始化为 0，因为初始值的数量少于数组元素。
- 如果在有初始值列表的定义中省略了数组大小，编译器会根据初始值的数量来确定数组元素的个数。
- #define 预处理器指令可以定义一个符号常量——一个标识符，在程序编译前，预处理器会用替换文本替换它。当一个程序被预处理时，所有出现的符号常量都会被替换成替换文本。使用符号常量来指定数组的大小，可以使程序更容易阅读，更容易修改。
- C 语言没有数组边界检查来防止程序引用一个不存在的元素。因此，一个正在执行的程序可以"越过"数组的末端而不发出警告。你应该确保所有的数组引用都保持在数组的范围内。

### 6.5 节

- 在 C 语言中，像 "hello"这样的字符串字面量实际上是一个由单个字符组成的数组。
- 字符数组可以用字符串字面量来初始化。在这种情况下，数组的大小是由编译器根据字符串的长度来决定的。
- 每个字符串都包含一个特殊的字符串结束符，称为空字符。代表空字符的字符常量是'\0'。
- 代表字符串的字符数组应该总是被定义得足够大，以容纳字符串中的字符数和表示结束的空字符。
- 字符数组也可以用初始值列表中的单个字符常量进行初始化。
- 因为字符串实际上是一个字符数组，所以可以使用数组下标符号直接访问字符串中的单个字符。

- 可以使用 scanf 和转换规范 %s 从键盘上直接输入字符串到字符数组。字符数组的名称被传递给 scanf，不需要与非数组变量一起使用的前导 &。
- 函数 scanf 从键盘上读取字符，直到遇到第一个空白字符——它不检查数组的大小。因此，scanf 可以写到数组的末端以外。由于这个原因，当用 scanf 将字符串读入字符数组时，应该总是使用一个比字符数组大小小 1 的域宽（例如，"%19s"用于一个 20 个字符的数组）。
- 代表字符串的字符数组可以用 printf 和 %s 转换规范来输出。字符串的字符被打印出来，直到遇到一个表示结束的空字符。

## 6.6 节

- 可以对局部数组定义应用 static，这样函数就不会在每次调用时创建和初始化数组，并在每次函数退出时销毁数组。这可以减少程序的执行时间，特别是对于那些经常调用包含大型数组的函数的程序。
- static 的数组在程序启动时自动初始化一次。如果没有显式初始化 static 数组，那么该数组的元素会被编译器初始化为 0。

## 6.7 节

- 向函数传递数组参数时，需要指定数组的名称，不需要任何括号。
- 与包含字符串的字符数组不同，其他数组类型没有特殊的结束符。由于这个原因，数组的大小要传递给函数，以便函数能够处理适当数量的元素。
- C 语言自动按引用将数组传递给函数——被调用的函数可以修改调用者原始数组中的元素值。数组名称会被求值为数组第一个元素的地址。由于数组的起始地址被传递，所以被调函数准确地知道数组的存储位置，并可以在调用者中修改原始数组。
- 虽然整个数组是按引用传递的，但是单个数组元素是按值传递的，就像简单变量一样。
- 单个的数据（如单独的整数、浮点数和字符）被称为标量。
- 要将数组元素传递给函数，使用该数组元素的下标名称。
- 对于一个通过函数调用接收数组的函数，该函数的参数列表必须指定将接收一个数组。在数组括号中不需要数组的大小。如果它被包括在内，编译器会检查它是否大于 0，然后忽略它。
- 如果数组参数前面有 const 限定符，任何试图修改函数主体中元素的尝试都会导致编译错误。

## 6.8 节

- 对数据进行排序（即将数据按升序或降序排列）是最重要的计算应用之一。
- 一种排序技术被称为冒泡排序或下沉排序，因为较小的数值会像水中的气泡一样逐渐向上"冒"到数组的顶部，而较大的数值则下沉到数组的底部。该技术是在数组中进行多次遍历。在每次遍历时，对连续的元素对进行比较。如果一对元素是按递增顺序排列的（或者数值相同），我们就保留它们的值。如果一对元素的顺序是递减的，那么就在数组中交换它们的值。
- 冒泡排序可能会使一个大的数值在数组中向下移动多个位置，但可能只使一个小的数值向上移动一个位置。
- 冒泡排序的主要优点是它很容易编程。然而，它的运行速度很慢。这在对大型数组进行排序时变得很明显。

## 6.9 节

- 平均数是一组数值的算术平均值。
- 中位数是一组排序后的数值的"中间值"。
- 众数是一组数值中出现频率最高的数值。

## 6.10 节

- 寻找特定数组元素的过程称为搜索。

■ 线性搜索将每个数组元素与一个搜索键进行比较。数组没有任何特定的顺序，所以在第一个元素和最后一个元素中找到值的可能性是一样的。因此，平均而言，搜索键将与数组中一半的元素进行比较。

■ 线性搜索算法对小型或未排序的数组很有效。对于已排序的数组，可以使用高速的二分搜索算法。

■ 二分搜索算法在每次比较后都不用考虑有序数组一半的元素。该算法定位中间的数组元素并将其与搜索键进行比较。如果它们相等，搜索键被找到，该元素的下标被返回。如果它们不相等，问题就减少到搜索数组的一半。如果搜索键小于数组中间的元素，则搜索数组的前半部分；否则，搜索后半部分。如果在指定的子数组中没有找到搜索键，则在原数组的四分之一上重复该算法。搜索继续进行，直到搜索键等于子数组的中间元素，或者直到子数组不包含等于搜索键的元素（即搜索键没有找到）。

■ 使用二分搜索时，任何数组所需的最大比较次数可以通过找到第一个大于数组元素数量的 2 的幂来确定。

## 6.11 节

■ 多维数组的一个常见用途是表示由行和列组成的数值表。为了识别一个特定的表元素，我们指定两个下标。按照惯例，第一个标识该元素的行，第二个标识它的列。

■ 需要两个下标来标识元素的数组称为二维数组。多维数组可以有两个以上的下标。

■ 多维数组可以在定义时被初始化。二维数组的初始值列表中的值按行用花括号组合。如果某一行没有足够的初始值，那么其余元素将被初始化为 0。

■ 多维数组参数声明的第一个下标是不需要的，但所有后续的下标是需要的。编译器使用这些大小来确定多维数组中元素在内存中的位置。所有数组元素都是连续存储在内存中的，不管有多少个下标。在二维数组中，第一行被存储在内存中，接着是第二行，以此类推。

■ 在参数声明中提供下标值使编译器能够告诉函数如何定位数组元素。在二维数组中，每一行本质上都是一个一维数组。为了定位某一行的元素，编译器必须知道每一行有多少个元素，这样它在访问某一行的元素时就可以跳过适当数量的内存位置。

## 6.12 节

■ 变长数组是一个数组，其大小由执行时求值的表达式定义。

■ 如果应用于变长数组，sizeof 操作符在运行时操作。

■ 变长数组在 C 语言中是可选的，你的编译器可能不支持它们。

**自测练习**

6.1　回答下列各项。

（a）列表和表的值存储在_____中。

（b）用来引用特定数组元素的数字被称为它的_____。

（c）应该用_____来指定一个数组的大小，因为它使程序更容易被修改。

（d）将数组的元素按顺序排列，称为_____该数组。

（e）确定一个数组是否包含一个键值，称为_____该数组。

（f）使用两个下标的数组被称为_____数组。

6.2　说明以下内容是对还是错。如果答案是错的，请解释原因。

（a）数组可以存储许多不同类型的值。

（b）数组的下标可以是 double 数据类型。

（c）如果初始值列表中的初始值数量少于数组元素的数量，那么其余元素将用初始值列表中的最后一个值进行初始化。

（d）如果初始值列表中包含的初始值比数组元素的数量多，则会出错。

（e）一个单独的数组元素以参数 a[i] 的形式传递给一个函数，并在被调函数中被修改，将导致在

　　　　　调用函数中值被修改。

6.3　按照下面的指示，对一个名为 fractions 的数组进行操作。

　　（a）定义一个符号常量 SIZE，替换文本为 10。

　　（b）定义一个有 SIZE 元素的 double 型数组，并将元素初始化为 0。

　　（c）引用数组元素 4。

　　（d）将数值 1.667 赋值给数组元素 9。

　　（e）将 3.333 赋值给数组中的第 7 个元素。

　　（f）打印数组元素 6 和 9，精度为小数点右边的两个数字，并显示屏幕上的输出。

　　（g）使用 for 循环语句打印数组中的所有元素。使用变量 x 作为循环的控制变量。显示输出。

6.4　编写语句来完成以下工作。

　　（a）定义 table 为一个整数数组，有 3 行 3 列。假设符号常量 SIZE 被定义为 3。

　　（b）这个 table 数组包含多少个元素？打印元素的总数。

　　（c）使用 for 循环语句将 table 的每个元素初始化为其下标之和。使用变量 x 和 y 作为控制变量。

　　（d）打印数组 table 的每个元素的值。假设数组是用以下定义初始化的：

```
int table[SIZE][SIZE] = {{1, 8}, {2, 4, 6}, {5}};
```

6.5　找出以下每段程序中的错误并纠正。

　　（a）`#define SIZE 100;`

　　（b）`SIZE = 10;`

　　（c）
```
int b[10] = {0};
int i;
for (size_t i = 0; i <= 10; ++i) {
    b[i] = 1;
}
```

　　（d）`#include <stdio.h>;`

　　（e）
```
int a[2][2] = {{1, 2}, {3, 4}};
a[1, 1] = 5;
```

　　（f）`#define VALUE = 120`

## 自测练习答案

6.1　（a）数组。（b）下标（或索引）。（c）符号常量。（d）排序。（e）搜索。（f）二维。

6.2　（a）错。数组只能存储相同类型的值。

　　（b）错。数组的下标必须是一个整数或一个整数表达式。

　　（c）错。C 语言自动将其余元素初始化为 0。

　　（d）对。

　　（e）错。数组中的单个元素是按值传递的。如果整个数组被传递给一个函数，任何修改都会反映在原始数组中。

6.3　（a）`#define SIZE 10`

　　（b）`double fractions[SIZE] = {0.0};`

　　（c）`fractions[4]`

　　（d）`fractions[9] = 1.667;`

　　（e）`fractions[6] = 3.333;`

　　（f）`printf("%.2f %.2f\n", fractions[6], fractions[9]);`
　　　　输出：3.33 1.67。

　　（g）
```
for (size_t x = 0; x < SIZE; ++x) {
    printf("fractions[%zu] = %f\n", x, fractions[x]);
}
```
　　　　输出：
　　　　`fractions[0] = 0.000000`

```
fractions[1] = 0.000000
fractions[2] = 0.000000
fractions[3] = 0.000000
fractions[4] = 0.000000
fractions[5] = 0.000000
fractions[6] = 3.333000
fractions[7] = 0.000000
fractions[8] = 0.000000
fractions[9] = 1.667000
```

6.4 （a）int table[SIZE][SIZE];

（b）9 个元素。printf("%d\n", SIZE * SIZE);

（c）
```
for (size_t x = 0; x < SIZE; ++x) {
    for (size_t y = 0; y < SIZE; ++y) {
        table[x][y] = x + y;
    }
}
```

（d）
```
for (size_t x = 0; x < SIZE; ++x) {
    for (size_t y = 0; y < SIZE; ++y) {
        printf("table[%d][%d] = %d\n", x, y, table[x][y]);
    }
}
```

输出：
```
table[0][0] = 1
table[0][1] = 8
table[0][2] = 0
table[1][0] = 2
table[1][1] = 4
table[1][2] = 6
table[2][0] = 5
table[2][1] = 0
table[2][2] = 0
```

6.5 （a）错误：在#define 预处理器指令的末尾有分号。

更正：删去分号。

（b）错误：使用赋值语句为一个符号常量赋值。

更正：在#define 预处理器指令中为符号常量赋值，而不使用赋值操作符，如#define SIZE 10。

（c）错误：在数组的边界之外引用数组元素（b[10]）。

更正：将控制变量的最终值改为 9 或将<=改为<。

（d）错误：在#include 预处理器指令的末尾有分号。

更正：删去分号。

（e）错误：数组下标的做法不正确。

更正：将语句改为"a[1][1] = 5;"。

（f）错误：符号常量的值不是用=来定义的。

更正：将预处理程序指令改为#define VALUE 120。

## 练习

6.6 在下列各项中填空。

（a）C 在_____中存储值的列表。

（b）数组的元素之间的关系取决于一个事实，它们是_____。

（c）当引用数组元素时，方括号中的位置号被称为_____。

（d）数组 p 的 5 个元素的名称是_____、_____、_____、_____和_____。

（e）特定数组元素的内容被称为该元素的_____。

（f）命名一个数组，说明其类型并指定其元素的数量，称为_____该数组。

(g) 把数组的元素按升序或降序排列，称为_____。

(h) 在二维数组中，第一个下标表示元素的_____，而第二个下标是指它的_____。

(i) 一个 $m \times n$ 的数组包含_____行，_____列，_____个元素。

(j) 数组 d 的第 3 行和第 5 列的元素的名称是_____。

6.7 说明下列哪些是对的，哪些是错的。如果是错的，请解释原因。

(a) 要引用数组中特定的位置或元素，需要指定数组的名称和特定元素的值。

(b) 数组定义为数组保留空间。

(c) 为了表示应该为整数数组 p 保留 100 个位置，可以写成

    p[100];

(d) 一个将 15 个元素的数组初始化为 0 的程序必须包含一个 for 语句。

(e) 一个对二维数组的元素进行求和的程序必须包含嵌套的 for 语句。

(f) 下面一组数值的平均数、中位数和众数分别为 5、6 和 7：1, 2, 5, 6, 7, 7, 7。

6.8 编写语句来完成下列各项工作。

(a) 显示字符数组 f 的第 7 个元素的值。

(b) 向一维浮点数组 b 的第 4 个元素输入一个值。

(c) 将一维整数数组 g 的 5 个元素分别初始化为 8。

(d) 将 100 个元素的浮点数组 c 的元素求和。

(e) 将数组 a 复制到数组 b 的第一部分，假设 a 有 11 个元素，b 有 34 个元素，并且两个数组的元素类型相同。

(f) 确定并打印 99 个元素的浮点数组 w 中包含的最小和最大的值。

6.9 考虑一个 2×5 的整数数组 t。

(a) 为 t 写一个定义。

(b) t 有多少行？

(c) t 有多少列？

(d) t 有多少个元素？

(e) 写出 t 的第 2 行中所有元素的名称。

(f) 写出 t 的第 3 列中所有元素的名称。

(g) 编写一条语句，将 t 的第 1 行和第 2 列中的元素设置为 0。

(h) 编写一系列语句，将 t 的每个元素初始化为 0。不要使用循环语句。

(i) 编写一个嵌套的 for 语句，将 t 的每个元素初始化为 0。

(j) 编写一个语句，从终端输入 t 的元素的值。

(k) 编写一系列语句，确定并打印数组 t 中最小的值。

(l) 编写一个语句，显示 t 的第 1 行元素。

(m) 编写一个语句，将 t 的第 4 列元素求和。

(n) 编写一系列语句，以表格的形式打印数组 t。将列的下标作为标题列在顶部，将行的下标列在每行的左边。

6.10 （销售佣金）使用一维数组来解决以下问题。一家公司以佣金为基础支付给销售人员工资。销售人员每周收到 200 美元，加上该周总销售额的 9%。例如，一名销售人员在一周内销售了 3000 美元，他可以得到 200 美元加上 3000 美元的 9%，总共是 470 美元。编写一个 C 语言程序（使用一个计数器数组），确定有多少销售人员的工资在以下范围内——假设每名销售人员的工资被截断为一个整数。

(a) 200～299

(b) 300～399

(c) 400～499

(d) 500～599

(e) 600～699

(f) 700～799

(g) 800～899

(h) 900～999

(i) 1000 及以上

6.11 (冒泡排序) 清单 6.12 中的冒泡排序对于大型的数组来说是低效的。请做以下修改以提高其性能。

　　(a) 在第一次遍历之后，最大的数字保证在最高编号的数组元素中；在第二次遍历之后，两个最高的数字"到位"，以此类推。与其每次遍历都进行 9 次比较，不如修改冒泡排序，在第二次遍历进行 8 次比较，在第三次遍历进行 7 次比较，以此类推。

　　(b) 数组中的数据可能已经处于正确的顺序或接近正确的顺序，所以如果少几次遍历就够了，为什么还要进行 9 次遍历比较？修改排序方法，在每次遍历结束时检查是否有任何交换。如果没有，那么数据肯定已经在正确的顺序中了，所以排序应该结束。如果发生了交换，那么至少还需要一次遍历。

6.12 编写循环，执行下列每个一维数组的操作。

　　(a) 将整数数组 counts 的 10 个元素初始化为 0。

　　(b) 在整数数组 bonus 的 15 个元素中，每个元素加 1。

　　(c) 从键盘上读取浮点数组 monthlyTemperatures 的 12 个值。

　　(d) 以列的形式打印整数数组 bestScores 的 5 个值。

6.13 找出下列每个语句中的错误。

　　(a) 假定：char str[5] = "";

　　　　scanf("%s", str); // User types hello

　　(b) 假定：int a[3];

　　　　printf("$d  %d  %d\n", a[1], a[2], a[3]);

　　(c) double f[3] = {1.1, 10.01, 100.001, 1000.0001};

　　(d) 假定：double d[2][10] = {0};

　　　　d[1, 9] = 2.345;

6.14 (平均数、中位数和众数程序的修改) 修改清单 6.13 的程序，使函数 mode 能处理众数值的平局。如果有两个频率相同的值，那么数据是"双众数"的，两个值都应显示。如果有两个以上的相同频率的值，那么数据就是"多众数"的，所有相同频率的值都应该显示。同时修改 median 函数，使其在具有偶数元素的数组中对两个中间元素进行平均。

6.15 (重复消除) 使用一维数组来解决以下问题。读取 20 个数字，每个数字都在 10～100（含 100）。当每个数字被读取时，只有当它与已经读取的数字不重复时才打印出来。提供"最坏的情况"，即所有 20 个数字都是不同的。使用最小的数组来解决这个问题。

6.16 标出 3×5 的二维数组 sales 中的元素，以表明它们在下面的程序段中被设置为 0 的顺序：

```
for (size_t row = 0; row <= 2; ++row) {
    for (size_t column = 0; column <= 4; ++column) {
        sales[row][column] = 0;
    }
}
```

6.17 以下程序是做什么的？

```
1  // ex06_17.c
2  // What does this program do?
3  #include <stdio.h>
4  #define SIZE 10
5
6  int whatIsThis(const int b[], size_t p); // function prototype
7
8  int main(void) {
9     // initialize array a
```

```
10        int a[SIZE] = {1, 2, 3, 4, 5, 6, 7, 8, 9, 10};
11
12        int x = whatIsThis(a, SIZE);
13        printf("Result is %d\n", x);
14   }
15
16   // what does this function do?
17   int whatIsThis(const int b[], size_t p) {
18        if (1 == p) { // base case
19             return b[0];
20        }
21        else { // recursion step
22             return b[p - 1] + whatIsThis(b, p - 1);
23        }
24   }
```

6.18   以下程序是做什么的?

```
1    // ex06_18.c
2    // What does this program do?
3    #include <stdio.h>
4    #define SIZE 10
5
6    // function prototype
7    void someFunction(const int b[], size_t start, size_t size);
8
9    // function main begins program execution
10   int main(void) {
11        int a[SIZE] = {8, 3, 1, 2, 6, 0, 9, 7, 4, 5}; // initialize a
12
13        puts("Answer is:");
14        someFunction(a, 0, SIZE);
15        puts("");
16   }
17
18   // What does this function do?
19   void someFunction(const int b[], size_t start, size_t size) {
20        if (start < size) {
21             someFunction(b, start + 1, size);
22             printf("%d   ", b[start]);
23        }
24   }
```

6.19   （抛掷骰子）编写一个模拟抛掷两个骰子的程序。该程序应使用 rand
       两次，分别抛掷出第一个和第二个骰子，然后计算它们的总和。因
       为每个骰子可以有 1~6 的整数值，所以数值的总和将从 2~12 不
       等，其中 7 是最常见的总和，2 和 12 是最少的总和。图 6-4 显示了
       两个骰子的 36 种可能组合。
       你的程序应该将这两个骰子抛掷出 36000 次。使用一维数组来统计
       每个可能的和出现的次数。将结果以表格形式打印出来。同时，确
       定总数是否合理——例如，有 6 种方法可以抛掷出 7，所以大约 1/6
       的抛掷应该是 7。

图 6-4   两个骰子的 36 种
可能组合

6.20   （双骰子游戏统计）编写一个程序，运行 1000000 场双骰子游戏（没有人为干预），并回答下列
       每个问题。
       (a) 在第一轮、第二轮……第二十轮和第二十轮之后，有多少局是赢的?
       (b) 在第一轮、第二轮……第二十轮和第二十轮之后，有多少局是输的?
       (c) 抛掷双骰子的胜算有多大? 你应该发现，双骰子是最公平的运气游戏之一。你认为这意味
           着什么?

（d）一场双骰子游戏的平均时间是多少？

（e）获胜的机会是否随着游戏时间的延长而增加？

6.21 （航空公司订票系统）一家小型航空公司刚刚为其新的自动订票系统购买了一台计算机。总裁要
求你为这个新系统编程。你要编写一个程序来分配该航空公司唯一的飞机（容量：10 个座位）
的每个座位。

你的程序应该显示以下备选方案的菜单：

```
Please type 1 for "first class"
Please type 2 for "economy"
```

如果这个人输入 1，就给他分配一个头等舱的座位（1～5 座）。如果这个人输入 2，则分配一个
经济舱的座位（6～10 座）。然后，你的程序应该打印一张登机牌，标明该人的座位号以及是在
飞机的头等舱还是经济舱。

用一维数组来表示飞机的座位表。将数组中的所有元素初始化为 0，表示所有座位都是空的。
当每个座位被分配后，将数组中的相应元素设置为 1，表示该座位不再可用。

当然，你的程序不应该分配一个已经被分配的座位。当头等舱的座位已满时，你的程序应该询
问该人是否可以接受被安排在经济舱（反之亦然）。如果可以，那么就进行适当的座位分配。
如果不接受，则打印信息："Next flight leaves in 3 hours."（下一个航班 3 小时后起飞）。

6.22 （销售总额）使用二维数组来解决以下问题。一家公司有 4 名销售人员（1～4），他们销售 5 种
不同的产品（1～5）。每天，每名销售人员为所销售的每一种不同类型的产品递上一张销售单。
每张单子包括：

（a）销售人员编号；

（b）产品编号；

（c）当天销售的产品的总值。

因此，每名销售人员每天都会递交 0～5 张销售单。假设上个月的所有单子的信息都是可用
的。编写一个程序，读取所有这些销售信息，并按销售人员和产品总结出总的销售情况。所
有的总数应该存储在二维数组 sales 中。在处理完上个月的所有信息后，以表格的形式打印
结果，每一列代表一个特定的销售人员，每一行代表一个特定的产品。对每一行进行交叉统
计，得到上个月每种产品的总销售额；对每一列进行交叉统计，得到上个月销售人员的总销
售额。你的表格打印结果应该包括这些交叉统计，将它们分别列在合计行的右边和合计列的
底部。

6.23 （海龟图形）Logo 语言使海龟图形的概念变得非常出名。想象一下，在 C 语言程序的控制下，
一只机械海龟在房间里走动。海龟用两种姿势握笔，提起或落下。当笔落下时，海龟在移动过
程中描画出图形；当笔提起时，海龟自由移动而不写任何东西。在这个问题中，你将模拟海龟
的操作，并创建一个计算机绘图板。

使用一个初始化为 0 的 50×50 的数组 floor。从一个包含命令的数组中读取命令。始终跟踪当前
海龟的位置，以及当前笔是提起还是落下。假设海龟总是从地板的（0，0）位置开始，笔提
起。你的程序必须处理的一组海龟命令如图 6-5 所示。

| 命令 | 含义 |
| --- | --- |
| 1 | 笔提起 |
| 2 | 笔落下 |
| 3 | 向右转 |
| 4 | 向左转 |
| 5，10 | 向前移动 10 格（或不是 10 的其他数字） |
| 6 | 打印该 50×50 的数组 |
| 9 | 数据结束（标记值） |

图 6-5 海龟命令及其含义

假设海龟在地板中心附近的某个地方。下面的"程序"将绘制并打印一个12×12的正方形：

```
2
5,12
3
5,12
3
5,12
3
5,12
1
9
```

当海龟移动笔落下时，将数组 floor 的元素设置为1。当给出6命令时，对数组中的每个1显示一个星号。对于每一个0，显示一个空白。编写一个程序来实现这里讨论的海龟图形功能。编写几个海龟图形程序来绘制有趣的图形。添加其他命令以增加你的海龟图形语言的功能。

6.24 （马周游）对于国际象棋爱好者来说，比较有趣的谜题之一是马周游（Knight's Tour）问题，它最初由数学家欧拉（Euler）提出。这个问题是这样的：被称为"马"的棋子能否在一个空的棋盘上移动，并在64个方格中的每一个方格上只走一次？我们在此深入研究这个有趣的问题。

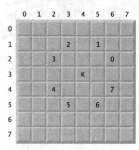

图 6-6　8步不同的棋

马做 L 形移动（一个方向上两格，然后在一个垂直方向上一格）。因此，从空棋盘中间的一个格子开始，马可以走8步不同的棋（编号为0~7），如图6-6所示。

（a）在一张纸上画一个8×8的棋盘，并尝试用手工进行马周游。在你移动的第一个格子里放一个1，第二个格子里放一个2，第三个格子里放一个3，以此类推。在开始走之前，估计一下你认为你能走多远，记住一个完整的周游由64步组成。你走了多远？你是否接近估计值？

（b）现在我们来开发一个程序，让马在棋盘上移动。棋盘本身由一个8×8的二维数组 board 表示。每个方格都被初始化为0。我们用水平和垂直部分来描述8种可能的棋步中的每一种。例如，如图6-6所示，0类型的棋步包括在水平方向上向右移动两个方格，在垂直方向上向上移动一个方格。棋步2包括水平向左移动一个方格和垂直向上移动两个方格。向左的水平移动和向上的垂直移动用负数表示。这8步棋可以用两个一维数组 horizontal 和 vertical 来描述，如下所示：

```
horizontal[0] = 2      vertical[0] = -1
horizontal[1] = 1      vertical[1] = -2
horizontal[2] = -1     vertical[2] = -2
horizontal[3] = -2     vertical[3] = -1
horizontal[4] = -2     vertical[4] = 1
horizontal[5] = -1     vertical[5] = 2
horizontal[6] = 1      vertical[6] = 2
horizontal[7] = 2      vertical[7] = 1
```

变量 currentRow 和 currentColumn 表示马的当前位置的行和列。为了进行一个 moveNumber 类型的移动，其中 moveNumber 为0~7，你的程序使用以下语句

```
currentRow += vertical[moveNumber];
currentColumn += horizontal[moveNumber];
```

保持一个计数器，从1变到64。在马移动到的每个方格中记录最新的计数。记住要测试每一个潜在的移动，看马是否已经去过那个位置。当然，也要测试每一次潜在的移动，以确保马不会离开棋盘。

现在编写一个程序，在棋盘上移动马。运行该程序。马走了多少步？

（c）在尝试编写和运行马周游程序后，你可能已经有了一些有价值的洞见。我们将利用这些来开发一个移动马的启发式方法（或策略）。启发式方法并不能保证成功，但精心开发的启

发式方法会大大增加成功的机会。你可能已经注意到，从某种意义上说，外围的方格比靠近棋盘中心的方格更麻烦一些。事实上，最麻烦的，或者说最难下的，是 4 个角的位置。直觉可能表明，你应该尝试先把马下到最麻烦的位置上，而把那些最容易到达的位置留出来，这样当棋盘在周游接近尾声时变得拥挤，就会有更大的成功机会。

我们开发了一种"可及性启发法"，根据每个方格的可及性进行分类，并总是将马移到最不可及的方格（当然是在马的 L 形移动范围内）。我们给一个二维数组 accessibility 做标记，用数字表示每个特定的方格可以从多少个方格中到达。因此，在一个空白的棋盘上，中间的方格被评分为 8，角落的方格被评分为 2，而其他方格的可及性数字为 3、4 或 6，如下所示：

```
2 3 4 4 4 4 3 2
3 4 6 6 6 6 4 3
4 6 8 8 8 8 6 4
4 6 8 8 8 8 6 4
4 6 8 8 8 8 6 4
4 6 8 8 8 8 6 4
3 4 6 6 6 6 4 3
2 3 4 4 4 4 3 2
```

现在用可及性启发法编写一个马周游的版本。在任何时候，马都应该移动到可及性数字较低的位置。在出现平局的情况下，马可以移动到任何一个平局的位置。因此，周游可以从 4 个角中的任何一个角开始。（注意：当马在棋盘上移动时，你的程序应该随着越来越多的位置被占用而减少可及性数字。这样一来，在周游过程中的任何时候，每个可用的方格的可及性数字都将恰好等于可以到达该方格的方格数。）运行你的程序的这个版本。你是否得到了一个完整的周游？（可选题：修改程序，使其运行 64 次，从棋盘的每个方格出发。你得到了多少个完整的周游？）

(d) 编写一个马周游程序的版本，当遇到两个或更多的方格打成平手时，通过从"平手"方格向前看。决定选择哪一个方格。你的程序应该移动到下一步棋会到达的可及性最低的那个位置。

6.25 （马周游：蛮力方法）在练习 6.24 中，我们开发了一个马周游的解决方案。所用的方法被称为"可及性启发法"，它能产生许多解决方案并有效执行。随着计算机算力的不断增加，我们将能够用纯粹的计算机算力和相对简单的算法来解决许多问题。我们把这种方法称为"蛮力解决问题"。

(a) 使用随机数使马在棋盘上以合法的 L 形走法随机行走。你的程序应该运行一次周游，并打印出最后的棋盘。马走了多远？

(b) 很有可能，前面的程序产生了一个相对较短的行程。现在修改你的程序以尝试 1000 次。用一维数组来记录每个长度的周游的数量。当你的程序完成了 1000 次周游的尝试时，它应该以表格的形式打印这些信息。最好的结果是什么？

(c) 最有可能的是，前面的程序给了你一些"相当可观的"周游，但没有完整的周游。现在"全力以赴"，让你的程序运行，直到它产生一个完整的周游。（注意：这可能会在一台功能强大的计算机上运行数小时。）再次，跟踪每个长度的周游次数，并在发现第一个完整的周游时打印这个表格。你的程序在产生一个完整的周游之前尝试了多少次周游？它花了多少时间？

(d) 比较马周游的蛮力版本和可及性启发法版本。哪一个需要对问题进行更仔细的研究？哪一个更难开发？哪一个需要更多的计算机算力？我们能否（提前）确定用可及性启发法获得完整的周游？我们能否（提前）确定用蛮力获得完整的周游？谈谈蛮力解决问题的优点和缺点。

6.26 （八皇后）另一个国际象棋爱好者的难题是八皇后问题。简单地说，有没有可能在一个空的棋盘上放置 8 个皇后，使任何一个皇后都不"攻击"其他的皇后，也就是说，没有两个皇后在同一行，同一列，或沿着同一对角线？使用练习 6.24 中的思维方式来制定解决八皇后问题的启发式方法。运行你的程序。提示：可以给棋盘上的每一个方格分配一个数值，表明一旦皇后被放置在该方格，空棋盘上有多少方格被"消除"。例如，如图 6-7 所示，4 个角中的每一个角都将被标为 22。

一旦这些"消除数"被放在所有 64 个位置上，一个适当的启发法可能是：将下一个皇后放在消除数最小的那个方格中。为什么这个策略在直觉上有吸引力？

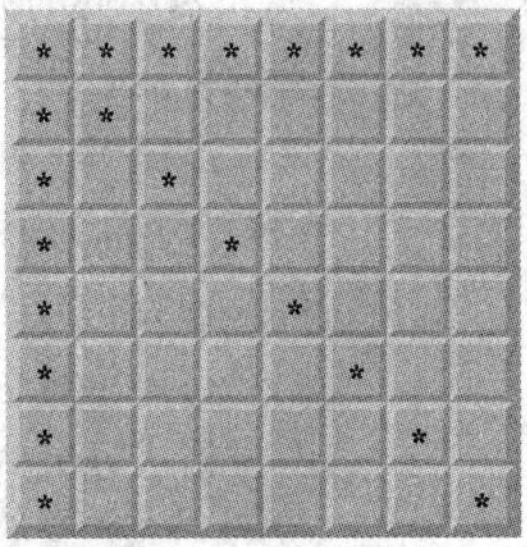

图 6-7　4 个角都被标记

6.27 （八皇后：蛮力方法）在这个练习中，你将开发几种蛮力方法来解决练习 6.26 中介绍的八皇后问题。

（a）使用练习 6.25 中开发的随机蛮力技术解决八皇后问题。

（b）使用穷举法（即尝试棋盘上所有可能的八皇后的组合）。

（c）为什么你认为穷举式的蛮力方法可能不适合解决八皇后问题？

（d）总体上对比一下随机蛮力和穷举蛮力。

6.28 （重复消除）在第 12 章中，我们探讨了高速的二分搜索树数据结构。二分搜索树的一个特点是，当在树中插入数据时，重复的值会被丢弃。这被称为重复消除。编写一个程序，产生 20 个 1～20 的随机数。该程序应将所有不重复的数值存储在一个数组中。使用最小的数组来完成这项任务。

6.29 （马周游：闭合式周游测试）在马周游中，如果马走了 64 步，棋盘上的每个方格只走了一次，就发生了一次完整的周游。当第 64 步棋与马开始的位置相差一步时，就会出现闭合周游。修改你在练习 6.24 中编写的马周游程序，以测试发生的完整周游是不是闭合周游。

6.30 （埃拉托什尼筛）质数是任何大于 1 的整数，它只能被自己和 1 整除。在这个练习中，你将使用埃拉托什尼筛来寻找所有小于 1000 的质数。其操作方法如下。

（a）创建一个 100 个元素的数组，所有元素初始化为 1（真）。带有质数下标的数组元素将保持为 1，所有其他数组元素最终将被设置为 0。

（b）从下标 2 开始（1 不是质数），每发现一个值为 1 的数组元素，就循环遍历数组的其余部分，并将下标是该元素下标的倍数的每个元素设置为 0。对于数组下标 2，数组中 2 之后所有是 2 的倍数的元素都将被设置为 0（下标 4、6、8、10 等）。对于数组下标 3，数组中 3 之后所有是 3 的倍数的元素都被设置为 0（下标 6、9、12、15 等）。

当这个过程完成后，仍被设置为 1 的数组元素表示该下标是一个质数。编写一个程序，确定并打印出 1～999 的质数。忽略数组中的元素 0。

## 递归练习

6.31 （回文）回文是一个向前和向后拼写相同的字符串。一些回文的例子是 "radar" "able was i ere i saw elba"，如果你忽略空格，还有 "a man a plan a canal panama"。编写一个递归函数 testPalindrome，如果存储在数组中的字符串是回文，则返回 1；否则返回 0。该函数应该忽略字符串中的空格和标点符号。

6.32 （线性搜索）修改清单 6.14 的程序，使用递归的 linearSearch 函数来进行数组的线性搜索。该函数应该接收一个整数数组，数组的大小和搜索键作为参数。如果搜索键被找到，返回数组下标；否则，返回-1。

6.33 （二分搜索）修改清单 6.15 的程序，使用递归的 binarySearch 函数来执行数组的二分搜索。该函数应该接收一个整数数组、起始下标、终止下标和搜索键作为参数。如果搜索键被找到，返回数组下标；否则，返回-1。

6.34 （八皇后）修改练习 6.26 中创建的八皇后程序，以递归方式解决该问题。

6.35 （打印数组）编写一个递归函数 printArray，以一个数组和数组的大小为参数，打印数组，并且不返回任何东西。如果收到一个大小为 0 的数组，该函数应该停止处理并返回。

6.36　（反向打印字符串）编写一个递归函数 stringReverse，它以一个字符数组作为参数，从后向前打印，并且不返回任何东西。如果遇到表示字符串结束的空字符，该函数应停止处理并返回。

6.37　（查找数组中的最小值）编写递归函数 recursiveMinimum，该函数以一个整数数组和数组大小作为参数，并返回数组中最小的元素。如果收到一个元素的数组，该函数应停止处理并返回。

# 第7章 指 针

## 目标

在本章中，你将学习以下内容。

- 使用指针和指针操作符。
- 使用指针将参数按引用传递给函数。
- 理解const限定符的各种位置，以及它们如何影响可以对一个变量执行的操作。
- 在变量和类型中使用sizeof操作符。
- 使用指针算术来处理数组元素。
- 理解指针、数组和字符串之间的密切关系。
- 定义和使用字符串的数组。
- 使用函数指针。
- 学习使用指针的安全的C语言编程。

## 提纲

## 7.1　简介

在本章中，我们将讨论 C 语言最强大的特性之一：指针。指针使程序能够完成以下任务。

- 按引用传递。
- 在函数之间传递函数。
- 操作字符串和数组。
- 创建和操作动态数据结构（如链表、队列、栈和树）这些结构体在执行时不断增长和缩小。

本章解释了基本的指针概念。在 7.13 节，我们讨论了各种与指针有关的安全问题。第 10 章研究了在结构体中使用指针的问题。第 12 章介绍了动态内存管理，并展示了如何创建和使用动态数据结构。

## 7.2　指针变量的定义和初始化

指针是变量，其值是内存地址。通常情况下，一个变量直接包含一个特定的值。然而，一个指针包含另一个变量的地址，该变量包含特定的值。指针指向该变量。在这个意义上，变量名直接引用值，而指针间接引用值，如图 7-1 所示。

通过指针引用值被称为*间接寻址*。

图 7-1　变量的引用

### 声明指针

像所有的变量一样，指针在使用前必须先定义。下面的语句将变量 countPtr 定义为一个 int *：一个指向整数的指针。

```
int *countPtr;
```

这个定义从右往左读，"countPtr 是一个指向 int 类型对象的指针"或"countPtr 指向 int 类型的对象[①]"。* 表示该变量是一个指针。

### 指针型变量的命名

我们的约定是以 Ptr 结束每个指针变量的名称，以表示该变量是一个指针，应该被相应地处理。其他常见的命名约定包括以 p（如 pCount）或 p_（如 p_count）作为变量名的开头。

### 在独立的语句中定义变量

以下定义中的 * 并没有分配给每个变量：

```
int *countPtr, count;
```

所以 countPtr 是一个指向 int 型数的指针，但 count 只是一个 int 型数。由于这个原因，你应该总是把前面的声明写成两条语句，以防产生歧义：

```
int *countPtr;
int count;
```

### 指针初始化和赋值

指针应该在定义时初始化，或者可以给它们赋值。指针可以初始化为 NULL、0 或地址。

- 值为 NULL 的指针不指向任何对象。NULL 是一个数值为 0 的符号常量，在头文件<stddef.h>（以及其他几个头文件，如<stdio.h>）中定义。

---

① 在 C 语言中，"对象"是一个可以容纳一个值的内存区域。因此，C 语言中的对象包括基本类型，如 int、float、char 和 double，以及聚合类型，如数组和结构体（我们将在第 10 章讨论）。

　　　　■　将指针初始化为 0 等同于将其初始化为 NULL。常量 NULL 是首选，因为它强调了你在初始化指针，而不是存储数字的变量。当赋值为 0 时，首先将其转换为适当类型的指针。值 0 是唯一可以直接赋值给指针变量的整数值。

ERR⊗　　■　在 7.3 节中讨论将变量的地址赋值给指针。初始化指针是为了防止出现意外的结果。

### ✓ 自测题

1　（判断）定义：

```
int *countPtr, count;
```

指定了 countPtr 和 count 是 int * 类型——它们都是指向整数的指针。

答案：错。实际上，count 是一个 int 型数，而不是一个指向 int 型数的指针。* 只适用于 countPtr，并没有分配给定义中的其他变量。

2　（选择）以下哪项陈述是错误的？

　（a）指针可以被初始化为 NULL、0 或地址。

　（b）将指针初始化为 0 等同于将指针初始化为 NULL，但是 0 是首选。

　（c）唯一可以直接赋值给指针变量的整数是 0。

　（d）初始化指针是为了防止出现意外结果。

答案：（b）是错误的。实际上，NULL 是首选，因为它突出了该变量是指针类型的事实。

## 7.3　指针操作符

　　接下来，让我们讨论一下地址（&）和间接寻址（*）操作符，以及它们之间的关系。

### 地址（&）操作符

　　一元地址操作符（&）返回其操作数的地址。例如，给定以下 y 的定义：

```
int y = 5;
```

语句

```
int *yPtr = &y;
```

用变量 y 的地址初始化指针变量 yPtr：我们说 yPtr "指向" y。图 7-2 显示了内存中的变量 yPtr 和 y。

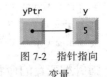

图 7-2　指针指向变量

### 指针在内存中的表示法

　　图 7-3 显示了前面的指针在内存中的表示，假设整数变量 y 被存储在位置 600000，指针变量 yPtr 存储在位置 500000 处。

图 7-3　变量和指针的地址

　　&的操作数必须是变量；地址操作符不能应用于字面值（如 27 或 41.5）或表达式。

### 间接寻址（*）操作符

　　你可以应用一元间接寻址操作符（*），也叫解引用操作符，来获取指针所指向的对象的值。例如，下面的语句打印出 5，这是变量 y 的值：

```
printf("%d", *yPtr);
```

以这种方式使用 * 被称为解引用指针。

ERR⊗　　解引用一个没有被内存中其他变量的地址初始化或赋值的指针是一个错误。这可能会导致以下问题：

　　　　■　一个致命的执行时错误；

- 意外地修改了重要的数据，并允许程序在不正确的结果下运行到最后；
- 安全漏洞[①]。

## 演示&和*操作符

清单 7.1 演示了指针操作符&和*。printf 转换规范 %p 在大多数平台上将一个内存位置输出为十六进制的整数[②]。输出显示 a 的地址和 aPtr 的值是相同的，证实了 a 的地址确实被赋值给了指针变量 aPtr（第 7 行）。&和*操作符是互补的。以任意顺序将这两个操作符连续应用于 aPtr（第 12 行），都会产生相同的结果。在使用不同的处理器架构、不同的编译器甚至不同编译器设置的系统中，输出的地址会有所不同。

**清单 7.1 | 使用&和*指针操作符**

```
1   // fig07_01.c
2   // Using the & and * pointer operators.
3   #include <stdio.h>
4
5   int main(void) {
6      int a = 7;
7      int *aPtr = &a; // set aPtr to the address of a
8
9      printf("Address of a is %p\nValue of aPtr is %p\n\n", &a, aPtr);
10     printf("Value of a is %d\nValue of *aPtr is %d\n\n", a, *aPtr);
11     printf("Showing that * and & are complements of each other\n");
12     printf("&*aPtr = %p\n*&aPtr = %p\n", &*aPtr, *&aPtr);
13  }
```

```
Address of a is 0x7fffe69386cc
Value of aPtr is 0x7fffe69386cc

Value of a is 7
Value of *aPtr is 7

Showing that * and & are complements of each other
&*aPtr = 0x7fffe69386cc
*&aPtr = 0x7fffe69386cc
```

图 7-4 列出了到目前为止所介绍的操作符的优先级和组合情况。

| 操作符 | | | | 组合 | 类型 |
|---|---|---|---|---|---|
| () | [] | ++ (后缀) | -- (后缀) | 从左到右 | 后缀 |
| + | - | ++ -- ! * & （类型） | | 从右到左 | 一元 |
| * | / | % | | 从左到右 | 乘法类 |
| + | - | | | 从左到右 | 加法类 |
| < | <= > >= | | | 从左到右 | 关系 |
| == | != | | | 从左到右 | 相等 |
| && | | | | 从左到右 | 逻辑 AND |
| \|\| | | | | 从左到右 | 逻辑 OR |
| ?: | | | | 从右到左 | 条件 |
| = | += -= *= /= %= | | | 从右到左 | 赋值 |
| , | | | | 从左到右 | 逗号 |

图 7-4　部分操作符的优先级和组合情况

---

① 参见 CWE 网站。

② 关于十六进制整数的更多信息参见在线附录 E。

✔ **自测题**

1　（判断）假设定义

```
double d = 98.6;
double *dPtr;
```

以下语句将变量 d 的地址赋值给指针变量 dPtr：

```
dPtr = &d;
```

我们说变量 dPtr "指向" d。

答案：对。

2　（填空）一元间接寻址运算符（*）返回其指针操作数所指向的对象的值。以这种方式使用*被称为_____。

答案：解引用指针。

## 7.4　按引用向函数传递参数

有两种方法可以向函数传递参数——按值传递和按引用传递。默认情况下，参数（除数组外）是按值传递的。你已经看到，数组是按引用传递的。函数经常需要修改调用者的变量或接收一个指向大型数据对象的指针，以避免复制对象的开销（如在按值传递中）。我们在第 5 章中看到，return 语句最多可以从被调函数中返回一个值给它的调用者。按引用传递也可以让函数通过修改调用者的变量来"返回"多个值。

### 使用&和*来实现按引用传递

指针和间接寻址操作符可以实现按引用传递。当调用带有参数（需要在调用者中修改参数）的函数时，你可以使用&来传递每个变量的地址。正如我们在第 6 章中所看到的，数组不能用操作符&来传递，因为数组名等同于&arrayName[0]——数组在内存中的起始位置。收到调用方变量地址的函数，可以使用间接寻址操作符（*）来修改调用方内存中该位置的值，从而实现按引用传递。

### 按值传递

清单 7.2 和清单 7.3 中的程序展示了对一个整数求立方运算的函数的两个版本：cubeByValue 和 cubeByReference。清单 7.2 的第 11 行将变量 number 按值传递给函数 cubeByValue（第 16~18 行），该函数将其参数求立方并返回新值。第 11 行将新值赋值给 main 中的 number，替换了 number 的值。

**清单7.2 | 使用按值传递对变量求立方**

```
1  // fig07_02.c
2  // Cube a variable using pass-by-value.
3  #include <stdio.h>
4
5  int cubeByValue(int n); // prototype
6
7  int main(void) {
8     int number = 5; // initialize number
9
10    printf("The original value of number is %d", number);
11    number = cubeByValue(number); // pass number by value to cubeByValue
12    printf("\nThe new value of number is %d\n", number);
13 }
14
15 // calculate and return cube of integer argument
16 int cubeByValue(int n) {
17    return n * n * n; // cube local variable n and return result
18 }
```

```
The original value of number is 5
The new value of number is 125
```

## 按引用传递

清单 7.3 的第 12 行将变量 number 的地址传递给函数 cubeByReference（第 17～19 行）——传递地址可以实现按引用传递。该函数的参数是一个名为 nPtr 的 int 类型的指针（第 17 行）。该函数使用表达式 *nPtr 解引用该指针，并对它所指向的值求立方（第 18 行）。它将结果赋值给 *nPtr（它实际上是 main 中的变量 number）从而改变了 main 中 number 的值。请使用按值传递，除非调用者明确要求被调函数修改调用者中参数变量的值。这可以防止意外修改调用者的参数，是最小特权原则的另一个例子。　　⊗ERR

**清单 7.3 | 用带有指针参数的按引用传递对变量求立方**

```
1  // fig07_03.c
2  // Cube a variable using pass-by-reference with a pointer argument.
3
4  #include <stdio.h>
5
6  void cubeByReference(int *nPtr); // function prototype
7
8  int main(void) {
9     int number = 5; // initialize number
10
11    printf("The original value of number is %d", number);
12    cubeByReference(&number); // pass address of number to cubeByReference
13    printf("\nThe new value of number is %d\n", number);
14 }
15
16 // calculate cube of *nPtr; actually modifies number in main
17 void cubeByReference(int *nPtr) {
18    *nPtr = *nPtr * *nPtr * *nPtr; // cube *nPtr
19 }
```

```
The original value of number is 5
The new value of number is 125
```

## 使用指针参数接收地址

接收地址作为参数的函数必须以指针参数接收它。例如，在清单 7.3 中，cubeByReference 的函数头（第 17 行）为

```
void cubeByReference(int *nPtr) {
```

其中规定 cubeByReference 接收整数变量的地址作为参数，将该地址存储在函数内部的参数 nPtr 中，并且不返回值。

## 函数原型中的指针参数

cubcByReference 的函数原型（清单 7.3，第 6 行）指定了一个 int *参数。与其他参数一样，没有必要在函数原型中包含指针名称（它们会被编译器忽略），但出于文档的目的，包含指针名称是很好的做法。

## 接收一维数组的函数

对于期望有一维数组参数的函数，其原型和头可以使用函数 cubeByReference（第 17 行）的参数列表中的指针表示法。编译器不会区分接收指针的函数和接收一维数组的函数。因此，函数必须"知道"它接收的是数组，还是按引用传递的单个变量。当编译器遇到形如 int b[]的一维数组的函数参数时，会将该参数转换为指针表示法 int *b。这两种形式是可以互换的。同样，对于形如 const int b[]的参数，编译器将它转换为 const int *b。

## 按值传递与按引用传递的逐步分析

图 7-5 和图 7-6 分别对清单 7.2 和清单 7.3 中的程序进行了图示和逐步分析。

第1步：在main调用cubeByValue之前：

```
int main(void) {                          number

    int number = 5;                          5

    number = cubeByValue(number);
}
```

第2步：在cubeByValue收到调用后：

```
int main(void) {                 number
                                                     int cubeByValue( int n ) {
    int number = 5;                 5
                                                         return n * n * n;
                                                                                    n
    number = cubeByValue(number);
                                                     }                            5
```

第3步：在cubeByValue参数n之后和cubeByValue返回main之前：

```
int main(void) {                 number
                                                     int cubeByValue(int n) {
    int number = 5;                 5                   125

                                                         return n * n * n;           n
    number = cubeByValue(number);
}                                                    }                            5
```

第4步：在cubeByValue返回main后和将结果分配给number前：

```
int main(void) {                  number

    int number = 5;      125         5

    number =  cubeByValue(number);
}
```

第5步：在main完成对number的赋值后：

```
int main(void) {                  number

    int number = 5;                  125
             125            125
    number = cubeByValue(number);
}
```

图 7-5　典型的按值传递分析

第1步：在main调用cubeByReference之前：

```
int main(void)
{                                 number
    int number = 5;                  5

    cubeByReference(&number);
}
```

第2步：在cubeByReference收到调用后和在*nPtr求立方之前：

```
int main(void)
{                                 number        void cubeByReference( int *nPtr )
    int number = 5;                  5          {
                                                    *nPtr = *nPtr * *nPtr * *nPtr;
                                                }
    cubeByReference(&number);                                              nPtr
}
```
调用建立了这个指针

第3步：在*nPtr求立方之后和在程序控制返回main之前

```
int main(void)
{                                 number        void cubeByReference(int *nPtr)
    int number = 5;                 125         {                125

                                                    *nPtr = *nPtr * *nPtr * *nPtr;
    cubeByReference(&number);                   }                          nPtr
}
```
被调函数修改了
调用者的变量

图 7-6　典型的带有指针参数的按引用传递分析

## ✓ 自测题

1 （选择）以下哪项陈述是错误的？

　　（a）默认情况下，参数（除数组外）是按值传递的。数组是按引用传递的。

　　（b）函数经常需要修改调用者的变量或者接收一个指向大型数据对象的指针，以避免复制对象。

　　（c）return 可以从被调函数中返回一个或多个值给调用者。

　　（d）按引用传递也可以让函数通过修改调用者的变量来"返回"多个值。

　　答案：（c）是错误的。return 可以用于从被调函数向调用者返回最多一个值。

2 （选择）以下哪项陈述是错误的？

　　（a）使用指针和间接寻址操作符来完成按引用传递。

　　（b）如果调用带有应该被修改的参数的函数，使用地址操作符（&）来传递参数的地址。

　　（c）数组是按引用来传递的，使用操作符&。

　　（d）以上所有的说法都是正确的。

　　答案：（c）是错误的。数组不能使用操作符&按引用传递，因为数组的名称相当于其第一个元素
　　　　　的地址：&arrayName[0]。

# 7.5　在指针中使用 const 限定符

　　const 限定符使你能够通知编译器某个特定变量的值不应该被修改，从而强制实现最小特权原则。这可以减少调试时间，防止无意的副作用，使程序更健壮，更容易修改和维护。如果有人试图修改一个被声明为常量的值，编译器会捕捉到它并报错。

　　多年来，在早期的 C 语言版本中，有大量的遗留代码没有使用 const，因为当时它还不存在。甚至更多当代的代码也没有像它应该的那样经常使用 const。因此，通过重新设计现有的 C 语言代码，有很大的改进机会。

　　有 4 种方法可以将数据的指针传递给函数。

　　■　指向可变数据的可变指针。

　　■　指向可变数据的常量指针。

　　■　指向常量数据的可变指针。

　　■　指向常量数据的常量指针。

　　这 4 种组合中的每一种都提供了不同的访问权限，并在接下来的几个示例中讨论。你如何选择其中的一种可能性？以最小特权原则为指导。始终给予一个函数对其参数中的数据足够的访问权，以完成其指定的任务，但绝对不能再多了。

## 7.5.1　用指向可变数据的可变指针将字符串转换为大写字母

　　指向可变数据的可变指针被授予最高级别的数据访问。数据可以通过解引用指针来修改，指针也可以修改为指向其他数据项。函数可能会使用这样的指针来接收字符串参数，然后处理（可能还会修改）字符串中的每个字符。清单 7.4 中的函数 convertToUppercase 声明了它的参数，一个名为 sPtr 的指向可变数据的可变指针（第 18 行）。该函数一次处理一个字符的数组 string（由 sPtr 指向）。来自 <ctype.h> 头文件的 C 标准库函数 toupper（第 20 行）将每个字符转换为其对应的大写字母。如果原始字符不是字母或已经是大写字母，那么 toupper 返回原始字符。第 21 行递增指针以指向字符串中的下一个字符。第 8 章介绍了许多 C 标准库的字符和字符串处理函数。

**清单 7.4 | 用指向可变数据的可变指针将字符串转换为大写字母**

```
1  // fig07_04.c
2  // Converting a string to uppercase using a
3  // non-constant pointer to non-constant data.
```

```
4   #include <ctype.h>
5   #include <stdio.h>
6
7   void convertToUppercase(char *sPtr); // prototype
8
9   int main(void) {
10      char string[] = "cHaRaCters and $32.98"; // initialize char array
11
12      printf("The string before conversion is: %s\n", string);
13      convertToUppercase(string);
14      printf("The string after conversion is: %s\n", string);
15  }
16
17  // convert string to uppercase letters
18  void convertToUppercase(char *sPtr) {
19      while (*sPtr != ) { // current character is not
20          *sPtr = toupper(*sPtr); // convert to uppercase
21          ++sPtr; // make sPtr point to the next character
22      }
23  }
```

```
The string before conversion is: cHaRaCters and $32.98
The string after conversion is: CHARACTERS AND $32.98
```

## 7.5.2  用指向常量数据的可变指针逐个字符打印字符串

指向常量数据的可变指针可以修改为指向任何适当类型的数据项，但是它所指向的数据不能被修改。函数可以接收这样一个指针来处理一个数组参数的元素而不对其进行修改。例如，函数 printCharacters（清单 7.5）声明参数 sPtr 的类型为 const char *（第 20 行）。该声明从右到左读作 "sPtr 是一个指向字符常量的指针"。该函数的 for 语句输出每个字符，直到它遇到一个空字符。在显示每个字符后，循环递增指针 sPtr 以指向字符串的下一个字符。

**清单 7.5 | 用指向常量数据的可变指针逐个字符打印字符串**

```
1   // fig07_05.c
2   // Printing a string one character at a time using
3   // a non-constant pointer to constant data.
4
5   #include <stdio.h>
6
7   void printCharacters(const char *sPtr);
8
9   int main(void) {
10      // initialize char array
11      char string[] = "print characters of a string";
12
13      puts("The string is:");
14      printCharacters(string);
15      puts("");
16  }
17
18  // sPtr cannot be used to modify the character to which it points,
19  // i.e., sPtr is a "read-only" pointer
20  void printCharacters(const char *sPtr) {
21      // loop through entire string
22      for (; *sPtr != ; ++sPtr) { // no initialization
23          printf("%c", *sPtr);
24      }
25  }
```

```
The string is:
print characters of a string
```

## 试图修改常量数据

清单 7.6 显示了编译一个函数时出现的错误，该函数接收一个指向常量数据的可变指针 (xPtr)，并试图使用它来修改数据。显示的错误来自 Visual C++编译器。C 标准没有指定编译器的警告或错误信息，编译器供应商也没有在不同的编译器中规范这些信息。所以，你收到的实际错误信息是特定于编译器的。例如，Xcode 的 LLVM 编译器报错：

```
error: read-only variable is not assignable
```

而 GNU gcc 编译器报错：

```
error: assignment of read-only location '*xPtr'
```

**清单7.6 | 试图通过指向常量数据的可变指针来修改数据**

```
 1  // fig07_06.c
 2  // Attempting to modify data through a
 3  // non-constant pointer to constant data.
 4  #include <stdio.h>
 5  void f(const int *xPtr); // prototype
 6
 7  int main(void) {
 8     int y = 7; // define y
 9
10     f(&y); // f attempts illegal modification
11  }
12
13  // xPtr cannot be used to modify the
14  // value of the variable to which it points
15  void f(const int *xPtr) {
16     *xPtr = 100; // error: cannot modify a const object
17  }
```

Visual C++ 错误消息

```
fig07_06.c(16,5): error C2166: l-value specifies const object
```

## 传递结构体与传递数组

如你所知，数组是聚合类型，在一个名称下存储相同类型的相关数据项。第 10 章讨论了另一种聚合类型，称为结构体（有时在其他语言中称为记录或元组），它可以在一个名称下存储相同或不同类型的相关数据项——例如，雇员信息，如雇员的 ID 号、姓名、地址和工资。

与数组不同，结构体是按值传递的——整个结构体的副本被传递。这就需要在执行时间内对结构体中的每个数据项进行复制，并将其存储在计算机的函数调用栈中。通过使用指向常量数据的指针来传递大的对象，如结构体，可以获得按引用传递的性能和按值传递的安全性。在这种情况下，程序只复制存储结构体的地址——通常是 4 字节或 8 字节。

如果内存较少，并且执行效率是一个问题，那就使用指针。如果内存充足，而且效率不是主要考虑因素，那就按值传递数据，以执行最小特权原则。有些系统不能很好地强制执行 const，所以按值传递仍然是防止数据被修改的最好方法。

## 7.5.3 试图修改指向可变数据的常量指针

指向可变数据的常量指针总是指向同一个内存位置，但是该位置的数据可以通过指针被修改。这对数组名称是默认的，它是指向数组第一个元素的常量指针。数组中的所有数据都可以通过使用数组名和数组下标来访问和改变。指向可变数据的常量指针可以用来接收数组作为函数参数，该函数使用数组下标表示法访问数组元素。被声明为 const 的指针在定义时必须被初始化。如果指针是函数参数，在函数被调用时，它将被初始化为一个指针参数。

清单 7.7 试图修改一个常量指针。指针 ptr 在第 11 行被定义为 int * const 类型，从右到左读作

"ptr 是一个指向整数的常量指针"。指针被初始化（第11行）为整数变量 x 的地址。程序试图将 y 的地址赋值给 ptr（第14行），但编译器产生了一个错误。

**清单7.7 | 试图修改指向可变数据的常量指针**

```
1   // fig07_07.c
2   // Attempting to modify a constant pointer to non-constant data.
3   #include <stdio.h>
4
5   int main(void) {
6      int x = 0; // define x
7      int y = 0; // define y
8
9      // ptr is a constant pointer to an integer that can be modified
10     // through ptr, but ptr always points to the same memory location
11     int * const ptr = &x;
12
13     *ptr = 7; // allowed: *ptr is not const
14     ptr = &y; // error: ptr is const; cannot assign new address
15  }
```

Visual C++ 错误消息

```
fig07_07.c(14,4): error C2166: l-value specifies const object
```

### 7.5.4　试图修改指向常量数据的常量指针

指向常量数据的常量指针授予的访问权限最小。这种指针总是指向同一个内存位置，并且该内存位置的数据不能被修改。这就是一个数组应该被传递给一个函数的方式，该函数只用数组下标表示法查看数组的元素，而不修改这些元素。清单 7.8 定义指针变量 ptr（第 12 行）的类型为 const int *const，从右向左读作 "ptr 是一个指向整数常量的常量指针"。输出显示了当我们试图修改 ptr 指向的数据（第 15 行）和试图修改存储在指针变量中的地址（第 16 行）时产生的错误消息。

**清单7.8 | 试图修改指向常量数据的常量指针**

```
1   // fig07_8.c
2   // Attempting to modify a constant pointer to constant data.
3   #include <stdio.h>
4
5   int main(void) {
6      int x = 5;
7      int y = 0;
8
9      // ptr is a constant pointer to a constant integer. ptr always
10     // points to the same location; the integer at that location
11     // cannot be modified
12     const int *const ptr = &x; // initialization is OK
13
14     printf("%d\n", *ptr);
15     *ptr = 7;    // error: *ptr is const; cannot assign new value
16     ptr = &y;    // error: ptr is const; cannot assign new address
17  }
```

Visual C++ 错误消息

```
fig07_8.c(15,5): error C2166: l-value specifies const object
fig07_8.c(16,4): error C2166: l-value specifies const object
```

### ✓　自测题

1　（选择）在以下原型中，sPtr 是什么？

```
void convertToUppercase(char *sPtr);
```

（a）指向常量数据的可变指针。

（b）指向可变数据的常量指针。

（c）指向可变数据的可变指针。

（d）指向常量数据的常量指针。

答案：（c）。

2. （填空）最少的访问权限是由_____数据的_____指针授予的。这样的指针总是指向同一个内存位置，并且该内存位置的数据不能被修改。

答案：常量，常量。

## 7.6 使用按引用传递的冒泡排序

让我们改进清单 6.12 的冒泡排序[①]程序，使用两个函数：bubbleSort 和 swap（清单 7.9）。函数 bubbleSort 对数组进行排序。它调用函数 swap（第 42 行）来交换数组元素 array[j] 和 array[j + 1]。

**清单 7.9 | 将数值放入数组，按升序排序，并打印出所得数组**

```
1  // fig07_9.c
2  // Putting values into an array, sorting the values into
3  // ascending order and printing the resulting array.
4  #include <stdio.h>
5  #define SIZE 10
6
7  void bubbleSort(int * const array, size_t size); // prototype
8
9  int main(void) {
10     // initialize array a
11     int a[SIZE] = { 2, 6, 4, 8, 10, 12, 89, 68, 45, 37 };
12
13     puts("Data items in original order");
14
15     // loop through array a
16     for (size_t i = 0; i < SIZE; ++i) {
17        printf("%4d", a[i]);
18     }
19
20     bubbleSort(a, SIZE); // sort the array
21
22     puts("\nData items in ascending order");
23
24     // loop through array a
25     for (size_t i = 0; i < SIZE; ++i) {
26        printf("%4d", a[i]);
27     }
28
29     puts("");
30  }
31
32  // sort an array of integers using bubble sort algorithm
33  void bubbleSort(int * const array, size_t size) {
34     void swap(int *element1Ptr, int *element2Ptr); // prototype
35
36     // loop to control passes
37     for (int pass = 0; pass < size - 1; ++pass) {
38        // loop to control comparisons during each pass
39        for (size_t j = 0; j < size - 1; ++j) {
40           //swap adjacent elements if they're out of order
41           if (array[j] > array[j + 1]) {
42              swap(&array[j], &array[j + 1]);
43           }
44        }
```

---

[①] 在第 12 章和附录 C 中，我们研究了能产生更好性能的排序方案。

```
45      }
46  }
47
48  // swap values at memory locations to which element1Ptr and
49  // element2Ptr point
50  void swap(int *element1Ptr, int *element2Ptr) {
51      int hold = *element1Ptr;
52      *element1Ptr = *element2Ptr;
53      *element2Ptr = hold;
54  }
```

```
Data items in original order
    2   6   4   8  10  12  89  68  45  37
Data items in ascending order
    2   4   6   8  10  12  37  45  68  89
```

### 函数 swap

请记住，C语言强制在函数之间隐藏信息，所以 swap 在默认情况下不能访问 bubbleSort 中的单个数组元素。因为 bubbleSort 希望 swap 能够访问要交换的数组元素，所以 bubbleSort 将每个元素的地址传递给 swap，这样元素就是按引用传递的。尽管整个数组自动按引用传递，但是单个数组元素是标量，通常是按值传递的。所以，bubbleSort 对每个数组元素使用地址操作符（&）：

```
swap(&array[j], &array[j + 1]);
```

函数 swap 在 element1Ptr 中接收&array[j]（第50行）。函数 swap 可以使用*element1Ptr 作为 array[j] 的同义词。类似地，*element2Ptr 是 array[j + 1]的同义词。即使 swap 不允许说

```
int hold = array[j];
array[j] = array[j + 1];
array[j + 1] = hold;
```

第51～53行正好达到了同样的效果：

```
int hold = *element1Ptr;
*element1Ptr = *element2Ptr;
*element2Ptr = hold;
```

### 函数 bubbleSort 的数组参数

注意，函数 bubbleSort 的头（第33行）将 array 声明为 int * const array 而不是 int array[]，以表示 bubbleSort 接收一个一维数组参数。同样，这些表示法是可以互换的；但是，为了可读性，一般来说，数组表示法是首选。

### 函数 swap 的原型在函数 bubbleSort 的主体中

函数 swap 的原型（第34行）包含在 bubbleSort 的主体中，因为只有 bubbleSort 调用 swap。将原型放在 bubbleSort 中，这限制了从 bubbleSort（或任何在源代码中出现在 swap 之后的函数）进行的正确的 swap 调用。其他在 swap 之前定义的试图调用 swap 的函数没有机会获得适当的函数原型，所以编译器会自动生成一个。这通常会导致原型与函数头不匹配（并产生编译警告或错误），因为编译器假设返回和参数类型为 int。将函数原型放在其他函数的定义中，通过将适当的函数调用限制在原型出现的函数中，来强制实现最小特权原则。

### 函数 bubbleSort 的 size 参数

函数 bubbleSort 接收数组大小作为参数（第33行）。当一个数组被传递给一个函数时，数组第一个元素的内存地址并不能表达数组元素的数量，因此，你必须把数组的大小传递给函数，以便知道要对多少个元素进行排序。另一种常见的做法是传递一个指向数组第一个元素的指针和一个刚好指向数组末端以外位置的指针。正如你将在7.8节学到的，这两个指针之间的差是数组的长度，由此产生的代码也更简单。

将数组大小传递给 bubbleSort 有两个主要好处：软件可复用性和正确的软件工程实践。通过定义接收数组大小作为参数的函数，任何程序要对任何大小的一维整数数组排序，都可以使用该函数。

我们可以将数组的大小存储在一个全局变量中，供整个程序访问。然而，其他需要整数数组排序功能的程序可能没有相同的全局变量，所以该函数不能在这些程序中使用。全局变量通常违反了最小权限原则，并可能导致不良的软件工程实践。全局变量应该只用于表示真正的共享资源，如一天中的时间。

数组的大小可以直接编入函数中。这将限制该函数的使用，使其只能处理特定大小的数组，并大大降低可复用性。只有处理编入函数中的特定大小的一维整数数组的程序才能使用该函数。

### ✓ 自测题

1　（代码）我们的 bubbleSort 函数在 swap 调用中对每个数组元素使用了地址操作符(&)，以实现按引用传递的效果，如下所示：

```
swap(&array[j], &array[j + 1]);
```

假设函数 swap 在名为 firstPtr 和 secondPtr 的 int *指针中分别接收了&array[j]和&array[j + 1]。在函数 swap 中编写基于指针的代码，用一个临时的 int 型变量 temp 来切换这两个元素的值。

答案：如下。

```
int temp = *firstPtr;
*firstPtr = *secondPtr;
*secondPtr = temp;
```

2　（讨论）通常情况下，当我们将数组传递给函数时，我们也会把数组的大小作为另一个参数传递。或者，我们可以直接在函数定义中建立数组大小。这种方法有什么问题吗？

答案：这将使函数只能处理特定大小的数组，大大降低了函数的可复用性。

## 7.7　sizeof 操作符

C 语言提供了一元操作符 sizeof，以字节为单位确定对象或类型的大小。这个操作符在编译时应用，除非它的操作数是一个可变长度的数组（VLA；参阅 6.12 节）。当像清单 7.10（第 12 行）那样应用于数组的名称时，sizeof 以一个 size_t 值返回数组的总字节数。在我们的计算机上，float 类型的变量被存储在 4 字节的内存中，而 array 被定义为有 20 个元素。因此，array 中有 80 字节。sizeof 是一个编译时操作符，所以它不会产生任何执行时的开销（除了 VLA）。

**清单 7.10 | 对数组名称应用 sizeof，返回数组中的字节数**

```
 1  // fig07_10.c
 2  // Applying sizeof to an array name returns
 3  // the number of bytes in the array.
 4  #include <stdio.h>
 5  #define SIZE 20
 6
 7  size_t getSize(const float *ptr); // prototype
 8
 9  int main(void){
10     float array[SIZE]; // create array
11
12     printf("Number of bytes in the array is %zu\n", sizeof(array));
13     printf("Number of bytes returned by getSize is %zu\n", getSize(array));
14  }
15
16  // return size of ptr
17  size_t getSize(const float *ptr) {
18     return sizeof(ptr);
19  }
```

```
Number of bytes in the array is 80
Number of bytes returned by getSize is 8
```

尽管函数 getSize 接收了一个 20 个元素的数组作为参数，该函数的参数 ptr 只是一个指向数组第一个元素的指针。当你对指针使用 sizeof 时，它返回指针的大小，而不是它指向的数据项的大小。在我们的 64 位 Windows、Mac 和 Linux 测试系统上，指针的大小是 8 字节，所以 getSize 返回 8。在旧的 32 位系统上，指针的大小通常是 4 字节，所以 getSize 会返回 4。

　　数组中的元素数量也可以用 sizeof 来确定。例如，考虑下面的数组定义：

```
double real[22];
```

double 类型的变量通常存储在 8 字节的内存中。因此，数组 real 包含 176 字节。下面的表达式决定了该数组的元素数量：

```
sizeof(real) / sizeof(real[0])
```

该表达式将数组 real 的字节数除以用于存储数组中一个元素的字节数（一个 double 值）。这个计算只在使用实际的数组名称时有效，而在使用指向数组的指针时无效。

### 确定标准类型、数组和指针的大小

　　清单 7.11 计算了用于存储每种标准类型的字节数。这个程序的结果取决于实现。它们在不同的平台上往往不同，有时在同一平台上的不同编译器上也不同。输出显示的是我们的 Mac 系统使用 Xcode C++编译器的结果。

**清单 7.11 | 使用操作符 sizeof 来确定标准类型的大小**

```c
1   // fig07_11.c
2   // Using operator sizeof to determine standard type sizes.
3   #include <stdio.h>
4
5   int main(void) {
6      char c = ;
7      short s = 0;
8      int i = 0;
9      long l = 0;
10     long long ll = 0;
11     float f = 0.0F;
12     double d = 0.0;
13     long double ld = 0.0;
14     int array[20] = {0}; // create array of 20 int elements
15     int *ptr = array; // create pointer to array
16
17     printf("   sizeof c = %2zu\t           sizeof(char) = %2zu\n",
18        sizeof c, sizeof(char));
19     printf("   sizeof s = %2zu\t          sizeof(short) = %2zu\n",
20        sizeof s, sizeof(short));
21     printf("   sizeof i = %2zu\t            sizeof(int) = %2zu\n",
22        sizeof i, sizeof(int));
23     printf("   sizeof l = %2zu\t           sizeof(long) = %2zu\n",
24        sizeof l, sizeof(long));
25     printf("   sizeof ll = %2zu\t  sizeof(long long) = %2zu\n",
26        sizeof ll, sizeof(long long));
27     printf("   sizeof f = %2zu\t          sizeof(float) = %2zu\n",
28        sizeof f, sizeof(float));
29     printf("   sizeof d = %2zu\t         sizeof(double) = %2zu\n",
30        sizeof d, sizeof(double));
31     printf("   sizeof ld = %2zu\tsizeof(long double) = %2zu\n",
32        sizeof ld, sizeof(long double));
33     printf("sizeof array = %2zu\n  sizeof ptr = %2zu\n",
34        sizeof array, sizeof ptr);
35  }
```

```
    sizeof c =  1            sizeof(char) =   1
    sizeof s =  2           sizeof(short) =   2
    sizeof i =  4             sizeof(int) =   4
    sizeof l =  8            sizeof(long) =   8
   sizeof ll =  8       sizeof(long long) =   8
    sizeof f =  4           sizeof(float) =   4
    sizeof d =  8          sizeof(double) =   8
   sizeof ld = 16     sizeof(long double) =  16
 sizeof array = 80
   sizeof ptr =  8
```

用于存储特定类型的字节数在不同的系统中可能有所不同。当编写依赖于类型大小且将在多个计算机系统上运行的程序时，请使用 sizeof 来确定用于存储类型的字节数。

你可以将 sizeof 应用于任何变量名、类型或值（包括表达式的值）。当应用于变量名（不是数组名）或常量时，将返回用于存储特定类型的变量或常量的字节数。当类型被作为 sizeof 的操作数提供时，需要使用括号。

### ✓ 自测题

1 （填空）给定数组定义：

double temperatures[31];

表达式：

sizeof(temperatures) / sizeof(temperatures[0])

决定了 temperatures 的什么属性？ _____

答案：数组中的元素数量（本例中为 31）。

2 （判断）当你对指针使用 sizeof 时，它返回指针指向的数据项的大小。

答案：错。实际上，当你对指针使用 sizeof 时，它返回指针的大小，而不是指针指向的数据项的大小。如果你对数组名使用 sizeof，那么将返回数组的大小。

## 7.8 指针表达式和指针算术

指针是算术表达式、赋值表达式和比较表达式中的有效操作数。然而，并非所有的算术操作符都对指针变量有效。本节描述了可以将指针作为操作数的操作符，以及这些操作符的使用方法。

### 7.8.1 指针算术操作符

指针允许进行下面的算术操作。

■ 递增（++）或递减（--）。

■ 向指针添加整数（+或+=）。

■ 从指针中减去整数（-或-=）。

■ 从一个指针中减去另一个指针——只有当两个指针都指向同一个数组时才有意义。

在不指向数组元素的指针上进行指针算术是一个逻辑错误。

### 7.8.2 将指针指向数组

假设定义了数组 int v[5]，其第一个元素在内存中的位置为 3000。同时，假设指针 vPtr 指向 v[0]——所以 vPtr 的值是 3000。图 7-7 说明了 4 字节整数的机器的这种情况。

用以下语句之一，变量 vPtr 可以初始化为指向数组 v：

    vPtr = v;
    vPtr = &v[0];

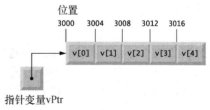

图 7-7　指针初始化为数组

### 7.8.3 向指针添加整数

在传统的算术中，3000 + 2 产生的值是 3002。在指针算术中通常不是这样的。当你向指针添加整数或从指针中减去整数时，指针会以该整数乘以指针所指向的对象的大小来增加或减少。例如，语句

```
vPtr += 2;
```

将产生 3008 (3000+2 × 4)，假设一个整数存储在 4 字节的
内存中。在数组 v 中，vPtr 现在将指向 v[2]，如图 7-8
所示。

对象的大小取决于它的类型。当对字符数组进行指
针算术时，其结果将与普通算术一致，因为每个字符是
1 字节。类型的大小会因平台和编译器的不同而不同，
所以指针算术是依赖于平台和编译器的。

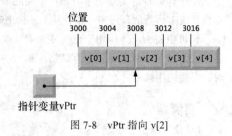

图 7-8　vPtr 指向 v[2]

## 7.8.4　从指针中减去整数

如果 vPtr 被递增到 3016（v[4]），语句

```
vPtr -= 4;
```

ERR ⊗
SEC 🔒
将使 vPtr 回到 3000（v[0]）——数组的开始位置。使用指针算术来调整指针指向数组的边界之外是一
个逻辑错误，可能导致安全问题。

## 7.8.5　指针的递增和递减

要使一个指针递增或递减，可以使用递增（++）和递减（--）操作符。以下语句中的任意一条

```
++vPtr;
vPtr++;
```

将指针递增到下一个数组元素。以下语句中的任意一条

```
--vPtr;
vPtr--;
```

递减指针，指向上一个数组元素。

## 7.8.6　从一个指针中减去另一个指针

如果 vPtr 包含位置 3000，v2Ptr 包含地址 3008，语句

```
x = v2Ptr - vPtr;
```

ERR ⊗
将 vPtr 和 v2Ptr 之间的数组元素的数量赋值给 x，在本例中是 2（而不是 8）。指针算术是未定义的，
除非在同一数组的元素上执行。我们不能假设两个相同类型的变量并排存储在内存中，除非它们是数
组中相邻的元素。

## 7.8.7　互相赋值指针

相同类型的指针可以相互赋值。这条规则的例外是 void 指针（即 void *），它是一个通用指针，
可以代表任何指针类型。所有的指针类型都可以赋值给 void *，而 void *可以赋值给任何类型的指针
（包括另一个 void *）。在这两种情况下，都不需要进行转换操作。

## 7.8.8　void 指针

void 指针不能解引用。考虑一下这个问题：编译器知道在一台具有 4 字节整数的机器上，int *指
ERR ⊗
向 4 字节的内存。然而，void *包含未知类型的内存位置——指针指向的精确字节数并不为编译器所
知。编译器必须知道该类型，以确定代表引用值的字节数。解引用 void * 指针是一个语法错误。

## 7.8.9　比较指针

可以使用相等和关系操作符来比较指针，但是这种比较只有在指针指向同一个数组的元素时才有意义；否则，这种比较就是逻辑错误。指针比较的是存储在指针中的地址。例如，这样的比较可以表明一个指针比另一个指针指向一个编号更高的数组元素。指针比较的一个常见用途是确定指针是否为NULL。⊗ERR

### ✓　自测题

1　（填空）当你向指针添加整数或从指针中减去整数时，指针会以该整数乘以_____来增加或减少。

答案：指针所指向的对象的大小。

2　（填空）指针 v1Ptr 和 v2Ptr 指向同一个 8 字节的 double 值数组中的元素。如果 v1Ptr 包含地址3000，v2Ptr 包含地址 3016，那么以下语句：

```
size_t x = v2Ptr - v1Ptr;
```

将_____赋值给 x。

答案：2（不是 16）——2 是指针之间的元素数。

## 7.9　指针和数组的关系

数组和指针是密切相关的，通常可以互换使用。你可以把数组名称看作指向数组第一个元素的常量指针。指针可以用来做任何涉及数组下标的操作。

假设有以下定义：

```
int b[5];
int *bPtr;
```

因为数组名称 b（没有下标）是指向数组第一个元素的指针，所以可以用以下语句将 bPtr 设置为数组b 的第一个元素的地址：

```
bPtr = b;
```

这相当于取数组 b 的第一个元素的地址，如下所示：

```
bPtr = &b[0];
```

### 7.9.1　指针/偏移量表示法

数组元素 b[3]可以用指针表达式来引用

```
*(bPtr + 3)
```

表达式中的 3 是指针的偏移量。当 bPtr 指向数组的第一个元素时，偏移量表示引用哪个数组元素——偏移量的值与数组下标相同。这种表示法被称为指针/偏移量表示法。括号是必需的，因为*的优先级比+的优先级高。如果没有括号，上面的表达式会在表达式 *bPtr 的值上加 3（即 3 会加到 b[0]，假设bPtr 指向数组的开始）。正如数组元素可以用指针表达式来引用一样，地址

```
&b[3]
```

可以用指针表达式写为

```
bPtr + 3
```

一个数组的名称也可以被当作一个指针，用于指针算术。例如，表达式

```
*(b + 3)
```

指的是元素 b[3]。一般来说，所有带下标的数组表达式都可以用指针和偏移量来写。在本例中，使用了指针/偏移量表示法，将数组的名称作为指针。前面的语句没有以任何方式修改数组的名称；b 仍然指向第一个元素。

### 7.9.2　指针/下标表示法

指针可以像数组一样取下标。如果 bPtr 有值 b，表达式
```
bPtr[1]
```
指的是数组元素 b[1]。这被称为指针/下标表示法。

### 7.9.3　不能用指针算术修改数组名称

数组名称总是指向数组的开始，所以它就像一个常量指针。因此，表达式
```
b += 3
```
ERR⊗　是无效的，因为它试图用指针算术来修改数组名称的值。试图用指针算术来修改数组名称的值是一个编译错误。

### 7.9.4　演示指针下标和偏移量

清单 7.12 使用了我们讨论过的 4 种引用数组元素的方法（数组下标，将数组名称作为指针的指针/偏移量，指针下标，以及使用指针的指针/偏移量）来打印整数数组 b 的 4 个元素。

**清单 7.12 |对数组使用下标和指针表示法**

```cpp
 1  // fig07_12.cpp
 2  // Using subscripting and pointer notations with arrays.
 3  #include <stdio.h>
 4  #define ARRAY_SIZE 4
 5
 6  int main(void) {
 7     int b[] = {10, 20, 30, 40}; // create and initialize array b
 8     int *bPtr = b; // create bPtr and point it to array b
 9
10     // output array b using array subscript notation
11     puts("Array b printed with:\nArray subscript notation");
12
13     // loop through array b
14     for (size_t i = 0; i < ARRAY_SIZE; ++i) {
15        printf("b[%zu] = %d\n", i, b[i]);
16  }
17
18     // output array b using array name and pointer/offset notation
19     puts("\nPointer/offset notation where the pointer is the array name");
20
21     // loop through array b
22     for (size_t offset = 0; offset < ARRAY_SIZE; ++offset) {
23        printf("*(b + %zu) = %d\n", offset, *(b + offset));
24     }
25
26     // output array b using bPtr and array subscript notation
27     puts("\nPointer subscript notation");
28
29     // loop through array b
30     for (size_t i = 0; i < ARRAY_SIZE; ++i) {
31        printf("bPtr[%zu] = %d\n", i, bPtr[i]);
32     }
33
34     // output array b using bPtr and pointer/offset notation
35     puts("\nPointer/offset notation");
36
37     // loop through array b
38     for (size_t offset = 0; offset < ARRAY_SIZE; ++offset) {
39        printf("*(bPtr + %zu) = %d\n", offset, *(bPtr + offset));
```

```
40     }
41  }
```

```
Array b printed with:
Array subscript notation
b[0] = 10
b[1] = 20
b[2] = 30
b[3] = 40

Pointer/offset notation where the pointer is the array name
*(b + 0) = 10
*(b + 1) = 20
*(b + 2) = 30
*(b + 3) = 40

Pointer subscript notation
bPtr[0] = 10
bPtr[1] = 20
bPtr[2] = 30
bPtr[3] = 40

Pointer/offset notation
*(bPtr + 0) = 10
*(bPtr + 1) = 20
*(bPtr + 2) = 30
*(bPtr + 3) = 40
```

## 7.9.5　用数组和指针复制字符串

为了进一步说明数组和指针的互换性，让我们看一下清单 7.13 中的两个字符串复制函数 copy1 和 copy2。这两个函数都是将字符串复制到字符数组中，但它们的实现方式不同。

**清单 7.13 | 使用数组表示法和指针表示法复制字符串**

```
1   // fig07_13.c
2   // Copying a string using array notation and pointer notation.
3   #include <stdio.h>
4   #define SIZE 10
5
6   void copy1(char * const s1, const char * const s2); // prototype
7   void copy2(char *s1, const char *s2); // prototype
8
9   int main(void) {
10     char string1[SIZE]; // create array string1
11     char *string2 = "Hello"; // create a pointer to a string
12
13     copy1(string1, string2);
14     printf("string1 = %s\n", string1);
15
16     char string3[SIZE]; // create array string3
17     char string4[] = "Good Bye"; // create an array containing a string
18
19     copy2(string3, string4);
20     printf("string3 = %s\n", string3);
21  }
22
23  // copy s2 to s1 using array notation
24  void copy1(char * const s1, const char * const s2) {
25     // loop through strings
26     for (size_t i = 0; (s1[i] = s2[i]) != ; ++i) {
27        ; // do nothing in body
28     }
29  }
```

```
30
31   // copy s2 to s1 using pointer notation
32   void copy2(char *s1, const char *s2) {
33      // loop through strings
34      for (; (*s1 = *s2) != ; ++s1, ++s2) {
35         ; // do nothing in body
36      }
37   }
```

```
string1 = Hello
string3 = Good Bye
```

### 用数组下标表示法进行复制

函数 copy1 使用数组下标表示法将 s2 中的字符串复制到字符数组 s1 中。该函数定义了计数器变量 i 作为数组下标。for 语句头（第 26 行）执行了整个复制操作。该语句的主体是空语句。语句头指定 i 初始化为 0，并在每次循环中递增 1。表达式 s1[i] = s2[i] 从 s2 复制一个字符到 s1。当在 s2 中遇到空字符时，它被赋值给 s1。由于赋值的值是赋给左边操作数（s1）的内容，所以当 s1 的元素接收到空字符时，循环就终止了，空字符的值是 0，因此为假。

### 用指针和指针算术进行复制

函数 copy2 使用指针和指针算术将 s2 中的字符串复制到字符数组 s1。同样，for 语句头（第 34 行）执行了复制操作。语句头不包括任何变量的初始化。表达式 *s1 = *s2 通过解引用 s2 并将该字符赋值到 s1 的当前位置来执行复制操作。赋值后，第 34 行递增 s1 和 s2，以指向每个字符串的下一个字符。当赋值将空字符复制到 s1 时，循环结束。

### 关于函数 copy1 和 copy2 的说明

ERR⊗

copy1 和 copy2 的第一个参数必须是一个足够大的数组，以容纳第二个参数的字符串。否则，当试图向一个不属于数组的内存位置写入时，可能会发生逻辑错误。在这两个函数中，第二个参数被复制到第一个参数中——字符被逐一读出，但字符从未被修改。因此，第二个参数被声明为指向一个常量值，这样最小特权原则就强制实现了。这两个函数都不需要修改第二个参数中的字符串，所以我们就不允许它。

### ✓　自测题

1　（判断）如果 bPtr 指向数组 b 的第二个元素 (b[1])，那么元素 b[3] 也可以用指针/偏移量表示法的表达式 *(bPtr + 3) 来引用。
答案：错。因为指针指向数组 b 的第二个元素（b[1]），表达式应该是 *(bPtr + 2)。

2　（填空）指针可以像数组一样取下标。如果 bPtr 指向数组 b 的第一个元素，那么下面的表达式：
bPtr[1]
指的是数组元素_____。
答案：b[1]。

## 7.10　指针数组

数组可以包含指针。指针数组的常见用途是形成字符串的数组，简称为字符串数组。C 语言字符串中的每个元素本质上都是指向其第一个字符的指针。所以，字符串数组中的每一项实际上都是指向字符串第一个字符的指针。考虑字符串数组 suit 的定义，它在表示一副扑克牌的时候可能很有用。

const char *suit[4] = {"Hearts", "Diamonds", "Clubs", "Spades"};

这个数组有 4 个元素。char * 表示每个 suit 元素的类型是 "char 指针"。限定符 const 表示每个元素所指向的字符串不能被修改。字符串 "Hearts"、"Diamonds"、"Clubs" 和 "Spades" 被放在数组中。每一个字符串都以空字符结束的形式存储在内存中，比引号中的字符数多一个字符。因此，这些字符串的长度分别为 7、9、6 和 7 个字符。虽然看起来这些字符串被放入了数组，但实际上只存储了指针，如图 7-9 所示。

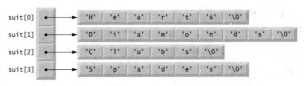

图 7-9　指针的数组

每个指针都指向其相应字符串的第一个字符。因此，尽管 char *数组的大小是固定的，但它可以指向任何长度的字符串。这种灵活性是 C 语言强大的数据结构能力的一个例子。

一副扑克牌可以放在一个二维数组中，每一行代表一种花色，每一列代表该花色中的一个字母。这样的数据结构每行必须有固定的列数，而且这个数字必须和最大的字符串一样大。因此，在存储许多比最长的字符串更短的字符串时，可能会浪费大量的内存。我们在 7.11 节中使用字符串数组来表示一副扑克牌。

### ✓ 自测题

1　（填空）指针数组的常见用途是组成字符串的数组，简称为＿＿＿＿。

　　答案：字符串数组。

2　（判断）本节的 suit 数组中的字符串的字符直接存储在数组的元素中。

　　答案：错。尽管数组看起来包含 4 个字符串，但每个元素实际上都包含相应字符串的第一个字符
　　　　　的地址。实际的字母和表示结束的空字符存储在内存的其他地方。

## 7.11　随机数模拟案例研究：洗牌和发牌

让我们用随机数生成来开发一个洗牌和发牌的模拟程序，然后用它来实现玩牌游戏的程序。为了揭示一些微妙的性能问题，我们故意使用次优的洗牌和发牌算法。在本章的练习和第 10 章中，我们开发了更有效的算法。

使用自顶向下、逐步细化的方法，我们开发了一个程序，可以洗一副（52 张）扑克牌，然后发每张牌。在处理比你在前面几章中看到的更复杂的问题时，自顶向下的方法特别有用。

### 将一副扑克牌表示为二维数组

我们用一个 4×13 的二维数组 deck 来表示这副扑克牌，如图 7-10 所示。

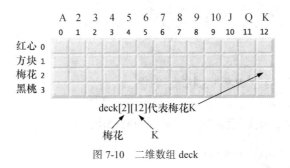

图 7-10　二维数组 deck

各行对应花色：0 行对应红心，1 行对应方块，2 行对应梅花，3 行对应黑桃。列对应的是牌的面值。0～9 列对应 A～10，10～12 列对应 J、Q 和 K。我们将用代表 4 种花色的字符串加载字符串数组 suit，用代表 13 种面值的字符串加载字符串数组 face。

### 洗牌二维数组

这副模拟的扑克牌可以按以下方式洗牌。首先，将 deck 的所有元素设置为 0。然后，随机选择一行（0～3）和一列（0～12）。在数组元素 deck[row][column]中放置数字 1，表示这张牌将是洗好的牌

中的第一张。对数字 2、3……52 重复这个过程，将每个数字插入 deck 数组中，表示哪些牌是洗好的牌中的第二张、第三张……第五十二张。当 deck 数组开始被牌号填充时，一张牌可能会被再次选中——即 deck[row][column]被选中时将是非 0 的。忽略这个选择，反复选择其他随机的行和列值，直到你找到一张未被选中的牌。最终，数字 1～52 将占据 deck 数组的 52 个槽。此时，这副牌已经完全洗好了。

## 无限期延迟的可能性

如果已经洗过的牌被反复随机选择，这种洗牌算法可能无限期地执行。这种现象被称为"无限期延迟"。在本章的练习中，我们将讨论一种更好的洗牌算法，以消除无限期延迟的可能性。

PERF ✄　　　有时，以"自然"方式出现的算法可能包含微妙的性能问题，如无限期延迟。要寻求能避免无限期延迟的算法。

## 从二维数组中发牌

为了发第一张牌，我们用嵌套的 for 语句在数组中寻找等于 1 的 deck[row][column]，让 row 从 0 到 3，column 从 0 到 12 变化。数组中的那个元素对应的是什么牌？suit 数组已经预装了 4 种花色，所以为了得到牌的花色，我们打印字符串 suit[row]。同样，要得到牌的面值，我们要打印字符串 face[column]。我们还打印字符串 "of"，如 " King of Clubs "、" Ace of Diamonds "等。

## 用自顶向下、逐步细化的方式开发程序的逻辑

让我们继续进行自顶向下、逐步细化的过程。顶层是简单的：

　　*洗牌，发 52 张牌*

我们的第一次细化得到：

　　*初始化 suit 数组*
　　*初始化 face 数组*
　　*初始化 deck 数组*
　　*洗牌*
　　*发 52 张牌*

"洗牌"可以细化为：

　　**for** *52 张牌中的每一张*
　　　　*将牌号放入随机选择的、未被占用的 deck 元素中*

"发 52 张牌"可以细化为：

　　**for** *52 张牌中的每一张*
　　　　*在 deck 数组中找到牌号，并打印其牌面和花色*

完整的第二次细化是：

　　*初始化 suit 数组*
　　*初始化 face 数组*
　　*初始化 deck 数组*
　　**for** *52 张牌中的每一张*
　　　　*将牌号放入随机选择的、未被占用的 deck 元素中*
　　**for** *52 张牌中的每一张*
　　　　*在 deck 数组中找到牌号，并打印其牌面和花色*

"将牌号放入随机选择的、未被占用的 deck 元素中"可以细化为：

　　*随机选择 deck 元素*
　　**while** *所选择的 deck 元素已被选择过*
　　　　*随机选择 deck 元素*
　　*将牌号放在所选的 deck 元素上*

"在 deck 数组中找到牌号，并打印其牌面和花色"可以细化为：

　　**for** *数组 deck 中的每个元素*
　　　　**if** *该元素包含牌号*
　　　　　　*打印该牌的牌面和花色*

结合这些扩展可以得到我们的第三次细化：

　　*初始化 suit 数组*
　　*初始化 face 数组*

*初始化 deck 数组*
**for** *52 张牌中的每一张*
    *随机选择 deck 元素*
    **while** *所选择的 deck 元素已被选择过*
        *随机选择 deck 元素*
    *将牌号放在所选的 deck 元素上*
**for** *52 张牌中的每一张*
    **for** *数组 deck 中的每个元素*
        **if** *该元素包含牌号*
            *打印该牌的牌面和花色*

这样就完成了细化过程。

### 实现洗牌和发牌程序

洗牌和发牌程序及执行示例见清单 7.14。当函数使用转换规范 %s 来打印一个字符串时，相应的参数必须是一个指向字符串的 char 指针或一个包含字符串的 char 数组。第 59 行的格式规范在 5 个字符的区域内右对齐显示牌面，后面是 " of "，牌的花色在 8 个字符的区域内左对齐。%-8s 中的减号表示左对齐。

**清单 7.14 | 洗牌和发牌**

```
1  // fig07_14.c
2  // Card shuffling and dealing.
3  #include <stdio.h>
4  #include <stdlib.h>
5  #include <time.h>
6
7  #define SUITS 4
8  #define FACES 13
9  #define CARDS 52
10
11 // prototypes
12 void shuffle(int deck[][FACES]);
13 void deal(int deck[][FACES], const char *face[], const char *suit[]);
14
15 int main(void) {
16    // initialize deck array
17    int deck[SUITS][FACES] = {0};
18
19    srand(time(NULL)); // seed random-number generator
20    shuffle(deck); // shuffle the deck
21
22    // initialize suit array
23    const char *suit[SUITS] = {"Hearts", "Diamonds", "Clubs", "Spades"};
24
25    // initialize face array
26    const char *face[FACES] = {"Ace", "Deuce", "Three", "Four", "Five",
27       "Six", "Seven", "Eight", "Nine", "Ten", "Jack", "Queen", "King"};
28
29    deal(deck, face, suit); // deal the deck
30 }
31
32 // shuffle cards in deck
33 void shuffle(int deck[][FACES]) {
34    // for each of the cards, choose slot of deck randomly
35    for (size_t card = 1; card <= CARDS; ++card) {
36       size_t row = 0; // row number
37       size_t column = 0; // column number
38
39       // choose new random location until unoccupied slot found
40       do {
41          row = rand() % SUITS;
42          column = rand() % FACES;
43       } while(deck[row][column] != 0);
44
```

```
45              deck[row][column] = card; // place card number in chosen slot
46          }
47      }
48
49  // deal cards in deck
50  void deal(int deck[][FACES], const char *face[], const char *suit[]) {
51      // deal each of the cards
52      for (size_t card = 1; card <= CARDS; ++card) {
53          // loop through rows of deck
54          for (size_t row = 0; row < SUITS; ++row) {
55              // loop through columns of deck for current row
56              for (size_t column = 0; column < FACES; ++column) {
57                  // if slot contains current card, display card
58                  if (deck[row][column] == card) {
59                      printf("%5s of %-8s    %c", face[column], suit[row],
60                          card % 4 == 0 ? : ); // 2-column format
61                  }
62              }
63          }
64      }
65  }
```

```
   Ace of Hearts        Jack of Hearts        Five of Clubs        King of Clubs
 Eight of Diamonds     Three of Clubs        Deuce of Hearts       Four of Hearts
   Ace of Clubs        Deuce of Spades       Queen of Diamonds      Six of Hearts
 Seven of Clubs         Five of Hearts       Deuce of Clubs        King of Hearts
  Nine of Spades         Ace of Spades         Ace of Diamonds     Eight of Spades
 Eight of Hearts         Ten of Spades         Ten of Hearts       Queen of Clubs
  Jack of Spades        Jack of Diamonds     Three of Spades       Four of Clubs
  Four of Spades         Ten of Clubs         King of Diamonds      Six of Spades
  Nine of Clubs          Six of Diamonds     Queen of Spades       King of Spades
  Four of Diamonds     Eight of Clubs        Jack of Clubs        Seven of Hearts
 Seven of Diamonds     Three of Hearts        Five of Spades       Nine of Hearts
  Nine of Diamonds     Three of Diamonds     Deuce of Diamonds     Queen of Hearts
   Six of Clubs        Seven of Spades        Five of Diamonds      Ten of Diamonds
```

## 改进发牌算法

发牌算法中存在一个弱点。一旦找到一个匹配，两个内层 for 语句继续搜索 deck 的剩余元素。我们在本章的练习和第 10 章的案例研究中纠正这个缺陷。

## 相关练习

这个洗牌和发牌的案例研究得到了以下练习的支持：

- 练习 7.12;
- 练习 7.13;
- 练习 7.14;
- 练习 7.15;
- 练习 7.16。

## ✓ 自测题

1　（填空）如果已经洗过的牌被反复地随机抽取，我们介绍的洗牌算法可以无限期地执行。这种现象被称为_____。

答案：无限期延迟。

2　（判断）格式规范"%5s of %-8s"在 5 个字符的区域中打印出一个左对齐的字符串，后面是" of "，以及在 8 个字符的区域中打印出一个右对齐的字符串。

答案：错。实际上，这个格式说明在一个 5 个字符的区域中打印一个右对齐的字符串，后面是" of "，以及在一个 8 个字符的区域中打印一个左对齐的字符串。

## 7.12 函数指针

在第 6 章中，我们看到数组的名称实际上是数组第一个元素在内存中的地址。同样，函数名实际上是执行该函数任务的代码在内存中的起始地址。函数的指针包含该函数在内存中的地址。函数的指针可以传递给函数，从函数中返回，存储在数组中，赋值给其他相同类型的函数指针并相互比较，以确定是否相等。

### 7.12.1 按升序或降序排序

为了演示指向函数的指针，清单 7.15 展示了清单 7.9 的冒泡排序程序的修改版。新版本由 main 与函数 bubbleSort、swap、ascending 和 descending 组成。函数 bubbleSort 接收一个指向函数的指针作为参数（要么是 ascending 函数，要么是 descending 函数），此外还有一个 int 数组和数组的大小。用户选择是以升序（1）还是降序（2）的方式对数组进行排序。如果用户输入 1，main 将一个指向函数 ascending 的指针传递给函数 bubbleSort。如果用户输入 2，main 将一个指向 descending 函数的指针传递给函数 bubbleSort。

**清单 7.15 | 使用函数指针的多用途排序程序**

```
1  // fig07_15.c
2  // Multipurpose sorting program using function pointers.
3  #include <stdio.h>
4  #define SIZE 10
5
6  // prototypes
7  void bubbleSort(int work[], size_t size, int (*compare)(int a, int b));
8  int ascending(int a, int b);
9  int descending(int a, int b);
10
11 int main(void) {
12    // initialize unordered array a
13    int a[SIZE] = { 2, 6, 4, 8, 10, 12, 89, 68, 45, 37 };
14
15    printf("%s", "Enter 1 to sort in ascending order,\n"
16          "Enter 2 to sort in descending order: ");
17    int order = 0;
18    scanf("%d", &order);
19
20    puts("\nData items in original order");
21
22    // output original array
23    for (size_t counter = 0; counter < SIZE; ++counter) {
24       printf("%5d", a[counter]);
25    }
26
27    // sort array in ascending order; pass function ascending as an
28    // argument to specify ascending sorting order
29    if (order == 1) {
30       bubbleSort(a, SIZE, ascending);
31       puts("\nData items in ascending order");
32    }
33    else { // pass function descending
34       bubbleSort(a, SIZE, descending);
35       puts("\nData items in descending order");
36    }
37
38    // output sorted array
39    for (size_t counter = 0; counter < SIZE; ++counter) {
40       printf("%5d", a[counter]);
41    }
42
```

```
43      puts("\n");
44  }
45
46  // multipurpose bubble sort; parameter compare is a pointer to
47  // the comparison function that determines sorting order
48  void bubbleSort(int work[], size_t size, int (*compare)(int a, int b)) {
49      void swap(int *element1Ptr, int *element2ptr); // prototype
50
51      // loop to control passes
52      for (int pass = 1; pass < size; ++pass) {
53          // loop to control number of comparisons per pass
54          for (size_t count = 0; count < size - 1; ++count) {
55              // if adjacent elements are out of order, swap them
56              if ((*compare)(work[count], work[count + 1])) {
57                  swap(&work[count], &work[count + 1]);
58              }
59          }
60      }
61  }
62
63  // swap values at memory locations to which element1Ptr and
64  // element2Ptr point
65  void swap(int *element1Ptr, int *element2Ptr) {
66      int hold = *element1Ptr;
67      *element1Ptr = *element2Ptr;
68      *element2Ptr = hold;
69  }
70
71  // determine whether elements are out of order for an ascending order sort
72  int ascending(int a, int b) {
73      return b < a; // should swap if b is less than a
74  }
75
76  // determine whether elements are out of order for a descending order sort
77  int descending(int a, int b) {
78      return b > a; // should swap if b is greater than a
79  }
```

```
Enter 1 to sort in ascending order,
Enter 2 to sort in descending order: 1

Data items in original order
   2    6    4    8   10   12   89   68   45   37
Data items in ascending order
   2    4    6    8   10   12   37   45   68   89
```

```
Enter 1 to sort in ascending order,
Enter 2 to sort in descending order: 2

Data items in original order
   2    6    4    8   10   12   89   68   45   37
Data items in descending order
  89   68   45   37   12   10    8    6    4    2
```

### 函数指针参数

以下参数出现在 bubbleSort 的函数头中（第48行）：

```
int (*compare)(int a, int b)
```

这告诉 bubbleSort 期待参数（compare）是一个指向函数的指针，具体来说该函数接收两个 int 型数并返回一个 int 型结果。在 *compare 周围的括号是必需的，以便将 * 和 compare 组合在一起，并表明 compare 是一个指针。如果没有括号，这个声明将是

```
int *compare(int a, int b)
```

它声明了一个接收两个整数作为参数并返回一个整数指针的函数。

为了通过函数指针调用传递给 bubbleSort 的函数，我们对它进行解引用，如第 56 行的 if 语句所示：

```
if ((*compare)(work[count], work[count + 1]))
```

对该函数的调用可以不对指针解引用，如

```
if (compare(work[count], work[count + 1]))
```

其中直接使用指针作为函数名。第一种通过指针调用函数的方法明确表明，compare 是一个指向函数的指针，它被解引用来调用函数。第二种方法使 compare 看起来是一个实际的函数名。这可能会使阅读代码的人感到困惑，因为他想查看 compare 的函数定义，却发现它从未被定义过。

## 7.12.2 使用函数指针创建菜单驱动系统

函数指针的常见用途是用于菜单驱动系统。程序提示用户通过输入菜单项的编号（可能是从 0 到 2）从菜单中选择一个选项。该程序为每个选项提供不同的功能。它在一个函数指针数组中存储了每个函数的指针。用户的选择被用作数组的下标，而数组中的指针被用来调用该函数。

清单 7.16 提供了一个关于定义和使用函数指针数组机制的通用示例。我们定义了 3 个函数：function1、function2 和 function3。每个函数都需要一个整数参数，并且不返回任何值。我们在数组 f 中存储这些函数的指针（第 13 行）。从最左边的一组括号开始，定义如下："f 是一个由 3 个函数指针组成的数组，每个函数都接收一个 int 作为参数，并返回 void"。该数组被初始化为 3 个函数的名称。当用户输入一个介于 0 和 2 之间的值时，我们将该值作为函数指针数组的下标。在函数调用中（第 23 行），f[choice] 选择数组中 choice 位置的指针。我们对该指针解引用来调用函数，并将 choice 作为函数的参数传递。每个函数都会打印它的参数值和函数名，以显示该函数被正确调用。在本章的练习中，你将开发几个菜单驱动系统。

**清单 7.16 | 演示函数指针数组**

```
1   // fig07_16.c
2   // Demonstrating an array of pointers to functions.
3   #include <stdio.h>
4
5   // prototypes
6   void function1(int a);
7   void function2(int b);
8   void function3(int c);
9
10  int main(void) {
11     // initialize array of 3 pointers to functions that each take an
12     // int argument and return void
13     void (*f[3])(int) = {function1, function2, function3};
14
15     printf("%s", "Enter a number between 0 and 2, 3 to end: ");
16     int choice = 0;
17     scanf("%d", &choice);
18
19     // process user
20     while (choice >= 0 && choice < 3) {
21        // invoke function at location choice in array f and pass
22        // choice as an argument
23          (*f[choice])(choice);
24
25        printf("%s", "Enter a number between 0 and 2, 3 to end: ");
26        scanf("%d", &choice);
27     }
28
29     puts("Program execution completed.");
30  }
31
```

```
32  void function1(int a) {
33      printf("You entered %d so function1 was called\n\n", a);
34  }
35
36  void function2(int b) {
37      printf("You entered %d so function2 was called\n\n", b);
38  }
39
40  void function3(int c) {
41      printf("You entered %d so function3 was called\n\n", c);
42  }
```

```
Enter a number between 0 and 2, 3 to end: 0
You entered 0 so function1 was called

Enter a number between 0 and 2, 3 to end: 1
You entered 1 so function2 was called

Enter a number between 0 and 2, 3 to end: 2
You entered 2 so function3 was called

Enter a number between 0 and 2, 3 to end: 3
Program execution completed.
```

## ✓ 自测题

1  （判断）考虑以下参数，它出现在我们的冒泡排序函数的函数头中：

    int (*compare)(int a, int b)

    这个 compare 参数是一个指向函数的指针该函数接收两个 int 型参数并返回一个 int 型结果。
    *compare 周围的括号是可选的，但为了清楚起见，我们把它们包括在内。

    答案：错。在*compare 的周围需要有括号，以表明 compare 是一个指针。如果没有括号，这个声
        明将是

        int *compare(int a, int b)

        这只是一个函数头，它接收两个整数作为参数，并返回一个指向整数的指针。

2  （填空）就像一个指向变量的指针被解引用以访问该变量的值一样，一个指向函数的指针被
    解引用以_____。

    答案：调用该函数。

# 7.13   安全的 C 语言编程

### printf_s、scanf_s 和其他安全函数

    前几章的"安全的 C 语言编程"中逐步介绍了 printf_s 和 scanf_s，也介绍了 C 标准的 Annex K 所
描述的标准库函数的其他更安全的版本。printf_s 和 scanf_s 等函数的一个关键特征是使它们更安全，
即它们有运行时约束，要求它们的指针参数为非 NULL。这些函数在尝试使用指针之前检查这些运行
时约束。任何 NULL 的指针参数都是违反约束的，会导致函数失败并返回一个状态通知。如果任何一
个指针参数（包括格式控制字符串）是 NULL，调用 scanf_s 会返回 EOF。如果格式控制字符串是
NULL 或者任何对应于%s 的参数是 NULL，则调用 printf_s 将停止输出数据并返回一个负数。关于
Annex K 函数的完整细节，请参阅 C 标准文件或你的编译器的库文档。

### 关于指针的其他 CERT 指南

    误用指针是当今系统中许多常见安全漏洞的根源。CERT 提供了各种指南来帮助你防止这些问题。
如果你正在构建工业强度的 C 系统，你应该熟悉 CERT 的 C 安全编码标准（参见 SEI 的外部维基网
站）。以下指南适用于我们在本章中介绍的指针编程技术。

- EXP34-C：解引用 NULL 指针通常会导致程序崩溃，但 CERT 也遇到过解引用 NULL 指针可以让攻击者执行代码的情况。
- DCL13-C：7.5 节讨论了 const 与指针的使用。如果一个函数参数指向一个不会被函数改变的值，那么应该使用 const 来表示数据是常量。例如，为了表示一个不会被修改的字符串的指针，使用 const char *作为指针参数的类型。
- WIN04-C：本指南讨论了在 Windows 上加密函数指针的技术，以帮助防止攻击者覆盖它们并执行攻击代码。

### ✓ 自测题

1 （填空） printf_s 和 scanf_s 等函数的一个关键特征是它们有运行时约束，要求它们的指针参数为_____。

答案：非 NULL。

2 （判断） 误用指针会导致当今系统中许多最常见的安全漏洞。

答案：对。

### 关键知识回顾

#### 7.2 节

- 指针包含另一个包含数值的变量的地址。在这个意义上，变量名直接引用值，而指针间接引用值。
- 通过指针引用值被称为间接寻址。
- 指针可以被定义为指向任何类型的对象。
- 指针应该在定义时或在赋值语句中初始化。指针可以初始化为 NULL、0 或地址。值为 NULL 的指针不指向任何对象。将指针初始化为 0 等同于将指针初始化为 NULL，但为了清晰，首选 NULL。值 0 是唯一可以直接赋值给指针变量的整数值。
- NULL 是一个在<stddef.h>头文件（和其他几个头文件）中定义的符号常量。

#### 7.3 节

- &，即地址操作符，是一元操作符，用于返回其操作数的地址。
- 地址操作符的操作数必须是变量。
- 间接寻址操作符 * 返回其操作数所指向的对象的值。
- printf 转换规范 %p 在大多数平台上将一个内存位置输出为十六进制的整数。

#### 7.4 节

- 在 C 语言中，参数（除数组外）是按值传递的。
- C 语言程序通过使用指针和间接寻址操作符来完成按引用传递。要按引用传递变量，需要将地址操作符（&）应用于变量的名称。
- 当变量的地址被传递给函数时，可以在函数中使用间接寻址操作符（*）来读取或修改调用者内存中该位置的值。
- 接收地址作为参数的函数必须定义一个指针参数来接收该地址。
- 编译器不区分接收指针的函数和接收一维数组的函数。函数必须"知道"它接收的是数组，还是按引用传递的单个变量。
- 当编译器遇到形如 int b[]的一维数组的函数参数时，会将该参数转换为指针表示法 int *b。

#### 7.5 节

- const 限定符表示变量的值不应该被修改。

- 有 4 种方法可以将指针传递给函数：指向可变数据的可变指针，指向可变数据的常量指针，指向常量数据的可变指针，指向常量数据的常量指针。
- 指向可变数据的可变指针可以通过解引用指针来修改数据，并且可以修改指针以指向其他数据项。
- 指向常量数据的可变指针可以修改为指向任何适当类型的数据项，但是它所指向的数据不能被修改。
- 指向可变数据的常量指针总是指向同一个内存位置，该位置的数据可以通过该指针被修改。这对数组名称是默认值的。
- 指向常量数据的常量指针总是指向同一个内存位置，并且该内存位置的数据不能被修改。

## 7.7 节

- 一元操作符 sizeof 以字节为单位确定变量或类型的大小。
- 在应用于数组的名称时，sizeof 返回该数组的总字节数。
- 操作符 sizeof 可以应用于任何变量名、类型或值。
- 当类型名被作为 sizeof 的操作数提供时，需要使用括号。

## 7.8 节

- 可以在指针上执行有限的算术操作。可以递增（++）或递减（--）指针，向指针添加整数（+或+=），从指针中减去整数（-或-=）以及从一个指针中减去另一个指针。
- 当你向指针添加整数或从指针中减去整数时，指针就会以该整数乘以指针所指向的对象的大小来增加或减小。
- 两个指向同一数组元素的指针可以相减，以确定它们之间的元素数量。
- 如果两个指针具有相同的类型，一个指针可以赋值给另一个指针。一个例外是 void * 指针，它可以代表任何指针类型。所有的指针类型都可以赋值给 void * 指针，而 void * 指针可以被赋值给任何类型的指针。
- 一个 void *指针不能被解引用。
- 可以使用相等和关系操作符来比较指针，但这种比较是没有意义的，除非指针指向同一个数组的元素。比较指针时实际比较的是存储在指针中的地址。
- 指针比较的一个常见用途是确定指针是否为 NULL。

## 7.9 节

- 在 C 语言中，数组和指针是密切相关的，通常可以互换使用。
- 一个数组名称可以被认为是一个常量指针。
- 指针可以用来做任何涉及数组下标的操作。
- 当指针指向数组的开始时，向指针上添加一个偏移量，表明应该引用数组的哪个元素。该偏移量与数组下标相同。这被称为指针/偏移量表示法。
- 数组名称可以被当作一个指针，并用于不试图修改指针值的指针算术表达式中。
- 指针可以取下标，像数组一样。这被称为指针/下标表示法。
- const char *类型的参数通常代表一个常量字符串。

## 7.10 节

- 数组可以包含指针。指针数组的常见用途是形成字符串数组。每个元素都是一个字符串，但 C 语言的字符串本质上是一个指向其第一个字符的指针。所以，每个元素实际上是指向字符串的第一个字符的指针。

## 7.11 节

- 函数指针包含该函数在内存中的地址。函数名实际上是执行该函数任务的代码在内存中的起始地址。

- 函数的指针可以传递给函数，从函数中返回，存储在数组中，赋值给其他函数指针并相互比较，以确定是否相等。
- 函数的指针被解引用以调用该函数。在调用函数时，函数指针可以直接作为函数名使用。
- 函数指针的常见用途是用于菜单驱动系统。

## 自测练习

7.1 回答下列各题。

（a）一个指针变量包含另一个变量的_____。

（b）有 3 个值可以用来初始化指针：_____，_____和_____。

（c）唯一可以赋值给指针的整数是_____。

7.2 说明以下内容是对还是错。如果答案是错，请解释原因。

（a）被声明为 void 的指针可以被解引用。

（b）不同类型的指针在没有进行强制类型转换操作的情况下不能相互赋值。

7.3 回答下列各题。假设单精度浮点数存储在 4 字节中，数组的起始地址是内存中的 1002500 位置。练习的每一部分都应酌情使用前面部分的结果。

（a）定义一个名为 numbers 的 float 型数组，有 10 个元素，并将这些元素初始化为 0.0, 1.1, 2.2, …, 9.9。假设符号常量 SIZE 被定义为 10。

（b）定义一个指针 nPtr，指向一个 float 型数。

（c）使用 for 语句和数组下标表示法来打印 numbers 数组的元素。在小数点的右边使用一位数的精度。

（d）给出两个独立的语句，分别将数组 numbers 的起始地址赋值给指针变量 nPtr。

（e）使用指针 nPtr 的指针/偏移量表示法来打印 numbers 的元素。

（f）以数组名称作为指针，使用指针/偏移量表示法打印 numbers 的元素。

（g）通过指针 nPtr 取下标来打印 numbers 的元素。

（h）分别使用数组下标表示法、以数组名为指针的指针/偏移量表示法、nPtr 的下标表示法和 nPtr 的指针/偏移量表示法来引用 numbers 的元素 4。

（i）假设 nPtr 指向数组 numbers 的开始，那么 nPtr + 8 所引用的地址是什么？这个位置存储了什么值？

（j）假设 nPtr 指向 numbers[5]，那么 nPtr −= 4 所引用的地址是什么？在那个位置存储的是什么值？

7.4 对于下面的每一项，请写出执行指定任务的一条语句。假设 float 变量 number1 和 number2 已定义，并且 number1 被初始化为 7.3。

（a）定义变量 fPtr 为一个指向 float 类型对象的指针。

（b）将变量 number1 的地址赋值给指针变量 fPtr。

（c）打印 fPtr 所指向的对象的值。

（d）将 fPtr 所指向的对象的值赋值给变量 number2。

（e）打印 number2 的值。

（f）打印 number1 的地址。使用%p 转换规范。

（g）打印存储在 fPtr 中的地址。使用%p 转换规范。打印的值是否与 number1 的地址相同？

7.5 完成以下工作。

（a）写出函数 exchange 的函数头，该函数接收两个浮点数 x 和 y 的指针作为参数，并且不返回值。

（b）写出（a）部分中的函数原型。

（c）为返回整数的函数 evaluate 编写函数头，该函数以整数 x 和一个指向函数 poly 的指针作为参数，poly 代表一个接收整数参数并返回整数的函数。

（d）写出（c）部分中的函数原型。

7.6 找出以下每个程序段的错误。假设：

```
int *zPtr; // zPtr will reference array z
int *aPtr = NULL;
```

```
        void *sPtr = NULL;
        int number;
        int z[5] = {1, 2, 3, 4, 5};
        sPtr = z;
```

(a) ++zptr;

(b) // use pointer to get array
```
    number = zPtr;
```

(c) // assign array element 2 to number; assume zPtr is initialized
```
    number = *zPtr[2];
```

(d) // print entire array z; assume zPtr is initialized
```
    for (size_t i = 0; i <= 5; ++i) {
        printf("%d ", zPtr[i]);
    }
```

(e) // assign the value pointed to by sPtr to number
```
    number = *sPtr;
```

(f) ++z;

## 自测练习答案

7.1 （a）地址。（b）0，NULL，地址。（c）0。

7.2 （a）错。void 指针不能解引用，因为没有办法知道到底要解引用多少字节的内存。（b）错。其他类型的指针可以赋值给 void 类型的指针，void 类型的指针可以赋值给其他类型的指针。

7.3 请看下面的答案。

(a) float numbers[SIZE] =
```
        {0.0, 1.1, 2.2, 3.3, 4.4, 5.5, 6.6, 7.7, 8.8, 9.9};
```

(b) float *nPtr;

(c) for (size_t i = 0; i < SIZE; ++i) {
```
        printf("%.1f ", numbers[i]);
    }
```

(d) nPtr = numbers;
```
    nPtr = &numbers[0];
```

(e) for (size_t i = 0; i < SIZE; ++i) {
```
        printf("%.1f ", *(nPtr + i));
    }
```

(f) for (size_t i = 0; i < SIZE; ++i) {
```
    printf("%.1f ", *(numbers + i));
    }
```

(g) for (size_t i = 0; i < SIZE; ++i) {
```
        printf("%.1f ", nPtr[i]);
    }
```

(h) numbers[4]
```
    *(numbers + 4)
    nPtr[4]
    *(nPtr + 4)
```

(i) 地址是 $1002500 + 8 \times 4 = 1002532$。值为 8.8。

(j) numbers[5]的地址是 $1002500 + 5 \times 4 = 1002520$。
     nPtr −= 4 的地址是 $1002520 - 4 \times 4 = 1002504$。
     该位置的值是 1.1。

7.4 请看下面的答案。

(a) float *fPtr;

(b) fPtr = &number1;

(c) printf("The value of *fPtr is %f\n", *fPtr);

(d) number2 = *fPtr;

(e) printf("The value of number2 is %f\n", number2);

(f) printf("The address of number1 is %p\n", &number1);

(g) printf("The address stored in fptr is %p\n", fPtr);

　　是的，值是一样的。

7.5 (a) void exchange(float *x, float *y)

(b) void exchange(float *x, float *y);

(c) int evaluate(int x, int (*poly)(int))

(d) int evaluate(int x, int (*poly)(int));

7.6 (a) 错误：zPtr 没有被初始化。

　　更正：在做指针算术之前，用 "zPtr = z;" 初始化 zPtr。

(b) 错误：指针没有解引用。

　　更正：将语句改为 "number = *zPtr;"。

(c) 错误：zPtr[2]不是一个指针，不应该解引用。

　　更正：将*zPtr[2]改为 zPtr[2]。

(d) 错误：用指针下标的方式引用数组边界外的数组元素。

　　更正：将 for 条件中的操作符<=改为<。

(e) 错误：解引用 void 指针。

　　更正：要解除对指针的引用，必须首先将其转换为整数指针。将语句改为 "number = *((int *) sPtr);"。

(f) 错误：试图用指针算术修改数组名称。

　　更正：使用指针变量而不是数组名称来完成指针算术，或者用数组名称和下标来指代特定的元素。

## 练习

7.7 回答下列每一个问题。

(a) _____操作符返回其操作数在内存中的位置。

(b) _____操作符返回其操作数所指向的对象的值。

(c) 当把非数组变量传递给函数时，要完成按引用传递，必须把该变量的_____传递给该函数。

7.8 请说明以下内容是对还是错。如果错，请解释原因。

(a) 两个指向不同数组的指针不能进行有意义的比较。

(b) 因为数组的名称是指向数组中第一个元素的指针，所以数组名称的操作方式与指针的操作方式完全相同。

7.9 回答下列各项。假设整数存储在 4 字节中，数组的起始地址在内存的 1002500 位置。

(a) 定义一个包含 5 个元素的 int 数组 values，并将元素初始化为 2~10 的偶数。假设符号常量 SIZE 定义为 5。

(b) 定义一个指针 vPtr，指向一个 int 类型的对象。

(c) 使用数组下标表示法打印数组值的元素。使用 for 语句，并假设整数控制变量 i 已定义。

(d) 给出两个单独的语句，将数组值的起始地址赋值给指针变量 vPtr。

(e) 使用指针/偏移量表示法打印数组 values 的元素。

(f) 以数组名称作为指针，使用指针/偏移量表示法打印数组 values 的元素。

(g) 通过数组指针的下标来打印数组 values 的元素。

(h) 用数组下标表示法、带数组名的指针/偏移量表示法、指针下标表示法和指针/偏移量表示法来引用 values 的元素 4。

(i) vPtr + 3 所引用的是什么地址？那个位置存储了什么值？

(j) 假设 vPtr 指向 values[4]，vPtr -= 4 引用的是什么地址？这个位置存储了什么值？

7.10　对于下面的每一项，请写出执行指定任务的单条语句。假设长整型变量 value1 和 value2 已经定义，并且 value1 已经被初始化为 200000。

(a) 定义变量 lPtr 为一个指向 long 类型对象的指针。

(b) 将变量 value1 的地址赋值给指针变量 lPtr。

(c) 打印 lPtr 所指向的对象的值。

(d) 将 lPtr 所指向的对象的值赋值给变量 value2。

(e) 打印 value2 的值。

(f) 打印 value1 的地址。

(g) 打印存储在 lPtr 中的地址。该值是否与 value1 的地址相同？

7.11　完成以下每项工作。

(a) 写出函数 zero 的函数头，它接收一个长整型数组参数 bigIntegers，并且不返回值。

(b) 写出（a）部分中的函数原型。

(c) 写出函数 add1AndSum 的函数头，该函数接收一个整型数组参数 oneTooSmall，并返回一个整数。

(d) 写出（c）部分中描述的函数原型。

**挑战性练习**

练习 7.12～练习 7.15 具有一定的挑战性。一旦你完成了这些问题，你应该能够轻松实现大多数流行的纸牌游戏。

7.12　（洗牌和发牌：发一手牌）修改清单 7.14 中的程序，让发牌函数发一手 5 张扑克牌。然后编写以下附加函数。

(a) 判断这手牌是否有一对。

(b) 判断这手牌是否有两对。

(c) 判断这手牌是否有 3 张相同的牌（如 3 张 J）。

(d) 判断这手牌是否有 4 张相同的牌（如 4 张 A）。

(e) 判断这手牌是否是同花（即所有 5 张牌都是相同的花色）。

(f) 判断这手牌是否是顺子（即 5 张连续牌面的牌）。

7.13　（项目：洗牌和发牌——哪手牌更好？）使用练习 7.12 中开发的函数编写一个程序，发两手 5 张扑克牌，评估每手牌，并确定哪手牌更好。

7.14　（项目：洗牌和发牌——模拟庄家）修改练习 7.13 中开发的程序，使其能够模拟庄家。庄家的 5 张牌是"牌面朝下"发的，所以玩家无法看到。然后，程序应评估庄家这手牌，根据这手牌的质量，庄家应再抽一张、两张或三张牌以取代原来那手牌中相应数量的不需要的牌。然后，程序应重新评估庄家的那手牌。（注意：这是一个困难的问题！）

7.15　（项目：洗牌和发牌——允许玩家抽牌）修改练习 7.14 中开发的程序，使其能够自动处理庄家的牌，但允许玩家决定替换自己手中的哪些牌。然后，程序应评估两手牌并决定谁赢。现在用这个新程序与计算机玩 20 局。谁赢得更多的游戏，你还是计算机？让你的一个朋友与计算机玩 20 局。谁赢得更多的游戏？根据这些游戏的结果，完善你的扑克游戏程序（这也是一个困难的问题）。再玩 20 局。你修改后的程序是否能玩得更好？

7.16　（洗牌和发牌的修改：高性能洗牌）在清单 7.14 中，我们有意使用了一种低效的洗牌算法，有可能无限期延迟。在这个问题中，你将创建一个高性能的洗牌算法，以避免无限期延迟。对清单 7.14 的程序做如下修改。首先初始化 deck 数组，如图 7-11 所示。

|   | 0 | 1 | 2 | 3 | 4 | 5 | 6 | 7 | 8 | 9 | 10 | 11 | 12 |
|---|---|---|---|---|---|---|---|---|---|---|----|----|----|
| 0 | 1 | 2 | 3 | 4 | 5 | 6 | 7 | 8 | 9 | 10 | 11 | 12 | 13 |
| 1 | 14 | 15 | 16 | 17 | 18 | 19 | 20 | 21 | 22 | 23 | 24 | 25 | 26 |
| 2 | 27 | 28 | 29 | 30 | 31 | 32 | 33 | 34 | 35 | 36 | 37 | 38 | 39 |
| 3 | 40 | 41 | 42 | 43 | 44 | 45 | 46 | 47 | 48 | 49 | 50 | 51 | 52 |

图 7-11　未洗牌的数组

修改 shuffle 函数，使其逐行逐列地遍历数组，每个元素都接触一次。每个元素都应该与数组中随机选择的元素进行交换。打印结果数组以确定这副牌是否被满意地洗过。如图 7-12 所示，是洗牌后数组值的示例。

|   | 0 | 1 | 2 | 3 | 4 | 5 | 6 | 7 | 8 | 9 | 10 | 11 | 12 |
|---|---|---|---|---|---|---|---|---|---|---|----|----|----|
| 0 | 19 | 40 | 27 | 25 | 36 | 46 | 10 | 34 | 35 | 41 | 18 | 2 | 44 |
| 1 | 13 | 28 | 14 | 16 | 21 | 30 | 8 | 11 | 31 | 17 | 24 | 7 | 1 |
| 2 | 12 | 33 | 15 | 42 | 43 | 23 | 45 | 3 | 29 | 32 | 4 | 47 | 26 |
| 3 | 50 | 38 | 52 | 39 | 48 | 51 | 9 | 5 | 37 | 49 | 22 | 6 | 20 |

图 7-12　洗牌后数组示例

你可能希望你的程序多次调用 shuffle 函数，以确保洗牌效果满意。

尽管这个问题中的方法改进了洗牌算法，但发牌算法仍然需要在 deck 数组中搜索 1 号牌，然后是 2 号牌，然后是 3 号牌，以此类推。更糟糕的是，即使在发牌算法找到并发了牌之后，该算法仍然要搜索牌的其余部分。修改清单 7.14 的程序，一旦发了一张牌，就不再尝试匹配该牌号，程序立即继续发下一张牌。在第 10 章中，我们将开发一种发牌算法，每张牌只需要一次操作。

7.17　假设用户输入了两个相同长度的字符串，这个程序会做什么？

```
1  // ex07_19.c
2  // what does this program do?
3  #include <stdio.h>
4  #define SIZE 80
5
6  void mystery1(char *s1, const char *s2); // prototype
7
8  int main(void) {
9     char string1[SIZE]; // create char array
10    char string2[SIZE]; // create char array
11
12    puts("Enter two strings: ");
13    scanf("%39s%39s" , string1, string2);
14    mystery1(string1, string2);
15    printf("%s", string1);
16 }
17
18 // what does this function do?
19 void mystery1(char *s1, const char *s2) {
20    while (*s1 != ) {
21       ++s1;
22    }
23
24    for (; *s1 = *s2; ++s1, ++s2) {
25       ; // empty statement
26    }
27 }
```

7.18　这个程序是做什么的？

```
1  // ex07_20.c
2  // what does this program do?
3  #include <stdio.h>
4  #define SIZE 80
```

```
5
6   size_t mystery2(const char *s); // prototype
7
8   int main(void) {
9      char string[SIZE]; // create char array
10
11     puts("Enter a string: ");
12     scanf("%79s", string);
13     printf("%d\n", mystery2(string));
14  }
15
16  // What does this function do?
17  size_t mystery2(const char *s) {
18     size_t x;
19
20     // loop through string
21     for (x = 0; *s != ; ++s) {
22        ++x;
23     }
24
25     return x;
26  }
```

7.19  找出以下每个程序段中的错误。如果该错误可以纠正，请解释如何纠正。

（a）int *number;
    printf("%d\n", *number);

（b）float *realPtr;
    long *integerPtr;
    integerPtr = realPtr;

（c）int * x, y;
    x = y;

（d）char s[] = "this is a character array";
    int count;
    for (; *s != ; ++s) {
       printf("%c ", *s);
    }

（e）short *numPtr, result;
    void *genericPtr = numPtr;
    result = *genericPtr + 7;

（f）float x = 19.34;
    float xPtr = &x;
    printf("%f\n", xPtr);

（g）char *s;
    printf("%s\n", s);

7.20  （迷宫穿越）下面的网格是一个迷宫的二维数组表示。#符号代表迷宫的墙，句点（.）代表迷宫
     可能的路径中的方格。

```
# # # # # # # # # # # #
# . . . # . . . . . . #
. . # . # . # # # . # #
# # # . # . . . . # . #
# . . . . # # # . # . .
# # # # . # . # . # . #
# . . # . # . # . # . #
# # . # . # . # . # . #
# . . . . . . . . # . #
# # # # # . # # # . # #
# . . . . . . . # . . . #
# # # # # # # # # . # # #
```

维基百科的 Maze Solving Algorithm 页面中列出了几种寻找迷宫出口的算法。走过迷宫的简单算法可以保证找到出口（假设有一个出口）。将你的右手放在你右边的墙上，然后开始向前走。永远不要把你的手从墙上移开。如果迷宫向右转，你就沿着墙向右走。只要你不把你的手从墙上移开，最终你会到达迷宫的出口。如果没有出口，你最终会回到起始位置。可能有一条比你走过的路更短的路，但你保证会走出迷宫。

编写递归函数 mazeTraverse 来走过迷宫。该函数应该接收一个 12×12 的字符数组作为参数，代表迷宫和迷宫的起始位置。当 mazeTraverse 试图找到迷宫的出口时，它应该在路径的每个方格上放置字符 X。该函数应在每次移动后显示迷宫，这样用户就可以看到迷宫被解开。

7.21 （随机生成迷宫）编写一个函数 mazeGenerator，它接收一个 12×12 的二维字符数组作为参数，随机生成一个迷宫。该函数还应该提供迷宫的起点和终点位置。用几个随机生成的迷宫试试练习 7.20 中的函数 mazeTraverse。

7.22 （任意大小的迷宫）将练习 7.20～练习 7.21 中的函数 mazeTraverse 和 mazeGenerator 推广为处理任意宽度和高度的迷宫。

7.23 假设用户输入了两个相同长度的字符串，这个程序会做什么？

```c
1   // ex07_26.c
2   // what does this program do?
3   #include <stdio.h>
4   #define SIZE 80
5
6   int mystery3(const char *s1, const char *s2); // prototype
7
8   int main(void) {
9       char string1[SIZE]; // create char array
10      char string2[SIZE]; // create char array
11
12      puts("Enter two strings: ");
13      scanf("%79s%79s", string1 , string2);
14      printf("The result is %d\n", mystery3(string1, string2));
15  }
16
17  int mystery3(const char *s1, const char *s2) {
18      int result = 1;
19
20      for (; *s1 !=    && *s2 != ; ++s1, ++s2) {
21          if (*s1 != *s2) {
22              result = 0;
23          }
24      }
25
26      return result;
27  }
```

## 函数指针数组练习

7.24 （函数指针数组）重写清单 6.1 5 的程序，使用菜单驱动的界面。该程序应向用户提供以下 4 个选项。

```
Enter a choice:
  0  Print the array of grades
  1  Find the minimum grade
  2  Find the maximum grade
  3  Print the average on all tests for each student
  4  End program
```

使用函数指针数组的一个限制是，所有指针必须具有相同的类型。指针必须指向接收相同类型的参数且具有相同返回类型的函数。由于这个原因，必须对清单 6.1 5 中的函数进行修改，使它们各自返回相同的类型并接收相同的参数。将函数 minimum 和 maximum 修改为打印最小值或最大值，不返回任何值。对于选项 3，修改清单 6.1 5 中的函数 average，以输出每个学生（而不是某个特定学生）的平均值。函数 average 应该不返回任何值，并接收与 printArray、minimum 和 maximum 相同的参数。将 4 个函数的指针存储在数组 processGrades 中，并将用户的选择作为调用每个函数时的下标放入数组。

7.25　（使用函数指针计算圆的周长、圆的面积或球体的体积）使用清单 7.1 6 的技术，创建一个菜单驱动的程序。允许用户选择是计算圆的周长、圆的面积还是球体的体积。然后程序应该从用户那里输入一个半径，进行适当的计算并显示结果。使用一个函数指针数组，其中每个指针代表一个返回 void 并接收 double 参数的函数。相应的函数应该分别显示信息，说明进行了哪种计算、半径的值和计算的结果。

7.26　（使用函数指针的计算器）使用你在清单 7.16 中学到的技术，创建一个菜单驱动的程序，允许用户选择对两个数字是加、减、乘还是除。然后，该程序应从用户那里输入两个 double 数值，进行适当的计算并显示结果。使用一个函数指针数组，其中每个指针代表一个返回 void 并接收两个 double 参数的函数。相应的函数应该分别显示信息，说明进行了哪种计算、参数的值和计算的结果。

7.27　（碳足迹计算器）使用函数指针数组，正如你在本章中所学到的，你可以指定一组用相同类型的参数调用并返回相同类型数据的函数。世界各地的政府和公司越来越关注燃烧各种燃料取暖的建筑物、燃烧燃料获取动力的车辆等产生的碳足迹（每年释放到大气中的二氧化碳）。许多科学家将全球变暖的现象归咎于这些温室气体。创建 3 个函数，分别帮助计算建筑物、汽车和自行车的碳足迹。每个函数都应该从用户那里输入适当的数据，然后计算并显示碳足迹。（查看一些解释如何计算碳足迹的网站。）每个函数应该不接收任何参数，并返回 void。编写一个程序，提示用户输入要计算的碳足迹类型，然后调用函数指针数组中的相关函数。对于每种类型的碳足迹，显示一些识别信息和物体的碳足迹。

## 特别小节——将你的计算机建成一个虚拟机

在接下来的几个练习中，我们暂时从高级语言编程的世界中转移一下注意力。我们"剥开"一台假的简单计算机，看看它的内部结构。我们介绍了这台计算机的机器语言程序设计，并编写了几个机器语言程序。为了使这成为一个特别有价值的经验，我们会建立一个基于软件的模拟计算机，你可以在上面实际执行你的机器语言程序！这种模拟的计算机通常被称为虚拟机。

7.28　（机器语言编程）让我们创建一台计算机，称之为 Simpletron。顾名思义，它是一台简单的机器，但正如我们很快就会看到的，它也是一台强大的机器。Simpletron 运行用它直接理解的唯一语言编写的程序，即 Simpletron 机器语言（Simpletron Machine Language，SML）。

Simpletron 包含一个累加器（一个"特殊的寄存器"），在 Simpletron 在计算中使用信息或以各种方式检查信息之前，信息被放入其中。Simpletron 中的所有信息都是以字为单位处理的。一个字是一个有符号的 4 位数的十进制数字，如+3364、–1293、+0007、–0001 等。Simpletron 配备了一个 100 个字的存储器，这些字用位置编号 00、01、…、99 来表示。

在运行 SML 程序之前，我们必须将程序加载或放入内存中。每个 SML 程序的第一条指令（或语句）总是放在位置 00 上。

每条 SML 指令占用 Simpletron 内存的一个字，所以指令是有符号的 4 位十进制数字。我们假设一条 SML 指令的符号总是正，但一个数据字的符号可能是正或负。每个 Simpletron 内存位置可能包含一条指令、一个程序使用的数据值或一个未使用（因此未定义）的内存区域。每个 SML 指令的前两个数字是操作代码，指定要执行的操作。图 7-13 总结了 SML 的操作代码。

| 操作代码 | 含义 |
|---|---|
| 输入和输出操作 | |
| #define READ 10 | 从键盘上读取一个字到内存中的特定位置 |
| #define WRITE 11 | 从内存中的特定位置写一个字到屏幕上 |
| 加载和存储操作 | |
| #define LOAD 20 | 将一个字从内存中的特定位置加载到累加器中 |
| #define STORE 21 | 将累积器中的一个字存储到内存中的特定位置 |
| 算术操作 | |
| #define ADD 30 | 将内存中特定位置的字加到累加器中的字上（将结果留在累加器中） |
| #define SUBTRACT 31 | 用累加器中的字减去内存中某一特定位置的字（将结果留在累加器中） |
| #define DIVIDE 32 | 将内存中特定位置的字除以累加器中的字（将结果留在累加器中） |
| #define MULTIPLY 33 | 将内存中某一特定位置的字乘以累加器中的字（将结果留在累加器中） |
| 转移控制操作 | |
| #define BRANCH 40 | 分支到内存中的特定位置 |
| #define BRANCHNEG 41 | 如果累加器为负数，则分支到内存中的特定位置 |
| #define BRANCHZERO 42 | 如果累加器为零，则分支到内存中的特定位置 |
| #define HALT 43 | 停止——即程序已完成其任务 |

图 7-13　SML 的操作代码

SML 指令的最后两个数字是操作数——包含操作所适用的字的内存位置。

## 两个数字相加的 SML 程序样本

让我们考虑几个简单的 SML 程序。图 7-14 所示的 SML 程序从键盘上读取两个数字，然后计算并打印出它们的总和。

| 位置 | 数字 | 指令 |
|---|---|---|
| 00 | +1007 | (Read A) |
| 01 | +1008 | (Read B) |
| 02 | +2007 | (Load A) |
| 03 | +3008 | (Add B) |
| 04 | +2109 | (Store C) |
| 05 | +1109 | (Write C) |
| 06 | +4300 | (Halt) |
| 07 | +0000 | (Variable A) |
| 08 | +0000 | (Variable B) |
| 09 | +0000 | (Result C) |

图 7-14　打印两数之和的 SML 程序

指令 +1007 从键盘上读取第一个数字并将其放入位置 07。然后 +1008 读取下一个数字到位置 08。加载指令 +2007 将第一个数字复制到累加器中。加法指令 +3008 将第二个数字加到累加器中。所有的 SML 算术指令都将其结果留在累加器中。存储指令 +2109 将累加器中的结果复制到内存位置 09，然后写指令 +1109 将该数字作为有符号的 4 位十进制数字打印到屏幕上。停止指令 +4300 终止执行。

## 确定两个数值中最大的一个的 SML 程序示例

图 7-15 所示的 SML 程序从键盘上读取两个数字，然后确定并打印出较大的数值。

| 位置 | 数字 | 指令 |
|------|------|------|
| 00 | +1009 | (Read A) |
| 01 | +1010 | (Read B) |
| 02 | +2009 | (Load A) |
| 03 | +3110 | (Subtract B) |
| 04 | +4107 | (Branch negative to 07) |
| 05 | +1109 | (Write A) |
| 06 | +4300 | (Halt) |
| 07 | +1110 | (Write B) |
| 08 | +4300 | (Halt) |
| 09 | +0000 | (Variable A) |
| 10 | +0000 | (Variable B) |

图 7-15　打印两个数中较大数的 SML 程序

指令 +4107 是一个控制的条件转移，就像 if 语句一样。

现在编写 SML 程序来完成以下每个任务。

（a）使用标记控制的循环来读取正整数，然后计算并打印它们的和。

（b）使用计数器控制的循环来读取 7 个数字，有些是正数，有些是负数。计算并打印它们的平均值。

（c）读取一系列的数字。确定并打印最大的数字。读取的第一个数字表明应该处理多少个数字。

7.29　（计算机模拟器）乍一看似乎很离谱，但在这个练习中，你将建立自己的计算机。不，你不会把元件焊接在一起。相反，你将使用强大的基于软件的模拟技术来创建一个 Simpletron 的软件模型。你不会失望的。你的 Simpletron 模拟器将把你使用的计算机变成一个 Simpletron，而且你实际上能够运行、测试和调试你在练习 7.28 中编写的 SML 程序！

当你运行你的 Simpletron 模拟器时，它应该以打印以下内容开始。

```
***              Welcome to Simpletron            ***
***                                               ***
*** Please enter your program one instruction     ***
*** (or data word) at a time. I will type the     ***
*** location number and a question mark (?).      ***
*** You then type the word for that location.     ***
*** Type the sentinel -99999 to stop entering     ***
*** your program.                                 ***
```

用 100 个元素的一维数组 memory 模拟 Simpletron 的内存。现在假设模拟器正在运行，让我们看一下在输入练习 7.28 的示例程序 2 时的对话。

```
00 ? +1009
01 ? +1010
02 ? +2009
03 ? +3110
04 ? +4107
05 ? +1109
06 ? +4300
07 ? +1110
08 ? +4300
09 ? +0000
10 ? +0000
11 ? -99999
*** Program loading completed ***
*** Program execution begins  ***
```

现在 SML 程序已经被放置（或加载）到数组 memory 中。接下来，Simpletron 执行 SML 程序。它从位置 00 的指令开始，并按顺序进行，除非被控制转移到程序的某些其他部分。

使用变量 accumulator 来表示累加器寄存器。使用变量 instructionCounter 来存储包含正在执行的指令的内存位置（00~99）的编号。使用变量 operationCode 来存储当前正在执行的操作（指令字的左边两个数字）。使用变量 operand 来存储当前指令所操作的内存位置的编号。因此，如果一条指令有一个操作数，它就是当前正在执行的指令的最右边的两个数字。不要直接从内存中执行指令。相反，将下一条要执行的指令从内存中转移到一个名为 instructionRegister 的变量中。然后"取"左边的两个数字，把它们放在变量 operationCode 中，"取"右边的两个数字，把它们放在 operand 中。

当 Simpletron 开始执行时，这些特殊寄存器被初始化如下：

```
accumulator            +0000
instructionCounter        00
instructionRegister    +0000
operationCode             00
operand                   00
```

现在让我们"预演"第一条 SML 指令的执行过程，在内存位置 00 的 +1009。这个过程被称为指令执行周期。

instructionCounter 告诉我们要执行的下一条指令的位置。我们使用以下 C 语句从 memory 中获取该位置的内容：

```
instructionRegister = memory[instructionCounter];
```

操作代码和操作数通过以下语句从指令寄存器中提取出来：

```
operationCode = instructionRegister / 100;
operand = instructionRegister % 100;
```

现在 Simpletron 必须确定操作代码实际上是读（而不是写、加载等）。switch 语句区分了 SML 的 12 种操作。switch 模拟了各种 SML 指令的行为，如下（我们把其他的留给读者）：

读：`scanf("%d", &memory[operand]);`

加载：`accumulator = memory[operand];`

加：`accumulator += memory[operand];`

各种分支：我们稍后将讨论。

停止：这条指令打印以下消息

`*** Simpletron execution terminated ***`

然后打印出每个寄存器的名称和内容，以及所有 100 个内存位置的完整内容。这样的打印结果通常被称为计算机转储。为了帮助你编程 dump 函数，下面的输出显示了一个示例转储。

```
REGISTERS:
accumulator            +0000
instructionCounter        00
instructionRegister    +0000
operationCode             00
operand                   00

MEMORY:
         0       1       2       3       4       5       6       7       8       9
 0   +0000   +0000   +0000   +0000   +0000   +0000   +0000   +0000   +0000   +0000
10   +0000   +0000   +0000   +0000   +0000   +0000   +0000   +0000   +0000   +0000
20   +0000   +0000   +0000   +0000   +0000   +0000   +0000   +0000   +0000   +0000
30   +0000   +0000   +0000   +0000   +0000   +0000   +0000   +0000   +0000   +0000
40   +0000   +0000   +0000   +0000   +0000   +0000   +0000   +0000   +0000   +0000
50   +0000   +0000   +0000   +0000   +0000   +0000   +0000   +0000   +0000   +0000
60   +0000   +0000   +0000   +0000   +0000   +0000   +0000   +0000   +0000   +0000
70   +0000   +0000   +0000   +0000   +0000   +0000   +0000   +0000   +0000   +0000
80   +0000   +0000   +0000   +0000   +0000   +0000   +0000   +0000   +0000   +0000
90   +0000   +0000   +0000   +0000   +0000   +0000   +0000   +0000   +0000   +0000
```

执行 Simpletron 程序后的转储将显示执行终止时指令和数据值的实际值。你可以在一个短于域宽的整数前面打印前导 0，方法是在格式规范中的域宽前放置 0 格式化标记，如"%02d"。你可以用 "+"格式化标记在数值前放置一个 "+"或"–"符号。所以要产生一个+0000 形式的数字，你可以使用格式规范"%+05d "。

让我们继续执行程序的第一条指令，即 00 位置的+1009。正如我们所指出的，switch 语句通过执行以下语句模拟了这一情况：

```
scanf("%d", &memory[operand]);
```

在执行 scanf 语句之前，屏幕上应该显示一个问号（?）以提示用户输入。Simpletron 等待用户输入一个值，然后按 Return（或 Enter）键。最后该值读入 09 位置。

此时，第一条指令的模拟已经完成。剩下的就是让 Simpletron 准备执行下一条指令。因为刚才的指令不是控制转移，我们只需要按如下步骤增加指令计数寄存器：

```
++instructionCounter;
```

这样就完成了第一条指令的模拟执行。整个过程（即指令执行周期）随着下一条指令的获取而重新开始。

现在我们来考虑如何模拟分支指令——控制转移。我们所要做的就是适当地调整指令计数器的值。因此，无条件的分支指令（40）在 switch 中被模拟为：

```
instructionCounter = operand;
```

有条件的 "如果累加器为零则分支" 指令被模拟为：

```
if (accumulator == 0) {
    instructionCounter = operand;
}
```

现在，你应该实现你的 Simpletron 模拟器，并运行你在练习 7.28 中编写的 SML 程序。你可以用额外的功能对 SML 进行润色，并在你的模拟器中提供这些功能。练习 7.30 列出了一些可能的润色方法。

你的模拟器应该检查各种类型的错误。例如，在程序加载阶段，用户在 Simpletron 的 memory 中输入的每个数字必须在–9999～+9999 的范围内。你的模拟器应该使用一个 while 循环来测试每个输入的数字是否在这个范围内，如果不在，就不断提示用户重新输入数字，直到输入一个正确的数字。

在执行阶段，你的模拟器应该检查严重的错误，如试图除以零、试图执行无效的操作代码和累加器溢出（即算术操作导致的数值大于+9999 或小于 –9999）。这种严重的错误是致命错误。当检测到致命错误时，打印错误信息，如：

```
*** Attempt to divide by zero              ***
*** Simpletron execution abnormally terminated ***
```

并按照我们之前讨论的格式打印一个完整的计算机转储。这将有助于用户定位程序中的错误。

实现说明：当你实现 Simpletron 模拟器时，在 main 中定义 memory 数组和所有的寄存器作为变量。该程序应该包含其他 3 个函数——load、execute 和 dump。函数 load 从用户的键盘上读取 SML 指令。(一旦你在第 11 章学习了文件处理，你就可以从文件中读取 SML 指令了。) 函数 execute 可以执行当前加载在 memory 数组中的 SML 程序。函数 dump 显示 memory 的内容和存储在 main 变量中的所有寄存器。将 memory 数组和寄存器传递给其他函数，以完成它们的任务。函数 load 和 execute 需要修改 main 中定义的变量，所以你需要用指针将这些变量按引用传递给函数。你需要修改我们在整个问题描述中展示的语句，以使用适当的指针表示法。

7.30 （Simpletron 模拟器的修改）在这个练习中，我们建议对练习 7.29 的 Simpletron 模拟器进行一些修改和增强。在练习 12.24 和练习 12.25 中，我们建议建立一个编译器，将用高级编程语言（BASIC 的一种变体）编写的程序转换为 Simpletron 机器语言。为了执行编译器产生的程序，可能需要进行以下一些修改和增强。

（a）扩展 Simpletron 模拟器的内存，以包含 1000 个内存位置（000～999），使 Simpletron 能够处理更大的程序。

（b）允许模拟器进行取余计算。这需要一个额外的 Simpletron 机器语言指令。

（c）允许模拟器进行指数计算。这需要一个额外的 Simpletron 机器语言指令。

（d）修改模拟器以使用十六进制值而不是整数值来表示 Simpletron 机器语言指令。在线附录 E 讨论了十六进制。

（e）修改模拟器以允许输出换行。这需要一个额外的 Simpletron 机器语言指令。

（f）修改模拟器，使其除了处理整数值外还能处理浮点值。

（g）修改模拟器以检测除以 0 的逻辑错误。

（h）修改模拟器以检测算术溢出错误。

（i）修改模拟器以处理字符串输入。（提示：每个 Simpletron 字可以分为两组，每组容纳一个两位数的整数。每个两位数的整数代表一个字符对应的 ASCII 十进制值。添加一条机器语言指令，输入一个字符串并将其存储在一个特定的 Simpletron 内存位置开始。该位置的首个半字将是对字符串中字符数的计数，即字符串的长度。随后的每个半字包含一个用两个十进制数字表示的 ASCII 字符。机器语言指令将每个字符转换为其对应的 ASCII 码，并将其赋值给左半字或右半字）。

（j）修改模拟器以处理以（g）部分的格式存储的字符串的输出。（提示：添加一条机器语言指令，打印一个从指定的 Simpletron 内存位置开始的字符串。该位置的首个半字是以字符为单位的字符串的长度。接下来的每个半字包含一个用两位十进制数字表示的 ASCII 字符。机器语言指令检查长度，并通过将每个两位数转换为相应的字符来打印字符串。）

### 特别小节——嵌入式系统编程案例研究：使用 Webots 模拟器的机器人技术

7.31　Webots[1][2]是一个开源的、全彩的、三维的机器人模拟器，具有主机游戏质量的图像。它使你能够创建一个虚拟现实，让机器人与模拟的真实世界环境相互作用。它可以在 Windows、macOS 和 Linux 上运行。该模拟器被广泛用于工业和研究领域，以测试机器人的可行性并为这些机器人开发控制器软件。Webots 使用 Apache 开放源代码许可证。以下来自它们的许可证网页[3]：

"Webots 是根据 Apache 2.0 许可协议的条款发布的。Apache 2.0 是一个对行业友好的、无污染的、宽松的开源许可，它授予每个人免费使用软件源代码的权利，用于任何目的，包括商业应用。"

Webots 最初于 1996 年在瑞士联邦理工学院（EPFL）开发。1998 年，EPFL 的子公司 Cyberbotics 成立，接管了 Webots 模拟器的开发。直到 2018 年，Webots 一直作为专有许可软件出售。2018 年，Cyberbotics 在 Apache 2.0 许可下将 Webots 开源[4][5]。机器人学通常不会在入门级编程教材中讨论，但 Webots 使其变得简单。Webots 捆绑了几十个当今最流行的现实世界机器人的模拟，这些机器人可以行走、飞行、滚动、驾驶等（关于目前捆绑的机器人的列表，请访问 Cyberbotics 网站）。阅读以下资料并完成其中的任务。

---

[1]　"Webots Open Source Robot Simulator." 2020 年 12 月 11 日访问。

[2]　本案例研究中的 Webots 环境屏幕截图为 2020 年 Cyberbotics 有限公司版权所有，并根据 Apache 许可证 2.0 版进行许可。

[3]　"Webots User Guide R2020b revision 2—License Agreement." 2020 年 12 月 14 日访问。

[4]　"Cyberbotics." 2020 年 12 月 13 日访问。

[5]　"Webots." 2020 年 12 月 13 日访问。

#### 自包含的开发环境

Webots 是一个自包含的机器人模拟环境，包含了开始开发和试验机器人技术所需的一切。它包括以下内容。

- ■ 一个交互式的 3D 模拟区，用于查看和互动模拟。
- ■ 一个代码编辑器，你可以查看捆绑的模拟代码，修改它并编写你自己的代码。
- ■ 编译器和解释器，让你可以用 C、C++、Java、Python 和 MatLab 编写 Webots 代码。

你可以很容易地修改现有的模拟，并重新运行它们的代码，以查看你的修改效果。你也可以开发全新的模拟，正如你在本案例研究中所做的那样。

#### 安装 Webots

首先，检查 Webots 的系统要求，参阅 Cyberbotics 网站的 System Requirements 网页。

你可以从 Cyberbotics 的主页上下载 Windows、macOS 或 Linux 的 Webots 安装程序。下载完毕后，运行安装程序并按照屏幕上的提示操作。

#### 导览

一旦安装完成，在你的系统上运行 Webots 应用程序。你可以在 Webots 导览中快速了解许多捆绑的机器人模拟和机器人的能力。为此，选择 Help > Webots Guided Tour...（当你第一次打开 Webots 环境时，该导览将自动开始）。然后，在出现的窗口中（如图 7-16 所示），选中 Auto 复选框并单击 Next 按钮。这将开始自动导览，它将在短时间内向你展示每个演示，然后切换到下一个。Guided Tour - Webots 窗口显示每个模拟的简要描述。图 7-16 是第三个模拟的描述，出现在图 7-17 中。

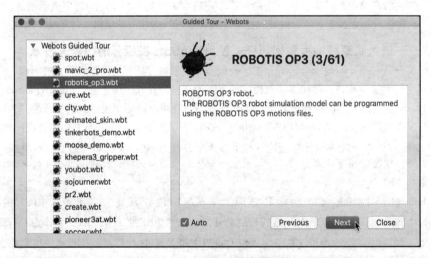

图 7-16　图 7-17 所示的 ROBOTIS OP3 机器人的简要描述。（本案例研究中的屏幕截图为 2020 年 Cyberbotics 公司版权所有，根据 Apache 许可证 2.0 版授权；除非遵守许可证规定，否则不得使用本文件。你可以在 Apache 网站获得许可证的副本。）

随着导览对每个模拟的概述，你将在 Webots 环境的三维观察区看到它的实况——如图 7-17 的中心部分所示。你很快就会看到：

- ■ 环境的左侧使你能够管理和配置机器人模拟中的组件；
- ■ 环境的右侧提供了一个集成的代码编辑器，用于编写和编译模拟中控制机器人的 C 代码。

为了这个屏幕截图，我们缩小了代码编辑器。和大多数集成开发环境一样，窗口内的区域可以通过拖动分隔条来调整大小。

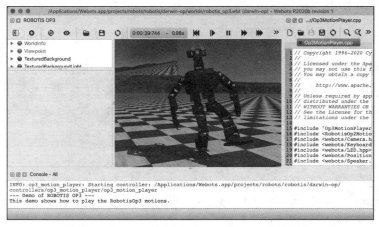

图 7-17　在 Webots 中运行的 ROBOTIS OP3 机器人模拟

### 用户界面概述

通过阅读 Cyberbotics 网站的 The User Interface 页面的概述来熟悉 Webots 环境的用户界面。

### Webots 教程 1：你在 Webots 中的第一次模拟

Webots 团队提供了 8 个教程，向你介绍了 Webots 环境及其机器人模拟功能的诸多方面。

- 教程 1：你在 Webots 中的第一次模拟
- 教程 2：环境的修改
- 教程 3：外观
- 教程 4：关于控制器的更多信息
- 教程 5：复合固体和物理属性
- 教程 6：4 轮机器人
- 教程 7：你的第一个 PROTO
- 教程 8：使用 ROS

在本案例研究中，你将按照他们的第一个教程，使用几个预定义的项目创建一个机器人模拟。

- 一个 RectangleArena，你的机器人将在其中游荡。
- 几个 WoodenBox 障碍物。
- 一个 e-puck 机器人：一个简单的模拟机器人，它将在 RectangleArena 中移动，并在遇到 WoodenBox 或墙壁时改变方向。

e-puck 模拟器与现实世界的教育机器人[1]相对应，它有以下部件。

- 两个独立控制的轮子（称为差动轮），因此，通过以不同的速度移动其车轮，机器人可以改变方向。
- 一个摄像头（Webots 环境的三维观察区的左上角显示了一个小窗口，你可以查看机器人"看到"的东西）。
- 8 个距离传感器。
- 10 个强度可控的 LED 灯——其他 e-puck 机器人可以通过它们的摄像头"看到"这些灯，以便在多个 e-puck 机器人之间进行视觉互动。

本教程的重点是使用轮子来使机器人移动。你可以通过 Webots 教程 2～教程 4 来使用其他 e-puck 的功能。有关 e-puck 机器人的更多信息，请访问 e-puck 网站。

---

[1] "The e-puck，a Robot Designed for Education in Engineering." 2020 年 12 月 13 日访问。

### 教程步骤

你可以在 Cyberbotics 网站的 Tutorial 1：Your First Simulation in Webots 网页找到一个 Webots 教程。

下面，我们将概述每个教程步骤，提供额外的洞见，并澄清一些教程说明[1]。本练习其余部分的步骤编号与 Webots 教程中的"Hands-on"（动手）步骤相对应。对于每个步骤，你应该完成以下工作：

（1）阅读 Webots 教程的步骤；

（2）阅读我们对该步骤的补充说明；

（3）执行该步骤的任务。

该教程只展示了你将创建的机器人模拟的一个图。为了帮助你完成教程，我们提供了额外的屏幕截图[2]，以澄清教程的说明。当你完成这些步骤时，请确保在每次修改后保存你的改动。如果你不得不重置模拟，它将恢复到最后保存的版本。

## 第 1 步：启动 Webots 应用程序

在第 1 步中，你将打开 Webots 环境。然后，你将执行下面讨论的其他步骤。

## 第 2 步：创建你的虚拟世界

世界定义了模拟环境，并存储在 .wbt 文件中。在内部，该文件使用虚拟现实建模语言（Virtual Reality Modeling Language，VRML）来描述世界的元素。每个世界都可以有一些特征，如重力，会影响物体的相互作用。世界指定了你的机器人可以漫游的区域以及可以与之互动的物体。Wizards 菜单中的 Create a Webots project directory 向导（图 7-18～图 7-21）将指导你用 Webots 所需的文件夹结构设置一个新的世界。

在 Create a Webots project directory 向导的第一个屏幕上（如图 7-18 所示），只需单击 Continue（或 Next）按钮就可以进入下一个步骤。

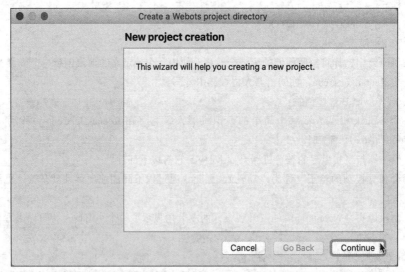

图 7-18　初始化 Create a Webots project directory 向导窗口

---

[1] 本讨论写于 2020 年 12 月。软件、文档和教程可能会改变。如果你遇到问题，请访问 Webots 论坛并查看 Webots StackOverflow 问题或发电子邮件给我们：deitel@deitel.com。

[2] 我们改变了模拟版本的背景颜色，以便屏幕截图在打印时更容易阅读。

在向导的 Directory selection 步骤中（如图 7-19 所示），将项目的目录名称从 my_project（默认）改为 my_first_simulation——该文件夹的默认位置是用户账户的 Documents 文件夹[①]。

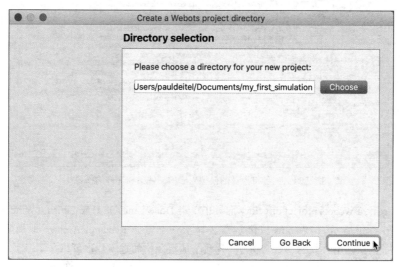

图 7-19 将默认项目目录名称改为 my_first_simulation

在向导的 World settings 步骤中（如图 7-20 所示），你将把世界的文件名从 empty.wbt（默认）改为 my_first_simulation.wbt，并确保 4 个复选框都被选中。这将为你的虚拟世界添加几个 Webots 预定义的组件。

图 7-20 更改默认的世界文件名并确保所有复选框被选中

向导的 Conclusion 步骤（如图 7-21 所示）显示了向导会为你的模拟生成的所有文件夹和文件。在随后的步骤中，你将添加障碍物和一个 e-puck 机器人，配置各种设置并编写一些控制机器人的 C 代码。

---

① 你可以改变你的 Webots 项目的存储位置。我们的项目存储在我们用户的 /Users/pauldeitel/Documents 文件夹中，你会在一些屏幕截图中看到。

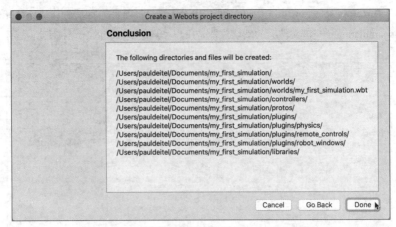

图 7-21　向导将为你的模拟生成的文件夹和文件的摘要

　　当你在 Create a Webots project directory 向导中单击 Done（macOS）或 Finish（Windows 和 Linux）按钮时（如图 7-21 所示），Webots 三维观察区显示一个空的 RectangleArena，地板为棋盘式——RectangleArena 的默认值（如图 7-22 所示）。有几个地板风格的选项。你可以在学习了如何改变你的世界中的元素的设置后，对这些进行试验。在三维观察区，你可以用鼠标滚轮放大或缩小，你可以单击并拖动 RectangleArena，从不同的角度观察它，并旋转它。

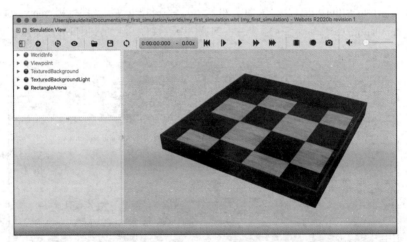

图 7-22　Create a Webots project directory 向导后的 RectangleArena 初始视图

## 第 3 步：修改 RectangleArena

　　模拟中的每个元素都是世界场景树中的一个节点，你可以在 Webots 环境的左侧看到。在这一步，你将在场景树中选择一个节点，然后改变它的一些设置，称为字段。在你执行这个步骤后，环境应该出现，如图 7-23 所示。

　　RectangleArena 上的箭头会出现在你在世界中选择的任何物体上，你可以在三维观察区中单击它，或者在场景树中单击它的节点。你可以拖动这些箭头来移动、旋转和倾斜物体①。拖动一个直的箭头可以沿该轴移动物体。拖动一个圆形的箭头，可以使物体围绕该轴旋转或倾斜。保存你的环境，然后尝试使用这些箭头，看看它们如何影响 RectangleArena 的位置。然后你可以重置环境以恢复原来的位置。

---

① "Webots User Guide R2020b revision 2 — The 3D Window — Moving a Solid Object." 2020 年 12 月 13 日访问。

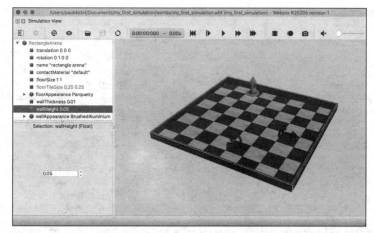

图 7-23 改变棋盘式地板图案的正方形尺寸并降低墙体高度后的 RectangleArena

## 第 4 步：添加 WoodenBox 障碍物

Webots 环境带有近 800 个预定义的物体和机器人——称为 PROTO 节点。一个 PROTO 节点描述了一个复杂的物体或机器人，你可以添加到你的模拟中。种类繁多的 PROTO 节点使你能够创建真实世界环境的三维模拟。你也可以创建你自己的 PROTO 节点。

在这一步，你将使用 Add a node 对话框添加一个 WoodenBox PROTO 节点（如图 7-24 所示）。当你在对话框中选择一个 PROTO 节点时，它会显示一个简短的节点描述，提供一个链接到该节点更详细的在线文档，并显示该节点的许可信息（有一个链接可以获得更多的许可信息）。浏览 Add a node 对话框，了解各种能动的（机器人和车辆）和不能动的（墙壁、建筑物、家具、植物等）PROTO 节点，你可以在你的模拟中使用。

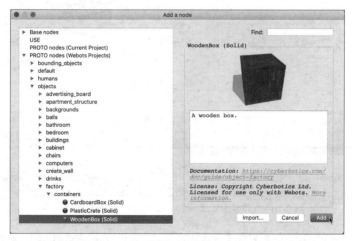

图 7-24 在 Add a node 对话框中选择 WoodenBox PROTO 节点

接下来，你将确定 WoodenBox 的大小并移动它。然后你将制作两个副本，并将它们移动到 RectangleArena 的其他位置。当这一步要求你复制和粘贴一个 WoodenBox 时，新的 WoodenBox 与你复制的那个具有相同的尺寸和位置。按住 Shift 键，把新的 WoodenBox 拖到不同的位置，就可以看到它。我们发现，通过在场景树中选择节点来复制节点更容易。当你完成这个步骤时，你的世界应该与图 7-25 类似。你最后移动的 WoodenBox 将在你的世界中被选中[1]。

---

[1] "Webots User Guide R2020b revision 2 — The 3D Window." 2020 年 12 月 13 日访问。

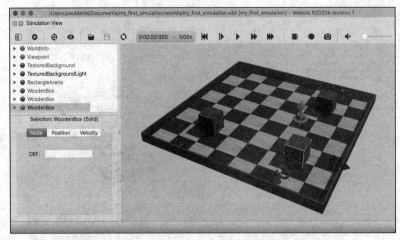

图 7-25　创建并定位 3 个 WoodenBox 对象后的虚拟世界

## 第 5 步：在你的虚拟世界中添加一个机器人

在这一步中，你将使用 Add a node 对话框来添加一个 e-puck 机器人到模拟中（如图 7-26 所示）。当你选择 E-puck（Robot）节点时，对话框会显示机器人的描述、机器人的网站（e-puck 网站）、机器人的 Webots 文档链接以及机器人的许可证信息。

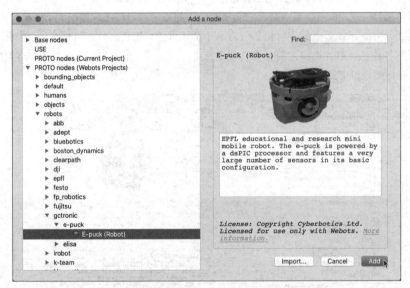

图 7-26　在模拟中添加一个 e-puck 机器人 PROTO 节点

e-puck 预设为向前移动，如果它与障碍物相撞（如 WoodenBox 或墙），则向左旋转以改变方向。e-puck 机器人虽然体积小，但实际上充满了技术，包括距离传感器，可以用它来编程，完全避免碰撞。在 Webots 教程 4 中，你将学习如何使用这些距离传感器来避免障碍物。

一个机器人的行为是由其控制器指定的。我们刚才描述的默认 e-puck 机器人控制器名为 e-puck_avoid_obstacles（通过选择 Tools > Text Editor，你可以在文本编辑器中查看这段代码）。研究现有的已捆绑的控制器是学习更多控制 Webots 机器人的好方法。为了完成这个步骤，你将运行 e-puck 机器人的默认控制器（如图 7-27 所示）。我们单击世界的背景区域，取消选择所有的模拟元素。

图 7-27 模拟中的 e-puck 机器人在 RectangleArena 漫游

## 第 6 步：玩转物理

Webots 模拟器有一个物理引擎，可以让物体像在现实世界中一样行动和互动。

你可以配置的一些物理选项，包括密度、质量、惯性、摩擦力和反弹力。更多信息，请访问 Cyberbotics 网站的 Physics 网页。

在这一步中，你将用你的鼠标对 e-puck 机器人施加一个力。这样做之后，你的世界应该与图 7-28 类似，大箭头表示力的方向。当你执行这个步骤时，如果施加的力过大，你可能会不小心把机器人弄翻——如图 7-28 所示。当然，机器人在现实世界中也会翻倒。要在模拟中解决这个问题，请单击 Reset Simulation 按钮，这将使模拟恢复到你最近一次保存的位置。

图 7-28 手动给 e-puck 机器人施加一个力。在这个例子中，施加的力过大，使机器人翻倒

你在第 4 步中创建的 WoodenBox 障碍物默认是黏在地板上的，当 e-puck 撞到它们时它们不会移动。在这一步中你会看到，设置 WoodenBox 的质量可以使它们对力做出反应。WoodenBox 的质量越小，当 e-puck 机器人与它碰撞时，它就会移动得越多。该教程建议将 WoodenBox 的质量设置为 0.2 千克。请尝试将每个 WoodenBox 的质量设置为较小和较大的数值，看看这些质量如何影响物理的相互作用。

## 第 7 步：减少世界的时间步长

在整个模拟过程中，Webots 一直在跟踪你的模拟的虚拟时间。基本时间步长是一个以毫秒为单位的数值。在整个模拟过程中，当虚拟时间增加到基本时间步长时，Webots 会进行物理计算[1]。

---

[1] "Webots Reference Manual R2020b revision 2: WorldInfo." 2020 年 12 月 12 日访问。

■ 较大的基本时间步长值会降低物理计算的频率。这可以使模拟运行得更快，因为它们进行的计算更少；然而，这可能会使物理上的互动（如物体之间的碰撞）不太准确，而且模拟会感觉很笨拙。

■ 较小的数值会增加物理计算频率，使物理计算更加准确。这将导致模拟运行得更慢，因为它们进行了更多的计算，但运动可能会显得更平滑。

当你创建这个模拟的文件时，Webots 将基本时间步长设置为 32 毫秒。在本步骤中，你将把基本时间步长值减少到 16 毫秒。有关 Webots 模拟速度和性能的提示，请参见 Cyberbotics 网站的 Speed Performance 网页。

## 第 8 步：为你的机器人控制器创建一个 C 源代码文件

在这一步，你将用一个新的自定义控制器替换默认的 e-puck_avoid_obstacles 控制器。许多机器人可以使用你创建的每个控制器，但每个机器人一次只能有一个控制器。图 7-29～图 7-32 显示了选择 Wizards > New Robot Controller... 后的步骤。这些步骤将为你的自定义控制器创建一个新的 C 源代码文件，并在 Webots 环境右侧的代码编辑器中打开。

■ 在 New controller creation 步骤中（如图 7-29 所示），你只需单击 Continue 按钮。

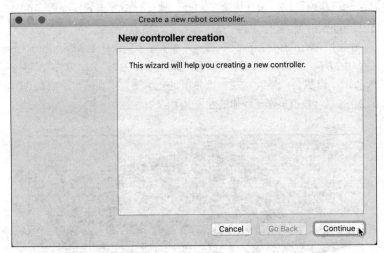

图 7-29　初始化 Create a new robot Controller 向导窗口

■ 在 Language selection 步骤中（如图 7-30 所示），确保选中 C 单选框，然后单击 Continue 按钮。

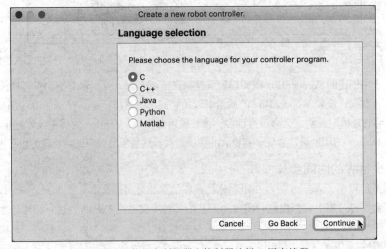

图 7-30　为你的定制机器人控制器选择 C 语言编程

■　在 Name selection 步骤中（如图 7-31 所示），将默认的自定义控制器名称从 my_controller 改为 epuck_go_forward，然后单击 Continue 按钮。

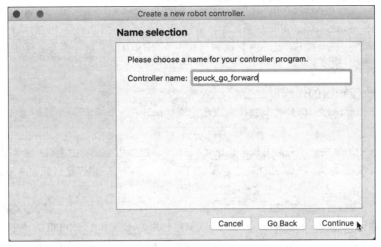

图 7-31　将默认的自定义控制器名称改为 epuck_go_forward

■　Conclusion 步骤（如图 7-32 所示）显示了向导将为你的控制器生成的所有文件夹和文件。

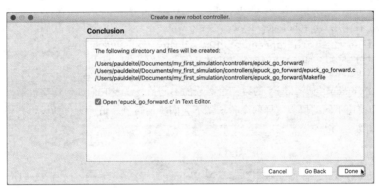

图 7-32　向导将为你的自定义控制器生成的文件夹和文件的摘要

## 第 9 步：修改控制器的代码，使机器人向前移动

你在第 8 步中创建的新控制器包含了一个简单控制器的基本框架。在这一步，你将向这个文件添加代码，使 e-puck 向前移动一小段距离。教程中没有明确规定每条语句应该添加到控制器代码中的位置，所以要对控制器的源代码文件做如下修改。

（1）在 main 前添加以下#include。

```
#include <webots/motor.h>
```

（2）接下来，你将使用 Webots 的 wb_robot_get_device 函数[1]来获取代表 e-puck 机器人左轮和右轮电机的部件。在 main 中调用 wb_robot_init 后添加以下代码。

```
// get the motor devices
WbDeviceTag left_motor =
    wb_robot_get_device("left wheel motor");
WbDeviceTag right_motor =
    wb_robot_get_device("right wheel motor");
```

---

[1]　"Webots Reference Manual R2020b revision 2—Robot." 2020 年 12 月 13 日访问。

（3）最后，你将使用 Webots 的 wb_motor_set_position 函数[1]将机器人移动一小段距离。在调用 wb_robot_get_device 之后和 while 循环之前添加以下代码。

```
wb_motor_set_position(left_motor, 10.0);
wb_motor_set_position(right_motor, 10.0);
```

试验一下 wb_motor_set_position 的第二个参数的不同值，以了解它们是如何影响行驶距离的。也可以尝试在对 wb_motor_set_position 的两次调用中使用不同的值，这样两个轮子的旋转量就不会相同。

### 第 10 步：修改控制器的代码以改变机器人的速度

在最后一步，你将修改你的控制器代码以指定车轮的速度。对你的控制器的源代码文件做如下修改。

（1）Webots 中的速度对于旋转电机来说使用弧度/秒，例如用于车轮的电机；否则，速度使用米/秒。在#include <webots/robot.h>之后添加以下#define 指令，以定义机器人的最大车轮旋转速度，单位为弧度/秒（6.28 是 2π 弧度）。

```
#define MAX_SPEED 6.28
```

（2）修改对 wb_motor_set_position 函数的两次调用，用 Webots 常量 INFINITY 替换它们的第二个参数，这样在整个模拟过程中，车轮就会持续旋转（以你将临时设定的速度）。

```
// set wheels to spin continuously
wb_motor_set_position(left_motor,  INFINITY);
wb_motor_set_position(right_motor,  INFINITY);
```

（3）最后，你使用 Webots 的函数 wb_motor_set_velocity 函数[1]来指定车轮的旋转速度，单位为弧度/秒。在调用 wb_robot_get_device 之后和 while 循环之前添加以下代码。

```
// set up the motor speeds at 10% of the MAX_SPEED
wb_motor_set_velocity(left_motor, 0.1 * MAX_SPEED);
wb_motor_set_velocity(right_motor, 0.1 * MAX_SPEED);
```

试验一下 wb_motor_set_velocity 的第二个参数的不同值，看看它们如何影响机器人的速度。试着在这两个调用中使用不同的值，这样两个轮子就不会同步旋转了。请注意你的设置方式——它们可能会导致机器人转圈。

### 其他教程

一旦你完成了教程 1，你可能希望继续学习 Webots 教程 2～教程 8。教程 2～教程 4 对你刚刚创建的世界进行了各种修改。

- 在教程 2 中，你将为你的世界添加一个球。你将学习更多关于节点类型的知识，以及如何配置物理选项，在模拟中使球能够滚动。
- 在教程 3 中，你将学习如何用灯光效果和纹理来改善模拟的图形。
- 在教程 4 中，你将创建一个更复杂的控制器，使 e-puck 能够使用它的距离传感器来避开你之前创建的障碍物。

挑战：一旦你完成了教程 4，请试着在你的世界中建立一个迷宫，看看你是否能给 e-puck 机器人编程以穿越迷宫。维基百科的 Maze Solving Algorithm 页面列出了几种寻找迷宫出口的算法。

教程 5～教程 7 深入探讨了更多的高级功能。

- 在教程 5 中，你将学习更多关于 Webots 的物理知识。
- 在教程 6 中，你将使用一个 4 轮机器人并学习更多关于传感器的知识。
- 在教程 7 中，你将创建你自己的 PROTO 节点。

在高级教程 8 中，你将学习如何使用 webots_ros 中的 Webots 节点。ROS 是机器人操作系统[2]：一

---

[1] "Webots Reference Manual R2020b revision 2—Motor." 2020 年 12 月 13 日访问。

[2] "About ROS." 2020 年 12 月 13 日访问。

个编写机器人软件的框架。如果你要按这个教程来做，Webots 建议你先在维基 ROS 页面的教程中学习更多关于 ROS 的知识。

掌握 Webots 教程 2～教程 8 的内容将是一项"值得写进简历"的成就。

7.32　（挑战项目：Webots 龟兔赛跑案例研究）对于这个挑战性的练习，我们建议你先完成练习 7.31 末尾提到的 Webots 教程 2～教程 7。在练习 5.54 中，你模拟了龟兔赛跑。现在你已经熟悉了 Webots 三维机器人模拟器，让你的想象力在 Webots 的神奇功能中尽情发挥。使用 Webots 中的几十个机器人中的两个机器人来重现比赛。考虑用一个小的慢速机器人做乌龟（如练习 7.31 中的 e-puck），用一个大的快速机器人做兔子（如 Boston Dynamics Spot[1][2] 机器人）。从 Webots Guided Tour 中可以看出，你的机器人还可以在许多其他环境中漫游。考虑复制一个现有的地形环境，包括草、花、树和山丘等物体，让你的机器人在其中比赛。

---

① "Webots User Guide—Boston Dynamics' Spot." 2020 年 12 月 31 日访问。

② "Spot." 2020 年 12 月 31 日访问。

# 第8章 字符和字符串

## 目标

在本章中，你将学习以下内容。

- 使用字符处理库（<ctype.h>）中的函数。
- 使用通用工具库（<stdlib.h>）中的字符串转换函数。
- 使用标准输入和输出库（<stdio.h>）中的字符串与字符输入和输出函数。
- 使用字符串处理库（<string.h>）中的字符串处理函数。
- 使用字符串处理库（<string.h>）中的内存处理函数。

## 提纲

关键知识回顾 | 自测练习 | 自测练习答案 | 练习 | 特别小节：高级字符串操作练习 | 一个具有挑战性的字符串操作项目 | Pqyoaf X Nylfomigrob Qwbbfmh Mndogvk：Rboqlrut yua Boklnxhmywex | 安全的 C 语言编程案例研究：公钥密码学

## 8.1 简介

本章介绍了帮助你处理字符、字符串、文本行和内存块的 C 标准库函数。本章讨论了用于开发编辑器、文字处理程序、排版软件和其他类型的文本处理软件的技术。由格式化的输入和输出函数（如 printf 和 scanf）进行的文本操作可以用本章介绍的函数来实现。

## 8.2 字符串和字符的基本原理

字符是程序的基本构成部分。每个程序都是由字符组成的，当这些字符有意义地组合在一起时，计算机将其解释为一系列用于完成任务的指令。一个程序可能包含字符常量——每个字符常量都是一个用单引号表示的 int 型值。一个字符常量的值是该字符在机器字符集中的整数值。例如，'z'代表字母 z 的整数值，'\n'代表换行的整数值。

字符串是一系列的字符，被视为一个单位。字符串可以包括字母、数字和各种特殊字符，如+、−、*、/和$。字符串字面量或字符串常量用双引号书写，如下所示：

```
"John Q. Doe"              (人名)
"99999 Main Street"        (街道地址)
"Waltham, Massachusetts"   (城市和州)
"(201) 555-1212"           (电话号码)
```

### 字符串以空字符结束

每个字符串都必须以空字符（'\0'）结束。打印一个不包含空字符结尾的字符串是一个逻辑错误。这样做的结果是不确定的。在一些系统上，打印将继续超过字符串的结尾，直到遇到一个空字符。在其他系统上，你的程序将过早终止（即"崩溃"），并显示"segmentation fault"（段故障）或"access violation"（非法访问)错误。

### 字符串和指针

通过指向字符串第一个字符的指针来访问字符串。字符串的"值"是其第一个字符的地址。因此，在 C 语言中，说一个字符串是一个指向该字符串第一个字符的指针是合适的。这就像数组一样，因为字符串就是字符的数组。

### 初始化 char 数组和 char * 指针

可以用字符串来初始化字符数组或 char *变量。定义

```
char color[] = "blue";
const char *colorPtr = "blue";
```

将 color 和 colorPtr 初始化为字符串 "blue"。第一个定义创建了一个包含可修改字符'b'、'l'、'u'、'e'和'\0'的 5 个元素的数组 color。第二个定义创建了一个指针变量 colorPtr，它指向 "blue"中的字母'b'，它是不可修改的。

color 数组的定义也可以写成

```
char color[] = {'b', 'l', 'u', 'e', '\0'};
```

前面的定义根据初始值的数量（5）自动确定了数组的大小。当在 char 数组中存储字符串时，数组必须有足够大的空间来存储字符串和其结束的空字符。在一个字符数组中没有分配足够的空间来存储字符串的空字符是一个错误。C 语言允许你存储任意长度的字符串。如果字符串长于存储它的 char 数组，超过数组末端的字符可能会覆盖内存中的其他数据。

### 字符串字面量不应该被修改

C 标准指出，字符串字面量是不可改变的，也就是说，不能修改。如果你可能需要修改字符串，那么它必须存储在字符数组中。

### 用 scanf 读取字符串

函数 scanf 可以读取一个字符串，并将其存储在一个 char 型数组中。假设我们有一个包含 20 个元

素的 char 型数组 word。你可以用以下方法将一个字符串读入该数组：

```
scanf("%19s", word);
```

因为 word 是一个数组，所以数组名是指向数组第一个元素的指针。所以，我们通常在 scanf 的参数中使用的&是不需要的。

回顾 6.5.4 节，scanf 读取字符直到它遇到空格、制表符、换行符或文件结束符。前面语句中的域宽 19 确保 scanf 最多读取 19 个字符，保留最后一个数组元素作为字符串的结束空字符。这可以防止 scanf 向内存中写入超过数组最后一个元素的字符。

如果没有转换规范%19s 中的域宽 19，用户的输入可能会超过 19 个字符并覆盖内存中的其他数据。如果是这样，你的程序可能会崩溃，或者覆盖内存中的其他数据。所以，在用 scanf 读取字符串时，一定要使用域宽。（对于读取任意长度的输入行，有一个非标准的但被广泛支持的函数 readline，通常包含在 stdio.h 中。）

### ✓ 自测题

1. （填空）字符串是通过指向该字符串第一个字符的_____来访问的。

   答案：指针。

2. （判断）下面的定义将 color 数组初始化为字符串 "blue"：

   ```
   char color[] = {'b', 'l', 'u', 'e'};
   ```

   答案：错。实际上，要成为一个字符串，color 数组必须以空字符结束，如

   ```
   char color[] = {'b', 'l', 'u', 'e', '\0'};
   ```

3. （判断）打印一个不包含空字符的字符串是一个逻辑错误——程序执行立即终止。

   答案：错。实际上，打印将在字符串结束后继续，直到遇到一个空字符。

## 8.3 字符处理库

字符处理库（<ctype.h>）包含测试和处理字符数据的函数。每个函数都接收一个 unsigned char（以 int 表示）或 EOF 作为参数。正如我们在第 4 章中所讨论的，字符经常被当作整数来处理，因为在 C 语言中一个字符是一字节的整数。EOF 的值通常为–1。图 8-1 总结了处理字符的库函数。

| 原型 | 函数描述 |
| --- | --- |
| int isblank(int c); | 如果 c 是分隔一行文字的空白字符，则返回真值；否则，返回 0（假） |
| int isdigit(int c); | 如果 c 是数字，则返回真值；否则，返回 0（假） |
| int isalpha(int c); | 如果 c 是字母，则返回真值；否则，返回 0（假） |
| int isalnum(int c); | 如果 c 是数字或字母，则返回真值；否则，返回 0（假） |
| int isxdigit(int c); | 如果 c 是十六进制的数字字符，则返回真值；否则，返回 0（假）。（关于二进制数、八进制数、十进制数和十六进制数的详细解释，见在线附录 E。） |
| int islower(int c); | 如果 c 是小写字母，则返回真值；否则，返回 0（假） |
| int isupper(int c); | 如果 c 是大写字母，则返回真值；否则，返回 0（假） |
| int tolower(int c); | 如果 c 是大写字母，则 tolower 将 c 作为小写字母返回；否则，它将原样返回该参数 |
| int toupper(int c); | 如果 c 是小写字母，则 toupper 将 c 作为大写字母返回；否则，它将原样返回该参数 |
| int isspace(int c); | 如果 c 是空白字符（换行符（'\n'）、空格（''）、换页符（'\f'）、回车符（'\r'）、水平制表符（'\t'）或垂直制表符（'\v'）），则返回真值，否则，返回 0（假） |
| int iscntrl(int c); | 如果 c 是控制字符（水平制表符（'\t'）、垂直制表符（'\v'）、换页符（'\f'）、警报（'\a'）、退格（'\b'）、回车（'\r'）、换行符（'\n'）和其他），则返回真值，否则，返回 0（假） |
| int ispunct(int c); | 如果 c 是空格、数字或字母以外的打印字符（如$、#、(、)、[、]、{、}、;、:、或%），则返回真值，否则，返回 0（假） |
| int isprint(int c); | 如果 c 是一个打印字符（即在屏幕上可见的字符），包括一个空格，则返回真值；否则，返回 0（假） |
| int isgraph(int c); | 如果 c 是不包括空格在内的打印字符，则返回真值；否则，返回 0（假） |

图 8-1　字符处理函数

## 8.3.1 函数 isdigit、isalpha、isalnum 和 isxdigit

清单 8.1 展示了函数 isdigit、isalpha、isalnum 和 isxdigit。函数 isdigit 确定其参数是否为数字 (0~9)。函数 isalpha 确定其参数是大写字母（A~Z）还是小写字母（a~z）。函数 isalnum 确定其参数是大写字母、小写字母还是数字。函数 isxdigit 确定其参数是否为十六进制数字（A~F、a~f、0~9）。

**清单 8.1 | 使用函数 isdigit、isalpha、isalnum 和 isxdigit**

```
 1  // fig08_01.c
 2  // Using functions isdigit, isalpha, isalnum, and isxdigit
 3  #include <ctype.h>
 4  #include <stdio.h>
 5
 6  int main(void) {
 7     printf("%s\n%s%s\n%s%s\n\n", "According to isdigit: ",
 8        isdigit('8') ? "8 is a " : "8 is not a ", "digit",
 9        isdigit('#') ? "# is a " : "# is not a ", "digit");
10
11     printf("%s\n%s%s\n%s%s\n%s%s\n%s%s\n\n", "According to isalpha:",
12        isalpha('A') ? "A is a " : "A is not a ", "letter",
13        isalpha('b') ? "b is a " : "b is not a ", "letter",
14        isalpha('&') ? "& is a " : "& is not a ", "letter",
15        isalpha('4') ? "4 is a " : "4 is not a ", "letter");
16
17     printf("%s\n%s%s\n%s%s\n%s%s\n\n", "According to isalnum:",
18        isalnum('A') ? "A is a " : "A is not a ", "digit or a letter",
19        isalnum('8') ? "8 is a " : "8 is not a ", "digit or a letter",
20        isalnum('#') ? "# is a " : "# is not a ", "digit or a letter");
21
22     printf("%s\n%s%s\n%s%s\n%s%s\n%s%s\n%s%s\n", "According to isxdigit:",
23        isxdigit('F') ? "F is a " : "F is not a ", "hexadecimal digit",
24        isxdigit('J') ? "J is a " : "J is not a ", "hexadecimal digit",
25        isxdigit('7') ? "7 is a " : "7 is not a ", "hexadecimal digit",
26        isxdigit('$') ? "$ is a " : "$ is not a ", "hexadecimal digit",
27        isxdigit('f') ? "f is a " : "f is not a ", "hexadecimal digit");
28  }
```

```
According to isdigit:
8 is a digit
# is not a digit

According to isalpha:
A is a letter
b is a letter
& is not a letter
4 is not a letter

According to isalnum:
A is a digit or a letter
8 is a digit or a letter
# is not a digit or a letter

According to isxdigit:
F is a hexadecimal digit
J is not a hexadecimal digit
7 is a hexadecimal digit
$ is not a hexadecimal digit
f is a hexadecimal digit
```

清单 8.1 使用条件操作符（?:）来确定对于每个被测试的字符，在输出中应该打印字符串 " is a " 还是字符串 " is not a "。例如，表达式

```
isdigit('8') ? "8 is a " : "8 is not a "
```

表示如果'8'是一个数字，将打印 "8 is a " 字符串，如果'8'不是一个数字（即 isdigit 返回 0），将打印 "8 is not a " 字符串。

### 8.3.2　函数 islower、isupper、tolower 和 toupper

清单 8.2 展示了函数 islower、isupper、tolower 和 toupper。函数 islower 确定其参数是否为小写字母（a~z）。函数 isupper 确定其参数是否为大写字母（A~Z）。函数 tolower 将大写字母转换为小写字母并返回小写字母。如果参数不是大写字母，tolower 原样返回参数。函数 toupper 将小写字母转换为大写字母并返回大写字母。如果参数不是小写字母，toupper 原样返回参数。

**清单 8.2 | 使用函数 islower、isupper、tolower 和 toupper**

```
1   // fig08_02.c
2   // Using functions islower, isupper, tolower and toupper
3   #include <ctype.h>
4   #include <stdio.h>
5
6   int main(void) {
7      printf("%s\n%s%s\n%s%s\n%s%s\n%s%s\n\n", "According to islower:",
8         islower('p') ? "p is a " : "p is not a ", "lowercase letter",
9         islower('P') ? "P is a " : "P is not a ", "lowercase letter",
10        islower('5') ? "5 is a " : "5 is not a ", "lowercase letter",
11        islower('!') ? "! is a " : "! is not a ", "lowercase letter");
12
13     printf("%s\n%s%s\n%s%s\n%s%s\n%s%s\n\n", "According to isupper:",
14        isupper('D') ? "D is an " : "D is not an ", "uppercase letter",
15        isupper('d') ? "d is an " : "d is not an ", "uppercase letter",
16        isupper('8') ? "8 is an " : "8 is not an ", "uppercase letter",
17        isupper('$') ? "$ is an " : "$ is not an ", "uppercase letter");
18
19     printf("%s%c\n%s%c\n%s%c\n%s%c\n",
20        "u converted to uppercase is ", toupper('u'),
21        "7 converted to uppercase is ", toupper('7'),
22        "$ converted to uppercase is ", toupper('$'),
23        "L converted to lowercase is ", tolower('L'));
24  }
```

```
According to islower:
p is a lowercase letter
P is not a lowercase letter
5 is not a lowercase letter
! is not a lowercase letter

According to isupper:
D is an uppercase letter
d is not an uppercase letter
8 is not an uppercase letter
$ is not an uppercase letter

u converted to uppercase is U
7 converted to uppercase is 7
$ converted to uppercase is $
L converted to lowercase is l
```

### 8.3.3　函数 isspace、iscntrl、ispunct、isprint 和 isgraph

清单 8.3 展示了函数 isspace、iscntrl、ispunct、isprint 和 isgraph。函数 isspace 确定一个字符是否是下列空白字符之一：空格（' '）、换页符（'\f'）、换行符（'\n'）、回车（'\r'）、水平制表符（'\t'）或垂直制表符（'\v'）。函数 iscntrl 决定一个字符是不是以下控制字符之一：水平制表符（'\t'）、垂直制表符（'\v'）、换页符（'\f'）、警报（'\a'）、退格（'\b'）、回车（'\r'）或换行符（'\n'）。函数 ispunct 确定一个字符是否是除空格、数字或字母以外的打印字符，如$、#、(、)、[、]、{、}、;、:或%。函数 isprint 决定一个字符是否可以在屏幕上显示（包括空格字符）。函数 isgraph 与 isprint 相同，只是不包括空格字符。

清单 8.3 | 使用函数 isspace、iscntrl、ispunct、isprint 和 isgraph

```
1  // fig08_03.c
2  // Using functions isspace, iscntrl, ispunct, isprint and isgraph
3  #include <ctype.h>
4  #include <stdio.h>
5
6  int main(void) {
7     printf("%s\n%s%s%s\n%s%s%s\n%s%s\n\n", "According to isspace:",
8        "Newline", isspace('\n') ? " is a " : " is not a ",
9        "whitespace character",
10       "Horizontal tab", isspace('\t') ? " is a " : " is not a ",
11       "whitespace character",
12       isspace('%') ? "% is a " : "% is not a ", "whitespace character");
13
14    printf("%s\n%s%s%s\n%s%s\n\n", "According to iscntrl:",
15       "Newline", iscntrl('\n') ? " is a " : " is not a ",
16       "control character",
17       iscntrl('$') ? "$ is a " : "$ is not a ", "control character");
18
19    printf("%s\n%s%s%s\n%s%s%s\n%s%s%s\n\n", "According to ispunct:",
20       ispunct(';') ? "; is a " : "; is not a ", "punctuation character",
21       ispunct('Y') ? "Y is a " : "Y is not a ", "punctuation character",
22       ispunct('#') ? "# is a " : "# is not a ", "punctuation character");
23
24    printf("%s\n%s%s%s\n%s%s%s\n\n", "According to isprint:",
25       isprint('$') ? "$ is a " : "$ is not a ", "printing character",
26       "Alert", isprint('\a') ? " is a " : " is not a ",
27       "printing character");
28
29    printf("%s\n%s%s%s\n%s%s%s\n",    "According to isgraph:",
30       isgraph('Q') ? "Q is a " : "Q is not a ",
31       "printing character other than a space",
32       "Space", isgraph(' ') ? " is a " : " is not a ",
33       "printing character other than a space");
34 }
```

```
According to isspace:
Newline is a whitespace character
Horizontal tab is a whitespace character
% is not a whitespace character

According to iscntrl:
Newline is a control character
$ is not a control character

According to ispunct:
; is a punctuation character
Y is not a punctuation character
# is a punctuation character

According to isprint:
$ is a printing character
Alert is not a printing character

According to isgraph:
Q is a printing character other than a space
Space is not a printing character other than a space
```

## ✓ 自测题

1 （选择）"如果参数字符是数字或字母，则返回真值；否则返回 0（假）"描述的是哪个函数？

(a) isalnum

(b) isdigit

(c) isalpha

(d) isxdigit

答案：（a）。

2　（代码）下面的 printf 打印什么？

```
printf("%s\n%s%s\n%s%s\n%s%s\n%s%s\n\n", "According to isalpha:",
    isalpha('X') ? "X is a " : "X is not a ", "letter",
    isalpha('m') ? "m is a " : "m is not a ", "letter",
    isalpha('$') ? "$ is a " : "$ is not a ", "letter",
    isalpha('7') ? "7 is a " : "7 is not a ", "letter");
```

答案：如下。

```
According to isalpha:
X is a letter
m is a letter
$ is not a letter
7 is not a letter
```

## 8.4　字符串转换函数

本节介绍了通用工具库（<stdlib.h>）中的字符串转换函数。这些函数将数字字符串转换为整数和浮点值。图 8-2 总结了这些字符串转换函数。C 标准还包括 strtoll 和 strtoull，分别用于将字符串转换为 long long int 型和 unsigned long long int 型。

| 函数原型 | 函数描述 |
| --- | --- |
| double strtod(const char *nPtr, char **endPtr); | 将字符串 nPtr 转换为 double 型 |
| long strtol(const char *nPtr, char **endPtr, int base); | 将字符串 nPtr 转换为 long 型 |
| unsigned long strtoul(const char *nPtr, char **endPtr, int base); | 将字符串 nPtr 转换为 unsigned long 型 |

图 8-2　字符串转换函数

### 8.4.1　函数 strtod

函数 strtod（清单 8.4）将一串代表浮点值的字符转换为 double 型。如果该函数无法将其第一个参数的一部分转换为 double 型，则返回 0。该函数接收两个参数：字符串（char *）和一个指向字符串的指针（char **）。字符串参数包含要转换为 double 型的字符序列。字符串开头的空白字符被忽略。该函数使用 char ** 参数将调用者（即 stringPtr）中的 char * 定位字符串转换部分后的第一个字符。如果没有任何内容可以转换，那么函数将指针指向字符串的开头。第 10 行将从 string 型转换而来的 double 型值赋值给 d，并将 stringPtr 指向 string 中的%。

**清单 8.4 | 使用函数 strtod**

```
1  // fig08_04.c
2  // Using function strtod
3  #include <stdio.h>
4  #include <stdlib.h>
5
6  int main(void) {
7     const char *string = "51.2% are admitted";
8     char *stringPtr = NULL;
9
10    double d = strtod(string, &stringPtr);
11
12    printf("The string \"%s\" is converted to the\n", string);
13    printf("double value %.2f and the string \"%s\"\n", d, stringPtr);
14 }
```

```
The string "51.2% are admitted" is converted to the
double value 51.20 and the string "% are admitted"
```

## 8.4.2 函数 strtol

函数 strtol（清单 8.5）将代表一个整数的字符序列转换为 long int 型。如果该函数无法将其第一个参数的任何部分转换为 long int 型，则返回 0。该函数的 3 个参数是一个字符串（char *）、一个指向字符串的指针和一个整数。该函数的工作原理与 strtod 相同，但第三个参数指定了被转换值的基数。

**清单 8.5 | 使用函数 strtol**

```
1   // fig08_05.c
2   // Using function strtol
3   #include <stdio.h>
4   #include <stdlib.h>
5
6   int main(void) {
7      const char *string = "-1234567abc";
8      char *remainderPtr = NULL;
9
10     long x = strtol(string, &remainderPtr, 0);
11
12     printf("%s\"%s\"\n%s%ld\n%s\"%s\"\n%s%ld\n",
13        "The original string is ", string,
14        "The converted value is ", x,
15        "The remainder of the original string is ", remainderPtr,
16        "The converted value plus 567 is ", x + 567);
17  }
```

```
The original string is "-1234567abc"
The converted value is -1234567
The remainder of the original string is "abc"
The converted value plus 567 is -1234000
```

第 10 行给 x 赋值了从 string 型转换而来的 long 型值，并将 remainderPtr 对准 string 中的 "a"。在第二个参数中使用 NULL 会使字符串的剩余部分被忽略。第三个参数为 0，表示要转换的值可以是八进制（以 8 为基数）、十进制（以 10 为基数）或十六进制（以 16 为基数）格式。基数可以指定为 0 或 2~36 的任何数值[①]。从基数 11 到基数 36 的整数表示法使用字母 A~Z 来表示 10~35 的整数值。例如，十六进制值可以由数字 0~9 和字符 A~F 组成。

## 8.4.3 函数 strtoul

函数 strtoul（清单 8.6）将一个代表 unsigned long int 型值的字符序列转换为 unsigned long int 型。该函数的工作原理与函数 strtol 相同。第 10 行将从 string 型转换而来的 unsigned long int 型值赋值给 x，并将 remainderPtr 定位于 string 中的"a"。第三个参数为 0，表示要转换的值可以是八进制、十进制或十六进制格式。

**清单 8.6 | 使用函数 strtoul**

```
1   // fig08_06.c
2   // Using function strtoul
3   #include <stdio.h>
4   #include <stdlib.h>
5
6   int main(void) {
7      const char *string = "1234567abc";
8      char *remainderPtr = NULL;
9
```

① 关于八进制、十进制和十六进制数字系统的详细解释，见在线附录 E。

```
10      unsigned long int x = strtoul(string, &remainderPtr, 0);
11
12      printf("%s\"%s\"\n%s%lu\n%s\"%s\"\n%s%lu\n",
13          "The original string is ", string,
14          "The converted value is ", x,
15          "The remainder of the original string is ", remainderPtr,
16          "The converted value minus 567 is ", x - 567);
17  }
```

```
The original string is "1234567abc"
The converted value is 1234567
The remainder of the original string is "abc"
The converted value minus 567 is 1234000
```

### ✓ 自测题

1  （讨论）为什么一个函数的参数表会包含一个 char ** 参数？

答案：char ** 通常是调用者中指向 char * 指针的指针。被调函数使用这样的指针按引用接收 char *，以便在调用者那里修改它——例如，把它指向另一个字符串。这就是一个指针的例子。

2  （选择）以下关于函数 strtol 的陈述哪个是错误的？

(a) 它将代表一个整数的字符序列转换为 long int 型，如果它不能将其第一个参数的任何部分转换为 long int 型，则返回 0。

(b) strtol 的 3 个参数是一个字符串（char *）、一个指向字符串的指针（char **）和一个整数。

(c) 字符串参数包含要转换为 long 型的字符序列，字符串开头的任何空白字符都被忽略。

(d) 该函数使用 char ** 参数，使调用者能够访问被转换的字符串的数字部分。

答案：(d) 是错误的。实际上，该函数使用 char ** 参数来修改调用者中的 char *，使其指向字符串的转换部分之后的第一个字符的位置。如果没有进行任何转换，函数就会修改 char *，使其指向整个字符串。

## 8.5  标准输入和输出库函数

本节介绍了标准输入和输出（<stdio.h>）库的字符和字符串处理函数，我们在图 8-3 中对其进行了总结。

| 函数原型 | 函数描述 |
| --- | --- |
| int getchar(void); | 以整数形式返回标准输入的下一个字符 |
| char *fgets(char *s, int n, FILE *stream); | 从指定的流中读取字符到数组 s 中，直到遇到换行符或文件结束符，或者直到读取了 n − 1 字节。本章使用 stdin 流（标准输入流）从键盘上读取字符。一个结束的空字符会附加到数组上。返回读入 s 的字符串。如果遇到换行符，则将其包含在存储的字符串中 |
| int putchar(int c); | 打印存储在 c 中的字符，并将其作为一个整数返回 |
| int puts(const char *s); | 打印字符串 s，后面有一个换行符。如果成功则返回一个非零的整数，如果发生错误，则返回 EOF |
| int sprintf(char *s, const char *format, ...); | 相当于 printf，但输出存储在数组 s 中，而不是打印在屏幕上。返回写入 s 的字符数，如果发生错误，则返回 EOF |
| int sscanf(char *s, const char *format, ...); | 相当于 scanf，但输入的内容是从数组 s 中读取，而不是从键盘上读取。返回函数成功读取的项目数，如果发生错误，则返回 EOF |

图 8-3  标准输入和输出函数

## 8.5.1 函数 fgets 和 putchar

清单 8.7 使用函数 fgets 和 putchar 从标准输入（键盘）中读取一行文本，并按相反顺序递归输出该行的字符。第 12 行使用 fgets 将字符读入它的 char 数组参数，直到遇到换行符或文件结束的指示符，或者直到读完最大的字符数。

最大字符数比 fgets 的第二个参数少一个。第三个参数是用来读取字符的流，在这里是标准输入流（stdin）。当读取结束时，fgets 将一个空字符（'\0'）附加到数组中。函数 putchar（第 27 行）打印其字符参数。

**清单 8.7 | 使用函数 fgets 和 putchar**

```
1   // fig08_07.c
2   // Using functions fgets and putchar
3   #include <stdio.h>
4   #define SIZE 80
5
6   void reverse(const char * const sPtr);
7
8   int main(void) {
9      char sentence[SIZE] = "";
10
11     puts("Enter a line of text:");
12     fgets(sentence, SIZE, stdin); // read a line of text
13
14     printf("\n%s", "The line printed backward is:");
15     reverse(sentence);
16     puts("");
17  }
18
19  // recursively outputs characters in string in reverse order
20  void reverse(const char * const sPtr) {
21     // if end of the string
22     if ('\0' == sPtr[0]) { // base case
23        return;
24     }
25     else { // if not end of the string
26        reverse(&sPtr[1]); // recursion step
27        putchar(sPtr[0]); // use putchar to display character
28     }
29  }
```

```
Enter a line of text:
Characters and Strings

The line printed backward is:
sgnirtS dna sretcarahC
```

### 函数 reverse

程序调用递归函数 reverse[1]来倒序打印这行文字。如果数组的第一个字符是空字符'\0'，reverse 返回。否则，reverse 以子数组的地址从元素 sPtr[1]开始递归调用自己。第 27 行在递归调用完成后输出 sPtr[0]处的字符。

第 26 行和第 27 行中的两个语句的顺序导致 reverse 在显示任何字符之前走到字符串的结束空字符。随着递归调用的完成，这些字符将以反向顺序输出。

---

[1] 我们在这里使用递归进行演示。通常情况下，使用循环从字符串的最后一个字符（位于比字符串长度少 1 的位置的字符）迭代到它的第一个字符（位于 0 的位置的字符），这样做更有效率。

### 8.5.2 函数 getchar

清单 8.8 使用函数 getchar 一次从标准输入中读取一个字符到字符数组 sentence 中，然后使用 puts 将字符显示为字符串。函数 getchar 从标准输入中读取一个字符，并将该字符作为整数返回。回顾一下 4.6 节，返回一个整数是为了支持文件结束的指示符。如你所知，puts 接收一个字符串作为参数，并在该字符串后面加上一个换行符。当读取了 79 个字符或 getchar 读取了一个换行符时，程序停止输入字符。第 18 行将一个空字符附加到 sentence 中，以终止该字符串。然后第 21 行使用 puts 来显示 sentence。

**清单 8.8 | 使用函数 getchar**

```
1   // fig08_08.c
2   // Using function getchar
3   #include <stdio.h>
4   #define SIZE 80
5
6   int main(void) {
7      int c = 0; // variable to hold character input by user
8      char sentence[SIZE] = "";
9      int i = 0;
10
11     puts("Enter a line of text:");
12
13     // use getchar to read each character
14     while ((i < SIZE - 1) && (c = getchar()) != '\n') {
15        sentence[i++] = c;
16     }
17
18     sentence[i] = '\0'; // terminate string
19
20     puts("\nThe line entered was:");
21     puts(sentence); // display sentence
22  }
```

```
Enter a line of text:
This is a test.

The line entered was:
This is a test.
```

### 8.5.3 函数 sprintf

清单 8.9 使用函数 sprintf 将格式化的数据打印到 char 型数组 s 中。该函数使用与 printf 相同的转换规范（关于格式化的详细讨论见第 9 章）。程序中输入了一个 int 型值和一个 double 型值，并将其格式化后打印到数组 s 中，数组 s 是 sprintf 的第一个参数。

**清单 8.9 | 使用函数 sprintf**

```
1   // fig08_09.c
2   // Using function sprintf
3   #include <stdio.h>
4   #define SIZE 80
5
6   int main(void) {
7      int x = 0;
8      double y = 0.0;
9
10     puts("Enter an integer and a double:");
11     scanf("%d%lf", &x, &y);
```

```
12
13      char s[SIZE] = {'\0'}; // create char array
14      sprintf(s, "integer:%6d\ndouble:%7.2f", x, y);
15
16      printf("The formatted output stored in array s is:\n%s\n", s);
17   }
```

```
Enter an integer and a double:
298 87.375
The formatted output stored in array s is:
integer:   298
double:  87.38
```

### 8.5.4　函数 sscanf

清单 8.10 演示了函数 sscanf，它的工作原理与 scanf 相似，但从一个字符串中读取格式化的数据。该程序从 char 型数组 s 中读出一个 int 型数和一个 double 型数，将它们存储在 x 和 y 中，然后显示它们。

**清单 8.10 | 使用函数 sscanf**

```
1  // fig08_10.c
2  // Using function sscanf
3  #include <stdio.h>
4
5  int main(void) {
6     char s[] = "31298 87.375";
7     int x = 0;
8     double y = 0;
9
10    sscanf(s, "%d%lf", &x, &y);
11    puts("The values stored in character array s are:");
12    printf("integer:%6d\ndouble:%8.3f\n", x, y);
13 }
```

```
The values stored in character array s are:
integer: 31298
double: 87.375
```

### ✓　自测题

1　（选择）哪个函数被描述为"打印存储在其参数中的字符并以整数形式返回"？

　　（a）getchar

　　（b）sprintf

　　（c）puts

　　（d）putchar

　　答案：（d）。

2　（判断）函数 getchar 从标准输入中读取一个字符，并将其作为字符返回。

　　答案：错。实际上，getchar 返回一个 int 型值，以支持文件结束的指示符，即–1。

## 8.6　字符串处理库的字符串操作函数

字符串处理库（<string.h>）提供了一些有用的函数。

- 操作字符串数据（复制字符串和拼接字符串）。
- 比较字符串。
- 搜索字符串中的字符和其他字符串。
- 对字符串进行词条化（将字符串分离成逻辑片段）。
- 确定字符串的长度。

本节介绍了字符串处理库的字符串处理函数，这些函数在图 8-4 中进行了总结。除了 strncpy 之外，每个函数都会在其结果中附加空字符。

| 函数原型 | 函数描述 |
|---|---|
| char *strcpy(char *s1, const char *s2) | 将字符串 s2 复制到数组 s1 并返回 s1 |
| char *strncpy(char *s1, const char *s2, size_t n) | 将字符串 s2 的最多 n 个字符复制到数组 s1 中并返回 s1 |
| char *strcat(char *s1, const char *s2) | 将字符串 s2 追加到数组 s1 中并返回 s1。字符串 s2 的第一个字符覆盖了 s1 的结束空字符 |
| char *strncat(char *s1, const char *s2, size_t n) | 将字符串 s2 的最多 n 个字符追加到数组 s1 中并返回 s1。字符串 s2 的第一个字符覆盖了 s1 的结束空字符 |

图 8-4　字符串处理函数

函数 strncpy 和 strncat 指定一个 size_t 参数。函数 strcpy 将第二个参数中的字符串复制到其第一个参数中的 char 型数组中。你必须确保该数组有足够大的容量来存储字符串和它的结束空字符（也会被复制）。函数 strncpy 等同于 strcpy，但只复制指定数量的字符。除非要复制的字符数大于字符串的长度，否则函数 strncpy 不会复制其第二个参数的结束空字符。例如，如果 "test"是第二个参数，只有当 strncpy 的第三个参数至少为 5（"test"中的 4 个字符加上一个结束的空字符）时，才会写入一个结束空字符。如果第三个参数大于 5，一些实现会将空字符追加到数组中，直到第三个参数所指定的字符总数被写入。其他的实现则在写完第一个空字符后停止。当第三个参数小于或等于第二个参数的字符串长度时，如果你没有向 strncpy 的第一个参数追加一个结束空字符，这是一个逻辑错误。

### 8.6.1　函数 strcpy 和 strncpy

清单 8.11 使用 strcpy 将数组 x 中的整个字符串复制到数组 y 中。它使用 strncpy 将数组 x 的前 14 个字符复制到数组 z 中。第 19 行将一个空字符（'\0'）附加到数组 z 中，因为 strncpy 调用没有写入一个结束空字符——第三个参数小于第二个参数的字符串长度。

**清单 8.11｜使用函数 strcpy 和 strncpy**

```
1   // fig08_11.c
2   // Using functions strcpy and strncpy
3   #include <stdio.h>
4   #include <string.h>
5   #define SIZE1 25
6   #define SIZE2 15
7
8   int main(void) {
9      char x[] = "Happy Birthday to You"; // initialize char array x
10     char y[SIZE1] = ""; // create char array y
11     char z[SIZE2] = ""; // create char array z
12
13     // copy contents of x into y
14     printf("%s%s\n%s%s\n",
15        "The string in array x is: ", x,
16        "The string in array y is: ", strcpy(y, x));
17
18     strncpy(z, x, SIZE2 - 1); // copy first 14 characters of x into z
19     z[SIZE2 - 1] = '\0'; // terminate string in z, because '\0' not copied
20     printf("The string in array z is:  %s\n", z);
21  }
```

```
The string in array x is: Happy Birthday to You
The string in array y is: Happy Birthday to You
The string in array z is: Happy Birthday
```

### 8.6.2 函数 strcat 和 strncat

函数 strcat 将其第二个参数的字符串追加到其 char 型数组第一个参数的字符串中，并替换掉第一个参数的空字符（'\0'）。你必须确保用于存储第一个字符串的数组足够大，以存储第一个字符串、第二个字符串和从第二个字符串复制的结束空字符。函数 strncat 将第二个字符串中指定数量的字符追加到第一个字符串中，并添加一个结束空字符'\0'。清单 8.12 演示了函数 strcat 和 strncat。

**清单 8.12 | 使用函数 strcat 和 strncat**

```
1  // fig08_12.c
2  // Using functions strcat and strncat
3  #include <stdio.h>
4  #include <string.h>
5
6  int main(void) {
7     char s1[20] = "Happy "; // initialize char array s1
8     char s2[] = "New Year "; // initialize char array s2
9     char s3[40] = ""; // initialize char array s3 to empty
10
11    printf("s1 = %s\ns2 = %s\n", s1, s2);
12
13    // concatenate s2 to s1
14    printf("strcat(s1, s2) = %s\n", strcat(s1, s2));
15
16    // concatenate first 6 characters of s1 to s3
17    printf("strncat(s3, s1, 6) = %s\n", strncat(s3, s1, 6));
18
19    // concatenate s1 to s3
20    printf("strcat(s3, s1) = %s\n", strcat(s3, s1));
21 }
```

```
s1 = Happy
s2 = New Year
strcat(s1, s2) = Happy New Year
strncat(s3, s1, 6) = Happy
strcat(s3, s1) = Happy Happy New Year
```

### ✓ 自测题

1　（选择）以下关于函数 strcat 和 strncat 的陈述哪个是错误的？

　（a）函数 strcat 将其第二个参数字符串附加到其 char 型数组第一个参数的字符串中。

　（b）strcat 的第二个参数的第一个字符紧跟在第一个参数中的字符串结束空字符（'\0'）之后。

　（c）你必须确保包含第一个字符串的数组足够大，以存储第一个字符串、第二个字符串和从第二个字符串复制的结束空字符'\0'。

　（d）函数 strncat 将第二个字符串中指定数量的字符附加到第一个字符串中。结果中会自动附加一个结束空字符'\0'。

　答案：（b）是错误的。实际上，strcat 的第二个参数的第一个字符替换了第一个参数中的字符串的结束空字符（'\0'）。

2　（填空）函数 strcpy 将它的第二个参数（一个字符串）复制到它的第一个参数中，这个参数是一个字符数组，必须_____。

　答案：大到足以存储该字符串，包括其结束空字符。

## 8.7 字符串处理库的比较函数

本节介绍了字符串处理库的字符串比较函数 strcmp 和 strncmp，它们的总结如图 8-5 所示。

| 函数原型 | 函数描述 |
|---|---|
| int strcmp(const char *s1, const char *s2); | 将字符串 s1 与字符串 s2 进行比较。如果 s1 等于、小于或大于 s2，该函数分别返回 0、小于 0 的值或大于 0 的值 |
| int strncmp(const char *s1, const char *s2, size_t n); | 将字符串 s1 的最多 n 个字符与字符串 s2 进行比较。如果 s1 等于、小于或大于 s2，该函数分别返回 0、小于 0 的值或大于 0 的值 |

图 8-5　字符串比较函数

清单 8.13 使用 strcmp 和 strncmp 对 3 个字符串进行比较。函数 strcmp 对其两个字符串参数进行逐个字符的比较。该函数有以下 3 种返回情况。

■ 返回 0，如果两个字符串相等。

■ 返回一个负值，如果第一个字符串小于第二个字符串。

■ 返回一个正值，如果第一个字符串大于第二个字符串。

函数 strncmp 等同于 strcmp，但最多比较指定数量的字符。函数 strncmp 不比较字符串中空字符后面的字符。程序打印出每个函数调用所返回的整数值。

**清单 8.13 | 使用函数 strcmp 和 strncmp**

```
1  // fig08_13.c
2  // Using functions strcmp and strncmp
3  #include <stdio.h>
4  #include <string.h>
5
6  int main(void) {
7     const char *s1 = "Happy New Year"; // initialize char pointer
8     const char *s2 = "Happy New Year"; // initialize char pointer
9     const char *s3 = "Happy Holidays"; // initialize char pointer
10
11    printf("s1 = %s\ns2 = %s\ns3 = %s\n\n%s%2d\n%s%2d\n%s%2d\n\n",
12       s1, s2, s3,
13       "strcmp(s1, s2) = ", strcmp(s1, s2),
14       "strcmp(s1, s3) = ", strcmp(s1, s3),
15       "strcmp(s3, s1) = ", strcmp(s3, s1));
16
17    printf("%s%2d\n%s%2d\n%s%2d\n",
18       "strncmp(s1, s3, 6) = ", strncmp(s1, s3, 6),
19       "strncmp(s1, s3, 7) = ", strncmp(s1, s3, 7),
20       "strncmp(s3, s1, 7) = ", strncmp(s3, s1, 7));
21 }
```

```
s1 = Happy New Year
s2 = Happy New Year
s3 = Happy Holidays

strcmp(s1, s2) =  0
strcmp(s1, s3) =  1
strcmp(s3, s1) = -1

strncmp(s1, s3, 6) =  0
strncmp(s1, s3, 7) =  1
strncmp(s3, s1, 7) = -1
```

### 字符串是如何比较的

为了理解一个字符串"大于"或"小于"另一个字符串的含义，请考虑一下将姓氏按字母顺序排列的过程。毫无疑问，你会把"Jones"放在"Smith"之前，因为在字母表中"J"排在"S"之前。但字母表不仅仅是 26 个字母的列表，它是一个有序的字符列表。每个字母都在列表中出现在一个特定的位置。"Z"不仅仅是字母表中的一个字母，具体来说，"Z"是字母表中的第 26 个字母。另外，请记住，小写字母的数值比大写字母高，所以"a"比"A"大。

字符串比较函数是如何知道一个特定的字母在另一个字母之前的？所有的字符在计算机内部都是

以 ASCII 和 Unicode 等字符集的数字代码表示的；当计算机比较两个字符串时，它实际上是比较每个字符串中字符的数字代码。这被称为词法比较。关于 ASCII 字符的数值，见附录 B。ASCII 是 Unicode 字符集的一个子集。

strcmp 和 strncmp 所返回的负值和正值是与实现有关的。对某些实现来说，这些值是-1 或 1，如清单 8.13 所示。对于其他实现，返回的值是每个字符串中第一个不同字符的数字代码之间的差。对于这个程序的比较，就是 "New"中的 "N"和"Holidays"中的"H"之间的数字代码之差，即 6 或-6，取决于哪个字符串是第一个参数。

### ✓ 自测题

1　（选择）以下关于函数 strcmp 和 strncmp 的陈述哪个是错误的？

　（a）函数 strcmp 将其第一个字符串参数与第二个字符串参数逐个字符进行比较。

　（b）如果两个字符串相等，函数 strcmp 返回 0；如果第一个字符串小于第二个字符串，返回负值；如果第一个字符串大于第二个字符串，返回正值。

　（c）函数 strncmp 等同于 strcmp，但最多比较指定数量的字符。

　（d）函数 strncmp 比较的是字符串中空字符后面的字符。

　答案：（d）是错误的。实际上，函数 strncmp 并不比较字符串中空字符后面的字符。

2　（讨论）字符串比较函数 strcmp 和 strncmp 如何知道一个特定的字母"位于"另一个字母之前？

　答案：所有的字符在计算机中都是以 ASCII 和 Unicode 等字符集的数字代码表示的。当计算机比较两个字符串时，它比较的是字符的数字代码。这被称为词法比较。

## 8.8　字符串处理库的搜索函数

本节介绍了字符串处理库中用于搜索字符和其他字符串的函数，总结在图 8-6 中。

| 函数原型 | 函数描述 |
|---|---|
| char *strchr(const char *s, int c); | 定位字符串 s 中首次出现的字符 c。如果找到了 c，strchr 返回一个指向 s 中 c 的指针，否则返回 NULL 指针 |
| size_t strcspn(const char *s1, const char *s2); | 确定并返回由不包含在字符串 s2 中的字符组成的字符串 s1 的初始段的长度 |
| size_t strspn(const char *s1, const char *s2); | 确定并返回字符串 s1 中仅由字符串 s2 中的字符组成的初始段的长度 |
| char *strpbrk(const char *s1, const char *s2); | 定位字符串 s1 中首次出现的字符串 s2 中的任意字符。如果找到 s2 中的一个字符，strpbrk 返回一个指向 s1 中该字符的指针。否则，返回 NULL |
| char *strrchr(const char *s, int c); | 定位字符串 s 中最后出现的字符 c。如果找到了 c，strrchr 返回一个指向 s 中 c 的指针。否则，返回 NULL |
| char *strstr(const char *s1, const char *s2); | 定位字符串 s1 中首次出现的字符串 s2。如果找到该字符串，strstr 返回一个指向 s1 中的字符串的指针。否则，返回 NULL |
| char *strtok(char *s1, const char *s2); | 一系列对 strtok 的调用将字符串 s1 分解为由字符串 s2 中的字符分隔的词条。词条是逻辑片段，例如一行文字中的单词。第一次调用使用 s1 作为第一个参数。随后的调用要继续对同一个字符串进行词条化，需要将 NULL 作为第一个参数。每次调用都会返回一个指向当前词条的指针。如果没有更多的词条，strtok 返回回 NULL |

图 8-6　字符串搜索函数

## 8.8.1　函数 strchr

函数 strchr 在一个字符串中搜索首次出现的字符。如果找到该字符，strchr 返回一个指向字符串中该字符的指针；否则，strchr 返回 NULL。清单 8.14 搜索 "This is a test"中首次出现的'a'和'z'。

清单8.14 | 使用函数strchr

```
1  // fig08_14.c
2  // Using function strchr
3  #include <stdio.h>
4  #include <string.h>
5
6  int main(void) {
7     const char *string = "This is a test"; // initialize char pointer
8     char character1 = 'a';
9     char character2 = 'z';
10
11    // if character1 was found in string
12    if (strchr(string, character1) != NULL) { // can remove "!= NULL"
13       printf("\'%c\' was found in \"%s\".\n", character1, string);
14    }
15    else { // if character1 was not found
16       printf("\'%c\' was not found in \"%s\".\n", character1, string);
17    }
18
19    // if character2 was found in string
20    if (strchr(string, character2) != NULL) { // can remove "!= NULL"
21       printf("\'%c\' was found in \"%s\".\n", character2, string);
22    }
23    else { // if character2 was not found
24       printf("\'%c\' was not found in \"%s\".\n", character2, string);
25    }
26 }
```

```
'a' was found in "This is a test".
'z' was not found in "This is a test".
```

## 8.8.2　函数 strcspn

函数 strcspn（清单 8.15）确定其第一个字符串参数的初始部分的长度，该部分不包含第二个字符串参数中的任何字符。该函数返回该段的长度。

清单8.15 | 使用函数strcspn

```
1  // fig08_15.c
2  // Using function strcspn
3  #include <stdio.h>
4  #include <string.h>
5
6  int main(void) {
7     // initialize two char pointers
8     const char *string1 = "The value is 3.14159";
9     const char *string2 = "1234567890";
10
11    printf("string1 = %s\nstring2 = %s\n\n%s\n%s%zu\n", string1, string2,
12       "The length of the initial segment of string1",
13       "containing no characters from string2 = ",
14       strcspn(string1, string2));
15 }
```

```
string1 = The value is 3.14159
string2 = 1234567890
```

```
The length of the initial segment of string1
containing no characters from string2 = 13
```

### 8.8.3 函数 strpbrk

函数 strpbrk 在它的第一个字符串参数中搜索第二个字符串参数中任意字符的首次出现。如果找到了第二个参数中的一个字符，strpbrk 返回一个指向第一个参数中的字符的指针；否则，它返回 NULL。清单 8.16 定位了 string1 中首次出现的 string2 中的任意字符。

**清单 8.16 | 使用函数 strpbrk**

```
1   // fig08_16.c
2   // Using function strpbrk
3   #include <stdio.h>
4   #include <string.h>
5
6   int main(void) {
7      const char *string1 = "This is a test";
8      const char *string2 = "beware";
9
10     printf("%s\"%s\"\n'%c'%s \"%s\"\n",
11        "Of the characters in ", string2, *strpbrk(string1, string2),
12        " appears earliest in ", string1);
13  }
```

```
Of the characters in "beware"
'a' appears earliest in "This is a test"
```

### 8.8.4 函数 strrchr

函数 strrchr 在一个字符串中搜索最后出现的指定字符。如果找到了该字符，strrchr 返回一个指向字符串中该字符的指针；否则，它返回 NULL。清单 8.17 搜索字符串 "A zoo has many animals including zebras"中最后出现的字符'z'。

**清单 8.17 | 使用函数 strrchr**

```
1   // fig08_17.c
2   // Using function strrchr
3   #include <stdio.h>
4   #include <string.h>
5
6   int main(void) {
7      const char *s1 = "A zoo has many animals including zebras";
8      int c = 'z'; // character to search for
9
10     printf("%s '%c' %s\n\"%s\"\n",
11        "Remainder of s1 beginning with the last occurrence of character",
12        c, "is:", strrchr(s1, c));
13  }
```

```
Remainder of s1 beginning with the last occurrence of character 'z' is:
"zebras"
```

### 8.8.5 函数 strspn

函数 strspn（清单 8.18）确定它的第一个参数的初始部分的长度，该部分只包含它的第二个参数中的字符串的字符。该函数返回该段的长度。

**清单 8.18 | 使用函数 strspn**

```
1   // fig08_18.c
2   // Using function strspn
3   #include <stdio.h>
4   #include <string.h>
5
6   int main(void) {
7      const char *string1 = "The value is 3.14159";
8      const char *string2 = "aehi lsTuv";
9
10     printf("string1 = %s\nstring2 = %s\n\n%s\n%s%zu\n", string1, string2,
11        "The length of the initial segment of string1",
12        "containing only characters from string2 = ",
13        strspn(string1, string2));
14  }
```

```
string1 = The value is 3.14159
string2 = aehi lsTuv

The length of the initial segment of string1
containing only characters from string2 = 13
```

### 8.8.6 函数 strstr

函数 strstr 在其第一个字符串参数中搜索其第二个字符串参数的首次出现。如果在第一个字符串中找到了第二个字符串，strstr 返回第二个字符串在第一个字符串中的位置的指针。清单 8.19 使用 strstr 在字符串 "abcdefabcdef" 中查找字符串 "def"。

**清单 8.19 | 使用函数 strstr**

```
1   // fig08_19.c
2   // Using function strstr
3   #include <stdio.h>
4   #include <string.h>
5
6   int main(void) {
7      const char *string1 = "abcdefabcdef";
8      const char *string2 = "def"; // string to search for
9
10     printf("string1 = %s\nstring2 = %s\n\n%s\n%s%s\n", string1, string2,
11        "The remainder of string1 beginning with the",
12        "first occurrence of string2 is: ", strstr(string1, string2));
13  }
```

```
string1 = abcdefabcdef
string2 = def

The remainder of string1 beginning with the
first occurrence of string2 is: defabcdef
```

### 8.8.7 函数 strtok

函数 strtok（清单 8.20）将一个字符串分解成一系列的词条——也称为词条化字符串。一个词条是由分隔符（如空格或标点符号）分隔的字符序列。分隔符可以是任何字符。例如，在一行文本中，每个词都是一个词条，而分隔这些词的空格和标点符号是分隔符。你可以在每次调用 strtok 时改变分隔符字符串。清单 8.20 对字符串 "This is a sentence with 7 tokens" 进行词条化，并打印出这些词条。函数 strtok 通过在每个词条的末尾放置 '\0' 来修改输入的字符串，所以如果你打算在调用 strtok 后使用该字符串，请复制它。关于假设 strtok 不修改其第一个参数中的字符串的问题，见 CERT 建议 STR06-C。

**清单 8.20 | 使用函数 strtok**

```
1  // fig08_20.c
2  // Using function strtok
3  #include <stdio.h>
4  #include <string.h>
5
6  int main(void) {
7     char string[] = "This is a sentence with 7 tokens";
8
9     printf("The string to be tokenized is:\n%s\n\n", string);
10    puts("The tokens are:");
11
12    char *tokenPtr = strtok(string, " "); // begin tokenizing sentence
13
14    // continue tokenizing sentence until tokenPtr becomes NULL
15    while (tokenPtr != NULL) {
16       printf("%s\n", tokenPtr);
17       tokenPtr = strtok(NULL, " "); // get next token
18    }
19 }
```

```
The string to be tokenized is:
This is a sentence with 7 tokens

The tokens are:
This
is
a
sentence
with
7
tokens
```

### 第一次调用 strtok

假设一个字符串包含多个词条，则需要多次调用 strtok 来对其进行词条化。strtok 的第一次调用（第 12 行）接收一个要词条化的字符串和一个包含分隔词条的字符的字符串作为参数。语句

　　char *tokenPtr = strtok(string, " "); // begin tokenizing sentence

将 tokenPtr 赋值为指向 string 中第一个词条的指针。第二个参数（" "）表示词条由空格分隔。函数 strtok 搜索字符串中第一个不是分隔符（空格）的字符。这就开始了第一个词条。然后，该函数找到 string 中的下一个分隔符，并用一个空字符（'\0'）替换它，以终止当前的词条。strtok 函数保存了一个指向 string 中该词条后的字符的指针，并返回一个指向当前词条的指针。

### 后续的 strtok 调用

第 17 行中的后续 strtok 调用继续对 string 进行词条化。这些调用接收 NULL 作为它们的第一个参数，表示它们应该从上次调用保存的 string 中的位置继续词条化。如果没有剩余的词条，strtok 返回 NULL。

### ✓ 自测题

1 （选择）哪个函数被描述为"定位字符串 s2 在字符串 s1 中的首次出现，如果找到该字符串，该函数返回指向字符串 s1 的指针；否则，返回 NULL"？

　　（a）strpbrk

　　（b）strstr

　　（c）strspn

　　（d）strcspn

　　答案：（b）。

2 （填空）在函数 strtok 的上下文中，＿＿＿＿＿＿＿是由分隔符分隔的字符序列。

　　答案：词条。

## 8.9　字符串处理库的内存函数

本节中的字符串处理库函数可以操作、比较和搜索内存块。这些函数将内存视为字符数组，可以操作任何数据块。图 8-7 概述了字符串处理库的内存函数。在函数讨论中，"对象"指的是数据块。

| 函数原型 | 函数描述 |
| --- | --- |
| void *memcpy(void *s1, const void *s2, size_t n); | 将 s2 指向的对象中的 n 字节复制到 s1 指向的对象中，然后返回指向结果对象的指针 |
| void *memmove(void *s1, const void *s2, size_t n); | 将 s2 指向的对象中的 n 字节复制到 s1 指向的对象中。复制的过程就像首先将字节从 s2 所指向的对象复制到临时数组中，然后再从临时数组复制到 s1 所指向的对象中。返回指向结果对象的指针 |
| int memcmp(const void *s1, const void *s2, size_t n); | 比较 s1 和 s2 所指向的对象的前 n 字节。如果 s1 等于、小于或大于 s2，该函数返回 0、小于 0 的值或大于 0 的值 |
| void *memchr(const void *s, int c, size_t n); | 定位 s 指向的对象的前 n 字节中 c（转换为 unsigned char 型）的首次出现。如果找到 c，memchr 返回对象中指向 c 的指针；否则，返回 NULL |
| void *memset(void *s, int c, size_t n); | 将 c（转换为 unsigned char 型）复制到 s 所指向的对象的前 n 字节中，然后返回指向结果的指针 |

图 8-7　字符串处理库的内存函数

指针参数被声明为 void *，所以它们可以用于操作任何数据类型的内存。回顾第 7 章，任何指针都可以直接赋值给 void *指针，而 void *指针可以直接赋值给任何其他类型的指针。因为 void *指针不能被解引用，所以每个函数都会收到一个大小参数，该参数指定函数要处理的字节数。为简单起见，本节中的示例都是处理字符数组（字符块）的。图 8-7 中的函数没有检查结束的空字符，因为它们操作的内存块不一定是字符串。

### 8.9.1　函数 memcpy

函数 memcpy 从它的第二个参数所指向的对象中复制指定数量的字节到它的第一个参数所指向的对象中。该函数可以接收指向任意类型对象的指针。如果两个对象在内存中重叠，即它们是同一个对象的一部分，那么其结果是未定义的。在这种情况下，请使用 memmove 代替。清单 8.21 使用 memcpy 将数组 s2 中的字符串复制到数组 s1 中。当你知道你要复制的字符串的大小时，函数 memcpy 比 strcpy 更有效率。

PERF

**清单 8.21 | 使用函数 memcpy**

```
1  // fig08_21.c
2  // Using function memcpy
3  #include <stdio.h>
4  #include <string.h>
5
6  int main(void) {
7     char s1[17] = "";
8     char s2[] = "Copy this string";
9
10    memcpy(s1, s2, 17); // 17 so we copy s2's terminating \0
11    puts("After s2 is copied into s1 with memcpy, s1 contains:");
12    puts(s1);
13 }
```

```
After s2 is copied into s1 with memcpy, s1 contains:
Copy this string
```

## 8.9.2　函数 memmove

和 memcpy 一样，函数 memmove 从它的第二个参数所指向的对象中复制指定数量的字节到它的第一个参数所指向的对象中。复制的过程就像字节从第二个参数复制到临时数组，然后从临时数组复制到第一个参数。这允许从一个字符串（或内存块）的一部分复制字节到同一字符串（或内存块）的另一部分，即使这两部分重叠了。除 memmove 外，复制字符的字符串处理函数在同一字符串的各部分之间进行复制时，会产生未定义的结果。清单 8.22 使用 memmove 将数组 x 的最后 10 字节复制到数组 x 的前 10 字节中。

⊗ERR

**清单 8.22 | 使用函数 memmove**

```
1  // fig08_22.c
2  // Using function memmove
3  #include <stdio.h>
4  #include <string.h>
5
6  int main(void) {
7      char x[] = "Home Sweet Home"; // initialize char array x
8
9      printf("The string in array x before memmove is: %s\n", x);
10     printf("The string in array x after memmove is: %s\n",
11         (char *) memmove(x, &x[5], 10));
12  }
```

```
The string in array x before memmove is: Home Sweet Home
The string in array x after memmove is: Sweet Home Home
```

## 8.9.3　函数 memcmp

函数 memcmp（清单 8.23）将它的第一个参数的指定字节数与第二个参数的相应字节数进行比较。如果第一个参数大于第二个参数，则返回一个大于 0 的值；如果两个参数相等，则返回 0；如果第一个参数小于第二个参数，则返回一个小于 0 的值。

**清单 8.23 | 使用函数 memcmp**

```
1  // fig08_23.c
2  // Using function memcmp
3  #include <stdio.h>
4  #include <string.h>
5
6  int main(void) {
7      char s1[] = "ABCDEFG";
8      char s2[] = "ABCDXYZ";
9
10     printf("s1 = %s\ns2 = %s\n\n%s%2d\n%s%2d\n%s%2d\n", s1, s2,
11         "memcmp(s1, s2, 4) = ", memcmp(s1, s2, 4),
12         "memcmp(s1, s2, 7) = ", memcmp(s1, s2, 7),
13         "memcmp(s2, s1, 7) = ", memcmp(s2, s1, 7));
14  }
```

```
s1 = ABCDEFG
s2 = ABCDXYZ

memcmp(s1, s2, 4) =  0
memcmp(s1, s2, 7) = -1
memcmp(s2, s1, 7) =  1
```

### 8.9.4　函数 memchr

函数 memchr 在一个对象的指定字节数中搜索一个字节的第一次出现，该字节用 unsigned char 表示。如果找到该字节，则 memchr 返回指向对象中该字节的指针；否则，返回 NULL。清单 8.24 在字符串 "This is a string"中搜索包含'r'的字节。

**清单 8.24 | 使用函数 memchr**

```
1   // fig08_24.c
2   // Using function memchr
3   #include <stdio.h>
4   #include <string.h>
5
6   int main(void) {
7      const char *s = "This is a string";
8
9      printf("The remainder of s after character 'r' is found is \"%s\"\n",
10        (char *) memchr(s, 'r', 16));
11  }
```

```
The remainder of s after character 'r' is found is "ring"
```

### 8.9.5　函数 memset

函数 memset 将它的第二个参数中的字节值复制到它的第一个参数所指向的对象的前 n 字节中，其中 n 由第三个参数指定。你可以使用 memset 将数组的元素设置为 0，而不是将 0 赋给每个元素。例如，一个有 5 个元素的 int 型数组 n 可以被重置为 0，方法是

```
memset(n, 0, 5);
```

许多硬件架构都有一个块复制或清除指令，编译器可以用它来优化 memset，以实现高性能的内存清零。清单 8.25 使用 memset 将'b'复制到 string1 的前 7 字节。

PERF

**清单 8.25 | 使用函数 memset**

```
1   // fig08_25.c
2   // Using function memset
3   #include <stdio.h>
4   #include <string.h>
5
6   int main(void) {
7      char string1[15] = "BBBBBBBBBBBBBB";
8
9      printf("string1 = %s\n", string1);
10     printf("string1 after memset = %s\n", (char *) memset(string1, 'b', 7));
11  }
```

```
string1 = BBBBBBBBBBBBBB
string1 after memset = bbbbbbbBBBBBBB
```

### ✓ 自测题

1　（选择）以下关于函数 memcpy 的说法哪个是错误的？

　　(a) 该函数从它的第二个参数所指向的对象中复制指定数量的字节到它的第一个参数所指向的对象中。

　　(b) 该函数可以接收指向任何类型对象的指针。

　　(c) 如果两个对象在内存中是完全分开的，则这个函数的结果是未定义的。

(d) 当你知道你要复制的字符串的大小时，这个函数比 strcpy 更有效率。

　　　答案：(c) 是错误的。实际上，如果两个对象在内存中重叠，即它们是同一个对象的一部分，则
　　　　　结果是未定义的。在这种情况下，请使用 memmove。

2　(填空) 字符串处理库的内存处理函数对内存块进行操作、比较和搜索，这些函数将内存块视为
　　_____。

　　　答案：字符数组。

3　(判断) 函数 memmove 从它的第二个参数所指向的对象中复制指定数量的字节到它的第一个参数
　　所指向的对象中。复制的过程就像把字节从第二个参数复制到临时数组，然后从临时数组复制到
　　第一个参数。这允许将一个内存块中的字节复制到同一内存块的另一部分，即使这两部分重
　　叠了。

　　　答案：对。

## 8.10　字符串处理库的其他函数

剩下的两个字符串处理库函数是 strerror 和 strlen，它们在图 8-8 中进行了总结。

| 函数类型 | 函数描述 |
|---|---|
| char *strerror(int errornum); | 以特定于编译器和本地的方式将 errornum 映射到一个完整的文本字符串并返回该字符串。错误编号在 errno.h 中定义 |
| size_t strlen(const char *s); | 返回字符串 s 的长度，即字符串的结束空字符之前的字符数 |

图 8-8　strerror 和 strlen 函数

### 8.10.1　函数 strerror

函数 strerror 接收一个错误编号并创建一个错误信息字符串。返回一个指向该字符串的指针。清单 8.26 演示了 strerror。

**清单 8.26 | 使用函数 strerror**

```
1  // fig08_26.c
2  // Using function strerror
3  #include <stdio.h>
4  #include <string.h>
5
6  int main(void) {
7     printf("%s\n", strerror(2));
8  }
```

```
No such file or directory
```

### 8.10.2　函数 strlen

函数 strlen 接收一个字符串作为参数，并返回该字符串中的字符数——结束的空字符不包括在长度中。清单 8.27 演示了函数 strlen。

**清单 8.27 | 使用函数 strlen**

```
1  // fig08_27.c
2  // Using function strlen
3  #include <stdio.h>
4  #include <string.h>
```

```
5
6   int main(void) {
7       const char *string1 = "abcdefghijklmnopqrstuvwxyz";
8       const char *string2 = "four";
9       const char *string3 = "Boston";
10
11      printf("%s\"%s\"%s%zu\n%s\"%s\"%s%zu\n%s\"%s\"%s%zu\n",
12          "The length of ", string1, " is ", strlen(string1),
13          "The length of ", string2, " is ", strlen(string2),
14          "The length of ", string3, " is ", strlen(string3));
15  }
```

```
The length of "abcdefghijklmnopqrstuvwxyz" is 26
The length of "four" is 4
The length of "Boston" is 6
```

### ✓ 自测题

1 （判断）函数 strerror 返回的错误信息字符串在不同平台上是统一的。

答案：错。这些信息因编译器和地区而异。

2 （判断）函数 strlen 接收一个字符串作为参数，并返回该字符串中的字符数，包括结束的空字符。

答案：错。实际上，结束的空字符不包括在长度内。

## 8.11　安全的 C 语言编程

### 安全的字符串处理函数

前面几章的"安全的 C 语言编程"节逐步介绍了 C11 的函数 printf_s 和 scanf_s。本章介绍了函数 sprintf、strcpy、strncpy、strcat、strncat、strtok、strlen、memcpy、memmove 和 memset。C11 标准的可选 Annex K 提供了这些和其他许多字符串处理与输入输出函数的版本。如果你的 C 编译器支持 Annex K，请考虑使用这些函数的安全版本。除了其他方面，Annex K 版本通过要求额外的参数来指定目标数组中的元素数量，并确保指针参数为非 NULL，来防止缓冲区溢出。

### 读取数字输入和输入验证

验证输入到程序中的数据是很重要的。例如，当你要求用户在 1～100 的范围内输入一个 int 型值，然后试图用 scanf 读取这个 int 型值时，可能会出现几个问题。用户可能会输入以下数据。

■ 超出程序要求范围的 int 型值（如 102）。

■ 超出计算机允许范围的 int 型值（如 32 位整数的机器上的 8000000000）。

■ 非整数的数值（如 27.43）。

■ 非数字值（如 FOVR）。

可以使用你在本章学到的各种函数来完全验证这种输入。例如，你可以采用以下方法。

■ 使用 fgets 将输入作为一行文本来读取。

■ 使用 strtol 将字符串转换为数字，并确保转换成功。

■ 确保该值是在范围内。

关于将输入转换为数字值的更多信息和技术，见 CERT 指南 INT05-C（SEI 外部的维基网站）。

### ✓ 自测题

1 （填空）除了其他方面，Annex K 的安全字符串处理函数通过要求额外的参数指定目标数组中的元素数量和确保指针参数为非 NULL 来防止缓冲区_____。

答案：溢出。

2 （判断）验证输入到程序中的数据是很重要的。你可以使用各种字符串和字符处理函数来完全验证输入。例如，你可以用 fgets 将输入作为一行文本读取，用 strtol 将字符串转换为数字，并确保转换成功，然后确保该值在范围内。

答案：对。

**关键知识回顾**

8.2 节

■ 字符是源程序的基本构成部分。每个程序都是由一系列字符组成的，当这些字符有意义地组合在一起时，计算机将其解释为用于完成任务的指令。

■ 字符常量是一个 int 值，用单引号表示为一个字符。字符常量的值是该字符在机器字符集中的整数值。

■ 字符串是一系列的字符，被视为一个单位。字符串可以包括字母、数字和各种特殊字符，如+、-、*、/和$。字符串字面量（或字符串常量）写在双引号中。

■ C 语言中的字符串是一个以空字符（'\0'）结束的字符数组。

■ 字符串可以通过指向其第一个字符的指针来访问。字符串的值是其第一个字符的地址。

■ 字符数组或变量类型 char *可以在定义中用一个字符串进行初始化。

■ 当定义一个包含字符串的字符数组时，该数组必须足够大，以存储字符串及其结束的空字符。

■ 可以使用 scanf 将字符串存储在数组中。函数 scanf 将读取字符，直到遇到空格、制表符、换行符或文件结束符。

■ 要将一个字符数组打印成字符串，该数组必须包含一个结束的空字符。

8.3 节

■ 函数 isdigit 确定其参数是否为数字（0～9）。

■ 函数 isalpha 确定其参数是大写字母（A～Z）还是小写字母（a～z）。

■ 函数 isalnum 确定其参数是大写字母（A～Z）、小写字母（a～z），还是数字（0～9）。

■ 函数 isxdigit 确定其参数是否为十六进制数字（A～F, a～f, 0～9）。

■ 函数 islower 确定其参数是否为小写字母（a～z）。

■ 函数 isupper 确定其参数是否为大写字母（A～Z）。

■ 函数 toupper 将小写字母转换为大写字母并返回。

■ 函数 tolower 将大写字母转换为小写字母并返回。

■ 函数 isspace 确定其参数是否为下列空白字符之一——' '（空格）、'\f'、'\n'、'\r'、'\t'或'\v'。

■ 函数 iscntrl 确定其参数是否为以下控制字符之一——'\t'、'\v'、'\f'、'\a'、'\b'、'\r' 或 '\n'。

■ 函数 ispunct 确定其参数是否为空格、数字或字母以外的打印字符。

■ 函数 isprint 确定其参数是否为任何打印字符，包括空格字符。

■ 函数 isgraph 确定其参数是否为空格以外的打印字符。

8.4 节

■ 函数 strtod 将代表浮点值的字符序列转换为 double 型。它的指向 char *参数的指针所指定的位置被赋值为转换后的字符串的剩余部分，如果字符串的任何部分都不能被转换，则赋值为整个字符串。

■ 函数 strtol 将代表一个整数的字符序列转换为 long 型。这个函数的工作原理与 strtod 相同，但第三个参数指定了被转换值的基数。

■ 函数 strtoul 与 strtol 的工作原理相同，但将代表整数的字符序列转换为 unsigned long int 型。

8.5 节

■ 函数 fgets 读取字符，直到遇到换行符或文件结束指示符。fgets 的参数是 char 类型的数组、要读取的最大字符数和要读取的流。读取结束后，空字符（'\0'）会被附加到数组上。如果遇到一个换行符，则将其包含在输入字符串中。
- 函数 putchar 打印其字符参数。
- 函数 getchar 从标准输入中读取一个字符并以整数形式返回。如果遇到文件结束指示符，getchar 返回 EOF。
- 函数 puts 接收一个字符串（char *）作为参数，并打印该字符串和一个换行符。
- 函数 sprintf 使用与函数 printf 相同的转换规范，将格式化的数据打印到 char 类型的数组中。
- 函数 sscanf 使用与函数 scanf 相同的转换规范，从字符串中读取格式化的数据。

## 8.6 节

- 函数 strcpy 将第二个参数字符串复制到第一个参数 char 数组中。你必须确保该数组足够大，以存储字符串及其结束的空字符。
- 函数 strncpy 相当于 strcpy，但指定了从字符串复制到数组的最大字符数。只有当要复制的字符数比字符串的长度多一个时，才会复制结束的空字符。
- 函数 strcat 将第二个参数字符串（包括其结束的空字符）附加到第一个参数字符串中。第二个字符串的第一个字符取代了第一个字符串的空字符（'\0'）。你必须确保用于存储第一个字符串的数组足够大，可以同时存储第一个字符串和第二个字符串。
- 函数 strncat 将第二个字符串中指定数量的字符附加到第一个字符串中。在结果中附加一个结束的空字符。

## 8.7 节

- 函数 strcmp 将它的第一个字符串参数与第二个字符串参数逐个进行比较。如果两个字符串相等，则返回 0；如果第一个字符串小于第二个字符串，则返回负值；如果第一个字符串大于第二个字符串，则返回正值。
- 函数 strncmp 等同于 strcmp，只是 strncmp 比较的是指定数量的字符。如果其中一个字符串比指定的字符数短，strncmp 就会对字符进行比较，直到遇到较短字符串中的空字符。

## 8.8 节

- 函数 strchr 搜索字符串中首次出现的字符。如果找到了，则 strchr 返回指向字符串中该字符的指针；否则，strchr 返回 NULL。
- 函数 strcspn 确定它的第一个参数中的字符串的初始部分的长度，该部分不包含其第二个参数中的字符串的任何字符。该函数返回该段的长度。
- 函数 strpbrk 在它的第一个参数中搜索它的第二个参数中任何字符的首次出现。如果找到了第二个参数中的一个字符，strpbrk 会返回指向该字符的指针；否则，strpbrk 返回 NULL。
- 函数 strrchr 搜索一个字符串中最后出现的字符。如果找到，strrchr 返回指向字符串中该字符的指针；否则，strrchr 返回 NULL。
- 函数 strspn 确定它的第一个参数中的字符串的初始部分的长度，该部分只包含它的第二个参数中的字符串的字符。该函数返回该段的长度。
- 函数 strstr 在其第一个字符串参数中搜索其第二个字符串参数的首次出现。如果在第一个字符串中找到第二个字符串，则返回指向第一个参数中的字符串位置的指针。
- 对 strtok 的一系列调用将其第一个字符串参数分解为由第二个字符串参数中的字符分隔的词条。第一次调用将要词条化的字符串作为第一个参数。随后的调用继续对该字符串进行词条化，第一个参数包含 NULL。每次调用都会返回一个指向当前词条的指针。如果函数被调用时没有更多的词条，它将返回 NULL。

## 8.9 节

- 函数 memcpy 从它的第二个参数所指向的对象中复制指定数量的字节到它的第一个参数所指向的对象中。该函数可以接收指向任意类型对象的指针。

■ 函数 memmove 从它的第二个参数所指向的对象中复制指定数量的字节到它的第一个参数所指向的对象中。复制的过程就像把字节从第二个参数复制到临时数组，然后从临时数组复制到第一个参数。

■ 函数 memcmp 比较它的第一个和第二个参数的指定字节数。

■ 函数 memchr 在一个对象的指定字节数中搜索首次出现的字节，该字节用 unsigned char 表示。如果找到该字节，则返回指向该字节的指针；否则，返回 NULL 指针。

■ 函数 memset 将它的第二个参数（被视为 unsigned char 类型）复制到第一个参数所指向的对象的指定字节数中。

## 8.10 节

■ 函数 strerror 将一个整数的错误编号以特定于区域的方式映射为一个完整的文本字符串。返回一个指向该字符串的指针。

■ 函数 strlen 接收一个字符串作为参数，并返回字符串中的字符数——结束的空字符不包括在字符串的长度中。

**自测练习**

8.1 编写一条语句来完成下列各项工作。假设变量 c 是 char 型，变量 x、y 和 z 是 int 型，变量 d、e 和 f 是 double 型，变量 ptr 是 char *型，s1 和 s2 是有 100 个元素的 char 型数组。

(a) 将存储在变量 c 中的字符转换成大写字母。将结果赋值给变量 c。

(b) 判断变量 c 的值是否为数字。如清单 8.1～清单 8.3 所示，使用条件操作符，在显示结果时打印 " is a "或 " is not a "。

(c) 判断变量 c 的值是否为控制字符。使用条件操作符，在显示结果时打印 " is a "或 " is not a "。

(d) 从键盘读一行文本到数组 s1。不要使用 scanf。

(e) 打印存储在数组 s1 中的文本行。不要使用 printf。

(f) 将 ptr 赋值为 s1 中最后出现的 c 的位置。

(g) 打印变量 c 的值，不要使用 printf。

(h) 确定 c 的值是否为字母。使用条件操作符，在显示结果时打印 " is a "或 " is not a "。

(i) 从键盘上读取一个字符并将该字符存储在变量 c 中。

(j) 将 ptr 赋值为 s2 在 s1 中首次出现的位置。

(k) 判断变量 c 的值是否为打印字符。使用条件操作符，在显示结果时打印 " is a "或 " is not a "。

(l) 从字符串 "1.27 10.3 9.432 "中读取 3 个 double 型值，放入变量 d、e 和 f。

(m) 将存储在数组 s2 中的字符串复制到数组 s1 中。

(n) 将 ptr 赋值为 s2 中任意字符在 s1 中首次出现的位置。

(o) 比较 s1 中的字符串和 s2 中的字符串。打印结果。

(p) 将 ptr 赋值为 s1 中首次出现 c 的位置。

(q) 使用 sprintf 将整数变量 x、y 和 z 的值打印到数组 s1 中。每个值都应该以域宽 7 打印。

(r) 将 s2 中的字符串的 10 个字符附加到 s1 中的字符串上。

(s) 确定 s1 中的字符串的长度。打印结果。

(t) 将 ptr 赋值为 s2 中第一个词条的位置。字符串 s2 中的词条用逗号(,)分开。

8.2 显示用字符串 "AEIOU"初始化 char 型数组 vowel 的两种不同方法。

8.3 当下面的 C 语句被执行时，如果有输出，会打印出什么？如果该语句包含错误，请描述错误并指出如何纠正错误。假设有以下的变量定义：

```
char s1[50] = "jack";
char s2[50] = "jill";
char s3[50] = "";
```

(a) printf("%c%s", toupper(s1[0]), &s1[1]);

(b) printf("%s", strcpy(s3, s2));

(c) printf("%s", strcat(strcat(strcpy(s3, s1), " and "), s2));

(d) printf("%zu", strlen(s1) + strlen(s2));

(e) printf("%zu", strlen(s3)); // using s3 after part (c) executes

8.4　找出下列各项中的错误，并解释如何纠正。

(a) char s[10] = "";
　　strncpy(s, "hello", 5);
　　printf("%s\n", s);

(b) printf("%s", 'a');

(c) char s[12] = "";
　　strcpy(s, "Welcome Home");

(d) if (strcmp(string1, string2)) {
　　　　puts("The strings are equal");
　　}

## 自测练习答案

8.1　请看下面的答案。

(a) c = toupper(c);

(b) printf("'%c'%sdigit\n", c, isdigit(c) ? " is a " : " is not a ");

(c) printf("'%c'%scontrol character\n",
　　　　c, iscntrl(c) ? " is a " : " is not a ");

(d) fgets(s1, 100, stdin);

(e) puts(s1);

(f) ptr = strrchr(s1, c);

(g) putchar(c);

(h) printf("'%c'%sletter\n", c, isalpha(c) ? " is a " : " is not a ");

(i) c = getchar();

(j) ptr = strstr(s1, s2);

(k) printf("'%c'%sprinting character\n",
　　　　c, isprint(c) ? " is a " : " is not a ");

(l) sscanf("1.27 10.3 9.432", "%f%f%f", &d, &e, &f);

(m) strcpy(s1, s2);

(n) ptr = strpbrk(s1, s2);

(o) printf("strcmp(s1, s2) = %d\n", strcmp(s1, s2));

(p) ptr = strchr(s1, c);

(q) sprintf(s1, "%7d%7d%7d", x, y, z);

(r) strncat(s1, s2, 10);

(s) printf("strlen(s1) = %zu\n", strlen(s1));

(t) ptr = strtok(s2, ",");

8.2　char vowel[] = "AEIOU";
　　char vowel[] = {'A', 'E', 'I', 'O', 'U', '\0'};

8.3　请看下面的答案。

(a) Jack

(b) jill

(c) jack and jill

(d) 8

(e) 13

8.4　请看下面的答案。

（a）错误：函数 strncpy 没有向数组 s 写入一个结束的空字符，因为它的第三个参数等于字符串 "hello"的长度。

更正：使 strncpy 的第三个参数为 6，或者将'\0'赋值给 s[5]。

（b）错误：试图将一个字符常量打印成字符串。

更正：使用%c 来输出字符，或者用 "a"替换'a'。

（c）错误：字符数组 s 不够大，无法存储结束的空字符。

更正：用更多的元素声明数组。

（d）错误：如果字符串相等，函数 strcmp 返回 0；因此，if 语句中的条件为假，printf 不会执行。

更正：将 strcmp 的结果与条件中的 0 进行比较。

## 练习

8.5　（字符测试）编写一个程序，从键盘上输入一个字符，并用每个字符处理库的函数对其进行测试。该程序应打印每个函数返回的值。

8.6　（以大写和小写显示字符串）编写一个程序，将一行文本输入 char 型数组 s[100]中。以大写字母和小写字母显示该行。

8.7　（将字符串转换为整数进行计算）编写一个程序，输入 4 个代表整数的字符串，将字符串转换为整数，将数值相加并打印出这 4 个数值的总和。

8.8　（将字符串转换为浮点值进行计算）编写一个程序，输入 4 个代表浮点数值的字符串，将字符串转换为 double 型值，将这 4 个数值相加并打印总和。

8.9　（比较字符串）编写一个程序，使用函数 strcmp 来比较用户输入的两个字符串。该程序应说明第一个字符串是小于、等于还是大于第二个字符串。

8.10　（比较字符串的一部分）编写一个程序，使用函数 strncmp 来比较用户输入的两个字符串。该程序应输入要比较的字符数，然后显示第一个字符串中的字符是否小于、等于或大于第二个字符串。

8.11　（随机句子）使用随机数生成来创建句子。你的程序应该使用 4 个指向 char 的指针数组，分别称为 article、noun、verb 和 preposition。按以下顺序从每个数组中随机选择一个词来创建一个句子：article、noun、verb、preposition、article 和 noun。这些数组应按以下方式填充。article 数组应包含冠词"the"、"a"、"one"、"some"和 "any"；noun 数组应包含名词 "boy"、"girl"、"dog"、"town"和"car"；verb 数组应包含动词 "drove"、"jumped"、"ran"、"walked"和 "skipped"；preposition 数组应包含介词 "to"、"from"、"over"、"under"和 "on"。

当每个词被选中时，在一个足以容纳整个句子的数组中把它和前面的词连接起来。用空格隔开这些词。最终的句子应该以大写字母开始，以句号结束。生成 20 个这样的句子。修改你的程序以产生一个由这些句子组成的小故事。（有可能是一个随机的学期论文编写程序吗?）

8.12　（打油诗）打油诗是一种幽默的五行诗，其中第一和第二行与第五行押韵，第三行与第四行押韵。使用与练习 8.11 中类似的技术，编写一个能产生随机打油诗的程序。完善这个程序以产生好的打油诗是一个具有挑战性的问题，但其结果将是值得努力的!

8.13　（使用 Pig Latin 加密通话）编写一个程序，将英语短语编码为 Pig Latin。Pig Latin 是一种经常用于娱乐的编码语言。用于形成 Pig Latin 短语的方法有许多变种。为了简单起见，使用以下的算法。为了从一个英语短语中形成一个 Pig Latin 短语，用函数 strtok 将短语词条化为单词。为了将每个英语单词翻译成 Pig Latin 单词，将英语单词的第一个字母放在英语单词的末尾，并加上字母 "ay"。因此，单词 "jump"变成 "umpjay"，单词 "the"变成 "hetay"，单词 "computer"变成 "omputercay"。词与词之间的空白仍然是空白。假设如下：该英语短语由空格分隔的单词组成，没有标点符号，所有单词都有两个或更多的字母。函数 printLatinWord 应该显示每个单词。（提示：每次 strtok 找到一个词条时，将该词条指针传递给函数 printLatinWord，并打印出猪拉丁语单词。我们在这里提供了简化的 Pig Latin 转换规则。更详细的规则和变化，请访问维基百科 Pig Latin 页面。）

8.14　（电话号码词条化）编写一个程序，以(555) 555-5555 的形式输入一个电话号码的字符串。使用函数 strtok 提取区号、电话号码的前 3 位和后 4 位作为词条。将电话号码的 7 个数字串联成一个字符串。将区号字符串和电话号码字符串转换成整数，然后显示两者。

8.15　（显示单词反过来的句子）编写一个程序，输入一行文本，用函数 strtok 对该行进行词条化，并按相反的顺序输出这些词条。

8.16　（搜索子串）编写一个程序，从键盘输入一行文本和一个搜索字符串。使用函数 strstr，定位搜索字符串在文本行中的首次出现。将该位置赋值给类型为 char * 的变量 searchPtr。如果找到了搜索字符串，则打印以搜索字符串开始的剩余文本行。然后，再次使用 strstr 找到文本行中搜索字符串的下一次出现的位置。如果找到了第二次出现的字符串，则打印从第二次出现的字符串开始的文本行的剩余部分。（提示：对 strstr 的第二次调用应该包含 searchPtr + 1 作为其第一个参数。）

8.17　（计算子串的出现次数）根据练习 8.16 编写一个程序，输入几行文本和一个搜索字符串，使用函数 strstr 确定搜索字符串在这几行文本中的总出现次数。打印结果。

8.18　（计算字符的出现次数）编写一个程序，输入几行文本和一个搜索字符，并使用函数 strchr 来确定该字符在文本行中的总出现次数。

8.19　（计算字符串中的字母数）根据练习 8.18 的程序编写一个程序，输入几行文本，使用函数 strchr 来确定每个字母在文本行中的总出现次数。大写字母和小写字母应该一起计算。将每个字母的总数存储在一个数组中，并在确定总数后以表格的形式打印这些数值。

8.20　（计算字符串中的单词数）编写一个程序，输入几行文本并使用 strtok 计算总单词数。假设这些单词是由空格或换行符分开的。

8.21　（将字符串列表按字母顺序排列）使用字符串比较函数和数组排序技术编写一个程序，将字符串列表按字母顺序排列。使用你所在地区的 10 或 15 个城镇的名称作为程序的数据。

8.22　附录 B 显示了 ASCII 字符集的数字代码表示法。研究一下附录 B，然后说明下列各项是对还是错。

　（a）字母 "A" 排在字母 "B" 之前。

　（b）数字 "9" 在数字 "0" 之前。

　（c）常用的加法、减法、乘法和除法的符号都在任意数字之前。

　（d）数字排在字母之前。

　（e）如果一个排序程序将字符串按升序排序，那么该程序会将右括号的符号放在左括号的符号之前。

8.23　（以 "b" 开头的字符串）编写一个程序，读取一系列字符串，只打印以字母 "b" 开头的字符串。

8.24　（以 "ed" 结尾的字符串）编写一个程序，读取一系列字符串，只打印以字母 "ed" 结尾的字符串。

8.25　（打印各种 ASCII 代码的字母）编写一个程序，输入 ASCII 代码并打印相应的字符。

8.26　（编写自己的字符处理函数）以附录 B 中的 ASCII 字符表为指导，编写自己版本的 8.3 节中的字符处理函数。

8.27　（编写自己的字符串转换函数）编写自己版本的 8.4 节中用于将字符串转换为数字的函数。

8.28　（编写自己的字符串复制和字符串连接函数）编写 8.6 节中每个字符串复制和字符串连接函数的两个版本。第一个版本应使用数组索引，第二个版本应使用指针和指针算术。

8.29　（编写自己的字符串比较函数）编写清单 8.13 中每个字符串比较函数的两个版本。第一个版本应使用数组索引，第二个版本应使用指针和指针算术。

8.30　（编写自己的字符串长度函数）编写清单 8.27 中函数 strlen 的两个版本。第一个版本应使用数组索引，第二个版本应使用指针和指针算术。

## 特别小节：高级字符串操作练习

前面的练习是以文本为基础的，旨在测试读者对基本字符串操作概念的理解。这一部分包含了一些中级和高级的问题，你会发现这些问题既具有挑战性又很有趣。它们在难度上有很大的不同。有些需要一两个小时的编程。另一些对实验室作业很有用，可能需要两到三周的学习和实现。有些则是具有挑战性的学期项目。

8.31 （文本分析）字符串操纵能力使我们能用一些相当有趣的方法来分析伟大作家的著作。很多人都在关注威廉·莎士比亚（William Shakespeare）是否曾经生活过。一些学者发现有大量证据表明，克里斯托弗·马洛（Christopher Marlowe）确实写下了一些杰作，却算在莎士比亚的名下。研究人员利用计算机在这两位作家的著作中找到了相似之处。本练习考察了用计算机分析文本的 3 种方法。

(a) 编写一个程序，读取几行文本，并打印一个表格，说明文本中每个字母出现的次数。例如，下面的短语包含一个 "a"，两个 "b"，没有 "c"，以此类推：

To be, or not to be: that is the question:

(b) 编写一个程序，读取几行文本，并打印一个表格，说明文本中出现的单字母单词、双字母单词、三字母单词等的数量。例如，这句话

Whether 'tis nobler in the mind to suffer

包含图 8-9 所示的结果。

| 单词长度 | 出现次数 |
|---|---|
| 1 | 0 |
| 2 | 2 |
| 3 | 1 |
| 4 | 2（包括'tis） |
| 5 | 0 |
| 6 | 2 |
| 7 | 1 |

图 8-9 文本分析结果

(c) 编写一个程序，读取几行文本，并打印一个表格，说明文本中每个不同单词的出现次数。该程序应按照文本中出现的顺序将这些单词列入表格。例如，以下几行

To be, or not to be: that is the question:
Whether 'tis nobler in the mind to suffer

包含 3 次 "to"，2 次 "be"，1 次 "or"，等等。

8.32 （以各种格式打印日期）在商业信函中，日期通常以几种不同的格式打印。其中两种比较常见的格式是

07/21/2003 和 July 21, 2003

编写一个程序，读取第一种格式的日期并以第二种格式打印出来。

8.33 （支票保护）计算机经常用于支票书写系统，如工资单和应付账款应用程序。流传着许多关于每周工资单被（错误地）打印超过 100 万美元的故事。由于人为错误或机器故障，计算机化的支票书写系统会打印出奇怪的金额。当然，系统设计者会尽一切努力在其系统中建立控制，以防止错误的支票被签发。

另一个严重的问题是有人故意改变支票的金额，然后以欺诈方式兑现支票。为了防止金额被篡改，大多数计算机化的支票书写系统采用了一种叫作支票保护的技术。

为计算机打印而设计的支票包含固定数量的空格，计算机可以在其中打印金额。假设一张工资支票包含 9 个空格处，计算机应该在这些空格处打印出每周工资的金额。如果金额很大，那么这 9 个空格都会被填满，例如：

11,230.60  （支票金额）
---------
123456789  （位置编号）

另外，如果金额少于 1000 美元，那么其中几个空格通常会留空，例如：

```
    99.87
----------
123456789
```

包含 4 个空格。如果支票上有空白的地方，就很容易被人篡改支票上的金额。为了防止这种篡改，许多支票书写系统在前面插入星号来保护金额，如下所示：

```
****99.87
----------
123456789
```

编写一个程序，输入要打印在支票上的美元金额，然后用支票保护的格式打印金额，必要时在前面加星号。假设有 9 个空格可供打印金额。

8.34 （支票金额的文字等价形式）继续前面的讨论。一种常见的支票书写安全方法要求支票金额既要用数字书写，又要用文字"拼出来"。即使有人能够改变支票的数字金额，要改变文字金额也是非常困难的。编写一个程序，输入数字支票金额，并写出相当于该金额的文字。例如，金额 52.43 应该写成

```
FIFTY TWO and 43/100
```

8.35 （项目：公制转换程序）编写一个程序，协助用户进行公制转换。允许用户以字符串的形式指定单位名称［即公制的厘米、升、克等，英制的英寸（1 英寸=2.54 厘米）、夸脱（1 夸脱=1.1365 升）、磅（1 磅=0.454 千克）等］，并应回答一些简单的问题，如

```
"How many inches are in 2 meters?"
"How many liters are in 10 quarts?"
```

你的程序应该识别无效的转换。例如，下面的问题是没有意义的——"feet"是长度单位，而"kilograms"是质量单位。

```
"How many feet are in 5 kilograms?"
```

8.36 （用更健康的原料做饭）美国的肥胖症患者数正在以惊人的速度增长。请查看美国疾病控制和预防中心（Centers for Disease Control and Prevention，CDC）的网页，其中包含美国肥胖症的数据和事实。随着肥胖的增加，相关问题（如心脏病、高血压、高胆固醇、2 型糖尿病）的发生率也在增加。编写一个程序，帮助用户在做饭时选择更健康的食材，并帮助那些对某些食物（如坚果、麸皮）过敏的人找到替代品。该程序应阅读用户提供的食谱，并为一些食材提供更健康的替代物。简单起见，你的程序应该假定食谱中没有茶匙、杯子和汤匙等计量单位的缩写，并使用数字表示数量（例如，1 egg，2 cups），而不是拼出它们（one egg，two cups）。图 8-10 显示了一些常见的替换方法。你的程序应该显示一个警告，如"Always consult your physician before making significant changes to your diet."。（在对你的饮食做出重大改变之前，请咨询你的医生。）

| 食材 | 替代物 |
| --- | --- |
| 1 cup sour cream | 1 cup yogurt |
| 1 cup milk | 1/2 cup evaporated milk and 1/2 cup water |
| 1 teaspoon lemon juice | 1/2 teaspoon vinegar |
| 1 cup sugar | 1/2 cup honey, 1 cup molasses or 1/4 cup agave nectar |
| 1 cup butter | 1 cup margarine or yogurt |
| 1 cup flour | 1 cup rye or rice flour |
| 1 cup mayonnaise | 1 cup cottage cheese or 1/8 cup mayonnaise and 7/8 cup yogurt |
| 1 egg | 2 tablespoons cornstarch, arrowroot flour or potato starch or 2 egg whites or 1/2 of a large banana (mashed) |
| 1 cup milk | 1 cup soy milk |
| 1/4 cup oil | 1/4 cup applesauce |
| white bread | whole-grain bread |

图 8-10  常见的替代食物

你的程序应该考虑到，替代物并不总是一对一的。例如，如果一个蛋糕配方需要 3 个鸡蛋，使用 6 个蛋白来代替可能是合理的。测量和替代物的转换数据可以在各种网站上获得。你的程序应该考虑用户的健康问题，如高胆固醇、高血压、减肥、麸质过敏等。对于高胆固醇，程序应建议鸡蛋和乳制品的替代品；如果用户希望减肥，应建议糖这样的食材的低卡路里替代品。

8.37 （垃圾邮件扫描器）垃圾邮件（或称垃圾电子邮件）使美国的组织每年在防止垃圾邮件的软件、设备、网络资源、带宽和生产力损失方面花费数十亿美元。在网上研究一些最常见的垃圾邮件的信息和词语，并检查你自己的垃圾邮件文件夹。创建一个垃圾邮件中常见的 30 个单词和短语的列表。编写一个程序，让用户输入一个电子邮件信息。将信息读入一个大的字符数组，并确保程序不会试图插入超过数组末端的字符。然后扫描邮件中的 30 个关键词或短语。信息中每出现一个这样的单词或短语，就在该信息的 "spam score"（垃圾邮件分数)上加一分。接下来，根据收到的分数评定该信息是垃圾邮件的可能性。

8.38 （SMS 语言）短信服务（Short Message Service，SMS）是一种通信服务，允许在移动电话之间发送 160 个或更少字符的文本信息。随着世界范围内移动电话使用的普及，SMS 在许多地区被用于问卷调查（如征集意见），报告关于自然灾害的新闻等。因为 SMS 信息的长度是有限的，所以 SMS 语言（手机短信、电子邮件、即时信息等中常用单词和短语的缩写）经常被使用。例如，"在我看来"在 SMS 语言中是 "IMO"。在网上研究 SMS 语言。编写一个程序，让用户用 SMS 语言输入信息，然后将其翻译成英语（或你自己的语言）。同时提供一种机制，把用英语（或你自己的语言）写的文字翻译成 SMS 语言。一个潜在的问题是，一个 SMS 的缩写可以扩展成各种短语。例如，IMO（如上所述）也可以代表 "International Maritime Organization"（国际海事组织）、"in memory of "（为了纪念)等。

8.39 （性别中立）在练习 1.6 中，你研究了消除所有形式的交流中的性别歧视。然后描述了用来读入一段文本并将特定性别的词替换为性别中立的对应词的算法。创建一个程序，读入一段文字，然后用性别中立的词来替换特定性别的词。显示所产生的性别中立的文本。

## 一个具有挑战性的字符串操作项目

8.40 （项目：填字游戏生成器）大多数人都曾经做过填字游戏，但很少有人尝试过生成一个。生成一个填字游戏是一个困难的问题。在这里，我们建议把它作为一个需要相当文化修养和工作量的字符串操作项目。有许多问题你必须解决，才能让即使是最简单的填字游戏生成器程序正常工作。例如，如何在计算机中表示填字游戏的网格？应该使用一系列的字符串，还是二维数组？你需要一个可以被程序直接引用的词源（即计算机化的字典）。这些词应该以什么形式存储，以方便程序所需的复杂操作？真正有野心的读者会希望生成谜题的"线索"部分，其中每个"横向"字和每个"竖向"字的简短提示都会打印出来，供解题者使用。仅仅打印空白谜题本身并不是一个简单的问题。

## Pqyoaf X Nylfomigrob Qwbbfmh Mndogvk：　Rboqlrut yua Boklnxhmywex

8.41 （Pqyoaf X Nylfomigrob: Cuzqvbpcxo vlk Adzdujcjjl）毫无疑问，你注意到上面的章节标题和这个练习的标题看起来都像胡言乱语。这并不是一个错误！在本练习中，我们将通过介绍密码学继续关注安全问题。你将创建实现维吉尼亚（Vigenère）密钥密码的函数[1][2]。在加密和解密你自己的文本后，你可以使用你的解密函数和我们的密钥来解密上面的加密标题。阅读以下资料并完成其中的任务。

---

①　"Crypto Corner—Vigenère Cipher." 2020 年 12 月 23 日访问。

②　"Vigenère cipher." 2020 年 12 月 23 日访问。

## 密码学

SEC🔒

密码学已被使用了数千年[1][2]，在当今的互联世界中也是非常重要的。每天，密码学都在幕后使用，以确保你基于互联网的通信是私人的和安全的。例如，大多数网站（包括 Deitel 的网站）现在使用 HTTPS 协议来加密和解密你的网络互动。

## 凯撒密码

朱利叶斯·凯撒（Julius Caesar）使用一个简单的替换密码来加密军事通信[3]。他的技术被称为凯撒密码，将信息中的每个字母替换成字母表中前 3 个字母。因此，A 被替换成 D，B 被替换成 E，C 被替换成 F……X 被替换成 A，Y 被替换成 B，Z 被替换成 C。因此，未加密的文本

```
Caesar Cipher
```

将被加密为

```
Fdhvdu Flskhu
```

加密后的文本被称为密文。未加密的文本被称为纯文本或明文。

## 密码的实验

关于玩凯撒密码和许多其他密码算法的有趣方法，请访问 Cryptii 网站的 Caesar Cipher 网页。这是开源的 Cryptii 项目（参见 GitHub 网站的相关项目库）的在线实现。

在 Cryptii 网站上，你可以输入明文，选择一个要使用的密码，指定该密码的设置并查看产生的密文。

## 维吉尼亚密码

像凯撒密码这样的简单替换密码是比较容易解密的。例如，"e"是最经常使用的英文字母。因此，你可以研究英语密文并假设最频繁出现的字符可能是"e"。维吉尼亚密钥密码使用明文中的字母和密钥来定位 26 个凯撒密码中的替换字符，每个字母一个。这 26 个密码形成了一个 26×26 的二维数组，被称为维吉尼亚方阵，如图 8-11 所示。

图 8-11　维吉尼亚方阵

你可以使用标有行和列的粗体字来查找替代字符。

---

① "Cryptography." 2020 年 12 月 23 日访问。

② Binance Academy，"History of Cryptography." 2020 年 12 月 23 日访问。

③ "Caesar Cipher." 2020 年 12 月 23 日访问。

## 密钥要求

对于这里描述的维吉尼亚密码，密钥必须只包含字母。像密码一样，密钥不应容易猜到。为了创建本练习开始时的标题中的密文，我们使用了以下 11 个随机挑选的字符作为我们的密钥：

XMWUJBVYHXZ

你的密钥可以有任意多的字符。破解密文的人必须知道用于创建密文的密钥。[①]假定你会事先提供，可能是在一次面对面的会见时。当然，密钥必须小心保管。

## 维吉尼亚密码的加密算法

为了理解维吉尼亚密码是如何工作的，让我们使用密钥 "XMWUJBVYHXZ" 并加密明文字符串：

Welcome to encryption

我们的加密和解密实现保留了明文的原始大小写。明文中的大写字母在密文中仍为大写字母，反之亦然；明文中的小写字母在密文中仍为小写字母，反之亦然。我们选择将明文中的非字母（如空格、数字和标点符号）传递给密文，反之亦然。

首先，我们重复密钥，直到其长度与明文相符，如图 8-12 所示。

| 明文： | W | e | l | c | o | m | e |  | t | o |  | e | n | c | r | y | p | t | i | o | n |
|---|---|---|---|---|---|---|---|---|---|---|---|---|---|---|---|---|---|---|---|---|---|
| 重复密钥文本： | X | M | W | U | J | B | V |  | Y | H |  | X | Z | X | M | W | U | J | B | V | Y |

图 8-12　重复密钥文本，使其长度与明文相等

在图 8-12 中，我们用浅色强调了密钥，然后用深色强调了密钥的 8 个重复字母。

我们开始加密时，使用重复密钥文本中的第一个字母（'X'）来选择维吉尼亚方阵中的一行，使用明文中的第一个字母（'W'）来选择一列。该行和该列的交叉点包含了要在密文中替代 'W' 的字母——在本例中是 'T'，如图 8-13 阴影部分所示。

|   | A | B | C | D | E | F | G | H | I | J | K | L | M | N | O | P | Q | R | S | T | U | V | W | X | Y | Z |
|---|---|---|---|---|---|---|---|---|---|---|---|---|---|---|---|---|---|---|---|---|---|---|---|---|---|---|
| A | A | B | C | D | E | F | G | H | I | J | K | L | M | N | O | P | Q | R | S | T | U | V | W | X | Y | Z |
| B | B | C | D | E | F | G | H | I | J | K | L | M | N | O | P | Q | R | S | T | U | V | W | X | Y | Z | A |
| C | C | D | E | F | G | H | I | J | K | L | M | N | O | P | Q | R | S | T | U | V | W | X | Y | Z | A | B |
| D | D | E | F | G | H | I | J | K | L | M | N | O | P | Q | R | S | T | U | V | W | X | Y | Z | A | B | C |
| E | E | F | G | H | I | J | K | L | M | N | O | P | Q | R | S | T | U | V | W | X | Y | Z | A | B | C | D |
| F | F | G | H | I | J | K | L | M | N | O | P | Q | R | S | T | U | V | W | X | Y | Z | A | B | C | D | E |
| G | G | H | I | J | K | L | M | N | O | P | Q | R | S | T | U | V | W | X | Y | Z | A | B | C | D | E | F |
| H | H | I | J | K | L | M | N | O | P | Q | R | S | T | U | V | W | X | Y | Z | A | B | C | D | E | F | G |
| I | I | J | K | L | M | N | O | P | Q | R | S | T | U | V | W | X | Y | Z | A | B | C | D | E | F | G | H |
| J | J | K | L | M | N | O | P | Q | R | S | T | U | V | W | X | Y | Z | A | B | C | D | E | F | G | H | I |
| K | K | L | M | N | O | P | Q | R | S | T | U | V | W | X | Y | Z | A | B | C | D | E | F | G | H | I | J |
| L | L | M | N | O | P | Q | R | S | T | U | V | W | X | Y | Z | A | B | C | D | E | F | G | H | I | J | K |
| M | M | N | O | P | Q | R | S | T | U | V | W | X | Y | Z | A | B | C | D | E | F | G | H | I | J | K | L |
| N | N | O | P | Q | R | S | T | U | V | W | X | Y | Z | A | B | C | D | E | F | G | H | I | J | K | L | M |
| O | O | P | Q | R | S | T | U | V | W | X | Y | Z | A | B | C | D | E | F | G | H | I | J | K | L | M | N |
| P | P | Q | R | S | T | U | V | W | X | Y | Z | A | B | C | D | E | F | G | H | I | J | K | L | M | N | O |
| Q | Q | R | S | T | U | V | W | X | Y | Z | A | B | C | D | E | F | G | H | I | J | K | L | M | N | O | P |
| R | R | S | T | U | V | W | X | Y | Z | A | B | C | D | E | F | G | H | I | J | K | L | M | N | O | P | Q |
| S | S | T | U | V | W | X | Y | Z | A | B | C | D | E | F | G | H | I | J | K | L | M | N | O | P | Q | R |
| T | T | U | V | W | X | Y | Z | A | B | C | D | E | F | G | H | I | J | K | L | M | N | O | P | Q | R | S |
| U | U | V | W | X | Y | Z | A | B | C | D | E | F | G | H | I | J | K | L | M | N | O | P | Q | R | S | T |
| V | V | W | X | Y | Z | A | B | C | D | E | F | G | H | I | J | K | L | M | N | O | P | Q | R | S | T | U |
| W | W | X | Y | Z | A | B | C | D | E | F | G | H | I | J | K | L | M | N | O | P | Q | R | S | T | U | V |
| X | X | Y | Z | A | B | C | D | E | F | G | H | I | J | K | L | M | N | O | P | Q | R | S | T | U | V | W |
| Y | Y | Z | A | B | C | D | E | F | G | H | I | J | K | L | M | N | O | P | Q | R | S | T | U | V | W | X |
| Z | Z | A | B | C | D | E | F | G | H | I | J | K | L | M | N | O | P | Q | R | S | T | U | V | W | X | Y |

图 8-13　对明文 'W' 加密

---

① 有许多网站提供维吉尼亚密码解码器，试图在没有原始密钥的情况下解密密文。我们尝试了几个，但没有一个能恢复我们的原始文本。

这个过程对密钥和明文中的每一对字母都继续进行，如图 8-14 所示。

```
明文：    W e l c o m e   t o   e n c r y p t i o n
重复密钥文本：X M W U J B V   Y H   X Z X M W U J B V Y
密文：    T q h w x n z   r v   b m z d u j c j j l
```

图 8-14　继续加密过程

## 用维吉尼亚密码解密

解密过程将密文还原为原始明文。它与我们上面所描述的类似，需要使用用于加密文本的相同的密钥。与加密算法一样，解密算法也是通过密钥的字母进行循环。因此，我们再次重复密钥，直到长度与密文相符，如图 8-15 所示。

```
密文：    T q h w x n z   r v   b m z d u j c j j l
重复密钥文本：X M W U J B V   Y H   X Z X M W U J B V Y
```

图 8-15　重复密钥文本，使其长度与密文相符

我们开始解密时，使用重复密钥文本中的第一个字母（'X'）来选择维吉尼亚方阵中的某一行。接下来，我们在该行中找到密文的第一个字母（'T'）。最后，我们用该列顶部的明文字母（'W'）替换密文的字母，正如图 8-16 所示的维吉尼亚方阵中阴影部分所显示的那样。

图 8-16　对密文'T'解密

这个过程对密钥和密文中的每一对字母都继续进行，如图 8-17 所示。

```
密文：    T q h w x n z   r v   b m z d u j c j j l
重复密钥文本：X M W U J B V   Y H   X Z X M W U J B V Y
明文：    W e l c o m e   t o   e n c r y p t i o n
```

图 8-17　继续解密过程

## 实现维吉尼亚密码

在这个练习中，你应该在文件 cipher.c 中实现你的维吉尼亚加密代码。这个源代码文件应该包含以下内容。

- 函数 checkKey 接收一个密钥字符串，如果该字符串只由字母组成，则返回 true。否则，该函数返回 false，在这种情况下，该密钥不能用于维吉尼亚密码算法。这个函数被下面描述的 encrypt 和 decrypt 函数所调用。

- 函数 getSubstitution 接收一个密钥字符、一个来自明文或密文字符串的字符以及一个 bool 值，它指示是对第二个参数中的字符进行加密（true）还是解密（false）。这个函数被 encrypt 和 decrypt 函数（如下所述）调用，以执行一个字符的维吉尼亚密码加密或解密算法。该函数包含维吉尼亚方阵，作为一个 26×26 的二维 static const char 数组。

- 函数 encrypt 接收一个包含要加密的明文的字符串、一个要写入密文的字符数组和密钥。该函数在明文字符中进行循环。对于每个字母，encrypt 调用 getSubstitution，传入当前的密钥字符、要加密的字母和 true。然后，函数 getSubstitution 对该字母执行维吉尼亚密码加密算法，并返回其密文。

- 函数 decrypt 接收一个包含要解密的密文的字符串、一个用来写出结果的明文的字符数组以及用于创建密文的密钥。该函数在密文的字符中进行循环。对于每个字母，decrypt 调用 getSubstitution，传入当前的密钥字符、要解密的字母和 false。然后，函数 getSubstitution 对该字母执行维吉尼亚密码解密算法，并返回其明文。

## 你应该创建的其他文件

除了 cipher.c 之外，你还应该创建以下代码文件。

- cipher.h 应该包含 encrypt 和 decrypt 的函数原型。
- cipher_test.c，它#include "cipher.h"，并使用你的 encrypt 和 decrypt 函数来加密和解密文本。

## cipher_test.c

在你的应用程序中，执行以下任务。

（1）提示并输入要加密的明文句子和仅由字母组成的密钥，调用 encrypt 来创建密文，然后显示它。使用我们的密钥 XMWUJBVYHXZ——这将使你能够解密本练习开始时的胡言乱语。

（2）使用你的 decrypt 函数和你在步骤（1）中输入的密钥来解密你刚刚创建的密文。显示产生的明文以确保你的 decrypt 函数工作正常。

（3）提示并输入本练习之前的密文小节的标题或练习的密文标题。然后，使用你的 decrypt 函数和你在步骤（1）中输入的密钥文本来解密该密文。

像往常一样，你应该确保你写入加密或解密文本的字符数组足够大，以存储文本和其结束的空字符。

一旦你的维吉尼亚密码加密和解密算法工作了，就可以和你的朋友们一起玩发送和接收加密信息的游戏了。当你把你的密钥传给那个要用它来解密你的密文信息的人时，要注意确保密钥的安全。

## 编译你的代码

在 Visual C++和 Xcode 中，只需将这 3 个文件添加到你的项目中，然后编译并运行该代码。对于 GNU gcc，在包含 cipher.c、cipher.h 和 cipher_test.c 文件的文件夹中执行以下命令：

```
gcc -std=c18 -Wall cipher.c cipher_test.c -o cipher_test
```

这将创建命令 cipher_test，你可以用 ./cipher_test 运行该命令。

## 密钥密码学的弱点：一窥公钥加密

密钥加密和解密有一个弱点——密文的安全程度仅取决于密钥。任何发现或窃取密钥的人都可以解密密文。在接下来的练习中，我们将介绍公钥加密。这种技术用每一个可能想向特定接收方发送秘密信息的发送方都知道的公钥进行加密。公钥可以用来加密信息，但不能解密它们。只有用只有接收方知道的配对的私钥才能解密信息，所以它比密钥加密法中的密钥要安全得多。在下一个案例研究练习中，你将探索公钥加密法。

## 关于密码学和计算能力的说明

理想情况下，密文应该是不可能被"破解"的——也就是说，如果没有解密密钥，就不可能从密文中确定明文。由于各种原因，这个目标是不现实的。因此，密码学方案的设计者们只能让它们变得特别难以破解。当今日益强大的计算机的一个问题是，它们使破解过去几十年来使用的大多数加密方案成为可能。

加密技术是比特币等加密货币的根源[1]。量子计算将使强大的计算机成为可能，这使得加密技术方案和加密货币面临风险[2][3]。加密货币社区正在努力应对这些挑战[4][5][6]。

8.42 （维吉尼亚密码的修改——支持所有 ASCII 字符） 你在练习 8.41 中的维吉尼亚密码实现只对字母 A～Z 进行加密和解密。所有其他的字符都是按原样通过的。修改你的实现，以支持附录 B 中显示的完整的 ASCII 字符集。

## SEC 🔒 安全的C语言编程案例研究：公钥密码学

8.43 （RSA[7][8][9] 公钥密码学） 在上一个案例研究中，你开始学习密钥密码学。发送方的明文用密钥加密，形成密文。接收方使用相同的密钥来解码密文，形成原始明文——这被称为对称加密。密钥加密法的一个问题是，密文的安全性仅与密钥的安全性一样好，而密钥的若干副本"到处都是"。为了纠正这个问题，Diffie（迪菲）和 Hellman（赫尔曼）提出了公钥加密法[10]。阅读以下资料并完成其中的任务。

## 公钥和私钥

在这个案例研究练习中，我们逐步查看 RSA 公钥密码学算法。特别是，我们关注如何生成公钥和私钥。

- 公钥，任何发送方都可以用它来为特定的接收方将明文加密成密文。
- 私钥，只有特定的接收方可以用来解密密文。

RSA 以复杂的数学为基础，但你需要执行的生成公钥和私钥、用公钥加密信息和用私钥解密信息的步骤是简单明了的，我们马上就会看到。工业品质的 RSA 可以使用由数百位数字组成的巨大质数。为了使我们的解释简单，并使你能够迅速建立一个小规模的 RSA 工作版本，我们将在解释中只使用小质数。这样的小质数 RSA 版本并不十分安全，但它们会帮助你理解 RSA 的工作原理。

## 公钥密码学

Whitfield Diffie（惠特菲尔德·迪菲）和 Martin Hellman（马丁·赫尔曼）在他们的论文 "New Directions in Cryptography[11]" 中引入了公钥密码学，以解决密钥密码学的弱点，即密钥必须被发送方和接收方知道的弱点。他们提出了这个想法，但没有实现这个方案。

## RSA 公钥加密法

Rivest（李维斯特）、Shamir（萨莫尔）和 Adelman（阿德尔曼）是第一个发表公钥加密法工作实现方

---

[1] "Cryptocurrency." 2020 年 12 月 25 日访问。

[2] "The Impact of Quantum Computing on Present Cryptography." 2020 年 12 月 25 日访问。

[3] "Quantum Computing and its Impact on Cryptography." 2020 年 12 月 25 日访问。

[4] "How Should Crypto Prepare for Google's 'Quantum Supremacy'?" 2020 年 12 月 25 日访问。

[5] "Here's Why Quantum Computing Will Not Break Cryptocurrencies." 2020 年 12 月 25 日访问。

[6] "How the Crypto World Is Preparing for Quantum Computing, Explained." 2020 年 12 月 25 日访问。

[7] "RSA (cryptosystem)." 2021 年 1 月 6 日访问。

[8] "RSA Algorithm." 2021 年 1 月 6 日访问。

[9] "PKCS #1: RSA Cryptography Specifications Version 2.2." 2021 年 1 月 8 日访问。

[10] "New Directions in Cryptography." 2021 年 1 月 8 日访问。

[11] "New Directions in Cryptography." 2021 年 1 月 8 日访问。

案的人。该方案被称为 RSA[1]，以他们姓氏的首字母命名。RSA 是世界上最广泛实施的公钥加密方案之一[2]。由于 RSA 可能很慢[3]，许多组织宁愿坚持使用更快的私钥加密，使用 RSA 来安全地发送密钥。

### 历史说明

英国的 Clifford Cocks（克利福德·柯克斯）在 RSA 论文发表的前几年创造了一个可行的公钥方案[4]。但他的工作是保密的，所以直到 RSA 出现后 20 年才被披露。

RSA 安全公司拥有 RSA 算法的专利。2000 年，该专利即将到期，他们没有续约，而是将该算法放入公共领域[5]。

### RSA 算法的步骤

下面的步骤使用小的整数值来解释 RSA 算法如何生成公钥/私钥对。然后，步骤 6 使用公钥将明文加密成密文，步骤 7 使用私钥将密文解密成原始明文。我们展示的步骤是基于最初的 RSA 论文[6]和 RSA 算法的维基百科页面[7]。

### RSA 算法步骤 1：选择两个质数

选择两个不同的质数 $p$ 和 $q$。对于这个案例分析，我们使用小的质数：$p = 13$，$q = 17$。这将在我们的讨论中保持计算可以进行，并适合于使用 C 语言的计算机，利用范围有限的、内置的整数数据类型。在商业级 RSA 加密系统中，这些质数通常是数百位的，并且是随机选择的。要了解 RSA 中的整数可以有多大，请访问维基百科的 RSA Numbers 网页。其中显示了长度为 100~617 位的各种整数。C 语言的整数数据类型 int、long int 和 long long int 不能容纳这么大的整数，因此需要进行特殊处理以容纳这么大的数字。

### RSA 算法步骤 2：计算模数（$n$），它是公钥和私钥的一部分

计算模数 $n$，即 $p$ 和 $q$ 的乘积：

$$n = pq$$

根据 $p = 13$ 和 $q = 17$，$n$ 是 221。正如你将看到的，$n$ 是公钥和私钥的一部分。$p$ 和 $q$ 的值是保密的。

### RSA 算法步骤 3：计算欧拉函数

计算 $\Phi(n)$（即欧拉函数）[8]。计算方法很简单：

$$\Phi(n) = (p - 1)(q - 1)$$

给定 $p = 13$ 和 $q = 17$，$\Phi(n)$ 为

$$\Phi(n) = 12 \times 16 = 192$$

这个数字用于确定加密指数（$e$）和解密指数（$d$）的计算，这将帮助我们分别加密明文和解密密文，你会在下面看到。

### RSA 算法步骤 4：选择用于加密计算的公钥指数（$e$）

接下来，我们选择一个用于加密的指数 $e$，它遵循于以下规则：

① Rivest R，Shamir A，Adleman L. A Method for Obtaining Digital Signatures and Public-Key Cryptosystems（PDF）. Communications of the ACM. 1978，21（2）：120-126.

② "RSA algorithm（Rivest-Shamir-Adleman）." 2021 年 1 月 8 日访问.

③ "RSA（cryptosystem）." 2021 年 1 月 6 日访问.

④ "Clifford Cocks." 2021 年 1 月 8 日访问.

⑤ "RSA Security Releases RSA Encryption Algorithm into Public Domain." 2021 年 1 月 8 日访问.

⑥ Rivest R；Shamir A；Adleman L. A Method for Obtaining Digital Signatures and Public-Key Cryptosystems（PDF）. Communications of the ACM. 1978，21（2）：120-126.

⑦ "RSA Algorithm." 2021 年 1 月 6 日访问.

⑧ "Euler's totient function." 2021 年 1 月 7 日访问.

- $1 < e < \Phi(n)$
- $e$ 必须是与 $\Phi(n)$ 互质的。

如果两个整数除了 1 以外没有公因数，那么它们就互质。

在我们的例子中，对于 $\Phi(n) = 192$ 来说，满足第一条规则的整数是数值 2～191。192 的质因数分解为

$$192 = 2 \times 2 \times 2 \times 2 \times 2 \times 2 \times 3$$

$e$ 的值必须和 $\Phi(n)$ 互质，所以我们必须从 $e$ 的考虑中排除任何质因数和它们的所有倍数。因此，2 和 2～190 中的所有其他偶数被排除，3 和它的所有倍数也被排除。这就留下了以下奇数值作为 $e$ 的可能值：

| | | | | | | | | | | | | | | |
|---|---|---|---|---|---|---|---|---|---|---|---|---|---|---|
| 5 | 7 | 11 | 13 | 17 | 19 | 23 | 25 | 29 | 31 | 35 | 37 | 41 | 43 | 47 | 49 |
| 53 | 55 | 59 | 61 | 65 | 67 | 71 | 73 | 77 | 79 | 83 | 85 | 89 | 91 | 95 | 97 |
| 101 | 103 | 107 | 109 | 113 | 115 | 119 | 121 | 125 | 127 | 131 | 133 | 137 | 139 | 143 | 145 |
| 149 | 151 | 155 | 157 | 161 | 163 | 167 | 169 | 173 | 175 | 179 | 181 | 185 | 187 | 191 |

这些数值中的任何一个都可以作为公开加密密钥的指数（$e$）。为了继续讨论，我们将选择 37，所以我们的公钥是 (37, 221)。

### RSA 算法步骤 5：选择用于加密计算的私钥指数（$d$）

最后一步是确定私钥的指数 $d$，以便解密。我们必须为 $d$ 选择一个值，使得

$$(d \times e) \bmod \Phi(n) = 1$$

在我们的例子中，第一个符合这个条件的 $d$ 值是 109。我们可以通过插入 $d$、$e$ 和 $\Phi(n)$ 的值来检查前面的计算是否得到 1：

$$(109 \times 37) \bmod 192$$

$109 \times 37$ 的值是 4033。如果你用 192 乘以 21，结果是 4032，余数是 1。因此，109 是 $d$ 的有效值。例如，301（即 109+1 × 192 的值）：

$$(301 \times 37) \bmod 192$$

$301 \times 37$ 是 11137，除以 192 余数是 1——192 × 58 是 11136，余数为 1。所以以下的 $d$ 值是可以的：

$$109 \quad 301 \quad 493 \quad 685 \quad 877 \quad \cdots$$

我们选择 109，所以我们的私钥是 (109, 221)。

### 用 RSA 加密信息

一旦你有了公钥，用 RSA 加密信息就很容易了。给定一个明文整数信息（$M$）要加密成密文（$C$），公钥由两个正整数 $e$（用于加密）和 $n$ 组成，通常表示为 $(e, n)$，信息发送方可以通过计算对 $M$ 进行加密：

$$C = M^e \bmod n$$

$M$ 的值必须在 $0 \leqslant M < n$ 的范围内，否则必须将信息分成该范围内的值，并分别加密。

让我们用公钥 (37, 221) 对 $M$ 值 122 进行加密：

$$C = 122^{37} \bmod 221$$

数值 $122^{37}$ 是一个巨大的数字，但你可以使用 Wolfram Alpha 网站进行计算。输入如下计算（^在 Wolfram Alpha 中代表指数运算）：

```
122^37 mod 221
```

你会看到结果是 5，这就是我们的密文。

### 用 RSA 解密信息

如果你有私钥，解密一个信息也很容易。给定一个要解密成原始明文信息（$M$）的整数密码信息（$C$）和一个由两个正整数 $d$ 和 $n$ 组成的私钥，通常表示为 $(d, n)$，信息接收方可以通过以下计算解密 $C$：

$$M = C^d \bmod n$$

让我们用公钥 (109, 221) 解密 $C$ 值 5：

$$C = 5^{109} \bmod 221$$

同样，$5^{109}$ 是一个巨大的数字，但你可以用 Wolfram Alpha 进行计算，输入如下计算：

```
5^109 mod 221
```

你会看到结果是 122，这就是我们的明文。

注意，$n$ 是公钥和私钥的一部分。你还会看到，指数 $d$ 的值是基于指数 $e$ 和模值 $n$ 的。

## 加密和解密字符串

假设你想用 RSA 来加密一个明文信息，比如说

`Damn the torpedoes, full speed ahead!`[①]

如你所知，RSA 算法只对 $0 \leqslant M < n$ 范围内的整数信息进行加密。为了加密前面的信息，你必须将字符映射为整数值。

将字符转换为整数的一种方法是使用底层字符集中每个字符的数值。在这个练习中，假设 ASCII 字符的整数值范围为 0～127（见附录 B）。只要一个字符的整数值小于 $n$，你就可以如前所述对该值进行加密。你可以将每个产生的密文整数存储在一个整数数组中。如果你试图将这些密文整数显示为字符，可能会看到一些奇怪的符号。例如，密文的整数可能代表特殊字符，如换行符或制表符，或可能超出 ASCII 范围。当你解密密文时，你可以把每个产生的整数转换成一个字符，然后把它放到一个 char 数组中，这个数组将代表被解密的明文。请确保在显示字符串之前使用空字符结束字符串。

## RSA 算法的编程

现在，用 C 语言实现 RSA 算法，使用户能够加密和解密一个简单的整数，然后加密和解密一行文本。你的程序应该产生一个类似如下的输出对话：

```
Enter a prime number for p: 13
Enter a prime number for q: 17
n is 221
totient is 192

Candidates for e: 5 7 11 13 17 19 23 25 29 31 35 37 41 43 47 49 53 55 59 61 65
67 71 73 77 79 83 85 89 91 95 97 101 103 107 109 113 115 119 121 125 127 131 133
137 139 143 145 149 151 155 157 161 163 167 169 173 175 179 181 185 187 191

Select a value for e from the preceding candidates: 37

Candidate for d: 109

Select a value for d--either the d candidate above
or d plus a multiple of the totient: 109

Enter a non-negative integer less than n to encrypt: 122

The ciphertext is: 5

The decrypted plaintext is: 122

Enter a sentence to encrypt:
Damn  the  torpedoes,  full speed  ahead!

The ciphertext is:
DG'
ue
;X}eW;es9 fh s}eeW GueGW!

The decrypted plaintext is:
Damn the torpedoes, full speed ahead!
```

---

① David Glasgow Farragut——an American Civil War Union officer and the first full admiral in the U.S.Navy. 2021 年 1 月 8 日访问。

当你实现 RSA 算法时，请牢记以下提示。

- 指数取模：将明文信息取一个大指数（如 $122^{37}$），会产生巨大的数值，而 C 的有限范围的内置整数类型无法表示。如你所知，RSA 加密和解密计算同时进行指数和取模运算。这些都可以用指数取模结合起来，使 RSA 加密和解密计算保持在可管理的范围内。定义一个名为 modularPow 的函数，执行指数取模运算。关于指数取模计算的算法，请参见维基百科 Modular Exponentiation 网页 Memory Efficient Method 节中的伪代码。
- 计算最大公约数：$e$ 的候选值（步骤 4）必须与 $\Phi(n)$ 互质——同样，它们唯一的公因数是 1。为了确定两个数字是否互质，你需要一个函数 gcd 来计算两个整数的最大公约数。你的程序应该将所有可能的 $e$ 的候选值都显示出来。在练习 5.29 中，要求你编写一个 gcd 函数。
- 检查质数——RSA 算法需要两个质数，$p$ 和 $q$。你应该定义一个函数 isPrime 来确定一个整数是否真的是质数——用它来确认用户输入的 $p$ 和 $q$ 值是质数。练习 6.30 要求你实现埃拉托什尼筛来寻找质数。

你的程序还应该定义以下函数。

- 一个使用公钥(e, n)明文信息 M 进行加密的函数：
```
int encrypt(int M, int e, int n);
```
- 一个使用私钥(d, n)解密密文信息 C 的函数：
```
int decrypt(int C, int d, int n);
```
- 一个对字符串的每个字符调用 encrypt 函数，并将结果放入一个整数数组的函数，用于加密字符串：
```
void encryptString(
    char* plaintext, int ciphertext[], int e, int n);
```
- 一个从整数数组中解密密文的函数，针对每个整数调用 decrypt 函数并将结果放入一个字符数组中。size 参数表示被加密的字符数。一定要用空字符（'\0'）来结束 decryptedPlaintext 中的字符串：
```
void decryptString(int ciphertext[],
    char decryptedPlaintext[], size_t size, int d, int n);
```

## 参考资料

关于 RSA 算法的精彩视频，请看以下两部分的视频演示（参见 YouTube 网站）。

- RSA 加密算法（第 1 部分：计算示例）[1]。
- RSA 加密算法（第 2 部分：生成密钥）[2]。

8.44 （对 RSA 算法的改进）1998 年，对 RSA 算法进行了改进，用 $\lambda(n)$ 代替了 $\Phi(n)$[3][4]：

$$\lambda(n) = \text{lcm}((p-1), (q-1))$$

其中 lcm 代表最小公倍数[5]。我们在以前的 RSA 练习中使用了 $\Phi(n)$，$p = 13$，$q = 17$。相应的新的 $\lambda(n)$ 计算方法是

$$\lambda(n) = \text{lcm}(12, 16)$$

其中 12 和 16 的最小公倍数是 48，你可以在下面的公倍数列表中看到：

$$12 \quad 24 \quad 36 \quad 48 \quad ...$$
$$16 \quad 32 \quad 48 \quad 60 \quad ...$$

---

[1] Woo, Eddie（misterwootube）. "The RSA Encryption Algorithm（1 of 2：Computing an Example），" November 4, 2014.

[2] Woo, Eddie（misterwootube）. "The RSA Encryption Algorithm（2 of 2：Generating the Keys），" November 4, 2014.

[3] "RSA Algorithm." 2021 年 1 月 7 日访问.

[4] "PKCS #1：RSA Cryptography Specifications, Version 2.0." 2021 年 1 月 7 日访问.

[5] "Least common multiple." 2021 年 1 月 7 日访问.

复制一份你在前面练习中的代码解决方案，用 $\lambda(n)$ 替换每个 $\Phi(n)$ 的使用，然后用相同的 $p$ 和 $q$ 的原数值测试你更新的代码。当你用 $\lambda(n)$ 的方法对明文进行加密时，你的密文可能会有所不同，但解密的明文应该是相同的。

8.45　（用压力测试试探你的 RSA 算法的极限）试着用逐渐增加的 $p$ 和 $q$ 值来测试你的程序，在程序不再工作之前，它们能达到多大？同样，用越来越大的 $e$ 和 $d$ 的候选值来测试你的程序。

8.46　（加强你的 RSA 代码）按以下方法修改你的 RSA 程序。

(a) 你的程序显示了所有可能的加密指数 $e$ 的候选值，修改你的程序以显示解密指数 $d$ 的前 5 个潜在值（即 $d$ 的第一个值加 1 * totient，$d$ 的第一个值加 2 * totient，等等）。在你列出的可能性后面加一个省略号（...）。

(b) 随着你的质数 $p$ 和 $q$ 越来越大，最终会超过 int 类型的最大值限制，你可以在<limits.h>中找到。修改你的代码，使用 long long int 类型进行所有的 RSA 整数计算。请注意，即使是这种类型也不足以容纳你在工业品质的 RSA 中使用的巨大整数。要使用这样大的整数值，需要特殊的编程。记住要把所有 printf 和 scanf 语句的%d 转换规范改为%lld。

8.47　（挑战项目：RSA 问题[①]）在这个练习中，你将研究对工业强度的 RSA 实现所进行的攻击。然后，你将尝试自己动手破解由练习 8.43 中建立的小型 RSA 实现所产生的 RSA 密文。再次声明，这种小规模的实现是不安全的。

(a) 研究针对工业强度 RSA 系统的各种攻击。注意哪些攻击是成功的，哪些是失败的。

(b) RSA 的优势来自于巨大的质数 $p$ 和 $q$（每个质数通常有几百位），用于计算更巨大的 $n$ 值（即 $pq$），以及用因式分解 $n$ 来寻找 $p$ 和 $q$ 的计算费用。"RSA 问题"是指在仅有公钥$(e, n)$的情况下解密密文的任务。这要求你找到 $n$ 的质因数 $p$ 和 $q$，然后从中推导出 $d$ 并解密密文。

假设你有一个公钥$(e, n)$和用你的小规模 RSA 实现的密钥加密的密文，但你不知道解密密文所需的私钥。使用蛮力计算技术找到 $n$ 的质因数 $p$ 和 $q$。然后，做必要的计算以恢复 $d$ 并解密信息。

---

① "RSA Problem." 2021 年 1 月 8 日访问。

# 第9章　格式化的输入和输出

## 目标

在本章中，你将学习以下内容。

- 使用输入和输出流。
- 使用打印格式化功能。
- 使用输入格式化功能。
- 打印整数、浮点数、字符串和字符。
- 用域宽和精度进行打印。
- 在printf格式控制字符串中使用格式化标记。
- 输出字面量和转义序列。
- 使用scanf读取格式化的输入。

## 提纲

## 9.1　简介

呈现结果是解决所有问题的一个重要部分。本章深入讨论了 printf 和 scanf 的格式化功能，它们将数据输出到标准输出流，并从标准输入流中输入数据。在调用这些函数的程序中包括头文件<stdio.h>。第 11 章讨论了标准输入和输出（<stdio.h>）库中包含的另外几个函数。

## 9.2 流

输入和输出是通过名为流的字节序列进行的。

- 在输入操作中，字节从设备（如键盘、固态硬盘、网络连接等）流入主存。
- 在输出操作中，字节从主存流向设备（如计算机屏幕、打印机、固态硬盘、网络连接等）。

当程序开始执行时，程序可以访问 3 个数据流。

- 标准输入流，它连接到键盘上。
- 标准输出流，它连接到屏幕上。
- 标准错误流，它也连接到屏幕上。

操作系统允许将这些流重定向到其他设备。第 11 章详细讨论了流处理的问题。

### ✓ 自测题

1 （填空）你可以将标准流_____到其他设备。

答案：重定向。

2 （选择）以下哪项陈述是错误的？

(a) 输入和输出是用数组进行的，数组是字节的序列。

(b) 在输入操作中，字节从设备流向主存。

(c) 在输出操作中，字节从主存流向设备。

(d) 当执行开始时，标准流被连接到程序。

答案：(a) 是错误的。实际上，输入和输出是用流进行的，流是字节的序列。

## 9.3 用 printf 格式化输出

在本书中，你已经看到了各种 printf 输出格式化的功能。每个 printf 调用都包含一个格式控制字符串，描述输出格式。格式控制字符串由转换规范字符、标记、域宽、精度和字面字符组成。与百分号（%）一起，这些构成了转换规范。函数 printf 可以执行以下格式化功能。

(1) 将浮点数值四舍五入到指定的小数位数。

(2) 将一列数字的小数点对齐。

(3) 右对齐和左对齐输出。

(4) 在一行输出的精确位置插入字面字符。

(5) 用指数格式表示浮点数。

(6) 以八进制和十六进制格式表示无符号整数。在线附录 E 讨论了八进制和十六进制值。

(7) 显示具有固定大小域宽和精度的数据。

printf 函数的形式是

printf(格式控制字符串,其他参数);

"格式控制字符串"描述了输出格式，而可选的"其他参数"对应于"格式控制字符串"的转换规范。每个转换规范以百分号（%）开始，以一个转换规范字符结束。一个格式控制字符串中可以有许多转换规范。

### ✓ 自测题

1 （填空）每个 printf 调用都包含一个描述输出格式的_____。

答案：格式控制字符串。

2 （选择）以下哪项是格式化功能的函数 printf 具备的？

(a) 将浮点数值四舍五入到指定的小数位数，并将一列数字的小数点对齐。

(b) 用指数格式表示浮点数。以八进制和十六进制格式表示无符号整数。

（c）显示具有固定大小域宽和精度的所有类型的数据。

（d）以上都是 printf 的格式化功能。

答案：（d）。

## 9.4　打印整数

一个整数是一个完整的数字，例如 776、0 或–52。整数值以图 9-1 中整数转换规范字符所描述的几种格式之一显示。

| 转换规范字符 | 描述 |
|---|---|
| d | 显示为有符号十进制整数 |
| i | 显示为有符号十进制整数 |
| o | 显示为无符号八进制整数 |
| u | 显示为无符号十进制整数 |
| x 或 X | 显示为无符号十六进制整数。X 使用数字 0~9 和大写字母 A~F，x 使用数字 0~9 和小写字母 a~f |
| h、l 或 ll（字母 l） | 这些长度修饰符放在任何整数转换规范之前，表示要显示的值是一个 short、long 或 long long 整数 |

图 9-1　整数转换规范字符

　　清单 9.1 使用每个整数转换规范字符打印了一个整数。注意，正号在默认情况下是不显示的，但我们将在后面展示如何强制显示它们。第 10~11 行使用 hd 和 ld 转换规范字符来显示短整数和长整数值。字母 2000000000L 的后缀 L 表示它的类型是 long ——C 将整数字面量视为 int 型。用一个期望 unsigned 值的转换规范字符打印一个负值是一个逻辑错误。当第 14 行用%u 显示–455 时，其结果是 ⊗ERR unsigned 值 4294966841。一个小的负值显示为一个大的正整数，这是因为该值在底层二进制表示中的"符号位"。关于二进制数字系统和符号位的讨论，见在线附录 E。

**清单 9.1 | 使用整数转换规范字符**

```
1   // fig09_01.c
2   // Using the integer conversion specifiers
3   #include <stdio.h>
4
5   int main(void) {
6      printf("%d\n", 455);
7      printf("%i\n", 455); // i same as d in printf
8      printf("%d\n", +455); // plus sign does not print
9      printf("%d\n", -455); // minus sign prints
10     printf("%hd\n", 32000); // print as type short
11     printf("%ld\n", 2000000000L); // print as type long
12     printf("%o\n", 455); // octal
13     printf("%u\n", 455);
14     printf("%u\n", -455);
15     printf("%x\n", 455); // hexadecimal with lowercase letters
16     printf("%X\n", 455); // hexadecimal with uppercase letters
17  }
```

```
455
455
455
-455
32000
2000000000
707
455
4294966841
1c7
1C7
```

### ✓ 自测题

1 （选择）"显示为无符号十进制整数"描述的是哪种整数转换规范字符？

（a）ud

（b）ui

（c）u

（d）都不是

答案：（c）

2 （这段代码做什么？）准确写出以下代码的打印内容：

```
printf("%d\n", 235);
printf("%i\n", 235);
printf("%d\n", +235);
printf("%d\n", -235);
```

答案：如下。

```
235
235
235
-235
```

## 9.5 打印浮点数

浮点数值包含一个小数点，如 33.5、0.0 或 –657.983。浮点数值的显示使用图 9-2 总结的转换规范字符。

| 转换规范字符 | 描述 |
|---|---|
| e 或 E | 用指数表示法显示浮点值 |
| f 或 F | 用定点表示法显示浮点值 |
| g 或 G | 根据值的大小，用定点形式 f 或指数形式 e（或 E）显示浮点值 |
| L | 将这个长度修饰符放在任何浮点转换规范之前，表示应该显示 long double 浮点值 |

图 9-2　浮点数转换规范字符

### 指数表示法

转换规范字符 e 和 E 以指数表示法显示浮点值——相当于数学中使用的科学记数法。例如，数值 150.4582 用科学记数法表示为

$$1.504582 \times 10^2$$

而在指数表示法中则表示为

$$1.504582E+02$$

在这个表示法中，E 代表"指数"，表示 1.504582 乘以 10 的 2 次幂（E+02）。

### 9.5.1　转换规范字符 e、E 和 f

用转换规范字符 e、E 和 f 显示的数值，默认显示小数点右边的 6 位精度（例如 1.045927）。你可以明确指定其他精度。转换规范字符 f 总是在小数点的左边打印出至少一位数字，所以小数值前面会有"0."。转换规范字符 e 和 E 在指数前使用小写 e 或大写 E，每个都在小数点左边正好打印一个数字。

### 9.5.2　转换规范字符 g 和 G

转换规范字符 g（或 G）以 e（E）或 f 格式打印，没有尾部的零，所以 1.234000 显示为 1.234。

如果在转换为指数表示法后，数值的指数小于-4，或者指数大于或等于指定的精度，则转换规范字符 g 使用 e/E 格式。否则，g 使用转换规范字符 f 来打印该值。g 和 G 的默认精度是 6 位有效数字，最多可以显示 6 位。

至少要有一个小数位才能输出小数点。例如，0.0000875、8750000.0、8.75 和 87.50 这几个值在转换规范字符 g 的情况下被打印为 8.75e-05、8.75e+06、8.75 和 87.5。0.0000875 这个值使用 e 表示法，因为当它被转换为指数表示法时，它的指数（-5）小于-4。值 8750000.0 使用 e 表示法，因为它的指数（6）等于默认精度。

### 精度

对于转换规范字符 g 和 G，精度表示要显示的最大有效数字数，包括小数点左边的数字。因此，使用转换规范%g，值 1234567.0 显示为 1.23457e+06。请记住，所有浮点转换规范字符的默认精度都是 6，结果中有 6 位有效数字：小数点左边是 1，右边是 23457。对于指数表示法，g 和 G 在指数前加小写 e 或大写 E。在显示数据时，要向用户明确说明数据是否可能因格式化而不精确，比如指定预设精度的四舍五入错误。

## 9.5.3  示范浮点转换规范字符

清单 9.2 展示了每个浮点转换规范字符。其中%E、%e 和%g 的转换规范执行四舍五入，但%f 不执行。

**清单 9.2 | 使用浮点转换规范字符**

```
1   // fig09_02.c
2   // Using the floating-point conversion specifiers
3   #include <stdio.h>
4
5   int main(void) {
6       printf("%e\n", 1234567.89);
7       printf("%e\n", +1234567.89); // plus does not print
8       printf("%e\n", -1234567.89); // minus prints
9       printf("%E\n", 1234567.89);
10      printf("%f\n", 1234567.89); // six digits to right of decimal point
11      printf("%g\n", 1234567.89); // prints with lowercase e
12      printf("%G\n", 1234567.89); // prints with uppercase E
13  }
```

```
1.234568e+06
1.234568e+06
-1.234568e+06
1.234568E+06
1234567.890000
1.23457e+06
1.23457E+06
```

### ✓ 自测题

1  （填空）转换规范字符 e 和 E 用指数表示法显示浮点值——相当于数学中_____的计算机等价物。

答案：科学记数法。

2  （选择）关于转换规范字符 e、E 和 f 的哪项陈述是错误的？

(a) 使用转换规范字符 e、E 和 f 显示的数值默认为小数点右边的 6 位精度。

(b) 转换规范字符 f 总是正好在小数点左边打印一个数字。

(c) 转换规范字符 e 和 E 分别打印小写的 e 和大写的 E，在指数前面，并且正好在小数点左边打印一个数字。

答案：(b) 是错误的。实际上，转换规范字符 f 在小数点左边至少打印一个数字。

## 9.6　打印字符串和字符

c 和 s 转换规范字符分别用于打印单个字符和字符串。转换规范字符 c 需要一个 char 参数。转换规范字符 s 需要一个指向 char 的指针作为参数。转换规范字符 s 打印字符，直到遇到一个结束的空字符（'\0'）。如果字符串没有空结尾，结果是未定义的——printf 要么继续打印，直到遇到一个零字节，要么程序提前终止（即"崩溃"），并显示一个"segmentation fault"（段故障）或"access violation"（非法访问）错误。清单 9.3 中的程序显示字符和字符串的转换规范字符 c 和 s。 ⊗ERR

**清单9.3 | 使用字符和字符串转换规范字符**

```
1  // fig09_03.c
2  // Using the character and string conversion specifiers
3  #include <stdio.h>
4
5  int main(void) {
6     char character = 'A'; // initialize char
7     printf("%c\n", character);
8
9     printf("%s\n", "This is a string");
10
11    char string[] = "This is a string"; // initialize char array
12    printf("%s\n", string);
13
14    const char *stringPtr = "This is also a string"; // char pointer
15    printf("%s\n", stringPtr);
16 }
```

```
A
This is a string
This is a string
This is also a string
```

### 格式控制字符串的错误

大多数编译器不捕捉格式控制字符串错误。你通常会在程序失败或在运行时产生不正确的结果时，才意识到这种错误。

- 使用%c 来打印字符串是一个逻辑错误——%c 期望有一个 char 型参数。字符串是指向 char（即 char *）的指针。 ⊗ERR
- 使用%s 打印 char 型参数，通常会导致一个致命的执行时逻辑错误，称为非法访问。转换规范%s 期望参数的类型是指向 char 的指针，所以它将 char 的数字值视为指针。这种小的数字值往往代表受操作系统限制的内存地址。 ⊗ERR

### ✔ 自测题

1　（填空）转换规范字符 s 导致字符被打印，直到遇到一个_____。
　答案：结束的空字符（'\0'）。
2　（判断）编译器会捕捉格式控制字符串中的错误，所以在运行时不会出现不正确的结果。
　　答案：错。实际上，大多数编译器并不捕捉格式控制字符串中的错误。你通常不会意识到这种错误，直到程序失败或在运行时产生不正确的结果。

## 9.7　其他转换规范字符

请考虑 p 和%的转换规范字符。
- p：以实现定义的方式显示指针值。
- %：显示百分比字符。

清单 9.4 的 %p 以实现定义的方式打印 ptr 的值和 x 的地址，通常使用十六进制表示法。变量 ptr

和 x 有相同的值，因为第 7 行将 x 的地址赋值给 ptr。在你的系统上显示的地址会有所不同。最后一个 printf 语句使用%%来显示%字符——%%是必需的，因为 printf 通常将%视为转换规范的开始。试图在格式控制字符串中使用%而不是%%来显示字面的百分数字符是一个错误。当%出现在格式控制字符串中时，它后面必须有一个转换规范字符。

ERR ⊗

**清单 9.4 | 使用 p 和%转换规范字符**

```
1  // fig09_04.c
2  // Using the p and % conversion specifiers
3  #include <stdio.h>
4
5  int main(void) {
6      int x = 12345;
7      int *ptr = &x;
8
9      printf("The value of ptr is %p\n", ptr);
10     printf("The address of x is %p\n\n", &x);
11
12     printf("Printing a %% in a format control string\n");
13 }
```

```
The value of ptr is 0x7ffff6eb911c
The address of x is 0x7ffff6eb911c

Printing a % in a format control string
```

### ✓ 自测题

1  （填空）printf 语句用_____打印%字符。

答案：%%。

2  （判断）转换规范字符 p 以十进制表示法显示一个地址。

答案：错。实际上，转换规范字符 p 以实现定义的方式显示地址，通常是使用十六进制表示法。

## 9.8    用域宽和精度打印

打印数据的区域的确切尺寸由域宽指定。如果域宽大于被打印的数据，数据通常会在该区域内右对齐。代表域宽的整数被插入百分号（%）和转换规范字符之间（例如，%4d）。

### 9.8.1    整数的域宽

清单 9.5 打印两组各 5 个数值，右对齐那些包含的数字小于域宽的数值。比域宽大的数值仍会完整显示。请注意，负值的减号在域宽中使用一个字符的位置。域宽可以与所有的转换规范字符一起使用。如果不提供足够大的域宽来处理一个打印的数值，会冲掉其他正在打印的数据，产生混乱的输出。请了解你的数据！

ERR ⊗

**清单 9.5 | 在一个区域中右对齐整数**

```
1  // fig09_05.c
2  // Right-aligning integers in a field
3  #include <stdio.h>
4
5  int main(void) {
6      printf("%4d\n", 1);
7      printf("%4d\n", 12);
8      printf("%4d\n", 123);
9      printf("%4d\n", 1234);
10     printf("%4d\n\n", 12345);
11
```

```
12    printf("%4d\n", -1);
13    printf("%4d\n", -12);
14    printf("%4d\n", -123);
15    printf("%4d\n", -1234);
16    printf("%4d\n", -12345);
17 }
```

```
   1
  12
 123
1234
12345

  -1
 -12
-123
-1234
-12345
```

### 9.8.2 整数、浮点数和字符串的精度

函数 printf 还允许你指定打印数据的精度。精度对于不同的类型有不同的含义。

- 当与整数转换规范字符一起使用时，精度表示要打印的最小位数。如果打印的数值包含的数字少于指定的精度，并且精度值有一个前导零或小数点，那么打印的数值就会有零的前缀，直到数字的总数与精度相等。如果精度值中既没有零也没有小数点，则插入空格代替。整数的默认精度是 1。
- 当与浮点转换规范字符 e、E 和 f 一起使用时，精度是出现在小数点之后的位数。
- 当与转换规范字符 g 和 G 一起使用时，精度是要打印的最大有效位数。
- 当与转换规范字符 s 一起使用时，精度是指从字符串的开始写起的最大字符数。

要使用精度，在百分号和转换规范字符之间先放一个小数点（.），然后放一个代表精度的整数。清单 9.6 演示了格式控制字符串中精度的使用。当打印一个精度小于该值原始小数位数的浮点数值时，它将被四舍五入。

**清单 9.6 | 打印带精度的整数、浮点数和字符串**

```
1  // fig09_06.c
2  // Printing integers, floating-point numbers and strings with precisions
3  #include <stdio.h>
4
5  int main(void) {
6     puts("Using precision for integers");
7     int i = 873; // initialize int i
8     printf("\t%.4d\n\t%.9d\n\n", i, i);
9
10    puts("Using precision for floating-point numbers");
11    double f = 123.94536; // initialize double f
12    printf("\t%.3f\n\t%.3e\n\t%.3g\n\n", f, f, f);
13
14    puts("Using precision for strings");
15    char s[] = "Happy Birthday"; // initialize char array s
16    printf("\t%.11s\n", s);
17 }
```

```
Using precision for integers
        0873
        000000873

Using precision for floating-point numbers
        123.945
        1.239e+02
        124
```

```
Using precision for strings
        Happy Birth
```

### 9.8.3　结合域宽和精度

在百分号和转换规范字符之间，将域宽和小数点放在一起，然后放上精度，可以将域宽和精度结合起来，如以下语句中所示

```
printf("%9.3f", 123.456789);
```

该语句显示 123.457，小数点右边的 3 个数字在一个 9 位数的区域中右对齐。

#### 将域宽和精度指定为参数

可以在格式控制字符串后面的参数列表中使用整数表达式指定域宽和精度。要使用这一功能，请在域宽或精度（或两者）的位置上插入星号（*）。在参数列表中匹配的 int 参数会被求值并代替星号使用。域宽的值可以是正数，也可以是负数（这将导致输出在区域中左对齐，如 9.9 节所述）。语句

```
printf("%*.*f", 7, 2, 98.736);
```

使用 7 作为域宽，2 作为精度，输出右对齐的值 98.74。

#### ✓　自测题

1　（选择）以下哪项陈述是错误的？

　　(a) 整数的默认精度是 1。

　　(b) 当与浮点转换规范字符 e、E 和 f 一起使用时，精度是出现在小数点之前的位数。

　　(c) 当与转换规范字符 g 和 G 一起使用时，精度是要打印的最大有效位数。

　　(d) 当与转换规范字符 s 一起使用时，精度是指从字符串的开始写起的最大字符数。

　　答案：(b) 是错误的。当与浮点转换规范字符 e、E 和 f 一起使用时，精度是出现在小数点之后的位数。

2　（这段代码做什么？）准确描述以下代码的打印内容。

```
printf("%9.3f", 123.456789);
```

　　答案：这段代码在一个 9 位数的区域中右对齐四舍五入的数值 123.457。

3　（这段代码做什么？）准确描述以下代码打印的内容。

```
printf("%*.*f", 7, 2, 98.736);
```

　　答案：该语句使用 7 作为域宽，2 作为精度，并在 7 的区域中输出右对齐的值 98.74。

## 9.9　printf 格式标记

函数 printf 还提供了标记来补充其输出格式化能力。图 9-3 总结了可以在格式控制字符串中使用的 5 个标记。

| 标记 | 描述 |
| --- | --- |
| –(减号) | 在指定的区域内使输出左对齐 |
| + | 在正值前显示一个加号，在负值前显示一个减号 |
| 空格 | 在未用+标记打印的正值前打印一个空格 |
| # | 当与八进制转换规范字符 o 一起使用时，在输出值前加上 0。<br>当与十六进制转换规范字符 x 或 X 一起使用时，在输出值前加上 0x 或 0X。<br>对于用 e、E、f、g 或 G 打印的不包含小数部分的浮点数，强制设置小数点。通常情况下，只有在小数点后面有数字时才会打印小数点。对于 g 和 G 转换规范字符，尾部的零不会消除 |
| 0（零） | 用前导零补足一个区域 |

图 9-3　printf 格式标记

## 9.9.1 右对齐和左对齐

转换规范中的标记被放置在%的右边和格式说明的前面。在一个转换规范字符中可以合并几个标记。清单 9.7 展示了字符串、整数、字符和浮点数的右对齐和左对齐。第 6 行和第 8 行输出代表列位置的数字行，因此你可以确认右对齐和左对齐的操作是正确的。

**清单 9.7 | 右对齐和左对齐的数值**

```
1  // fig09_07.c
2  // Right- and left-aligning values
3  #include <stdio.h>
4
5  int main(void) {
6     puts("12345678901234567890123456789012345678 90");
7     printf("%10s%10d%10c%10f\n\n", "hello", 7, 'a', 1.23);
8     puts("12345678901234567890123456789012345678 90");
9     printf("%-10s%-10d%-10c%-10f\n", "hello", 7, 'a', 1.23);
10 }
```

```
12345678901234567890123456789012345678 90
     hello         7         a  1.230000

12345678901234567890123456789012345678 90
hello     7         a         1.230000
```

## 9.9.2 使用或不使用+标记打印正数和负数

清单 9.8 打印了一个正数和一个负数，分别使用和不使用+标记。在这两种情况下都会显示减号，但只有在使用+标记时才会显示正号。

**清单 9.8 | 使用或不使用+标记打印正数和负数**

```
1  // fig09_08.c
2  // Printing positive and negative numbers with and without the + flag
3  #include <stdio.h>
4
5  int main(void) {
6     printf("%d\n%d\n", 786, -786);
7     printf("%+d\n%+d\n", 786, -786);
8  }
```

```
786
-786
+786
-786
```

## 9.9.3 使用空格标记

清单 9.9 用空格标记在正数前加上一个空格。这对于对齐具有相同位数的正数和负数很有用。值-547 在输出中没有加空格，因为它带有减号。

**清单 9.9 | 使用空格标记**

```
1  // fig09_09.c
2  // Using the space flag
3  // not preceded by + or -
4  #include <stdio.h>
5
6  int main(void) {
```

```
7      printf("% d\n% d\n", 547, -547);
8  }
```

```
547
-547
```

### 9.9.4　使用#标记

清单9.10使用#标记为八进制值加前缀0，为十六进制值加前缀0x和0X。对于g，它强制打印小数点。

**清单9.10 | 使用#标记与转换规范字符**

```
1   // fig09_10.c
2   // Using the # flag with conversion specifiers
3   // o, x, X and any floating-point specifier
4   #include <stdio.h>
5
6   int main(void) {
7      int c = 1427; // initialize c
8      printf("%#o\n", c);
9      printf("%#x\n", c);
10     printf("%#X\n", c);
11
12     double p = 1427.0; // initialize p
13     printf("\n%g\n", p);
14     printf("%#g\n", p);
15  }
```

```
02623
0x593
0X593

1427
1427.00
```

### 9.9.5　使用0标记

清单9.11结合了+标记和0（零）标记，在一个9个空格的区域中打印452，并带有+号和前导零，然后只用0标记和9个空格的区域再次打印452。

**清单9.11 | 使用0（零）标记**

```
1   // fig09_11.c
2   // Using the 0 (zero) flag
3   #include <stdio.h>
4
5   int main(void) {
6      printf("%+09d\n", 452);
7      printf("%09d\n", 452);
8  }
```

```
+00000452
000000452
```

### ✓　自测题

1　（选择）哪个printf格式标记被描述为："在正值前显示一个正号，在负值前显示一个负号"？

　　(a) -

　　(b) +

　　(c) 0)

答案：(b)。

2 （这段代码做什么？）准确写出以下代码的打印内容：

```
puts("12345678901234567890123456789012345678901234567890");
printf("%10s%10d%10c%10f\n\n", "C18", 9, 'g', 6.41);
puts("12345678901234567890123456789012345678901234567890");
printf("%-10s%-10d%-10c%-10f\n", "C18", 9, 'g', 6.41);
```

答案：如下。

```
12345678901234567890123456789012345678901234567890
       C18         9         g  6.410000
12345678901234567890123456789012345678901234567890
C18       9         g         6.410000
```

3 （这段代码做什么？）准确写出以下代码的打印内容：

```
printf("%d\n%d\n", 437, -437);
printf("%+d\n%+d\n", 437, -437);
```

答案：如下。

```
437
-437
+437
-437
```

## 9.10 打印字面量和转义序列

正如你在书中所看到的，格式控制字符串中的字面字符可以通过 printf 输出。然而，有几个"问题"字符，例如引号（"），它是格式控制字符串本身的界限。各种控制字符，如换行符和制表符，必须用转义序列表示。转义序列由一个反斜杠（\）表示，后面是一个特定的转义字符。图 9-4 列出了转义序列和它们引起的动作。

| 转义序列 | 描述 |
|---|---|
| \' （单引号） | 输出单引号（'）字符 |
| \" (双引号) | 输出双引号（"）字符 |
| \? (问号) | 输出问号（?）字符 |
| \\ （反斜杠） | 输出反斜杠（\）字符 |
| \a (警报或铃声) | 引起声音（铃声）或视觉警报（通常是让程序正在运行的窗口闪烁） |
| \b (退格) | 将光标移到当前行的后面一个位置 |
| \f (新页或换页) | 将光标移到下一个逻辑页的开始位置 |
| \n （换行） | 将光标移到下一行的开头 |
| \r (回车) | 将光标移到当前行的开头 |
| \t (水平制表) | 将光标移到下一个水平制表符位置 |
| \v （垂直制表） | 将光标移到下一个垂直制表符位置 |

图 9-4 转义序列

### ✓ 自测题

1 （选择）以下哪项陈述是错误的？

（a）格式控制字符串中的字面字符被 printf 忽略。

（b）各种控制字符，如换行符和制表符，必须用转义序列表示。

（c）转义序列由一个反斜杠（\）表示，后面是一个特定的转义字符。

答案：(a) 是错误的。实际上，printf 显示所有包含在格式控制字符串中的字面字符。

2　（选择）哪个转义序列被描述为"引起声音（铃声）或视觉警报（通常是让程序正在运行的窗口闪烁）"？

(a) \b

(b) \r

(c) \a

(d) \v

答案：（c）。

# 9.11　用 scanf 格式化输入

精确的输入格式化可以用 scanf 来完成。每个 scanf 语句都包含一个格式控制字符串，描述要输入的数据的格式。格式控制字符串由转换规范字符和字面字符组成。函数 scanf 具有以下输入格式化功能。

（1）输入所有类型的数据。

（2）从一个输入流中输入特定的字符。

（3）跳过输入流中的特定字符。

## 9.11.1　scanf 语法

函数 scanf 的函数形式是：

scanf(格式控制字符串，其他参数);

"格式控制字符串"描述了输入格式，"其他参数"是指向变量的指针，输入的数据将被保存在这些变量中。

当输入数据时，提示用户一次输入一个或几个数据项。避免要求用户在一个提示下输入许多数据项。总是要考虑当输入不正确的数据时，用户和你的程序会做什么——例如，一个在程序的上下文中没有意义的整数值，或者一个缺少标点或空格的字符串。

## 9.11.2　scanf 转换规范字符

图 9-5 总结了用于输入所有类型数据的转换规范字符。请注意，d 和 i 转换规范字符对于 scanf 的输入有不同的含义，但对于 printf 的输出是可以互换的。

| 类型 | 转换规范字符 | 描述 |
|---|---|---|
| 整数 | d | 读取一个可能有符号的十进制整数。对应的参数是一个指向 int 的指针 |
| | i | 读取一个可能有符号的十进制、八进制或十六进制整数。对应的参数是一个指向 int 的指针 |
| | o | 读取一个八进制整数。对应的参数是一个指向无符号 int 的指针 |
| | u | 读取一个无符号十进制整数。对应的参数是一个指向无符号 int 的指针 |
| | x 或 X | 读取一个十六进制整数。对应的参数是一个指向无符号 int 的指针 |
| | h、l 和 ll | 放在任何整数转换规范字符之前，表示要输入 short、long 或 long long 整数 |
| 浮点数 | e, E, f, g 或 G | 读取一个浮点值。对应的参数是一个指向浮点变量的指针 |
| | l 或 L | 放在任何浮点转换规范字符之前，表示要输入一个 double 或 long double 值。对应的参数是一个指向 double 或 long double 变量的指针 |

图 9-5　scanf 转换规范字符

| 类型 | 转换规范 | 描述 |
|------|----------|------|
| 字符和字符串 | c | 读取一个字符。对应的参数是一个指向 char 的指针；不加空字符（'\0'） |
| | s | 读取一个字符串。对应的参数是一个指向 char 类型数组的指针，该数组的大小足以容纳字符串和一个结束的空字符（'\0'）——它会自动添加 |
| 扫描集 | [扫描一组字符] | 扫描一个字符串的一组字符，这些字符被存储在一个数组中 |
| 其他 | p | 读取在 printf 语句中用%p 输出的地址时产生的相同形式的地址 |
| | n | 在 scanf 调用中存储到目前为止输入的字符数。对应的参数必须是一个指向 int 的指针 |
| | % | 跳过输入中的百分号（%） |

图 9-5　scanf 转换规范字符（续）

### 9.11.3　读取整数

清单 9.12 用各种整数转换规范字符读取整数，并将整数显示为十进制数。转换规范 %i 可以输入十进制、八进制和十六进制的整数。

**清单 9.12 | 用整数转换规范字符读取输入**

```
1  // fig09_12.c
2  // Reading input with integer conversion specifiers
3  #include <stdio.h>
4
5  int main(void) {
6      int a = 0;
7      int b = 0;
8      int c = 0;
9      int d = 0;
10     int e = 0;
11     int f = 0;
12     int g = 0;
13
14     puts("Enter seven integers: ");
15     scanf("%d%i%i%i%o%u%x", &a, &b, &c, &d, &e, &f, &g);
16
17     puts("\nThe input displayed as decimal integers is:");
18     printf("%d %d %d %d %d %d %d\n", a, b, c, d, e, f, g);
19 }
```

```
Enter seven integers:
-70 -70 070 0x70 70 70 70

The input displayed as decimal integers is:
-70 -70 56 112 56 70 112
```

### 9.11.4　读取浮点数

在输入浮点数时，可以使用 e、E、f、g 或 G 中的任何一种浮点数转换规范字符。清单 9.13 读取了 3 个浮点数，其中一个使用了 3 种类型的浮点转换规范字符，并使用转换规范字符 f 显示所有 3 个数字。

**清单 9.13 | 用浮点转换规范字符读取输入**

```
1  // fig09_13.c
2  // Reading input with floating-point conversion specifiers
3  #include <stdio.h>
4
5  int main(void) {
```

```
6      double a = 0.0;
7      double b = 0.0;
8      double c = 0.0;
9
10     puts("Enter three floating-point numbers:");
11     scanf("%le%lf%lg", &a, &b, &c);
12
13     puts("\nUser input displayed in plain floating-point notation:");
14     printf("%f\n%f\n%f\n", a, b, c);
15 }
```

```
Enter three floating-point numbers:
1.27987 1.27987e+03 3.38476e-06

User input displayed in plain floating-point notation:
1.279870
1279.870000
0.000003
```

### 9.11.5 读取字符和字符串

字符和字符串分别使用转换规范字符 c 和 s 来输入。清单 9.14 提示用户输入一个字符串。程序用%c 输入字符串的第一个字符，并将它存储在字符变量 x 中，然后用%s 输入字符串的剩余部分，并将它存储在字符数组 y 中。

**清单9.14 | 读取字符和字符串**

```
1  // fig09_14.c
2  // Reading characters and strings
3  #include <stdio.h>
4
5  int main(void) {
6     char x = '\0';
7     char y[9] = "";
8
9     printf("%s", "Enter a string: ");
10    scanf("%c%8s", &x, y);
11
12    printf("The input was '%c' and \"%s\"\n", x, y);
13 }
```

```
Enter a string: Sunday
The input was 'S' and "unday"
```

### 9.11.6 使用扫描集

一个字符序列可以用扫描集来输入，扫描集是一组用方括号[]括起来的字符，在格式控制字符串的前面有一个百分号。扫描集扫描输入流中的字符，只寻找那些与扫描集中的字符相匹配的字符。每当一个字符被匹配，它就会被存储在扫描集对应的字符数组参数中。当 scanf 遇到一个不包含在扫描集中的字符时，扫描集就会停止输入字符。如果输入流中的第一个字符与扫描集中的字符不匹配，scanf 不会修改其对应的数组参数。清单 9.15 使用扫描集[aeiou]来扫描输入流中的元音字母。对于我们的输入 "ooeeooahah"，前 7 个字母被输入。第八个字母（h）不在扫描集中，所以 scanf 停止了对字符的扫描。

**清单9.15 | 使用扫描集**

```
1  // fig09_15.c
2  // Using a scan set
3  #include <stdio.h>
4
```

```
5  int main(void) {
6     char z[9] = "";
7
8     printf("%s", "Enter string: ");
9     scanf("%8[aeiou]", z); // search for set of characters
10
11    printf("The input was \"%s\"\n", z);
12 }
```

```
Enter string: ooeeooahah
The input was "ooeeooa"
```

### 反转扫描集

反转扫描集可以扫描不包含在扫描集中的字符。要创建一个反转扫描集，在扫描字符前的方括号里放一个补注号（^）。当遇到一个包含在反转扫描集中的字符时，输入就终止了。清单 9.16 使用反转扫描集[^aeiou]来排除元音字母。

**清单 9.16 | 使用反转扫描集**

```
1  // fig09_16.c
2  // Using an inverted scan set
3  #include <stdio.h>
4
5  int main(void) {
6     char z[9] = "";
7
8     printf("%s", "Enter a string: ");
9     scanf("%8[^aeiou]", z); // inverted scan set
10
11    printf("The input was \"%s\"\n", z);
12 }
```

```
Enter a string: String
The input was "Str"
```

## 9.11.7　使用域宽

域宽可以在 scanf 转换规范字符中使用，以从输入流中读取特定数量的字符。清单 9.17 将一系列连续的数字输入为一个两位数的整数和一个由输入流中剩余数字组成的整数。

**清单 9.17 | 用域宽输入数据**

```
1  // fig09_17.c
2  // Inputting data with a field width
3  #include <stdio.h>
4
5  int main(void) {
6     int x = 0;
7     int y = 0;
8
9     printf("%s", "Enter a six digit integer: ");
10    scanf("%2d%d", &x, &y);
11
12    printf("The integers input were %d and %d\n", x, y);
13 }
```

```
Enter a six digit integer: 123456
The integers input were 12 and 3456
```

### 9.11.8 跳过输入流中的字符

你可能想跳过输入流中的某些字符。空白字符，如空格、换行符和制表符，在格式控制字符串的开头，跳过所有先导的空白字符。其他字面字符在输入的特定位置忽略这些字符。例如，你的程序可能输入一个日期，形如

11-10-1999

日期中的每个数字都要存储，但分隔数字的连字符可以被丢弃。为了消除不必要的字符，请将它们包含在 scanf 的格式控制字符串中。例如，要丢弃输入中的连字符，使用语句

scanf("%d-%d-%d", &month, &day, &year);

### 赋值抑制字符

尽管前面的 scanf 消除了输入中的连字符，但是用户可能将日期输入为

10/11/1999

在这种情况下，前面的 scanf 不会消除不必要的字符。基于这个原因，scanf 提供了赋值抑制字符 *。这个字符使 scanf 从输入中读取并丢弃数据，而不把它赋值给一个变量。清单 9.18 在 %c 转换规范中使用了赋值抑制字符，表示在输入流中出现的一个字符应该被读取并丢弃。只有月、日和年被存储。我们打印变量的值以证明它们被正确输入。每个 scanf 调用的参数列表不包含对应于转换规范 "%*c" 的变量，因为它含有赋值抑制字符。相应的字符就被丢弃了。

**清单 9.18 | 从输入流中读取并丢弃字符**

```
1   // fig09_18.c
2   // Reading and discarding characters from the input stream
3   #include <stdio.h>
4
5   int main(void) {
6       int month = 0;
7       int day = 0;
8       int year = 0;
9       printf("%s", "Enter a date in the form mm-dd-yyyy: ");
10      scanf("%d%*c%d%*c%d", &month, &day, &year);
11      printf("month = %d  day = %d   year = %d\n\n", month, day, year);
12
13      printf("%s", "Enter a date in the form mm/dd/yyyy: ");
14      scanf("%d%*c%d%*c%d", &month, &day, &year);
15      printf("month = %d  day = %d   year = %d\n", month, day, year);
16  }
```

```
Enter a date in the form mm-dd-yyyy: 07-04-2021
month = 7   day = 4   year = 2021

Enter a date in the form mm/dd/yyyy: 01/01/2021
month = 1   day = 1   year = 2021
```

### ✓ 自测题

1  （选择）以下哪项陈述是错误的?

  （a）扫描集扫描输入流中的字符，只寻找那些与扫描集中的字符匹配的字符。

  （b）每当一个字符被匹配，它就会被存储在扫描集对应的字符数组参数中。

  （c）当遇到一个不包含在扫描集中的字符时，扫描集就会停止输入字符。

  （d）如果流的第一个字符与扫描集中的字符相匹配，scanf 不会修改其对应的数组参数。

  答案：（d）是错误的。实际上，如果流的第一个字符与扫描集中的字符不匹配，scanf 不会修改其对应的数组参数。

2  （填空）_____可以用在 scanf 转换规范字符中，从输入流中读取特定数量的字符。

  答案：域宽。

3 （填空）scanf 的＿＿＿＿＿字符＿＿＿＿＿使 scanf 能够从输入中读取并丢弃数据，而不把它赋值给一个变量。

答案：赋值抑制，*。

## 9.12 安全的 C 语言编程

C 标准列出了许多使用不正确的库函数参数会导致未定义行为的情况。这些情况会导致安全漏洞，所以应该避免。在使用 printf（或其任何变种，如 sprintf、fprintf、printf_s 等）时，如果转换规范构成不当，就会出现这样的问题。CERT 规则 FIO00-C 讨论了这些问题。它提出了一个表格，显示了可用于构成转换规范的格式化标记、长度修饰符和转换规范字符的有效组合。该表还显示了每个有效转换规范的正确参数类型。在学习任何编程语言时，如果语言规范说做某事会导致未定义的行为，那么请避免这样做以防止出现安全漏洞。

✓ **自测题**

（判断）未定义行为会导致安全漏洞，所以应该避免。

答案：对。

**关键知识回顾**

### 9.2 节

■ 输入和输出是通过流进行的，流是字节的序列。

■ 标准输入流与键盘相连。标准输出流和标准错误流与计算机屏幕相连。

■ 操作系统允许将标准流重定向到其他设备。

### 9.3 节

■ 格式控制字符串描述了输出值的格式。它包括转换规范字符、标记、域宽、精度和字面字符。

■ 一个转换规范由%和一个转换规范字符组成。

### 9.4 节

■ 打印整数时要使用以下转换规范字符：d 或 i 表示可能有符号的整数，o 表示八进制形式的无符号整数，u 表示十进制形式的无符号整数，x 或 X 表示十六进制形式的无符号整数。修饰符 h、l 或 ll 放在前面的转换规范字符之前，以表示 short、long 或 long long 整数。

### 9.5 节

■ 在打印浮点数值时，可以使用以下转换规范字符：e 或 E 表示指数表示法，f 表示常规浮点表示法，g 或 G 表示 e（或 E）表示法或 f 表示法。当指定 g（或 G）转换规范字符时，如果值的指数小于−4 或者大于或等于打印值的精度，则使用 e（或 E）转换规范字符。

■ g 和 G 转换规范字符的精度表示打印的最大有效位数。

### 9.6 节

■ 转换规范字符 c 打印一个字符。

■ 转换规范字符 s 打印一个以空字符结尾的字符串。

### 9.7 节

■ 转换规范字符 p 以实现定义的方式显示一个地址（在许多系统中，使用十六进制表示法）。

■ 转换规范字符%%导致输出一个字面的%。

### 9.8 节

■ 如果域宽大于被打印的对象，该对象默认为右对齐。

■ 域宽可以与所有转换规范字符一起使用。
■ 整数转换规范字符的精度表示打印的最小位数。
■ 浮点转换规范字符 e、E 和 f 的精度表示小数点后的位数。浮点转换规范字符 g 和 G 的精度表示出现的有效数字的数量。
■ 转换规范字符 s 的精度表示要打印的字符数。
■ 域宽和精度可以结合，即在百分号和转换规范字符之间放置域宽，然后是小数点，最后是精度。
■ 可以通过格式控制字符串后面的参数列表中的整数表达式来指定域宽和精度。为此，使用星号（*）表示域宽或精度。参数列表中的匹配参数将代替星号被使用。

## 9.9 节

■ -标记在区域中对其参数进行左对齐。
■ +标记为正值打印一个加号，为负值打印一个减号。
■ 空格标记在没有用+标记显示的正值前打印一个空格。
■ #标记在八进制数值前加上 0，在十六进制数值前加上 0x 或 0X，对于用 e、E、f、g 或 G 打印的浮点数值，强制打印小数点。
■ 0 标记对于没有占满整个域宽的值，打印前导零。

## 9.10 节

■ 大多数要在 printf 语句中打印的字面字符都可以简单地包含在格式控制字符串中。然而，有几个"问题"字符，例如引号（"），它是格式控制字符串本身的界限。各种控制字符，如换行符和制表符，必须用转义序列表示。转义序列由一个反斜杠（\）和一个特定的转义字符表示。

## 9.11 节

■ 输入格式化是通过 scanf 库函数完成的。
■ scanf 输入整数，转换规范字符 d 和 i 用于可能有符号的整数，o、u、x 或 X 用于八进制、十进制和十六进制的无符号整数。修饰符 h、l 或 ll 放在整数转换规范字符之前，用于输入 short、long 或 long long 整数。
■ scanf 使用，转换规范字符为 e、E、f、g 或 G 输入浮点值。修饰符 l 和 L 放在任何一个浮点转换规范字符之前，表示输入值是 double 或 long double 型值。
■ scanf 使用转换规范字符 c 输入字符。
■ scanf 使用转换规范字符 s 输入字符串。
■ 带有扫描集的 scanf 对输入的字符进行扫描，只寻找那些与扫描集中的字符相匹配的字符。每个匹配的字符被存储在一个字符数组中。当遇到不包含在扫描集中的字符时，输入就会停止。
■ 要创建一个反转扫描集，在扫描字符前的方括号中放置一个补注号（^）。scanf 存储反转扫描集中没有出现的字符，当遇到反转扫描集中包含的字符时停止。
■ scanf 用转换规范字符 p 输入地址值。
■ 转换规范字符 n 存储当前 scanf 中到目前为止输入的字符数。对应的参数是一个指向 int 的指针。
■ 赋值抑制字符（*）从输入流中读取并丢弃数据。
■ 在 scanf 中使用一个域宽来从输入流中读取特定数量的字符。

## 自测练习

9.1 在下列各项中填空。
（a）输入和输出是以_____的形式处理的。

(b) _____ 流通常与键盘相连。

(c) _____ 流通常与计算机屏幕相连。

(d) 精确的输出格式化是通过 _____ 函数完成的。

(e) 格式控制字符串可以包含 _____、_____、_____、_____ 和 _____。

(f) 转换规范字符 _____ 或 _____ 可用于输出有符号的十进制整数。

(g) 转换规范字符 _____、_____ 和 _____ 用八进制、十进制和十六进制形式显示无符号整数。

(h) 修饰符 _____ 和 _____ 放在整数转换规范字符之前，以显示 short 或 long 整数值。

(i) 转换规范字符 _____ 以指数表示法显示浮点值。

(j) 修饰符 _____ 放在任何浮点转换规范字符之前，以显示一个 long double 值。

(k) 如果没有指定精度，转换规范字符 e、E 和 f 将以小数点右边 _____ 数字的精度显示。

(l) 转换规范字符 _____ 和 _____ 打印字符串和字符。

(m) 所有字符串以 _____ 字符结束。

(n) printf 转换规范字符中的域宽和精度可以用整数表达式来控制，方法是用 _____ 代替域宽或精度，并在相应的参数中放置一个整数表达式。

(o) _____ 标记在一个区域中左对齐输出。

(p) _____ 标记显示带有加号或减号的数值。

(q) 精确的输入格式化是通过 _____ 函数完成的。

(r) _____ 扫描一个字符串的特定字符，并将这些字符存储在一个数组中。

(s) 转换规范字符 _____ 输入可选择带符号的八进制、十进制和十六进制的整数。

(t) 转换规范字符 _____ 可用于输入一个 double 值。

(u) _____ 读取并丢弃输入流中的数据，而不将它赋值给一个变量。

(v) _____ 可以在 scanf 转换规范字符中使用，表示应从输入流中读取特定数量的字符或数字。

9.2　找出下列各项中的错误，并解释如何纠正它。

(a) 下面的语句应该打印字符 'c'。

```
printf("%s\n", 'c');
```

(b) 下面的语句应该打印 9.375%。

```
printf("%.3f%", 9.375);
```

(c) 下面的语句应该打印 "Monday" 的第一个字符。

```
printf("%c\n", "Monday");
```

(d) puts(""A string in quotes"");

(e) printf(%d%d, 12, 20);

(f) printf("%c", "x");

(g) printf("%s\n", 'Richard');

9.3　为以下各项编写一条语句。

(a) 在一个 10 位数的区域中右对齐打印 1234。

(b) 用带有符号（+或−）和 3 位精度的指数表示法打印 123.456789。

(c) 将一个 double 值读入变量 number。

(d) 以八进制形式打印 100，前面加 0。

(e) 将一个字符串读入字符数组 string。

(f) 将字符读入数组 n，直到遇到非数字字符。

(g) 使用整数变量 x 和 y 来指定用于显示 double 值 87.4573 的域宽和精度。

(h) 读取一个形式为 3.5% 的值。将百分比存储在 float 变量 percent 中，并从输入流中消除 %。不要使用赋值抑制字符。

(i) 在一个 20 个字符的区域中以带有符号（+或−）的 long double 值打印 3.333333，精度为 3。

**自测练习答案**

9.1 （a）流。（b）标准输入。（c）标准输出。（d）printf。（e）转换规范字符，标记，域宽，精度，字面字符。（f）d，i。（g）o，u，x（或 X）。（h）h，l。（i）e（或 E）。（j）L。（k）6。（l）s，c。（m）NULL（'\0'）。（n）星号（*）。（o）−（减）。（p）+（加）。（q）scanf。（r）扫描集。（s）i。（t）le，lE，lf，lg 或 lG。（u）赋值抑制字符（*）。（v）域宽。

9.2 请看下面的答案。

  （a）错误：转换规范字符 s 期望的参数类型是指向 char 的指针。

       更正：要打印字符'c'，使用转换规范%c 或将'c'改为 "c"。

  （b）错误：试图打印字面字符%，但没有使用转换规范字符%%。

       更正：使用%%来打印字面字符%。

  （c）错误：转换规范字符 c 希望得到一个 char 类型的参数。

       更正：要打印 "Monday"的第一个字符，请使用转换规范%.1s。

  （d）错误：试图打印字面字符"，但没有使用\"转义序列。

       更正：用 \"替换内部引号中的每个引号。

  （e）错误：格式控制字符串没有用双引号括起来。

       更正：将%d%d 用双引号括起来。

  （f）错误：字符 x 被包含在双引号中。

       更正：要用%c 打印的字符常数必须用单引号括起来。

  （g）错误：要打印的字符串用单引号括起来。

       更正：使用双引号而不是单引号来表示一个字符串。

9.3 （a）printf("%10d\n", 1234);

  （b）printf("%+.3e\n", 123.456789);

  （c）scanf("%lf", &number);

  （d）printf("%#o\n", 100);

  （e）scanf("%s", string);

  （f）scanf("%[0123456789]", n);

  （g）printf("%*.*f\n", x, y, 87.4573);

  （h）scanf("%f%%", &percent);

  （i）printf("%+20.3Lf\n", 3.333333);

**练习**

9.4 为以下各项编写一条 printf 或 scanf 语句。

  （a）在一个有 8 位数字的 15 位区域中左对齐打印无符号整数 40000。

  （b）将一个十六进制的数值读入变量 hex 中。

  （c）打印有符号和无符号的 200。

  （d）以十六进制形式打印 100，前面加 0x。

  （e）将字符读入数组 s，直到遇到字母 p。

  （f）在一个 9 位数的区域中打印 1.234，前面是零。

  （g）读取形式为 hh:mm:ss 的时间，将时间的各个部分存储在整数变量小时、分钟和秒中。跳过输入流中的冒号（:）。使用赋值抑制字符。

  （h）从标准输入中读取一个形式为 "characters"的字符串。将字符串存储在字符数组 s 中，消除输入的引号。

  （i）读取一个形式为 hh:mm:ss 的时间，将时间的各个部分存储在整数变量 hour、minute 和 second 中。跳过输入流中的冒号（:）。不要使用赋值抑制字符。

9.5 显示以下每条语句的打印内容。如果某条语句不正确，请说明原因。

(a) printf("%-10d\n", 10000);

(b) printf("%c\n", "This is a string");

(c) printf("%*.*lf\n", 8, 3, 1024.987654);

(d) printf("%#o\n%#X\n%#e\n", 17, 17, 1008.83689);

(e) printf("% ld\n%+ld\n", 1000000, 1000000);

(f) printf("%10.2E\n", 444.93738);

(g) printf("%10.2g\n", 444.93738);

(h) printf("%d\n", 10.987);

9.6 找出以下每个程序段中的错误。解释如何纠正每个错误。

(a) printf("%s\n", 'Happy Birthday');

(b) printf("%c\n", 'Hello');

(c) printf("%c\n", "This is a string");

(d) 以下语句应打印 "Bon Voyage"：

printf(""%s"", "Bon Voyage");

(e) char day[] = "Sunday";

printf("%s\n", day[3]);

(f) puts('Enter your name: ');

(g) printf(%f, 123.456);

(h) 以下语句应打印字符 'O' 和 'K'：

printf("%s%s\n", 'O', 'K');

(i) char s[10];

scanf("%c", s[7]);

9.7 (%d 和 %i 之间的区别) 编写一个程序，测试在 scanf 语句中使用 %d 和 %i 转换规范时的区别。要求用户输入两个由空格分隔的整数。使用以下语句

scanf("%i%d", &x, &y);
printf("%d %d\n", x, y);

来输入和打印这些数值。用以下几组输入数据测试该程序。

```
 10      10
-10     -10
 010     010
0x10    0x10
```

9.8 (在不同域宽中打印数字) 编写一个程序，在不同大小的区域中打印整数值 12345 和浮点数 1.2345。当这些数值被打印在比数值位数少的区域中时会发生什么？

9.9 (浮点数的四舍五入) 编写一个程序，打印 100.453627 四舍五入到最接近的数字、十分位、百分位、千分位和万分位。

9.10 (温度转换) 编写一个程序，将 0～212 的整数华氏温度转换为精度为 3 位的浮点摄氏温度。使用以下公式进行计算

celsius = 5.0 / 9.0 * (fahrenheit - 32);

以两列右对齐的方式显示输出，每列 10 个字符。对于正值和负值，在摄氏温度前加一个符号。

9.11 (转义序列) 编写一个程序来测试转义序列 \'、\"、\?、\\、\a、\b、\n、\r 和 \t。对于移动光标的转义序列，在打印转义序列之前和之后打印一个字符，这样就可以清楚地看到光标移动的位置。

9.12 (打印问号) 编写一个程序，确定是否可以将?作为 printf 格式控制字符串的一部分，作为一个字面字符打印，而不是使用\?转义序列。

9.13 (用每个 scanf 转换规范字符读取一个整数) 编写一个程序，用每个 scanf 整数转换规范字符输入值 437。使用所有的整数转换规范字符打印每个输入值。

9.14 （使用浮点转换规范字符输出数字）编写一个程序，使用每个转换规范字符 e、f 和 g 来输入值 1.2345。打印每个变量的值，以证明每个转换规范字符都可以用来输入相同的值。

9.15 （读取引号中的字符串）在一些编程语言中，字符串被单引号或双引号所包围。编写一个程序，读取 3 个字符串 suzy, "suzy" 和 'suzy'。单引号和双引号是被 C 语言忽略，还是作为字符串的一部分来读取的？

9.16 （将问号打印为字符常量）编写一个程序，确定是否可以将?打印为字符常量'?'，而不是字符常量转义序列'\?'。在 printf 语句的格式控制字符串中使用转换规范%c。

9.17 （使用不同精度的%g）编写一个程序，使用转换规范字符 g 来输出数值 9876.12345。以 1～9 的精度打印该值。

# 第10章 结构体、共用体、位操作和枚举

## 目标

在本章中，你将学习以下内容。

- 创建和使用结构体、共用体和枚举。
- 理解自引用结构体。
- 学习可在结构体实例上执行的操作。
- 初始化结构体成员。
- 访问结构体成员。
- 按值和按引用将结构体实例传递给函数。
- 使用 typedef 来为现有的类型名称创建别名。
- 学习可以在共用体上执行的操作。
- 初始化共用体。
- 用位操作符处理整数数据。
- 创建位域以紧凑地存储数据。
- 使用枚举常量。
- 考虑使用结构体、位操作和枚举工作的安全问题。

## 提纲

关键知识回顾 | 自测练习 | 自测练习答案 | 练习 | 特别小节：raylib游戏编程案例研究

# 10.1 简介

结构体是在一个名称下的相关变量的集合，在 C 语言标准中被称为聚合体。结构体可以包含许多不同类型的变量。这与数组相反，数组只包含相同类型的元素。在这里，我们将讨论以下内容。

- 类型定义（typedef）——为以前定义的数据类型创建别名。
- 共用体（union）——类似于结构体，但其成员共享同一存储空间。
- 位操作符——用于操作整型操作数的位。
- 位域——结构体或共用体中的 unsigned int 或 int 成员，你可以指定成员存储的位数，帮助你紧密地打包信息。
- 枚举——由标识符表示的整数常量集合。

在第 11 章和第 12 章中，你将看到如下内容。

- 结构体通常定义要存储在文件中的记录。
- 指针和结构体有助于形成数据结构体，如链表、队列、栈和树。

## ✓ 自测题

1 （填空）_____类似于结构体，但其成员共享同一存储空间。
答案：共用体。

2 （填空）_____是由标识符表示的整数常量集合。
答案：枚举。

# 10.2 结构体定义

结构体是派生数据类型——它们是用其他类型的对象构建的。关键字 struct 引入了结构体定义，如

```
struct card {
    const char *face;
    const char *suit;
};
```

标识符 card 是结构体标签，你可以用它和 struct 来声明结构体类型的变量——例如，struct card。在 struct 的花括号内声明的变量是结构体的成员。一个 struct 的成员必须有唯一的名称，但不同的结构体类型可以包含相同名称的成员而不发生冲突。每个结构体定义以分号结束。

struct card 的定义包含 const char *成员 face 和 suit。结构体成员可以是 const 或非 const 的原始类型变量（如 int、double 等），也可以是聚合体，如数组或其他结构体类型对象。第 6 章表明，一个数组的元素都有相同的类型。然而，结构体成员可以是不同的类型。例如，下面的 struct 包含 char 数组成员，用于记录雇员的姓和名，int 成员用于记录雇员的年龄，double 成员用于记录雇员的小时工资：

```
struct employee {
    char firstName[20];
    char lastName[20];
    int age;
    double hourlySalary;
};
```

## 10.2.1 自引用结构体

ERR⊗　　一个 struct 类型不能包含其自身 struct 类型的变量（这是一个编译错误），但它可以包含指向该 struct 类型的指针。例如，下面更新后的 struct employee 包含一个指向雇员经理的指针，而经理是另一个 struct employee 对象：

```
struct employee {
    char firstName[20];
    char lastName[20];
    unsigned int age;
    double hourlySalary;
    struct employee *managerPtr; // pointer
};
```
包含指向同一 struct 类型的指针成员的结构体是自引用结构体。自引用结构体用于构建链接数据结构。

## 10.2.2　定义结构体类型的变量

结构体定义并不在内存中保留任何空间。相反，它创建了一个新的数据类型，你可以用它来定义变量。它就像一张蓝图，显示了如何构建该结构体的实例。下面的语句为使用类型 struct card 的变量保留了内存：

```
struct card myCard;
struct card deck[52];
struct card *cardPtr;
```

变量 myCard 是一个 struct card 对象，数组 deck 由 52 个 struct card 对象组成，而 cardPtr 是一个指向 struct card 对象的指针。

也可以通过在 struct 的结束花括号和结束分号之间放置一个逗号分隔的变量名称列表，来定义给定结构体类型的变量。例如，你可以将前面的定义放入 struct card 的定义中：

```
struct card {
    const char *face;
    const char *suit;
} myCard, deck[52], *cardPtr;
```

## 10.2.3　结构体标签名

结构体标签名是可选的。如果结构体定义没有指定标签名，则必须如前面的代码片段所示定义该类型的任何变量。总是提供一个结构体标签名，以便以后可以声明该类型的新变量。

## 10.2.4　可以对结构体进行的操作

你可以对 struct 执行以下操作。
- 将一个 struct 变量赋值给同一类型的另一个变量（10.7 节）——对于指针成员，这只复制存储在指针中的地址。
- 获取 struct 变量的地址（&）（10.4 节）。
- 访问 struct 变量的成员（10.4 节）。
- 使用 sizeof 操作符来确定 struct 变量的大小。
- 在结构体变量的定义中对其进行零初始化，如下所示

```
struct card myCard = {};
```

将一种类型的结构体赋值给另一种类型的结构体是一个编译错误。 ⊗ERR

### 不允许对结构体对象进行比较

结构体不能使用操作符==和!=来进行比较，因为结构体成员可能不会存储在连续的内存字节中。有时结构体中会有"洞"，因为计算机只在某些内存边界上存储一些数据类型，如半字、字或双字边界。这与机器有关。字是用于在计算机中存储数据的内存单位，通常是 4 字节或 8 字节。

请看下面的结构体定义，它还定义了变量 sample1 和 sample2：

```
struct example {
    char c;
    int i;
} sample1, sample2;
```

具有 4 字节字的计算机可能要求每个 struct example 成员在字的边界上对齐，也就是在字的开头。图 10-1 显示了一个 struct example 变量可能的内存对齐方式，该变量已被赋值为字符和整数 97。我们在这里显示了位的表示。

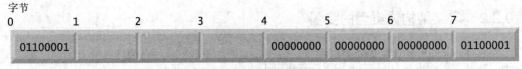

图 10-1    struct example 变量可能的对齐方式

如果每个成员从字的边界开始存储，那么每个 struct example 变量都在 1~3 字节中有一个 3 字节的洞。这个洞的值是未指定的。即使 sample1 和 sample2 的成员值相等，洞也不可能包含相同的值，所以结构体不一定相等。数据类型的大小和内存对齐的考虑是与机器有关的。

### ✓ 自测题

1　（选择）考虑 struct name 的定义：

```
struct name {
    const char *first;
    const char *last;
};
```

以下哪些陈述是正确的？

（a）关键字 struct 引入了结构体定义。

（b）结构体标签 name 可以与 struct 一起使用，用于声明结构体类型的变量。

（c）在 struct 的花括号内声明的变量是结构体的成员，它们必须有唯一的名称。

答案：（a）（b）（c）。

2　（选择）以下哪项不是可以对结构体进行的有效操作？

（a）将 struct 变量赋值给同一类型的 struct 变量。

（b）解引用 struct 变量。

（c）访问 struct 变量的成员并使用 sizeof 来确定 struct 变量的大小。

答案：（b）是无效的。你不能解引用 struct，因为它不是指针，但是你可以用&获取 struct 的地址。

## 10.3    初始化结构体

和数组一样，你可以通过初始值列表来初始化 struct 变量。例如，下面的语句使用 struct card 类型（10.2 节）创建了变量 myCard，并将成员 face 初始化为 "Three"，成员 suit 初始化为 "Hearts"。

```
struct card myCard = {"Three", "Hearts"};
```

如果初始值的数量少于成员的数量，则剩下的成员会自动初始化为 0 或 NULL（对于指针成员）。在函数定义之外（即外部）定义的结构体变量，如果没有在外部定义中显式初始化，则初始化为 0 或 NULL。你也可以将结构体变量赋值给同一类型的其他结构体变量，或者为单个结构体成员赋值。

### ✓ 自测题

1　（判断）如果列表中的初始值比结构体中的成员少，那么剩下的成员就不会被初始化。

答案：错。实际上，它们被初始化为 0（如果成员是指针，则为 NULL）。

2　（判断）你可以把结构体变量赋值给同一类型的其他结构体变量，或者给单个结构体成员赋值。

答案：对。

# 10.4　用 . 和->访问结构体成员

可以用以下方式访问结构体成员。

- 结构体成员操作符 (.)，即点操作符。
- 结构体指针操作符 (->)，即箭头操作符。

### 结构体成员操作符（.）

结构体成员操作符通过结构体变量的名称来访问结构体成员。例如，利用 10.3 节中的结构体变量 myCard，我们可以用以下语句打印该结构体成员：

```
printf("%s", myCard.suit); // displays Hearts
```

### 结构体指针操作符 (->)

你可以使用结构体指针操作符〔一个减（−）号和一个大于（>）号，中间没有空格〕通过结构体指针来访问一个结构体成员。如果指针 cardPtr 指向我们之前定义的 struct card 对象 myCard，我们可以用以下语句打印其成员 suit：

```
printf("%s", cardPtr->suit); // displays Hearts
```

表达式 cardPtr->suit 等同于 (*cardPtr).suit，它解引用该指针，并使用结构体成员操作符(.)访问成员 suit。这里需要括号，因为结构体成员操作符（.）比指针解引用操作符（*）的优先级更高。结构体指针操作符和结构体成员操作符的优先级最高，并从左至右组合，同时还有括号（用于调用函数）和用于数组索引的方括号（[]）。

### 空格惯例

不要在->和 . (点)操作符周围加空格，以强调操作符所包含的表达式本质上是单个变量名。在结构体指针操作符的"-"和">"之间或任何其他多键操作符的组件之间（除了?:）插入空格是一个语法错误。　⊗ERR

### 演示结构体成员和结构体指针操作符

清单 10.1 使用结构体成员和结构体指针操作符指代结构体 myCard 的成员。第 16～17 行将 "Ace" 和 "Spades"赋值给 myCard 的成员。第 19 行将 myCard 的地址赋值给 cardPtr。第 21～23 行使用以下方式显示 myCard 的成员。

- 结构体成员操作符和变量名 myCard。
- 结构体指针操作符和指针 cardPtr。
- 结构体成员操作符与解引用的指针 cardPtr。

**清单 10.1 | 结构体成员操作符和结构体指针操作符**

```
1  // fig10_01.c
2  // Structure member operator and
3  // structure pointer operator
4  #include <stdio.h>
5
6  // card structure definition
7  struct card {
8     const char *face; // define pointer face
9     const char *suit; // define pointer suit
10 };
11
12 int main(void) {
13    struct card myCard; // define one struct card variable
14
15    // place strings into myCard
16    myCard.face = "Ace";
17    myCard.suit = "Spades";
```

```
18
19      struct card *cardPtr = &myCard; // assign myCard
20
21      printf("%s of %s\n", myCard.face, myCard.suit);
22      printf("%s of %s\n", cardPtr->face, cardPtr->suit);
23      printf("%s of %s\n", (*cardPtr).face, (*cardPtr).suit);
24   }
```

```
Ace of Spades
Ace of Spades
Ace of Spades
```

### ✓ 自测题

1 （填空）结构体成员操作符_____和结构体指针操作符_____可以用来访问结构体成员。

    答案：.（点），->。

2 （判断）表达式 cardPtr->suit 等同于(*cardPtr).suit，它解引用该指针并使用结构体成员操作符访问成员 suit。括号是可选的。

    答案：错。如上所示，这两个表达式是等价的。这里需要括号，因为结构体成员操作符（.）的优先级高于指针解引用操作符（*）。

## 10.5　在函数中使用结构体

使用结构体，你可以向函数传递：

■　单独的结构体成员；

■　整个结构体对象；

■　结构体对象的指针。

单个结构体成员和整个结构体对象是按值传递的，所以函数不能在调用者中修改它们。要按引用传递结构体，请使用结构体对象的地址。按引用传递结构体比按值传递结构体更有效，按值传递需要复制整个结构体。结构体对象的数组与所有其他数组一样，都是自动按引用传递的。

### 按值传递数组

在第 6 章中，我们说过可以使用结构体按值传递数组。要做到这一点，请创建一个带有数组成员的结构体。结构体是按值传递的，所以它的成员也是按值传递的。

### ✓ 自测题

1 （填空）结构体对象和单个结构体成员是按_____传递给函数的。

    答案：值。

2 （讨论）如何按值来传递数组？

    答案：只要把数组放在一个结构体中，然后传递结构体。结构体通常是按值传递的。

## 10.6　typedef

关键字 typedef 让你能够为以前定义的类型创建同义词（或别名）。它通常用于为 struct 类型创建更短的名称，并简化像函数指针一样的类型的声明。例如，下面的 typedef 定义了 Card 作为 struct card 类型的同义词：

    typedef struct card Card;

按照惯例，typedef 名称的第一个字母要大写，以强调它们是其他类型名称的同义词。

现在你可以用 Card 来声明 struct card 类型的变量。声明

    Card deck[52];

声明了一个包含 52 个 Card 结构体的数组（即 struct card 类型的变量）。用 typedef 创建新的名字并不创建

新的类型；typedef 创建一个备用的类型名称，可以作为现有类型名称的别名。一个有意义的名字有助于使程序自身成为文档。例如，当我们读到前面的声明时，就知道 "deck 是一个包含 52 个 Card 的数组"。

### 将 typedef 与 struct 定义相结合

程序员经常使用 typedef 来定义结构体类型，所以不需要结构体标签。例如，下面的定义也创建了结构体类型 Card：

```
typedef struct {
    const char *face;
    const char *suit;
} Card;
```

### 内建类型的同义词

使用类型定义有助于让程序更具可读性和可维护性。通常，typedef 用于为内置类型创建同义词。例如，一个需要 4 字节整数的程序可以在一个系统上使用 int 类型，在另一个系统上使用 long 类型。为可移植性而设计的程序经常使用 typedef 来为 4 字节整数创建别名，如 Integer。要把程序移植到另一个平台，你可以简单地改变 Integer 的类型定义，然后重新编译程序。

### ✓ 自测题

1 （代码）编写一个 typedef 语句，为结构体类型 struct dice 创建较短的类型名 Dice。

答案：`typedef struct dice Dice;`

2 （判断）用 typedef 创建新的名字会创建新的类型。

答案：错。用 typedef 创建新的名字并不创建新的类型。它只是创建一个新的类型名称，可以作为现有类型名称的别名。

## 10.7 随机数模拟案例研究：高性能的洗牌和发牌

清单 10.2 是基于第 7 章的洗牌和发牌模拟。这个程序将一副牌表示为一个 Card 结构体数组，并使用了高性能的洗牌和发牌算法。

**清单 10.2 | 使用结构体的洗牌和发牌程序**

```
 1  // fig10_02.c
 2  // Card shuffling and dealing program using structures
 3  #include <stdio.h>
 4  #include <stdlib.h>
 5  #include <time.h>
 6
 7  #define CARDS 52
 8  #define FACES 13
 9
10  // card structure definition
11  struct card {
12     const char *face; // define pointer face
13     const char *suit; // define pointer suit
14  };
15
16  typedef struct card Card; // new type name for struct card
17
18  // prototypes
19  void fillDeck(Card * const deck, const char *faces[], const char *suits[]);
20  void shuffle(Card * const deck);
21  void deal(const Card * const deck);
22
23  int main(void) {
24     Card deck[CARDS]; // define array of Cards
25
26     // initialize faces array of pointers
27     const char *faces[] = { "Ace", "Deuce", "Three", "Four", "Five",
28        "Six", "Seven", "Eight", "Nine", "Ten", "Jack", "Queen", "King"};
```

```
29
30    // initialize suits array of pointers
31    const char *suits[] = { "Hearts", "Diamonds", "Clubs", "Spades"};
32
33    srand(time(NULL)); // randomize
34
35    fillDeck(deck, faces, suits); // load the deck with Cards
36    shuffle(deck); // put Cards in random order
37    deal(deck); // deal all 52 Cards
38 }
39
40 // place strings into Card structures
41 void fillDeck(Card * const deck, const char * faces[],
42    const char * suits[]) {
43    // loop through deck
44    for (size_t i = 0; i < CARDS; ++i) {
45       deck[i].face = faces[i % FACES];
46       deck[i].suit = suits[i / FACES];
47    }
48 }
49
50 // shuffle cards
51 void shuffle(Card * const deck) {
52    // loop through deck randomly swapping Cards
53    for (size_t i = 0; i < CARDS; ++i) {
54       size_t j = rand() % CARDS;
55       Card temp = deck[i];
56       deck[i] = deck[j];
57       deck[j] = temp;
58    }
59 }
60
61 // deal cards
62 void deal(const Card * const deck) {
63    // loop through deck
64    for (size_t i = 0; i < CARDS; ++i) {
65       printf("%5s of %-8s%s", deck[i].face, deck[i].suit,
66          (i + 1) % 4 ? "   " : "\n");
67    }
68 }
```

```
Three of Hearts      Jack of Clubs      Three of Spades       Six of Diamonds
 Five of Hearts     Eight of Spades     Three of Clubs       Deuce of Spades
 Jack of Spades      Four of Hearts     Deuce of Hearts        Six of Clubs
Queen of Clubs      Three of Diamonds   Eight of Diamonds     King of Clubs
 King of Hearts     Eight of Hearts     Queen of Hearts      Seven of Clubs
Seven of Diamonds    Nine of Spades      Five of Clubs       Eight of Clubs
  Six of Hearts     Deuce of Diamonds    Five of Spades       Four of Clubs
Deuce of Clubs       Nine of Hearts     Seven of Hearts       Four of Spades
  Ten of Spades      King of Diamonds     Ten of Hearts       Jack of Diamonds
 Four of Diamonds     Six of Spades      Five of Diamonds      Ace of Diamonds
  Ace of Clubs       Jack of Diamonds     Ten of Clubs       Queen of Diamonds
  Ace of Hearts       Ten of Diamonds    Nine of Clubs        King of Spades
  Ace of Spades      Nine of Diamonds   Seven of Spades      Queen of Spades
```

第 35 行调用函数 fillDeck（第 41~48 行）来初始化 Card 数组，依次为每种花色的 "Ace" 到 "King"。第 36 行将 Card 数组传递给函数 shuffle（第 51~59 行），它实现了高性能的洗牌算法。函数 shuffle 接收一个包含 52 个 Card 的数组作为参数。该函数在 52 个 Card 中进行循环。对于每个 Card，该算法在 0~51 中选择一个随机数，然后交换当前的 Card 和随机选择的 Card。该算法在整个数组的一次循环中执行了 52 次交换，并且数组中的 Card 被洗了一遍！这个算法不会像第 7 章的洗牌算法那样遇到无限期延迟。这些 Card 在数组中被交换到位，因此函数 deal（第 62~68 行）中的高性能发牌算法只需对数组进行一次处理就可以发好洗好后的纸牌。

### 相关练习——Fisher-Yates 洗牌算法

建议你在真正的纸牌游戏中使用一种无偏的洗牌算法。这样的算法可以确保所有可能的洗牌顺序都有同样的可能性出现。练习 10.18 要求你研究流行的 Fisher-Yates 无偏洗牌算法，并用它来重新实现清单 10.2 中的 shuffle 函数。

### ✓ 自测题

1　（代码）重写以下代码以避免单独的 typedef 语句：

```
struct name {
   const char *first;
   const char *last;
};
typedef struct name Name;
```

答案：如下。

```
typedef struct name {
   const char *first;
   const char *last;
} Name;
```

2　（代码）纠正下面的代码，它本应该交换 Card 数组 deck 中的元素 i 和 j：

```
deck[i] = deck[j];
deck[j] = deck[i];
```

答案：如下。

```
Card temp = deck[i];
deck[j] = deck[i];
deck[i] = temp;
```

3　（讨论）为什么我们在第 7 章介绍的洗牌算法会受到无限期延迟的影响？为什么本章的洗牌算法没有受到无限期延迟的影响？

答案：第 7 章的洗牌和发牌的例子使用了一个 4×13 的数组来表示一副牌中的 4 种花色和 13 张牌。洗牌算法使用标记控制的循环将 1～52（代表发牌顺序）放入随机选择的行和列中。如果随机选择的单元格已经包含了这些值中的一个，那么这个循环可能无限期地执行。本章的洗牌算法使用计数器控制的循环来对一个一维数组进行一次处理。循环对每张牌迭代一次，然后终止，所以它不会受到无限期延迟的影响。

## 10.8　共用体

和结构体一样，共用体（union）也是一种派生数据类型，但是它的成员共享同一个内存。在程序执行的不同时期，一些变量可能不相关，而其他变量相关。因此，共用体共享空间，而不是在不使用的变量上浪费存储空间。共用体的成员可以是任何类型。用于存储共用体的字节数必须至少足以容纳其最大的成员。

在大多数情况下，共用体包含两个或多个不同类型的数据项。一次只能引用一个成员，因此也只能引用一种类型。你有责任用正确的类型来引用数据。用错误类型的变量引用当前存储的数据是一个逻辑错误，其结果取决于实现。　　　　　　⊗ERR

### 共用体的可移植性

存储一个共用体所需的内存量是与实现有关的。操作符 sizeof 总是返回一个至少与共用体最大成员的字节大小相等的值。一些共用体可能不容易在计算机系统之间移植。共用体是否可以移植通常取决于共用体成员类型在特定系统上的内存对齐要求。　⚠SE ⚠SE

### 10.8.1　共用体的声明

下面的 union 有两个成员——int x 和 double y：

```
union number {
    int x;
    double y;
};
```

union 定义通常放在头文件中，并包含在所有使用 union 类型的源文件中。与 struct 定义一样，union 定义只是创建一个新的类型。在使用该类型创建变量之前，它不会保留任何内存。

### 10.8.2　允许的共用体操作

可以在一个 union 上进行的操作如下。

- 将一个 union 赋值给另一个相同类型的 union。
- 获取 union 变量的地址（&）。
- 通过结构体成员操作符（.）和结构体指针操作符（->）访问 union 成员。
- 零初始化该共用体。

两个共用体不能用操作符==和!=来比较，原因与两个结构体不能比较一样。

### 10.8.3　在声明中初始化共用体

可以在声明中用 union 的第一个成员类型的值初始化 union。 10.8.1 节中的 union number 的第一个成员是 int 类型，所以我们可以用下面的语句初始化这个类型的对象：

```
union number value = {10};
```

如果你用一个 double 类型来初始化这个对象，如

```
union number value = {1.43};
```

C 语言会截断初始化值的浮点部分——有些编译器会对此发出警告。

### 10.8.4　示范共用体

清单 10.3 显示了一个名为 value 的 union number 变量（第 12 行），它既是一个 int 型变量也是一个 double 型变量。这个程序的输出取决于实现。

清单 10.3 | 用两种成员数据类型显示 union 的值

```
1  // fig10_03.c
2  // Displaying the value of a union in both member data types
3  #include <stdio.h>
4
5  // number union definition
6  union number {
7      int x;
8      double y;
9  };
10
11  int main(void) {
12     union number value; // define a union variable
13
14     value.x = 100; // put an int into the union
15     puts("Put 100 in the int member and print both members:");
16     printf("int: %d\ndouble: %.2f\n\n", value.x, value.y);
17
18     value.y = 100.0; // put a double into the same union
```

```
19    puts("Put 100.0 in the double member and print both members:");
20    printf("int: %d\ndouble: %.2f\n\n", value.x, value.y);
21  }
```

Visual Studio

```
Put 100 in the int member and print both members:
int: 100
double:  -9255959211743313550261640731307191748613935139827644561044 2752.00

Put 100.0 in the double member and print both members:
int: 0
double: 100.00
```

GNU GCC 和 Apple Xcode

```
Put 100 in the int member and print both members:
int: 100
double: 0.00

Put 100.0 in the double member and print both members:
int: 0
double: 100.00
```

✓ **自测题**

1  （讨论）像 struct 一样，union 是一种派生数据类型。union 与 struct 有什么不同？

答案：union 在其所有的成员之间共享内存。在任何时候，只有一个成员可以存储在一个 union 中。你必须跟踪当前存储的是哪个成员。

2  （判断）下面的 union 定义表明 number 是一个具有成员 int x 和 double y 的 union 类型：

```
union number {
    int x;
    double y;
};
```

对于一个拥有 4 字节 int 和 8 字节 double 的机器，编译器必须为这个 union 类型的变量保留至少 12 字节。

答案：错。同一时刻只有一个成员是活动的，所以 union 只需要为最大的成员保留所需的存储空间——本例中是 8 字节。

## 10.9　位操作符

计算机在内部将所有数据表示为位的序列。每位都可以取值为 0 或 1。在大多数系统中，一个由 8 位组成的序列构成 1 字节——典型的 char 变量的存储单位。位操作符用于操作整型（包括 signed 和 unsigned）操作数的位，尽管通常会使用无符号整数。位运算的数据操作是与机器有关的。图 10-2 总结了位操作符。

| 操作符 | | 描述 |
| --- | --- | --- |
| & | 按位与 | 对其两个操作数进行逐位比较。如果两个操作数的相应位都是 1，则结果中的位被设置为 1 |
| \| | 按位或 | 对其两个操作数进行逐位比较。如果两个操作数中至少有一个对应的位是 1，则结果中的位被设置为 1 |
| ^ | 按位异或 | 对其两个操作数进行逐位比较。如果两个操作数的相应位不同，则结果中的位被设置为 1 |
| << | 左移位 | 将第一个操作数的位向左移动，移动的位数由第二个操作数指定；从右边开始用 0 填充 |
| >> | 右移位 | 将第一个操作数的位向右移动，移动的位数由第二个操作数指定；当左边操作数为负数时，从左边填充的方法取决于机器 |
| ~ | 按位取反 | 所有 0 位被设置为 1，所有 1 位被设置为 0，这通常被称为翻转位 |

图 10-2　位操作符

后面的例子是对每个位操作符的详细讨论。这些例子显示了整数操作数的二进制表示。

## 10.9.1　显示无符号整数的位数

在使用位操作符时，用二进制[1]来显示每个操作符的精确效果是很有用的。清单10.4使用8位分组打印了一个 unsigned int 类型的值的二进制表示，以保证可读性。我们用来测试这些例子的所有编译器都将 unsigned int 类型的值存储在 4 字节（32 位）的内存中。

**清单 10.4 | 以位为单位显示 unsigned int 类型的值**

```
1   // fig10_04.c
2   // Displaying an unsigned int in bits
3   #include <stdio.h>
4
5   void displayBits(unsigned int value); // prototype
6
7   int main(void) {
8      unsigned int x = 0; // variable to hold user input
9
10      printf("%s", "Enter a nonnegative int: ");
11      scanf("%u", &x);
12      displayBits(x);
13   }
14
15   // display bits of an unsigned int value
16   void displayBits(unsigned int value) {
17      // define displayMask and left shift 31 bits
18      unsigned int displayMask = 1 << 31;
19
20      printf("%10u = ", value);
21
22      // loop through bits
23      for (unsigned int c = 1; c <= 32; ++c) {
24         putchar(value & displayMask ? : );
25         value <<= 1; // shift value left by 1
26
27         if (c % 8 == 0) { // output space after 8 bits
28            putchar();
29         }
30      }
31
32      putchar();
33   }
```

```
Enter a nonnegative int: 65000
      65000 = 00000000 00000000 11111101 11101000
```

**显示整数的位数**

函数 displayBits（第 16～33 行）使用按位与操作符将变量 value 与变量 displayMask（第 24 行）相结合。通常情况下，按位与操作符是和一个名为掩码的操作数一起使用的，掩码是一个特定位被设置为 1 的整数值。掩码被用来隐藏一个值中的某些位，同时选择其他位。在函数 displayBits 中，第 18 行赋给掩码变量 displayMask 的值是

　　1 << 31　　　(10000000 00000000 00000000 00000000)

左移位操作符将值 1 从 displayMask 的低位（最右）移到高位（最左），并从右边填入 0 位。第 24 行
　　putchar(value & displayMask ? : );
决定当前 value 的最左边的位是显示 1 还是 0。将 value 和 displayMask 用&结合起来，"掩盖"（隐藏）了除 value 中的高位外的所有位——任何位与 0 "与"都会产生 0。如果最左边的位是 1，value &

---

[1]　关于二进制(base-2)数字系统的详细解释见在线附录E。

displayMask 求值为非零（真）值，则第 24 行显示 1；否则，显示 0。第 25 行用表达式 value <<= 1 将变量 value 左移一位。函数 displayBits 对 value 中的每一位都重复这些步骤。用逻辑与操作符（&&）来代替按位与操作符（&）是一个逻辑错误，反之亦然。图 10-3 总结了用按位与操作符组合两个位的结果。 ⊗ERR

| 位 1 | 位 2 | 位 1 & 位 2 |
|---|---|---|
| 0 | 0 | 0 |
| 0 | 1 | 0 |
| 1 | 0 | 0 |
| 1 | 1 | 1 |

图 10-3　按位与的结果

## 10.9.2　使函数 displayBits 更加通用和可移植

在清单 10.4 的第 18 行，我们对整数 31 进行了硬编码，表示值 1 应该被移到变量 displayMask 的最左边的位。同样，在第 23 行，我们对整数 32 进行了硬编码，以表示循环应该迭代 32 次，每次对应于 value 中的一位。我们假设无符号整数总是存储在 32 位（4 字节）的内存中。当今流行的计算机通常使用 32 位或 64 位的硬件架构。作为一名 C 语言程序员，你往往会在许多硬件架构中工作，有时无符号整数会被存储在较小或较大的位数中。

清单 10.4 中的整数 31（第 18 行）和 32（第 23 行）可以替换为计算这些整数的表达式，基于特定平台的 unsigned int 的大小，可以使代码更加通用和可移植。符号常量 CHAR_BIT（定义在<limits.h>中）表示一字节的位数（通常是 8）。记得 sizeof 决定了用于存储一个对象或类型的字节数。对于 32 位 unsigned int 来说，表达式 sizeof(unsigned int)求值为 4，对于 64 位 unsigned int 来说，该表达式求值为 8。你可以将 31 替换为 ⚠SE

```
CHAR_BIT * sizeof(unsigned int) - 1
```
并将 32 替换为
```
CHAR_BIT * sizeof(unsigned int)
```
对于 32 位 unsigned int，这些表达式的值是 31 和 32。对于 64 位 unsigned int，它们的值是 63 和 64。

## 10.9.3　使用按位与、按位或、按位异或和按位取反操作符

清单 10.5 展示了按位与、按位或、按位异或和按位取反操作符。该程序使用函数 displayBits（第 45～62 行）来显示 unsigned int 值。

**清单 10.5 | 使用按位与、按位或、按位异或和按位取反操作符**

```
1   // fig10_05.c
2   // Using the bitwise AND, bitwise inclusive OR, bitwise
3   // exclusive OR and bitwise complement operators
4   #include <stdio.h>
5
6   void displayBits(unsigned int value); // prototype
7
8   int main(void) {
9      // demonstrate bitwise AND (&)
10     unsigned int number1 = 65535;
11     unsigned int mask = 1;
12     puts("The result of combining the following");
13     displayBits(number1);
14     displayBits(mask);
15     puts("using the bitwise AND operator & is");
16     displayBits(number1 & mask);
17
```

```c
18      // demonstrate bitwise inclusive OR (|)
19      number1 = 15;
20      unsigned int setBits = 241;
21      puts("\nThe result of combining the following");
22      displayBits(number1);
23      displayBits(setBits);
24      puts("using the bitwise inclusive OR operator | is");
25      displayBits(number1 | setBits);
26
27      // demonstrate bitwise exclusive OR (^)
28      number1 = 139;
29      unsigned int number2 = 199;
30      puts("\nThe result of combining the following");
31      displayBits(number1);
32      displayBits(number2);
33      puts("using the bitwise exclusive OR operator ^ is");
34      displayBits(number1 ^ number2);
35
36      // demonstrate bitwise complement (~)
37      number1 = 21845;
38      puts("\nThe one);
39      displayBits(number1);
40      puts("is");
41      displayBits(~number1);
42 }
43
44 // display bits of an unsigned int value
45 void displayBits(unsigned int value) {
46      // declare displayMask and left shift 31 bits
47      unsigned int displayMask = 1 << 31;
48
49      printf("%10u = ", value);
50
51      // loop through bits
52      for (unsigned int c = 1; c <= 32; ++c) {
53         putchar(value & displayMask ?   : );
54         value <<= 1; // shift value left by 1
55
56         if (c % 8 == 0) { // output a space after 8 bits
57            putchar();
58         }
59      }
60
61      putchar();
62 }
```

```
The result of combining the following
     65535 = 00000000 00000000 11111111 11111111
         1 = 00000000 00000000 00000000 00000001
using the bitwise AND operator & is
         1 = 00000000 00000000 00000000 00000001

The result of combining the following
        15 = 00000000 00000000 00000000 00001111
       241 = 00000000 00000000 00000000 11110001
using the bitwise inclusive OR operator | is
       255 = 00000000 00000000 00000000 11111111

The result of combining the following
       139 = 00000000 00000000 00000000 10001011
       199 = 00000000 00000000 00000000 11000111
using the bitwise exclusive OR operator ^ is
        76 = 00000000 00000000 00000000 01001100

The one
     21845 = 00000000 00000000 01010101 01010101
is
4294945450 = 11111111 11111111 10101010 10101010
```

## 按位与操作符(&)

第 10 行将值 65535

00000000 00000000 11111111 11111111

赋给整数变量 number1，第 11 行将值 1

00000000 00000000 00000000 00000001

赋给变量 mask。当你在表达式 number1 & mask（第 16 行）中使用按位与操作符（&）将 number1 和 mask 结合起来时，其结果是

00000000 00000000 00000000 00000001

除了 number1 中的低位外，所有的位都通过与变量 mask "按位与" 而被 "屏蔽"（隐藏）了。

## 按位或操作符(|)

按位或操作符将操作数中的特定位设置为 1。第 19 行将值 15

00000000 00000000 00000000 00001111

赋给变量 number1，第 20 行将 241

00000000 00000000 00000000 11110001

赋给变量 setBits。当你将 number1 和 setBits 用表达式 number1 | setBits 中的按位或操作相结合时（第 25 行），其结果是 255

00000000 00000000 00000000 11111111

图 10-4 总结了用按位或操作符组合两个位的结果。

| 位 1 | 位 2 | 位 1 \| 位 2 |
|---|---|---|
| 0 | 0 | 0 |
| 0 | 1 | 1 |
| 1 | 0 | 1 |
| 1 | 1 | 1 |

图 10-4　按位或的结果

## 按位异或操作符(^)

按位异或操作符(^)将结果中的每一位设置为 1，如果它的两个操作数中正好有一位是 1。第 28 行赋值给 number1 的值是 139

00000000 00000000 00000000 10001011

第 29 行赋值给 number2 的值是 199

00000000 00000000 00000000 11000111

当你将这些变量用表达式 number1 ^ number2 中的按位异或操作相结合时（第 34 行），结果是

00000000 00000000 00000000 01001100

图 10-5 总结了用按位异或操作符组合两个位的结果。

| 位 1 | 位 2 | 位 1 ^ 位 2 |
|---|---|---|
| 0 | 0 | 0 |
| 0 | 1 | 1 |
| 1 | 0 | 1 |
| 1 | 1 | 0 |

图 10-5　按位异或的结果

## 按位取反操作符(~)

按位取反操作符(~)将其操作数中的所有 1 位在结果中设置为 0，并将所有 0 位设置为 1。这也被

称为"对该值取 1 的补"。第 37 行给 number1 赋值 21845

    00000000 00000000 01010101 01010101

表达式~number1（第 41 行）翻转了所有的位，产生了

    11111111 11111111 10101010 10101010

## 10.9.4   使用左移位和右移位操作符

    清单 10.6 演示了左移位（<<）和右移位（>>）操作符。同样，我们使用函数 displayBits 来显示 unsigned int 值。

**清单 10.6｜使用移位操作符**

```
1   // fig10_06.c
2   // Using the bitwise shift operators
3   #include <stdio.h>
4
5   void displayBits(unsigned int value); // prototype
6
7   int main(void) {
8      unsigned int number1 = 960; // initialize number1
9
10     // demonstrate bitwise left shift
11     puts("\nThe result of left shifting");
12     displayBits(number1);
13     puts("8 bit positions using the left shift operator << is");
14     displayBits(number1 << 8);
15
16     // demonstrate bitwise right shift
17     puts("\nThe result of right shifting");
18     displayBits(number1);
19     puts("8 bit positions using the right shift operator >> is");
20     displayBits(number1 >> 8);
21  }
22
23  // display bits of an unsigned int value
24  void displayBits(unsigned int value) {
25     // declare displayMask and left shift 31 bits
26     unsigned int displayMask = 1 << 31;
27
28     printf("%10u = ", value);
29
30     // loop through bits
31     for (unsigned int c = 1; c <= 32; ++c) {
32        putchar(value & displayMask ?   :  );
33        value <<= 1; // shift value left by 1
34
35        if (c % 8 == 0) { // output a space after 8 bits
36           putchar();
37        }
38     }
39
40     putchar();
41  }
```

```
The result of left shifting
        960 = 00000000 00000000 00000011 11000000
8 bit positions using the left shift operator << is
     245760 = 00000000 00000011 11000000 00000000

The result of right shifting
        960 = 00000000 00000000 00000011 11000000
8 bit positions using the right shift operator >> is
          3 = 00000000 00000000 00000000 00000011
```

### 左移位操作符(<<)

左移位操作符（<<）将它左边操作数的位向左移，移的位数由它右边的操作数指定。右边空出的位被替换成 0。从左边移走的位会丢失。第 8 行将变量 number1 赋值为 960

00000000 00000000 00000011 11000000

用表达式 number1 << 8（第 14 行）将 number1 左移 8 位，结果是数值 245760

00000000 00000011 11000000 00000000

### 右移位操作符(>>)

右移位操作符（>>）将它左边操作数的位向右移，移的位数由它右边的操作数指定。右移位一个 unsigned int 值，将左边的空位替换为 0。从右边移走的位会丢失。用表达式 number1 >> 8（第 20 行）对 number1 进行右移的结果是 3

00000000 00000000 00000000 00000011

如果右操作数为负数，或者右操作数大于左操作数的位数，那么右移或左移的结果就无法确定。负数右移的结果是由实现定义的。 ⊗ERR ⚠SE

## 10.9.5 位赋值操作符

每个二元位操作符都有一个相应的赋值操作符。图 10-6 总结了这些位赋值操作符。

| 操作符 | 描述 |
|---|---|
| &= | 按位与赋值操作符 |
| \|= | 按位或赋值操作符 |
| ^= | 按位异或赋值操作符 |
| <<= | 左移位赋值操作符 |
| >>= | 右移位赋值操作符 |

图 10-6　位赋值操作符

图 10-7 按优先级由高到低的顺序显示了本书到目前为止介绍的操作符及其组合方式。

| 操作符 | | | | | | | | | 组合方式 | 类型 |
|---|---|---|---|---|---|---|---|---|---|---|
| () | [] | . | -> | ++（后缀） | --（后缀） | | | | 从左到右 | 最高 |
| + | - | ++ | -- | ! | & | * | ~ | sizeof（类型） | 从右到左 | 一元 |
| * | / | % | | | | | | | 从左到右 | 乘法类 |
| + | - | | | | | | | | 从左到右 | 加法类 |
| << | >> | | | | | | | | 从左到右 | 移位 |
| < | <= | > | >= | | | | | | 从左到右 | 关系 |
| == | != | | | | | | | | 从左到右 | 相等类 |
| & | | | | | | | | | 从左到右 | 按位与 |
| ^ | | | | | | | | | 从左到右 | 按位异或 |
| \| | | | | | | | | | 从左到右 | 按位或 |
| && | | | | | | | | | 从左到右 | 逻辑与 |
| \|\| | | | | | | | | | 从左到右 | 逻辑或 |
| ?: | | | | | | | | | 从左到右 | 条件 |
| = | += | -= | *= | /= | %= | &= | \|= | ^= <<= >>= | 从左到右 | 赋值 |
| , | | | | | | | | | 从左到右 | 逗号 |

图 10-7　本书目前为止介绍的操作符及其组合方式

### ✓ 自测题

1. （填空）通常情况下，按位与操作符与一个名为_____的操作数一起使用，该操作数是一个特定位被设置为 1 的整数值。这被用来隐藏一个值中的某些位，同时选择其他位。

   答案：掩码。

2. （判断）如果操作数中任何一个（或两个）的相应位是 1，那么按位异或操作符将结果中的每个位设置为 1。

   答案：错。实际上，上面所描述的是按位或操作符。如果每个操作数的相应位不一样，则按位异或操作符将结果中的每个位设置为 1。

3. （填空）按位取反操作符将其操作数中的所有 0 位在结果中设置为 1，并将所有 1 位设置为 0，这通常被称为_____这些位。

   答案：翻转。

4. （判断）由于位操作与机器有关的特性，包括这些操作的程序可能不能正确工作，或者在不同的系统中工作方式不同。

   答案：对。

## 10.10　位域

你可以指定存储 struct 或 union 的无符号或有符号整型成员的位数。这些被称为位域，通过在所需的最小位数中存储数据来更好地利用内存。位域成员通常被声明为 int 或 unsigned int。

### 10.10.1　定义位域

下面的 struct bitCard

```
struct bitCard {
    unsigned int face : 4;
    unsigned int suit : 2;
    unsigned int color : 1;
};
```

包含 3 个 unsigned int 位域（face、suit 和 color）可以表示一副 52 张牌中的一张牌。你可以通过在无符号或有符号整型成员的名字后面加上冒号（:）和一个代表位域宽度的整数常数来声明一个位域——存储该成员的位数。宽度必须是一个介于 0 和系统中用于存储 int 的总位数之间的整数常数，包括范围边界。我们的例子是在一台拥有 4 字节（32 位）整数的计算机上测试的。

前面的结构体定义表明，成员 face、suit 和 color 分别存储为 4 位、2 位和 1 位。位的数量基于每个成员所需的数值范围。

- face 可以存储从 0（Ace）到 12（King）的数值，4 位可以存储 0～15 的数值。
- suit 存储 0～3 的值（0=红心，1=方块，2=梅花，3=黑桃），2 位可以存储 0～3 范围的值。
- color 存储 0（红色）或 1（黑色），1 位可以存储 0 或 1。

### 10.10.2　使用位域来表示牌面、花色和颜色

清单 10.7 在第 19 行创建了包含 52 个 struct bitCard 结构体的数组 deck。函数 fillDeck（第 30～37 行）在 deck 数组中插入了 52 张牌，而函数 deal（第 41～49 行）打印了这 52 张牌。注意，结构体中的位域成员访问时与其他结构体成员完全一样。

**清单 10.7 | 用结构体中的位域表示纸牌**

```
1  // fig10_07.c
2  // Representing cards with bit fields in a struct
3  #include <stdio.h>
```

```
4  #define CARDS 52
5
6  // bitCard structure definition with bit fields
7  struct bitCard {
8     unsigned int face : 4; // 4 bits; 0-15
9     unsigned int suit : 2; // 2 bits; 0-3
10    unsigned int color : 1; // 1 bit; 0-1
11 };
12
13 typedef struct bitCard Card; // new type name for struct bitCard
14
15 void fillDeck(Card * const deck); // prototype
16 void deal(const Card * const deck); // prototype
17
18 int main(void) {
19    Card deck[CARDS]; // create array of Cards
20
21    fillDeck(deck);
22
23    puts("Card values 0-12 correspond to Ace through King");
24    puts("Suit values 0-3 correspond to Hearts, Diamonds, Clubs and Spades");
25    puts("Color values 0-1 correspond to red and black\n");
26    deal(deck);
27 }
28
29 // initialize Cards
30 void fillDeck(Card * const deck) {
31    // loop through deck
32    for (size_t i = 0; i < CARDS; ++i) {
33       deck[i].face = i % (CARDS / 4);
34       deck[i].suit = i / (CARDS / 4);
35       deck[i].color = i / (CARDS / 2);
36    }
37 }
38
39 // output cards in two-column format; cards 0-25 indexed with
40 // k1 (column 1); cards 26-51 indexed with k2 (column 2)
41 void deal(const Card * const deck) {
42    // loop through deck
43    for (size_t k1 = 0, k2 = k1 + 26; k1 < CARDS / 2; ++k1, ++k2) {
44       printf("Card:%3d  Suit:%2d  Color:%2d  ",
45          deck[k1].face, deck[k1].suit, deck[k1].color);
46       printf("Card:%3d  Suit:%2d  Color:%2d\n",
47          deck[k2].face, deck[k2].suit, deck[k2].color);
48    }
49 }
```

```
Card values 0-12 correspond to Ace through King
Suit values 0-3 correspond to Hearts, Diamonds, Clubs and Spades
Color values 0-1 correspond to red and black

Card:  0  Suit:  0  Color:  0  Card:  0  Suit:  2  Color:  1
Card:  1  Suit:  0  Color:  0  Card:  1  Suit:  2  Color:  1
Card:  2  Suit:  0  Color:  0  Card:  2  Suit:  2  Color:  1
Card:  3  Suit:  0  Color:  0  Card:  3  Suit:  2  Color:  1
Card:  4  Suit:  0  Color:  0  Card:  4  Suit:  2  Color:  1
Card:  5  Suit:  0  Color:  0  Card:  5  Suit:  2  Color:  1
Card:  6  Suit:  0  Color:  0  Card:  6  Suit:  2  Color:  1
Card:  7  Suit:  0  Color:  0  Card:  7  Suit:  2  Color:  1
Card:  8  Suit:  0  Color:  0  Card:  8  Suit:  2  Color:  1
Card:  9  Suit:  0  Color:  0  Card:  9  Suit:  2  Color:  1
Card: 10  Suit:  0  Color:  0  Card: 10  Suit:  2  Color:  1
Card: 11  Suit:  0  Color:  0  Card: 11  Suit:  2  Color:  1
Card: 12  Suit:  0  Color:  0  Card: 12  Suit:  2  Color:  1
Card:  0  Suit:  1  Color:  0  Card:  0  Suit:  3  Color:  1
Card:  1  Suit:  1  Color:  0  Card:  1  Suit:  3  Color:  1
Card:  2  Suit:  1  Color:  0  Card:  2  Suit:  3  Color:  1
Card:  3  Suit:  1  Color:  0  Card:  3  Suit:  3  Color:  1
```

```
Card:  4  Suit:  1  Color:  0  Card:  4  Suit:  3  Color:  1
Card:  5  Suit:  1  Color:  0  Card:  5  Suit:  3  Color:  1
Card:  6  Suit:  1  Color:  0  Card:  6  Suit:  3  Color:  1
Card:  7  Suit:  1  Color:  0  Card:  7  Suit:  3  Color:  1
Card:  8  Suit:  1  Color:  0  Card:  8  Suit:  3  Color:  1
Card:  9  Suit:  1  Color:  0  Card:  9  Suit:  3  Color:  1
Card: 10  Suit:  1  Color:  0  Card: 10  Suit:  3  Color:  1
Card: 11  Suit:  1  Color:  0  Card: 11  Suit:  3  Color:  1
Card: 12  Suit:  1  Color:  0  Card: 12  Suit:  3  Color:  1
```

PERF　　　位域可以减少程序所需的内存量，但它与机器有关。尽管位域可以节省空间，但使用它们会导致编译器生成执行速度较慢的机器语言代码。这是因为需要额外的机器语言操作来访问可寻址存储单元

PERF　　的部分内容。这是计算机科学中出现的各种空间/时间权衡的众多例子之一。

　　　　位域没有地址，所以试图用 & 操作符获取位域的地址是一个错误。另外，对一个位域使用 sizeof

ERR　　也是一个错误。

### 10.10.3　未命名位域

　　未命名位域被用作 struct 中的填充。例如，定义

```
struct example {
    unsigned int a : 13;
    unsigned int   : 19;
    unsigned int b : 4;
};
```

使用未命名的 19 位位域作为填充。在这 19 位中不能存储任何东西。成员 b（假设是一台 4 字节字的计算机）被存储在一个单独的内存字中。

　　一个宽度为零的未命名位域将下一个位域对齐在一个新的存储单元边界上。例如，以下结构体

```
struct example {
    unsigned int a : 13;
    unsigned int   :  0;
    unsigned int b : 4;
};
```

使用未命名的 0 位位域来跳过存储 a 的存储单元的剩余位（不管有多少），并将 b 对齐在下一个存储单元边界上。

### ✓ 自测题

1　（填空）结构体定义

```
struct example {
    unsigned int a : 13;
    unsigned int   : 19;
    unsigned int b : 4;
};
```

使用未命名的 19 位位域作为_____——这 19 位中不能存储任何东西。

答案：填充。

2　（选择）关于 10.10.1 节的 struct bitCard，以下哪些陈述是正确的？

（a）在无符号或有符号整型成员的名字后面用冒号（:）和代表位域宽度的整数常数来声明一个位域。

（b）struct bitCard 的定义表明，成员 face 存储在 4 位中，成员 suit 存储在 2 位中，成员 color 存储在 1 位中。

（c）位域中的位数基于每个结构体成员所需的值范围。

答案：（a）（b）（c）。

## 10.11　枚举常量

5.11 节介绍了关键字 enum，用于定义一组由标识符表示的整数枚举常量。除非另有规定，枚举中的值从 0 开始，以 1 递增。例如，枚举

```
enum months {
    JAN, FEB, MAR, APR, MAY, JUN, JUL, AUG, SEP, OCT, NOV, DEC
};
```

创建新类型 enum months，其中的标识符被设置为整数 0～11。要对月份编号为 1～12，请使用：

```
enum months {
    JAN = 1, FEB, MAR, APR, MAY, JUN, JUL, AUG, SEP, OCT, NOV, DEC
};
```

它显式地将 JAN 设置为 1。其余的值从 1 开始递增，形成了 1～12 的值。

　　在给定范围内可访问的所有枚举中的标识符必须是唯一的。每个枚举常量的值可以通过给标识符赋值在定义中显式地设置。多个枚举成员可以有相同的常量值。在一个枚举常量被定义之后再给它赋 ⊗ERR 值是一个语法错误。你应该在枚举常量名称中只使用大写字母，以使它们在程序中显眼，并提醒你枚举常量不是变量。

　　清单 10.8 在 for 语句中使用枚举变量 month 来打印数组 monthName 中一年中的各个月份。我们将 monthName[0] 设置为空字符串""，并在本例中忽略它。

**清单 10.8 | 使用枚举**

```
1   // fig10_08.c
2   // Using an enumeration
3   #include <stdio.h>
4
5   // enumeration constants represent months of the year
6   enum months {
7       JAN = 1, FEB, MAR, APR, MAY, JUN, JUL, AUG, SEP, OCT, NOV, DEC
8   };
9
10  int main(void) {
11      // initialize array of pointers
12      const char *monthName[] = { "", "January", "February", "March",
13          "April", "May", "June", "July", "August", "September", "October",
14          "November", "December" };
15
16      // loop through months
17      for (enum months month = JAN; month <= DEC; ++month) {
18          printf("%2d%11s\n", month, monthName[month]);
19      }
20  }
```

```
 1      January
 2     February
 3        March
 4        April
 5          May
 6         June
 7         July
 8       August
 9    September
10      October
11     November
12     December
```

### ✓ 自测题

1　（代码）下面的枚举创建了一个新类型 enum days，其中的标识符被设置为 0～6 的整数：

```
enum days {
    MON, TUE, WED, THU, FRI, SAT, SUN
};
```

重写这个枚举，把天数编号为1～7。

答案：如下。

```
enum days {
    MON = 1, TUE, WED, THU, FRI, SAT, SUN
};
```

2　（判断）同一范围内的多个枚举常量可以有相同的标识符。

　答案：错。实际上，在同一范围内可访问的所有枚举中的标识符必须是唯一的。一个枚举的多个
　　　　成员可以有相同的常量值。

## 10.12　匿名结构体和共用体

匿名 struct 和 union 可以嵌套在命名 struct 和 union 中。嵌套的匿名 struct 或 union 中的成员是外
围 struct 或 union 的成员。它们可以通过外围类型的对象直接访问。例如，考虑下面的 struct 声明：

```
struct myStruct {
    int member1;
    int member2;

    struct { # anonymous struct
        int nestedMember1;
        int nestedMember2;
    }; // end nested struct
}; // end outer struct
```

对于名为 object 的 struct myStruct 变量，你可以用以下方式访问其成员

```
object.member1;
object.member2;
object.nestedMember1;
object.nestedMember2;
```

### ✓　自测题

（判断）嵌套的匿名 struct 或 union 中的成员是外围 struct 或 union 的成员。它们可以通过外围类型的
对象直接访问。

答案：对。

## SEC🔒　10.13　安全的 C 语言编程

各种 CERT 指南和规则适用于本章的主题。欲了解更多信息请访问 SEI 外部维基网站。

### CERT 关于结构体的指南

正如我们在 10.2.4 节中所讨论的，struct 成员的边界对齐要求可能会导致你创建的每个 struct 变量
都包含未定义的数据的额外字节。下面的每条准则都与这个问题有关。

- EXP03-C：由于边界对齐的要求，struct 变量的大小不一定是其成员大小的总和。始终使用
  sizeof 来确定一个 struct 变量的字节数。我们将使用这种技术来处理写入文件和从文件中读取
  的固定长度记录（第 11 章），并创建自定义数据结构（第 12 章）。

- EXP04-C：10.2.4 节讨论了 struct 变量不能进行相等或不相等比较，因为它们可能包含未定义
  数据的字节。因此，你必须比较它们的单个成员。

- DCL39-C：在 struct 变量中，未定义的额外字节可能包含安全数据，这些数据是以前使用这
  些内存位置时留下的，不应该被访问。本 CERT 指南讨论了编译器对数据进行打包以消除这
  些额外字节的具体机制。

## 针对 typedef 的 CERT 指南

- DCL05-C：复杂的类型声明，如函数指针的声明，可能难以阅读。你应该使用 typedef 来创建"自身即文档"的类型名称，让你的程序更容易阅读。

## 针对位操作的 CERT 指南

- INT02-C：由于整数提升规则（在 5.6 节中讨论），对小于 int 的整数类型进行位操作会导致意外的结果。需要进行显式转换以确保结果正确。
- INT13-C：在有符号整数类型上的一些位操作是由实现定义的——这意味着在不同的 C 编译器中操作的结果可能不同。由于这个原因，无符号整数类型应该与位操作符一起使用。
- EXP46-C：逻辑操作符 && 和 || 经常与位操作符 & 和 | 混淆。在条件表达式的条件(?:)中使用 & 和 | 会导致意外的行为，因为& 和 |操作符不使用短路求值。

## 针对 enum 的 CERT 指南

- INT09-C：允许多个枚举常量具有相同的值会导致难以发现的逻辑错误。在大多数情况下，一个 enum 的枚举常量应该各自有唯一的值，以帮助防止这种逻辑错误。

## ✓ 自测题

1　（填空）结构体变量不能进行相等或不相等比较，因为它们可能包含未定义数据的字节。作为替代，你必须_____。

　　答案：比较它们的单个成员。

2　（判断）允许多个枚举常量具有相同的值会导致难以发现的逻辑错误。在大多数情况下，一个 enum 的枚举常量应该各自有唯一的值，以帮助防止这种逻辑错误。

　　答案：对。

## 关键知识回顾

### 10.1 节

- 结构体是在一个名称下的相关变量的集合。它们可以包含许多不同数据类型的变量。
- 结构体通常定义要存储在文件中的记录。
- 指针和结构体可以用来形成更复杂的数据结构，如链表、队列、栈和树。

### 10.2 节

- 关键字 struct 引入了结构体定义。
- 关键字 struct 之后的结构体标签命名了结构体定义。它与关键字 struct 一起使用，用于声明 struct 类型的变量。
- 在 struct 定义的花括号内声明的变量是该 struct 的成员。
- 同一 struct 类型的成员必须有唯一的名称。
- 每个 struct 定义必须以分号结尾。
- struct 成员可以有基本数据类型或聚合数据类型。
- 一个 struct 不能包含自身的实例，但可以包含指向其类型的指针。
- 包含指向同一 struct 类型的指针成员的结构体被称为自引用结构体。自引用结构体用于构建链接数据结构。
- struct 定义创建新的数据类型，用于定义变量。
- 可以通过在 struct 定义的结束花括号和结束分号之间放置一个逗号分隔的变量名称列表，来声明给定 struct 类型的变量。
- 如果 struct 定义不包含结构体标签名，那么结构体类型的变量只能在 struct 定义中声明。

■ 可以对 struct 进行的唯一有效操作是将 struct 变量赋值给同一类型的变量，获取 struct 变量的地址（&），访问 struct 变量的成员，以及使用 sizeof 操作符确定 struct 变量的大小。

## 10.3 节

■ struct 可以使用初始值列表进行初始化。
■ 如果列表中的初始值少于 struct 中的成员，则剩下的成员会自动初始化为 0（如果成员是指针，则为 NULL）。
■ 在函数定义之外定义的 struct 变量的成员，如果没有在外部定义中显式初始化，则初始化为 0 或 NULL。

## 10.4 节

■ 结构体成员操作符（.）和结构体指针操作符（->）用于访问结构体成员。
■ 结构体成员操作符通过 struct 变量名访问结构体成员。
■ 结构体指针操作符通过指向 struct 对象的指针来访问 struct 成员。

## 10.5 节

■ struct 成员、整个 struct 对象或 struct 对象的指针可以传递给函数。
■ 整个 struct 对象默认是按值传递的。
■ 按引用传递 struct 对象，传递的是它的地址。struct 对象的数组会自动按引用传递。
■ 要按值传递数组，请创建一个以数组为成员的 struct。结构体是按值传递的，所以数组也是按值传递的。

## 10.6 节

■ 关键字 typedef 为以前定义的类型创建同义词。
■ 结构体类型的名称通常用 typedef 来定义，以创建更短的类型名称。

## 10.8 节

■ 共用体是用关键字 union 声明的。它的成员共享相同的存储空间。
■ union 的成员可以是任何数据类型。操作符 sizeof 总是返回一个至少与共用体最大成员的字节大小相等的值。
■ 一次只能引用一个 union 成员。访问当前存储的成员是你的责任。
■ 对 union 的有效操作是将一个 union 赋值给另一个相同类型的 union，获取 union 变量的地址（&），以及使用结构体成员操作符和结构体指针操作符访问 union 成员。
■ 可以在声明中用 union 的第一个成员类型的值初始化 union。

## 10.9 节

■ 计算机在内部将所有数据表示为数值为 0 或 1 的位序列。
■ 在大多数系统中，一个 8 位的序列构成 1 字节，即 char 类型变量的标准存储单位。其他数据类型被存储在更大数量的字节中。
■ 位操作符可以操作整型操作数（char、short、int 和 long；包括有符号和无符号）的位。通常使用无符号整数。
■ 位操作符是按位与（&）、按位或（|）、按位异或（^）、左移位（<<）、右移位（>>）和按位取反（~）。
■ 按位与操作符、按位或操作符和按位异或操作符逐位比较其两个操作数。如果两个操作数中的相应位都是 1，那么按位与操作符将结果中的每个位都设为 1。如果任一（或两个）操作数中的相应位都是 1，那么按位或操作符将结果中的每个位都设为 1。如果两个操作数的对应位都不一样，那么按位异或操作符将结果中的每个位都设为 1。
■ 左移位操作符将它的左操作数的位向左移，移的位数由它的右操作数指定。右边空出的位被替换成 0；左边移出的位丢失。

■ 右移位操作符将它的左操作数中的位向右移，移的位数由它的右操作数指定。对一个无符号整数进行右移位，会使左边空出的位被替换成 0；右边移出的位丢失。

■ 按位取反操作符将其操作数中的所有 0 位设为 1，将结果中的所有 1 位设为 0。

■ 通常情况下，按位与操作符是和一个名为掩码的操作数一起使用的，掩码是一个特定位被设置为 1 的整数值。掩码被用来隐藏一个值中的某些位，同时选择其他位。

■ CHAR_BIT（定义在<limits.h>中）表示一字节的位数（通常为 8）。它可以使位操作程序更加通用和可移植。

■ 每个二进制位操作符都有一个相应的位赋值操作符。

## 10.10 节

■ 位域指定了结构或共用体的无符号或有符号整型成员所存储的位数。

■ 位域的声明方法是在 unsigned int 或 int 成员的名字后面加上冒号（:）和一个代表位域宽度的整数常数。这个常数必须是一个介于 0 和用于存储 int 的总位数之间的整数，包括范围边界。

■ 结构体的位域成员的访问方式与其他结构体成员的访问方式完全相同。

■ 我们可以指定一个未命名位域作为结构体的填充。

■ 一个宽度为零的未命名位域将下一个位域对齐在一个新的存储单元边界上。

## 10.11 节

■ enum 定义了一组由标识符表示的整数常量。除非另有指定，enum 中的值从 0 开始，以 1 递增。

■ enum 中的标识符必须是唯一的。

■ enum 常量的值可以通过 enum 定义中的赋值显式地设置。

**自测练习**

10.1　在下列各项中填空。

（a）_____是一个名称下的相关变量的集合。

（b）_____是一个名称下的变量集合，其中的变量共享相同的内存。

（c）在使用_____操作符的表达式中，如果每个操作数中的相关位为 1，则位被设置为 1。否则，这些位被设置为 0。

（d）在结构体定义中声明的变量称为它的_____。

（e）在使用_____操作符的表达式中，如果任一操作数中至少有一个相应的位是 1，则位被设置为 1。否则，位被设置为 0。

（f）关键字_____引入结构体声明。

（g）关键字_____为以前定义的数据类型创建同义词。

（h）在使用_____操作符的表达式中，如果任一操作数中的对应位正好是 1，则位被设置为 1。否则，位被设置为 0。

（i）按位与操作符（&）通常用于_____位，即在将某些位置零的同时，选择某些位。

（j）关键字_____用于引入共用体定义。

（k）结构体的名称被称为结构体_____。

（l）用_____或_____操作符访问结构体成员。

（m）_____和_____操作符将一个值的位向左或向右移动。

（n）_____是由标识符表示的整数集合。

10.2　请说明以下各项是对还是错。如果是错，请解释原因。

（a）struct 只可以包含一种数据类型的变量。

（b）两个 union 可以通过比较（使用==）来确定它们是否相等。

　　　　　（c）struct 的标签名称是可选的。

　　　　　（d）不同 struct 的成员必须有唯一的名称。

　　　　　（e）关键字 typedef 用于定义新的数据类型。

　　　　　（f）struct 总是按引用传递给函数。

　　　　　（g）struct 不能使用操作符==和!=来比较。

10.3　编写代码完成下列各项工作。

　　　　　（a）定义一个名为 part 的 struct，包含 unsigned int 型变量 partNumber 和 char 型数组 partName，其值可长达 25 个字符（包括结束的空字符）。

　　　　　（b）将 Part 定义为 struct part 类型的同义词。

　　　　　（c）使用 Part 来声明变量 a 是 struct part 类型，数组 b[10]是 struct part 类型，变量 ptr 是 struct part 指针类型。

　　　　　（d）从键盘上读取零件编号和零件名称，存入变量 a 的各个成员中。

　　　　　（e）将变量 a 的成员值赋值给数组 b 的元素 3。

　　　　　（f）将数组 b 的地址赋值给指针变量 ptr。

　　　　　（g）使用变量 ptr 和结构体指针操作符来打印数组 b 的元素 3 的成员值。

10.4　找出以下各项的错误。

　　　　　（a）假设 struct card 包含两个名为 face 和 suit 的 const char *指针。同时，变量 c 是一个 struct card，而变量 cPtr 是一个指向 struct card 的指针。变量 cPtr 已被赋值为 c 的地址。

```
printf("%s\n", *cPtr->face);
```

　　　　　（b）假设 struct card 包含两个名为 face 和 suit 的 const char *指针。同时，数组 hearts[13]是一个 struct card 类型的数组。下面的语句应该打印数组元素 10 的成员 face。

```
printf("%s\n", hearts.face);
```

　　　　　（c）
```
union values {
    char w;
    float x;
    double y;
};
union values v = {1.27};
```

　　　　　（d）
```
struct person {
    char lastName[15];
    char firstName[15];
    unsigned int age;
}
```

　　　　　（e）假设 struct person 的定义与（d）部分相同，但有适当的修正。

```
person d;
```

　　　　　（f）假设变量 p 的类型是 struct person，变量 c 是 struct card。

```
p = c;
```

## 自测练习答案

10.1　（a）结构体。（b）共用体。（c）按位与（&）。（d）成员。（e）按位或（|）。（f）struct。（g）typedef。（h）按位异或（^）。（i）掩码。（j）union。（k）标签名。（l）结构体成员，结构体指针。（m）左移位（<<），右移位（>>）。（n）枚举。

10.2　请看下面的答案。

　　　　　（a）错。一个结构体可以包含许多数据类型的变量。

　　　　　（b）错。共用体不能比较，因为在共用体变量中可能有一些字节的未定义数据，其值不同，否则它们就是相等的。

　　　　　（c）对。

　　　　　（d）错。不同结构体的成员可以有相同的名字，但是一个特定结构体的成员必须有唯一的名字。

（e）错。关键字 typedef 用于为以前定义的数据类型定义新的名称（同义词）。

（f）错。结构体总是按值传递给函数。

（g）对。因为有对齐问题。

10.3　请看下面的答案。

（a）
```
struct part {
    unsigned int partNumber;
    char partName[25];
};
```

（b）`typedef struct part Part;`

（c）`Part a, b[10], *ptr;`

（d）`scanf("%d%24s", &a.partNumber, a.partName);`

（e）`b[3] = a;`

（f）`ptr = b;`

（g）`printf("%d %s\n", (ptr + 3)->partNumber, (ptr + 3)->partName);`

10.4　请看下面的答案。

（a）应该包围 *cPtr 的小括号被省略了，导致表达式的求值顺序不正确。该表达式应该是

`cPtr->face`

或

`(*cPtr).face`

（b）数组索引丢失。该表达式应该是 hearts[10].face。

（c）一个共用体只能用一个与共用体的第一个成员具有相同类型的值来初始化。

（d）结构体定义的结尾需要一个分号。

（e）变量声明中省略了关键字 struct。该声明应该是

`struct person d;`

（f）不同结构体类型的变量不能相互赋值。

## 练习

10.5　提供下列每个结构体和共用体的定义。

（a）包含字符数组 partName[30]、整数 partNumber、浮点数 price、整数 stock 和整数 reorder 的 struct inventory。

（b）包含 char c、short s、long b、float f 和 double d 的 union data。

（c）一个名为 address 的 struct，包含字符数组 streetAddress[25]、city[20]、state[3] 和 zipCode[6]。

（d）struct student 包含数组 firstName[15] 和 lastName[15] 以及 (c) 部分中 struct address 类型的变量 homeAddress。

（e）struct test 包含 16 位的位域，每个域 1 位。位域的名称是字母 a 到 p。

10.6　给定以下 struct 和变量的定义：

```
struct customer {
    char lastName[15];
    char firstName[15];
    unsigned int customerNumber;

    struct {
        char phoneNumber[11];
        char address[50];
        char city[15];
        char state[3];
        char zipCode[6];
    } personal;
} customerRecord, *customerPtr;

customerPtr = &customerRecord;
```

写一个表达式，访问以下各部分的 struct 成员。

（a）struct customerRecord 的成员 lastName。

（b）customerPtr 指向的 struct 的成员 lastName。

（c）struct customerRecord 的成员 firstName。

（d）customerPtr 指向的 struct 的成员 firstName。

（e）struct customerRecord 的成员 customerNumber。

（f）customerPtr 指向的 struct 的成员 customerNumber。

（g）struct customerRecord 的成员 personal 的成员 phoneNumber。

（h）customerPtr 指向的 struct 的 personal 成员的 phoneNumber。

（i）struct customerRecord 中 personal 成员的成员 address。

（j）customerPtr 指向的 struct 中 personal 成员的成员 address。

（k）struct customerRecord 的成员 personal 的成员 city。

（l）customerPtr 指向的 struct 的成员 personal 的成员 city。

（m）struct customerRecord 的成员 personal 的成员 state。

（n）customerPtr 指向的 struct 的成员 personal 的成员 state。

（o）struct customerRecord 的成员 personal 的成员 zipCode。

（p）customerPtr 指向的 struct 的成员 personal 的成员 zipCode。

10.7 （洗牌和发牌的修改）修改清单 10.7，用高性能洗牌法洗牌（如清单 10.2 所示）。将所得的牌以两栏的形式打印出来，并使用牌面和花色名称。在每张牌前面加上它的颜色。

10.8 （使用共用体）创建成员为 char c、short s、int i 和 long b 的 union integer。编写一个程序，输入 char、short、int 和 long 类型的值，并将这些值存储在 union integer 类型的 union 变量中。每个 union 变量应该打印为 char、short、int 和 long 类型的值。这些值是否总是正确打印？

10.9 （使用共用体）创建成员为 float f、double d 和 long double x 的 union floatingPoint。编写一个程序，输入 float、double 和 long double 类型的值，并将这些值存储在 union floatingPoint 类型的 union 变量中。每个 union 变量应该打印为 float、double 和 long double 类型的值。这些值是否总是正确打印？

10.10 （整数右移位）编写一个程序，将一个整数变量右移 4 位。该程序应在移位操作之前和之后按位打印该整数。你的系统是在空出的位上放置 0 还是 1？

10.11 （整数的左移位）将无符号的整数左移 1 位相当于将该值乘以 2。编写函数 power2，接收两个整数参数 number 和 pow 并计算出

number * 2$^{\text{pow}}$

使用移位操作符来计算结果。分别以整数和按位的形式打印该值。

10.12 （将字符打包成整数）左移位操作符可以用来将 4 个字符值打包成一个 4 字节的 unsigned int 变量。编写一个程序，从键盘输入 4 个字符，并将它们传递给函数 packCharacters。为了将 4 个字符打包到 unsigned int 变量中，请将第一个字符赋值给 unsigned int 变量，将 unsigned int 变量左移 8 位，然后用按位或操作符将 unsigned 变量与第二个字符合并。对第三和第四个字符重复这个过程。在将字符打包到 unsigned int 中之前和之后，按照位格式打印这些字符，以证明这些字符事实上正确地打包到了 unsigned int 变量中。

10.13 （从整数中解包字符）使用右移位操作符、按位与操作符以及掩码，编写函数 unpackCharacters，将练习 10.12 中的 unsigned int 解包成 4 个字符。要从一个 4 字节的 unsigned int 中解包字符，将 unsigned int 与掩码 4278190080（11111111 00000000 00000000 00000000）结合起来，并将结果右移 8 位。将结果值赋值给一个 char 变量。然后将 unsigned int 与掩码 16711680（00000000 11111111 00000000 00000000）结合起来。将结果赋值给另一个 char 变量。用掩码 65280 和 255 继续这个过程。在 unsigned int 解包之前，按位打印它，然后按位打印这些字符，以确认它们已正确解包。

10.14 （反转整数位的顺序）编写一个程序，反转 unsigned int 值中的位的顺序。该程序应从用户那里

输入数值，并调用函数 reverseBits，以相反的顺序打印位。在反转位之前和之后都要打印位的值，以确认位的反转是否正确。

10.15 （可移植的 displayBits 函数）修改清单 10.4 的函数 displayBits，使其在使用 2 字节整数的系统和使用 4 字节整数的系统之间可移植。（提示：使用 sizeof 操作符来确定特定机器上的整数大小。）

10.16 （X 的值是多少？）下面的程序使用函数 multiple 来确定从键盘上输入的整数是否是某个整数 X 的倍数，执行函数 multiple，然后确定 X 的值。

```
1  // ex10_16.c
2  // This program determines whether a value is a multiple of X.
3  #include <stdio.h>
4
5  int multiple(int num); // prototype
6
7  int main(void) {
8     int y; // y will hold an integer entered by the user
9
10    puts("Enter an integer between 1 and 32000: ");
11    scanf("%d", &y);
12
13    // if y is a multiple of X
14    if (multiple(y)) {
15       printf("%d is a multiple of X\n", y);
16    }
17    else {
18       printf("%d is not a multiple of X\n", y);
19    }
20 }
21
22 // determine whether num is a multiple of X
23 int multiple(int num) {
24    int mask = 1; // initialize mask
25    int mult = 1; // initialize mult
26
27    for (int i = 1; i <= 10; ++i, mask <<= 1) {
28       if ((num & mask) != 0) {
29          mult = 0;
30          break;
31       }
32    }
33
34    return mult;
35 }
```

10.17 以下程序是做什么的？

```
1  // ex10_17.c
2  #include <stdio.h>
3
4  int mystery(unsigned int bits); // prototype
5
6  int main(void) {
7     unsigned int x; // x will hold an integer entered by the user
8
9     puts("Enter an integer: ");
10    scanf("%u", &x);
11
12    printf("The result is %d\n", mystery(x));
13 }
14
15 // What does this function do?
16 int mystery(unsigned int bits) {
17    unsigned int mask = 1 << 31; // initialize mask
18    unsigned int total = 0; // initialize total
19
```

```
20      for (unsigned int i = 1; i <= 32; ++i, bits <<= 1) {
21          if ((bits & mask) == mask) {
22              ++total;
23          }
24      }
25
26      return !(total % 2) ? 1 : 0;
27  }
```

10.18 （Fisher-Yates 洗牌算法）研究网上的 Fisher-Yates 洗牌算法，然后用它来重新实现清单 10.2 中的 shuffle 函数。

## 特别小节：raylib 游戏编程案例研究

通过免费的、开源的、跨平台的 raylib 游戏编程库[1][2]，你即将开始一段令人兴奋和具有挑战性的旅程，进入图形、动画、多媒体和游戏开发的世界。该库支持 Windows、macOS、Linux 和其他一些平台，包括 Android、Raspberry Pi 和 web。raylib 是一个 C 语言库，但它可以与 C++、C#、Java、JavaScript、Python 和许多其他编程语言一起使用[3]。

在这个特别小节的前 3 个案例研究中，你将学习我们创建的两个游戏和一个模拟，以帮助你学习 raylib 基础知识。

■  在练习 10.19 中，你将学习完全编码的 SpotOn 游戏，它要求你在快速移动的斑点出现之前点击它们，从而测试你的反应能力。每到一个新的游戏关卡，斑点移动得更快，使游戏更具挑战性。

■  在练习 10.20 中，你将学习完全编码的加农炮游戏，它挑战你在规定的时间内摧毁 9 个移动的目标。有一个移动的阻挡物，使游戏更具挑战性。

■  在练习 10.21 中，你将使用一个动态的可视化工具来使大数定律“活”起来。你将学习完全编码的抛掷骰子模拟，该模拟显示一个动画条形图。在模拟抛掷骰子的过程中，它会更新数组中的频率。然后，它显示每个骰子面的频率、它在总抛掷骰子中的百分比，以及代表该频率幅度的条形图。对于一个六面的骰子来说，1~6 的数值应该以“相同的可能性”出现——每个数值的概率是 1/6 或 16.67%。如果我们抛掷骰子 6000 次，我们期望每个面都出现 1000 次。像抛硬币一样，抛掷骰子是随机的，所以有些面可能会出现少于或多于 1000 次。随着抛掷骰子次数的增加，你会看到频率接近 16.67%，条形图中的条形长度几乎相同，证实了大数定律。

这些游戏和模拟使用了许多 raylib 的功能——形状、文本、颜色、声音、动画、碰撞检测和处理用户输入事件（如鼠标点击和击键）。每个练习都建议了你可以对我们的代码进行的改进。

## 研究我们的完整代码解决方案

成为一个专业程序员的一个关键方面是阅读和理解大量其他人的代码。你会经常访问像 GitHub 这样的网站，寻找可以纳入你自己项目的开放源代码。对于前 3 个 raylib 案例研究，我们在 raylib 子文件夹中提供了完全编码的解决方案，该章的示例代码可从 Deitel 网站下载。

每个源代码文件都包括大量的注释。

■  概述代码的顶层函数。

■  列出我们使用的 raylib 函数。

■  提供你需要的细节，以了解每个程序是如何工作的。

你应该编译、运行和使用每个程序，并仔细研究我们的代码。这将是具有挑战性的，但也是有益的。你将使用很酷的、开源的 raylib 软件包，在计算机图形和游戏编程方面有一个不错的飞跃。然后，你将奠定良好的基础来尝试我们建议的代码修改和其他游戏编程练习。

---

① raylib is Copyright ©2013-2020 Ramon Santamaria (@raysan5)。

② “raylib.” 2020 年 11 月 14 日访问。

③ “raylib bindings.” 2020 年 11 月 14 日访问。参见 GitHub 网站 BINDINGS.md 页面。

## raylib 示例代码

raylib 开发团队提供了许多 C 语言编程演示（参见 raylib 网站的 examples.html 页面）以及游戏示例（参见 raylib 网站的 games.html 页面）的完整源代码。考虑研究与 raylib 一起提供的每个例子和游戏的完整源代码，以了解 raylib 的其他功能和技术。

## 实现你自己的 raylib 游戏和模拟

利用你在练习 10.19～练习 10.21 中从我们的代码中学到的东西，你将增强我们的 raylib 游戏和模拟，并开始创建自己的游戏和模拟。

- 在练习 10.22 中，你将重新实现练习 5.54 中龟兔赛跑的解决方案。你将结合传统赛马的声音、乌龟和兔子的形象，并在比赛过程中在背景中播放《威廉退尔序曲》（Willam Tell Overture）。
- 在练习 10.23 中，你将重新实现 10.7 节的高性能洗牌和发牌模拟，使用 raylib 和吸引人的公共域纸牌图像来显示一副纸牌。
- 在练习 10.26 和练习 10.27 中，你将尝试对 SpotOn 和加农炮游戏进行改进。
- 在练习 10.28～练习 10.30 中，你将针对抛掷硬币、抛掷两个六面骰子（产生的和为 2～12）和基于游戏的长度显示双骰子游戏 Craps 的赢/输结果来创建可视化。

随后的练习提出了其他各种游戏。请发挥创意——你也可以设计和创建你自己的游戏！

## 自包含的 raylib Windows 环境

raylib 有一个自包含的 Windows 环境，它包含了你使用 raylib 创建自己的游戏所需要的一切。该软件包包含以下内容。

- raylib 游戏编程库。
- raylib 的例子和示例游戏。
- MinGW[①]（Minimalist GNU for Windows）中的 gcc 编译器。
- Notepad++文本编辑器，它已预先配置好，使你能够编译和运行 raylib 示例代码、raylib 示例游戏和你自己的游戏。

你可以从 raysan5 的 itch 网站免费下载这个独立环境的 MinGW 版本。

在这个环境中编译和运行 raylib 示例和示例游戏，就像在 Notepad++中打开 C 文件并按下 F6 键一样简单。这将显示一个窗口，在其中你将看到单击 OK 时将运行的编译和执行命令。对于没有命令行参数的应用程序，只需单击 OK 就可以编译和运行你的代码。对于有命令行参数的应用程序，如我们的抛掷骰子模拟，修改 Execute program 命令，将命令行参数放在行末，然后单击 OK。

## 在 Windows、macOS 和 Linux 上安装 raylib

下面的 raylib 的下载和安装说明适用于 Windows、macOS 和 Linux。选择自包含环境选项的 Windows 用户不需要执行这些额外的安装说明。

- Windows（对于那些希望在其他 Windows 编译器中使用 raylib 的用户）：参见 GitHub 网站的 Working on Windows 页面。
- macOS：参见 GitHub 网站的 Working on macOS 页面。
- Linux：参见 GitHub 网站的 Working on GNU Linux 页面。

## raylib 助记表

尽管 raylib 相对容易使用，但它的函数并没有详细地记录在 raylib 网站上。有关 raylib 函数的完整列表，请参阅 raylib cheat sheet（参见 raylib 网站的 cheatsheet.heml 页面）。

每个函数都列出了它的原型，后面有一个注释，简要地解释了它的目的。该助记表还包含了

---

① "MinGW（Minimalist GNU for Windows）." 2020 年 12 月 16 日访问。

raylib 的自定义类型和颜色常数的名称。你会注意到，raylib 的函数是以大写首字母来命名的。这与 C 语言中函数名以小写首字母开头的习惯不同。

## GitHub 上的 raylib.h 头文件

在使用开源软件时，偶尔你可能需要看一下源代码来获得问题的答案。例如，raylib 定义了许多它自己的类型——通常是作为结构体或枚举。这些类型中的大多数没有在助记表中列出。不过，完整的 raylib 源代码可以在其 GitHub 仓库（参见 GitHub 网站的 raylib 页面）中找到。头文件 raylib.h（可在 GitHub 网站找到）包含 raylib 的类型定义。

你要使用的一些 raylib 类型如下。

- Vector2：包含 x 和 y 成员，表示一个 x-y 坐标对。
- Rectangle（矩形）：包含 x、y、width 和 height 成员，表示一个矩形的左上角、宽度和高度。
- Color：raylib 中的颜色是用 RGBA 颜色定义的。每种颜色都有红色（r）、绿色（g）、蓝色（b）和阿尔法（a；透明度）成分，其数值范围为 0~255。有关 raylib 预定义的颜色常数的列表，请参见 raylib 助记表。你也可以通过创建 Color 对象并设置其 r、g、b 和 a 成员来指定自定义颜色。
- Sound：包含一些成员，用于存储用 raylib 的 LoadSound 函数加载到内存中的声音。
- Texture2D：包含一些成员，代表加载到图形处理单元（GPU）内存中的纹理。

对于这些 raylib 案例研究，你不需要知道 Sound 和 Texture2D 类型的细节。如果你感到好奇，你可以在 raylib.h 中查看它们的定义。

## raylib 使用的是逐帧动画

在 raylib 游戏中，游戏循环会驱动逐帧动画。每个循环迭代执行两个步骤。

（1）为下一个动画帧更新游戏元素：在这一步中，你实现游戏逻辑，决定游戏元素的新状态。这是实现游戏逻辑的地方。这里执行的任务包括更新元素位置，检查用户输入事件（如鼠标单击），检测游戏元素之间的碰撞，更新分数，检查游戏是否结束，等等。元素的位置被指定为屏幕宽度和高度内的 x-y 坐标对，0,0 是左上角。

（2）绘制下一个动画帧的游戏元素：在这一步中，你使用 raylib 的绘图函数，在游戏元素的当前位置绘制它们。raylib 将新的动画帧的像素存储在内存中，称为屏外缓冲区。当绘制步骤完成后，raylib 显示屏外缓冲区的内容，替换屏幕上的前一个动画帧。

## raylib 游戏结构体

一个典型的 raylib 游戏在其 main 函数中具有以下结构体，我们在代码列表下面解释。

```
1   int main(void) {
2       // initialization
3       InitWindow(screenWidth, screenHeight, "Window Title");
4       InitGame();
5       SetTargetFPS(60);
6
7       // game loop
8       while (!WindowShouldClose()) {
9           UpdateGame(); // update game elements
10          DrawGame(); // draw next animation frame
11      }
12
13      // cleanup
14      UnloadGame(); // release game resources
15      CloseWindow(); // close game window
16  }
```

- raylib 函数 InitWindow（第 3 行）指定了游戏窗口的宽度（像素）、高度（像素）和标题。
- 一个典型的 raylib 示例游戏包含一个用户定义的 InitGame 函数（第 4 行）。在这里，你可以加载声音、纹理和图像，初始化游戏元素，并初始化维持游戏状态的变量。当一个游戏终止，用户选择再次游戏时，你通常会调用 InitGame 来重置游戏状态，然后再开始新的游戏。

- raylib 函数 SetTargetFPS（第 5 行）指定了 raylib 试图每秒钟绘制的动画帧数——较高的帧率会产生更平滑的动画。今天的控制台游戏通常尝试每秒显示 60 帧，尽管有些游戏使用更多，有些则更少。为了使动画更流畅，建议将其至少设置为 30。
- 主游戏循环（第 8~11 行）驱动游戏的更新和动画。这个循环一直运行到 raylib 的 WindowShouldClose 函数返回真值——当用户关闭窗口或按下 Esc 键时。这个循环更新游戏元素，然后绘制它们。大多数 raylib 示例游戏将更新代码放在一个名为 UpdateGame 的函数中，将绘制代码放在一个名为 DrawGame 的函数中。这使得代码更容易维护。
- 当游戏循环结束时，UnloadGame（第 14 行）会卸载你在 InitGame 中加载的所有游戏资源，如声音、纹理和图像。
- raylib 函数 CloseWindow（第 15 行）释放游戏窗口的资源并关闭游戏窗口。然后，应用程序就终止了。

在这段代码中，InitGame、UpdateGame、DrawGame 和 UnloadGame 是定义游戏逻辑的用户定义的函数。raylib 代码示例和示例游戏倾向于使用这些名称，它们遵循 raylib 函数所使用的大写首字母的命名惯例。我们在游戏中使用相同或相似的名称，在不是游戏的模拟中也使用类似的名称（例如，InitSimulation 而不是 InitGame）。我们用本书中使用的通常的函数命名惯例来定义任何其他支持性函数。

### 全局变量和常量

☆PERF

为了提高性能，raylib 游戏将游戏元素和游戏状态变量定义为 static 全局变量。这样的变量只从它们的定义开始直到定义它们的文件结束之间是已知的。使用 static 全局变量可以使游戏的函数直接访问游戏的元素和状态，而不需要将它们作为参数传递给函数。这就消除了函数调用/返回机制的开销。你会看到，即使是相对简单的游戏，也往往有许多游戏元素和游戏状态变量。定义带有大量参数的函数往往会使代码更难维护、修改和调试。

### 如何处理这些案例研究的练习

对于前 3 个 raylib 练习，我们描述了游戏的功能，并展示了游戏的屏幕截图。对于每个游戏，你应该做到以下 4 步。

（1）阅读练习的描述，了解游戏或模拟的情况。

（2）编译，然后运行游戏或模拟几次。对于游戏，先玩一玩，感受一下它们是如何工作的。

（3）沉浸在我们提供的完全编码和注释的程序中。

（4）调整代码并重新运行，看看你修改后的效果。

一般来说，我们的代码以注释开始，这些注释概述了我们编写的游戏函数，总结了我们使用的 raylib 函数，并提供了更多信息。

### 与 raylib 社区互动

以下是一些重要的网站[①]，在那里你可以与其他 raylib 用户互动，并观看 raylib 视频。

- Discord：Discord 网站的 VkzNHUE 页面。
- Twitter：Twitter 网站的 raysan5 页面。
- Twitch：Twitch 网站的 raysan5 页面。
- Reddit：Reddit 网站的 raylib 页面。
- Patreon：Patreon 网站的 raylib 页面。
- YouTube：YouTube 网站的 raylib 页面。

---

① "README.md." 2020 年 12 月 16 日访问。参见 GitHub 网站的 README.md 页面。

### raylib rFXGen 声音效果生成器

　　raylib 有几个在线工具（参见 raylib technologies 的 itch 网站）可以帮助你为你的游戏创建资源，包括图标、纹理、图形用户界面元素和布局以及声音效果。

　　我们使用了 raylib 的 rFXGen 在线声音效果生成器（参见 raylib technologies 的 itch 网站的 rfxgen 页面）来为我们的游戏创建声音效果。你可以使用我们提供的声音效果，或者创建你自己的。

### 游戏编程的案例研究练习：SpotOn 游戏

10.19 （游戏编程案例研究：SpotOn 游戏）在这个游戏编程案例研究练习中，你将研究 SpotOn 游戏
（如图 10-8 所示），它要求你在快速移动的斑点消失之前点击它们，从而测试你的反应能力。

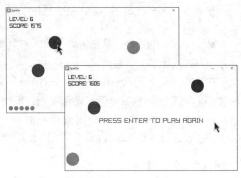

游戏从第一关开始，在随机位置显示 3 个彩色的斑点。这些斑点以随机的速度向随机的方向移动。你每点击 10 个斑点就会达到下一关，斑点的速度会增加 5%，使游戏越来越具有挑战性。当你点击一个斑点时，应用程序会发出爆裂的声音，然后斑点就消失了。每点击一个斑点，你都会得到积分（10倍于当前关数）。准确度是非常重要的——

图 10-8　SpotOn 游戏

每次错过斑点的点击都会导致程序发出咂舌的声音，并使分数减少 15 倍于当前关数。你当前的关数和分数会在游戏的左上角显示出来。

你开始游戏时有 3 条命，在游戏的左下角显示为小圆圈。如果一个斑点在你点击之前消失了，你会听到嗖的一声，并失去一条命。每达到新一关，你就会获得一条命，最多可以有 7 条命。当你失去所有的命时，游戏结束。你可以在任何时候按 P 键暂停游戏，并通过再次按 P 键恢复游戏。

编译并运行这个游戏，并玩几次。接下来，研究这个游戏的代码（包括大量的注释）。考虑调整代码，看看你的改变对游戏玩法有什么影响。例如，你可以改变 spotSpeed 常数的值，使斑点移动得更快或更慢。最后，通过实施我们在练习 10.26 中建议的改进措施来改进游戏。

### 游戏编程案例研究：加农炮游戏

10.20 （游戏编程案例研究：加农炮游戏）在加农炮游戏（如图 10-9 所示）中，你必须在 10 秒的时限内摧毁 9 个目标。

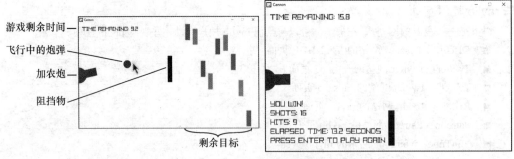

图 10-9　加农炮游戏

该游戏有 4 种类型的视觉组件。

■　一门你控制的加农炮。

■　一个炮弹。

- 以不同速度上下移动的 9 个目标。
- 一个上下移动的阻挡物，保卫着目标。

目标和阻挡物以不同但固定的速度垂直移动，当它们撞到屏幕的顶部或底部时，方向会发生反转。

要发射加农炮，你要点击鼠标。加农炮向点击点旋转，向该方向直线发射一个快速移动的炮弹，并发出轰隆声。屏幕上一次只能出现一个炮弹。

每当你摧毁一个目标时，就会响起摧毁目标的声音，目标就会消失，剩余时间就会增加 3 秒的奖励时间。阻挡物不能被摧毁。当炮弹击中阻挡物时，会响起阻挡物被击中的声音，炮弹会反弹回来，剩余时间会减少 2 秒的惩罚时间。

你只要在时间结束之前摧毁所有 9 个目标就能获胜。如果计时器到零，你就输了。在游戏结束时，应用程序会显示你是赢了还是输了，并显示发射的数量和耗费的时间。你可以在任何时候按 P 键暂停游戏，并再次按 P 键恢复游戏。

编译并运行这个游戏，玩几次。接下来，研究这个游戏的代码和大量的注释。这个应用程序需要一些三角函数完成以下任务。

- 根据炮筒的角度确定炮筒的端点。
- 确定炮弹的 $x$ 和 $y$ 增量，用于在每个动画帧中移动炮弹——这些也是基于加农炮的炮筒角度。

我们为你提供三角函数计算。

考虑调整代码，看看你的变化如何影响游戏玩法。例如，你可以改变炮弹移动的速度。最后，通过实现我们在练习 10.27 中建议的改进措施来改进游戏。

## 用 raylib 进行可视化——大数定律动画

10.21 （大数定律动画）在 5.10 节和 6.4.7 节中，我们利用了随机数的生成来模拟六面骰子的抛掷。在接下来的 raylib 案例研究练习中，你将使用动态可视化技术，让大数定律[①②]在显示动画条形图的抛掷骰子模拟中"活"起来。在模拟反复抛掷骰子时，它会更新每个点数出现的频率的数组。然后，它显示每个骰子点数的频率、它在抛掷出的骰子中的百分比，以及一个条形图，其长度代表频率大小。阅读以下资料并完成其中的任务。

### 六面骰子

对于一个六面骰子来说，1~6 的点数应该以"相同的可能性"出现——每个点数出现在任何一次抛掷中的概率是 1/6，即大约 16.67%。如果抛掷骰子 6000 次，我们期望每个点数都出现 1000 次。像抛掷硬币一样，抛掷骰子是随机的，所以点数可能会出现少于或多于 1000 次。随着抛掷骰子次数的增加，大数定律认为每个频率都应该接近 16.67% 的期望值。如果是这样，条形图中的条形应该变成几乎相同的长度，如图 10-10 所示，这是抛掷骰子 60 次、6000 次和 60000000 次的 3 个执行示例。

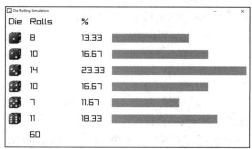
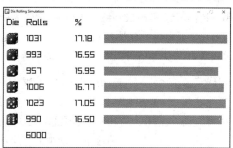

图 10-10　抛掷骰子 60 次、6000 次和 6000000 次的 3 个执行示例

---

① "Law of large numbers." 2020 年 12 月 18 日访问。在 Encyclopedia of Mathematics 网站搜索 Law of large numbers。

② "Law of large numbers." 2020 年 12 月 18 日访问。参见维基百科网站的 Law of large numbers 页面。

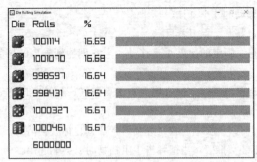

图 10-10　抛掷骰子 60 次、6000 次和 6000000 次的 3 个执行示例（续）

**在 macOS 或 Linux 上运行模拟程序**

当你执行这个模拟时，它需要两个命令行参数来代表。

■ 以动画帧为单位的模拟长度。

■ 每个动画帧要抛掷的骰子数量。

如果可执行程序的名称是 RollDieDynamic，下面的 macOS 或 Linux 命令将运行 60 个动画帧的模拟，每帧抛掷一次骰子，总共抛掷 60 次：

```
./RollDieDynamic 60 1
```

同样，下面的命令将运行 600 个动画帧的模拟，每帧抛掷 1000 次骰子，共计 600000 次抛掷：

```
./RollDieDynamic 600 1000
```

尽管我们在 15.3 节之前不会讨论命令行参数的细节，但这个完全编码的模拟提供了你需要的语句来接收命令行参数。

**在 macOS 或 Linux 上运行模拟**

对于 raylib 自包含的 Windows 环境，执行以下步骤即可运行本模拟。

（1）在 Notepad++中打开 RollDieDynamic.c。

（2）按 F6 键。

（3）在 Execute 对话框中，修改编译和执行命令的最后一行，以包括你的命令行参数，如：

```
cmd /c IF EXIST $(NAME_PART).exe $(NAME_PART).exe 600 1000
```

Notepad++将$(NAME_PART)替换为你要运行的文件的基本名称，本例中为 RollDieDynamic。

（4）单击 OK 来编译和运行程序。

**多次运行程序**

编译模拟程序并运行几次，改变命令行的参数。接下来，研究一下模拟代码（包括大量注释）。正如我们的 raylib 游戏一样，你可以在任何时候按 P 键暂停模拟，再按 P 键恢复模拟。一旦你研究了代码，请尝试练习 10.28～练习 10.30，你将为抛硬币、抛掷两个六面骰子（产生和值 2～12）和根据游戏的长度显示骰子游戏 Craps 的输赢结果创建可视化。你可能想用你学到的技术来分析玩流行的纸牌游戏（如 21 点和各种版本的扑克）的结果。

## 案例研究：龟兔赛跑与 raylib——多媒体"盛宴"

10.22 （使用 raylib 的多媒体龟兔赛跑）在这个练习中，你将使用练习 10.19～练习 10.21 中的 raylib 图形、动画和声音功能来增强练习 5.54 的龟兔赛跑。你将结合传统赛马的声音和多个龟兔赛跑的图像，创造一个有趣的、动画的多媒体"盛宴"。为了在你的比赛中使用，我们在本章示例文件夹中提供了一个资源子文件夹，其中包含以下音频剪辑和图像①。

---

① 我们创建了这些音频和图像。如果你愿意，你可以在网上搜索其他的，或者创建你自己的。请确保你将在你的应用程序中使用的所有媒体都遵守的许可条款。

- 我们制作的在赛马开始时播放的 "Call to Post" 小号片段。
- 我们为 raylib 加农炮游戏创建的加农炮发射的声音。你可以使用 raylib 的 rFXGen 声音生成器来创建你自己的发射声音。
- 我们制作了一个音频剪辑，让播音员说："And they're off!"（它们出发了！）你可以作为播音员录下你自己说的这句话和其他短语，在整个比赛中播放，如 "Tortoise pulls ahead!"（乌龟领先！）、"Hare pulls ahead!"（兔子领先！）、"Down the stretch they come!"（它们来了！）等。
- 一段公共领域的《威廉退尔序曲》的录音[1]，我们把它编辑成只有奔跑的部分（bada bum, bada bum, bada bum bum...），放在本章的 resources 文件夹中，供你在比赛中播放。
- 我们创建两个略有不同的乌龟图像和两个略有不同的兔子图像（如图 10-11 所示）。

图 10-11　略有不同的乌龟和兔子图像

**实现动画**

我们在这些图像之间进行切换，以创建动物奔跑的简单动画。你可以通过查看本章示例的 resources 文件夹中提供的 tortoise.gif 和 hare.gif 的 GIF 动画图片来了解这些动画。你可以自由地使用这些图片，也可以为了好玩自己创造图片。

**实现赛跑**

使用你在前面的 raylib 练习中所学到的基本 raylib 游戏结构体来实现比赛。在你的比赛中，执行以下任务。

（a）在比赛开始前，播放 "Call to Post" 的小号音频，表示选手们应该站好自己的位置。随着 "Call to Post" 的响起，乌龟和兔子应该从屏幕的左边出现，并站在自己的位置上。

（b）播放加农炮声以开始比赛，接着播音员说："And they're off!"（它们出发了！）这时，比赛动画开始。

（c）在整个比赛过程中，在背景中反复播放所提供的《威廉退尔序曲》的奔跑部分。请看 raylib 的代码样本（参见 raylib 网站的 loader.html 页面）来学习如何在背景中播放音乐。

（d）当乌龟和兔子在屏幕上移动时，在每个动物的两个图像之间进行切换，使它们看起来像是在奔跑。乌龟的移动速度比兔子慢，所以你可能想让乌龟的两个图像之间切换的速度比兔子的两个图像之间切换的速度慢。当兔子睡觉时，停止在它的图像之间切换。

（e）当乌龟和兔子处于同一位置时，显示 "OUCH!" 表示乌龟咬了兔子，并可选择播放高亢的 "OUCH!" 音频片段。

（f）如果乌龟赢了，显示 "Tortoise wins!"（乌龟赢了！）并可选择播放 "Tortoise wins!" 的音频片段，然后是欢呼。如果兔子赢了，显示 "Hare wins"（兔子赢了），并可选择播放 "Hare wins" 的音频片段，然后是嘘声。如果比赛以平局结束，你可能想偏向于乌龟作为劣势一方，或者让播音员说："It's a tie!"（这是一场平局！）。

（g）你可以在整个比赛过程中适当地播放观众的欢呼声和嘘声，以及播音员的补充评论。你也许能在网上找到公共领域的人群声音。

---

[1]　"File：Gioachino Rossini, William Tell Overture（military band version，2000）.ogg." 2021 年 1 月 2 日访问。Wikimedia 网站的 File：Gioachino Rossini，William Tell Overture（military band version，2000）.ogg 页面。

## 随机数字模拟案例研究：用纸牌图像和 raylib 实现高性能洗牌和发牌

10.23 （用纸牌图像和 raylib 实现高性能洗牌和发牌）在 10.7 节中，你用一个 Card 对象的数组实现了一个高性能的洗牌和发牌模拟。在这个练习中，你将把 raylib 的功能纳入你的模拟中，并使用它们来为一副牌中的每张牌显示吸引人的、免费的公共领域纸牌图像。一旦你完成了这个练习，就拥有了开始实现你最喜欢的纸牌游戏所需的基本能力，并且可以升级你对前面章节中纸牌游戏练习的解决方案。

你将未经洗牌的 52 张牌的图像加载为 raylib Texture2D 对象，然后将它们放在一个 4×13 的网格中显示（如图 10-12 所示）。

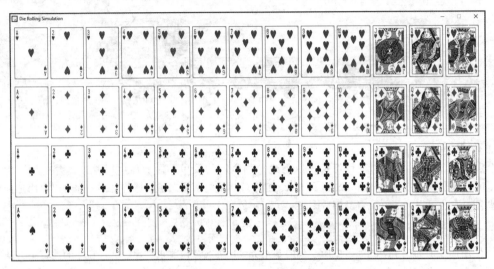

图 10-12　显示 52 张未洗的牌

每次用户点击鼠标时，洗牌并重新显示（如图 10-13 所示）。

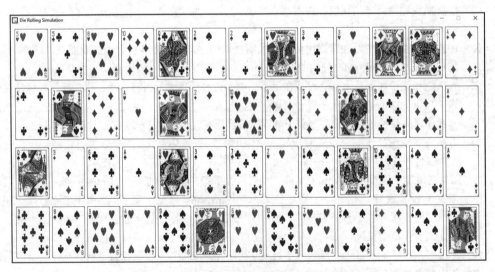

图 10-13　洗牌并重新显示

**来自维基共享资源的公共领域纸牌图像**

我们从 Wikimedia 网站的 Category: SVG English pattern playing cards 页面下载了这些公共领域

的[①]11 张纸牌图像，并在本章示例的 card_images 子文件夹中为你提供了它们。我们用牌面和花色来命名每个纸牌图像文件。例如，黑桃花色的图像命名如下。

- Ace_of_Spades.png
- Deuce_of_Spades.png
- 3_of_Spades.png
- ……
- Jack_of_Spades.png
- Queen_of_Spades.png
- King_of_Spades.png

**实现模拟**

使用你在练习 10.19～练习 10.21 中所学到的基本 raylib 游戏框架，以及你在练习 10.21 中学到的图像处理技术，执行以下任务。

（a）修改清单 10.2 的 struct card 定义，加入一个名为 image 的 Texture2D 成员。这将存储 raylib 关于加载的纸牌图像的信息。

（b）当应用程序开始执行时，在你的 raylib 应用程序的 InitSimulation 函数中初始化未洗牌的牌。修改初始化 deck 数组的代码，以加载每张牌的图像。你可以使用字符串处理功能，将每张牌的牌面和花色字符串用以下格式组合为牌的图像文件名：

face_of_suit.png（在这里你要填上 face 和 suit）

（c）在 raylib 应用程序的 DrawFrame 函数第一次执行时，显示未洗牌的 52 个 Card 对象的数组，如前面所示。你需要进行计算，确定每个图像的左上角 *x-y* 坐标。

（d）在 raylib 应用程序的 Undate 函数中，检查用户是否点击了鼠标左键。如果是，就洗牌。对 DrawFrame 的下一次调用将显示洗好的牌。

**绘图说明**

下面的说明将帮助你实现你的模拟。

- 在本练习中，将 raylib 窗口的 screenWidth 设置为 1280，screenHeight 设置为 620，以提供额外的空间来显示纸牌图像。
- 在绘制每个图像时，将 raylib 函数 DrawTextureEx 的 scale 参数设置为 0.25。这就缩小了图像的规模，使你有足够的空间将它们绘制成 4 行，每行 13 个图像，而不会相互重叠。
- 在绘制完每个图像后，使用如下的 raylib 函数 DrawRectangleLines，在每个图像周围放置一个黑色边框，以便与窗口的白色背景形成对比：

```
DrawRectangleLines(x, y, deck[i].image.width * scale,
    deck[i].image.height * scale, BLACK);
```

将变量 scale 设置为 0.25，使用与图像相同的比例绘制矩形。

## 额外的 raylib 练习

10.24（raylib 演示）编译、运行并与位于 raylib 文件夹的 examples 子文件夹中的几个 raylib 的自带示例进行交互。研究为每个示例提供的源代码，以了解更多关于 raylib 的功能。

10.25（raylib 示例游戏）编译、运行并与位于 raylib 文件夹的 games 子文件夹中的几个 raylib 的示例游戏进行交互。研究为每个示例提供的源代码，以了解更多关于 raylib 的功能。要有创造性。尝试用你自己的改进来修改这些游戏。

10.26（项目：增强的 SpotOn 游戏）尝试以下 10 种 SpotOn 游戏的修改。

（a）为更高的级别显示更多的斑点。

---

① 参见 Creative Commons 网站。

（b）使用更大的、可能是随机的速度提升。

（c）一次点击就能摧毁多个斑点会得到奖励。

（d）对每个斑点的颜色使用不同的分值。

（e）让斑点更加难以捉摸，允许它们闪烁、自发地改变方向、自发地改变大小和沿着非直线路径移动。

（f）混合较小的、难以点击的斑点。

（g）当用户点击一个斑点时，使它的破坏变成动画。例如，它可以变成同心圆，由外向内逐渐消失，或者变成4片披萨饼，从斑点的中心向外扩散并逐渐消失。

（h）当游戏进入下一关时，播放警笛声。

（i）在重大事件中显示文字，如获得或失去一条命。文字可以在屏幕上停留很短的时间，然后渐渐消失。

（j）有一个特殊颜色的、快速移动的斑点。点击该斑点会破坏屏幕上所有的点，并给玩家很大的积分奖励。

10.27（项目：增强的加农炮游戏）尝试以下12个加农炮游戏的修改。

（a）显示一条虚线，显示炮弹的路径。

（b）当阻挡物撞到屏幕的顶部或底部时，播放声音。

（c）当目标撞到屏幕的顶部或底部时，播放声音。

（d）加强游戏，使之具有关卡。在每个关卡中，增加目标的数量。

（e）记分。每击中一个目标，用户的分数就会增加10倍于当前关数。每当炮弹击中阻挡物时，分数减少15倍于当前关数。将分数显示在屏幕的左上角。

（f）每次炮弹击中目标时，添加炮弹和目标的爆炸动画。

（g）每次炮弹击中阻挡物时，为炮弹添加爆炸动画。

（h）当炮弹击中阻挡物时，将阻挡物的长度增加5%。

（i）通过逐渐增加目标和阻挡物的速度，使游戏随着进行变得更加困难。

（j）增加加农炮和目标之间独立移动的阻挡物的数量。

（k）增加一个持续4秒的奖励回合。改变目标的颜色，增加音乐以表示这是一个奖励回合。如果用户在这4秒钟内击中一个目标，就给用户1000分的奖励。

（l）允许用户通过方向键上下移动加农炮，这样就可以从不同的位置发射。

10.28（数据科学入门：抛掷硬币的动态可视化）修改练习10.21中的大数定律抛掷硬币模拟，以模拟抛掷硬币。使用随机生成的1和2分别代表正面和反面。运行20次、200次、20000次和2000000次抛掷硬币的模拟实验。你是否得到大约50%的正面和50%的反面？你是否看到“大数定律”在起作用？

10.29（数据科学入门：抛掷两个骰子的动态可视化）修改练习10.21中的大数定律抛掷骰子模拟，以模拟抛掷两个骰子。计算两个点数之和。每个骰子的点数从1到6不等，所以总和从2到12不等，其中7是最常见的总和，2和12是最不常见的。图10-14显示了两个骰子的36种等可能的组合以及它们相应的总和。

| | 1 | 2 | 3 | 4 | 5 | 6 |
|---|---|---|---|---|---|---|
| 1 | 2 | 3 | 4 | 5 | 6 | 7 |
| 2 | 3 | 4 | 5 | 6 | 7 | 8 |
| 3 | 4 | 5 | 6 | 7 | 8 | 9 |
| 4 | 5 | 6 | 7 | 8 | 9 | 10 |
| 5 | 6 | 7 | 8 | 9 | 10 | 11 |
| 6 | 7 | 8 | 9 | 10 | 11 | 12 |

图10-14　36种等可能组合及其相应的总和

如果你抛掷骰子36000次：

- 值2和12出现的概率为1/36（2.778%），所以你应该预期每种值都出现1000次；
- 值3和11的出现概率为2/36（5.556%），所以你应该预期每种值都出现2000次，以此类推。你应该预期有大约6000次7。

显示一个动态条形图，针对每个总和2～12总结它们的频率。对360次、36000次和36000000次抛掷进行模拟。

10.30（数据科学项目介绍：运气游戏输赢统计的动态可视化）使用raylib重新实现练习6.20的解决

方案，创建一个动态条形图，显示第一次抛掷、第二次抛掷、第三次抛掷等的输赢情况。使用成对的绿色和红色条形图分别表示每一次抛掷的赢和输。

10.31 （项目：砖块游戏）创建一个类似于加农炮游戏的游戏，向固定的砖墙发射炮弹。目标是摧毁足够多的墙，以射击墙后的移动目标。你突破墙壁并击中目标的速度越快，你的分数就越高。包括多层的墙和一个小的移动目标。记分。使用更多的层和更小的砖块来建造墙，并增加移动目标的速度，从而增加每一轮的难度。

10.32 （项目：数字时钟）创建一个能在屏幕上显示数字时钟的应用程序。

10.33 （项目：模拟时钟）创建一个显示模拟时钟的应用程序，其时针、分针和秒针具有适当的长度和厚度，随着时间的变化而转动。

# 第11章 文件处理

## 目标

在本章中，你将学习以下内容。

- 理解文件和流的概念。
- 利用顺序存取文本文件处理，向文件写入数据和从文件中读取数据。
- 利用随机存取文件处理和二进制文件向文件写入数据、更新数据和从文件中读取数据。
- 开发一个实质性的交易处理程序。
- 研究在文件处理方面的安全的 C 语言编程。

## 提纲

## 11.1 简介

你在第 1 章中学习了数据层次结构。变量中的数据是临时的——当程序终止时它就会丢失。文件可以长期保存数据。计算机将文件存储在二级存储设备上，如固态硬盘、闪存驱动器和硬盘驱动器。本章解释了如何创建、更新和处理数据文件。我们同时考虑了顺序存取和随机存取的文件处理。

## 11.2 文件和流

C 语言将每个文件视为一个连续的字节流，如图 11-1 所示。

图 11-1 连续字节流

每个文件都以文件结束标记或在系统维护的管理数据结构中记录的特定字节数结束。这是由平台决定的，并且对你来说是隐藏的。

### 每个程序中的标准流

当你打开一个文件时，C 语言会将一个流与之关联。当程序开始执行时，C 语言会自动打开 3 个流。

- 标准输入流接收来自键盘的输入。
- 标准输出流在屏幕上显示输出。
- 标准错误流在屏幕上显示错误信息。

### FILE 结构体

打开一个文件会返回一个指向 FILE 结构体（定义在<stdio.h>中）的指针，该结构体包含程序处理该文件所需的信息。在一些操作系统中，这个结构体包括一个文件描述符，即一个操作系统数组的整数索引，这个数组被称为打开文件表。每个数组元素包含一个文件控制块（FCB），即操作系统用来管理特定文件的信息。你可以使用 FILE 指针 stdin、stdout 和 stderr 来操纵标准输入、标准输出和标准错误流。

### 文件处理函数 fgetc

标准库提供了许多函数用于从文件中读取数据和将数据写入文件。函数 fgetc，像 getchar 一样，从其 FILE 指针参数指定的文件中读取一个字符。例如，调用 fgetc(stdin)从标准输入流中读取一个字符。这个调用等同于调用 getchar()。

### 文件处理函数 fputc

函数 fputc 像 putchar 一样，将其第一个参数中的字符写到由 FILE 指针在其第二个参数中指定的文件中。例如，函数 fputc('a', stdout)将一个字符写到标准输出流，相当于 putchar('a')。

### 其他文件处理函数

其他几个用于从标准输入读取数据和向标准输出写入数据的函数也有类似的名字。例如，fgets 和 fputs 函数分别从文件中读取一行文本和向文件中写入一行文本。接下来的几节将介绍 scanf 和 printf 函数的文件处理等价函数：fscanf 和 fprintf。在本章后面，我们将讨论函数 fread 和 fwrite。

### ✓ 自测题

1 （填空）当程序开始执行时，C 语言会自动打开 3 个流：_____、_____和_____流。

答案：标准输入，标准输出，标准错误。

2 （填空）C 语言将每个文件看作一个连续的字节流。每个文件都以_____结束，或者在一个系统维护的管理数据结构中记录的特定字节数结束。

答案：文件结束标记。

## 11.3 创建顺序存取文件

C 语言没有对文件强加任何结构体。因此，像文件记录这样的概念不是 C 语言的一部分。下面的例子显示了如何在文件上强加你自己的记录结构体。

清单 11.1 创建了一个简单的顺序存取文件，该文件可能用于应收账款系统，以跟踪公司信贷客户所欠的金额。对于每个客户，程序会获得客户的账户、姓名和余额，即客户因过去收到的商品和服务而欠公司的金额。每个客户的数据构成了该客户的"记录"。账户是本程序的记录键。本程序假定用户是按账户顺序输入记录的。在一个全面的应收账款系统中，排序功能让用户能够以任何顺序输入记录。然后，程序将对记录进行排序，并将其写入文件中。清单 11.2～清单 11.3 使用了清单 11.1 中创建的数据文件，所以你必须在清单 11.2～清单 11.3 的程序之前运行清单 11.1 的程序。

**清单 11.1 | 创建一个顺序文件**

```c
1  // fig11_01.c
2  // Creating a sequential file
3  #include <stdio.h>
4
5  int main(void){
6     FILE *cfPtr = NULL; // cfPtr = clients.txt file pointer
7
8     // fopen opens the file. Exit the program if unable to create the file
9     if ((cfPtr = fopen("clients.txt", "w")) == NULL) {
10        puts("File could not be opened");
11    }
12    else {
13        puts("Enter the account, name, and balance.");
14        puts("Enter EOF to end input.");
15        printf("%s", "? ");
16
17        int account = 0; // account number
18        char name[30] = ""; // account name
19        double balance = 0.0; // account balance
20
21        scanf("%d%29s%lf", &account, name, &balance);
22
23        // write account, name and balance into file with fprintf
24        while (!feof(stdin)) {
25            fprintf(cfPtr, "%d %s %.2f\n", account, name, balance);
26            printf("%s", "? ");
27            scanf("%d%29s%lf", &account, name, &balance);
28        }
29
30        fclose(cfPtr); // fclose closes file
31    }
32 }
```

```
Enter the account, name, and balance.
Enter EOF to end input.
? 100 Jones 24.98
? 200 Doe 345.67
? 300 White 0.00
? 400 Stone -42.16
? 500 Rich 224.62
? ^Z
```

## 11.3.1　指向 FILE 的指针

第 6 行将 cfPtr 定义为一个指向 FILE 结构体的指针。程序用单独的 FILE 指针指向每个打开的文件。为了使用文件，你不需要知道 FILE 结构体的具体细节。如果感兴趣，你可以研究它在 stdio.h 中的声明。

## 11.3.2　使用 fopen 打开文件

第 9 行调用 fopen 来创建文件 "clients.txt"并与之建立"通信线路"。fopen 返回的文件指针被赋值给 cfPtr。

函数 fopen 需要两个参数。

- 文件名（可以包括指向文件位置的路径信息）。
- 文件打开模式。

文件打开模式 "w" 表示 fopen 应该打开该文件进行写入。如果文件不存在并且文件打开模式是 "w"，fopen 就会创建这个文件。如果你打开一个已有的文件，fopen 会丢弃该文件的内容而不发出警告。如果你的程序不应该替换现有的文件，这是一个逻辑错误。　　⊗ERR

if 语句判断文件指针 cfPtr 是否为 NULL。如果为 NULL，则文件不能打开，可能是因为程序没有权限在指定的文件夹中创建文件。在这个程序中，文件被创建在与程序相同的文件夹中。如果 cfPtr 为 NULL，则程序会打印一个错误信息并终止。否则，程序将处理用户的输入并将其写入文件中。

## 11.3.3 使用 feof 检查文件结束标记

程序提示用户输入每条记录的各个字段，或在数据输入完成后输入文件结束标记。文件结束的组合键取决于平台。

- Windows：<Ctrl> + z，然后按 Enter 键。
- macOS、Linux：<Ctrl> + d。

第 24 行调用 feof 来确定 stdin 的文件结束标记是否被设置。文件结束标记通知程序没有更多的数据需要处理。当用户输入文件结束的组合键时，操作系统为标准输入流设置文件结束标记。feof 函数的参数是一个 FILE 指针，指向要测试文件结束标记的文件，即本例中的 stdin。当文件结束标记被设置时，该函数返回一个非 0（真）值；否则，该函数返回 0（假）。这个程序的 while 语句继续执行，直到用户输入文件结束标记。

## 11.3.4 使用 fprintf 向文件写数据

第 25 行将一条记录作为一行文本写入文件 clients.txt 中。你可以在以后使用一个专门用于读取文件的程序来检索这些数据（11.4 节）。fprintf 函数类似于 printf，但 fprintf 还接收一个 FILE 指针参数，说明数据将被写入哪个文件。函数 fprintf 可以通过使用 stdout 作为 FILE 指针参数，将数据输出到标准输出。

## 11.3.5 使用 fclose 关闭文件

在用户输入文件结束后，程序通过调用 fclose（第 30 行）关闭 clients.txt 文件，然后终止。函数 fclose 接收 FILE 指针作为参数。如果你不显式地调用 fclose，操作系统通常会在程序执行终止时关闭该文件。这是操作系统"内务管理"的例子。一旦不再需要每个文件，你就应该立即关闭它。这样可以释放资源，其他用户或程序可能正在等待这些资源。　　⊰PERF

在清单 11.1 的执行示例中，用户输入了 5 个账户的信息，然后输入文件结束标记来完成数据输入。这个执行示例并没有显示数据记录实际上是如何出现在文件中的。11.4 节将介绍一个读取文件并显示其内容的程序，以验证该程序是否成功创建了文件。

### FILE 指针、FILE 结构体和 FCB 之间的关系

图 11-2 说明了 FILE 指针、FILE 结构体和 FCB 之间的关系。当一个程序打开 "clients.txt" 时，操作系统为该文件在内存中复制一个 FCB。图 11-2 中显示了由 fopen 返回的文件指针和操作系统用来管理文件的 FCB 之间的联系。程序可以不处理任何文件，也可以处理一个文件或几个文件。每个文件都有一个由 fopen 返回的不同的文件指针。在文件被打开后，所有后续的文件处理函数都必须用相应的文件指针来引用该文件。

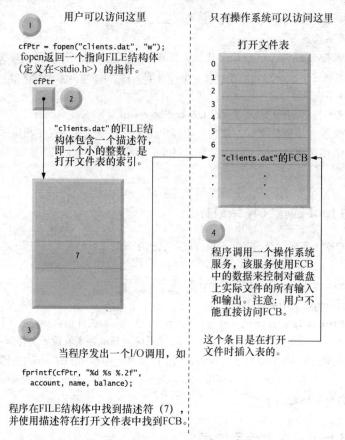

图 11-2　FILE 指针、FILE 结构体和 FCB 之间的关系

## 11.3.6　文件打开模式

图 11-3 总结了文件打开模式。含有字母 "b" 的模式是用来操作二进制文件的，我们将在 11.5～11.9 节介绍随机存取文件时讨论这个问题。

| 模式 | 描述 |
| --- | --- |
| r | 打开现有的文件用于读取 |
| w | 创建一个文件用于写入。如果文件已经存在，丢弃当前内容 |
| a | 在文件的末尾打开或创建一个文件进行写入——这是将数据附加到文件的写入操作 |
| r+ | 打开现有的文件进行更新（读和写） |
| w+ | 创建一个用于读写的文件。如果文件已经存在，丢弃当前内容 |
| a+ | 打开或创建一个用于读取和更新的文件，所有的写入操作都在文件的末尾完成，也就是说，写入操作将数据追加到文件中 |
| rb | 打开一个现有的二进制文件用于读取 |
| wb | 创建一个用于写入的二进制文件。如果该文件已经存在，则丢弃当前内容 |
| ab | 打开或创建一个二进制文件，以便在文件的末尾写入（追加） |
| rb+ | 打开现有的二进制文件进行更新（读和写） |
| wb+ | 创建一个二进制文件进行更新。如果该文件已经存在，则丢弃当前内容 |
| ab+ | 打开或创建一个二进制文件进行更新。写入在文件的末尾完成的 |

图 11-3　文件打开模式

## C11 独占写模式

C11 增加了独占写模式[①]，用 "wx"、"w+x"、"wbx"或"wb+x"表示。在独占写模式下，如果文件已经存在或不能被创建，fopen 就会失败。如果你的程序在独占写模式下成功地打开了一个文件，并且底层系统支持独占文件存取，那么在文件打开时，只有你的程序可以存取该文件。如果在任何模式下打开一个文件时发生错误，fopen 会返回 NULL。

### 常见的文件处理错误　　　　　　　　　　　　　　　　　　　　　　　　　　　　⊗ERR

你可能遇到的一些常见的文件处理逻辑错误如下。

- 打开一个不存在的文件进行读取。
- 在没有被授予适当的文件访问权限的情况下，打开文件进行读取或写入（这取决于操作系统）。
- 在没有可用空间的情况下打开文件进行写入。
- 当应该以更新模式（"r+"）打开文件时，以写模式（"w"）打开了文件——"w"会丢弃文件的内容。

### ✓　自测题

1　（代码）下面的语句将它的输出写入哪里？

```
fprintf(stdout, "%d %s %.2f\n", account, name, balance);
```

答案：标准输出设备，通常是指屏幕。

2　（判断）文件记录的概念是建立在 C 语言中的。

答案：错。实际上，C 语言没有对文件强加任何结构体，所以像文件记录这样的概念不是 C 语言的一部分。你可以把你自己的记录结构强加在文件上。

3　（填空）C 语言程序以独立的_____结构体来管理每个文件。

答案：FILE。

4　（判断）当你打开一个文件进行写入时，fopen 会警告你该文件是否已经存在。

答案：错。fopen 会丢弃文件的内容而不发出警告。

5　（选择）哪种文件打开模式对应于描述"打开现有的文件进行更新（读和写）"？

（a）u。

（b）rw。

（c）r+。

（d）w+。

答案：（c）。

## 11.4　从顺序存取文件中读取数据

数据存储在文件中，以便在需要时可以检索处理。11.3 节演示了如何创建用于顺序存取的文件。本节展示如何从文件中按顺序读取数据。如果一个文件的内容不应该被修改，那就只为读取而打开该文件。这可以防止无意中修改文件的内容，是最小特权原则的另一个例子。

清单 11.2 从清单 11.1 中创建的文件 "clients.txt"中读取和显示记录。第 6 行定义了 FILE 指针 cfPtr。第 9 行尝试打开文件进行读取（"r"），并确定它是否成功打开，即 fopen 没有返回 NULL。第 18 行从文件中读取一条"记录"。函数 fscanf 类似于 scanf，但它的第一个参数是要读取的文件的 FILE 指针。第一次执行这个语句时，account 的值是 100，name 的值是 "Jones"，balance 的值是 24.98。之后每次调用 fscanf（第 23 行）都会从文件中读取另一条记录，并为 account、name 和

---

① 有些编译器和平台不支持独占写模式。

balance 提供新的值。当没有更多的数据可读时，第 26 行关闭文件，程序终止。只有在程序试图读取超过文件的最后一行后，函数 feof 才返回真。

**清单 11.2 | 读取和打印顺序文件**

```
1   // fig11_02.c
2   // Reading and printing a sequential file
3   #include <stdio.h>
4
5   int main(void) {
6      FILE *cfPtr = NULL; // cfPtr = clients.txt file pointer
7
8      // fopen opens file; exits program if file cannot be opened
9      if ((cfPtr = fopen("clients.txt", "r")) == NULL) {
10        puts("File could not be opened");
11     }
12     else { // read account, name and balance from file
13        int account = 0; // account number
14        char name[30] = ""; // account name
15        double balance = 0.0; // account balance
16
17        printf("%-10s%-13s%s\n", "Account", "Name", "Balance");
18        fscanf(cfPtr, "%d%29s%lf", &account, name, &balance);
19
20        // while not end of file
21        while (!feof(cfPtr)) {
22           printf("%-10d%-13s%7.2f\n", account, name, balance);
23           fscanf(cfPtr, "%d%29s%lf", &account, name, &balance);
24        }
25
26        fclose(cfPtr); // fclose closes the file
27     }
28  }
```

```
Account    Name         Balance
100        Jones          24.98
200        Doe           345.67
300        White           0.00
400        Stone         -42.16
500        Rich          224.62
```

## 11.4.1　重置文件位置指针

当从文件中按顺序检索数据时，程序通常从文件的开头读取，直到找到所需的数据。在某些情况下，程序必须连续多次从头开始处理一个文件。语句

　　rewind(cfPtr);

将文件位置指针重新定位到 cfPtr 所指向的文件的开头（字节 0）。文件位置指针并不是真正的指针。它是一个整数，表示要读取或写入的下一个字节的字节数。这有时被称为文件偏移。文件位置指针是与每个文件相关的 FILE 结构体中的一个成员。

## 11.4.2　信用查询程序

清单 11.3 的程序允许信贷经理获得有以下情况的客户名单。

- 零余额——不欠任何钱的客户。
- 贷方余额——公司欠其钱的客户。
- 借方余额——因收到商品和服务而欠钱的客户。

贷方余额是一个负数，而借方余额是一个正数。该程序显示一个菜单，允许信贷经理输入以下 4 个选项中的一个。

- 选项 1 产生一个余额为零的账户列表。
- 选项 2 产生一个有贷方余额的账户列表。
- 选项 3 产生一个有借方余额的账户列表。
- 选项 4 终止程序的执行。

**清单11.3 | 信用查询程序**

```
1   // fig11_03.c
2   // Credit inquiry program
3   #include <stdbool.h>
4   #include <stdio.h>
5
6   enum Options {ZERO_BALANCE = 1, CREDIT_BALANCE, DEBIT_BALANCE, END};
7
8   // determine whether to display a record
9   bool shouldDisplay(enum Options option, double balance) {
10      if ((option == ZERO_BALANCE) && (balance == 0)) {
11         return true;
12      }
13
14      if ((option == CREDIT_BALANCE) && (balance < 0)) {
15         return true;
16      }
17
18      if ((option == DEBIT_BALANCE) && (balance > 0)) {
19         return true;
20      }
21
22      return false;
23   }
24
25   int main(void) {
26      FILE *cfPtr = NULL; // clients.txt file pointer
27
28      // fopen opens the file; exits program if file cannot be opened
29      if ((cfPtr = fopen("clients.txt", "r")) == NULL) {
30         puts("File could not be opened");
31      }
32      else {
33         // display request options
34         printf("%s", "Enter request\n"
35            " 1 - List accounts with zero balances\n"
36            " 2 - List accounts with credit balances\n"
37            " 3 - List accounts with debit balances\n"
38            " 4 - End of run\n? ");
39         int request = 0;
40         scanf("%d", &request);
41
42         // display records
43         while (request != END) {
44            switch (request) {
45               case ZERO_BALANCE:
46                  puts("\nAccounts with zero balances:");
47                  break;
48               case CREDIT_BALANCE:
49                  puts("\nAccounts with credit balances:");
50                  break;
51               case DEBIT_BALANCE:
52                  puts("\nAccounts with debit balances:");
53                  break;
54            }
55
56            int account = 0;
57            char name[30] = "";
58            double balance = 0.0;
59
60            // read account, name and balance from file
```

```
61              fscanf(cfPtr, "%d%29s%lf", &account, name, &balance);
62
63          // read file contents (until eof)
64          while (!feof(cfPtr)) {
65              // output only if balance is 0
66              if (shouldDisplay(request, balance)) {
67                  printf("%-10d%-13s%7.2f\n", account, name, balance);
68              }
69
70              // read account, name and balance from file
71              fscanf(cfPtr, "%d%29s%lf", &account, name, &balance);
72          }
73
74          rewind(cfPtr); // return cfPtr to beginning of file
75
76          printf("%s", "\n? ");
77          scanf("%d", &request);
78      }
79
80      puts("End of run.");
81      fclose(cfPtr); // close the file
82  }
83 }
```

```
Enter request
1 - List accounts with zero balances
2 - List accounts with credit balances
3 - List accounts with debit balances
4 - End of run
? 1

Accounts with zero balances:
300       White              0.00
? 2

Accounts with credit balances:
400       Stone            -42.16

? 3

Accounts with debit balances:
100       Jones             24.98
200       Doe              345.67
500       Rich             224.62

? 4
End of run.
```

## 更新顺序文件

你不能在不破坏其他数据的情况下，修改这种类型的顺序文件中的数据。例如，如果需要将"White"的名字改为"Worthington"，你不能简单地覆盖旧的名字。White 的记录写入文件中为

    300 White 0.00

如果你用新的名字从文件的同一位置开始重写记录，那么记录将是

    300 Worthington 0.00

新的记录比原来的记录的字符更多。"Worthington"中第二个 "o"以外的字符将覆盖文件中下一个顺序记录的开头。这里的问题是，在使用 fprintf 与 fscanf 的格式化输入和输出模型中，字段和记录的大小可以不同。例如，数值 7、14、-117、2074 和 27383 都是内部存储在相同字节数的整数，但当它们在屏幕上显示或作为文本写入文件时，它们是不同大小的字段。

所以，用 fprintf 和 fscanf 的顺序存取通常不是用来就地更新记录。作为替代，整个文件被重写。在一个顺序存取的文件中，我们会通过以下方式进行前面的名称更改。

■ 将 300 White 0.00 之前的记录复制到新文件中。

- 写入新的记录。
- 将 300 White 0.00 之后的记录复制到新文件中。
- 用新文件替换旧文件。

为了更新一条记录,这需要处理文件中的每一条记录。

### ✓ 自测题

1 (填空)函数 fscanf 类似于函数 scanf,但 fscanf 还接收一个参数,即_____。
  答案:文件指针,代表要读取数据的文件。

2 (判断)函数 feof 只有在程序试图读取最后一行之后的不存在的数据时才返回真。
  答案:对。

3 (填空)下面的语句将一个文件的_____重新定位到文件的字节 0。
  `rewind(cfPtr);`
  答案:文件位置指针。

4 (判断)在使用 fprintf 与 fscanf 的格式化输入和输出模型中,字段(因此记录)的大小是固定的。
  答案:错。实际上,在这个模型中,字段(因此记录)的大小是不同的。

## 11.5 随机存取文件

你用格式化输出函数 fprintf 创建的记录的长度可能不同。另一方面,随机存取文件使用固定长度的记录,可以直接存取(从而快速),而不需要通过其他记录进行搜索。这使得随机存取文件适合于需要快速存取特定数据的交易处理系统,如航空预订系统、银行系统和销售点系统。还有其他实现随机存取文件的方法,但我们将讨论限于这种使用固定长度记录的直接方法。

因为随机存取文件中的每条记录通常都具有相同的长度,每条记录相对于文件开头的确切位置可以作为记录键的函数来计算。我们很快就会看到,即使在大文件中,这也有利于对特定记录的即时存取。

图 11-4 说明了实现随机存取文件的一种方法。这样的文件就像一列有许多车厢的货运列车,有些是空的,有些是有货物的。火车上的每节车厢都有相同的长度。

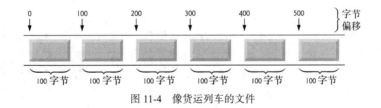

图 11-4　像货运列车的文件

固定长度的记录使程序能够在随机存取文件中插入数据而不破坏文件中的其他数据。以前存储的数据也可以被更新或删除,而不必重写整个文件。在接下来的章节中,我们将解释以下内容。

- 如何创建一个随机存取文件。
- 如何输入数据。
- 如何按顺序和随机地读取数据。
- 如何更新数据。
- 如何删除不再需要的数据。

### ✓ 自测题

1 (判断)写入随机存取文件和从随机存取文件中读取的单个记录可以直接存取,而不需要通过其他记录进行搜索。这使得随机存取文件适合于需要快速存取特定数据的系统。
  答案:对。

2 （填空）随机存取文件使用固定长度的记录，所以记录相对于文件开头的确切位置可以根
据_____来计算。

答案：记录键。

# 11.6 创建随机存取文件

函数 fwrite 将指定数量的字节从内存中的指定位置写入文件中。数据被写在文件位置指针的当前位置。函数 fread 从文件位置指针的当前位置读取指定数量的字节到内存中的指定区域。用以下语句

```
fprintf(fPtr, "%d", number);
```

写一个 4 字节的整数，可以输出多达 11 位数字——10 位数字加一个符号，每个数字至少需要 1 个字节的存储空间（可能因计算机采用的字符集不同而有所差异）。对于随机存取的文件，语句

```
fwrite(&number, sizeof(int), 1, fPtr);
```

总是从 int 型变量 number 向 fPtr 所代表的文件写入 4 字节（在一个有 4 字节整数的系统中）。我们马上会解释参数 1。稍后，我们可以使用 fread 将这 4 字节读入一个 int 型变量。尽管 fread 和 fwrite 是以固定大小而不是可变大小的格式读写数据，但它们是以"原始"字节的形式获取数据，而不是以 printf 和 scanf 的人类可读文本格式获取。"原始"数据表示法与系统有关，所以"原始"数据在其他系统上可能无法读取，也无法被其他编译器或不同的编译选项生成的程序读取。

## fwrite 和 fread 可以写和读数组

函数 fwrite 和 fread 可以写和读数组。fwrite 和 fread 的第三个参数是要写入或读取的元素数。前面的 fwrite 函数调用将一个整数写入文件，所以第三个参数是 1，就好像我们在写一个数组元素。文件处理程序很少向文件写入单个字段。通常情况下，它们一次写一个 struct，正如我们在下面的例子中所展示的。

## 问题陈述

请考虑下面的问题陈述：

创建一个交易处理系统，能够存储多达 100 条固定长度的记录。每条记录应该有一个账号（记录键）、一个姓氏、一个名字和一个余额。该程序应使用随机存取文件，并应能更新一个账户，插入一个新的账户，删除一个账户，并将所有记录列在一个格式化的文本文件中供打印。

接下来的几节将介绍我们用来创建交易处理程序的技术。清单 11.4 展示了如何打开一个随机存取的文件，使用 struct 定义记录格式，向文件写入数据并关闭文件。该程序使用函数 fwrite 将文件 "accounts.dat"中的所有 100 条记录初始化为空 struct。每个空 struct 包含账号 0、姓氏和名字的空字符串（""），以及余额 0.0。我们对所有记录进行初始化，以创建存储文件的空间，并使之能够确定记录是否包含数据。

**清单 11.4 | 按顺序创建随机存取文件**

```
1  // fig11_04.c
2  // Creating a random-access file sequentially
3  #include <stdio.h>
4
5  // clientData structure definition
6  struct clientData {
7      int account;
8      char lastName[15];
9      char firstName[10];
10     double balance;
11 };
12
13 int main(void) {
14     FILE *cfPtr = NULL; // accounts.dat file pointer
15
```

```
16      // fopen opens the file; exits if file cannot be opened
17      if ((cfPtr = fopen("accounts.dat", "wb")) == NULL) {
18         puts("File could not be opened.");
19      }
20      else {
21         // create clientData with default information
22         struct clientData blankClient = {0, "", "", 0.0};
23
24         // output 100 blank records to file
25         for (int i = 1; i <= 100; ++i) {
26            fwrite(&blankClient, sizeof(struct clientData), 1, cfPtr);
27         }
28
29         fclose (cfPtr); // fclose closes the file
30      }
31 }
```

第 17 行打开文件 "accounts.dat"，以二进制模式（"wb"）写入。函数 fwrite（第 26 行）将一个字节块写入文件。参数如下。

- &blankClient：要写入的对象的地址。
- sizeof(struct clientData)：要写入的对象的字节大小。
- 1：要写入的该大小的对象的数量。
- cfPtr：一个 FILE *，代表字节将存入的文件。

回顾一下，sizeof 返回其操作数（struct clientData）的字节大小。

### 写入一个对象的数组

在第 26 行，fwrite 写入一个非数组元素的对象。要写入一个数组，将其作为第一个参数传递给 fwrite，并在第三个参数中指定要输出的元素数量。

### ✓ 自测题

1 （判断）对于一个 4 字节的 int 型变量 number，下面的语句总是写入 4 字节，即使这个 number 的文本表示可能有 11 位：
```
fwrite(&number, sizeof(int), 1, fPtr);
```
答案：对。

2 （填空）函数 fread 和 fwrite 以"原始数据"格式读写数据，即作为_____的数据。
答案：字节。

3 （填空）函数 fwrite 可以写入多个数组元素。在调用 fwrite 时，指定一个指向数组的指针以及_____作为第一和第三个参数。
答案：要写入元素的数量。

## 11.7 将数据随机写入随机存取文件

（注意：清单 11.5、清单 11.6 和清单 11.7 使用了清单 11.4 中创建的数据文件，因此必须在清单 11.5、清单 11.6 和清单 11.7 之前运行清单 11.4。）

清单 11.5 将数据写入文件 "accounts.dat"。它使用 fseek 和 fwrite 在文件的特定位置存储数据。函数 fseek 将文件位置指针设置到一个特定的字节位置，然后 fwrite 将数据写入该位置。

**清单 11.5 | 将数据随机写入随机存取文件**

```
1 // fig11_05.c
2 // Writing data randomly to a random-access file
3 #include <stdio.h>
4
5 // clientData structure definition
6 struct clientData {
```

```
 7      int account;
 8      char lastName[15];
 9      char firstName[10];
10      double balance;
11  }; // end structure clientData
12
13  int main(void) {
14      FILE *cfPtr = NULL; // accounts.dat file pointer
15
16      // fopen opens the file; exits if file cannot be opened
17      if ((cfPtr = fopen("accounts.dat", "rb+")) == NULL) {
18          puts("File could not be opened.");
19      }
20      else {
21          // create clientData with default information
22          struct clientData client = {0, "", "", 0.0};
23
24          // require user to specify account number
25          printf("%s", "Enter account number (1 to 100, 0 to end input): ");
26          scanf("%d", &client.account);
27
28          // user enters information, which is copied into file
29          while (client.account != 0) {
30              // user enters last name, first name and balance
31              printf("%s", "Enter lastname, firstname, balance: ");
32
33              // set record lastName, firstName and balance value
34              fscanf(stdin, "%14s%9s%lf", client.lastName,
35                  client.firstName, &client.balance);
36
37              // seek position in file to user-specified record
38              fseek(cfPtr, (client.account - 1) *
39                  sizeof(struct clientData), SEEK_SET);
40
41              // write user-specified information in file
42              fwrite(&client, sizeof(struct clientData), 1, cfPtr);
43
44              // enable user to input another account number
45              printf("%s", "\nEnter account number: ");
46              scanf("%d", &client.account);
47          }
48
49          fclose(cfPtr); // fclose closes the file
50      }
51  }
```

```
Enter account number (1 to 100, 0 to end input): 37
Enter lastname, firstname, balance: Barker  Doug  0.00

Enter account number: 29
Enter lastname, firstname, balance: Brown  Nancy  -24.54

Enter account number: 96
Enter lastname, firstname, balance: Stone  Sam  34.98

Enter account number: 88
Enter lastname, firstname, balance: Smith  Dave  258.34

Enter account number: 33
Enter lastname, firstname, balance: Dunn  Stacey  314.33

Enter account number: 0
```

## 11.7.1 用 fseek 定位文件位置指针

第 38～39 行将 cfPtr 所引用的文件位置指针定位到由以下表达式计算的字节位置上

`(client.account - 1) * sizeof(struct clientData)`

这个表达式的值是偏移量或位移。在这个例子中，账号是 1～100。文件从字节 0 开始，所以我们在计算记录的字节位置时要从账号中减去 1。对于记录 1，第 38～39 行将文件位置指针设为文件的第 0 字节。符号常量 SEEK_SET 表示 fseek 应该将文件位置指针相对于文件的开头移动。

图 11-5 说明了 FILE 指针指的是内存中的 FILE 结构体。该图中的文件位置指针表示下一个要读或写的字节是第 5 字节。

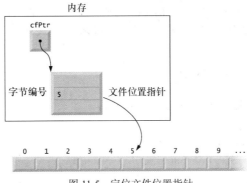

图 11-5 定位文件位置指针

### fseek 的函数原型

fseek 的函数原型是

`int fseek(FILE *stream, long int offset, int whence);`

其中 offset 是在 stream 指向的文件中，要从 whence 寻找的字节数。正的偏移量向前寻找，而负的偏移量向后寻找。参数 whence 可以是 SEEK_SET、SEEK_CUR 或 SEEK_END（都在<stdio.h>中定义），表示从哪个位置开始寻找。

■ SEEK_SET 表示从文件的开始位置开始寻找。

■ SEEK_CUR 表示从文件的当前位置开始寻找。

■ SEEK_END 表示从文件的末尾位置开始寻找。

对于 SEEK_SET，应该只使用正的偏移量，而对于 SEEK_END，应该只使用负的偏移量。

## 11.7.2 错误检查

简单起见，本章的程序不进行错误检查。工业强度的程序应该通过检查函数的返回值来确定 fscanf（清单 11.5，第 34～35 行）、fseek（第 38～39 行）和 fwrite（第 42 行）等函数是否正确运行。函数 fscanf 返回成功读取的数据项的数量，如果在读取数据时发生问题，则返回值 EOF。如果寻找操作（例如，试图寻找到文件开始之前的位置）不能执行，函数 fseek 返回一个非零值。函数 fwrite 返回它成功输出的数据项数。如果这个数字小于函数调用中的第三个参数，那么就发生了一个写入错误。

✓ **自测题**

1 （填空）函数_____将文件位置指针设置为文件中的一个特定字节位置。

　　答案：fseek。

2 （填空）符号常量_____表示文件位置指针应相对于文件的开头定位。

　　答案：SEEK_SET。

## 11.8　从随机存取文件中读取数据

函数 fread 从文件中读取指定数量的字节到内存中。例如

```
fread(&client, sizeof(struct clientData), 1, cfPtr);
```

从 cfPtr 引用的文件中读取由 sizeof(struct clientData)决定的字节数，将数据存储在 client 中并返回读取的字节数。它从文件位置指针指定的位置读取字节。

函数 fread 可以读取多个固定大小的数组元素，方法是提供一个指向存储这些元素的数组的指针，并指出要读取的元素数量。前面的语句读取了一个元素。要读取多个元素，需要指定元素的数量作为 fread 的第三个参数。函数 fread 返回它成功输入的数据项数。如果这个数字小于函数调用中的第三个参数，则表示发生了一个读取错误。

清单 11.6 依次读取 "accounts.dat"文件中的每一条记录，确定它是否包含数据，如果包含，则显示格式化的数据。函数 feof 判断何时到达文件的末尾，fread 函数（第 28~29 行）将数据从文件传送到 clientData 结构体的 client。

**清单11.6 | 从随机存取文件中依次读取数据**

```c
1  // fig11_06.c
2  // Reading a random-access file sequentially
3  #include <stdio.h>
4
5  // clientData structure definition
6  struct clientData {
7      int account;
8      char lastName[15];
9      char firstName[10];
10     double balance;
11 };
12
13 int main(void){
14     FILE *cfPtr = NULL; // accounts.dat file pointer
15
16     // fopen opens the file; exits if file cannot be opened
17     if ((cfPtr = fopen("accounts.dat", "rb")) == NULL) {
18         puts("File could not be opened.");
19     }
20     else {
21         printf("%-6s%-16s%-11s%10s\n", "Acct", "Last Name",
22             "First Name", "Balance");
23
24         // read all records from file (until eof)
25         while (!feof(cfPtr)) {
26             // read a record
27             struct clientData client = {0, "", "", 0.0};
28             size_t result =
29                 fread(&client, sizeof(struct clientData), 1, cfPtr);
30
31             // display record
32             if (result != 0 && client.account != 0) {
33                 printf("%-6d%-16s%-11s%10.2f\n",  client.account,
34                     client.lastName, client.firstName, client.balance);
35             }
36         }
37
38         fclose(cfPtr); // fclose closes the file
39     }
40 }
```

```
Acct    Last Name     First Name       Balance
29      Brown         Nancy            -24.54
33      Dunn          Stacey           314.33
37      Barker        Doug               0.00
88      Smith         Dave             258.34
96      Stone         Sam               34.98
```

✓ **自测题**

1 （判断）函数 fread 返回它成功输入的字节数。

答案：错。函数 fread 返回它成功输入的数据项数。每个数据项可以是多个字节。如果数据项数少于 fread 的第三个参数，那么读操作就没有成功完成。

2 （判断）函数 fread 可以读取多个固定大小的数组元素，方法是提供一个指向存储这些元素的数组的指针，并指出要读取的元素的数量。

答案：对。

# 11.9 案例研究：交易处理系统

让我们使用随机存取文件创建一个交易处理程序（清单 11.7）。该程序维护银行的账户信息——更新现有的账户，增加新的账户，删除账户，并将当前账户列表存储在文本文件中以供打印。我们假设清单 11.4 的程序创建了 accounts.dat 文件。

### 选项 1：创建一个格式化的账户列表

该程序有 5 个选项——选项 5 终止该程序。选项 1 调用函数 textFile（第 58～86 行），在一个名为 accounts.txt 的文本文件中存储格式化的账户报告，以后可以打印。该函数使用了 fread 和清单 11.6 中所示的顺序文件存取技术。在选项 1 之后，accounts.txt 包含以下内容：

```
Acct      Last Name      First Name      Balance
29        Brown          Nancy           -24.54
33        Dunn           Stacey          314.33
37        Barker         Doug              0.00
88        Smith          Dave            258.34
96        Stone          Sam              34.98
```

### 选项 2：更新一个账户

选项 2 调用函数 updateRecord（第 89～125 行）来更新一个账户。该函数只更新一个已经存在的记录，所以该函数首先检查用户指定的记录是否为空。首先，我们用 fread 将记录读入结构体 client。如果成员账户为 0，则该记录不包含任何信息。所以，程序显示一条信息，说明该记录是空的，然后重新显示菜单选择。如果记录包含信息，函数 updateRecord 会输入交易金额，计算新的余额，并将记录重写到文件中。选项 2 的一个典型输出如下：

```
Enter   account to update (1 - 100): 37
37      Barker         Doug              0.00

Enter charge (+) or payment (-): +87.99
37      Barker         Doug             87.99
```

### 方案 3：创建一个新账户

选项 3 调用函数 newRecord（第 128～161 行），将一个新的账户添加到该文件。如果用户输入了一个现有账户的账号，newRecord 会显示一个错误信息，表明该记录已经包含了信息，并再次打印菜单选择。这个函数和清单 11.5 中的程序一样，使用相同的过程来添加一个新账户。选项 3 的一个典型输出如下：

```
Enter new account number (1 - 100): 22
Enter lastname, firstname, balance
? Johnston Sarah 247.45
```

### 选项 4：删除一个账户

选项 4 调用函数 deleteRecord（第 164～190 行），从文件中删除一条记录。删除是通过询问用户的账号和重新初始化记录来完成的。如果账户不包含任何信息，deleteRecord 将显示一个错误信息，表明该账户不存在。

## 交易处理程序的代码

该程序如清单 11.7 所示。文件 "accounts.dat" 使用 "rb+" 模式打开进行更新（读和写）。

**清单 11.7 | 交易处理程序**

```
1  // fig11_07.c
2  // Transaction-processing program reads a random-access file sequentially,
3  // updates data already written to the file, creates new data to
4  // be placed in the file, and deletes data previously stored in the file.
5  #include <stdio.h>
6
7  // clientData structure definition
8  struct clientData {
9      int account;
10     char lastName[15];
11     char firstName[10];
12     double balance;
13 };
14
15 // prototypes
16 int enterChoice(void);
17 void textFile(FILE *readPtr);
18 void updateRecord(FILE *fPtr);
19 void newRecord(FILE *fPtr);
20 void deleteRecord(FILE *fPtr);
21
22 int main(void) {
23     FILE *cfPtr = NULL; // accounts.dat file pointer
24
25     // fopen opens the file; exits if file cannot be opened
26     if ((cfPtr = fopen("accounts.dat", "rb+")) == NULL) {
27     puts("File could not be opened.");
28     }
29     else {
30         int choice = 0; // user
31
32         // enable user to specify action
33         while ((choice = enterChoice()) != 5) {
34             switch (choice) {
35                 case 1: // create text file from record file
36                     textFile(cfPtr);
37                     break;
38                 case 2: // update record
39                     updateRecord(cfPtr);
40                     break;
41                 case 3: // create record
42                     newRecord(cfPtr);
43                     break;
44                 case 4: // delete existing record
45                     deleteRecord(cfPtr);
46                     break;
47                 default: // display message for invalid choice
48                     puts("Incorrect choice");
49                     break;
50             }
51         }
52
53         fclose(cfPtr); // fclose closes the file
54     }
55 }
56
57 // create formatted text file for printing
58 void textFile(FILE *readPtr) {
59     FILE *writePtr = NULL; // accounts.txt file pointer
```

```
60
61      // fopen opens the file; exits if file cannot be opened
62      if ((writePtr = fopen("accounts.txt", "w")) == NULL) {
63         puts("File could not be opened.");
64      }
65      else {
66         rewind(readPtr); // sets pointer to beginning of file
67         fprintf(writePtr, "%-6s%-16s%-11s%10s\n",
68            "Acct", "Last Name", "First Name","Balance");
69
70         // copy all records from random-access file into text file
71         while (!feof(readPtr)) {
72            // create clientData with default information
73            struct clientData client = {0, "", "", 0.0};
74            size_t result =
75               fread(&client, sizeof(struct clientData), 1, readPtr);
76
77            // write single record to text file
78            if (result != 0 && client.account != 0) {
79               fprintf(writePtr, "%-6d%-16s%-11s%10.2f\n", client.account,
80                  client.lastName, client.firstName, client.balance);
81            }
82         }
83
84         fclose(writePtr); // fclose closes the file
85      }
86   }
87
88   // update balance in record
89   void updateRecord(FILE *fPtr) {
90      // obtain number of account to update
91      printf("%s", "Enter account to update (1 - 100): ");
92      int account = 0; // account number
93      scanf("%d", &account);
94
95      // move file pointer to correct record in file
96      fseek(fPtr, (account - 1) * sizeof(struct clientData), SEEK_SET);
97
98      // read record from file
99      struct clientData client = {0, "", "", 0.0};
100     fread(&client, sizeof(struct clientData), 1, fPtr);
101
102     // display error if account does not exist
103     if (client.account == 0) {
104        printf("Account #%d has no information.\n", account);
105     }
106     else { // update record
107        printf("%-6d%-16s%-11s%10.2f\n\n", client.account, client.lastName,
108           client.firstName, client.balance);
109
110        // request transaction amount from user
111        printf("%s", "Enter charge (+) or payment (-): ");
112        double transaction = 0.0; // transaction amount
113        scanf("%lf", &transaction);
114        client.balance += transaction; // update record balance
115
116        printf("%-6d%-16s%-11s%10.2f\n", client.account, client.lastName,
117           client.firstName, client.balance);
118
119        // move file pointer to correct record in file
120        fseek(fPtr, (account - 1) * sizeof(struct clientData), SEEK_SET);
121
122        // write updated record over old record in file
123        fwrite(&client, sizeof(struct clientData), 1, fPtr);
124     }
125  }
126
127  // create and insert record
128  void newRecord(FILE *fPtr) {
```

```
129        // obtain number of account to create
130        printf("%s", "Enter new account number (1 - 100): ");
131        int account = 0; // account number
132        scanf("%d", &account);
133
134        // move file pointer to correct record in file
135        fseek(fPtr, (account - 1) * sizeof(struct clientData), SEEK_SET);
136
137        // read record from file
138        struct clientData client = {0, "", "", 0.0};
139        fread(&client, sizeof(struct clientData), 1, fPtr);
140
141        // display error if account already exists
142        if (client.account != 0) {
143            printf("Account #%d already contains information.\n",
144                client.account);
145        }
146        else { // create record
147            // user enters last name, first name and balance
148            printf("%s", "Enter lastname, firstname, balance\n? ");
149            scanf("%14s%9s%lf", &client.lastName, &client.firstName,
150                &client.balance);
151
152            client.account = account;
153
154            // move file pointer to correct record in file
155            fseek(fPtr, (client.account - 1) * sizeof(struct clientData),
156                SEEK_SET);
157
158            // insert record in file
159            fwrite(&client, sizeof(struct clientData), 1, fPtr);
160        }
161  }
162
163  // delete an existing record
164  void deleteRecord(FILE *fPtr) {
165        // obtain number of account to delete
166        printf("%s", "Enter account number to delete (1 - 100): ");
167        int account = 0; // account number
168        scanf("%d", &account);
169
170        // move file pointer to correct record in file
171        fseek(fPtr, (account - 1) * sizeof(struct clientData), SEEK_SET);
172
173        // read record from file
174        struct clientData client = {0, "", "", 0.0};
175        fread(&client, sizeof(struct clientData), 1, fPtr);
176
177        // display error if record does not exist
178        if (client.account == 0) {
179            printf("Account %d does not exist.\n", account);
180        }
181        else { // delete record
182            // move file pointer to correct record in file
183            fseek(fPtr, (account - 1) * sizeof(struct clientData), SEEK_SET);
184
185            struct clientData blankClient = {0, "", "", 0}; // blank client
186
187            // replace existing record with blank record
188            fwrite(&blankClient, sizeof(struct clientData), 1, fPtr);
189        }
190  }
191
192  // enable user to input menu choice
193  int enterChoice(void) {
194        // display available options
195        printf("%s", "\nEnter your choice\n"
196            "1 - store a formatted text file of accounts called\n"
197            "    \"accounts.txt\" for printing\n"
```

```
198         "2 - update an account\n"
199         "3 - add a new account\n"
200         "4 - delete an account\n"
201         "5 - end program\n? ");
202
203     int menuChoice = 0; // variable to store user
204     scanf("%d", &menuChoice); // receive choice from user
205     return menuChoice;
206 }
```

### 相关练习

这个交易处理系统的案例研究有练习 11.11 和练习 11.17 的支持。

## ✓ 自测题

1. （讨论）在下面的代码中，if 语句的条件是测试什么？

   ```
   if ((cfPtr = fopen("accounts.dat", "rb+")) == NULL)
   ```

   答案：该条件测试文件 accounts.dat 是否成功地以二进制模式打开进行读写。

2. （讨论）在清单 11.7 的程序中，下面的语句是做什么的？

   ```
   fseek(fPtr, (account - 1) * sizeof(struct clientData), SEEK_SET);
   ```

   答案：这条语句把 fPtr 所代表的文件位置指针移到 clientData 记录 account 的位置。

# 11.10 安全的 C 语言编程

## fprintf_s 和 fscanf_s

11.3～11.4 节中的例子使用函数 fprintf 和 fscanf 分别将文本写入文件和从文件中读取文本。C 标准的 Annex K 提供了这些函数的版本，名为 fprintf_s 和 fscanf_s，与我们之前介绍的 printf_s 和 scanf_s 函数相同，只是你还要指定一个 FILE 指针参数指示要操作的文件。如果你的 C 编译器的标准库包括这些函数，你应该用它们来代替 fprintf 和 fscanf。与 scanf_s 和 printf_s 一样，微软的 fprintf_s 和 fscanf_s 的版本与 Annex K 中的不同。

## SEI CERT C 编码标准的第 9 章

SEI CERT C 编码标准的第 9 章专门针对输入和输出建议与规则——许多适用于一般的文件处理，其中一些适用于本章介绍的文件处理函数。关于它们的更多信息，请访问 SEI External Wiki Home 网站。

- FIO03-C：当使用本章讨论的非独占文件打开模式打开一个文件进行写入时，如果该文件存在，函数 fopen 会打开它并截断其内容，不提供文件在 fopen 调用之前是否存在的提示。为了确保现有的文件不被打开和截断，你可以使用 C11 的独占写模式（在 11.3 节中讨论），它允许 fopen 仅在文件不存在的情况下打开文件。

- FIO04-C：在工业强度的代码中，你应该总是检查返回错误标记的文件处理函数的返回值，以确保这些函数正确地执行其任务。

- FIO07-C：函数 rewind 没有返回值，所以你不能测试操作是否成功。建议你改用函数 fseek，因为它在失败时返回一个非零值。

- FIO09-C：我们在本章中演示了文本文件和二进制文件。由于不同平台上的二进制数据表示方法不同，以二进制格式写的文件往往不能移植。要想获得更多的可移植的文件表示方法，可以考虑使用文本文件，或一个可以处理不同平台上二进制文件表示方法的函数库。

- FIO14-C：一些函数库在文本文件和二进制文件上的操作不尽相同。特别是函数 fseek，如果你从 SEEK_END 开始查找，不能保证在二进制文件上正确工作，所以应该使用 SEEK_SET。

- FIO42-C：在许多平台上，你一次只能打开有限数量的文件。出于这个原因，一旦你的程序不再需要一个文件，就应该立即关闭它。

## ✓ 自测题

1 （填空）当你打开一个文件进行写入时，你可以通过使用_____来确保现有的文件不被截断，这允许 fopen 只在文件不存在时才打开。

答案：独占写模式。

2 （判断）函数 rewind 不返回值，所以你不能测试操作是否成功。作为替代，请使用函数 fseek，因为它在失败时返回一个非零值。

答案：对。

3 （判断）许多平台只允许一次打开有限数量的文件。所以，一旦不再需要一个文件，你就应该立即关闭它。

答案：对。

## 关键知识回顾

### 11.1 节

- 文件用于永久保存大量的数据。
- 计算机将文件存储在二级存储设备上，如固态硬盘、闪存驱动器和硬盘驱动器。

### 11.2 节

- C 语言将每个文件视为一个连续的字节流。当一个文件被打开时，一个流就与该文件相关联。
- 当程序开始执行时，会自动打开 3 个流——标准输入流、标准输出流和标准错误流。
- 流提供了文件和程序之间的通信渠道。
- 标准输入流使程序能够从键盘上读取数据，而标准输出流使程序能够在屏幕上打印数据。
- 打开一个文件会返回一个指向 FILE 结构体（定义在<stdio.h>中）的指针，该结构体包含用于处理该文件的信息。这个结构体包括一个文件描述符——一个名为打开文件表的操作系统数组的索引。每个数组元素都包含一个文件控制块（FCB），操作系统用它来管理特定文件。
- 使用预先定义的文件指针 stdin、stdout 和 stderr 来操作标准输入、标准输出和标准错误流。
- 函数 fgetc 从文件中读取一个字符。它接收一个 FILE 指针作为参数，从该指针指向的文件中读取一个字符。
- 函数 fputc 向文件写入一个字符。它接收的参数是一个要写入的字符和一个指向该字符要写入的文件的 FILE 指针。
- 函数 fgets 和 fputs 分别从文件中读取一行或向文件中写入一行。

### 11.3 节

- C 语言没有给文件强加任何结构体。你必须提供一个文件结构体来满足特定应用程序的要求。
- C 语言程序用一个单独的 FILE 结构体来管理每个文件。
- 每个打开的文件都必须有一个单独声明的 FILE 指针，用来引用该文件。
- 函数 fopen 以文件名和文件打开模式为参数，为打开的文件重新生成一个指向 FILE 结构体的指针，如果文件不能打开则为 NULL。
- 文件打开模式 "w" 用于打开一个文件进行写入。如果该文件不存在，fopen 就创建它。如果文件存在，其内容会被丢弃而不发出警告。
- 函数 feof 接收一个指向 FILE 的指针，当文件结束标记被设置时，返回一个非 0（真）值；否则，函数返回 0。任何试图从 feof 返回真值的文件中读取的尝试都会失败。

- 函数 fprintf 类似于 printf，但它还接收一个文件指针作为参数，该指针指向要写入数据的文件。
- 函数 fclose 接收一个文件指针作为参数并关闭指定的文件。
- 当文件打开时，该文件的文件控制块（FCB）被复制到内存中。该 FCB 被操作系统用来管理文件。
- 要读取现有的文件，需要打开它进行读取（"r"）。
- 要将记录添加到现有文件的末尾，需要打开文件进行追加（"a"）。
- 要打开一个文件进行读写，使用更新模式——"r+"、"w+"或 "a+"。模式 "r+"打开一个文件进行读写。模式 "w+"创建一个文件用于读写，但现有文件的内容会被丢弃。模式 "a+"打开一个文件供读取和写入——所有的写入都是在文件的最后完成的。如果该文件不存在，它就会被创建。
- 每个文件打开模式都有一个相应的二进制模式（b），用于操作二进制文件。
- 独占写模式确保现有文件不被覆盖。如果你的程序在独占写模式下成功地打开了一个文件，并且底层系统支持独占文件存取，那么在文件打开时只有你的程序可以存取该文件。

## 11.4 节

- 函数 fscanf 类似于函数 scanf，但它接收一个文件指针作为参数，该指针指向用于读取数据的文件。
- 函数 rewind 将程序的文件位置指针重新定位到其参数所指向的文件的开头（即第 0 字节）。
- 文件位置指针是一个整数，它指定了文件中下一次读或写发生的字节位置。这有时被称为文件偏移量。文件位置指针是与每个文件相关的 FILE 结构体中的一个成员。
- 顺序文本文件中的数据通常不能被修改，否则有可能破坏文件中的其他数据。

## 11.5 节

- 随机存取文件使用固定长度的记录，可以直接存取，而无须通过其他记录进行搜索。
- 随机存取文件中的每条记录通常都有相同的长度，所以每条记录相对于文件开头的，确切位置可以作为记录键的函数来计算。
- 固定长度的记录使数据可以插入随机存取文件而不破坏其他数据。以前存储的数据也可以被更新或删除，而不需要重写整个文件。

## 11.6 节

- 函数 fwrite 将指定数量的字节从内存中的指定位置开始传送到一个文件中。数据从文件位置指针的位置开始写入。
- 函数 fread 将指定数量的字节从文件中由文件位置指针指定的位置传送到内存中以指定地址开始的区域。
- 函数 fwrite 和 fread 能够从文件中读出和写入数据数组。fread 和 fwrite 的第三个参数是要处理的元素的数量。
- 文件处理程序通常一次写一个 struct。

## 11.7 节

- 函数 fseek 将文件的文件位置指针重新定位到一个特定的字节位置。它的第二个参数表示要寻找的字节数，第三个参数表示寻找开始的位置。第三个参数可以是 SEEK_SET、SEEK_CUR 或 SEEK_END。SEEK_SET 表示从文件的开始位置开始寻找；SEEK_CUR 表示从文件的当前位置开始寻找；SEEK_END 表示从文件的末尾位置开始寻找。
- 工业强度的程序应该通过检查 fscanf、fseek 和 fwrite 等函数的返回值，来确定这些函数是否正确运行。
- 函数 fscanf 返回成功读取的数据项数，如果在读取数据时发生问题，则返回值 EOF。
- 函数 fseek 如果不能执行寻找操作，则返回一个非零值。

- 函数 fwrite 返回它成功输出的数据项数。如果这个数字小于函数调用中的第三个参数，那么就发生了一个写入错误。

## 11.8 节

- 函数 fread 从文件中读取指定数量的字节到内存中。
- 函数 fread 可以读取多个固定大小的数组元素，方法是提供一个指向存储这些元素的数组的指针，并指出要读取的元素数量。
- 函数 fread 返回它成功输入的数据项数。如果这个数字小于函数调用中的第三个参数，那么就发生了一个读取错误。

### 自测练习

11.1　在下列各项中填空。

(a) 函数_____关闭一个文件。

(b) 函数_____从文件中读取数据，其方式类似于 scanf 从 stdin 中读取数据。

(c) 函数_____从指定的文件中读取一个字符。

(d) 函数_____从指定的文件中读取一行。

(e) 函数_____打开一个文件。

(f) 函数_____通常在随机存取应用程序中从文件中读取数据时使用。

(g) 函数_____将文件位置指针重新定位到文件中的一个特定位置。

11.2　说明以下哪些是对的，哪些是错的。如果是错的，请解释原因。

(a) 函数 fscanf 不能用于从标准输入中读取数据。

(b) 你必须显式地使用 fopen 来打开标准输入、标准输出和标准错误流。

(c) 程序必须显式地调用函数 fclose 来关闭一个文件。

(d) 如果文件位置指针指向顺序文件中的一个位置，而不是文件的开头，那么要从文件的开头读取，必须关闭文件并重新打开。

(e) 函数 fprintf 可以写到标准输出。

(f) 顺序存取文件中的数据可以更新而不覆盖其他数据。

(g) 不需要在随机存取文件中搜索所有的记录来寻找一个特定的记录。

(h) 随机存取文件中的记录不是统一长度的。

(i) 函数 fseek 只可以相对于文件的开始位置进行搜索。

11.3　写一条语句来完成下列各项工作。假设这些语句都适用于同一个程序。

(a) 打开文件 "oldmast.dat" 进行读取，将返回的文件指针赋值给 ofPtr。

(b) 打开文件 "trans.dat" 进行读取，将返回的文件指针赋值给 tfPtr。

(c) 打开文件 "newmast.dat" 进行写入（和创建），将返回的文件指针赋值给 nfPtr。

(d) 从文件 "oldmast.dat" 读取一条记录。该记录由整数 account、字符串 name 和浮点数 currentBalance 组成。

(e) 从文件 "trans.dat" 中读取一条记录。该记录由整数 account 和浮点数 dollarAmount 组成。

(f) 向文件 "newmast.dat" 写入一条记录。该记录由整数 account、字符串 name 和浮点数 currentBalance 组成。

11.4　找出下列各项中的错误，并解释如何纠正。

(a) fPtr 所指的文件（"payables.dat"）没有打开。

```
printf(fPtr, "%d%s%d\n", account, company, amount);
```

(b) open("receive.dat", "r+");

(c) 下面应该从 "payables.dat" 读取一条记录。文件指针 payPtr 指的是这个文件，文件指针 recPtr 指的是文件 "receive.dat"：

```
scanf(recPtr, "%d%s%d\n", &account, company, &amount);
```

(d) 文件"tools.dat"应该被打开，以便在不中断当前数据的情况下向文件中添加数据。

```
if ((tfPtr = fopen("tools.dat", "w")) != NULL)
```

(e) 文件"courses.dat"应该被打开，以便在不修改文件的当前内容的情况下进行追加。

```
if ((cfPtr = fopen("courses.dat", "w+")) != NULL)
```

## 自测练习答案

11.1 (a) fclose。(b) fscanf。(c) fgetc。(d) fgets。(e) fopen。(f) fread。(g) fseek。

11.2 请看下面的答案。

(a) 错。函数 fscanf 可以用于从标准输入中读取，方法是在调用 fscanf 时包括指向标准输入流 stdin 的指针。

(b) 错。这 3 个流在程序开始执行时由 C 自动打开。

(c) 错。当程序执行结束时，这些文件将被关闭，但是所有的文件都应该用 fclose 显式地关闭。

(d) 错。可以用函数 rewind 将文件位置指针重新定位到文件的开头。

(e) 对。

(f) 错。在大多数情况下，顺序文件记录不是统一长度的。因此，更新一条记录有可能会导致 其他数据被覆盖。

(g) 对。

(h) 错。随机存取文件中的记录通常是统一长度的。

(i) 错。有可能从文件的开头、文件的结尾和文件的当前位置开始寻找。

11.3 (a) ofPtr = fopen("oldmast.dat", "r");

(b) tfPtr = fopen("trans.dat", "r");

(c) nfPtr = fopen("newmast.dat", "w");

(d) fscanf(ofPtr, "%d%s%f", &account, name, &currentBalance);

(e) fscanf(tfPtr, "%d%f", &account, &dollarAmount);

(f) fprintf(nfPtr, "%d %s %.2f", account, name, currentBalance);

11.4 请看下面的答案。

(a) 错误："payables.dat"在使用 fPtr 之前没有被打开。

更正：使用 fopen 打开 "payables.dat"，进行写入、追加或更新。

(b) 错误：函数 open 不是一个标准的 C 函数。

更正：使用函数 fopen。

(c) 错误：函数 scanf 应该是 fscanf。函数 fscanf 使用不正确的文件指针来引用文件 "payables.dat"。

更正：使用 payPtr 来引用 "payables.dat"，并使用 fscanf。

(d) 错误：文件的内容被丢弃，因为文件打开用于写入 ("w")。

更正：要向文件添加数据，要么打开文件进行更新 ("r+")，要么打开文件进行追加 ("a" 或 "a+")。

(e) 错误：文件 "courses.dat"在 "w+"模式下打开以进行更新，这使得文件的当前内容被丢弃。

更正：用 "a"或 "a+"模式打开该文件。

## 练习

11.5 在以下各项中填空。

(a) 大量的数据作为_____存储在二级存储设备上。

(b) _____是由几个字段组成的。

(c) 为了便于从文件中检索特定的记录，每个记录中的一个字段被选为_____。

(d) 一组传递意义的相关字符被称为_____。

(e) 程序开始执行时自动打开的 3 个流的文件指针被命名为_____、_____和_____。

(f) 函数_____将一个字符写到指定的文件中。

(g) 函数_____将一行写到指定的文件中。

(h) 函数_____一般用于向随机存取的文件写入数据。

(i) 函数_____将文件位置指针重新定位到文件的开头。

11.6 （为文件匹配程序创建数据）编写一个简单的程序来创建一些测试数据，用于检查练习 11.7 的程序。使用图 11-6 和图 11-7 的账户数据样本。

| 账号 | 姓名 | 余额 |
| --- | --- | --- |
| 100 | Alan Jones | 348.17 |
| 300 | Mary Smith | 27.19 |
| 500 | Sam Sharp | 0.00 |
| 700 | Suzy Green | −14.22 |

图 11-6 主文件

| 账号 | 美元金额 |
| --- | --- |
| 100 | 27.14 |
| 300 | 62.11 |
| 400 | 100.56 |
| 900 | 82.17 |

图 11-7 交易文件

11.7 （文件匹配）练习 11.3 要求你缩写一系列的单条语句。这些语句构成了一种重要类型的文件处理程序的核心，即文件匹配程序。在商业数据处理中，每个系统中都有几个文件是很常见的。例如，在一个应收账款系统中，通常有一个主文件，包含每个客户的详细信息，如客户的姓名、地址、电话号码、未付余额、信用额度、折扣条款、合同安排，可能还包括最近购买和现金支付的简要历史记录。

随着交易的发生，如销售和付款，它们被输入一个文件中。在每个业务周期结束时（例如，有些公司是一个月，有些是一周，有些是一天），交易文件（在练习 11.3 中称为 "trans.dat"）被应用于主文件（在练习 11.3 中称为 "oldmast.dat"），以更新每个账户的购买和付款记录。在更新过程中，主文件被改写成一个新文件（"newmast.dat"），然后在下一个业务周期结束时使用该文件，再次开始更新过程。

文件匹配程序必须处理某些在单一文件程序中不存在的问题。例如，匹配并不总是会发生。主文件中的客户可能在当前业务期间没有进行任何购买或现金支付，因此这个客户的记录不会出现在交易文件中。同样，一个有购买行为或现金支付的客户可能刚刚搬到这个社区，公司可能还没有机会为这个客户创建主记录。

使用练习 11.3 中的语句作为一个完整的文件匹配应收账款程序的基础。使用每个文件上的账号作为匹配的记录键。假设每个文件都是一个顺序文件，记录按账号递增的顺序存储。

当发生匹配时（即主文件和交易文件中都有相同的账号记录），将交易文件中的美元金额加到主文件的当前余额中，并写入 "newmast.dat"记录。（假设交易文件中购买的金额为正数，支付的金额为负数。）当某一账户有主记录但没有相应的交易记录时，只需将主记录写入 "newmast.dat"。当有交易记录但没有相应的主记录时，打印信息 "Unmatched transaction record for account number … "（填入交易记录中的账号）。

11.8 （测试文件匹配练习）使用在练习 11.6 中创建的测试数据文件运行练习 11.7 的程序。仔细检查结果。

11.9 （多个交易的文件匹配）有几个交易记录具有相同的记录键是可能的（实际上是很常见的）。出现这种情况是因为一个特定的客户在一个业务周期可能会进行多次购买和现金支付。重写练习 11.7 中的应收账款文件匹配程序，使之能够处理具有相同记录键的多个交易记录。修改练习 11.6 的测试数据，以包括图 11-8 所示的额外的交易记录。

| 账号 | 美元金额 |
| --- | --- |
| 300 | 83.89 |
| 700 | 80.78 |
| 700 | 1.53 |

图 11-8 额外的交易记录

11.10 （编写完成一项任务的语句）编写完成下列各项任务的语句。假设结构体

```
struct person {
    char lastName[15];
    char firstName[15];
    char age[4];
};
```

已定义，并且文件已经打开用于写入。

（a）初始化文件 "nameage.dat"，使之有 100 条记录，其中 lastName = "unassigned"，firstname = ""，age = "0"。

（b）输入 10 个姓、名和年龄，并把它们写到文件中。

（c）更新一条记录；如果记录中没有信息，则告诉用户 "No info"。

（d）删除一个有信息的记录，重新初始化该特定记录。

11.11 （五金店库存）你是一家五金店的老板，需要维护一个库存，可以告诉你有哪些工具，有多少个，每个工具的成本。编写一个程序，将文件 "hardware.dat" 初始化为 100 条空记录，让你输入每个工具的相关数据，让你列出所有的工具，让你删除一个你不再拥有的工具的记录，让你更新文件中的任意信息。工具的识别号应该是记录号。使用图 11-9 的信息作为文件的初始值。

| 记录号 | 工具名称 | 数量 | 成本 |
|---|---|---|---|
| 3 | Electric sander | 7 | 57.98 |
| 17 | Hammer | 76 | 11.99 |
| 24 | Jig saw | 21 | 11.00 |
| 39 | Lawn mower | 3 | 79.50 |
| 56 | Power saw | 18 | 99.99 |
| 68 | Screwdriver | 106 | 6.99 |
| 77 | Sledge hammer | 11 | 21.50 |
| 83 | Wrench | 34 | 7.50 |

图 11-9 部分工具的信息

11.12 （电话号码单词生成器）标准的电话键盘包含数字 0～9。数字 2～9 各自有 3 个字母与之相关，如图 11-10 所示。

| 数字 | 字母 | | | 数字 | 字母 | | |
|---|---|---|---|---|---|---|---|
| 2 | A | B | C | 6 | M | N | O |
| 3 | D | E | F | 7 | P | R | S |
| 4 | G | H | I | 8 | T | U | V |
| 5 | J | K | L | 9 | W | X | Y |

图 11-10 电话键盘上数字与字母的对应关系

许多人发现很难记住电话号码，所以他们利用数字和字母之间的关联性来开发与电话号码相对应的 7 个字母的单词。例如，一个电话号码为 686-2377 的人可能会使用图 11-10 中的对应关系来形成 7 个字母的单词 "NUMBERS"。

企业经常试图获得容易让客户记住的电话号码。如果一个企业能宣传一个简单的词让客户拨打，那么毫无疑问，这个企业会多接到几个电话。

每个 7 个字母的单词正好对应一个 7 位数的电话号码。希望增加外卖业务的餐馆肯定可以用 825-3688（即 "TAKEOUT"）这个号码来实现。

每个 7 位数的电话号码都对应着许多独立的 7 字母单词。遗憾的是，其中大多数代表了无法辨认的字母并列组合。然而，理发店的老板可能会很高兴地知道，该店的电话号码 424-7288 对应的是 "HAIRCUT"。酒类商店的老板无疑会很高兴发现，该店的电话号码 233-7226 对应的是

"BEERCAN"。电话号码为 738-2273 的兽医会很高兴地知道这个号码对应着 "PETCARE"这几个字母。

编写一个 C 语言程序，给定一个 7 位数的数字，将该数字对应的每一个可能的 7 字母单词写到一个文件中。有 2187 个这样的词（3 的 7 次方）。避免使用数字为 0 和 1 的电话号码。

11.13 （项目：电话号码单词生成器的修改）如果你有一本计算机字典，请修改你在练习 11.12 中编写的程序，以查询字典中的单词。这个程序创建的一些 7 个字母的组合由两个或多个单词组成（例如，电话号码 843-2677 产生 "THEBOSS"）。

11.14 （使用标准输入和输出流的文件处理函数）修改清单 8.8 的例子，使用函数 fgetc 和 fputs 而不是 getchar 和 puts。该程序应该让用户选择从标准输入读取并写入标准输出，或者从指定的文件读取并写入指定的文件。如果用户选择了第二个选项，让用户输入输入和输出文件的文件名。

11.15 （向文件输出类型的大小）编写一个程序，使用 sizeof 操作符来确定计算机系统中各种数据类型的字节大小。将结果写入文件 "datasize.dat"，以便你以后可以打印结果。文件中的结果格式应如下（你的计算机上的类型大小可能与样本输出中显示的不同）：

```
Data type                  Size
char                       1
unsigned char              1
short int                  2
unsigned short int         2
int                        4
unsigned int               4
long int                   4
unsigned long int          4
float                      4
double                     8
long double                16
```

11.16 （带文件处理的 Simpletron）在练习 7.29 中，你编写了一个计算机的软件模拟，它使用一种特殊的机器语言，称为 Simpletron 机器语言（Simpletron Machine Language，SML）。在模拟中，每次你想运行一个 SML 程序时，你就从键盘上把程序输入模拟器。如果你在输入 SML 程序时出错，模拟器就会重新启动，并重新输入 SML 代码。如果能够从文件中读取 SML 程序，而不是每次都输入它，那就更好了。这将减少准备运行 SML 程序的时间和错误。

(a) 修改你在练习 7.29 中写的模拟器，从用户通过键盘指定的文件中读取 SML 程序。

(b) 在 Simpletron 执行后，它在屏幕上输出其寄存器和内存的内容。如果能在文件中记录输出就更好了，所以请修改模拟器，使其除了在屏幕上显示外，还能将输出写入文件中。

11.17 （修改的交易处理系统）修改 11.9 节的程序，加入一个在屏幕上显示账户列表的选项。考虑修改函数 textFile，使它既可以使用标准输出，也可以使用文本文件，基于一个附加的函数参数，该参数指定了输出应该写入哪里。

11.18 （项目：网络钓鱼扫描器）网络钓鱼是一种身份盗窃的形式，在电子邮件中，发件人冒充值得信赖的来源，试图获取私人信息，如你的用户名、密码、信用卡号码和社会安全号码。网络钓鱼电子邮件声称来自大家熟知的银行、信用卡公司、拍卖网站、社交网络和在线支付服务，可能看起来相当合法。这些欺诈性信息往往提供欺骗性（假）网站的链接，要求你输入敏感信息。请访问 Snopes 网站和其他网站，查找顶级网络钓鱼骗局的清单。此外，请查看反钓鱼工作组的网站和联邦调查局的网络调查网站，在那里你可以找到有关最新骗局的信息，以及如何保护自己。

创建一个包含 30 个在钓鱼信息中常见的单词、短语和公司名称的列表。根据你对其在网络钓鱼信息中出现的可能性的估计，给每个词指定一个分值（例如，如果有点可能，就给 1 分，如果中等可能，就给 2 分，如果非常可能，就给 3 分）。编写一个程序，扫描文本文件中的这些术语和短语。对于文本文件中出现的每一个关键词或短语，将指定的分值加入该词或短语的总分中。对于每一个找到的关键词或短语，输出一行，注明该词或短语、出现的次数和总分。然后显示整个信息的总分。你的程序是否为你收到的一些实际的钓鱼邮件指定了高的总分？它是否为你收到的一些合法的电子邮件指定了高的总分？

## AI 案例研究：NLP 介绍——谁写了莎士比亚的作品

11.19 （自然语言处理和相似性检测介绍）每天，你会在以下各种形式的交流中使用自然语言。

- 你阅读短信，查看最新的新闻片段。
- 你与家人、朋友和同事交谈，并倾听他们的回应。
- 你有一个听障的朋友，你通过手语与他交流，他喜欢看有字幕的视频节目。
- 你有一个盲人同事，他读盲文，听有声读物，听屏幕阅读器讲述电脑屏幕上的内容。
- 你阅读电子邮件，区分垃圾邮件和重要通信。
- 你收到客户的西班牙文电子邮件，让它通过免费的翻译程序，然后用英文回复，因为你知道客户可以很容易地将你的电子邮件转回西班牙文。
- 你开车时，观察路标，如"停车""限速 35"和"道路施工中"。
- 你给你的车下达语音命令，如"打电话回家"或"播放古典音乐"，或问一些问题，如"最近的加油站在哪里"。
- 你教孩子如何说话和阅读。
- 你学习一门外语。

## 自然语言处理

自然语言处理（Natural Language Processing，NLP）帮助计算机理解、分析和处理人类文本和语音。自然语言处理被应用于由 Tweets、Facebook 帖子、对话、电影评论、莎士比亚的戏剧、历史文件、新闻条目、会议记录等组成的文本集。文本集被称为语料库（corpus），其复数是 corpora。

一些关键的 NLP 应用如下。

- 自然语言理解——理解文本内容或口头语言。
- 情感分析——确定文本是否具有积极、中立或消极的情感。例如，公司分析关于其产品的推文的情绪。
- 可读性评估——根据所使用的词汇、单词长度、句子长度、句子结构、所涉及的主题等，确定文本的可读性如何。在写这本书时，我们使用了付费的 NLP 工具 Grammarly[①]来帮助我们调整写作，以确保文字对广大读者的可读性。
- 智能虚拟助理——帮助你完成日常任务的软件。流行的智能虚拟助手包括亚马逊 Alexa、苹果 Siri、微软 Cortana 和谷歌助手。
- 文本总结——总结大段文本的关键点。这可以为忙碌的人们节省宝贵的时间。
- 语音识别——将语音转换为文本。
- 语音合成——将文本转换为语音。
- 语言识别——收到一个文本，而你事先不知道其语言时，自动确定其语言。
- 语言间翻译——将文本转换为其他口语。
- 命名实体识别——定位和分类项目，如日期、时间、数量、地点、人、事物、组织等。
- 聊天机器人——基于人工智能的软件，人类通过自然语言与之互动。一个流行的聊天机器人应用是自动客服。
- 相似性检测——检查文件以确定它们的相似程度。基本的相似性指标包括平均句子长度、句子长度的频率分布、平均单词长度、单词长度的频率分布、单词使用的频率分布等。

许多较低级别的 NLP 任务支持上述应用完成它们的工作，这些任务如下。

- 词条化——将文本分割成词条，词条是有意义的单位，如单词和数字。

---

① Grammarly 也有一个免费版本，参见 Grammarly 网站。

- 词性（POS）标记——识别每个单词的词性，如名词、动词、形容词等。
- 名词短语提取——定位代表名词的词组，如"红砖厂[①]"。
- 拼写检查和拼写纠正。
- 词干化——通过去除前缀或后缀将单词还原为其词干。例如，"varieties"的词干是"varieti"。
- 词形还原——类似于词干化，但根据原词的上下文产生真正的词。例如，"varieties"的词形还原形式是"variety"。
- 词频计数——确定每个单词在语料库中出现的频率。
- 剔除停顿词——剔除常见的单词，如a、an、the、I、we、you等，以分析语料库中的重要单词。
- N元文法——在语料库中产生连续的词组，用于识别经常出现的相邻的单词。N元文法通常用于预测性文本输入，例如你的智能手机在你输入文本信息时建议可能的下一个单词。

这个案例研究练习有两个目的。

- 它介绍了NLP这一关键的人工智能子课题，对于今天学习编程的所有人，这将在未来发挥关键作用。
- 它介绍了NLP的子课题相似性检测，你将使用直接的数组、字符串和文件处理技术进行检测。

### 古腾堡计划

古腾堡计划中的大量免费电子书是一个很好的分析来源。该网站包含超过60000本不同格式的电子书，包括纯文本文件。这些书在美国是没有版权的。有关古腾堡计划的使用条款和其他国家的版权信息，参见Gutenberg网站Terms of Use页面。

在这个案例研究练习中，你会使用威廉·莎士比亚的《罗密欧与朱丽叶》的纯文本电子书文件和克里斯托弗·马洛（Christopher Marlowe）的《爱德华二世》。这两部作品都可以在古腾堡计划的网站上免费下载。

### 从古腾堡计划下载电子书

古腾堡计划不允许对其电子书进行程序化访问。在分析这些书之前，你必须把它们下载到你自己的系统中[②]。要下载《罗密欧与朱丽叶》的纯文本文件，请右击该剧网页上的Plain Text UTF-8链接，然后选择以下选项。

- Save Link As...（Chrome/Firefox/Edge）。
- Download Linked File As...（Safari）。

将剧本保存到你要放置本练习的解决方案的文件夹中。用RomeoAndJuliet.txt和EdwardTheSecond.txt的名字保存这两个文件。

### 谁写了莎士比亚的作品

有些人认为，威廉·莎士比亚的作品可能是由克里斯托弗·马洛、弗朗西斯·培根爵士或其他人写的。你可以在维基百科网站Shakespeare Authorship Question页面了解更多关于这一争议的信息。利用一些简单的相似性检测技术，你可以开始将莎士比亚的作品与其他作者的作品进行比较。在这个案例研究练习中，你的最终目标是对《罗密欧与朱丽叶》和克里斯托弗·马洛的《爱德华二世》进行相似性检测，以确定克里斯托弗·马洛是否可能是莎士比亚作品的作者。如果你真对这个问题很有兴趣，可以探索更复杂的相似性检测技术。

---

[①] "红砖厂"这个短语说明了为什么自然语言是一个如此困难的课题。"红砖厂"是制造红砖的工厂吗？它是制造任何颜色的砖头的红色工厂吗？它是用红砖建造的、制造任何类型产品的工厂吗？在当今的世界里，它甚至可能是一个摇滚乐队的名字或你的智能手机上的一款游戏的名称。

[②] "Information About Robot Access to our Pages." 2021年1月1日访问。参见Gutenberg网站的robot access页面。

### 分析《罗密欧与朱丽叶》，为简单的相似性检测做准备

你现在要进行一些简单的统计分析，作为确定文件相似性的基础。你首先关注莎士比亚的《罗密欧与朱丽叶》。稍后，你对《爱德华二世》执行同样的任务，然后比较你的分析结果。作为对照，你可能还想分析一下没有参与这场争论的第三位作者的剧本。在阅读和处理《罗密欧与朱丽叶》时，你要跟踪以下数据项，然后用它们来显示各种统计数据。

- 句子的总数。
- 单词的总数。
- 字符的总数。
- 每种长度的句子数量。
- 每种长度的单词数。
- 独特的单词频率。

#### 在分析《罗密欧与朱丽叶》之前清洗它

得到的数据并不总是为分析做好准备的。例如，它可能格式不对。数据科学家在进行分析之前，会花很大一部分时间来准备数据。为分析准备数据被称为数据整理或数据处理。

你从古腾堡计划下载的每本电子书都包含你不希望在分析中包括的信息和法律段落。你应该在文本编辑器中打开《罗密欧与朱丽叶》，通过删除古腾堡项目的文本来"清理"它。具体来说，删除从文件开始到标题"THE TRAGEDY OF ROMEO AND JULIET"为止的所有内容，然后删除从以下文本到文件结尾的所有内容：

`End of the Project Gutenberg EBook of Romeo and Juliet, by William Shakespeare`

在对该剧进行分析之前，你应该用文本编辑器做一些额外的文本清理。

- 每个角色的名字在该角色说话时都会被提及——这是戏剧的标准。在本案例研究中，你不需要这些人物的名字来运行特定的分析方法。事实上，它们会"碍事"。对于更复杂的相似性检测，你可能想保留它们。
- 戏剧还包括许多舞台指示，表明角色何时应该进入和离开舞台，何时相互决斗，何时中毒后倒地和死亡，等等。这些指示也应该被删除。

你可以编写一个程序来处理这些清理工作。不过要小心——对手稿进行清理可能会发现许多特殊情况，你的代码需要处理它们。为它们进行编程可能会很费时，而且容易出错。

#### 进行分析所需的数组

现在你已经准备好分析《罗密欧与朱丽叶》，以创建用于简单相似性检测的统计数据。使用 3 个数组来记录描述该剧文本的各种计数。

- sentenceLengths 数组记录有多少句子由一个单词、两个单词、三个单词等组成。
- wordLengths 数组记录多少个单词由一个字符、两个字符、三个字符等组成。
- wordFrequencies 数组包含一个 struct，用于统计剧本中每个不同的单词。该 struct 的成员是单词和该单词在剧本中出现的次数。单词应该以字符串的形式存储在一个固定长度的 char 数组中，这个数组必须大到足以存储剧本中最长的单词和它的结束空字符。

#### 分析一个句子

请考虑这个句子：

"O Romeo, Romeo, wherefore art thou Romeo."

- 这句话有 7 个单词，所以你的程序会对 sentenceLengths[7] 加 1。
- 第一个单词（"O"）有一个字母，所以你的程序会对 wordLengths[1]加 1。
- 第二个单词（"Romeo"）有 5 个字母，所以你的程序会对 wordLengths[5] 加 1，以此类推。

为了进行词频计数，将单词转换为小写字母，这样所有相同单词的出现将比较为相等。当你处理

每个单词时，搜索 wordFrequencies 数组，以确定该单词是否已经在该数组中。如果是，就在该单词的计数上加 1。否则，将该单词放在下一个空的 wordFrequencies 数组元素中，并将其计数设为 1。

### 实现你的分析代码

使用你所学到的数组、字符串和文件处理技术来读取《罗密欧与朱丽叶》的内容，并执行以下任务。

- 每个句子的结尾都有一个句子终止符：句号（.）、问号（?）或叹号（!）。定义一个 processSentence 函数，读取单词直到遇到句子结束符。这个函数在你处理每个单词时更新句子、单词和字符的计数器。当你遇到一个句子的结尾时，在 sentenceLengths 数组中增加相应的计数器，并将单词计数器重置为零。
- 对于每个单词，processSentence 应该调用 processWord 函数来增加 wordLengths 数组中的相应计数器，并增加该单词在 wordFrequencies 数组中的计数器，或者将该单词添加到 wordFrequencies 数组中，计数为 1。

记住要跟踪句子、单词和字符的总数。

### 分析报告

接下来，显示《罗密欧与朱丽叶》的以下统计数据。

- 句子的总数。
- 单词的总数。
- 字符的总数。
- 句子的平均长度。
- 平均单词长度。
- 句子长度的中位数。
- 单词长度的中位数。
- 句子长度及其在所有句子长度中的百分比表。
- 单词的长度及其在所有单词长度中的百分比表。
- 一个频率分布表，包含该剧的独特的单词、它们的频率和它们在剧中所有单词中的百分比——按频率降序显示。

你的程序还应该把这些统计数据输出到一个文件中，以便于研究你产生的结果，并在不同的剧本之间进行比较。

### 分析克里斯托弗·马洛的剧本《爱德华二世》

现在你已经分析了《罗密欧与朱丽叶》，请使用文本编辑器来清理克里斯托弗·马洛的戏剧《爱德华二世》。作为任何数据科学研究的一部分，了解你的数据很重要。在《爱德华二世》中用于指定说话者和舞台布置的惯例与你在《罗密欧与朱丽叶》中看到的不同。因此，在清理《爱德华二世》时要注意观察这些差异。在清理完文本后，对《爱德华二世》运行你的分析程序。将分析结果与你为《罗密欧与朱丽叶》制作的分析结果进行比较。对你发现的这些戏剧之间的相似之处进行评论。

### AI/数据科学案例研究：使用 GNU 科学库的机器学习

11.20 （使用简单线性回归的机器学习）机器学习是人工智能中最令人兴奋和有前途的子领域之一。我们在这里的目标是给你一个友好的、亲身实践的介绍，让你了解一种比较简单的机器学习技术。

### 预测

机器学习通常用于基于现有的数据（通常是大量的数据）进行预测。如果你能改进天气预报，以拯救生命，减少伤害和财产损失，那不是很好吗？如果我们能够改进癌症诊断和治疗方案以拯救生命，或者改进商业预测以最大限度地提高利润和保障人们的工作，那会怎么样？如果我们能检测出欺诈性的信用卡购买和保险索赔呢？预测客户的"流失"，房屋可能以什么价格出售，新电影的票房，以及更普遍的新产品和服务的预期收入如何？预测教练和球员用来赢得更多比赛和冠军的最佳策略如何？所有这些类型的预测今天都在通过机器学习进行。

### GNU 科学库和 gnuplot

在本案例研究中，你将检查一个完全编码的程序，该程序演示了被称为简单线性回归的机器学习技术，由开源的 GNU 科学库中的一个函数来执行。这个库定义了许多工程、科学和数学中常用的算法。你要学习的程序将命令传递给二维和三维绘图应用程序 gnuplot，以创建几个绘图图像。正如你所看到的，gnuplot 使用自己的绘图语言，与 C 语言不同，所以在我们的代码中，提供了大量解释 gnuplot 命令的注释。

### 描述性统计

在数据科学中，你经常会使用统计数据来描述和总结你的数据。一些基本的描述性统计如下。

- 最小值：数值集合中最小的数值。
- 最大值：数值集合中最大的数值。
- 范围：最大值和最小值之间的差值。
- 计数：集合中的数值的数量。
- 总和：集合中的数值的总和。

分散度的测量（也称为变异性的测量），如范围，决定了数值的分散程度。其他分散性的度量包括方差和标准偏差[1][2][3]。

其他描述性统计包括平均数、中位数和众数，我们在 6.9 节讨论过。这些都是中心趋势的测量方法——每个都是产生一个代表一组数值中的"中心"数值的方法，也就是说，一个数值在某种意义上是其他数值的典型。

### 安斯科姆的四重奏

数据分析的一个重要步骤是"了解你的数据"。上面的基本描述性统计肯定有助于你更多地了解你的数据。但有一点需要注意的是，截然不同的数据集实际上可以有相同或几乎相同的描述性统计。作为这种现象的一个例子，我们将考虑安斯科姆的四重奏（参见维基百科的 Anscombe's Quartet 页面）。安斯科姆的四重奏由图 11-11 中 4 组 $x$-$y$ 坐标对组成，每组有 11 个数据样本。

| $x_1$ | $y_1$ | $x_2$ | $y_2$ | $x_3$ | $y_3$ | $x_4$ | $y_4$ |
|---|---|---|---|---|---|---|---|
| 10.0 | 8.04 | 10.0 | 9.14 | 10.0 | 7.46 | 8.0 | 6.58 |
| 8.0 | 6.95 | 8.0 | 8.14 | 8.0 | 6.77 | 8.0 | 5.76 |
| 13.0 | 7.58 | 13.0 | 8.74 | 13.0 | 12.74 | 8.0 | 7.71 |
| 9.0 | 8.81 | 9.0 | 8.77 | 9.0 | 7.11 | 8.0 | 8.84 |
| 11.0 | 8.33 | 11.0 | 9.26 | 11.0 | 7.81 | 8.0 | 8.47 |
| 14.0 | 9.96 | 14.0 | 8.10 | 14.0 | 8.84 | 8.0 | 7.04 |
| 6.0 | 7.24 | 6.0 | 6.13 | 6.0 | 6.08 | 8.0 | 5.25 |
| 4.0 | 4.26 | 4.0 | 3.10 | 4.0 | 5.39 | 19.0 | 12.50 |
| 12.0 | 10.84 | 12.0 | 9.13 | 12.0 | 8.15 | 8.0 | 5.56 |
| 7.0 | 4.82 | 7.0 | 7.26 | 7.0 | 6.42 | 8.0 | 7.91 |
| 5.0 | 5.68 | 5.0 | 4.74 | 5.0 | 5.73 | 8.0 | 6.89 |

图 11-11　4 组样本

有趣的是，这些数据集具有几乎相同的描述性统计。例如，在所有 4 个数据集中，$x$ 坐标和 $y$ 坐标的平均值分别为 9 和 7.5。

---

[1] "Understanding Descriptive Statistics." 2021 年 1 月 1 日访问。

[2] "Standard deviation." 2021 年 1 月 1 日访问。

[3] "Variance." 2021 年 1 月 1 日访问。

图 11-12（我们的完全编码的案例研究示例所创建的）分别绘制了 $x_1$-$y_1$、$x_2$-$y_2$、$x_3$-$y_3$ 和 $x_4$-$y_4$ 的数据。

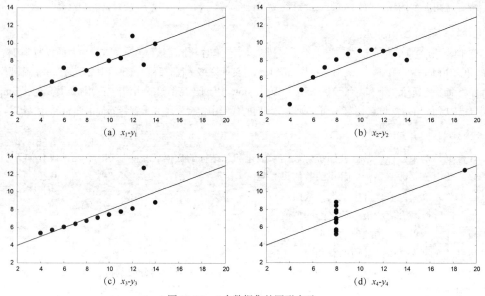

图 11-12　4 个数据集的图形表示

我们很快就会讨论这些线（被称为回归线）。正如你在可视化中所看到的（但不一定是通过简单地看前面表格中的数据），这些安斯科姆的四重奏数据集是明显不同的。然而，与它们的描述性统计一样，它们的回归线似乎是相同的。这表明，你不能仅仅从描述性统计和回归中得出结论。你必须使用额外的工具，比如上面的可视化，来了解你的数据。

## 简单的线性回归

给出一个点的集合（$x$-$y$ 坐标对），代表一个自变量（$x$）和一个因变量（$y$），简单线性回归用一条直线描述因变量和自变量之间的线性关系，即回归线。图 11-12 中的直线是安斯科姆四重奏中 4 个数据集的回归线。

考虑一下摄氏温度和华氏温度之间的线性关系。给定摄氏温度，我们可以用以下公式计算出相应的华氏温度：

```
fahrenheit = 9 / 5 * celsius + 32
```

在这个公式中，celsius 是自变量，而 fahrenheit 是因变量。每个 fahrenheit 温度都取决于计算中使用的 celsius 温度。如果我们为每个摄氏温度绘制华氏温度图，所有的点都会出现在同一条直线上，显示出这两个温标之间的线性关系。

## 简单线性回归方程的组成部分

沿着任何直线（在两个维度上）的点，如前述图表中所示的回归线可以用以下方程计算：

$$y = mx + b$$

其中：

- $m$ 是直线的斜率；
- $b$ 是直线与 $y$ 轴的截距（在 $x = 0$ 处），或者就说是 $y$ 截距；
- $x$ 是自变量；
- $y$ 是因变量。

在将摄氏温度转换为华氏温度的公式中：

- $m$ 是 9/5；

- $b$ 是 32；
- $x$ 是 celsius——独立的摄氏温度；
- $y$ 是 fahrenheit——由计算产生的华氏温度。

在简单的线性回归中，$y$ 是给定 $x$ 的预测值。当然，一条线有无限多的点。如果你能用简单的线性回归从有限的样本点中确定一条直线的方程，那么你就有办法做出无限多的预测，甚至是你以前从未见过的自变量的值。

### 简单线性回归如何工作

简单线性回归是一种机器学习技术，它确定了一条直线的斜率（$m$）和 $y$ 截距（$b$），该直线"最适合"你的数据。简单线性回归算法反复调整斜率和截距，并在每次调整时，计算每个点与直线距离的平方。当斜率和截距值最小化这些平方距离的总和时，就出现了"最佳拟合"。这就是所谓的普通最小二乘法计算[①]。

### 使用 GNU 科学库执行简单的线性回归

GNU 科学库的 gsl_fit_linear 函数封装了简单的线性回归计算，给你提供最适合数据的直线的斜率和 $y$ 截距作为结果。调用 gsl_fit_linear 后，你可以将斜率（$m$）和截距（$b$）代入 $y = mx + b$ 方程中，然后根据自变量 $x$ 的值预测因变量 $y$ 的值。我们还可以用 gnuplot 和这些值，来显示数据的回归线和数据点。

### 逗号分隔值文件

我们在文件 anscombe.csv 中为你提供了安斯科姆的四重奏数据。这个文件和这个案例研究练习的源代码位于本章示例文件夹下的 AnscombesQuartet 子文件夹中。.csv 文件名的扩展名表示该文件是 CSV（Comma-Separated Values，逗号分隔值）格式——这是一个特别流行的、用于分发数据集的文件。CSV 文件是纯文本文件，其中每一行是一条信息记录，其数据项由逗号分隔。下面是 anscombe.csv 的前两行：

```
x1,y1,x2,y2,x3,y3,x4,y4
10,8.04,10,9.14,10,7.46,8,6.58
```

CSV 文件的第一行通常包含后续行的数据的列名。在 anscombe.csv 中，其余几行是各列的数值。在我们的代码中，函数 readAnscombesQuartetData 将数据加载到数组中。

### 在 macOS 上安装 GNU 科学库

在 macOS 上，你可以使用 Homebrew 软件包管理器[②]安装 GNU 科学库，如下：

```
brew install gsl
```

### 在 Windows 上安装 GNU 科学库

在 Visual Studio 中，你可以将 GNU 科学库添加到你希望使用的每个项目中。在 Visual Studio 中打开你的项目，执行以下步骤。

（1）选择 Tools > NuGet Package Manager > Manage NuGet Packages for Solution...。

（2）在 Browse 选项卡中，搜索 "gsl-msvc-"，然后选择 gsl-msvc-x64。

（3）在 NuGet 包管理器的右侧，选中你的项目名称旁边的复选框，然后单击 Install，将库添加到你的项目中。

### 在 macOS 上安装 gnuplot

使用 Homebrew 软件包管理器安装 gnuplot，如下：

```
brew install gnuplot
```

---

① 参见维基百科 Ordinary Least Squares 页面。

② 如果没有找到 brew 命令，请访问 Homebrew 网站，了解安装说明。

## 在 Windows 上安装 gnuplot

在 SourceForge 网站下载并运行 gnuplot Windows 安装程序（gp541-win64-mingw.exe）。反复单击 Next >，直到你到达 Select Additional Tasks 步骤，然后进行以下操作。

■ 在 Select gnuplot's default terminal 下，选择 windows 单选按钮。

■ 滚动到设置的底部，选中 Add application directory to your PATH environment variable 复选框。

单击 Next >，然后单击 Install。一旦安装完成，重新启动你的计算机。

## 在 macOS 上编译和运行程序

在 macOS 上，通过执行以下步骤编译 anscome_macos.c。

（1）打开一个终端窗口。

（2）使用 cd 命令切换到本章示例文件夹的 AnscombesQuartet 子文件夹。

（3）用下面的命令编译该程序：

```
clang -std=c18 anscombe_macos.c -lgsl -o anscombe_macos
```

（4）运行该程序。

```
./anscombe_macos
```

该程序将在 macOS 上与 anscome_macos.c 相同的文件夹中创建 4 个 PNG 图像文件。你可以打开这些图像文件来查看这 4 个图。

## 在 Windows 上编译和运行程序

在你添加 GNU Scientific 库的 Visual Studio 解决方案中进行以下操作。

■ 在你的项目中加入本章示例文件夹的 AnscombesQuartet 子文件夹中的 anscome_windows.c 文件。

■ 修改第 72 行，以指定 anscombe.csv 在你系统中的位置。

■ 构建并运行你的项目。

当你运行程序时，它将在你项目的文件夹中创建 4 个 PNG 图像文件。使用文件资源管理器导航到该文件夹，然后打开图像文件来查看这 4 个图。

## 大量注释的代码

接下来，学习代码以了解如何使用 GNU 科学库的 gsl_fit_linear 函数来进行简单的线性回归，以及如何将 gnuplot 指令从 C 程序发送到 gnuplot 应用程序。考虑调整 gnuplot 命令，看看你的改变如何影响程序生成的图。例如，你可以改变绘图的 pointtype、linewidth 和 linecolor 值。

### AI/数据科学案例研究：时间序列和简单线性回归

既然你已经仔细研究了安斯科姆的四重奏的代码，就可以调整这个程序来处理其他简单线性回归问题。简单线性回归通常用于分析时间序列——与时间点相关的数值序列（称为观测值）。例如每日收盘的股票价格、每小时的温度读数、飞行中的飞机位置变化、每年的农作物产量和每季度的公司利润。也许最重要的时间序列是来自世界各地 Twitter 用户的带时间戳的推文流。

## 时间序列

在这个练习中，你将使用简单的线性回归来分析一个时间序列，其中包括 1895～2020 年纽约市 1 月的平均气温，按年份排列。这是一个单变量的时间序列——它在每个时间段包含一个观察值。多变量时间序列每次有两个或更多的观测值，如气象应用中的每小时温度、湿度和气压读数。你在这个练习中的目标是确定回归线是否具有以下几项。

■ 负斜率，表明该时间段内平均温度下降的趋势。

■ 零斜率，表明该时间段内平均温度趋势稳定。

■ 正斜率，表明该时间段内平均温度的上升趋势。

## 从 NOAA 获取天气数据

美国国家海洋和大气管理局（NOAA）网站提供了广泛的公共历史天气数据，包括特定城市在不同时间间隔内的平均温度时间序列。

我们从 NOAA 的 "Climate at a Glance" 时间序列（参见美国国家气候数据中心网站）中获得了 1895～2020 年纽约市 1 月的平均温度（在撰写本书时的最大日期范围）。你可以选择整个美国、美国境内各地区、各州、各城市等的天气数据。在选择了你需要的数据和要分析的时间范围后，单击 Plot 来显示图表并查看所选数据的表格。在该表的顶部有一些图标，你可以单击它们来下载几种格式的数据，包括 CSV。

为了你的方便，我们提供了包含你在本练习中使用的数据的文件 nyc_ave_january_temps.csv。该文件位于本章示例文件夹的 nycdata 子文件夹中。我们还对数据进行了 "清理"，因此文件中每个观察值都包含以下两列。

- Date：YYYY 形式的值（如 2020）。下载的数据是 YYYYMM 的形式（如 202001），其中 01 代表 1 月。我们从这一列的每个数据项中去掉 01，只留下年份。
- Temperature：浮点的华氏温度。这一列是从下载的数据中的 Value 列重新命名而来。

我们删除了名为 Anomaly 的第三列，它在这个练习中是不需要的。

### 进行回归

修改安斯科姆的四重奏代码，用纽约市 1 月平均气温数据进行简单的线性回归，并用回归线绘制数据。你在过去 126 年中看到了什么趋势？

### web 服务和云案例研究：libcurl 和 OpenWeatherMap

11.21 （用 OpenWeatherMap 获取城市的天气报告）这是我们的另一个挑战案例研究练习。1.11 节介绍了因特网、万维网、云、web 服务和混搭。在这个案例研究练习中，你将深入到 web 服务的世界，使用开源的 libcurl[①] 和 cJSON[②] 库来调用一个 web 服务并处理其返回的结果。你将学习一个完全编码的、大量注释的程序，该程序与 OpenWeatherMap 免费 web 服务（参见 Open Weather Map 网站）进行交互。目标是获取你所选择的城市的当前天气报告。

然后，我们将挑战你，利用你从这个完全编码的例子中学到的东西，创建你的第一个混搭软件。如果你具有创业精神，就可以通过将现有的 web 服务编织成混搭来快速建立强大的新应用原型。即使你不打算做相关的挑战项目，只要掌握了这个案例研究的代码，就能为你打开 web 服务的广阔天地。

### web 服务

web 服务所在的机器被称为 web 服务主机。客户端应用程序（在我们的例子中，是一个 C 程序）通过网络向 web 服务主机发送请求，主机处理请求并通过网络向客户端返回响应。这种分布式计算以各种方式使系统受益。例如，一个不能直接访问另一个系统上的数据的应用程序，也许能够通过 web 服务检索数据。同样，一个缺乏执行特定计算能力的应用程序，可以使用 web 服务来利用另一个系统的优势资源。

### 表征状态转移

今天，大多数 web 服务都使用一种称为表征状态转移（Representational State Transfer，REST）的架构风格，通常称为 RESTful web 服务。在 RESTful web 服务中，你可以调用的每个函数都由一个独特的 URL 来识别。URL（Uniform Resource Locator，统一资源定位器）识别互联网上的资源位置，如网站和 web 服务。当 web 服务器收到对 RESTful web 服务的请求时，它立即知道要在该服务器上调用什么函数。RESTful web 服务可以从程序中调用，就像你在这里要做的那样，或者直接从网络浏览器的地址栏中输入相应的 URL。

---

① "libcurl — the multiprotocol file transfer library." 2021 年 1 月 4 日访问。

② "cJSON." 2021 年 1 月 4 日访问。参见 GitHub 网站。

## OpenWeatherMap

OpenWeatherMap 为它的许多天气 web 服务提供了一个免费级服务。在使用它们之前，你必须在 OpenWeatherMap 网站注册一个免费账户。他们会给你发一封电子邮件来验证你的账户。你确认后，他们会回复一封电子邮件，其中包含你的免费 API 密钥。当你登录网站时，也可以在你账户的 API 密钥标签下找到这个密钥。

你可以在 OpenWeatherMap 网站查看 OpenWeatherMap 的各种 API 及其文档，它们有些是免费的，有些只对订阅者开放。使用免费的 API 密钥，你可以访问以下数据。

- 指定地点的当前天气数据，我们在本案例研究中使用了这一数据。
- One Call API，它返回一个指定地点的当前和未来天气数据的组合。
- 指定地点的 5 天/3 小时预报。

## JavaScript 对象表示法

许多基于云的服务，如 OpenWeatherMap，通过 JSON 对象与你的应用程序进行通信。JSON（JavaScript Object Notation，JavaScript 对象表示法）是一种基于文本的、人类和计算机可读的数据交换格式，用于将数据表示为名称/值对的集合。JSON 已经成为应用程序之间通过互联网传输数据的首选数据格式。这对于调用基于云的 web 服务来说尤其如此。

每个 JSON 对象都包含一个用逗号分隔的属性名称和值的列表，放在花括号里。例如，下面的键值对可能代表一个客户记录：

```
{"account": 100, "name": "Jones", "balance": 24.98}
```

JSON 也支持数组，数组是用逗号隔开的值，放在方括号里。例如，下面是一个可接受的 JSON 数字数组：

```
[100, 200, 300]
```

JSON 对象和数组中的值可以是以下内容。

- 双引号中的字符串（如 "Jones"）。
- 数字（如 100 或 24.98）。
- JSON 布尔值（表示为 true 或 false）。
- null（表示没有值，像 C 语言中的 NULL）。
- 数组（如[100, 200, 300]）。
- 其他 JSON 对象。

清单 11.8 包含了一个来自 OpenWeatherMap 的当前天气数据 web 服务的 JSON 响应样本，我们对它进行了格式化以便于阅读。尽管你可能从未见过 JSON 编码的数据，但你应该发现这是很好组织的、可读的，并且相当容易理解。

**清单 11.8 | 美国马萨诸塞州波士顿市的 OpenWeatherMap 响应样本**

```
1  {
2      "coord": {
3          "lon": -71.06,
4          "lat": 42.36
5      },
6      "weather": [
7          {
8              "id": 803,
9              "main": "Clouds",
10             "description": "broken clouds",
11             "icon": "04n"
12         }
13     ],
14     "base": "stations",
15     "main": {
16         "temp": 0.03,
17         "feels_like": -4.96,
18         "temp_min": -1.11,
19         "temp_max": 1.11,
20         "pressure": 1014,
21         "humidity": 93
```

```
22      },
23      "visibility": 10000,
24      "wind": {
25          "speed": 4.1,
26          "deg": 360
27      },
28      "clouds": {
29          "all": 75
30      },
31      "dt": 1609815037,
32      "sys": {
33          "type": 1,
34          "id": 3486,
35          "country": "US",
36          "sunrise": 1609762409,
37          "sunset": 1609795488
38      },
39      "timezone": -18000,
40      "id": 4930956,
41      "name": "Boston",
42      "cod": 200
43  }
```

## 开源的 libcurl 库

为了获得清单 11.8 中的 JSON 响应，我们的应用程序使用了来自开源 libcurl 库的函数。该库支持许多互联网和网络协议，用于在应用程序之间传输数据，可用于调用 web 服务并接收其响应。你可以在 Curl 网站找到 libcurl 的 C 函数的文档。

在我们完全编码的示例 weather.c（位于本章示例文件夹下）中，我们大量地注释了 libcurl 函数，你需要它们来调用一个 web 服务，并将响应保存到文件中。

在 macOS 或 Linux 上安装 libcurl。

■ 对于 macOS，你可以使用 Homebrew 软件包管理器①安装 libcurl 库，如下：

```
brew install libcurl4
```

■ 对于 Ubuntu Linux，执行以下命令

```
sudo apt install libcurl4-openssl-dev
```

在 Visual Studio 中，你将 libcurl 添加到希望使用它的每个项目中。在 Visual Studio 中打开你的项目，执行以下步骤。

（1）选择 Tools > NuGet Package Manager > Manage NuGet Packages for Solution...。

（2）在 Browse 选项卡中，搜索 "curl"，然后选择"curl by curl contributors"。

（3）在 NuGet Package Manager 的右侧，选中你的项目名称旁边的复选框，然后单击 Install，将库添加到你的项目中。

## 开源的 cJSON 库

我们应用程序的 libcurl 部分将 OpenWeatherMap 的 JSON 响应写入一个文件。为了显示天气报告，我们的应用程序将文件的内容读成一个字符串，然后使用开源的 cJSON 库从 JSON 中提取数据项。你可以从 GitHub 网站下载 cJSON。这个库没有安装程序。你只需将库中的 cJSON.h 和 cJSON.c 文件加入你的项目中。

cJSON 的函数使你能够访问 JSON 响应中的数据项，所以我们可以像下面这样来显示一份天气报告：

```
Boston Weather
Temperature: 0.0 C
 Feels like: -5.0 C
    Pressure: 1014 hPa
    Humidity: 93%
 Conditions: broken clouds
```

---

① 如果没有找到 brew 命令，请访问 Homebrew 网站，了解安装说明。

在 weather.c 中，我们大量地注释了你需要的 cJSON 函数，以便在你运行应用程序时为你指定的城市提取上述数据（在下面讨论）。

## 在 macOS 和 Linux 上编译和运行该程序

在 macOS 和 Linux 上，通过执行以下步骤编译天气应用程序。

（1）打开一个终端窗口。

（2）使用 cd 命令切换到本章的示例文件夹的 weather 子文件夹。

（3）用以下命令编译程序——macOS 的 clang 或 Linux 的 gcc：

```
clang -std=c18 -Wall weather.c cJSON.c -lcurl -o weather
gcc -std=c18 -Wall weather.c cJSON.c -lcurl -o weather
```

这个应用程序接收两个命令行参数。尽管我们在 15.3 节之前不会讨论命令行参数的细节，但这个完全编码的模拟提供了你需要接收命令行参数的语句。第一个是你想获得当前天气的城市，比如说

```
Boston,MA,USA
```

如果城市名称中含有空格，则用引号括住该位置：

```
"Los Angeles,CA,USA"
```

第二个命令行参数是你的 OpenWeatherMap API 密钥。下面的命令将获得美国马萨诸塞州波士顿市的当前天气数据：

```
./weather Boston,MA,USA API_KEY
```

请确保将 *API_KEY* 替换为你在注册免费账户时收到的 OpenWeatherMap API 密钥。

编译该程序并运行几次。接下来，研究这个应用程序的代码（包括大量的注释）。

## 在 Visual Studio 中编译和运行天气应用程序

在添加 libcurl 库的 Visual Studio 解决方案中，在你的项目中添加文件 weather.c 和 cJSON.c，这些文件来自本章示例文件夹的 weather 子文件夹。指定命令行参数如下：

■  右击解决方案资源管理器中的项目名称，选择 Properties；

■  展开 Configuration Properties，选择 Debugging；

■  在 Command Arguments 右边的文本框中输入参数；

■  构建并运行你的项目。

## 挑战：创建你自己的混搭

我们在 1.11.3 节中介绍了混搭。在研究了基于 libcurl 和 web 服务的天气应用程序的代码（包括大量的注释）之后，作为一个挑战练习，请尝试你的第一个混搭。web 混搭通常结合了两个或多个互补的 web 服务的能力。对于许多流行的混搭来说，其中一个是地图服务，如谷歌地图或微软的 Bing 地图，但不使用地图的混搭也有许多可能性。

要建立一个 web 服务混搭，你通常需要：

■  两个或更多互补的 web 服务，当你把它们混搭在一起时，将帮助你产生一个有价值的新应用；

■  能够从你的 C 语言程序向 web 服务发送请求，就像你在本案例研究中学习的如何使用 libcurl 那样；

■  能够以你的 C 程序能够理解的形式（通常是 JSON）从该 web 服务中接收结果。

web 服务目录 ProgrammableWeb（参见 ProgrammableWeb 网站）列出了近 24000 个 web 服务和 8000 个混搭，还提供了 "how-to" 指南和示例代码，用于处理 web 服务和创建你自己的混搭。根据他们的网站，一些最广泛使用的 web 服务是谷歌地图及其他来自 Facebook、Twitter 和 YouTube 的服务。

熟悉一下 ProgrammableWeb。看看它们描述的许多 web 服务，重点关注那些免费的，web 服务提供商提供一些免费服务和一些付费服务是很常见的。阅读 ProgrammableWeb 关于创建你自己的混搭的 "how-to" 指南。为了获得灵感，可以浏览一下网站上列出的 8000 个混搭中的一些。试着找到两个互补的免费 web 服务，你可以从中创建一个有价值的混搭，然后建立这个混搭。

# 第12章 数据结构

## 目标

在本章中，你将学习以下内容。

- 为数据对象动态地分配和释放内存。
- 使用指针、自引用结构体和递归形成链接数据结构。
- 创建和操作链表、队列、栈和二叉树。
- 了解链接数据结构的重要应用。
- 学习安全的C语言编程中关于指针和动态内存分配的建议。
- 在练习中可以选择构建你自己的编译器。

## 提纲

## 12.1 简介

我们已经研究了固定大小的数据结构，包括一维数组、二维数组和结构体。本章将介绍动态数据结构，它可以在执行时增长和收缩。

- 链表是"排成一行"的数据项的集合。你可以在链表的任何地方插入和删除数据项。
- 栈在编译器和操作系统中很重要。你只能在栈的一端（也就是它的顶部）插入和删除数据项。
- 队列代表等待排队。你只能在队列的后面插入，只能从前面删除。队列的后面和前面分别称为队尾和队首。
- 二叉树有利于数据的高速搜索和排序，有效地消除重复的数据项，并将表达式编译为机器语言。

这些数据结构中的每一个都有许多其他有趣的应用。

### 可选项目：构建你自己的编译器

我们希望你能尝试一下在练习结束时的特别小节中描述的可选大项目。你已经使用编译器将你的

C 语言程序翻译成机器语言，以便能够执行它们。在这个项目中，你将构建自己的编译器。它将读取一个用简单而强大的高级语言编写的语句文件。你的编译器将把这些语句翻译成 Simpletron 机器语言（SML）的指令文件。SML 是你在第 7 章的特别小节中学到的（Deitel 创建的）语言。你的 Simpletron 模拟器程序将执行由你的编译器产生的 SML 程序！这个项目使你能够锻炼你在本书中所学到的大部分知识。这个特别小节仔细地引导你了解高级语言的规范，并描述了将每个高级语言语句转换成机器语言指令的算法。如果你喜欢挑战，你可以尝试我们在练习中建议的对编译器和 Simpletron 模拟器的许多改进措施。

### ✓ 自测题

1 （填空）哪种数据结构被描述为 "有利于数据的高速搜索和排序，有效地消除重复的数据项，并将表达式编译为机器语言"？_____。

   答案：二叉树。

2 （填空）哪种数据结构被描述为 "排成一行的数据项的集合——可在数据结构的任何地方进行插入和删除"？_____。

   答案：链表。

3 （填空）哪种动态数据结构被描述为 "你只能在一端（即顶部）插入和删除数据项"？_____。

   答案：栈。

## 12.2　自引用结构体

自引用结构体包含一个指向相同类型结构体的指针成员。例如，下面的定义创建了一个类型 struct node：

```
struct node {
    int data;
    struct node *nextPtr;
};
```

我们的 struct node 有两个成员：整数成员 data 和指针成员 nextPtr。nextPtr 指向另一个 struct node。这个结构体与我们正在定义的结构体具有相同的类型，因此称为自引用结构体。成员 nextPtr 是一个链接——它可以用来将一个结构体节点链接到另一个结构体节点。我们将自引用结构体对象连接起来，形成链表、队列、栈和树。

图 12-1 说明了两个自引用结构体对象链接在一起形成一个链表。

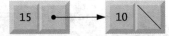

最后一个节点中的斜线①代表一个 NULL 指针，它表示该节点不指向另一个节点。一个 NULL 指针表示一个数据结构的结束。不将最后一个节点的链接设置为 NULL 会导致运行时错误。

图 12-1　两个自引用结构体对象链接在一起形成一个链表

ERR⊗

### ✓ 自测题

1 （填空）在下面的代码中，应该用什么来代替???，以使其成为一个自引用 struct？_____。

```
struct node {
    int data;
    ??? *nextPtr;
};
```

   答案：struct node。

2 （填空）一个_____指针表示一个数据结构的结束。

   答案：NULL。

---

① 斜线只是为了说明问题。它不对应于 C 语言的反斜杠字符。

3 （填空）自引用结构体可以_____在一起形成数据结构，如链表、队列、栈和树。
　　答案：链接。

# 12.3　动态内存管理

创建和维护在执行时增长和收缩的动态数据结构需要动态内存管理，它有以下两个组成部分。
- 在执行时获得更多的内存以容纳新的节点。
- 释放不再需要的内存。

函数 malloc、函数 free 和操作符 sizeof 对动态内存管理至关重要。

## malloc 函数

要在执行时申请内存，就向函数 malloc 传入要分配的字节数。如果成功，malloc 返回一个指向所分配内存的 void *指针。回顾一下，一个 void * 指针可以被赋值给任何指针类型的变量。

函数 malloc 通常与 sizeof 一起使用。例如，下面的语句用 sizeof(struct node)确定一个 struct node 对象的字节数，在内存中分配一个具有该字节数大小的新区域，并在 newPtr 中存储一个指向已分配内存的指针：

```
newPtr = malloc(sizeof(struct node));
```

内存不保证会初始化，尽管许多实现为了安全而初始化了它。如果没有可用的内存，malloc 会返回 NULL。在访问动态分配的内存之前，一定要测试是否有 NULL 指针，以避免运行时会导致程序崩溃的错误。

## free 函数

当你不再需要动态分配的内存块时，调用 free 函数释放内存的分配，以便将内存立即返回给系统。这样做将内存返回给系统，以便将来可能重新分配。要从前面的 malloc 调用中释放内存，使用语句

```
free(newPtr);
```

释放内存后，将指针设置为 NULL。这可以防止意外地引用该内存，因为它可能已经被分配给其他用途。

如果不再需要动态分配的内存，不释放它可能导致系统过早地耗尽内存。这有时被称为"内存泄漏"。引用已经释放的内存是一个错误，通常会导致程序崩溃。释放没有用 malloc 动态分配的内存是一个错误。

## 函数 calloc 和 realloc

C 语言还提供了函数 calloc 和 realloc，用于创建和修改动态数组的大小。15.8 节讨论了这些函数。

## ✔ 自测题

1 （判断）函数 malloc 以要分配的字节数作为参数，并返回一个 NULL 指针。
　　答案：错。实际上，malloc 返回一个带有所分配内存地址的 void *指针，如果不能分配内存，则返回一个 NULL 指针。
2 （讨论）准确描述以下语句的作用：
```
newPtr = malloc(sizeof(struct node));
```
　　答案：该语句通过求值 sizeof(struct node)来确定对象的字节数，在内存中分配一个相同字节数的新区域，并在 newPtr 中存储一个指向已分配内存的指针。
3 （讨论）写一条语句，释放 malloc 动态分配给 newPtr 的内存。
　　答案：free(newPtr);
4 （填空）当不再需要动态分配的内存时，不释放它可能导致系统的内存耗尽。这有时被称为_____。
　　答案：内存泄漏。

## 12.4　链表

链表是一个由自引用的 struct 对象（称为节点）组成的线性集合，通过指针链接来连接，因此称为"链"表。通过指向链表第一个节点的指针访问链表，并通过节点的指针链接成员访问后续节点。可以根据需要创建每个节点，从而动态地将数据存储在链表中。节点可以包含任何类型的数据，包括其他 struct 对象。栈和队列也是线性数据结构。你很快就会看到，这些都是链表的约束版本。

### 数组与链表

你可以在数组中存储数据列表，但链表有以下优点。

- 当数据项的数量不可预测时，使用链表是合适的。链表是动态的，所以它的长度可以根据需要增加或减少。数组是固定大小的数据结构（尽管 15.8 节展示了如何动态地分配和重新分配数组）。
- PERF　一个数组可以被声明为包含比预期数据项数量更多的元素，但这可能会浪费内存。对于在执行时增长和收缩的数据结构，使用链表和动态内存分配可以节省内存。但请记住，链表节点中的指针需要额外的内存。另外，动态内存分配也会产生函数调用的开销。
- 固定大小的数组会变满。只有当系统没有足够的内存来满足动态存储分配请求时，链表才会变满。
- PERF　通过在链表的适当位置插入每个新元素，可以保持链表有序的顺序。在一个有序的数组中插入和删除都是很耗时的。在插入或删除的元素之后的所有元素必须进行相应的移位。

### 数组对元素的直接访问更快

PERF　　另一方面，数组元素在内存中是连续存储的。这允许对任何数组元素的即时访问——任何元素的地址都可以直接根据它相对于数组开始的位置来计算。而链表则不提供对其元素的这种即时访问。

### 链表的图示

链表的节点不能保证在内存中连续存储。然而，从逻辑上讲，这些节点看起来是连续的。图 12-2 展示了一个具有多个节点的链表。

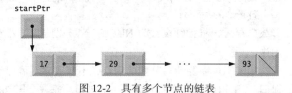

图 12-2　具有多个节点的链表

### 实现链表

清单 12.1 操作一个字符链表。你可以在链表中按字母顺序插入一个字符（函数 insert）或从链表中删除一个字符（函数 delete）。下面是对该程序的详细讨论。为了便于讨论，我们把这个程序的代码拆开了——输出显示在下面第一个代码表的末尾。

**清单 12.1 | 在链表中插入和删除节点**

```
1   // fig12_01.c
2   // Inserting and deleting nodes in a list
3   #include <stdio.h>
4   #include <stdlib.h>
5
6   // self-referential structure
7   struct listNode {
8      char data; // each listNode contains a character
9      struct listNode *nextPtr; // pointer to next node
10  };
11
12  typedef struct listNode ListNode; // synonym for struct listNode
13  typedef ListNode *ListNodePtr; // synonym for ListNode*
14
15  // prototypes
16  void insert(ListNodePtr *sPtr, char value);
17  char delete(ListNodePtr *sPtr, char value);
18  int isEmpty(ListNodePtr sPtr);
19  void printList(ListNodePtr currentPtr);
```

```
20  void instructions(void);
21
22  int main(void) {
23      ListNodePtr startPtr = NULL; // initially there are no nodes
24      char item = '\0'; // char entered by user
25
26      instructions(); // display the menu
27      printf("%s", "? ");
28      int choice = 0; // user's choice
29      scanf("%d", &choice);
30
31      // loop while user does not choose 3
32      while (choice != 3) {
33          switch (choice) {
34              case 1: // insert an element
35                  printf("%s", "Enter a character: ");
36                  scanf("\n%c", &item);
37                  insert(&startPtr, item); // insert item in list
38                  printList(startPtr);
39                  break;
40              case 2: // delete an element
41                  if (!isEmpty(startPtr)) { // if list is not empty
42                      printf("%s", "Enter character to be deleted: ");
43                      scanf("\n%c", &item);
44
45                      // if character is found, remove it
46                      if (delete(&startPtr, item)) { // remove item
47                          printf("%c deleted.\n", item);
48                          printList(startPtr);
49                      }
50                      else {
51                          printf("%c not found.\n\n", item);
52                      }
53                  }
54                  else {
55                      puts("List is empty.\n");
56                  }
57
58                  break;
59              default:
60                  puts("Invalid choice.\n");
61                  instructions();
62                  break;
63          }
64
65          printf("%s", "? ");
66          scanf("%d", &choice);
67      } // end while
68
69      puts("End of run.");
70  }
71
72  // display program instructions to user
73  void instructions(void) {
74      puts("Enter your choice:\n"
75          "   1 to insert an element into the list.\n"
76          "   2 to delete an element from the list.\n"
77          "   3 to end.");
78  }
79
```

```
Enter your choice:
   1 to insert an element into the list.
   2 to delete an element from the list.
   3 to end.
? 1
Enter a character: B
The list is:
B --> NULL
```

```
? 1
Enter a character: A

The list is:
A --> B --> NULL

? 1
Enter a character: C
The list is:
A --> B --> C --> NULL

? 2
Enter character to be deleted: D
D not found.

? 2
Enter character to be deleted: B
B deleted.
The list is:
A --> C --> NULL

? 2
Enter character to be deleted: C
C deleted.
The list is: A --> NULL

? 2
Enter character to be deleted: A
A deleted.
List is empty.

? 4
Invalid choice.

Enter your choice:
   1 to insert an element into the list.
   2 to delete an element from the list.
   3 to end.
? 3
End of run.
```

第 7～10 行定义了自引用结构体 struct listNode，我们用它来构建本例的链表。第 12 行和第 13 行定义了 typedef，我们用它来使代码更具可读性。ListNode 这个名字代表一个 struct listNode 对象，ListNodePtr 这个名字代表一个指向 struct listNode 对象的指针。main 函数使你能够在链表中插入字符（第 34～39 行）、从链表中删除数据项（第 40～58 行）或终止程序。最初，startPtr（第 23 行）被设置为 NULL，表示一个空链表。该程序的主要链表函数是 insert（12.4.1 节）和 delete（12.4.2 节）。

## 12.4.1　函数 insert

在这个例子中，我们按字母顺序在链表中插入字符。函数 insert（第 81～110 行）接收指向链表第一个节点的指针地址和一个要插入的字符作为参数。这使得 insert 能够修改调用者指向链表第一个节点的指针，当一个数据项被放置在链表的前面时，让该指针指向新的第一个节点。所以我们通过引用来传递指针。传递一个指针的地址会产生一个指向指针的指针——这有时被称为二次间接寻址。这是一个复杂的概念，需要仔细编程。

```
80 // insert a new value into the list in sorted order
81 void insert(ListNodePtr *sPtr, char value) {
82    ListNodePtr newPtr = malloc(sizeof(ListNode)); // create node
83
84    if (newPtr != NULL) { // is space available?
85       newPtr->data = value; // place value in node
```

```
86         newPtr->nextPtr = NULL; // node does not link to another node
87
88         ListNodePtr previousPtr = NULL;
89         ListNodePtr currentPtr = *sPtr;
90
91         // loop to find the correct location in the list
92         while (currentPtr != NULL && value > currentPtr->data) {
93             previousPtr = currentPtr; // walk to ...
94             currentPtr = currentPtr->nextPtr; // ... next node
95         }
96
97         // insert new node at beginning of list
98         if (previousPtr == NULL) {
99             newPtr->nextPtr = *sPtr;
100            *sPtr = newPtr;
101        }
102        else { // insert new node between previousPtr and currentPtr
103            previousPtr->nextPtr = newPtr;
104            newPtr->nextPtr = currentPtr;
105        }
106    }
107    else {
108        printf("%c not inserted. No memory available.\n", value);
109    }
110 }
111
```

insert 函数执行以下步骤。

（1）调用 malloc 来创建一个新节点，并将分配的内存地址赋值给 newPtr（第 82 行）。

（2）如果内存被分配，将要插入的字符赋值给 newPtr->data（第 85 行），并将 NULL 赋值给 newPtr->nextPtr（第 86 行）。总是将 NULL 赋值给新节点的链接成员。指针在被使用之前应该初始化。

（3）我们用指针 previousPtr 和 currentPtr 来分别存储插入点之前和之后的节点的位置。将 previousPtr 初始化为 NULL（第 88 行），currentPtr 初始化为*sPtr（第 89 行），即第一个节点的地址。

（4）定位新值的插入点。如果 currentPtr 不是 NULL 并且要插入的值大于 currentPtr->data (第 92 行)，那么将 currentPtr 赋值给 previousPtr (第 93 行)，然后将 currentPtr 推进到链表的下一个节点 (第 94 行)。

（5）在链表中插入新的值。如果 previousPtr 是 NULL（第 98 行），插入新节点作为链表中的第一个节点（第 99～100 行）。将 *sPtr 赋值给 newPtr->nextPtr（新节点的链接指向之前的第一个节点），并将 newPtr 赋值给 *sPtr，使得 main 中的 startPtr 指向新的第一个节点。否则，就地插入新的节点（第 103～104 行）。将 newPtr 赋值给 previousPtr->nextPtr（前一个节点指向新的节点），并将 currentPtr 赋值给 newPtr->nextPtr（新节点链接指向当前节点）。

为简单起见，我们用 void 返回类型实现了函数 insert（以及本章中的其他类似函数）。函数 malloc 可能无法分配到请求的内存。在这种情况下，我们的 insert 函数最好能返回一个状态，表明操作是否成功。

## 插入的图示

图 12-3 展示了将包含'C'的节点插入有序链表中。图 12-3(a)显示了链表和插入前的新节点。图 12-3(b)显示了插入新节点的结果。虚线箭头代表重新赋值的指针。

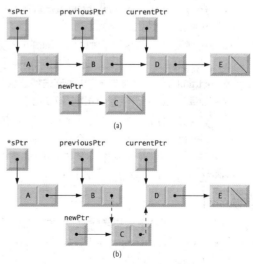

图 12-3 将包含'C'的节点插入有序链表中

## 12.4.2　函数 delete

函数 delete（第 113～141 行）接收指向链表第一个节点的指针地址和一个要删除的字符。

```
112  // delete a list element
113  char delete(ListNodePtr *sPtr, char value) {
114     // delete first node if a match is found
115     if (value == (*sPtr)->data) {
116        ListNodePtr tempPtr = *sPtr; // hold onto node being removed
117        *sPtr = (*sPtr)->nextPtr; // de-thread the node
118        free(tempPtr); // free the de-threaded node
119        return value;
120     }
121     else {
122        ListNodePtr previousPtr = *sPtr;
123        ListNodePtr currentPtr = (*sPtr)->nextPtr;
124
125        // loop to find the correct location in the list
126        while (currentPtr != NULL && currentPtr->data != value) {
127           previousPtr = currentPtr; // walk to ...
128           currentPtr = currentPtr->nextPtr; // ... next node
129        }
130
131        // delete node at currentPtr
132        if (currentPtr != NULL) {
133           ListNodePtr tempPtr = currentPtr;
134           previousPtr->nextPtr = currentPtr->nextPtr;
135           free(tempPtr);
136           return value;
137        }
138     }
139
140     return '\0';
141  }
142
```

delete 函数执行以下步骤。

(1) 如果要删除的字符与第一个节点的字符匹配（第 115 行），我们必须删除第一个节点。将 *sPtr 赋值给 tempPtr，我们将用它来释放节点的内存。将 (*sPtr)->nextPtr 赋值给 *sPtr，所以 main 中的 startPtr 现在指向之前链表中的第二个节点。调用 free 来释放 tempPtr 指向的内存。返回被删除的字符。

(2) 否则，用 *sPtr 初始化 previousPtr，用 (*sPtr)->nextPtr 初始化 currentPtr（第 122～123 行），从而推进到第二个节点。

(3) 找到要删除的字符。如果 currentPtr 不是 NULL，并且要删除的值不等于 currentPtr->data（第 126 行），就将 currentPtr 赋值给 previousPtr（第 127 行），并将 currentPtr->nextPtr 赋值给 currentPtr（第 128 行），从而推进到链表的下一个节点。

(4) 如果 currentPtr 不是 NULL（第 132 行），那么该字符在链表中。将 currentPtr 赋值给 tempPtr（第 133 行），我们将用它来释放该节点。将 currentPtr->nextPtr 赋值给 previousPtr->nextPtr（第 134 行）以连接被删除节点之前的节点和之后的节点。释放 tempPtr 指向的节点（第 135 行），然后返回被删除的字符（第 136 行）。

如果还没有返回任何东西，第 140 行返回空字符（'\0'），表示在链表中没有找到该字符。

### 删除的图示

图 12-4 展示了从链表中删除包含'C'的节点。图 12-4(a)显示了删除前的链表。图 12-4(b)显示了链接的重新赋值。指针 tempPtr 用于释放分配给存储 'C' 的节点的内存。注意，在第 118 行和第 135 行，我们释放了 tempPtr。以前，我们建议将释放的指针设置为 NULL。这里没有这样做，因为 tempPtr 是一个局部自动变量，并且函数在释放内存后立即返回。

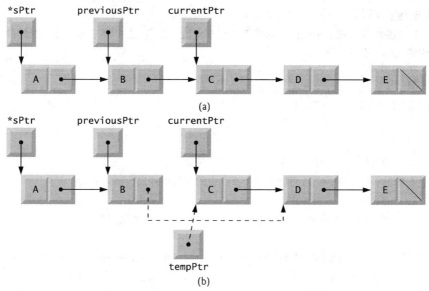

图 12-4　从链表中删除包含'C'的节点

### 12.4.3　函数 isEmpty 和 printList

函数 isEmpty（第 144～146 行）是一个谓词函数，它没有以任何方式改变链表。相反，isEmpty 确定链表是否为空，也就是说，指向第一个节点的指针是 NULL。如果链表是空的，isEmpty 返回 1；否则，返回 0。

```
143 // return 1 if the list is empty, 0 otherwise
144 int isEmpty(ListNodePtr sPtr) {
145     return sPtr == NULL;
146 }
147
148 // print the list
149 void printList(ListNodePtr currentPtr) {
150     // if list is empty
151     if (isEmpty(currentPtr)) {
152         puts("List is empty.\n");
153     }
154     else {
155         puts("The list is:");
156
157         // while not the end of the list
158         while (currentPtr != NULL) {
159             printf("%c --> ", currentPtr->data);
160             currentPtr = currentPtr->nextPtr;
161         }
162
163         puts("NULL\n");
164     }
165 }
```

函数 printList（第 149～165 行）打印了一个链表。该函数的 currentPtr 参数接收一个指向链表第一个节点的指针。该函数首先确定该链表是否为空（第 151～153 行），如果是，则打印 "List is empty." 并结束。否则，第 155～163 行打印链表的数据。当 currentPtr 不是 NULL 时，第 159 行打印 currentPtr->data 中的值，第 160 行将 currentPtr->nextPtr 赋值给 currentPtr，从而推进到下一个节点。如果链表中最后一个节点的链接不是 NULL，打印算法将尝试打印越过链表的末端，这是一个逻辑错误。这种打印算法对于链表、栈和队列是相同的。

⊗ERR

### 基于链表的递归练习

练习 12.17 要求你实现一个反向打印链表的递归函数。练习 12.18 要求你实现一个递归函数，在链表中搜索特定的数据项。

### ✓ 自测题

1 （选择）以下哪些陈述是正确的？
    (a) 链表是自引用的结构体（称为节点）的线性集合，通过指针链接连接——因此，术语为"链"表。
    (b) 链表是通过指向链表中第一个节点的指针来访问的。
    (c) 链表中的后续节点是通过存储在每个节点中的链接指针成员来访问的。
    答案：(a) (b) (c)。
2 （判断）当数据结构中要存储的数据项的数量不可预测时，使用链表是合适的。
    答案：对。
3 （判断）链表中的元素在内存中是连续存储的。这允许即时访问任何元素，因为它的地址可以直接计算，基于它相对于链表开始的位置。数组不提供对其元素的这种即时访问。
    答案：错。实际上，情况恰恰相反。数组的元素在内存中是连续存储的，并支持通过位置的即时访问。链表不提供对其元素的这种即时访问。
4 （填空）将指向链表第一个节点的指针的地址传递给一个函数，就会产生一个指向指针的指针。这通常被称为二次_____。
    答案：间接寻址。

## 12.5　栈

栈可以实现为链表的一个约束版本。你只能在顶部添加新的节点和删除现有的节点。由于这个原因，栈被称为后进先出（LIFO）数据结构。你通过一个指向其顶部元素的指针来访问一个栈。栈的最后一个节点的链接成员被设置为 NULL，以表示栈的底部。不以 NULL 来终止栈会导致运行时错误。

ERR⊗

图 12-5 说明了一个有多个节点的栈——stackPtr 指向栈的顶部元素。在这些清单中，我们用同样的方式表示栈和链表。它们之间的区别是，插入和删除可以发生在链表的任何地方，但只发生在栈的顶部。

图 12-5　有多个节点的栈

### 栈的主要操作

栈的主要函数是 push 和 pop。函数 push 创建一个新的节点，并把它放在栈的顶部。函数 pop 将一个节点从栈顶移除，释放该节点的内存并返回弹出的值。

### 实现栈

清单 12.2 实现了一个简单的整数栈。该程序允许你将一个值推入栈（函数 push），从栈中弹出一个值（函数 pop）并终止程序。第 7~10 行定义了 struct stackNode，我们将用它来表示栈的节点。正如清单 12.1 所示，我们使用 typedef（第 12~13 行）来使代码更易读。最初，stackPtr（第 23 行）被设置为 NULL，表示一个空栈。这个应用程序的大部分逻辑与清单 12.1 相似，所以我们在这里集中讨论其不同之处。

**清单 12.2 | 一个简单的栈程序**

```
1 // fig12_02.c
2 // A simple stack program
```

```
 3 #include <stdio.h>
 4 #include <stdlib.h>
 5
 6 // self-referential structure
 7 struct stackNode {
 8    int data; // define data as an int
 9    struct stackNode *nextPtr; // stackNode pointer
10 };
11
12 typedef struct stackNode StackNode; // synonym for struct stackNode
13 typedef StackNode *StackNodePtr; // synonym for StackNode*
14
15 // prototypes
16 void push(StackNodePtr *topPtr, int info);
17 int pop(StackNodePtr *topPtr);
18 int isEmpty(StackNodePtr topPtr);
19 void printStack(StackNodePtr currentPtr);
20 void instructions(void);
21
22 int main(void) {
23    StackNodePtr stackPtr = NULL; // points to stack top
24    int value = 0; // int input by user
25
26    instructions(); // display the menu
27    printf("%s", "? ");
28    int choice = 0; // user's menu choice
29    scanf("%d", &choice);
30
31    // while user does not enter 3
32    while (choice != 3) {
33       switch (choice) {
34          case 1: // push value onto stack
35             printf("%s", "Enter an integer: ");
36             scanf("%d", &value);
37             push(&stackPtr, value);
38             printStack(stackPtr);
39             break;
40          case 2: // pop value off stack
41             // if stack is not empty
42             if (!isEmpty(stackPtr)) {
43                printf("The popped value is %d.\n", pop(&stackPtr));
44             }
45
46             printStack(stackPtr);
47             break;
48          default:
49             puts("Invalid choice.\n");
50             instructions();
51             break;
52       }
53
54       printf("%s", "? ");
55       scanf("%d", &choice);
56    }
57
58    puts("End of run.");
59 }
60
61 // display program instructions to user
62 void instructions(void) {
63    puts("Enter choice:\n"
64       "1 to push a value on the stack\n"
65       "2 to pop a value off the stack\n"
66       "3 to end program");
67 }
68
69 // insert a node at the stack top
70 void push(StackNodePtr *topPtr, int info) {
71    StackNodePtr newPtr = malloc(sizeof(StackNode));
```

```
72
73    // insert the node at stack top
74    if (newPtr != NULL) {
75       newPtr->data = info;
76       newPtr->nextPtr = *topPtr;
77       *topPtr = newPtr;
78    }
79    else { // no space available
80       printf("%d not inserted. No memory available.\n", info);
81    }
82 }
83
84 // remove a node from the stack top
85 int pop(StackNodePtr *topPtr) {
86    StackNodePtr tempPtr = *topPtr;
87    int popValue = (*topPtr)->data;
88    *topPtr = (*topPtr)->nextPtr;
89    free(tempPtr);
90    return popValue;
91 }
92
93 // print the stack
94 void printStack(StackNodePtr currentPtr) {
95    if (currentPtr == NULL) { // if stack is empty
96       puts("The stack is empty.\n");
97    }
98    else {
99       puts("The stack is:");
100
101       while (currentPtr != NULL) { // while not the end of the stack
102          printf("%d --> ", currentPtr->data);
103          currentPtr = currentPtr->nextPtr;
104       }
105
106       puts("NULL\n");
107    }
108 }
109
110 // return 1 if the stack is empty, 0 otherwise
111 int isEmpty(StackNodePtr topPtr) {
112    return topPtr == NULL;
113 }
```

```
Enter choice:
1 to push a value on the stack
2 to pop a value off the stack
3 to end program
? 1

Enter an integer: 5
The stack is:
5 --> NULL

? 1
Enter an integer: 6
The stack is:
6 --> 5 --> NULL

? 1
Enter an integer: 4
The stack is:
4 --> 6 --> 5 --> NULL

? 2
The popped value is 4.
The stack is:
6 --> 5 --> NULL

? 2
```

```
The popped value is 6.
The stack is:
5 --> NULL

? 2
The popped value is 5.
The stack is empty.

? 2
The stack is empty.

? 4
Invalid choice.

Enter choice:
1 to push a value on the stack
2 to pop a value off the stack
3 to end program
? 3
End of run.
```

### 12.5.1 函数 push

函数 push（第 70～82 行）使用以下步骤将一个新节点放入栈中。

（1）调用 malloc 来创建一个新节点，然后将分配的内存的地址赋值给 newPtr（第 71 行）。

（2）将 newPtr->data 赋值为要推入栈的值（第 75 行），并将 *topPtr（栈顶部的指针）赋值给 newPtr->nextPtr（第 76 行）。新顶部节点的链接成员现在指向之前的顶部节点。

（3）将 newPtr 赋值给 *topPtr（第 77 行）——这将修改 main 中的 stackPtr，以指向新的栈顶。

图 12-6 展示了 push 操作。图 12-6(a)显示了在 push 操作将新节点插入栈顶部之前的栈和新节点：*topPtr 代表 main 中的 stackPtr。图 12-6(b)中的虚线箭头展示了前面讨论的步骤（2）和步骤（3），它们在顶部插入了包含 12 的节点。

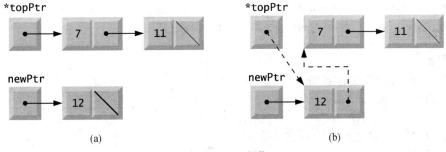

(a)                               (b)

图 12-6　push 操作

### 12.5.2 函数 pop

函数 pop（第 85～91 行）删除了栈的顶部节点。函数 main 在调用 pop 之前确定栈是否为空。pop 操作包括 5 个步骤。

（1）将 *topPtr 赋值给 tempPtr（第 86 行），它将用于释放节点的内存。

（2）将(*topPtr)->data 赋值给 popValue（第 87 行），以保存顶部节点的值，这样我们就可以返回它。

（3）将 (*topPtr)->nextPtr 赋值给 *topPtr（第 88 行），这样 main 中的 stackPtr 现在就指向之前栈的第二个元素（如果没有其他元素则为 NULL）。

（4）释放 tempPtr 指向的内存（第 89 行）。

（5）将 popValue 返回给调用者（第 90 行）。

图 12-7 展示了 pop 操作。图 12-7(a)显示了在删除包含 12 的节点之前的栈——\*topPtr 代表了 main 中的 stackPtr。图 12-7(b)显示 tempPtr 指向被弹出的节点，\*topPtr 指向新的顶部节点。然后我们可以释放 tempPtr 所指向的内存。

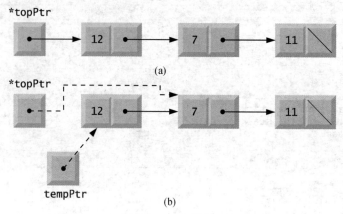

图 12-7　pop 操作

### 12.5.3　栈的应用

栈有许多有趣的应用。例如，每当一个函数被调用时，被调用的函数必须知道如何返回给它的调用者，所以返回地址被推入栈（5.7 节）。在一系列的函数调用中，连续的返回地址以后进先出的顺序被推入栈，这样每个函数都可以返回给它的调用者。栈支持递归函数调用，其方式与传统的非递归调用相同。

栈包含在每次调用函数时为自动局部变量创建的空间。当函数返回给它的调用者时，该函数的自动变量空间就从栈中弹出，这些变量就不再为程序所知。栈有时也被编译器在求值表达式和生成机器语言代码的过程中使用。本章练习将探讨几种栈的应用。

#### ✔ 自测题

1　（选择）以下哪项陈述是错误的？
（a）栈必须实现为链表的一个约束版本。
（b）新的节点只在栈的顶部被添加和删除。
（c）栈是一个后进先出（LIFO）的数据结构。
（d）栈是通过一个指向其顶部元素的指针来引用的。
答案：（a）是错误的。实际上，栈可以实现为链表的一个约束版本，但不一定。

2　（选择）以下哪项陈述是错误的？
（a）当一个函数被调用时，它必须知道如何返回给它的调用者，所以被调用函数的返回地址被推入栈。
（b）在一系列的函数调用中，连续的返回地址以后进先出的顺序被推入栈，这样每个函数都可以返回给它的调用者。
（c）栈支持递归函数调用，其方式与传统的非递归调用相同。
（d）上述所有的陈述都是正确的。
答案：（a）是错误的。实际上，调用者的返回地址被推入栈。

## 12.6 队列

队列类似于杂货店里的结账队伍。

■ 排在第一位的人首先接受服务。

■ 其他顾客只在队尾进入队伍并等待服务。

你只从它的队首（前面）删除队列节点，只在它的队尾（后面）插入节点。由于这个原因，队列被称为先进先出（FIFO）数据结构。插入和删除操作分别被称为 enqueue（发音为 "en-cue"）和 dequeue（发音为 "dee-cue"）。

### 队列的应用

队列在计算机系统中有许多应用。

■ 对于只有一个处理器的计算机，一次只能为一个用户提供服务。其他用户的请求被放在一个队列中。随着用户接受服务，每个请求都逐渐推进到队列的前面。排在队列前面的请求是下一个接受服务的。

■ 同样，对于今天的多核系统，运行的程序可能比处理器的数量还要多。目前没有运行的程序被放在队列中，直到目前繁忙的处理器可用。在附录 C 中，我们讨论了多线程。当一个程序的工作被分成多个能够并行执行的线程时，线程可能比处理器多。目前没有运行的线程需要在队列中等待。

■ 队列也支持打印缓冲。一个办公室可能只有一台打印机。许多用户可以在给定时间内发送文件进行打印。当打印机繁忙时，额外的文件会被缓冲在内存或二级存储，就像缝纫线缠绕在卷轴上直到需要它一样。这些文件在队列中等待，直到打印机可用。

■ 在计算机网络（如因特网）上传输的信息包也在队列中等待。每当一个数据包到达一个网络节点时，它必须被路由到网络上的下一个节点，沿着路径到达其最终目的地。路由器节点一次只路由一个数据包，所以其他数据包会排队，直到路由器可以路由它们。

### 队列的图示

图 12-8 展示了一个有多个节点的队列。注意队首和队尾的独立指针。与链表和栈一样，不把队列 ⊗ERR
最后一个节点的链接设置为 NULL 会导致逻辑错误。

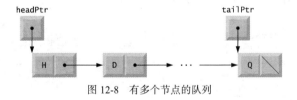

图 12-8 有多个节点的队列

### 实现队列

清单 12.3 执行了队列的操作。该程序提供了在队列中插入节点（函数 enqueue）、从队列中删除节点（函数 dequeue）以及终止程序。第 7～10 行定义了 struct queueNode，我们用它来表示队列的节点。我们再次使用 typedef（第 12～13 行）来使代码更易读。这个应用程序中的大部分逻辑与我们的链表和栈的例子相似，所以我们在这里集中讨论差异。最初，headPtr 和 tailPtr（第 23～24 行）都是 NULL，表示一个空队列。

**清单 12.3 | 操作和维护队列**

```
1  // fig12_03.c
2  // Operating and maintaining a queue
3  #include <stdio.h>
4  #include <stdlib.h>
5
```

```
 6  // self-referential structure
 7  struct queueNode {
 8     char data; // define data as a char
 9     struct queueNode *nextPtr; // queueNode pointer
10  };
11
12  typedef struct queueNode QueueNode;
13  typedef QueueNode *QueueNodePtr;
14
15  // function prototypes
16  void printQueue(QueueNodePtr currentPtr);
17  int isEmpty(QueueNodePtr headPtr);
18  void enqueue(QueueNodePtr *headPtr, QueueNodePtr *tailPtr, char value);
19  char dequeue(QueueNodePtr *headPtr, QueueNodePtr *tailPtr);
20  void instructions(void);
21
22  int main(void) {
23     QueueNodePtr headPtr = NULL; // initialize headPtr
24     QueueNodePtr tailPtr = NULL; // initialize tailPtr
25     char item = '\0'; // char input by user
26
27     instructions(); // display the menu
28     printf("%s", "? ");
29     int choice = 0; // user's menu choice
30     scanf("%d", &choice);
31
32     // while user does not enter 3
33     while (choice != 3) {
34        switch(choice) {
35           case 1: // enqueue value
36              printf("%s", "Enter a character: ");
37              scanf("\n%c", &item);
38              enqueue(&headPtr, &tailPtr, item);
39              printQueue(headPtr);
40              break;
41           case 2: // dequeue value
42              // if queue is not empty
43              if (!isEmpty(headPtr)) {
44                 item = dequeue(&headPtr, &tailPtr);
45                 printf("%c has been dequeued.\n", item);
46              }
47
48              printQueue(headPtr);
49              break;
50           default:
51              puts("Invalid choice.\n");
52              instructions();
53              break;
54        }
55
56        printf("%s", "? ");
57        scanf("%d", &choice);
58     }
59
60     puts("End of run.");
61  }
62
63  // display program instructions to user
64  void instructions(void) {
65     printf ("Enter your choice:\n"
66             "  1 to add an item to the queue\n"
67             "  2 to remove an item from the queue\n"
68             "  3 to end\n");
69  }
70
71  // insert a node at queue tail
72  void enqueue(QueueNodePtr *headPtr, QueueNodePtr *tailPtr, char value) {
73     QueueNodePtr newPtr = malloc(sizeof(QueueNode));
74
```

```
75      if (newPtr != NULL) { // is space available?
76          newPtr->data = value;
77          newPtr->nextPtr = NULL;
78
79          // if empty, insert node at head
80          if (isEmpty(*headPtr)) {
81              *headPtr = newPtr;
82          }
83          else {
84              (*tailPtr)->nextPtr = newPtr;
85          }
86
87          *tailPtr = newPtr;
88      }
89      else {
90          printf("%c not inserted. No memory available.\n", value);
91      }
92  }
93
94  // remove node from queue head
95  char dequeue(QueueNodePtr *headPtr, QueueNodePtr *tailPtr) {
96      char value = (*headPtr)->data;
97      QueueNodePtr tempPtr = *headPtr;
98      *headPtr = (*headPtr)->nextPtr;
99
100     // if queue is empty
101     if (*headPtr == NULL) {
102         *tailPtr = NULL;
103     }
104
105     free(tempPtr);
106     return value;
107 }
108
109 // return 1 if the queue is empty, 0 otherwise
110 int isEmpty(QueueNodePtr headPtr) {
111     return headPtr == NULL;
112 }
113
114 // print the queue
115 void printQueue(QueueNodePtr currentPtr) {
116     if (currentPtr == NULL) { // if queue is empty
117         puts("Queue is empty.\n");
118     }
119     else {
120         puts("The queue is:");
121
122         while (currentPtr != NULL) { // while not end of queue
123             printf("%c --> ", currentPtr->data);
124             currentPtr = currentPtr->nextPtr;
125         }
126
127         puts("NULL\n");
128     }
129 }
```

```
Enter your choice:
   1 to add an item to the queue
   2 to remove an item from the queue
   3 to end

? 1
Enter a character: A
The queue is:
A --> NULL

? 1
```

```
Enter a character: B
The queue is:
A --> B --> NULL

? 1
Enter a character: C
The queue is:
A --> B --> C --> NULL

? 2
A has been dequeued.
The queue is:
B --> C --> NULL

? 2
B has been dequeued.
The queue is:
C --> NULL

? 2
C has been dequeued.
Queue is empty.

? 2
Queue is empty.

? 4
Invalid choice.

Enter your choice:
   1 to add an item to the queue
   2 to remove an item from the queue
   3 to end
? 3
End of run.
```

### 12.6.1 函数 enqueue

函数 enqueue（第 72～92 行）接收以下 3 个参数。

■ headPtr 的地址，headPtr 是指向队首的指针。

■ tailPtr 的地址，tailPtr 是指向队尾的指针。

■ 要插入的值。

该函数执行了以下步骤。

（1）第 73 行调用 malloc 来创建一个新的节点，并将分配的内存位置赋值给 newPtr。

（2）如果内存分配正确，第 76 和 77 行把要插入的值赋值给 newPtr->data，并把 NULL 赋值给 newPtr->nextPtr。

（3）如果队列是空的（第 80 行），第 81 行将 newPtr 赋值给 *headPtr，因为新节点既是队列的队首又是队尾；否则，第 84 行将 newPtr 赋值给 (*tailPtr)->nextPtr，因为新节点是新的队尾节点。

（4）第 87 行将 newPtr 赋值给 *tailPtr，从而更新队尾指针，指向新的尾部节点。

#### enqueue 操作的图示

图 12-9 展示了一个 enqueue 操作。图 12-9(a)显示了 main 的 headPtr 和 tailPtr 以及 enqueue 操作前的新节点。图 12-9(b)中的虚线箭头说明了前面讨论中的步骤（3）和步骤（4），它将新节点添加到非空队列的队尾。

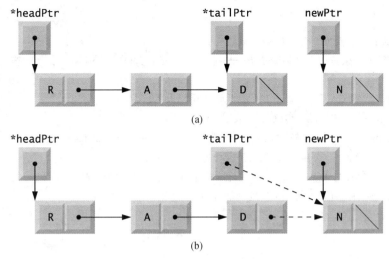

图 12-9　enqueue 操作

## 12.6.2　函数 dequeue

函数 dequeue（第 95～107 行）接收队首和队尾指针的地址作为参数，删除队列的第一个节点。dequeue 操作按以下步骤进行。

（1）第 96 行将(*headPtr)->data 赋值给 value，以保存从队列中删除的数据。

（2）第 97 行将*headPtr 赋值给 tempPtr，它将用于释放内存。

（3）第 98 行将(*headPtr)->nextPtr 赋值给*headPtr，所以 main 中的队首指针现在指向了新的队首节点。

（4）第 101 行检查*headPtr 是否为 NULL。如果是，第 102 行将 NULL 赋值给*tailPtr，因为队列现在是空的。

（5）第 105 行释放 tempPtr 所指向的内存。

（6）第 106 行返回 value 给调用者。

### dequeue 操作的图示

图 12-10 展示了函数 dequeue。图 12-10(a)显示了 dequeue 操作之前的队列——dequeue 中的*headPtr 和*tailPtr 被用来修改 main 的 headPtr 和 tailPtr。图 12-10(b)显示 tempPtr 指向被删除的节点，main 的 headPtr 被更新为指向队列的新的第一个节点。

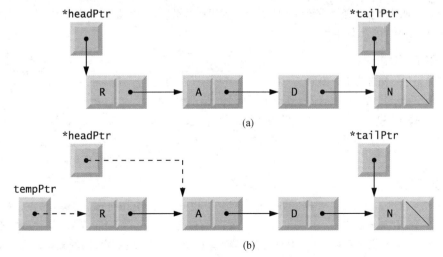

图 12-10　dequeue 操作

✓ **自测题**

1 （选择）以下关于队列的陈述中哪项是错误的？

    （a）队列类似于杂货店里的结账队伍——排在第一位的人首先接受服务，其他顾客在队尾进入队伍等待服务。

    （b）队列节点只从队首（开始）移除，只在队尾（末尾）插入。

    （c）队列是一个先进后出（FILO）的数据结构。

    （d）插入和删除操作分别被称为 enqueue（发音为 "en-cue"）和 dequeue（发音为 "dee-cue"）。

    答案：（c）是错误的。实际上，队列是一种先进先出（FIFO）的数据结构。

2 （填空）对于今天的_____系统，运行的程序可能比处理器的数量多，所以目前没有运行的程序被放在队列中，直到目前繁忙的处理器可用。

    答案：多核。

## 12.7　树

到目前为止，我们已经介绍了线性数据结构——链表、栈和队列。树是一种非线性的二维数据结构，具有特殊的属性。树节点包含两个或多个链接。本节讨论的是二叉树，即节点包含两个链接的树，如图 12-11 所示。

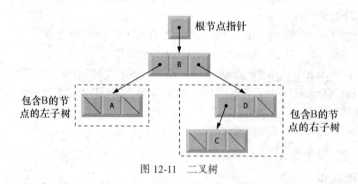

图 12-11　二叉树

每个节点的两个链接可以都不是 NULL，也可以有一个是 NULL，或者两个都是 NULL。根节点是一棵树的第一个节点。根节点中的每个链接指的是一个子节点。左子节点是左子树的第一个节点，右子节点是右子树的第一个节点。一个给定节点的子节点称为兄弟节点。一个没有子节点的节点是一个叶节点。不把叶节点的链接设置为 NULL 会导致运行时错误。计算机科学家通常将根节点画在顶部，这与自然界中的树正好相反。

ERR⊗

### 二叉搜索树

本节介绍了一棵包含唯一值的二叉搜索树，其特点是所有左子树中的值都小于其父节点中的值，所有右子树中的值都大于其父节点中的值。图 12-12 展示了一棵含有 9 个数值的二叉搜索树。

一组数据的二叉搜索树的形状可能会有所不同，这取决于你插入值的顺序。

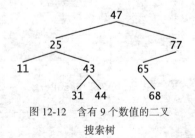

图 12-12　含有 9 个数值的二叉搜索树

### 实现二叉搜索树

清单 12.4 创建了一棵二叉搜索树并遍历其节点——也就是说，它访问树上的每个节点，对节点的值做一些处理，比如显示它们。我们将以 3 种方式遍历该树：中序、先序和后序。该程序生成 10 个随机数，并将每个随机数插入树中，但我们要舍弃重复的值。第 9～13 行定义了 struct treeNode，我们将用它来表示树的节点。我们再次使用 typedef（第 15 和 16 行）来使代码更易读。

**清单 12.4 | 创建和遍历二叉树**

```c
1   // fig12_04.c
2   // Creating and traversing a binary tree
3   // preorder, inorder, and postorder
4   #include <stdio.h>
5   #include <stdlib.h>
6   #include <time.h>
7
8   // self-referential structure
9   struct treeNode {
10      struct treeNode *leftPtr; // pointer to left subtree
11      int data; // node value
12      struct treeNode *rightPtr; // pointer to right subtree
13  };
14
15  typedef struct treeNode TreeNode; // synonym for struct treeNode
16  typedef TreeNode *TreeNodePtr; // synonym for TreeNode *
17
18  // prototypes
19  void insertNode(TreeNodePtr *treePtr, int value);
20  void inOrder(TreeNodePtr treePtr);
21  void preOrder(TreeNodePtr treePtr);
22  void postOrder(TreeNodePtr treePtr);
23
24  int main(void) {
25      TreeNodePtr rootPtr = NULL; // tree initially empty
26
27      srand(time(NULL));
28      puts("The numbers being placed in the tree are:");
29
30      // insert random values between 0 and 14 in the tree
31      for (int i = 1; i <= 10; ++i) {
32          int item = rand() % 15;
33          printf("%3d", item);
34          insertNode(&rootPtr, item);
35      }
36
37      // traverse the tree preOrder
38      puts("\n\nThe preOrder traversal is:");
39      preOrder(rootPtr);
40
41      // traverse the tree inOrder
42      puts("\n\nThe inOrder traversal is:");
43      inOrder(rootPtr);
44
45      // traverse the tree postOrder
46      puts("\n\nThe postOrder traversal is:");
47      postOrder(rootPtr);
48  }
49
50  // insert node into tree
51  void insertNode(TreeNodePtr *treePtr, int value) {
52      if (*treePtr == NULL) { // if tree is empty
53          *treePtr = malloc(sizeof(TreeNode));
54
55          if (*treePtr != NULL) { // if memory was allocated, then assign data
56              (*treePtr)->data = value;
57              (*treePtr)->leftPtr = NULL;
58              (*treePtr)->rightPtr = NULL;
59          }
60          else {
61              printf("%d not inserted. No memory available.\n", value);
62          }
63      }
64      else { // tree is not empty
65          if (value < (*treePtr)->data) { // value goes in left subtree
66              insertNode(&((*treePtr)->leftPtr), value);
67          }
```

```
68              else if (value > (*treePtr)->data) { // value goes in right subtree
69                  insertNode(&((*treePtr)->rightPtr),  value);
70              }
71              else { // duplicate data value ignored
72                  printf("%s", "dup");
73              }
74          }
75      }
76
77      // begin inorder traversal of tree
78      void inOrder(TreeNodePtr treePtr) {
79          // if tree is not empty, then traverse
80          if (treePtr != NULL) {
81              inOrder(treePtr->leftPtr);
82              printf("%3d", treePtr->data);
83              inOrder(treePtr->rightPtr);
84          }
85      }
86
87      // begin preorder traversal of tree
88      void preOrder(TreeNodePtr treePtr) {
89          // if tree is not empty, then traverse
90          if (treePtr != NULL) {
91              printf("%3d", treePtr->data);
92              preOrder(treePtr->leftPtr);
93              preOrder(treePtr->rightPtr);
94          }
95      }
96
97      // begin postorder traversal of tree
98      void postOrder(TreeNodePtr treePtr) {
99          // if tree is not empty, then traverse
100         if (treePtr != NULL) {
101             postOrder(treePtr->leftPtr);
102             postOrder(treePtr->rightPtr);
103             printf("%3d", treePtr->data);
104         }
105     }
```

```
The numbers being placed in the tree are:
  6   7   4 12  7dup  2  2dup  5  7dup 11

The preOrder traversal is:
  6   4   2   5   7  12 11

The inOrder traversal is:
  2   4   5   6   7  11 12

The postOrder traversal is:
  2   5   4  11 12   7   6
```

## 12.7.1　函数 insertNode

　　清单 12.4 中创建二叉搜索树和遍历它的函数是递归的。函数 insertNode（第 51～75 行）接收指向树的根节点的指针地址和一个要插入的整数作为参数。二叉搜索树中的每个新节点最初都是作为一个叶节点插入的。插入一个新节点的步骤如下。

　　（1）如果 *treePtr 是 NULL（第 52 行），第 53 行调用 malloc 来创建一个新的叶节点，并将分配的内存赋值给 *treePtr。第 56 行将要存储的整数赋值给 (*treePtr)->data。第 57～58 行将 NULL 赋值给 (*treePtr)->leftPtr 和 (*treePtr)->rightPtr。然后控制返回给调用者——无论是 main 还是之前对 insertNode 的调用。

　　（2）如果 *treePtr 不是 NULL，并且要插入的值小于 (*treePtr)->data，第 66 行用地址 (*treePtr)->leftPtr 递归地调用 insertNode，在 treePtr 指向的节点的左子树中插入新的节点。

（3）如果要插入的值大于 (*treePtr)->data，第 69 行用地址 (*treePtr)->rightPtr 递归地调用 insertNode，在 treePtr 指向的节点的右子树中插入新的节点。

递归步骤继续进行，直到 insertNode 找到一个 NULL 指针，然后步骤（1）将新节点插入为叶节点。

## 12.7.2　遍历：函数 inOrder、preOrder 和 postOrder

函数 inOrder（第 78～85 行）、preOrder（第 88～95 行）和 postOrder（第 98～105）分别接收一个指向树的根节点的指针并遍历该树。下面我们描述了这些遍历，并展示对图 12-13 所示的树分别应用每个遍历的结果。

图 12-13　一棵树

### inOrder 遍历

inOrder 遍历的步骤如下。

（1）inOrder 遍历左子树（第 81 行）。

（2）处理当前节点中的值（第 82 行）。

（3）inOrder 遍历右子树（第 83 行）。

这个遍历在处理完左子树中的值后处理每个节点的值。图 12-13 的树的 inOrder 遍历是：

6 13 17 27 33 42 48

二叉搜索树的 inOrder 遍历是按升序处理节点的。创建二叉搜索树实际上是对数据进行排序。所以，这个过程被称为二叉树排序。

### preOrder 遍历

preOrder 遍历的步骤如下。

（1）处理当前节点中的值（第 91 行）。

（2）preOrder 遍历左子树（第 92 行）。

（3）preOrder 遍历右子树（第 93 行）。

这个遍历在每个节点被访问时处理该节点的值。在处理完值后，preOrder 遍历处理左子树的值，然后是右子树的值。图 12-13 的树的 preOrder 遍历是：

27 13 6 17 42 33 48

### postOrder 遍历

postOrder 遍历的步骤如下。

（1）postOrder 遍历左子树（第 101 行）。

（2）postOrder 遍历右子树（第 102 行）。

（3）处理当前节点中的值（第 103 行）。

这个遍历是在处理了节点的左、右子树中的子节点的值之后，再处理该节点的值。图 12-13 的树的 postOrder 遍历是：

6 17 13 33 48 42 27

## 12.7.3　消除重复

二叉搜索树有利于消除重复。当你插入数值来创建树时，重复的数值将在每次比较时遵循与原始数值相同的"向左走"或"向右走"的决定。因此，重复的数值最终将与树中包含相同值的节点进行比较。这时，重复的数值可以被忽略。

## 12.7.4　二叉树搜索

搜索与键相匹配的值也很快。如果树是紧密排列的，那么每一层包含的元素大约是上一层的两倍。因此，一个有 $n$ 个元素的二叉搜索树最多有 $\log_2 n$ 层，因此需要最多 $\log_2 n$ 次的比较来找到匹配值或确定不存在匹配值。当搜索一棵紧密排列的 1000 个元素的二叉搜索树时，需要进行的比较不超过 10 次，因为 $2^{10}>1000$。当搜索一棵紧密排列的 1000000 个元素的二叉搜索树时，所以需要进行的比较不超过 20 次，因为 $2^{20}>1000000$。

## 12.7.5　其他二叉树操作

在练习中，我们介绍了其他几种二叉树操作的算法，例如以二维树的格式打印二叉树，以及对二叉树进行层序遍历。层序遍历从根节点层开始，逐层访问树的节点。每一层的节点都是从左到右访问的。其他二叉树练习包括允许二叉搜索树包含重复的值、创建字符串一棵树，以及确定二叉树的层数。

### ✓ 自测题

1　（判断）链表、栈、队列和树都是线性数据结构。

答案：错。实际上，树是非线性的二维数据结构。

2　（填空）遍历二叉搜索树的 3 种流行方式是_____、先序和后序。

答案：中序。

3　（填空）创建二叉搜索树的过程实际上是对数据进行_____。

答案：排序。

4　（判断）与一组数据相对应的二叉搜索树的形状与数值插入树中的顺序无关。

答案：错。实际上，对应于一组数据的二叉搜索树的形状是不同的，是根据数值插入树中的顺序来决定的。

5　（判断）一个节点只能作为根节点插入二叉搜索树中。

答案：错。实际上，一个节点在二叉搜索树中只能作为叶节点插入。

6　（填空）二叉搜索树有利于_____。当你插入数值来创建树时，相同的数值在每次比较时遵循与原始数值相同的"向左走"或"向右走"的决定。相同的值最终会与树中包含相同值的节点进行比较。

答案：消除重复。

7　（判断）一棵紧密排列的有 $n$ 个元素的二叉树最多会有大约 $\log_2 n$ 层。搜索这样一棵二叉树最多需要大约 $\log_2 n$ 次比较来找到匹配项或确定不存在匹配项。因此，搜索一棵（紧密排列的）1000000000 个元素的二叉搜索树需要不超过 20 次的比较。

答案：错。实际上，这需要不超过 30 次的比较。

## 12.8　安全的 C 语言编程

SEI CERT C 编码标准的第 8 章专门讨论了内存管理的建议和规则——许多适用于本章对指针和动态内存管理的使用。要了解更多信息，请访问 SEI External Wiki Home 网站。

- MEM01-C/MEM30-C：指针应该总是以 NULL 或内存中有效数据项的地址进行初始化。当你使用 free 释放动态分配的内存时，传递给 free 的指针并没有被赋予一个新值，所以它仍然指向动态分配的内存的位置。使用这样一个"悬空"指针会导致程序崩溃和安全漏洞。当你释放动态分配的内存时，应立即给指针分配 NULL 或一个有效的地址。我们选择不这样做，因为局部指针变量在调用 free 后会立即超出范围。

- MEM01-C：当你试图使用 free 释放已经释放的动态内存时，会发生未定义的行为——这被称为"二次 free 漏洞"。为了确保你不会多次尝试释放相同的内存，在调用 free 后立即将该指针设置为 NULL。释放一个 NULL 的指针没有任何效果。

- ERR33-C：大多数标准库函数都返回值，你可以通过检查来确定这些函数是否成功执行了它们的任务。例如函数 malloc，如果它不能分配所要求的内存，则返回 NULL。在尝试使用存储 malloc 返回值的指针之前，你应该总是确保 malloc 没有返回 NULL。

## ✓ 自测题

1　（判断）指针应该总是被初始化为 NULL。

答案：错。实际上，指针应该总是被初始化为 NULL 或内存中有效数据项的地址。

2　（判断）为了避免两次释放相同的内存并导致未定义的行为，应将释放的指针设置为 NULL。

答案：对。释放一个 NULL 指针不会引起未定义的行为。

3　（填空）如果 malloc 不能满足内存分配的要求，它将返回_____。在使用 malloc 返回的指针之前一定要检查这个值。

答案：NULL。

## 关键知识回顾

### 12.1 节

- 动态数据结构（在程序执行时增长和收缩。
- 链表是"排成一行"的数据项的集合——可以在链表的任何地方进行插入和删除。
- 对于栈，插入和删除只在顶部进行。
- 队列代表等待排队。插入是在后面（队尾）进行的。删除是在前面（队首）进行的。
- 二叉树有利于数据的高速搜索和排序，有效地消除了重复，代表了文件系统的目录，并将表达式编译为机器语言。

### 12.2 节

- 自引用结构体包含一个指向相同类型结构体的指针成员。
- 自引用结构体可以连接起来形成链表、队列、栈和树。
- 一个 NULL 指针表示一个数据结构的结束。

### 12.3 节

- 创建和维护动态数据结构需要动态内存管理。
- 函数 malloc 和 free，以及操作符 sizeof，对动态内存分配至关重要。
- 函数 malloc 接收要分配的字节数，并返回一个指向所分配内存的 void * 指针。一个 void * 指针可以赋值给任何指针类型的变量。
- 如果没有可用的内存，malloc 返回 NULL。
- 函数 free 释放了内存，这样它就可以在将来重新分配。
- C 语言还提供了函数 calloc 和 realloc，用于创建和修改动态数组。

### 12.4 节

- 链表是一个自引用结构体（称为节点）的线性集合，通过指针链接来连接。
- 链表是通过指向第一个节点的指针来访问的。后续的节点是通过存储在每个节点中的链接指针成员来访问的。
- 按照惯例，链表中最后一个节点的链接指针被设置为 NULL，以标记链表的结束。
- 数据被动态地存储在链表中——每个节点在必要时被创建。
- 节点可以包含任何类型的数据，包括其他 struct 对象。
- 链表是动态的，所以链表的长度可以根据需要增加或减少。
- 链表的节点不能保证在内存中连续存储。但是，从逻辑上讲，链表的节点看起来是连续的。

### 12.5 节

- 栈可以实现为链表的一个约束版本。只在栈的顶部添加新的节点和删除现有的节点。

- 栈是一个后进先出（LIFO）的数据结构。
- 用来操作栈的主要函数是 push 和 pop。函数 push 创建一个新的节点，并把它放在栈的顶部。函数 pop 从栈顶移除一个节点，释放分配给弹出节点的内存，并返回弹出的值。
- 当你调用一个函数时，它必须知道如何返回给它的调用者，所以调用者的返回地址被推入栈。如果发生一系列的函数调用，连续的返回值会以后进先出的顺序被推入栈，这样每个函数都可以返回给它的调用者。栈支持递归函数调用，其方式与传统的非递归调用相同。
- 编译器在求值表达式和生成机器语言代码的过程中会使用栈。

## 12.6 节

- 队列节点只从队首删除，只在队尾插入，因此被称为先进先出（FIFO）数据结构。
- 队列的插入和删除操作被称为 enqueue 和 dequeue。

## 12.7 节

- 树是一种非线性的二维数据结构。树节点包含两个或多个链接。
- 二叉树是指其节点都包含两个链接的树。
- 根节点是一棵树的第一个节点。二叉树根节点中的每个链接都是指一个子节点。左子节点是左子树的第一个节点，右子节点是右子树的第一个节点。同一个节点的子节点称为兄弟节点。
- 一个没有子节点的节点被称为叶节点。
- 二叉搜索树（没有重复的节点值）的特点是任何左子树的值都小于其父节点的值，任何右子树的值都大于其父节点的值。
- 一个节点只能作为二叉搜索树的叶节点插入。
- 中序遍历的步骤是：中序遍历左子树，处理当前节点中的值，然后中序遍历右子树。当前节点中的值在其左子树中的值被处理之前不会被处理。
- 二叉搜索树的中序遍历以升序处理节点的值。创建二叉搜索树实际上是对数据进行排序，所以这个过程被称为二叉树排序。
- 先序遍历的步骤是：处理当前节点中的值，先序遍历左子树，然后先序遍历右子树。这个遍历处理完一个给定的节点的值后，先处理该节点的左子树值，然后再处理其右子树值。
- 后序遍历的步骤是：后序遍历左子树，后序遍历右子树，然后处理当前节点中的值。每个节点中的值在其子节点的值被处理之前都不会被处理。
- 二叉搜索树有利于消除重复。当树被创建时，尝试插入重复的数值将被识别出来，因为重复的数值在每次比较时都会遵循与原始的数值相同的"向左走"或"向右走"的决定。因此，重复的数值最终将与树中包含相同值的节点进行比较。这时，重复的数值就会被简单地丢弃。
- 在二叉树上搜索一个与键相匹配的值是很快的。在一棵紧密排列的树上，每一层包含的元素大约是上一层的两倍。一个有 $n$ 个元素的二叉搜索树最多有 $\log_2 n$ 层，因此它最多需要 $\log_2 n$ 次比较来找到匹配值或确定不存在匹配值。搜索一棵紧密排列的 1000 个元素的二叉搜索树需要不超过 10 次比较，因为 $2^{10} > 1000$。搜索一棵紧密排列的 1000000 个元素的二叉搜索树需要不超过 20 次比较，因为 $2^{20} > 1000000$。

## 自测练习

12.1　在下列各项中填空。

　　（a）自_____结构体用于形成动态数据结构。

　　（b）函数_____是用来动态分配内存的。

　　（c）_____是链表的一个特殊版本，其中的节点只能从链表的开始插入和删除。

　　（d）观察链表但不修改链表的函数被称为_____。

(e) 一个队列被称为_____的数据结构。

(f) 指向链表中下一个节点的指针被称为_____。

(g) 函数_____用于回收动态分配的内存。

(h) _____是链表的一个特殊版本，其中的节点只能在链表的开始插入，只能从链表的末尾删除。

(i) _____是一个非线性的二维数据结构，包含有两个或多个链接的节点。

(j) 栈被称为_____的数据结构，因为最后插入的节点是第一个被删除的节点。

(k) _____树的节点包含两个链接成员。

(l) 树的第一个节点是_____节点。

(m) 树节点的每个链接都指向该节点的_____或_____。

(n) 没有子节点的树节点称为_____节点。

(o) 二叉树的 3 种遍历算法（在本章中介绍）是_____、_____和_____。

12.2 （讨论）链表和栈之间的区别是什么？

12.3 （讨论）栈和队列之间的区别是什么？

12.4 编写一个或一组语句来完成下列各项工作。假设所有的操作都发生在 main 中（因此，不需要指针变量的地址），并假设有以下定义：

```
struct gradeNode {
    char lastName[20];
    double grade;
    struct gradeNode *nextPtr;
};

typedef struct gradeNode GradeNode;
typedef GradeNode *GradeNodePtr;
```

(a) 创建一个指向链表开始的指针，称为 startPtr。这个链表是空的。

(b) 创建一个 GradeNode 类型的新节点，由 GradeNodePtr 类型的指针 newPtr 指向该节点。将字符串 "Jones" 赋值给成员 lastName，将值 91.5 赋值给成员 grade（使用 strcpy）。提供任何必要的声明和语句。

(c) 假设 startPtr 指向的链表目前由两个节点组成，一个包含 "Jones"，另一个包含 "Smith"。这些节点是按字母顺序排列的。提供必要的语句来插入包含以下数据的节点：lastName 和 grade——确保按顺序插入这些节点。

```
"Adams"       85.0
"Thompson"    73.5
"Pritchard"   66.5
```

使用指针 previousPtr, currentPtr 和 newPtr 来执行插入。在每次插入前说明 previousPtr 和 currentPtr 指向什么。假设 newPtr 总是指向新节点，并且新节点已经赋值了数据。

(d) 编写一个 while 循环，打印链表中每个节点的数据。使用指针 currentPtr 沿着链表移动。

(e) 编写一个 while 循环，删除链表中的所有节点并释放与每个节点相关的内存。使用指针 currentPtr 和指针 tempPtr 分别沿着链表移动和释放内存。

12.5 （二叉搜索树的遍历）提供图 12-14 所示二叉搜索树的中序、先序和后序遍历。

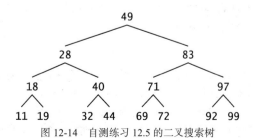

图 12-14　自测练习 12.5 的二叉搜索树

**自测练习答案**

12.1 （a）引用。（b）malloc。（c）栈。（d）谓词。（e）FIFO。（f）链接。（g）free。（h）队列。（i）树。
（j）LIFO。（k）二叉。（l）根。（m）子，子树。（n）叶。（o）中序，先序，后序。

12.2 可以在链表的任何地方插入一个节点，也可以从链表的任何地方删除一个节点。然而，栈中的
节点只能在栈的顶部插入，只能从栈的顶部删除。

12.3 一个队列有指向其队首和队尾的指针，所以节点可以在队尾插入并从队首删除。栈只有一个指
向栈顶的指针，节点的插入和删除都在栈顶进行。

12.4 请看下面的答案。

（a）`GradeNodePtr startPtr = NULL;`

（b）
```
GradeNodePtr newPtr;
newPtr = malloc(sizeof(GradeNode));
strcpy(newPtr->lastName, "Jones");
newPtr->grade = 91.5;
newPtr->nextPtr = NULL;
```

（c）插入 "Adams"：

`previousPtr` 为 NULL，`currentPtr` 指向链表的第一个元素。

```
newPtr->nextPtr = currentPtr;
startPtr = newPtr;
```

插入 "Thompson"：

`previousPtr` 指向链表 (包含 "Smith") 的最后一个元素。

`currentPtr` 为 NULL。

```
newPtr->nextPtr = currentPtr;
previousPtr->nextPtr = newPtr;
```

插入 "Pritchard"：

`previousPtr` 指向包含 "Jones" 的节点。

`currentPtr` 指向包含 "Smith" 的节点。

```
newPtr->nextPtr = currentPtr;
previousPtr->nextPtr = newPtr;
```

（d）
```
currentPtr = startPtr;
while (currentPtr != NULL) {
    printf("Lastname = %s\nGrade = %6.2f\n",
            currentPtr->lastName, currentPtr->grade);
    currentPtr = currentPtr->nextPtr;
}
```

（e）
```
currentPtr = startPtr;
while (currentPtr != NULL) {
    tempPtr = currentPtr;
    currentPtr = currentPtr->nextPtr;
    free(tempPtr);
}
startPtr = NULL;
```

12.5 中序遍历是：11 18 19 28 32 40 44 49 69 71 72 83 92 97 99
先序遍历是：49 28 18 11 19 40 32 44 83 71 69 72 97 92 99
后序遍历是：11 19 18 32 44 40 28 69 72 71 92 99 97 83 49

**练习**

12.6 （连接链表）编写一个程序，连接两个字符链表。该程序应包括函数 concatenate，该函数将两
个链表的指针作为参数，并将第二个链表与第一个链表相连接。

12.7 （合并有序链表）编写一个程序，将两个有序链表合并为一个有序链表。函数 merge 应该接收
指向每个要合并的链表的第一个节点的指针，并返回指向合并后的链表的第一个节点的指针。

12.8 （插入有序链表）编写一个程序，在一个链表中按顺序插入 25 个 0～100 的随机整数。该程序应计算出这些元素的总和与浮点平均值。

12.9 （创建一个链表，然后反转其元素）编写一个程序，创建一个包含 10 个字符的链表，然后以相反的顺序创建一个链表的副本。

12.10 （颠倒一个句子的单词）编写一个程序，输入一行文字并使用栈来打印颠倒的该行单词。

12.11 （回文测试）编写一个程序，使用栈来确定一个字符串是否是回文（即该字符串的前后拼写相同）。该程序应忽略空格和标点符号。

12.12 （超市模拟）编写一个程序，模拟超市的结账队伍。该队伍是一个队列。顾客以 1～4 分钟的随机整数间隔到达。同时，每个顾客都是以 1～4 分钟的随机整数间隔得到服务。很明显，这些速率需要平衡。如果平均到达速率大于平均服务速率，队列将无限增长。即使有平衡的速率，随机性仍然会导致长队。使用以下算法运行一天 12 小时（720 分钟）的超市模拟。

（1）在 1 和 4 之间选择一个随机的整数来确定第一个顾客到达的时间。
（2）在第一个顾客到达的时间：
   确定顾客的服务时间（随机整数 1~4）；
   开始为顾客服务；
   安排下一个顾客的到达时间（随机整数 1~4 加到当前时间）。
（3）对于一天中的每一分钟：
   如果下一个顾客到达，
      说出这件事，
      让该顾客排队等候，
      安排下一个顾客的到达时间；
   如果上一位顾客的服务已经完成，
      说出这件事，
      将下一位要服务的顾客移出队列，
      确定客户的服务完成时间(1~4 的随机整数加到当前时间)。

现在运行你的模拟程序 720 分钟，并回答以下问题。

（a）在任意时候，队列的最大顾客数量是多少？
（b）任意一个顾客经历的最长等待时间是多少？
（c）如果到达间隔从 1～4 分钟改为 1～3 分钟，会发生什么？

12.13 （二叉树中允许重复）修改清单 12.4 的程序，允许二叉树包含重复的值。

12.14 （字符串的二叉搜索树）根据清单 12.4 的程序编写一个程序，输入一行文本，将句子词条化为独立的词，将这些词插入二叉搜索树中，并打印出树的中序、先序和后序遍历。
将这行文字读入一个数组。使用 strtok 对文本进行词条化。当找到一个词条时，为树创建一个新的节点，将 strtok 返回的指针赋值给新节点的成员 string，并在树中插入该节点。

12.15 （重复消除）我们已经看到，在创建二叉搜索树时，重复消除是直接的。描述一下你将如何只用一个一维数组来执行重复消除。比较基于数组的重复消除的性能和基于二叉搜索树的重复消除的性能。

12.16 （二叉树的深度）编写一个接收二叉树并确定它有多少层的函数 depth。

12.17 （递归反向打印一个链表）编写一个函数 printListBackward，以递归的方式将一个链表中的数据项按相反的顺序输出。在一个测试程序中使用你的函数，该测试程序创建一个有序的整数链表，并以反向顺序打印该链表。

12.18 （递归搜索链表）编写一个函数 searchList，用于递归搜索一个链表的指定值。如果找到该值，该函数应返回一个指向该值的指针；否则，应返回 NULL。在一个创建整数链表的测试程序中使用你的函数。该程序应该提示用户在链表中找到一个值。

12.19 （二叉树搜索）编写函数 binaryTreeSearch，试图在二叉搜索树中查找一个指定的值。该函数应该以指向二叉树根节点的指针和要定位的搜索键作为参数。如果找到了包含搜索键的节点，该函数应该返回一个指向该节点的指针；否则，该函数应该返回一个 NULL 指针。

12.20 （层序二叉树的遍历）清单 12.4 的程序说明了遍历二叉树的 3 种递归方法：中序遍历、先序遍历和后序遍历。本练习介绍了二叉树的层序遍历。这个遍历从根节点层开始，从左到右逐层处理节点值。层序遍历不是一个递归算法。它使用队列数据结构，以正确的顺序处理节点。该算法如下：

（1）在队列中插入根节点。
（2）当队列中还有节点时：
　　　获取队列中的下一个节点；
　　　打印该节点的值；
　　　如果指向该节点的左子节点的指针不是 NULL，
　　　　　在队列中插入该左子节点；
　　　如果指向该节点的边子节点的指针不是 NULL，
　　　　　在队列中插入该右边子节点。

编写函数 levelOrder 来执行二叉树的层序遍历。该函数应该接收一个指向二叉树根节点的指针作为参数。修改清单 12.4 的程序以使用这个函数。将这个函数的输出与其他遍历的输出进行比较，看它是否正常工作。你需要修改并将清单 12.3 的队列处理函数纳入这个程序中。

12.21 （打印树）编写一个递归函数 outputTree 来显示一棵二叉树。该函数应逐行输出树，树的顶部在屏幕的左边，树的底部在屏幕的右边。每一行都是垂直输出的。例如，练习 12.5 中的二叉树输出如下。

请注意，最右边的叶节点出现在最右边一列的输出顶部，而根节点出现在输出的左边。每一列的输出都从上一列的右边 5 个空格开始。函数 outputTree 应该接收一个指向树的根节点的指针和一个整数 totalSpaces 作为参数，代表要输出的值前面的空格数。这个变量应该从 0 开始，这样根节点就会在屏幕的左边输出。这个函数使用了一个修改过的中序遍历法来输出树。该算法如下。

当指向当前节点的指针不为 NULL 时：
递归地调用 outputTree，输出当前节点的右边子树和 totalSpaces + 5；
使用 for 语句从 1 数到 totalSpaces 并输出空格；
输出当前节点中的值；
递归调用 outputTree，使用当前节点的左子树和 totalSpaces + 5。

## 特别小节：系统软件案例研究——构建你自己的编译器

在练习 7.28 中，我们介绍了虚构的 Simpletron 机器语言（SML）。在练习 7.29 中，你使用模拟技术创建了 Simpletron 计算机（一个虚拟机）来执行用 SML 编写的程序。在这个特别小节，你将构建一个编译器，把用 Simple（一种虚构的、简洁的、高级的编程语言）编写的程序转换为 SML。本节将编程过程中的关键部分“串联”起来。你将完成以下工作。

■ 编写几个 Simple 高级语言程序。
■ 使用你将构建的编译器编译这些程序，生成 SML 机器语言代码并存入一个文件。
■ 将该文件中的 SML 机器语言代码加载到 Simpletron 的内存中。

■ 在你在练习 7.29 中构建的 Simpletron 虚拟机上执行 SML 机器语言程序。

本节由 6 个练习组成。前两个练习涵盖了实现编译器所需的一些关键的计算机科学技术。第三个练习介绍了 Simple 高级语言的一些完全编码的例子，并要求你编写几个你自己的 Simple 程序。第四个练习指导你构建你的编译器。第五个练习介绍了编译器优化的关键话题——你将修改你的编译器，以减少它所产生的 SML 指令的数量，这将使你的 SML 程序的内存效率更高，并使它们执行得更快。最后的练习让你有机会修改你的编译器以增加更多有用的功能。

12.22 （中缀-后缀转换器）编译器使用栈来帮助求值表达式，并生成机器语言代码。在这个练习和练习 12.23 中，我们将研究编译器如何求值仅由一位整数常量、操作符和圆括号组成的算术表达式。你可以很容易地修改我们提供的算法，使它也适用于多位数的整数和浮点数。

人们在写 3+4 和 7/9 这样的表达式时，一般都把操作符放在操作数中间。这就是所谓的中缀表示法。计算机"更喜欢"后缀表示法，即操作符写在它的两个操作数的右边。前面的中缀表达式用后缀符号表示为 3 4 + 和 7 9 /。

为了求值一个中缀表达式，一些编译器要完成以下工作。

■ 首先将表达式转换为后缀表示法。

■ 然后求值后缀版本。

这些面向栈的算法都需要对表达式进行一次从左到右的传递。在这个练习中，你将实现中缀－后缀转换算法。接下来，你将实现后缀表达式求值算法。

编写一个程序，将一个有效的带一位整数的中缀算术表达式进行转换，如

(6 + 2) * 5 - 8 / 4

转换成后缀表达式。前面的中缀表达式的后缀版本是

6 2 + 5 * 8 4 / -

请注意，后缀表达式不包含括号。程序应将表达式读入字符数组 infix 中，并利用本章中实现的栈函数，在字符数组 postfix 中创建后缀表达式。创建后缀表达式的算法如下。

（1）把一个左括号 '(' 推入栈。
（2）将右括号 ')' 加到 infix 的末尾。
（3）当栈不空时，从左到右读取 infix 并做以下工作。
如果 infix 的当前字符是一个数字，将其复制到 postfix 的下一个元素。
如果 infix 的当前字符是一个左括号，将它推入栈。
如果 infix 的当前字符是一个操作符：
当栈顶有操作符时，如果其优先级等于或高于当前操作符，弹出栈顶的操作符，并将弹出的操作符插入 postfix 中；
将 infix 中的当前字符推入栈。
如果 infix 的当前字符是一个右括号：
从栈的顶部弹出操作符，并将它们插入 postfix 中，直到栈的顶部出现一个左括号；
从栈中弹出（并丢弃）左括号。

在一个表达式中允许有以下算术运算：

+ 加法

– 减法

* 乘法

/ 除法

栈应该用以下声明来维护：

```
struct stackNode {
   char data;
   struct stackNode *nextPtr;
};

typedef struct stackNode StackNode;
typedef StackNode *StackNodePtr;
```

该程序应该由 main 函数和其他 8 个函数组成，其函数原型如图 12-15 所示。

| 函数原型 | 描述 |
|---|---|
| void convertToPostfix(char infix[], char postfix[]); | 将中缀表达式转换为后缀表示法 |
| bool isOperator(char c); | 如果 c 是一个操作符，返回 true；否则，返回 false。回顾一下，bool、true 和 false 在 stdbool.h 中定义 |
| int precedence(char operator1, char operator2); | 返回-1、0 或 1，分别表示 operator1 的优先级是否小于、等于或大于 operator2 的优先级 |
| void push(StackNodePtr *topPtr, char value); | 将一个值推入栈 |
| char pop(StackNodePtr *topPtr); | 从栈中弹出一个值并返回该值 |
| char stackTop(StackNodePtr topPtr); | 在不弹出栈的情况下返回栈顶的值 |
| bool isEmpty(StackNodePtr topPtr); | 如果栈是空的（即 topPtr 是 NULL），返回 true，否则，返回 false |
| void printStack(StackNodePtr topPtr); | 打印栈——该函数遍历了实现栈的链表，但没有修改它 |

图 12-15　练习 12.22 的 8 个函数原型及其描述

12.23　（后缀表达式求值器）编写一个程序，求值一个有效的后缀表达式，如

6 2 + 5 * 8 4 / -

该程序应将由一位数字和操作符组成的后缀表达式读入一个字符数组。后缀表达式不包含括号——它们在中缀-后缀的转换过程中被消除了。程序应该扫描后缀表达式，并使用以下算法和本章前面实现的栈函数对其进行求值。

(1) 将空字符（'\0'）附加到后缀表达式的末尾。当算法遇到这个空字符时，后缀表达式的求值就完成了。

(2) 当没有遇到空字符（'\0'）时，从左到右读取表达式。

　　如果当前的字符是一个数字，
　　　　将其整数值推入栈。一个数字字符的整数值是它在计算机字符集中的值减去计算机字符集中的零字符（'0'）的值。
　　否则，如果当前的字符是一个操作符，
　　　　弹出栈顶的两个元素到变量 x 和 y 中。
　　　　计算 y 操作符 x。
　　　　将计算的结果推入栈。

(3) 当表达式中遇到空字符（'\0'）时，弹出栈顶的值。这就是后缀表达式的结果。

这个算法只支持二元算术操作符。所以在步骤（2）中，如果操作符是'/'，栈的顶部是 2，栈中的下一个元素是 8，你会把 2 弹到 x 中，把 8 弹到 y 中，求值 8/2，然后把结果 4 推回栈中。这适用于每个二元算术操作符。

表达式中允许的算术操作是：

+ 加法

- 减法

* 乘法

/ 除法

栈应该用以下声明来维护：

```
struct stackNode {
   int data;
   struct stackNode *nextPtr;
};

typedef struct stackNode StackNode;
typedef StackNode *StackNodePtr;
```

该程序应该由 main 函数和其他 6 个函数组成，函数原型如图 12-16 所示。

| 函数原型 | 描述 |
|---|---|
| int evaluatePostfixExpression(char *expr); | 求值后缀表达式并返回其结果 |
| int calculate(int op1, int op2, char operator); | 求值表达式 op1 operator op2 并返回其结果 |
| void push(StackNodePtr *topPtr, int value); | 把一个值推入栈 |
| int pop(StackNodePtr *topPtr); | 从栈中弹出一个值并返回该值 |
| bool isEmpty(StackNodePtr topPtr); | 如果栈是空的（即 topPtr 是 NULL），返回 true，否则，返回 false |
| void printStack(StackNodePtr topPtr); | 打印栈——该函数遍历了实现栈的链表，但没有修改它 |

图 12-16　练习 12.23 的 6 个函数原型及其描述

12.24 （简单编程语言——编写简单程序）在构建编译器之前，让我们来讨论一种简单而强大的高级语言，类似于早期版本的 BASIC 编程语言。我们称这种语言为 Simple。每个 Simple 语句由一个行号和一条 Simple 指令组成。行号必须按升序出现。每条指令都以下列 Simple 指令之一开始：rem、input、let、print、goto、if...goto 或 end，我们在图 12-17 中对此进行了描述。Simple 只对整数表达式进行求值，使用+、-、*和/操作符。这些操作符的优先级与 C 语言相同，括号可以改变表达式的计算顺序。练习 12.27 建议增强 Simple 编译器的功能。一些建议的改进，如增加浮点功能，也需要对 Simpletron 虚拟机进行修改。阅读以下资料并完成其中的任务。

| 命令 | 示例语句 | 描述 |
|---|---|---|
| rem | 50 rem this is a remark | 命令 rem 后面的文字仅用于编写文件，并被忽略——不产生 SML 代码 |
| input | 30 input x | 显示一个问号，提示用户输入一个整数。从键盘上读取该整数，并将该整数存入 x 中 |
| let | 80 let u = 4 * (j – 7) | 将 u 赋值为 $4*(j-7)$。一个任意的复杂的中缀表达式可以出现在等号的右边 |
| print | 10 print w | 显示单一整数变量 w 的值 |
| goto | 70 goto 45 | 将程序控制转移到第 45 行 |
| if....goto | 35 if i == z goto 80 | 比较 i 和 z 是否相等，如果条件为真，将控制转移到第 80 行；否则，继续执行下一条语句 |
| end | 99 end | 终止程序执行 |

图 12-17　Simple 语句及其描述

## 额外的 Simple 语言规则

Simple 还有以下语言规则。

- Simple 编译器只识别小写字母——Simple 程序中的所有字符都应该是小写。
- 变量名是一个单一的字母。多字符的变量名是不允许的，所以 Simple 程序应该用 rem 语句记录它们的变量。
- Simple 只使用 int 变量。
- Simple 没有变量声明——只要在程序中提到一个变量名，就声明了这个变量并将其初始化为零。
- Simple 的语法不允许对字符串进行操作（读字符串、写字符串、比较字符串等）。
- Simple 使用条件分支 if...goto 语句和无条件分支 goto 语句来改变程序的控制流。如果 if...goto 语句中的条件为真，控制就会转移到指定的行号上。以下关系和相等操作符<、>、<=、>=、== 或 !=在 if...goto 语句中有效。它们的优先级与 C 语言中的相同。

我们的编译器假设 Simple 程序的输入是正确的。练习 12.27 要求你修改编译器以进行语法错误检查。

## Simple 程序的例子

让我们考虑几个演示该语言特性的 Simple 程序。第一个程序（清单 12.5）从键盘上读取两个整数，将其存储在变量 a 和 b 中，计算并打印出它们的总和（存储在变量 c 中）。

**清单 12.5 | 输入两个整数，然后确定并打印它们的和**

```
10 rem   input two integers, then determine and print their sum
15 rem
20 rem   input the two integers
30 input a
40 input b
45 rem
50 rem   add integers and store result in c
60 let c = a + b
65 rem
70 rem   print the result
80 print c
90 rem   terminate program execution
99 end
```

下一个程序（清单 12.6）确定并打印出两个整数中较大的一个。整数从键盘上输入，并存储在变量 s 和 t 中，if...goto 语句测试条件 s >= t，如果条件为真，则控制转移到第 90 行，显示 s，否则程序显示 t，然后控制转移到第 99 行的结束语句，程序终止。

**清单 12.6 | 输入两个整数，然后确定并打印较大的那个**

```
10 rem   input two integers, then determine and print the larger one
20 input s
30 input t
32 rem
35 rem   test if s is greater than or equal to t
40 if s >= t goto 90
45 rem
50 rem   t is greater than s, so print t
60 print t
70 goto 99
75 rem
80 rem   s is greater than or equal to t, so print s
90 print s
99 end
```

Simple 没有像 C 语言的 for、while 或 do...while 那样的重复语句。然而，你可以用 if...goto 和 goto 语句来模拟这些语句。清单 12.7 使用一个标记控制的循环来计算几个整数的平方。整数从键盘输入，并存储在变量 j 中，如果输入的值是标记值 -9999，则控制转移到第 99 行，程序终止。否则，k 赋值为 j 的平方，k 输出到屏幕上，控制转移到第 20 行，输入下一个整数。

**清单 12.7 | 计算整数的平方，直到用户输入 -9999 结束**

```
10 rem   calculate squares of integers until user enters -9999 sentinel to end
20 input j
23 rem
25 rem   test for sentinel value
30 if j == -9999 goto 99
33 rem
35 rem   calculate square of j and assign result to k
40 let k = j * j
50 print k
53 rem
55 rem   loop to get next j
60 goto 20
99 end
```

**编写你自己的 Simple 程序**

以清单 12.5～清单 12.7 的示例程序为指导，编写 Simple 程序来完成下列各项工作：

(a) 输入 3 个整数，确定其平均值并打印结果。

(b) 使用一个标记控制的循环来输入 10 个整数，计算并打印它们的和。

(c) 用一个计数器控制的循环输入 7 个整数，有些是正数，有些是负数，计算并打印它们的平均值。

(d) 输入一系列的整数，确定并打印最大的一个。第一个输入的整数表示应该处理多少个数字。

(e) 输入 10 个整数，打印最小的一个。

(f) 计算并打印 2～30 的偶数的总和。

(g) 计算并打印 1～9 的奇数整数的积。

12.25 （构建一个编译器；前提是：完成练习 7.28、练习 7.29、练习 12.22、练习 12.23 和练习 12.24）既然我们已经介绍了 Simple 语言（练习 12.24），让我们来讨论如何构建一个 Simple 编译器。图 12-18 总结了将 Simple 程序编译成 SML，然后在 Simpletron 模拟器中执行的过程。阅读以下资料并完成其中的任务。

图 12-18　将 Simple 程序编译成 SML，然后在 Simpletron 模拟器中执行

**编译器**

编译器读取一个包含 Simple 程序的文件，将其编译成 SML 代码，然后将 SML 按每行一条指令写入一个文本文件。接下来，Simpletron 模拟器将 SML 文件加载到 Simpletron 的 100 个元素的内存数组中，执行程序并将结果输出到屏幕和文件中。我们还将所有屏幕输出发送到一个文件中，以便于打印出一份硬拷贝。

你在练习 7.29 中开发的 Simpletron 模拟器从键盘而不是文件中获取输入。你必须修改 Simpletron 以从文件中读取，这样它就可以运行你的 Simple 编译器产生的程序。

编译器对 Simple 程序进行两遍处理，以将其转换为 SML。

■ 第一遍是构建一个符号表（下面会详细讨论）。编译器将 Simple 程序的每一行编号、变量名和常量都存储在符号表中。每一个都存储了它的类型和它在最终 SML 代码中的位置。第一遍也为每个 Simple 语句产生相应的 SML 指令。正如你将看到的，如果 Simple 程序包含将控制转移到程序后面的行的语句，那么第一遍的结果是一个包含一些不完整指令的 SML 程序。

■ 第二遍会定位并补全未完成的指令，并将 SML 程序输出到一个文件中。编译器的第一遍代码要比第二遍代码大得多。

**第一遍**

编译器首先将 Simple 程序的第一条语句读入内存。编译器将该行分离成独立的词条（即语句的"碎片"）进行处理和编译。你可以使用函数 strtok 来做这件事。回顾一下，每个语句都以行号开始，后面是一个命令。当编译器将语句的其余部分分解成词条时，如果一个词条是行号、变量或常量，那么它就被放在符号表中。只有当行号是语句中的第一个词条时，它才会被放在符号表中——你很快就会看到编译器如何处理作为条件或无条件分支目标的行号。

symbolTable 是一个代表程序中每个符号的 tableEntry 结构体的数组。对程序中可以出现的符号数量没有限制。所以，symbolTable 可以很大。现在让 symbolTable 成为一个包含 200 个元素的数组。一旦你有一个工作的编译器，你可以调整它的大小。

tableEntry 结构体声明如下：

```
struct tableEntry {
    int symbol;
    char type; // 'C' (constant), 'L' (line number), 'V' (variable)
    int location; // 00 to 99
};
```

每个 tableEntry 包含 3 个成员。

- symbol 是一个包含变量的 ASCII 表示（同样，变量名是单个字符）、行号或整数常量的整数。
- type 是一个表示符号类型的字符——'C'表示常量，'L'表示行号，或'V'表示变量。
- location 包含与该符号相关的 Simpletron 内存位置（00~99）。Simpletron 内存是由 100 个整数组成的一个数组，SML 指令和数据都存储在其中。对于行号，位置是 Simpletron 内存数组的元素，Simple 语句的 SML 指令就从这个元素开始。对于变量或常量，该位置是存储该变量或常量的 Simpletron 内存数组元素。变量和常量从 Simpletron 内存的第 99 个位置向下分配。第一个变量或常量存储在 99 号位置，下一个存储在 98 号位置，以此类推。

符号表在将 Simple 程序转换为 SML 时起着不可或缺的作用。我们在练习 7.28 中了解到，SML 指令是一个有符号的 4 位数整数，由两部分组成——操作码和操作数。操作码是由 Simple 命令决定的。例如，Simple 命令 input 对应于 SML 操作码 10（读），Simple 命令 print 对应于 SML 操作码 11（写）。操作数是一个包含数据的内存位置，操作码在此基础上执行其任务。例如，操作码 10 从键盘上读取一个值，并将其存储在操作数指定的内存位置。编译器搜索 symbolTable 以确定每个符号的 Simpletron 内存位置，因此相应的位置可以用于补全 SML 指令。

每个 Simple 语句的编译过程都是基于特定的命令。例如，在 rem 语句中的行号被插入符号表后，编译器会忽略该语句的剩余部分——rem 语句仅用于编写文档，不产生 SML 代码。input、print、goto 和 end 语句对应于 SML 的读、写、分支（到一个特定的位置）和停止指令。编译器将包含这些 Simple 指令的语句直接转换为 SML。如果指定的行号是指 Simple 程序文件中稍后的语句，那么 goto 语句最初可能包含一个未解决的引用。这被称为前向引用。

当一个 goto 语句编译时带有一个未解决的引用时，SML 指令必须加上标记，以表明编译器的第二遍必须补全该指令。这些标记存储在 100 个元素的数组 int flags 中，其中每个元素都初始化为-1。如果行号所指的内存位置还不知道（也就是说，它不在符号表中），它的行号就存储在数组 flags 中，与不完整指令的下标相同。不完整指令的操作数被暂时设置为 00。例如，一个无条件分支指令（构成一个前向引用）被存为+4000，直到编译器的第二遍，我们很快就会描述。

编译 if...goto 或 let 语句比其他语句更复杂——每个语句都产生不止一条 SML 指令。对于一个 if...goto 语句，编译器会产生代码来测试条件，并可能分支到另一行。分支的结果可能是一个未解决的前向引用。每个 Simple 的关系和相等操作符都可以用 SML 的零分支和负分支指令（也可能是两者的组合）来模拟。

对于一个 let 语句，编译器会产生代码来求值一个任意复杂的中缀算术表达式，该表达式由操作符、单字母整数变量名、整数常量和可能的括号组成。表达式应该用空格分隔每个操作数和操作符。练习 12.22 和练习 12.23 介绍了中缀-后缀转换算法和编译器用来求值表达式的后缀求值算法。在构建你的编译器之前，你应该完成这些练习。编译器将每个表达式从中缀表示法转换为后缀表示法，然后对后缀表达式进行求值。如你所见，编译器在执行后缀表达式求值的过程中实际上产生了机器语言指令。

编译器是如何产生机器语言来求值一个包含变量的表达式的呢？后缀求值算法包含一个"钩子"，允许我们的编译器生成 SML 指令，而不是实际求值表达式。为了在编译器中启用这个"钩子"，后缀求值算法必须进行修改为：

- 在符号表中搜索它所遇到的每个符号（并可能插入它）；

- 确定该符号对应的内存位置；
- 将内存位置而不是符号推入栈。

当在后缀表达式中遇到一个操作符时，栈的前两个内存位置被弹出，并使用内存位置作为操作符产生用于实现该操作的 SML。每个子表达式的结果都存储在一个临时的内存位置，并被推回栈，这样后缀表达式的求值就可以继续进行。当后缀求值完成后，结果的内存位置是栈上唯一剩下的位置。这个位置被弹出，然后生成 SML 指令，将结果赋值给 let 语句左边的变量。

## 第二遍

编译器的第二遍执行两项任务。

- 解决所有未解决的引用。
- 将 SML 代码输出到文件中。

每个引用的解决过程如下。

（1）在 flags 数组中搜索未解决的引用（即值不是-1 的元素）。

（2）在数组 symbolTable 中找到包含存储在 flags 数组中的符号的结构体（要确保该符号的类型是'L'，即行号）。

（3）将结构体成员 location 的内存位置插入带有未解决引用的指令中（记住，含有未解决引用的指令的操作数为 00）。

（4）重复步骤（1）～步骤（3），直到达到 flags 数组的末尾。

解决过程完成后，编译器将 SML 代码输出到一个文件，每行有一条 SML 指令。Simpletron 可以读取这个文件并执行其指令（当然是在模拟器被修改为从文件中读取其输入后）。

## 一个完整的例子

下面的例子说明了一个 Simple 程序到 SML 的完整转换。考虑一个 Simple 程序，它输入一个整数，将从 1 到该整数的值相加，并打印出这个和。因此，如果用户输入 4，程序会计算出 1+2+3+4，也就是 10，并打印出这个值。图 12-19 展示了该程序和编译器第一遍产生的 SML 指令。图 12-20 展示了编译器第一遍所构建的符号表。图 12-21 展显示了编译器如何从 99 号单元向下分配 Simpletron 内存。稍后，我们进行逐步演练，精确展示编译器是如何创建这些表的。

| Simple 程序 | SML 位置和指令 | 描述 |
| --- | --- | --- |
| 5 rem  sum 1 to x | 无 | rem 忽略 |
| 10 input x | 00 +1099 | 将 x 读入位置 99 |
| 15 rem check y == x | 无 | rem 忽略 |
| 20 if y == x goto 60 | 01   +2098 | 将 y（位置 98）载入累加器中 |
| | 02   +3199 | 从累加器中减去 x（位置 99） |
| | 03   +4200 | 零分支到未解决的位置 |
| 25 rem increment y | 无 | rem 忽略 |
| 30 let y = y + 1 | 04   +2098 | 将 y（位置 98）载入累加器中 |
| | 05   +3097 | 将 1（位置 97）加到累加器中 |
| | 06   +2196 | 存储在临时位置 96 |
| | 07   +2096 | 从临时位置 96 载入 |
| | 08   +2198 | 将累加器存入 y（位置 98） |

图 12-19　编译器第一遍后产生的 SML 指令

| Simple 程序 | SML 位置和指令 | 描述 |
|---|---|---|
| 35 rem add y to total t | 无 | rem 忽略 |
| 40 let t = t + y | 09    +2095 | 将 t（位置 95）载入累加器 |
| | 10    +3098 | 将 y（位置 98）加到累加器中 |
| | 11    +2194 | 存储在临时位置 94 |
| | 12    +2094 | 从临时位置 94 载入 |
| | 13    +2195 | 将累加器存入 t（位置 95） |
| 45 rem loop to y == x test | 无 | rem 忽略 |
| 50 goto 20 | 14    +4001 | 分支到位置 01 |
| 55 rem output result | 无 | rem 忽略 |
| 60 print t | 15    +1195 | 输出 t（位置 95）到屏幕 |
| 99 end | 16    +4300 | 终止执行 |

图 12-19   编译器第一遍后产生的 SML 指令（续）

| 符号 | 类型 | 位置 |
|---|---|---|
| 5 | L | 00 |
| 10 | L | 00 |
| 'x' | V | 99 |
| 15 | L | 01 |
| 20 | L | 01 |
| 'y' | V | 98 |
| 25 | L | 04 |
| 30 | L | 04 |
| 1 | C | 97 |
| 临时位置 96 已分配 | | |
| 35 | L | 09 |
| 40 | L | 09 |
| 't' | V | 95 |
| 临时位置 94 已分配 | | |
| 45 | L | 14 |
| 50 | L | 14 |
| 55 | L | 15 |
| 60 | L | 15 |
| 99 | L | 16 |

图 12-20   图 12-19 的符号表

| 数据计数器 | 值 | 类型 |
|---|---|---|
| …… | | |
| 93 | | 下一个要分配的 Simpletron 内存单元 |
| 94 | 无 | 临时变量 |
| 95 | 't' | 变量 |
| 96 | 无 | 临时变量 |
| 97 | 1 | 常量 |
| 98 | 'y' | 变量 |
| 99 | 'x' | 变量 |

图 12-21 编译器从内存的最后一个单元（99）开始向下分配 Simpletron 内存

大多数 Simple 语句直接转换为单一的 SML 指令。这个程序中的例外是 rem 语句、第 20 行的 if... goto 语句和第 30 与 40 行的 let 语句。备注并不能转化为机器语言。然而，备注的行号被放置在符号表中，以备该行号在 goto 或 if...goto 语句中被引用。

程序的第 20 行规定，如果条件 y==x 为真，程序控制应转移到第 60 行。由于第 60 行在程序中出现的时间较晚，编译器的第一遍还没有将第 60 行放在符号表中（行号只有在编译器处理的语句中作为第一个词条出现时才会被放在符号表中）。因此，此时不可能确定 SML 零分支指令在 SML 指令数组中的位置 03 的操作数。编译器将 60 放在 flags 数组的位置 03，表示第二遍将补全这条指令。

我们必须跟踪 SML 数组中的下一条指令位置，因为 Simple 语句和 SML 指令之间不是一对一的对应关系。例如，第 20 行的 if...goto 语句可以编译成 3 条 SML 指令。每产生一条指令，我们必须将指令计数器递增到下一个 SML 数组位置。Simpletron 有限的内存大小可能会给有许多语句、变量和常量的 Simple 程序带来问题。可以想象，编译器可能会耗尽 Simpletron 的内存。为了测试这种情况，你的程序应该包含一个数据计数器，以跟踪下一个变量或常量将被存储在 SML 数组中的位置。如果指令计数器的值大于数据计数器的值，SML 数组就满了。在这种情况下，编译过程应该终止，并且编译器应该显示一条"内存不足"的错误信息。

### 逐步解释编译过程的第一遍

让我们来看看图 12-19 中 Simple 程序的编译过程。编译器读取了程序的第一行：

```
5  rem  sum  1  to  x
```

语句中的第一个词条（行号）是用 strtok 确定的（第 8 章讨论了 C 语言的字符串处理函数）。strtok 返回的词条用 atoi 转换为整数，这样符号 5 就可以放在符号表中。如果没有找到这个符号，就把它插入符号表中。因为我们是在程序的开头，这是第一行，所以表中还没有符号。因此，5 被作为 L 类型（行号）插入符号表，并被分配到 SML 内存数组的第一个位置（00）。尽管这一行是一个注释，但在符号表中为行号分配了一个空间（以备它被 goto 或 if...goto 引用）。如果程序分支到 rem 语句的行号，控制将从 rem 之后的第一个可执行语句恢复。rem 语句没有生成 SML 指令，所以指令计数器不会递增。

接下来，编译器会对以下语句词条化

```
10  input  x
```

行号 10 作为 L 类型放在符号表中，并分配给 SML 数组中的第一个位置（00）——程序从注释开始，所以指令计数器仍然是 00。input 命令表明下一个词条是一个变量（只有变量可以作为 input 语句的参数出现）。因为 input 直接对应于 SML 操作代码，编译器只需要确定 x 在 SML 数组中的位置。符号 x 在符号表中找不到。因此，它被插入符号表中，作为 x 的 ASCII 表示，给定类型 V（代表变量），并在 SML 数组中分配位置 99。数据存储从 99 开始，向下分配——98，97，以此类推。现在可以为这个语句生成 SML 代码。操作码 10（SML 读操作码）乘以 100，x 的位置（在符号表中确定）与之相加，这就补全了指令 +1099。然后将它存储在 SML 数组的位置 00。指令计数器增加 1，因为生成了一条 SML 指令。

接下来，编译器对以下语句词条化

```
15 rem  check  y ==  x
```

搜索符号表，寻找行号 15，但没有找到。行号被作为 L 类型插入，并被分配到 SML 数组的下一个位置（01）。同样，rem 语句不产生代码，所以指令计数器不递增。

接下来，编译器对以下语句词条化

```
20 if y == x goto 60
```

第 20 行被插入符号表中，并被赋予 L 类型和 SML 数组中的下一个位置（01）。命令 if 表示要对一个条件进行求值。变量 y 在符号表中没有找到，所以它被插入并被赋予 V 类型和 SML 位置 98。接下来，生成 SML 指令，对该条件求值。在 SML 中，没有直接等价于 if...goto 的，所以它必须通过使用 x 和 y 进行计算，并根据结果进行分支来模拟。如果 y 等于 x，从 y 中减去 x 的结果是 0。因此，SML 的零分支指令可以与计算结果一起使用，以模拟 if...goto 语句。

第一步要求将 y 载入（从 SML 位置 98）累加器。这就产生了指令 01 +2098。接下来，从累加器中减去 x。这就产生了指令 02 +3199。累加器中的数值可以是零，正数或负数。因为操作符是 ==，所以我们想要零分支。首先，在符号表中寻找分支位置（60），但没有找到。因此，60 被放置在 flags 数组的 03 位置，并产生指令 03+4200。我们不能添加分支位置，因为我们还没有给 SML 数组中的第 60 行分配位置——这个位置将在后面解决。指令计数器被递增到 04。

编译器继续处理以下语句

```
25 rem  increment  y
```

第 25 行被作为 L 类型插入符号表中，并被分配到 SML 的 04 位置。指令计数器不递增。

当语句

```
30 let y = y + 1
```

词条化时，行号 30 作为 L 类型被插入符号表中，并分配给 SML 位置 04。命令 let 表示该行是一个赋值语句。首先，该行的所有符号都被插入符号表中（如果它们还没有在那里）。常量整数 1 作为 C 类型插入，并分配给 SML 位置 97。接下来，赋值的右侧从中级表示法转换为后缀表示法。然后，后缀表达式（y 1 +）求值。符号 y 位于符号表中，其对应的内存位置 98 被推入栈。符号 1 也位于符号表中，其对应的内存位置 97 被推入栈。当遇到操作符 +时，后缀求值器从栈中弹出操作符的右操作数，再从栈中弹出操作符的左操作数，然后产生 SML 指令

```
04 +2098   (载入 y)
05 +3097   (加 1)
```

表达式的结果存储在存储器（96）中的一个临时位置，指令为

```
06 +2196   (存储在临时位置)
```

并将该临时位置推入栈。既然表达式已经求值，其结果必须存储在 let 语句的变量 y 中。因此，临时位置被载入累加器，累加器被存储在 y 中，指令为

```
07 +2096   (载入临时位置)
08 +2198   (存储 y)
```

请注意，这些 SML 指令中的一些指令（将累加器存储到临时位置 96，然后立即从位置 96 重新载入累加器）似乎是多余的。消除这种冗余是编译器优化的一个例子，稍后我们将详细介绍。

当编译器词条化语句

```
35 rem  add  y to  total
```

时，它将第 35 行作为 L 类型插入符号表，并将其分配到 09 位置。

下面的语句与第 30 行类似：

```
40 let t = t + y
```

变量 t 作为 V 型插入符号表中，并分配给 SML 位置 95。指令遵循与第 30 行相同的逻辑和格式，产生指令 09 +2095、10 +3098、11 +2194、12 +2094 和 13 +2195。t+y 的结果被分配到临时位置 94，然后再分配给 t（95）。存储器位置 11 和 12 的指令似乎也是冗余的。同样，我们很快会讨论这个优化问题。

语句

```
45 rem  loop to y == x test
```

是一个注释，所以第 45 行作为 L 类型被插入符号表中，并被分配到 SML 位置 14。

语句

```
50  goto  20
```

将控制转移到第 20 行。第 50 行作为 L 类型被插入符号表，并分配到 SML 位置 14。在 SML 中与 goto 相当的是无条件分支（40）指令，它将控制转移到特定的 SML 位置。编译器在符号表中搜索第 20 行，发现它与 SML 的位置 01 相对应，将操作码（40）乘以 100，再加上位置 01，在位置 14 产生指令 +4001。

语句

```
55 rem  output  result
```

是一个注释，所以第 55 行作为 L 类型被插入符号表中，并分配到 SML 位置 15。

语句

```
60 print t
```

是一个输出语句。第 60 行作为 L 类型被插入符号表，并分配到 SML 位置 15。在 SML 中与 print 相当的是操作代码 11（写）。变量 t 的位置从符号表中确定，然后与操作码乘以 100 的结果相加。这就形成了位置 15 的指令 +1195。

语句

```
99  end
```

是程序的最后一行。行号 99 存储在符号表中，类型为 L，并分配到 SML 位置 16。结束指令产生的 SML 指令是 +4300（43 在 SML 中是停止）。这条指令被写成 SML 内存数组中的最后一条指令。停止指令没有操作数。你能想到一个有用的理由来允许操作数用于停止指令吗？

## 编译过程的第二遍

在编译器的第二遍中，我们首先在 flags 数组中搜索除 −1 以外的值。位置 03 包含 60，所以编译器知道指令 03 是不完整的。编译器通过搜索符号表中的 60，确定它的位置，并将它添加到不完整指令中，从而完成指令的编写。在这个例子中，搜索确定了第 60 行对应于 SML 的位置 15，所以在位置 03 产生了完整的指令 +4215，取代了 +4200。现在 Simple 程序已经成功编译了。

## 构建你的编译器

为了构建编译器，你必须执行以下每一项任务。

(a) 修改你在练习 7.29 中写的 Simpletron 模拟器程序，让它从用户指定的文件中获取输入（见第 11 章）。模拟器也应将它的结果输出到一个文件中，与屏幕输出的格式相同。

(b) 修改练习 12.22 中的中缀−后缀求值算法，以处理多位整数操作数和单字母变量名操作数。标准库函数 strtok 可以用来定位表达式中的每个常量和变量。常量可以通过标准库函数 atoi 从字符串转换为整数。必须改变后缀表达式的数据表达方式，以支持变量名和整数常量。

(c) 修改后缀求值算法，以处理多位整数操作和单字母变量名操作数。该算法现在还应该实现之前讨论过的"钩子"，以便产生 SML 指令，而不是直接求值表达式。标准库函数 strtok 可以用来定位表达式中的每个常量和变量，常量可以用标准库函数 atoi 从字符串转换为整数。必须改变后缀表达式的数据表示，以支持变量名和整数常量。

(d) 构建编译器——结合（b）部分和（c）部分来求值 let 语句中的表达式。你的程序应该包含一个执行编译器第一遍的函数和一个执行第二遍的函数。

12.26 （优化 Simple 编译器）当一个程序被编译并转换为 SML 时，会产生一组指令。某些指令的组合经常会重复出现，通常是在称为生产的三联体中。一个生产通常由 3 条指令组成，如载入、相加和存储。例如，图 12-22 显示了在编译图 12-19 中的程序时产生的 5 条 SML 指令。前 3 条指令是将 1 加到 y 的生产指令。指令 06 和 07 将累加器的值存储在临时位置 96，然后将该位置的值直接载入累加器中，因此指令 08 可以将该值存储在位置 98。通常情况下，一个生产指令后面会有一个载入指令，用于刚才存储的同一位置。这段代码可以通过消除存储指令和随后的载入指令来优化，这些指令都是在同一个内存位置操作的。这种优化将使 SML 程序的"内存占用"减少 25%，并提高其执行速度。图 12-23 显示了图 12-19 优化后的 SML。优化后的代码中少了 4 条指令。修改你的编译器以执行你在本练习中所学到的优化。

```
04  +2098  （载入）
05  +3097  （相加）
06  +2196  （存储）
07  +2096  （载入）
08  +2198  （存储）
```

图 12-22　编译图 12-19 中程序产生的指令

| Simple 程序 | SML 位置和指令 | 描述 |
|---|---|---|
| 5 rem sum 1 to x | 无 | rem 忽略 |
| 10 input x | 00 +1099 | 将 x 读入位置 99 |
| 15 rem  check y == x | 无 | rem 忽略 |
| 20 if y == x goto 60 | 01 +2098 | 将 y (98) 载入累加器中 |
|  | 02 +3199 | 从累加器中减去 x (99) |
|  | 03 +4211 | 如果为 0，分支到位置 11 |
| 25 rem  increment y | 无 | rem 忽略 |
| 30 let y = y + 1 | 04 +2098 | 将 y 载入累加器中 |
|  | 05 +3097 | 将 1 (97) 加到累加器中 |
|  | 06 +2198 | 将累加器存入 y (98) |
| 35 rem  add y to total | 无 | rem 忽略 |
| 40 let t = t + y | 07 +2096 | 从位置 (96) 载入 t |
|  | 08 +3098 | 将 y (98) 加到累加器中 |
|  | 09 +2196 | 将累加器存入 t (96) |
| 45 rem  loop to y == x test | 无 | rem 忽略 |
| 50 goto 20 | 10 +4001 | 分支到位置 01 |
| 55 rem  output result | 无 | rem 忽略 |
| 60 print t | 11 +1196 | 输出 t (96) 到屏幕 |
| 99 end | 12 +4300 | 终止执行 |

图 12-23　图 12-19 的优化代码

12.27 （增强 Simple 编译器）对 Simple 编译器进行以下修改。其中一些可能还需要对你在练习 7.29 中编写的 Simpletron 模拟器程序进行修改。其中许多是相当有挑战性的，可能需要大量的努力。

(a) 修改 Simpletron 的存储器，使其具有 1000 个单元（000～999）。修改编译器以生成适合于 1000 个单元的 Simpletron 存储器的机器语言。

(b) 除了整数，允许编译器还能处理浮点值。Simpletron 模拟器也必须修改，以处理浮点值。

(c) 增加对一元减号操作符的支持，以指定负整数值。

（d）允许在 let 语句中使用取模操作符（%）。修改 Simpletron 机器语言，使其包括一个取模指令。

（e）允许在 let 语句中使用^作为指数操作符进行指数操作。修改 Simpletron 机器语言，使其包括一条指数化指令。

（f）在 Simple 语句中允许编译器识别大写和小写字母。因此，x 和 X 将被视为不同的变量。不需要对 Simpletron 模拟器进行修改。

（g）允许 input 语句读取多个变量的值，如 input x, y。不需要对 Simpletron 模拟器进行修改。

（h）允许编译器在一个 print 语句中输出多个值，如 print a, b, c。这将输出变量的值，每个值与下一个值之间有一个空格。不需要对 Simpletron 模拟器进行修改。

（i）允许 print 语句的操作数是一个中缀表达式。

（j）在编译器中增加语法检查功能，当 Simple 程序中遇到语法错误时就会发出错误信息。不需要对 Simpletron 模拟器进行修改。

（k）允许整数数组。不需要对 Simpletron 模拟器进行修改。

（l）允许由 Simple 命令 gosub 和 return 指定的子程序。命令 gosub 将程序控制传递给一个子程序，命令 return 将控制传递回 gosub 之后的语句。这类似于 C 语言中的函数调用。同一个子程序可以从分布在程序中的许多 gosub 中调用。不需要对 Simpletron 模拟器进行修改。

（m）允许以下形式的重复结构体：
```
for x = 2 to 10
    rem Simple statements
next
```
这个 for 语句在 2 到 10 之间循环，默认增量为 1。不需要对 Simpletron 模拟器进行修改。

（n）允许以下形式的重复结构体：
```
for x = 2 to 10 step 2
    rem Simple statements
next
```
这个 for 语句在 2 到 10 之间循环，增量为 2，下一行标记着 for 语句主体的结束。不需要对 Simpletron 模拟器进行修改。

# 第13章 计算机科学思维：排序算法和大 $O$

## 目标

在本章中，你将学习以下内容。

- 使用选择排序算法对一个数组进行排序。
- 使用插入排序算法对一个数组进行排序。
- 使用递归合并排序算法对一个数组进行排序。
- 了解排序算法的效率，并用"大 $O$"符号表示。
- 探索（在练习中）其他递归排序，包括 quicksort 和递归选择排序。
- 探索（在练习中）高性能的桶排序。

## 提纲

## 13.1　简介

在第 6 章中，你了解到排序是根据一个或多个排序键将数据按升序或降序排列。在这里，我们介绍了选择排序和插入排序算法，以及更高效但更复杂的合并排序。我们介绍了大 $O$ 符号，它用于估计算法在最坏情况下的运行时间，也就是算法要解决一个问题可能要付出多大的努力。

对于数组的排序，重要的是要明白，无论你使用哪种排序算法，结果都是一样的。你的算法选择只影响程序的运行时间和内存使用。我们在这里研究的选择排序和插入排序算法很容易编程，但效率很低。第三种算法（递归合并排序）效率更高，但更难编程。

练习中介绍了另外两种递归排序：quicksort 和选择排序的递归版本。另一个练习介绍了桶排序，它巧妙地使用了比我们讨论的其他排序多得多的内存，从而实现了高性能。

### ✓ 自测题

1　（填空）排序是根据一个或多个排序_____将数据按升序或降序排列。

　　答案：键。

2　（选择）以下哪项陈述是错误的？

　　（a）大 $O$ 符号估计了算法的最佳运行时间，也就是算法要解决一个问题可能要付出多大的努力。

（b）在排序中，无论你使用哪种排序算法，排序后的数组都是一样的。

（c）你选择的排序算法会影响程序的运行时间和内存的使用。

（d）选择排序和插入排序算法很容易编程，但效率不高。递归合并排序的效率更高，但更难编程。

答案：（a）是错误的。实际上，大 $O$ 符号估计的是最坏情况下的运行时间。

## 13.2 算法的效率：大 $O$

PERF

描述算法效率的一种方法是用大 $O$ 符号，它表示算法要解决一个问题可能要付出多大的努力。对于搜索和排序算法，这主要取决于有多少数据元素。在本章中，我们用大 $O$ 来描述各种排序算法在最坏情况下的运行时间。

### 13.2.1 $O(1)$ 算法

假设一个算法测试一个数组的第一个元素是否等于它的第二个元素。如果数组有 10 个元素，这个算法需要进行一次比较。如果数组有 1000 个元素，这个算法仍然只需要一次比较。事实上，该算法完全与数组的元素个数无关。这个算法被称为具有恒定的运行时间，我们用大 $O$ 的符号表示为 $O(1)$，读作 "order 1"。$O(1)$ 算法不一定只需要一次比较。$O(1)$ 意味着比较的次数是恒定的——它不会随着数组大小的增加而增长。测试数组的第一个元素是否等于后面 3 个元素中的任何一个的算法仍然是 $O(1)$，尽管它需要进行 3 次比较。

### 13.2.2 $O(n)$ 算法

测试数组的第一个元素是否等于该数组的任何其他元素的算法最多需要 $n-1$ 次比较，其中 $n$ 是数组的元素数。如果数组有 10 个元素，这个算法最多需要 9 次比较。如果数组有 1000 个元素，这个算法最多需要 999 次比较。

随着 $n$ 的增长，表达式 $n-1$ 中的 $n$ "占主导地位"，因此减 1 变得不重要了。大 $O$ 的设计是为了突出这些主导项，而忽略那些随着 $n$ 的增长变得不重要的项。由于这个原因，一个需要进行 $n-1$ 次比较的算法称为 $O(n)$。$O(n)$ 算法被认为具有线性运行时间。$O(n)$ 通常读作 "on the order of $n$" 或就是 "order $n$"。

### 13.2.3 $O(n^2)$ 算法

假设一个算法测试任何数组元素是否在数组的其他地方重复。该算法将第一个元素与数组中的所有其他元素进行比较。然后，该算法将第二个元素与数组中除第一个元素外的所有其他元素进行比较——第二个元素已经与第一个元素进行了比较。然后，该算法将第三个元素与除前两个元素外的所有其他元素进行比较。最后，这个算法最终将总共进行 $(n-1)+(n-2)+\cdots+2+1$ 或 $n^2/2-n/2$ 次比较。随着 $n$ 的增加，$n^2$ 项占主导地位，而 $n$ 项变得不重要了。大 $O$ 符号突出了 $n^2$ 项，剩下 $n^2/2$。但是我们很快就会看到，在大 $O$ 符号中，常数因子被省略了。

大 $O$ 关注的是算法的运行时间与处理的数据项数量的关系。假设一个算法需要进行 $n^2$ 次比较。对于 4 个元素，该算法需要 16 次比较；对于 8 个元素，该算法需要 64 次比较。在这个算法中，元素的数量变为 2 倍，比较的次数就会变为 4 倍。考虑一个需要进行 $n^2/2$ 次比较的类似算法。对于 4 个元素，该算法需要 8 次比较；对于 8 个元素，该算法需要 32 次比较。同样，元素的数量变为 2 倍，比较的次数就会变为 4 倍。这两种算法都以 $n$ 的平方增长，所以大 $O$ 忽略了这个常数，两种算法都被认为是 $O(n^2)$。这被称为具有平方运行时间，读作 "on the order of $n$-squared" 或就是 "order $n$-squared"。

当 $n$ 很小的时候，$O(n^2)$ 算法（在今天每秒十亿次操作的个人计算机上运行）不会明显影响性能。

但随着 $n$ 的增长，你会开始注意到性能的下降。一个运行在百万元素数组上的 $O(n^2)$ 算法将需要一万亿次"操作"，而每一次操作实际上需要几条机器指令来执行。这可能需要几个小时才能完成。一个十亿个元素的数组将需要百万的三次方次操作，这个数字如此之大，以至于算法可能需要运行几十年的时间。正如你在本章中看到的，$O(n^2)$ 算法很容易写。你还会看到一种算法，它的大 $O$ 量度更有利。高效的算法通常需要巧妙的编码和更多的工作来创建。它们的优越性能很值得付出额外的努力，特别是当 $n$ 变大和多个算法组合成更大的程序时。

### ✓ 自测题

1　（判断）$O(n^2)$ 算法在当今每秒十亿次操作的个人计算机上运行，不会明显影响性能。
　　答案：错。实际上，当 $n$ 很小的时候，$O(n^2)$ 算法不会明显影响性能。但随着 $n$ 的增长，你会开始注意到性能的下降，即使是在今天强大的系统上。
2　（填空）大 $O$ 关注的是算法的运行时间与_____的关系。
　　答案：处理的数据项数量。
3　（判断）$O(1)$ 的算法只需要一次比较。
　　答案：错。$O(1)$ 意味着比较的次数是不变的。该算法可能需要多次比较，但这个数字不会随着数组大小的增加而增长。
4　（填空）$O(n)$ 算法被认为具有_____运行时间。
　　答案：线性。
5　（填空）$O(n^2)$ 算法被认为具有_____运行时间。
　　答案：平方。

## 13.3　选择排序

选择排序是一种简单但低效的排序算法。
- 该算法的第一次循环选择数组中最小的元素，并将其与数组中的第一个元素交换。
- 第二次循环选择第二小的元素（也就是剩下的那些元素中最小的）并将其与第二个元素交换。
- 这个算法一直持续到最后一次循环，选择第二大的元素并与倒数第二个元素交换。这使得最大的元素成为最后一个。

在第 $i$ 次循环之后，数组的 $i$ 个最小值将在数组的前 $i$ 个元素中按递增顺序排序。

作为一个例子，请考虑数组

34　56　4　10　77　51　93　30　5　52

选择排序首先确定数组中最小的元素（4），然后将其与 0 号元素（34）的值交换，结果是

4　56　34　10　77　51　93　30　5　52

然后选择排序确定从元素 1 开始的最小的剩余值，即位于元素 8 的值 5。程序将 5 与元素 1 中的值 56 交换，结果是

4　5　34　10　77　51　93　30　56　52

在第三次循环中，选择排序确定了下一个最小的值（元素 3 中的 10），并将其与元素 2 中的 34 交换，结果为

4　5　10　34　77　51　93　30　56　52

这个过程一直持续到第九次循环之后，数组被完全排序，如下所示

4　5　10　30　34　51　52　56　77　93

在第一次循环后，最小的元素在 0 号元素中；在第二次循环后，两个最小的元素依次在 0 号和 1 号元素中；在第三次循环后，3 个最小的元素依次在 0~2 号元素中，以此类推。

## 13.3.1　选择排序的实现

清单 13.1 实现了选择排序算法。第 18～20 行用 10 个随机 int 值填充 array。main 函数打印未排序的 array，将 array 传给函数 selectionSort（第 29 行），然后在 array 被排序后再次打印。

清单 13.1 | 选择排序算法

```c
1   // fig13_01.c
2   // The selection sort algorithm.
3   #define SIZE 10
4   #include <stdio.h>
5   #include <stdlib.h>
6   #include <time.h>
7
8   // function prototypes
9   void selectionSort(int array[], size_t length);
10  void swap(int array[], size_t first, size_t second);
11  void printPass(int array[], size_t length, int pass, size_t index);
12
13  int main(void) {
14     int array[SIZE] = {0}; // declare the array of ints to be sorted
15
16     srand(time(NULL)); // seed the rand function
17
18     for (size_t i = 0; i < SIZE; i++) {
19        array[i] = rand() % 90 + 10; // give each element a value
20     }
21
22     puts("Unsorted array:");
23
24     for (size_t i = 0; i < SIZE; i++) { // print the array
25        printf("%d   ", array[i]);
26     }
27
28     puts("\n");
29     selectionSort(array, SIZE);
30     puts("Sorted array:");
31
32     for (size_t i = 0; i < SIZE; i++) { // print the array
33        printf("%d   ", array[i]);
34     }
35
36     puts("");
37  }
38
39  // function that selection sorts the array
40  void selectionSort(int array[], size_t length) {
41     // loop over length - 1 elements
42     for (size_t i = 0; i < length - 1; i++) {
43        size_t smallest = i; // first index of remaining array
44
45        // loop to find index of smallest element
46        for (size_t j = i + 1; j < length; j++) {
47           if (array[j] < array[smallest]) {
48              smallest = j;
49           }
50        }
51
52        swap(array, i, smallest); // swap smallest element
53        printPass(array, length, i + 1, smallest); // output pass
54     }
55  }
56
57  // function that swaps two elements in the array
58  void swap(int array[], size_t first, size_t second) {
```

```
59      int temp = array[first];
60      array[first] = array[second];
61      array[second] = temp;
62  }
63
64  // function that prints a pass of the algorithm
65  void printPass(int array[], size_t length, int pass, size_t index) {
66      printf("After pass %2d: ", pass);
67
68      // output elements till selected item
69      for (size_t i = 0; i < index; i++) {
70          printf("%d   ", array[i]);
71      }
72
73      printf("%d* ", array[index]); // indicate swap
74
75      // finish outputting array
76      for (size_t i = index + 1; i < length; i++) {
77          printf("%d   ", array[i]);
78      }
79
80      printf("%s", "\n                "); // for alignment
81
82      // indicate amount of array that is sorted
83      for (int i = 0; i < pass; i++) {
84          printf("%s", "--  ");
85      }
86
87      puts(""); // add newline
88  }
```

```
Unsorted array:
72   34   88   14   32   12   34   77   56   83

After pass  1: 12   34   88   14   32   72*  34   77   56   83
               --
After pass  2: 12   14   88   34*  32   72   34   77   56   83
               --   --
After pass  3: 12   14   32   34   88*  72   34   77   56   83
               --   --   --
After pass  4: 12   14   32   34*  88   72   34   77   56   83
               --   --   --   --
After pass  5: 12   14   32   34   34   72   88*  77   56   83
               --   --   --   --   --
After pass  6: 12   14   32   34   34   56   88   77   72*  83
               --   --   --   --   --   --
After pass  7: 12   14   32   34   34   56   72   77   88*  83
               --   --   --   --   --   --   --
After pass  8: 12   14   32   34   34   56   72   77*  88   83
               --   --   --   --   --   --   --   --
After pass  9: 12   14   32   34   34   56   72   77   83   88*
               --   --   --   --   --   --   --   --   --
After pass 10: 12   14   32   34   34   56   72   77   83   88*
               --   --   --   --   --   --   --   --   --   --
Sorted array:
12   14   32   34   34   56   72   77   83   88
```

在函数 selectionSort（第 40～55 行）中，变量 smallest（第 43 行）存储最小的剩余元素的索引。第 42～54 行循环(length − 1)次。第 43 行赋值给 smallest 的索引是 $i$，即数组未排序部分的第一个索引。第 46～50 行处理剩余的元素。对于每个元素，第 47 行确定该元素的值是否小于最小索引的值。如果是，第 48 行将当前元素的索引赋值给 smallest。在这个循环之后，smallest 包含最小的剩余元素的索引。第 52 行调用 swap（第 58～62 行）来交换位置 $i$ 和 smallest 的值，将最小的剩余元素放在数组中的位置 $i$ 处。

输出使用下划线来强调数组的部分，该部分在每一遍后保证被排序。我们在与该次最小的元素交换的元素旁边放置一个星号。星号左边的元素和最右边下划线上的元素是每一遍被交换的两个值。

### 13.3.2　选择排序的效率

选择排序算法运行需要 $O(n^2)$ 时间。在我们的 selectionSort 函数中，外循环（第 42～54 行）处理数组的前 $(n-1)$ 个元素，将剩余的最小项交换到其排序位置。内循环（第 46～50 行）处理剩余的数据项，寻找最小的元素。这个循环在第一次外循环中执行了 $(n-1)$ 次，在第二次循环中执行了 $(n-2)$ 次，然后是 $n-3$，…，3，2，1。因此，这个内循环总共循环了 $n(n-1)/2$ 次，即 $(n^2-n)/2$ 次。在大 $O$ 符号中，较小的项被丢弃，常数被忽略，得到的大 $O$ 是 $O(n^2)$。

✓　**自测题**

1　（讨论）考虑下面的数组，它反映了选择排序的第一遍的结果：

4　56　34　10　77　51　93　30　5　52

第二遍做了什么？显示结果数组。

答案：第二遍将 5（第二小的元素）与 56 交换，结果是：

4　5　34　10　77　51　93　30　56　52

2　（代码）考虑以下 selectionSort 函数：

```
1  void selectionSort(int array[], size_t length) {
2      // loop over length - 1 elements
3      for (size_t i = 0; i < length - 1; i++) {
4          size_t smallest = i; // first index of remaining array
5
6          // loop to find index of smallest element
7          for (size_t j = i + 1; j < length; j++) {
8              if (array[j] < array[smallest]) {
9                  ???
10             }
11         }
12
13         swap(array, i, smallest); // swap smallest element
14         printPass(array, length, i + 1, smallest); // output pass
15     }
16 }
```

在第 9 行中，应该用什么语句来代替???以完成代码？

答案：smallest = j;

## 13.4　插入排序

插入排序是另一种简单但低效的排序算法。这个算法的第一次循环取数组的第二个元素，如果它小于第一个元素，就与第一个元素交换。第二次循环会查看第三个元素，并将其插入相对于前两个元素的正确位置，因此所有 3 个元素都是有序的。在这个算法的第 $i$ 次循环之后，原数组中的前 $i$ 个元素被排序了。

请考虑下面数组的例子：

34　56　4　10　77　51　93　30　5　52

插入排序的第一次循环看的是数组的前两个元素，34 和 56。这些元素已经按顺序排列，所以算法继续。如果它们的顺序不对，算法就会交换它们。

在下一次循环中，该算法查看第三个值，4。这个值小于 56，所以该算法将 4 存储在一个临时变量中，并将 56 向右移动一个元素。然后，该算法确定 4 小于 34，所以它将 34 向右移动一个元素。现在程序已经到了数组的开头，所以它把 4 放在 0 号元素中，结果是

4　34　56　10　77　51　93　30　5　52

在下一次循环中，该算法将数值 10 存储在一个临时变量中。然后程序将 10 与 56 进行比较，并将 56

向右移动一个元素，因为它比 10 大。然后程序将 10 与 34 进行比较，将 34 向右移动一个元素。当程序比较 10 和 4 时，它观察到 10 比 4 大，并将 10 放在元素 1 中，结果是

　　4　10　34　56　77　51　93　30　5　52

在第 $i$ 次循环后，数组的前 $i+1$ 个元素已排好序。然而，它们可能不在最终的位置上，因为在数组的后面可能还有更小的值。

## 13.4.1　插入排序的实现

　　清单 13.2 实现了插入排序算法。在函数 insertionSort（第 39～55 行）中，变量 insert（第 43 行）保存你要插入的元素，直到我们移动其他元素。第 41～54 行处理数组的数据项，从索引 1 到结束。每一次循环都在 moveItem（第 42 行）中存储一个数据项将被插入的位置，在 insert（第 43 行）中存储将被插入已排序部分的值。第 46～50 行确定了插入元素的位置。这个循环在算法到达数组的最前面或到达一个小于要插入的值的元素时终止。第 48 行向右移动一个元素，第 49 行递减要插入下一个元素的位置。嵌套循环结束后，第 52 行将元素插入到位。该程序的输出使用下划线来表示数组中每次排序后的部分。我们在该次插入的元素旁边加一个星号。

**清单 13.2 | 插入排序算法**

```
1   // fig13_02.c
2   // The insertion sort algorithm.
3   #define SIZE 10
4   #include <stdio.h>
5   #include <stdlib.h>
6   #include <time.h>
7
8   // function prototypes
9   void insertionSort(int array[], size_t length);
10  void printPass(int array[], size_t length, int pass, size_t index);
11
12  int main(void) {
13     int array[SIZE] = {0}; // declare the array of ints to be sorted
14
15     srand(time(NULL)); // seed the rand function
16
17     for (size_t i = 0; i < SIZE; i++) {
18        array[i] = rand() % 90 + 10; // give each element a value
19     }
20
21     puts("Unsorted array:");
22
23     for (size_t i = 0; i < SIZE; i++) { // print the array
24        printf("%d   ", array[i]);
25     }
26
27     puts("\n");
28     insertionSort(array, SIZE);
29     puts("Sorted array:");
30
31     for (size_t i = 0; i < SIZE; i++) { // print the array
32        printf("%d   ", array[i]);
33     }
34
35     puts("");
36  }
37
38  // function that sorts the array
39  void insertionSort(int array[], size_t length) {
40     // loop over length - 1 elements
41     for (size_t i = 1; i < length; i++) {
42        size_t moveItem = i; // initialize location to place element
43        int insert = array[i]; // holds element to insert
```

```
44
45        // search for place to put current element
46        while (moveItem > 0 && array[moveItem - 1] > insert) {
47            // shift element right one slot
48            array[moveItem] = array[moveItem - 1];
49            --moveItem;
50        }
51
52        array[moveItem] = insert; // place inserted element
53        printPass(array, length, i, moveItem);
54    }
55  }
56
57  // function that prints a pass of the algorithm
58  void printPass(int array[], size_t length, int pass, size_t index) {
59      printf("After pass %2d: ", pass);
60
61      // output elements till selected item
62      for (size_t i = 0; i < index; i++) {
63          printf("%d   ", array[i]);
64      }
65
66      printf("%d* ", array[index]); // indicate swap
67
68      // finish outputting array
69      for (size_t i = index + 1; i < length; i++) {
70          printf("%d   ", array[i]);
71      }
72
73      printf("%s", "\n               "); // for alignment
74
75      // indicate amount of array that is sorted
76      for (size_t i = 0; i <= pass; i++) {
77          printf("%s", "--   ");
78      }
79
80      puts(""); // add newline
81  }
```

```
Unsorted array:
72   16   11   92   63   99   59   82   99   30

After pass  1: 16* 72   11   92   63   99   59   82   99   30
               --   --
After pass  2: 11* 16   72   92   63   99   59   82   99   30
               --   --
After pass  3: 11   16   72   92* 63   99   59   82   99   30
               --   --   --   --
After pass  4: 11   16   63* 72   92   99   59   82   99   30
               --   --   --   --   --
After pass  5: 11   16   63   72   92   99* 59   82   99   30
               --   --   --   --   --   --
After pass  6: 11   16   59* 63   72   92   99   82   99   30
               --   --   --   --   --   --   --
After pass  7: 11   16   59   63   72   82* 92   99   99   30
               --   --   --   --   --   --   --   --
After pass  8: 11   16   59   63   72   82   92   99   99* 30
               --   --   --   --   --   --   --   --   --
After pass  9: 11   16   30* 59   63   72   82   92   99   99
               --   --   --   --   --   --   --   --   --   --
Sorted array:
11   16   30   59   63   72   82   92   99   99
```

## 13.4.2　插入排序的效率

　　和选择排序一样，插入排序算法在 $O(n^2)$ 时间内运行。与我们在 13.3.1 节中的函数 selectionSort

一样，insertionSort 函数使用嵌套循环。外循环（第 41～54 行）迭代(SIZE − 1)次，将一个元素插入目前已排序的元素中的适当位置。对于本应用来说，SIZE − 1 相当于 $n−1$，因为 SIZE 是数组的元素数。嵌套循环（第 46～50 行）对数组前面的元素进行循环。在最坏的情况下，这个 while 循环需要进行 $(n−1)$次比较。每个单独的循环都在 $O(n)$时间内运行。用大 $O$ 符号表示，你必须将嵌套循环中每个循环的迭代次数相乘。对于每个外循环的迭代，将有一定数量的内循环迭代。在这个算法中，对于每一个 $O(n)$的外循环迭代，将有 $O(n)$的内循环迭代。将这些值相乘的结果是 $O(n^2)$。

## ✓ 自测题

1　（填空）插入排序算法的第一次循环取数组的第二个元素，如果它小于第一个元素，则与第一个元素互换。第二次循环会查看第三个元素，并将其插入相对于前两个元素的正确位置，因此所有 3 个元素都是有序的。在算法的第 $i$ 次循环后，数组的_____个元素将被排序。

　　答案：前 $i$。

2　（讨论）插入排序和选择排序算法的运行时间都是 $O(n^2)$。它们各自的什么程序结构体导致了 $O(n^2)$的运行时间？

　　答案：它们都有一个嵌套的 for 循环。

## 13.5　案例研究：高性能合并排序的可视化

合并排序算法是高效的，但在概念上比选择排序和插入排序更复杂。合并排序算法将一个数组分割成两个大小相等的子数组，对每个子数组进行排序，然后将它们合并成一个更大的数组，从而实现数组排序。在元素数量为奇数的情况下，该算法创建两个子数组，其中一个子数组比另一个子数组多一个元素。

我们在这个例子中的合并排序实现是递归的。基本情况是一个单元素数组，当然，它是有序的。因此，当用单元素数组调用时，合并排序会立即返回。递归步骤将有两个或更多元素的数组分割成两个同等大小的子数组，对每个子数组进行递归排序，然后将它们合并成一个更大的、有序的数组。同样，如果有奇数个元素，一个子数组就比另一个多一个元素。

假设该算法已经合并了较小的数组，创建了有序数组 A：

4　10　34　56　77

和 B：

5　30　51　52　93

合并排序将这两个数组合并为一个更大的、有序的数组。A 中最小的元素是 4（位于元素 0）。B 中最小的元素是 5（位于元素 0）。为了确定合并后的数组中最小的元素，该算法比较了 4 和 5。A 的值较小，所以 4 成为合并后数组的第一个元素。接下来，算法比较了 10（A 中的元素 1）和 5（B 中的元素 0）。B 的值较小，所以 5 成为合并后数组中的第二个元素。该算法继续比较 10 和 30，10 成为数组中的第三个元素，以此类推。

### 13.5.1　合并排序的实现

清单 13.3 实现了合并排序算法。第 35～37 行定义了 mergeSort 函数。第 36 行调用函数 sortSubArray，参数为 0 和 length − 1（length 是数组的大小）。参数是要排序的数组的开始和结束下标，所以对 sortSubArray 的调用是对整个数组进行操作。第 40～62 行定义 sortSubArray 函数。第 42 行测试基本情况。如果子数组的大小是 1，子数组就是有序的，所以该函数立即返回。如果子数组的大小大于 1，函数将子数组一分为二，递归地调用函数 sortSubArray 对两半进行排序，然后将它们合并。第 56 行递归调用函数 sortSubArray 对子数组的前一半进行排序，第 57 行递归调用函数 sortSubArray 对子数组的后一半进行排序。当这两个调用返回时，每一半都是有序的。第 60 行对这两半调用函数 merge（第 65～111 行），将它们合并成一个更大的有序子数组。

**清单 13.3 | 合并排序算法**

```c
1  // fig13_03.c
2  // The merge sort algorithm.
3  #define SIZE 10
4  #include <stdio.h>
5  #include <stdlib.h>
6  #include <time.h>
7
8  // function prototypes
9  void mergeSort(int array[], size_t length);
10 void sortSubArray(int array[], size_t low, size_t high);
11 void merge(int array[], size_t left, size_t middle1,
12    size_t middle2, size_t right);
13 void displayElements(int array[], size_t length);
14 void displaySubArray(int array[], size_t left, size_t right);
15
16 int main(void) {
17    int array[SIZE] = {0}; // declare the array of ints to be sorted
18
19    srand(time(NULL)); // seed the rand function
20
21    for (size_t i = 0; i < SIZE; i++) {
22       array[i] = rand() % 90 + 10; // give each element a value
23    }
24
25    puts("Unsorted array:");
26    displayElements(array, SIZE); // print the array
27    puts("\n");
28    mergeSort(array, SIZE); // merge sort the array
29    puts("Sorted array:");
30    displayElements(array, SIZE); // print the array
31    puts("");
32 }
33
34 // function that merge sorts the array
35 void mergeSort(int array[], size_t length) {
36    sortSubArray(array, 0, length - 1);
37 }
38
39 // function that sorts a piece of the array
40 void sortSubArray(int array[], size_t low, size_t high) {
41    // test base case: size of array is 1
42    if ((high - low) >= 1) { // if not base case...
43       size_t middle1 = (low + high) / 2;
44       size_t middle2 = middle1 + 1;
45
46       // output split step
47       printf("%s", "split:   ");
48       displaySubArray(array, low, high);
49       printf("%s", "\n        ");
50       displaySubArray(array, low, middle1);
51       printf("%s", "\n        ");
52       displaySubArray(array, middle2, high);
53       puts("\n");
54
55       // split array in half and sort each half recursively
56       sortSubArray(array, low, middle1); // first half
57       sortSubArray(array, middle2, high); // second half
58
59       // merge the two sorted arrays
60       merge(array, low, middle1, middle2, high);
61    }
62 }
63
64 // merge two sorted subarrays into one sorted subarray
65 void merge(int array[], size_t left, size_t middle1,
66    size_t middle2, size_t right) {
67    size_t leftIndex = left; // index into left subarray
```

```
68      size_t rightIndex = middle2; // index into right subarray
69      size_t combinedIndex = left; // index into temporary array
70      int tempArray[SIZE] = {0}; // temporary array
71
72      // output two subarrays before merging
73      printf("%s", "merge:     ");
74      displaySubArray(array, left, middle1);
75      printf("%s", "\n            ");
76      displaySubArray(array, middle2, right);
77      puts("");
78
79      // merge the subarrays until the end of one is reached
80      while (leftIndex <= middle1 && rightIndex <= right) {
81          // place the smaller of the two current elements in result
82          // and move to the next space in the subarray
83          if (array[leftIndex] <= array[rightIndex]) {
84              tempArray[combinedIndex++] = array[leftIndex++];
85          }
86          else {
87              tempArray[combinedIndex++] = array[rightIndex++];
88          }
89      }
90
91      if (leftIndex == middle2) { // if at end of left subarray ...
92          while (rightIndex <= right) { // copy the right subarray
93              tempArray[combinedIndex++] = array[rightIndex++];
94          }
95      }
96      else { // if at end of right subarray...
97          while (leftIndex <= middle1) { // copy the left subarray
98              tempArray[combinedIndex++] = array[leftIndex++];
99          }
100     }
101
102     // copy values back into original array
103     for (size_t i = left; i <= right; i++) {
104         array[i] = tempArray[i];
105     }
106
107     // output merged subarray
108     printf("%s", "            ");
109     displaySubArray(array, left, right);
110     puts("\n");
111 }
112
113 // display elements in array
114 void displayElements(int array[], size_t length) {
115     displaySubArray(array, 0, length - 1);
116 }
117
118 // display certain elements in array
119 void displaySubArray(int array[], size_t left, size_t right) {
120     // output spaces for alignment
121     for (size_t i = 0; i < left; i++) {
122         printf("%s", "   ");
123     }
124
125     // output elements left in array
126     for (size_t i = left; i <= right; i++) {
127         printf(" %d", array[i]);
128     }
129 }
```

```
Unsorted array:
 79 86 60 79 76 71 44 88 58 23

split:      79 86 60 79 76 71 44 88 58 23
            79 86 60 79 76
                          71 44 88 58 23
```

```
split:     79 86 60 79 76
           79 86 60
                     79  76

split:     79 86 60
           79 86
                 60

split:     79 86
           79
              86

merge:     79
              86
           79 86

merge:     79 86
                 60
           60 79 86

split:              79 76
                    79
                       76

merge:              79
                       76
                    76 79

merge:     60 79 86
                    76 79
           60 76 79 79 86

split:                   71 44 88 58 23
                         71 44 88
                                  58 23

split:                   71 44 88
                         71 44
                               88

split:                   71 44
                         71
                            44

merge:                   71
                            44
                         44 71

merge:                   44 71
                               88
                         44 71 88

split:                           58 23
                                 58
                                    23

merge:                           58
                                    23
                                 23 58

merge:                   44 71 88
                                 23 58
                         23 44 58 71 88

merge:     60 76 79 79 86
                         23 44 58 71 88
           23 44 58 60 71 76 79 79 86 88

Sorted array:
 23 44 58 60 71 76 79 79 86 88
```

第80～89行在函数merge中循环，直到到达任一子数组的末端。第83行测试子数组开头的哪个元素比较小。如果左边的子数组元素较小或相等，第84行将其置于合并数组的位置。如果右边的子数组元素较小，第87行将其置于合并数组的位置。当while循环完成后，一个完整的子数组被放置在合并数组中，但另一个仍然包含数据。第91行测试我们是否到达了左子数组的末端。如果是，第92～94行将右子数组的剩余元素添加到合并数组中。否则，我们到达了右子数组的末端，第97～99行将左子数组的剩余元素添加到合并数组中。最后，第103～105行将tempArray的值复制到原数组的正确部分。这个程序的输出显示了合并排序所进行的拆分和合并，显示了算法每一步的排序进展。

## 13.5.2　合并排序的效率

合并排序是一种比插入排序或选择排序效率高得多的算法（尽管当看到清单13.3中繁忙的输出时可能很难相信这一点）。考虑对函数sortSubArray的第一次（非递归）调用。这导致以下情况。

■ 对函数sortSubArray的两次递归调用，每个子数组约为原始数组的一半大小。
■ 对函数merge的一次调用。

在最坏的情况下，merge调用需要$(n-1)$次比较来填充原始数组，这就是$O(n)$。回顾一下，每个合并的元素是通过比较每个子数组的一个元素来选择的。对sortSubArray的两次调用会导致以下情况。

■ 对函数sortSubArray的另外4次递归调用，每次调用的子数组约为原始数组的四分之一大小。
■ 对函数merge的另外两次调用。

这两次对函数merge的调用，最坏情况下需要$(n/2-1)$次比较，总共需要$O(n)$次比较。这个过程继续进行，每次调用sortSubArray都会产生两次对sortSubArray的额外调用和对merge的调用，直到这个算法将原始数组分割成一个元素的子数组。在每一层，需要$O(n)$次比较来合并子数组。每一层都把数组分成两半，所以数组大小翻倍需要多一层。数组大小翻两番则需要多两层。这种模式是对数式的，结果导致$\log_2 n$层。这导致总效率为$O(n \log n)$。

**支持性练习**

这个合并排序可视化案例研究得到了其他复杂排序的练习。（练习13.6和练习13.7）的支持。桶排序通过巧妙地使用比我们讨论的其他排序多得多的内存来实现高性能——这是一个空间–时间折中的例子。

## 13.5.3　总结各种算法的大 $O$ 符号

图13-1总结了我们已经讨论过的排序算法和quicksort算法的大$O$，你将在练习13.7中实现quicksort算法。

| 算法 | 大 $O$ |
|---|---|
| 插入排序 | $O(n^2)$ |
| 选择排序 | $O(n^2)$ |
| 合并排序 | $O(n \log n)$ |
| 冒泡排序 | $O(n^2)$ |
| quicksort | 最坏情况：$O(n^2)$<br>平均情况：$O(n \log n)$ |

图13-1　讨论过的排序算法和quicksort算法的大 $O$

图13-2列出了我们在本章中所涉及的大$O$值以及一些$n$的值，以突出增长率的不同。它包括了$O(\log n)$，也就是你在第6章学到的二分搜索的大$O$。

| $n$ | 近似的十进制值 | $O(\log n)$ | $O(n)$ | $O(n \log n)$ | $O(n^2)$ |
|---|---|---|---|---|---|
| $2^{10}$ | 1000 | 10 | $2^{10}$ | $10 \times 2^{10}$ | $2^{20}$ |
| $2^{20}$ | 1000000 | 20 | $2^{20}$ | $20 \times 2^{20}$ | $2^{40}$ |
| $2^{30}$ | 1000000000 | 30 | $2^{30}$ | $30 \times 2^{30}$ | $2^{60}$ |

图 13-2　本章涉及的大 $O$ 值以及一些 $n$ 的值

## ✔ 自测题

1　（讨论）递归合并排序算法通过将一个数组分割成两个大小相等的子数组，对每个子数组进行排序，然后将它们合并成一个更大的数组，从而实现数组排序。合并排序中的子数组不使用我们已经讲过的排序方法，如冒泡排序、选择排序或插入排序。请解释一下在合并排序中子数组是如何被排序的。

　　答案：如果数组有偶数个元素，合并排序将数组分割成大小相等的两半。如果数组有奇数个元素，则"一半"比另"一半"多一个元素。

　　　　然后每一半被递归地分割成更小的两半。这个分割过程一直持续到每一半只包含一个元素。这是递归的基本情况，因为一个元素的数组是有序的。

　　　　接下来，这些单独的元素根据它们的值被合并到一个双元素有序子数组中。因此，在回答这个问题时，排序实际上是微不足道的。随着算法递归的展开，合并排序不断合并较小的有序子数组，形成较大的有序子数组。两个有序子数组的每一次合并都会产生一个更大的有序子数组，其大小大约是被合并的子数组的两倍。最后一次合并的结果是一个原始数组的有序版本。

2　（讨论）下面是我们合并排序例子的前 3 行输出：

```
split:    79 86 60 79 76 71 44 88 58 23
          79 86 60 79 76
                         71 44 88 58 23
```

下面是输出的最后 3 行：

```
merge:    60 76 79 79 86
                          23 44 58 71 88
          23 44 58 60 71 76 79 79 86 88
```

比较这些输出结果。你的观察结果如何与合并排序的工作方式相一致？

　　答案：(1) 在最后的合并阶段，每个子数组对应于算法的第一遍分割所产生的一个未排序的子数组。(2) 进入最后合并阶段的每个子数组都是经过排序的。(3) 10 个元素的最终合并数组所包含的元素与进入第一遍分割的未经排序的原始数组相同。(4) 事实上，10 个元素的最终合并数组是有序的。递归合并排序将原始未经排序的数组分割成越来越小的片断，直到它们变成单元素的片段，最终合并成原始数组中最小的有序片段。它不断地合并这些有序片段，形成越来越大的有序片段，直到最后合并原始未排序数组的两半（现在有序了），形成最终的有序数组。

## 关键知识回顾

### 13.1 节

■　排序涉及将数据按顺序排列。

### 13.2 节

■　描述算法效率的一种方法是使用大 $O$ 符号，它表示算法要解决一个问题可能要付出多大的努力。

■　对于搜索和排序算法，大 $O$ 描述了算法的工作量变化，基于数据中有多少个元素。

■　$O(1)$ 算法具有恒定的运行时间。这并不意味着该算法只需要一次比较。它只是意味着比较的次数不会随着数组大小的增加而增长。

- $O(n)$算法具有线性运行时间。
- $O(n^2)$算法具有平方运行时间。
- 大 $O$ 的设计是为了突出主导因素，忽略那些在 $n$ 值较高时变得不重要的项。
- 大 $O$ 符号关注的是算法运行时间的增长率，所以常数被忽略了。

## 13.3 节

- 选择排序的第一次循环选择数组中最小的元素，并将其与第一个元素交换。第二次循环选择第二小的元素（剩下的元素中最小的）并将其与第二个元素交换。选择排序继续进行，直到最后一次循环选择第二大的元素，并将其与倒数第二个元素交换，留下最大的元素作为最后一个。在选择排序的第 $i$ 次循环中，数组中最小的 $i$ 个元素被排序到数组的前 $i$ 个位置。
- 选择排序算法在 $O(n^2)$ 时间内运行。

## 13.4 节

- 插入排序的第一次循环取数组的第二个元素，如果它比第一个元素小，就与第一个元素交换。插入排序的第二次循环查看第三个元素，并将其插入相对于前两个元素的正确位置。在插入排序的第 $i$ 次循环后，原数组中的前 $i$ 个元素被排序。只需要进行 $n-1$ 次循环。
- 插入排序算法在 $O(n^2)$ 时间内运行。

## 13.5 节

- 合并排序算法比选择排序和插入排序更快，但实现起来更复杂。
- 合并排序算法将一个数组分割成两个大小相等的子数组，对每个子数组进行排序，并将子数组合并成一个更大的数组，从而进行排序。
- 合并排序的基本情况是一个只有一个元素的数组，它已经是有序的，所以当合并排序被调用时，它立即返回一个只有一个元素的数组。合并排序的合并部分需要两个有序数组（可以是单元素数组），并将它们合并成一个更大的有序数组。
- 合并是通过查看每个数组的第一个元素（也是最小的元素）来进行的。合并排序将其中最小的元素放在较大的排序数组的第一个元素中。如果子数组中仍有元素，合并排序会查看该子数组中的第二个元素（现在是剩余的最小元素），并将其与另一个子数组中的第一个元素进行比较。合并排序继续这个过程，直到其中一个子数组中的所有元素都被处理。然后，合并排序将另一个子数组的剩余元素添加到更大的数组中。
- 合并排序算法的合并部分是在两个子数组上进行的，每个子数组的大小约为 $n/2$。创建每个子数组需要对每个子数组进行 $n/2-1$ 次比较，即总共需要 $O(n)$ 次比较。这种模式继续下去，每一层都在两倍的数组上工作，但每一个数组都是前一个数组大小的一半。
- 这种减半导致 $\log n$ 层，每一层需要 $O(n)$ 次比较，总效率为 $O(n \log n)$，这比 $O(n^2)$ 效率高得多。

### 自测练习

13.1　在下列各项中填空。
　　（a）选择排序程序在 128 个元素的数组上运行的时间大约是在 32 个元素的数组上运行的时间的 _____ 倍。
　　（b）合并排序的效率是 _____。

13.2　线性搜索的大 $O$ 是 $O(n)$，二分搜索的大 $O$ 是 $O(\log n)$。二分搜索（第 6 章）和合并排序的哪个关键方面说明了它们各自的大 $O$ 的对数部分？

13.3　插入排序在哪方面优于合并排序？在哪方面合并排序优于插入排序？

13.4　在本书中，我们说合并排序将数组分成两个子数组后，对这两个子数组进行排序，并将其合并。为什么有人会对我们说的"然后对这两个子数组进行排序"感到不解？

## 自测练习答案

13.1 （a）16，因为 $O(n^2)$ 的算法需要 16 倍的时间来排序 4 倍的信息。（b）$O(n \log n)$。

13.2 两种算法都包含了"减半"——在每一遍中，以某种方式将某些东西减半。二分搜索在每次比较后将数组的二分之一从考虑中剔除。合并排序在每次调用时将数组分成两半。

13.3 插入排序比合并排序更容易理解和实现。合并排序的效率（$O(n \log n)$）比插入排序的效率（$O(n^2)$）高得多。

13.4 在某种意义上，它并没有真正对这两个子数组进行排序。它只是不断地将原始数组分成两半，直到提供一个单元素的子数组，当然这个子数组是有序的。然后，它通过合并这些单元素数组来建立原来的两个子数组，形成更大的子数组，然后再进行合并，如此反复。

## 练习

13.5 （递归选择排序）选择排序搜索一个数组，寻找数组中最小的元素。当找到这个元素时，将它与数组中的第一个元素互换。然后对子数组重复这一过程，从第二个元素开始。数组的每一遍都会导致一个元素被放置在适当的位置。这种排序需要类似于冒泡排序的处理能力——对于有 $n$ 个元素的数组，必须进行 $(n-1)$ 遍，对于每个子数组，必须进行 $(n-1)$ 次比较以找到最小的值。当被处理的子数组包含一个元素时，该数组就是有序的。编写一个递归函数 selectionSort 来执行这个算法。

13.6 （桶排序）桶排序开始于一个要排序的正整数一维数组和一个整数二维数组，行的下标是 0~9，列的下标是 0~$n$-1，其中 $n$ 是数组要排序的值的数量。二维数组的每一行都是一个"桶"。在这个练习中，你要编写一个 bucketSort 函数，它接收 int 数组及其大小作为参数。

其算法如下。

（a）循环遍历一维数组，根据每个值的 1 位数，将该值放入一个桶中（二维桶数组的一行）。例如，将 97 放在第 7 行，3 放在第 3 行，100 放在第 0 行。

（b）循环遍历桶数组的行和列，并将这些值复制到原始数组中。上述数值在一维数组中的新顺序是 100、3 和 97。

（c）对每个后续的数字位置（十位、百位、千位，等等）重复这个过程，当最大的数字的最左边的数字被处理完后停止。

数组的第二遍将 100 放在第 0 行，3 放在第 0 行（它只有一个数字，所以我们把它当作 03），97 放在第 9 行。经过这一遍，一维数组中的数值顺序是 100、3 和 97。第三遍将 100 放在第 1 行，3（003）放在第 0 行，97（097）放在第 0 行（3 后面）。在处理完最大数字的最左边的数字后，桶排序保证对所有的值进行正确排序。当所有的值都被复制到二维桶数组的第 0 行时，桶排序就知道它已经完成了。

二维桶数组的大小是被排序的 int 数组的 10 倍。这种排序技术的性能远远好于冒泡排序，但是需要更大的存储容量。冒泡排序只需要为被排序的数据类型增加一个内存位置。桶排序是一个空间-时间折中的例子。它使用更多的内存，但性能更好。

上面描述的桶排序算法需要在每一遍将所有数据复制回原始数组。另一种可能的方法是创建第二个二维桶数组，并在两个桶数组之间反复移动数据，直到所有的数据被复制到其中一个数组的第 0 行。然后第 0 行就包含了排序后的数组。

13.7 （quicksort）我们在第 6 章和本章的例子和练习中讨论了各种排序技术。现在我们介绍递归 quicksort 排序技术。对一维值数组的基本算法如下。

（a）分割步骤。取未排序数组的第一个元素，确定其在有序数组中的最终位置。在这个位置，该元素左边的所有值都小于该值，而该元素右边的所有值都大于该值。现在我们有了一个位于正确位置的元素，以及两个未排序的子数组。

（b）递归步骤。在每个未排序的子数组上执行分割步骤。对于每个子数组，分割步骤将另一个元素放在有序数组的最终位置，并创建另外两个未排序的子数组。由一个元素组成的子数组是有序的，所以该元素在其最终位置。

这个基本算法看起来很简单，但是我们如何确定每个子数组的第一个元素的最终位置呢？作为一个例子，考虑以下一组值——加粗的元素是分割元素，它将被放在排序后的数组中的最终位置：

**37**    2    6    4    89    8    10    12    68    45

(a) 从最右边的数组元素开始，将每个元素与 **37** 进行比较，直到找到一个小于 **37** 的元素，然后将 **37** 和这个元素交换。第一个小于 **37** 的元素是 12，所以我们把 **37** 和 12 交换。在下面更新的数组中，我们用斜体显示 *12*，以表明它刚刚与 **37** 交换过：

*12*    2    6    4    89    8    10    **37**    68    45

(b) 从数组的左边开始，但从 12 后面的元素开始，将每个元素与 **37** 进行比较，直到找到一个大于 **37** 的元素，然后将 **37** 和这个元素进行交换。第一个大于 **37** 的元素是 89，所以我们把 **37** 和 89 交换。更新后的数组为

12    2    6    4    **37**    8    10    *89*    68    45

(c) 从右边开始，但从 89 之前的元素开始，将每个元素与 **37** 进行比较，直到找到一个小于 **37** 的元素，然后将 **37** 和这个元素交换。第一个小于 **37** 的元素是 10，所以我们把 **37** 和 10 交换。更新后的数组为

12    2    6    4    *10*    8    **37**    89    68    45

(d) 从左边开始，但从 10 后面的元素开始，将每个元素与 **37** 进行比较，直到找到一个大于 **37** 的元素，然后将 **37** 和这个元素交换。没有比 **37** 大的元素了。当我们将 **37** 和它自己进行比较时，就知道 **37** 在排序后的数组中处于最终位置。

一旦对数组进行了分割，就有两个未排序的子数组。值小于 37 的子数组包含 12、2、6、4、10 和 8。值大于 37 的子数组包含 89，68 和 45。quicksort 继续以与原始数组相同的方式对两个子数组进行分割。

编写递归函数 quicksort 来对一维整数数组进行排序。该函数应该接收一个 int 数组、一个开始下标和一个结束下标作为参数。quicksort 应该调用函数 partition 来执行分割步骤。

# 第14章 预处理器

## 目标

在本章中，你将学习以下内容。

- 使用#include来帮助管理大型程序中的文件。
- 使用#define来创建带参数和不带参数的宏。
- 使用条件编译来指定程序中不应该总是被编译的部分，例如协助你调试的代码。
- 在有条件编译期间显示错误信息。
- 使用断言来测试表达式的值是否正确。

## 提纲

## 14.1 简介

C预处理器在每个程序编译前执行。它的作用如下。

- 将其他文件包含到正在编译的文件中。
- 定义符号常量和宏。
- 有条件地编译程序代码。
- 有条件地执行预处理器指令。

预处理器指令以#开头。在一行中，只有空白字符和以/\*和\*/为界的注释可以出现在预处理器指令之前。

在所有现代编程语言中，C语言可能拥有最大的"遗留代码"的安装基础。它已经使用了大约50年。作为一名专业的C语言程序员，你可能会遇到多年前使用旧的编程技术编写的代码。本章介绍了其中的几种技术，并推荐了一些可以替代它们的新技术。

✓　**自测题**

1　（选择）以下哪项操作是由预处理器执行的？
　（a）将其他文件包含到正在编译的文件中。
　（b）符号常量和宏的定义。
　（c）程序代码的条件编译和预处理器指令的条件执行。
　（d）以上都是。
　答案：（d）。

2　（判断）在所有现代编程语言中，C语言可能是拥有最大的"遗留代码"的安装基础。它已经被积极使用了大约50年。
　答案：对。

## 14.2　#include 预处理器指令

在本书中，你已经使用了#include预处理器指令。当预处理器遇到#include指令时，它就会用一个指定文件的副本来替换该指令。#include指令的两种形式是：

```
#include <filename>
#include "filename"
```

这两种形式的区别在于预处理器开始搜索文件的位置。对于用尖括号（<和>）括起来的文件名（如标准库头文件），预处理器会在与实现有关的编译器和系统文件夹中搜索。通常，使用用引号（""）括起来的文件名来包含你定义的头文件，以便在你的程序中使用。在这种情况下，预处理器会在#include指令出现的文件的同一文件夹中开始搜索。如果编译器在当前文件夹中找不到指定的文件，它就会搜索与实现有关的编译器和系统文件夹。

除了将#include用于标准库头文件外，你还会在由多个源文件组成的程序中经常使用它。你经常为一个程序的通用声明创建头文件，然后将该文件包含在多个源文件中。这类声明的例子如下。

- struct 和 union 的声明。
- typedef。
- enum。
- 函数原型。

✓　**自测题**

1　（填空）＿＿＿＿＿预处理器指令使指定文件的副本被包含在该指令的位置上。
　答案：#include。

2　（填空）如果#include指令中的文件名用引号括起来，预处理器就开始在＿＿＿＿＿中搜索该文件。
　答案：与被编译的文件相同的目录。

## 14.3　#define 预处理器指令：符号常量

#define指令可以创建如下内容。

- 符号常量：表示为标识符的常量。
- 宏：定义为符号的操作。

#define指令的格式是

```
#define identifier replacement-text
```

按照惯例，符号常量的标识符应该只包含大写字母和下划线。为符号常量使用有意义的名称，这有助于使程序自成文档。

**替换符号常量**

当预处理器遇到#define指令时，它会在整个源文件中用替换文本来替换标识符，忽略字符串字面

或注释中出现的标识符。例如

```
#define PI 3.14159
```

将符号常量 PI 的所有后续出现都替换为 3.14159。符号常量使你能够创建命名的常量，并在整个程序中使用它们的名字。

### 符号常量的常见错误

符号常量名称右边的所有内容都会取代符号常量。例如

```
#define PI = 3.14159
```

导致预处理器用"=3.14159"替换 PI 的每一次出现。不正确的#define 指令会导致许多细微的逻辑和语法 ⊗ERR
错误。因此，与前面的#define 相比，你可能更喜欢使用 const 变量，例如

```
const double PI = 3.14159;
```

这些变量还有一个好处，就是它们是在 C 语言中定义的，所以编译器可以检查它们的语法和类型安全是否正确。

### ✓ 自测题

1 （填空）#define 指令创建_____常量和_____。
   答案：符号，宏。
2 （判断）语句

```
#define PI 3.14159;
```

   用数字常量 3.14159 替换了所有后续出现的符号常量 PI。
   答案：错。实际上，这个#define 是一个常见的错误。预处理器指令不是 C 语言语句，一般来说不
        应该以分号结尾。上述语句将用 3.14159;（包括分号）替换所有出现的 PI，很可能导致一
        个或多个编译错误。

## 14.4　#define 预处理器指令：宏

从技术上讲，在#define 预处理器指令中定义的任何标识符都是一个宏。与符号常量一样，宏标识符在程序编译前被替换成替换文本。宏可以被定义为有参数或无参数。

一个没有参数的宏是一个符号常量。当预处理器遇到一个带参数的宏时，它会在替换文本中替换参数，然后展开宏，也就是用替换文本和参数列表替换宏。

### 14.4.1　单参数宏

请考虑下面这个计算圆的面积的单参数宏定义：

```
#define CIRCLE_AREA(x) ((PI) * (x) * (x))
```

### 用一个参数展开一个宏

只要文件中出现 CIRCLE_AREA(argument)，预处理器就会完成以下工作。
- 将 argument 替换为替换文本中的 x。
- 用 PI 的值 3.14159（来自 14.3 节）替换 PI。
- 在程序中展开该宏。

例如，预处理器将

```
double area = CIRCLE_AREA(4);
```

展开为

```
double area = ((3.14159) * (4) * (4));
```

在编译时，编译器对前面的表达式进行求值，并将结果赋值给变量 area。

## 括号的重要性

当宏的参数是一个表达式时，替换文本中每个 x 周围的括号会强制执行正确的计算顺序。请看下面的语句

```
double area = CIRCLE_AREA(c + 2);
```

它展开为

```
double area = ((3.14159) * (c + 2) * (c + 2));
```

这个计算是正确的，因为括号强制执行正确的计算顺序。如果你省略了宏定义的括号，宏展开为

```
double area = 3.14159 * c + 2 * c + 2;
```

ERR⊗　因为 C 语言的操作符优先级规则，这被错误地求值为

```
double area = (3.14159 * c) + (2 * c) + 2;
```

出于这个原因，你应该在替换文本中总是用括号括住宏参数，以防止逻辑错误。

## 最好使用函数

将 CIRCLE_AREA 宏定义为函数会更安全。circleArea 函数

```
double circleArea(double x) {
    return 3.14159 * x * x;
}
```

执行与宏 CIRCLE_AREA 相同的计算，但是当函数被调用时，函数的参数只被求值一次。另外，编译器对函数进行类型检查。预处理器不支持类型检查。在过去，程序员经常使用宏来代替内联代码的函
PERF✎　数调用，以消除函数调用的开销。今天的优化编译器经常替你进行内联函数调用，所以许多程序员不再为此目的而使用宏。你也可以使用 C 标准的 inline 关键字（见附录 C）。

## 14.4.2　双参数宏

下面这个双参数宏计算矩形的面积：

```
#define RECTANGLE_AREA(x, y) ((x) * (y))
```

只要 RECTANGLE_AREA(x, y)出现在程序中，预处理器就会在宏的替换文本中替换 x 和 y 的值，并在程序中展开该宏。例如，语句

```
int rectangleArea = RECTANGLE_AREA(a + 4, b + 7);
```

被展开为

```
int rectangleArea = ((a + 4) * (b + 7));
```

## 14.4.3　宏的续行字符

在#define 指令中，宏或符号常量的替换文本都在标识符的右边。如果替换文本的长度超过了该行的剩余部分，可以在该行的末尾放置一个反斜杠（\）续行字符，以便在下一行继续替换文本。

## 14.4.4　#undef 预处理器指令

符号常量和宏可以使用#undef 预处理器指令在源文件的剩余部分被撤销。指令#undef 撤销定义符号常量或宏的名称。宏或符号常量的范围是从它的定义开始，直到它被#undef 撤销定义，或者直到源文件的结束。一旦撤销定义，宏或符号常量可以用#define 来重新定义。

## 14.4.5　标准库的宏

一些标准库函数实际上是基于其他库函数定义为宏的。通常在<stdio.h>头文件中定义的宏是

```
#define getchar() getc(stdin)
```

getchar 的宏定义使用函数 getc 来从标准输入流中获取一个字符。<stdio.h>头文件的 putchar 函数和 <ctype.h>头文件的字符处理函数通常也是作为宏来实现的。

## 14.4.6 不要在宏中放置有副作用的表达式

有副作用的表达式（例如，变量值被修改）不应传递给宏，因为宏参数可能被求值一次以上。我们将在 14.11 节中展示一个这方面的例子。

### ✓ 自测题

1 （判断）下面的双参数宏可以计算矩形的面积：

```
#define RECTANGLE_AREA(x, y)  ((x) * (y))
```

凡是在程序中出现 RECTANGLE_AREA(x, y)的地方，x 和 y 的值都会被替换到宏的替换文本中，宏的名称也会被展开。例如，语句

```
double rectArea = RECTANGLE_AREA(a + 4, b + 7);
```

被展开为

```
double rectArea = (a + 4 * b + 7);
```

表达式的值在运行时被求值并赋值给变量 rectArea。

答案：错。实际上，正确的展开是：

```
    double rectArea = ((a + 4) * (b + 7));
```

2 （填空）不应该把带有＿＿＿＿的表达式传递给宏，因为宏参数可能被求值一次以上。

答案：副作用。

## 14.5 条件编译

条件编译使你能够控制哪些预处理器指令可以执行，以及你的 C 代码的部分是否可以编译。每个条件预处理器指令都会求值一个常量整数表达式。强制类型转换表达式、sizeof 表达式和枚举常量不能在预处理器指令中进行求值。

### 14.5.1 #if...#endif 预处理器指令

条件预处理器结构体很像 if 选择语句。请考虑下面的预处理器代码：

```
#if !defined(MY_CONSTANT)
    #define MY_CONSTANT 0
#endif
```

这将确定 MY_CONSTANT 是否已定义，也就是说，MY_CONSTANT 是否已经出现在当前源文件中的一个较早的#define 指令中。如果定义了 MY_CONSTANT，那么表达式 defined(MY_CONSTANT)的值为 1（真）；否则，它的值为 0（假）。如果结果是 0，那么!defined(MY_CONSTANT)的值为 1，表明 MY_CONSTANT 之前没有被定义，所以执行#define 指令。否则，预处理器会跳过#define 指令。

每个#if 结构体都以#endif 结束。指令#ifdef 和#ifndef 是#if defined(name)和#if !defined(name)的简写。你可以通过使用以下指令来测试一个多部分条件的预处理器结构体。

■ #elif（相当于 if 语句中的 else if）指令。

■ #else（相当于 if 语句中的 else）指令。

条件预处理器指令经常用于防止头文件在同一源文件中被多次包含。这些指令经常用于启用和禁用使软件与一系列平台兼容的代码。

## 14.5.2　用#if…#endif 注释掉代码块

在程序开发过程中，"注释掉"你的部分代码以防止它们被编译，这通常是有帮助的。如果代码包含多行注释，/*和*/就不能用，因为你不能嵌套多行注释。作为替代，你可以使用下面的预处理器结构体：

```
#if 0
    code prevented from compiling
#endif
```

若要使代码能被编译，请将前面结构体中的 0 替换为 1。

## 14.5.3　有条件地编译调试代码

条件编译有时被用作调试的辅助手段。例如，一些程序员使用 printf 语句来打印变量值并确认程序的控制流。你可以把这种 printf 语句包含在条件预处理器指令中，这样，当你还在调试你的代码时，这些语句才被编译。例如

```
#ifdef DEBUG
    printf("Variable x = %d\n", x);
#endif
```

会编译 printf 语句，如果在#ifdef DEBUG 之前，符号常量 DEBUG 用以下方式定义：

```
#define DEBUG
```

当你完成调试阶段时，你将删除或注释掉源文件中的#define 指令，为调试目的插入的 printf 语句在编译过程中被忽略。在较大的程序中，你可能会在源文件的不同部分定义几个符号常量来控制条件编译。

许多编译器允许你用一个编译器标记来定义和撤销定义像 DEBUG 这样的符号常量，你在每次编译代码时提供该标记，这样你就不需要改变代码。当把条件编译的 printf 语句插入 C 语言期望的单一语句（例如，控制语句的主体）的位置时，请确保条件编译的语句放在花括号中（{}）。

### ✓ 自测题

1　（判断）条件编译语句

```
#ifdef DEBUG
    printf("Variable x = %d\n", x);
#endif
```

　　如果在#ifdef DEBUG 之前定义了符号常量 DEBUG (#define DEBUG)，就会编译 printf 语句。
　　答案：对。

2　（判断）在程序开发过程中，"注释掉"部分代码以防止它们被编译，这通常是有帮助的。如果代码包含有多行注释，应使用/*和*/来完成这项任务。
　　答案：错。实际上，如果代码包含多行注释，/*和*/不能用于完成这项任务，因为这种注释不能嵌套。作为替代，你可以使用下面的预处理器结构体：

```
#if 0
    code prevented from compiling
#endif
```

## 14.6　#error 和#pragma 预处理器指令

*#error 指令*

```
#error tokens
```

打印一个与实现有关的消息，包括指令中指定的词条。这些词条是由空格分隔的字符序列。例如

```
#error 1 - Out of range error
```

包含 6 个词条。当#error 指令在某些系统上被处理时，这些词条被显示为错误信息，预处理停止，程

序不会编译。

　　#pragma 指令
　　#pragma *tokens*

会导致一个实现定义的动作。未被实现识别的#pragma 会被忽略。关于#error 和#pragma 的更多信息，请参见 C 编译器的文档。

✓ **自测题**

1　（填空）当_____预处理指令在某些系统上被处理时，该指令中的词条会被显示为错误信息，预处理停止，程序不会编译。
　　答案：#error。
2　（填空）#pragma 指令会导致一个_____的动作。
　　答案：实现定义。

## 14.7　#和##操作符

　　#操作符将一个替换文本词条转换为一个由引号包围的字符串。考虑下面的宏定义：
　　#define HELLO(x) puts("Hello, " #x);
当 HELLO(John)出现在一个程序文件中时，预处理器将其展开为
　　puts("Hello, " "John");
将#x 替换为字符串 "John"。由空格分隔的字符串在预处理过程中被连接起来，所以前面的语句相当于
　　puts("Hello, John");
#操作符必须在有参数的宏中使用，因为#的操作数是指宏的一个参数。
　　##操作符将两个词条连接起来。请考虑下面的宏定义：
　　#define TOKENCONCAT(x, y)　x ## y
当 TOKENCONCAT 出现在文件中时，预处理器会将参数连接起来，并使用其结果来替换该宏。例如，TOKENCONCAT(O, K)在程序中被替换为 OK。##操作符必须有两个操作数。

✓ **自测题**

1　（填空）_____预处理器操作符导致替换文本词条被转换为一个由引号包围的字符串。
　　答案：#。
2　（代码）##预处理器操作符将两个词条连接起来。写出实现以下功能的宏的定义："当 SIDEBYSIDE 出现在程序中时，它的参数被连接起来并用于替换该宏。例如，SIDEBYSIDE (GOOD, BYE)在程序中被 GOODBYE 取代。"
　　答案：#define SIDEBYSIDE(a, b) a ## b

## 14.8　行号

　　#line 预处理器指令使后续的源代码行被重新编号，从指定的常量整数值开始。指令
　　#line 100
导致从下一个源代码行开始，从 100 开始编号。在#line 指令中包括一个文件名，如
　　#line 100 "file1.c"
表示从下一个源代码行开始，行从 100 开始编号，并且编译器信息中的文件名是 "file1.c"。这个版本的#line 指令通常有助于使由语法错误和编译器警告产生的信息更有意义。行号不会出现在源文件中。

✓ **自测题**

（判断）预处理器指令
#line 100 "file1.c"

表示从下一个源代码行开始，行从 100 开始编号，并且编译器信息中的文件名是 "file1.c"。

答案：对。

## 14.9    预定义的符号常量

标准 C 语言提供了预定义的符号常量，其中几个符号常量如图 14-1 所示。

| 符号常量 | 解释 |
|---|---|
| __LINE__ | 当前源代码行的行号（整数常量） |
| __FILE__ | 源文件的名称（字符串） |
| __DATE__ | 源文件的编译日期（形式为 "Mmm dd yyyy"，如 "Jan 19 2002"） |
| __TIME__ | 源文件被编译的时间（形式为 "hh:mm:ss"） |
| __STDC__ | 如果编译器支持标准 C，那么值为 1；否则为 0。需要 Visual C++中的编译器标记/Za |

图 14-1    预定义的符号常量

其余预定义的符号常量在 C 标准的 6.10.8 节中。这些标识符以两个下划线开始和结束，对于在错误信息中包含额外的信息通常很有用。这些标识符和 defined 标识符（在 14.5 节中使用）不能在 #define 或#undef 指令中使用。

✓  **自测题**

（填空）预定义的符号常量_____的描述是："如果编译器支持标准 C，那么值为 1；否则为 0。"

答案：__STDC__。

## 14.10    断言

assert 宏（在<assert.h>中定义）在执行时测试表达式的值。如果值是假（0），那么 assert 将打印出一条错误信息，并通过调用通用工具库（<stdlib.h>）的函数 abort 来终止程序。

assert 宏是一个有用的调试工具，用于测试一个变量是否有正确的值。例如，假设在一个程序中，变量 x 不应该大于 10。你可以使用断言来测试 x 的值，如果它大于 10，就打印一个错误信息，如

    assert(x <= 10);

如果该语句执行时 x 大于 10，程序会显示一条错误信息，其中包含 assert 语句出现的行号和文件名，然后终止。然后你就会关注代码的这一区域，以找到错误所在。

如果定义了符号常量 NDEBUG，源文件中的后续断言将被忽略。因此，当不再需要断言时，与其手动删除每个断言，不如在源文件中插入以下一行：

    #define NDEBUG

许多编译器有调试和发布模式，自动定义和撤销定义 NDEBUG。

断言并不意味着可以替代正常运行时的错误处理。你应该只在程序开发过程中使用它们来发现逻辑错误。C 标准还包括一个叫作_Static_assert 的功能，它本质上是 assert 的编译时版本，如果断言失败，会产生一个编译错误。我们在附录 C 中讨论_Static_assert。

✓  **自测题**

1　（判断）在<assert.h>中定义的 assert 宏在编译时测试表达式的值。

答案：错。实际上，assert 宏是在执行时测试表达式的值。_Static_assert 本质上是 assert 的编译时版本，如果断言失败，会产生一个编译错误。

2　（填空）当不再需要断言时，你可以在代码文件中插入一行_____，而不是手动删除每个断言。

答案：#define NDEBUG。

## 14.11　安全的 C 语言编程

14.4 节中定义的 CIRCLE_AREA 宏：

```
#define CIRCLE_AREA(x) ((PI) * (x) * (x))
```

是一个不安全的宏，因为它对其参数 x 进行了一次以上的求值。这可能导致微妙的错误。如果宏的参数包含副作用（如增加一个变量或调用一个修改变量值的函数），这些副作用将被多次执行。

例如，如果我们以如下方式调用 CIRCLE_AREA：

```
double result = CIRCLE_AREA(++radius);
```

预处理器将其展开为

```
double result = ((3.14159) * (++radius) * (++radius));
```

这使 radius 增加了两次。另外，前面语句的结果是未定义的，因为 C 语言只允许一个变量在一个语句中被修改一次。在函数调用中，参数在被传递给函数之前只被求值一次。所以，函数总是优于不安全的宏。

### ✔ 自测题

1　（填空）CIRCLE_AREA 宏程序

```
#define CIRCLE_AREA(x) ((PI) * (x) * (x))
```

被认为是不安全的，因为它＿＿＿＿＿＿＿。这可能导致微妙的错误。

答案：对其参数 x 进行了一次以上的求值。

2　（判断）宏总是优于函数。

答案：错。实际上，函数总是优于不安全的宏。

### 关键知识回顾

#### 14.1 节

■　预处理器在程序编译前执行。

■　所有预处理器指令都以#开头。

■　一行中只有空白字符和注释可以出现在预处理器指令之前。

#### 14.2 节

■　#include 指令包括指定文件的副本。如果文件名用引号括起来，预处理器就会在与被包括的文件相同的文件夹中开始搜索。如果文件名用尖括号(<和>)括起来，就像 C 语言标准库头文件的情况一样，搜索将以一种实现定义的方式进行。

#### 14.3 节

■　#define 预处理器指令可以创建符号常量和宏。

■　符号常量是一个常量的名称。

#### 14.4 节

■　宏是在#define 预处理器指令中定义的一种操作。宏可以被定义为有参数或无参数。

■　替换文本被指定在符号常量的标识符之后或宏的参数列表的右括号之后。如果宏或符号常量的替换文本长于行的剩余部分，请在行末使用反斜杠（\），表示替换文本在下一行继续。

■　符号常量和宏可以使用#undef 预处理器指令来撤销。指令#undef "撤销定义" 符号常量或宏的名称。

■　符号常量或宏的范围是从它的定义开始，直到用#undef 撤销它的定义或文件结束为止。

#### 14.5 节

■　条件编译使你能够控制预处理器指令是否执行以及程序代码是否编译。

■ 条件预处理器指令求值常量整数表达式。类型强制转换表达式、sizeof 表达式和枚举常量不能在预处理器指令中求值。

■ 每个#if 结构体都以#endif 结束。

■ 指令#ifdef 和#ifndef 是#if defined(name)和#if !defined(name)的简写。

■ 多部分条件的预处理器结构体可以用指令#elif 和#else 来测试。

## 14.6 节

■ #error 指令终止了预处理，阻止了编译，并打印出一条与实现有关的消息，其中包括该指令中指定的词条。

■ #pragma 指令会导致一个实现定义的动作。未被实现识别的#pragma 会被忽略。

## 14.7 节

■ #操作符将一个替换文本词条转换为一个由引号包围的字符串。#操作符必须在有参数的宏中使用，因为#的操作数必须是宏的参数之一。

■ ##操作符将两个词条连接起来。##操作符必须有两个操作数。

## 14.8 节

■ #line 预处理器指令使后续的源代码行被重新编号，从指定的常量整数值开始。这条指令还可以让你在编译器错误信息中指定该源代码文件的文件名。

## 14.9 节

■ 常量__LINE__是当前源代码行的行号（整数）。

■ 常量__FILE__是源文件的名称（字符串）。

■ 常量__DATE__是源文件的编译日期（字符串）。

■ 常量__TIME__是源文件被编译的时间（字符串）。

■ 常量__STDC__表示编译器是否支持标准 C。

■ 每个预定义的符号常量都以两个下划线开始和结束。

## 14.10 节

■ 宏 assert（<assert.h> 头文件）测试表达式的值。如果值为 0（假），那么 assert 会打印出一条错误信息，并调用函数 abort 来终止程序的执行。

**自测练习**

14.1   在下列各项中填空。

（a）每个预处理器指令必须以_____开头。

（b）通过使用_____和_____指令，条件编译结构体可以扩展到测试多种情况。

（c）_____指令创建宏和符号常量。

（d）一行中只有_____字符可以出现在预处理器指令之前。

（e）_____指令撤销符号常量和宏名称。

（f）_____和_____指令是作为#if defined(name)和#if !defined(name)的简写符号提供的。

（g）_____使你能够控制预处理器指令是否执行以及代码是否编译。

（h）如果_____宏的表达式求值为 0，则该宏会打印一条信息并终止程序的执行。

（i）_____指令将一个文件插入另一个文件中。

（j）_____预处理器操作符将其两个参数连接起来。

（k）_____预处理器操作符将其操作数转换为字符串。

（l）字符_____表示符号常量或宏的替换文本在下一行继续。

（m）_____指令使源代码行从下一个源代码行开始，从指示的值开始编号。

14.2   编写一个程序，打印 14.9 节中列出的预定义符号常量的值。

14.3　编写一个预处理器指令来完成下列各项工作。

(a) 定义符号常量 YES 的值为 1。

(b) 定义符号常量 NO 的值为 0。

(c) 包含头文件 common.h。该头文件与被编译的文件在同一目录下。

(d) 从第 3000 行开始对文件中剩余的行重新编号。

(e) 如果定义了符号常量 TRUE，撤销定义，并将其重新定义为 1。不使用#ifdef。

(f) 如果定义了符号常量 TRUE，撤销定义，并将其重新定义为 1，使用#ifdef 预处理指令。

(g) 如果符号常量 TRUE 不等于 0，则将符号常量 FALSE 定义为 0。否则将 FALSE 定义为 1。

(h) 定义宏 CUBE_VOLUME，计算立方体的体积。这个宏需要一个参数。

## 自测练习答案

14.1　(a) #。(b) #elif, #else。(c) #define。(d) 空格。(e) #undef。(f) #ifdef, #ifndef。(g) 条件编译。(h) assert。(i) #include。(j) ##。(k) #。(l) \。(m) #line。

14.2　见下文。(注意：在 Visual Studio 中，__STDC__工作需要/Za 编译器标记。)

```
 1  // ex14_02.c
 2  // Print the values of the predefined macros
 3  #include <stdio.h>
 4  int main(void) {
 5     printf("__LINE__ = %d\n",   __LINE__);
 6     printf("__FILE__ = %s\n",   __FILE__);
 7     printf("__DATE__ = %s\n",   __DATE__);
 8     printf("__TIME__ = %s\n",   __TIME__);
 9     printf("__STDC__ = %d\n",   __STDC__);
10  }
```

```
__LINE__ = 5
__FILE__ = ex14_02.c
__DATE__ = Jan 01 2021
__TIME__ = 11:39:12
__STDC__ = 1
```

14.3　见下面的答案。

(a) #define YES 1

(b) #define NO 0

(c) #include "common.h"

(d) #line 3000

(e) #if defined(TRUE)
　　　#undef TRUE
　　　#define TRUE 1
　　#endif

(f) #ifdef TRUE
　　　#undef TRUE
　　　#define TRUE 1
　　#endif

(g) #if TRUE
　　　#define FALSE 0
　　#else
　　　#define FALSE 1
　　#endif

(h) #define CUBE_VOLUME(x)  ((x) * (x) * (x))

## 练习

14.4　(球体的体积) 编写一个程序，用一个参数定义一个宏来计算球体的体积。用这个宏来计算半

径 $r$ 为 1~10 的球体的体积，并将结果以表格形式打印出来。球体体积的计算方式为

$$\frac{4}{3}\pi r^3$$

其中 π 可以取 3.14159。

14.5　（两个数字相加）编写一个程序，用两个参数 x 和 y 定义宏 SUM，并使用 SUM 产生以下输出：

```
The sum of x and y is 13
```

14.6　（两个数字中较小的数）编写一个程序，定义并使用一个名为 MINIMUM2 的宏来确定两个数字中较小的数。

14.7　（三个数字中的最小值）编写一个程序，定义并使用一个名为 MINIMUM3 的宏来确定三个数字中的最小值。宏 MINIMUM3 应使用练习 14.6 中的宏 MINIMUM2 来确定最小的数字。

14.8　（打印字符串）编写一个程序，定义并使用宏 PRINT 来打印一个字符串值。

14.9　（打印数组）编写一个程序，定义并使用宏 PRINTARRAY 来打印一个整数数组。该宏应接收数组和其元素数作为参数。

14.10　（数组内容的累加）编写一个程序，定义并使用宏 SUMARRAY 对一个数字数组中的数值进行求和。该宏应接收数组和其元素数作为参数。

# 第15章 其他主题

## 目标

在本章中，你将学习以下内容。

- 编写使用可变长度的参数列表的函数。
- 处理命令行参数。
- 编译多源文件程序。
- 为数字常量指定特定类型。
- 用 exit 和 atexit 终止程序。
- 在程序中处理外部异步事件。
- 动态分配数组和调整以前动态分配的内存大小。

## 提纲

## 15.1 简介

本章介绍了入门课程中通常不涉及的其他主题。这里讨论的一些功能是针对特定的操作系统的，特别是 macOS、Linux 和 Windows。

## 15.2 可变长度的参数列表

文中的大多数程序都使用了标准库函数 printf。至少，printf 必须接收一个字符串作为其第一个参数，但 printf 可以接收任何数量的附加参数。printf 的函数原型是

```
int printf(const char *format, ...);
```

函数原型中的省略号（...）表示该函数可以接收可变数量的任何类型的参数。你可以使用这种语法来定义自己的具有可变长度的参数列表的函数。省略号必须是最后的参数。将省略号放在参数列表的中间是一个语法错误。

图 15-1 的表包含了可变参数（<stdarg.h>）头文件的宏和定义，用于建立具有可变长度的参数列表的函数。

⊗ERR

| 标识符 | 解释 |
|---|---|
| va_list | 一个类型，用于保存宏 va_start、va_arg 和 va_end 所需的信息。要访问可变长度的参数列表中的参数，必须定义一个类型为 va_list 的对象 |
| va_start | 一个宏，在访问可变长度的参数列表的参数之前，必须调用它。这个宏初始化了用 va_list 声明的对象，以便由 va_arg 和 va_end 宏使用 |
| va_arg | 一个宏，展开为可变长度的参数列表的下一个参数值。该值具有你指定的作为宏的第二个参数的类型。每次使用 va_arg 都会修改用 va_list 声明的对象，以指向下一个参数 |
| va_end | 一个宏，用于帮助函数的正常返回，该函数的可变长度的参数列表是由 va_start 宏引用的 |

图 15-1　可变参数头文件的宏和定义

清单 15.1 展示了一个具有可变长度的参数列表的函数 average（第 23～36 行）。该函数的第一个参数是要平均的值的数量。

**清单 15.1 | 使用可变长度的参数列表**

```
1   // fig15_01.c
2   // Using variable-length argument lists
3   #include <stdarg.h>
4   #include <stdio.h>
5
6   double average(int i, ...); // ... represents variable arguments
7
8   int main(void) {
9       double w = 37.5;
10      double x = 22.5;
11      double y = 1.7;
12      double z = 10.2;
13
14      printf("%s%.1f; %s%.1f; %s%.1f; %s%.1f\n\n",
15          "w = ", w, "x = ", x, "y = ", y, "z = ", z);
16      printf("%s%.3f\n%s%.3f\n%s%.3f\n",
17          "The average of w and x is ", average(2, w, x),
18          "The average of w, x, and y is ", average(3, w, x, y),
19          "The average of w, x, y, and z is ", average(4, w, x, y, z));
20  }
21
22  // calculate average
23  double average(int i, ...) {
24      double total = 0; // initialize total
25      va_list ap; // stores information needed by va_start and va_end
26
27      va_start(ap, i); // initializes the va_list object
28
29      // process variable-length argument list
30      for (int j = 1; j <= i; ++j) {
31          total += va_arg(ap, double);
32      }
33
34      va_end(ap); // clean up variable-length argument list
35      return total / i; // calculate average
36  }
```

```
w = 37.5; x = 22.5; y = 1.7; z = 10.2

The average of w and x is 30.000
The average of w, x, and y is 20.567
The average of w, x, y, and z is 17.975
```

average 函数（第 23～36 行）使用了头文件<stdarg.h>的所有定义和宏，除了 C11 中添加的 va_copy（C.7.8 节）。va_list 变量 ap（"参数指针"的简称；第 25 行）被宏 va_start、va_arg 和 va_end 用来处理函数 average 的可变长度的参数列表。首先，该函数调用宏 va_start（第 27 行）来初始化对象 ap，以便由 va_arg 和 va_end 使用。va_start 宏接收以下两个参数。

■ 对象 ap。

■ 参数列表中省略号前最右边的参数的标识符（本例中为 i）——va_start 使用这个参数来确定
可变长度的参数列表的开始位置。

接下来，average 函数重复地将可变长度的参数列表中的参数添加到变量 total 中（第 30~32 行）。
宏 va_arg 检索要加到 total 中的下一个值。该宏接收以下两个参数。

■ 对象 ap。

■ 在参数列表中预期的值类型——在本例中为 double。

该宏返回参数的值。第 34 行以对象 ap 为参数调用宏 va_end，以方便从 average 正常返回给调用
者。最后，第 35 行计算平均值并将其返回给 main。

你可能会问，像 printf 和 scanf 这样具有可变长度参数列表的函数如何知道在每个 va_arg 宏调用
中使用什么类型。答案是，在程序执行过程中，它们扫描格式控制字符串中的格式转换规范字符，以
确定要处理的下一个参数的类型。

### ✓ 自测题

1  （填空）printf 的函数原型是
   
   int printf(const char *format, ...);
   
   原型中的省略号（...）表示该函数接收_____。

   答案：可变数量的任何类型的参数。

2  （选择）哪个宏与描述"为了访问可变长度参数列表中的参数，必须定义这种类型的对象"相
   对应？

   （a）va_start

   （b）va_end

   （c）va_list

   （d）va_arg

   答案：（c）。

## 15.3  使用命令行参数

命令行参数通常用于向程序传递选项和文件名。如果函数的参数列表中包含参数 int argc 和 char
*argv[]，main 函数可以从命令行接收参数。

■ argc 参数接收用户输入的命令行参数的数量。

■ argv 参数是一个包含命令行参数的字符串数组。

清单 15.2 每次将一个文件的一个字符复制到另一个文件中。假设这个程序的可执行文件名为
mycopy。执行这个程序的典型命令行是

   mycopy input output

这个命令行表明，文件 input 应该被复制到文件 output 中。当程序执行时，如果 argc 不是 3（mycopy
算作参数之一），程序会打印一个错误信息（第 8 行）并终止。否则，数组 argv 包含字符串
"mycopy"、"input"和"output"。这个程序将其第二个和第三个命令行参数作为文件名。

**清单 15.2 | 使用命令行参数**

```
1  // fig15_02.c
2  // Using command-line arguments
3  #include <stdio.h>
4
5  int main(int argc, char *argv[]) {
6      // check number of command-line arguments
7      if (argc != 3) {
8          puts("Usage: mycopy infile outfile");
```

```
 9      }
10    else {
11        FILE *inFilePtr = NULL; // input file pointer
12
13        // try to open the input file
14        if ((inFilePtr = fopen(argv[1], "r")) != NULL) {
15            FILE *outFilePtr = NULL; // output file pointer
16
17            // try to open the output file
18            if ((outFilePtr = fopen(argv[2], "w")) != NULL) {
19                int c = 0; // holds characters read from source file
20
21                // read and output characters
22                while ((c = fgetc(inFilePtr)) != EOF) {
23                    fputc(c, outFilePtr);
24                }
25
26                fclose(outFilePtr); // close the output file
27            }
28            else { // output file could not be opened
29                printf("File \"%s\" could not be opened\n", argv[2]);
30            }
31
32            fclose(inFilePtr); // close the input file
33        }
34        else { // input file could not be opened
35            printf("File \"%s\" could not be opened\n", argv[1]);
36        }
37    }
38 }
```

我们使用函数 fopen 来打开这些文件，分别进行读取（第14行）和写入（第18行）。如果程序成功地打开了这两个文件，那么第 22～24 行将从文件 input 中读取字符并将其写入文件 output。这个过程会一直持续到 input 结束。然后程序终止。结果是文件 input 的精确副本——如果在处理过程中没有发生错误。（注意：在 Visual C++ 中，你可以在解决方案资源管理器中右击项目名称，选择 Properties，然后展开 Configuration Properties，选择 Debugging，在 Command Arguments 右边的文本框中输入参数，来指定命令行参数。）

### ✓ 自测题

1 （填空）你可以在 main 的参数列表中，包含参数 int argc 和_____，从而向 main 传递命令行参数。

答案：char *argv[]。

2 （讨论）假设 inFilePtr 代表一个成功打开的输入文件，outFilePtr 代表一个成功打开的输出文件，下面的代码段会做什么？

```
while ((c = fgetc(inFilePtr)) != EOF) {
    fputc(c, outFilePtr);
}
```

答案：这个循环每次从输入文件中读取一个字符，并把它写到输出文件中，直到输入文件的文件结束标记被设置。

## 15.4　编译多源文件程序

建立由多个源文件组成的程序是可能的。在创建多个文件的程序时，有几个注意事项。例如，一个函数的定义必须完全包含在一个文件中——不能跨越两个或多个文件。

## 15.4.1 其他文件中全局变量的 extern 声明

第 5 章介绍了存储类和作用域的概念。我们了解到，在任何函数定义之外声明的变量都是全局变量。声明全局变量后在同一文件中定义的任何函数都可以访问全局变量。如果全局变量在使用它们的每个文件中声明，那么它们也可以被其他文件中的函数访问。例如，要在另一个文件中引用全局整数变量 flag，你可以使用以下声明

```
extern int flag;
```

存储类说明符 extern 表示 flag 是在同一文件的后面或不同文件中定义的。编译器通知链接器，文件中出现了对变量 flag 的未解决的引用。如果链接器找到一个合适的全局定义，那么链接器会解决对 flag 的引用。如果链接器不能找到 flag 的定义，它会发出错误信息，并且不产生可执行文件。任何在文件作用域内声明的标识符默认都是 extern。你应该避免使用全局变量，除非应用程序的性能很重要，因为它们违反了最小特权原则。

## 15.4.2 函数原型

正如 extern 声明可以用来声明全局变量是在其他程序文件中定义的一样，函数原型可以将一个函数的作用域扩展到定义它的文件之外。在一个函数原型中不需要使用 extern 说明符。只要在每个调用该函数的文件中包含函数原型，并将这些文件编译在一起即可（见 14.2 节）。函数原型表明，指定的函数是在同一文件的后面或不同文件中定义的。同样，编译器并不解决对这种函数的引用——链接器执行这项任务。如果链接器找不到一个合适的函数定义，就会发出错误信息。

作为一个使用函数原型来扩展函数作用域的例子，请考虑某个包含预处理器指令#include <stdio.h> 的程序，它包括一个包含 printf、scanf 和许多其他函数的函数原型的文件。一个带有#include <stdio.h> 的文件可以使用 printf 和 scanf，即使它们在其他文件中被定义。我们不需要知道它们在哪里被定义。链接器会自动解决我们对这些函数的引用。

### 软件的可复用性

在多个源文件中创建程序有利于软件的复用性和良好的软件工程。许多应用程序所共有的函数应该存储在它们自己的源文件中。每个源文件都应该有一个相应的头文件，包含函数的原型。这使得不同应用程序的程序员可以通过包括适当的头文件并用相应的源文件编译他们的应用程序来复用相同的代码。

## 15.4.3 用 static 限制作用域

可以将全局变量或函数的作用域限制在定义它的文件中。对全局变量或函数应用存储类说明符 static 可以防止在定义它的文件之外使用它。这就是所谓的内部链接。在其定义中没有 static 前导的全局变量和函数具有外部链接。它们可以在包含适当声明的其他文件中被访问。

全局变量的定义

```
static const double PI = 3.14159;
```

创建了 double 类型的常量变量 PI，将它初始化为 3.14159，并表明 PI 只为定义它的文件中的函数所知。

static 说明符通常用于只在特定文件中调用的工具函数。如果一个函数在文件外不需要，请对函数的定义和原型应用 static，从而强制实现最小特权原则。

### ✓ 自测题

1 （选择）以下哪项陈述是错误的？

（a）在任何函数定义之外声明的变量是全局变量。

（b）声明全局变量后，在同一文件中定义的任何函数都可以访问全局变量。

（c）全局变量也可以被其他文件中的函数访问。

（d）一旦一个全局变量被定义，它就会被应用程序的所有文件所知道。

答案：（d）是错误的。实际上，全局变量必须在使用它们的每个文件中声明。

2　（填空）任何在文件作用域内声明的标识符默认都是_____。

答案：extern。

3　（判断）你应该首选全局变量而不是局部变量，因为全局变量强制实现最小特权原则。

答案：错。实际上，你应该避免使用全局变量，除非应用程序的性能很重要，因为它们违反了最小特权原则。

4　（填空）对全局变量或函数应用 static，可以防止它被不在同一文件中定义的任何函数使用——这被称为_____链接。

答案：内部。

5　（判断）下面的全局变量定义表明，PI 只为定义它的文件中的函数所知。

```
static const double PI = 3.14159;
```

答案：对。

## 15.5　用 exit 和 atexit 终止程序

除了从函数 main 返回的传统方法之外，通用工具库（<stdlib.h>）提供了终止程序执行的一些方法。

### exit 函数

exit 函数可以立即终止一个程序。这个函数经常被用来在检测到错误时终止程序。该函数需要一个参数，通常是 EXIT_SUCCESS 或 EXIT_FAILURE。这些参数包含实现定义的成功和不成功的终止值。

### atexit 函数

atexit 函数注册了一个函数，该函数在程序因达到 main 的末端或 exit 被调用而终止时调用。atexit 以另一个函数的名字作为参数。回顾一下，函数名是指向该函数的一个指针。在程序终止时调用的函数不能有参数，也不能返回值。当程序终止时，以前用 atexit 注册的所有函数都会按照注册的相反顺序被调用。

### 使用函数 exit 和 atexit

清单 15.3 测试了函数 exit 和 atexit。该程序提示用户决定是通过 exit 来结束程序，还是通过到达 main 末端来结束程序。在每种情况下，程序终止时都会执行函数 print。

**清单 15.3 | 使用 exit 和 atexit 函数**

```
1   // fig15_03.c
2   // Using the exit and atexit functions
3   #include <stdio.h>
4   #include <stdlib.h>
5
6   void print(void); // prototype
7
8   int main(void) {
9      atexit(print); // register function print
10     puts("Enter 1 to terminate program with function exit\n"
11         "Enter 2 to terminate program normally");
12     int answer = 0; // user
13     scanf("%d", &answer);
14
15     // call exit if answer is 1
16     if (answer == 1) {
```

```
17          puts("\nTerminating program with function exit");
18          exit(EXIT_SUCCESS);
19      }
20
21      puts("\nTerminating program by reaching the end of main");
22  }
23
24  // display message before termination
25  void print(void) {
26      puts("Executing function print at program termination\n"
27          "Program terminated");
28  }
```

```
Enter 1 to terminate program with function exit
Enter 2 to terminate program normally
1

Terminating program with function exit
Executing function print at program termination
Program terminated
```

```
Enter 1 to terminate program with function exit
Enter 2 to terminate program normally
2

Terminating program by reaching the end of main
Executing function print at program termination
Program terminated
```

### ✓ 自测题

1 （判断）函数 atexit 会立即终止一个程序。

答案：错。实际上，函数 exit 导致程序立即终止。函数 atexit 注册了一个函数，当程序到达 main 的末端或 exit 被调用而终止时，将调用该函数。

2 （判断）以 EXIT_SUCCESS 调用 exit，会向调用环境返回 1，而以 EXIT_FAILURE 调用 exit，会返回 0。

答案：错。实际上，用 EXIT_SUCCESS 或 EXIT_FAILURE 调用 exit 会返回实现定义的成功或不成功的终止值。

## 15.6 整数和浮点字面量的后缀

整数和浮点字面量的后缀让你能够明确指定字面量的数据类型。默认情况下，一个整数字面量的类型是由能够存储该值的第一个类型决定的——int，然后是 long int，然后是 unsigned long int，等等。没有后缀的浮点字面量的类型是 double。

整数的后缀为：u 或 U 用于 unsigned int，l 或 L 用于 long int，ll 或 LL 用于 long long int。为了可读性，L 和 LL 是首选，因为小写的 l 可能被误认为是 1（一）。你可以将 u 或 U 与 long int 和 long long int 结合起来，为较大的整数类型创建无符号字面量。以下字面量的类型为 unsigned int、long int、unsigned long int 和 unsigned long long int：

```
174u
8358L
28373ul
9876543210llu
```

浮点数的后缀为：f 或 F 代表 float，l 或 L 代表 long double。同样，为了可读性，L 是首选。下面是 float 和 long double 的字面量：

```
1.28f
3.14159L
```

✓ **自测题**

1　（填空）C 语言提供了整数和浮点_____，用于明确指定整数和浮点字面值的类型。

答案：后缀。

2　（填空）下列常量的类型分别是_____和_____。

```
1.28f
3.14159L
```

答案：float，long double。

## 15.7　信号处理

一个外部的异步事件，即信号，可以导致程序过早地终止。一些事件如下。

■　中断，如输入<Ctrl> c（Linux 或 Windows）或<command> c (macOS)。

■　来自操作系统的终止命令。

信号处理库（<signal.h>）使程序能够通过函数 signal 来捕获意外事件，该函数接收以下两个参数。

■　一个整数的信号号码。

■　一个指向信号处理函数的指针。

程序可以通过调用函数 raise 产生信号，该函数接收一个整数信号编号作为参数。图 15-2 的总结了<signal.h>中的标准信号。

| 信号 | 解释 |
| --- | --- |
| SIGABRT | 程序的异常终止（如调用函数 abort） |
| SIGFPE | 错误的算术操作，如除以 0 或导致溢出的操作 |
| SIGILL | 检测到非法指令 |
| SIGINT | 收到交互式关注信号（<Ctrl>c 或<command>c） |
| SIGSEGV | 试图访问未分配给程序的内存 |
| SIGTERM | 发送给程序的终止请求 |

图 15-2　<signal.h>中的标准信号

### 示范信号处理

清单 15.4 使用函数 signal 来捕获 SIGINT。第 11 行用 SIGINT 和一个指向函数 signalHandler 的指针调用 signal。当 SIGINT 信号发生时，控制转移到函数 signalHandler，它打印出一条信息，并让用户选择是否继续正常的程序执行。如果用户希望继续执行，第 49 行通过再次调用 signal 来重新初始化信号处理程序，然后控制返回到程序中检测到信号的位置。

**清单 15.4 | 使用信号处理**

```
1   // fig15_04.c
2   // Using signal handling
3   #include <signal.h>
4   #include <stdio.h>
5   #include <stdlib.h>
6   #include <time.h>
7
8   void signalHandler(int signalValue); // prototype
9
10  int main(void) {
11     signal(SIGINT, signalHandler); // register signal handler
12     srand(time(NULL));
13
14     // output numbers 1 to 100
15     for (int i = 1; i <= 100; ++i) {
16        int x = 1 + rand() % 50; // generate random number to raise SIGINT
```

```
17
18        // raise SIGINT when x is 25
19        if (x == 25) {
20            raise(SIGINT);
21        }
22
23        printf("%4d", i);
24
25        // output \n when i is a multiple of 10
26        if (i % 10 == 0) {
27            printf("%s", "\n");
28        }
29    }
30 }
31
32 // handles signal
33 void signalHandler(int signalValue) {
34     printf("\n%s%d%s\n%s",
35         "Interrupt signal (", signalValue, ") received.",
36         "Do you wish to continue (1 = yes or 2 = no)? ");
37     int response = 0; // user
38     scanf("%d", &response);
39
40     // check for invalid responses
41     while (response != 1 && response != 2) {
42         printf("%s", "(1 = yes or 2 = no)? ");
43         scanf("%d", &response);
44     }
45
46     // determine whether to continue
47     if (response == 1) {
48         // reregister signal handler for next SIGINT
49         signal(SIGINT, signalHandler);
50     }
51     else {
52         exit(EXIT_SUCCESS);
53     }
54 }
```

```
    1    2    3    4    5    6    7    8    9   10
   11   12   13   14   15   16   17   18   19   20
   21   22   23   24   25   26   27   28   29   30
   31   32   33   34   35   36
Interrupt signal (2) received.
Do you wish to continue (1 = yes or 2 = no)? 1
   37   38   39   40
   41   42   43   44   45   46   47   48   49   50
   51   52   53   54   55   56   57   58   59   60
   61   62   63   64   65   66   67   68   69   70
   71   72   73   74   75   76   77   78   79   80
   81   82   83   84   85   86   87   88   89   90
   91   92
Interrupt signal (2) received.
Do you wish to continue (1 = yes or 2 = no)? 2
```

在这个程序中，函数 raise 模拟了一个 SIGINT。我们在 1～50 之间选择一个随机数。如果这个数字是 25，第 20 行就会调用 raise 来产生信号。通常，SIGINT 是在程序外发起的，当有人输入<Ctrl> c（Linux 或 Windows）或<command> c（macOS）来终止程序的执行。信号处理可以用来捕获 SIGINT 并防止程序终止。

### ✓ 自测题

1　（填空）一个外部的异步事件，即_____，可以导致程序过早地终止。

　　答案：信号。

2　（选择）哪个标准信号被描述为"错误的算术操作，如除以 0 或导致溢出的操作"？

　　（a）SIGILL

(b) SIGABRT

(c) SIGINT

(d) SIGFPE

答案：(d)。

# 15.8　动态内存分配函数 calloc 和 realloc

第 12 章介绍了使用函数 malloc 动态分配内存的概念。正如我们在第 12 章中所说的，对于快速的排序、搜索和数据访问，数组比链表更好。数组通常是静态的数据结构，不能调整大小。通用工具库（<stdlib.h>）提供了动态内存分配函数 calloc 和 realloc，用于创建动态数组并修改其大小。

## calloc 函数

calloc（"连续分配"）函数

```
void *calloc(size_t nmemb, size_t size);
```

动态地分配一个数组。它的两个参数如下。

- 数组的元素数（nmemb）。
- 每个元素的大小（size）。

函数 calloc 也将数组的元素初始化为零。该函数返回一个指向所分配内存的指针，如果不能分配内存则返回一个 NULL 指针。malloc 和 calloc 的主要区别是，calloc 会清除它所分配的内存，而 malloc 则不会。

## realloc 函数

realloc 函数

```
void *realloc(void *ptr, size_t size);
```

改变一个由先前的 malloc、calloc 或 realloc 调用分配的对象的大小。只要分配的内存量大于先前分配的量，原始对象的内容就不会被修改。否则，内容将保持不变，直到新对象的大小。该函数的两个参数如下。

- 指向原始对象的指针（ptr）。
- 对象的新大小（size）。

如果 ptr 是 NULL，realloc 的工作方式与 malloc 相同。如果 ptr 不是 NULL，并且 size 大于 0，realloc 试图为该对象分配一个新的内存块。如果新的空间不能分配，ptr 指向的对象就不会改变。函数 realloc 返回一个指向重新分配的内存的指针，或者返回一个 NULL 指针，表示内存没有重新分配。

### ✓ 自测题

1　（填空）通用工具库（<stdlib.h>）的动态内存分配函数＿＿＿＿和＿＿＿＿创建、修改动态数组。

答案：calloc，realloc。

2　（选择）以下哪项陈述是错误的？

(a) 函数 calloc 动态地分配数组的内存。

(b) 函数 calloc 的参数 size_t nmemb 和 size_t size 表示新数组的元素数和每个元素的大小。

(c) 函数 calloc 将一个动态分配的数组的元素初始化为零。该函数返回一个指向所分配内存的指针，如果内存不能分配，则返回 NULL。

(d) 函数 malloc 和 calloc 清除它们所分配的内存。

答案：(d) 是错误的。实际上，calloc 清除了它所分配的内存，但 malloc 没有。

3　（判断）如果 realloc 的第一个参数是 NULL，它的工作方式与 malloc 相同。否则，如果 realloc 的 size 参数大于 0，它会尝试分配一个新的内存块。如果不能分配，函数的第一个参数所指向的对象将保持不变。该函数返回一个指向重新分配的内存的指针，或者返回一个 NULL 指针，表明内存没有重新分配。

答案：对。

## 15.9 goto：无条件分支

我们已经强调了使用结构化编程技术来构建易于调试、维护和修改的可靠软件的重要性。在某些情况下，性能比严格遵守结构化编程技术更重要。在这些情况下，可以使用一些非结构化编程技术。例如，我们可以在循环持续条件变为假之前，使用 break 来终止循环语句的执行。如果任务在循环终止前完成，这就节省了不必要的循环迭代。

非结构化编程的另一个例子是 goto 语句：一个无条件分支。goto 语句改变了控制流，继续执行该语句中指定的标签后的第一条语句。标签是一个标识符，后面有一个冒号（:）。标签必须与指向它的goto 语句出现在同一个函数中。标签在不同的函数中不必唯一。

### 示范 goto

清单 15.5 使用 goto 语句循环 10 次，每次打印一个计数器的值。第 6 行将 count 初始化为 1，标签 start: 被跳过，因为标签不执行任何动作。第 9 行测试 count 是否大于 10。如果是，第 10 行将控制从 goto 转到标签 end:后的第一条语句（第 19 行）。否则，第 13 和 14 行打印并递增计数，控制从 goto（第 16 行）转移到标签 start:后的第一条语句（第 9 行）。

**清单 15.5 | 使用 goto 语句**

```
1  // fig15_05.c
2  // Using the goto statement
3  #include <stdio.h>
4
5  int main(void) {
6     int count = 1; // initialize count
7
8     start: // label
9        if (count > 10) {
10          goto end;
11       }
12
13       printf("%d   ", count);
14       ++count;
15
16       goto start; // goto start on line 9
17
18    end: // label
19       putchar('\n');
20  }
```

```
1  2  3  4  5  6  7  8  9  10
```

第 3 章指出，你可以用序列、选择和循环语句来编写任何程序。当遵循结构化编程规则时，你可以在一个函数中创建深度嵌套的控制结构体，很难有效地从中逃脱。一些程序员在这种情况下使用 goto 语句作为从深度嵌套结构中快速退出的方法。这样就不需要测试多个条件就可以从一个控制结构中逃脱。还有一些情况下，实际上是推荐使用 goto 的——例如，参见 CERT 建议 MEM12-C，"在使用和释放资源时，当函数出错时考虑使用 Goto 链"。请注意，goto 语句是非结构化的，可能导致程序更难以调试、维护和修改。

### ✓ 自测题

1 （选择）以下哪些陈述是正确的？
  （a）结构化编程技术可以帮助你构建易于调试、维护和修改的可靠软件。
  （b）在某些情况下，性能比严格遵守结构化编程技术更重要。在这些情况下，你可能会选择使用一些非结构化编程技术。
  （c）我们可以使用 break 来提前终止一个循环语句。如果任务在循环终止前完成，就可以节省不必要的循环迭代。

答案：（a）（b）（c）。

2　（选择）以下哪项陈述是错误的？

（a）非结构化编程的一个例子是 goto 语句：一个无条件分支。

（b）goto 语句改变了控制流，继续执行该语句中指定的标签后的第一条语句。标签是一个标识符，后面有一个冒号。

（c）在一个应用程序中的所有函数中，标签必须是唯一的。一个特定 goto 语句的目标标签可以出现在应用程序的任何一个函数中。

答案：（c）是错误的。实际上，标签在各个函数中不必唯一。而且，作为一个函数中 goto 语句的目标的标签必须出现在该函数中。

3　（判断）当你遵循结构化编程规则时，有可能在一个函数中创建深度嵌套的控制结构，很难有效地从中逃脱。一些程序员在这种情况下使用 goto 语句作为从深度嵌套结构中快速退出的方法。这样不需要测试多个条件就可以从控制结构中逃脱。

答案：对。

## 关键知识回顾

### 15.2 节

- 头文件<stdarg.h>提供了建立具有可变长度的参数列表的函数的功能。
- 函数原型中的省略号（...）表示参数数量可变。
- va_list 保存了宏 va_start、va_arg 和 va_end 所需的信息。
- 宏 va_start 初始化一个 va_list 对象，供 va_arg 和 va_end 使用。
- 宏 va_arg 展开为可变长度的参数列表的下一个参数的值和类型。每次调用 va_arg 都会修改用 va_list 声明的对象，使其指向下一个参数。
- 宏 va_end 帮助从一个函数中正常返回，这个函数的可变长度的参数列表是由 va_start 宏引用的。

### 15.3 节

- 要从命令行向 main 传递参数，可以在 main 的参数列表中包括参数 int argc 和 char *argv[]。参数 argc 接收的是命令行参数的数量。参数 argv 是一个字符串数组，命令行参数保存在其中。

### 15.4 节

- 一个函数定义必须完全包含在一个文件中。
- 存储类说明符 extern 表示一个变量是在同一文件的后面或程序的不同文件中定义的。
- 全局变量必须在使用它们的每个文件中声明。
- 函数原型可以将函数的作用域扩展到它所定义的文件之外。
- 对全局变量或函数应用存储类说明符 static 可以防止它在当前文件之外被使用。这被称为内部链接。前面没有 static 的全局变量和函数具有外部链接，可以在其他文件中访问，如果这些文件包含适当的声明或函数原型。
- static 说明符通常用于只被特定文件中的函数调用的工具函数。
- 如果一个函数在一个特定的文件之外不需要，就对它应用 static 来强制实现最小特权原则。

### 15.5 节

- 函数 exit 强制终止一个程序。
- 函数 atexit 注册了一个函数，当程序因达到 main 的末端或 exit 被调用而终止时，将调用该函数。

- 函数 atexit 需要一个指向函数的指针作为参数。在程序终止时调用的函数不能有参数，也不能返回值。
- 函数 exit 需要一个参数，通常是符号常量 EXIT_SUCCESS 或符号常量 EXIT_FAILURE。
- 当函数 exit 被调用时，所有用 atexit 注册的函数都会按照其注册的相反顺序被调用。

## 15.6 节

- 整数和浮点的后缀可以用来指定整数和浮点常量的类型。整数后缀是 u 或 U，表示 unsigned int，l 或 L 表示 long int，ul 或 UL 表示 unsigned long int。没有后缀的整数常量的类型是由能够存储该大小数值的第一个类型决定的（int，然后是 long int，然后是 unsigned long int，等等）。浮点常量的后缀是 f 或 F，表示 float，l 或 L 表示 long double。没有后缀的浮点常量的类型是 double。

## 15.7 节

- 信号处理库可以通过函数 signal 来捕获意外事件。
- 函数 signal 接收两个参数：一个整数的信号号码和一个指向信号处理函数的指针。
- 也可以用函数 raise 和一个整数参数来产生信号。

## 15.8 节

- 通用工具库（<stdlib.h>）提供了动态内存分配函数 calloc 和 realloc，用于创建动态数组和调整其大小。
- 函数 calloc 为数组分配内存。它接收数组的元素数和每个元素的大小，并将数组的元素初始化为零。它返回一个指向所分配内存的指针，如果内存没有分配，则返回一个 NULL 指针。
- 函数 realloc 改变一个由先前 malloc、calloc 或 realloc 调用分配的对象的大小。只要分配的内存量大于先前分配的量，原始对象的内容就不会被修改。
- 函数 realloc 接收一个指向原始对象的指针和该对象的新大小。如果 ptr 是 NULL，realloc 的工作方式与 malloc 相同。否则，如果 ptr 不是 NULL 并且 size 大于 0，realloc 试图为该对象分配一个新的内存块。如果新的空间不能分配，ptr 指向的对象就不会改变。函数 realloc 返回一个指向重新分配的内存的指针，或者返回一个 NULL 指针，表示内存没有重新分配。

## 15.9 节

- goto 语句改变了一个程序的控制流。程序在 goto 语句中指定的标签后的第一条语句继续执行。
- 标签是一个标识符，后面有一个冒号。标签必须与指向它的 goto 语句出现在同一个函数中。

**自测练习**

15.1 在下列各项中填空。

(a) 一个函数的参数列表中的_____表示该函数可以接收可变数量的参数。

(b) 在访问可变长度的参数列表中的参数之前，必须先调用宏_____。

(c) 宏_____可以访问可变长度的参数列表中的各个参数。

(d) 宏_____帮助从一个函数中正常返回，该函数的可变长度的参数列表是由宏 va_start 引用的。

(e) main 的参数_____接收一个命令行的参数数量。

(f) main 的参数_____将命令行参数存储为字符串。

(g) 函数_____强制终止程序的执行。

(h) 函数_____注册了一个函数，在程序正常终止时被调用。

(i) 可以在一个整数或浮点常量上附加一个整数或浮点_____，以指定常量的确切类型。

(j) 函数_____可以用来捕获意外事件。

（k）函数_____在程序中产生一个信号。

（l）函数_____为一个数组动态分配内存，并将元素初始化为零。

（m）函数_____改变先前分配的动态内存块的大小。

## 自测练习答案

15.1　（a）省略号（...）。（b）va_start。（c）va_arg。（d）va_end。（e）argc。（f）argv。（g）exit。（h）atexit。（i）后缀。（j）signal。（k）raise。（l）calloc。（m）realloc。

## 练习

15.2　（可变长度的参数列表：计算乘积）编写一个程序，计算一系列整数的乘积，这些整数使用可变长度的参数列表传递给函数 product。通过多次调用测试你的函数，每次调用都有不同数量的参数。

15.3　（打印命令行参数）编写一个程序，打印程序的命令行参数。

15.4　（整数排序）编写一个程序，将一个整数数组按升序或降序排序。使用命令行参数传递参数-a（表示升序排序），或-d（表示降序排序）。（注意：这是在 UNIX 中向程序传递选项的标准格式。）

15.5　（信号处理）阅读你的编译器的文档，确定信号处理库（<signal.h>）支持哪些信号。编写一个包含标准信号 SIGABRT 和 SIGINT 的信号处理程序的程序。程序应该调用函数 abort 来产生SIGABRT 类型的信号，让用户输入<Ctrl> c 或<command> c 来产生 SIGINT 类型的信号，从而捕获这些信号。

15.6　（动态数组分配）编写一个程序，动态分配一个整数数组。数组的大小应该由键盘输入。数组中的元素应该赋值为键盘输入的值。打印该数组的值。接下来，重新分配数组的内存为当前元素数的一半。打印数组的剩余数值，确认它们与原数组的前一半数值一致。

15.7　（命令行参数）编写一个程序，以两个文件名作为命令行参数，每次读取第一个文件的字符，并按相反的顺序将它们写入第二个文件中。

# 附录 A  操作符优先级

如图 A-1 所示，操作符的优先级从上到下依次递减排列。

| 操作符 | 描述 | 组合方向 |
|---|---|---|
| () | 小括号(函数调用操作符) | 从左到右 |
| [] | 数组下标 | |
| . | 通过对象选择成员 | |
| -> | 通过指针选择成员 | |
| ++ | 一元后递增 | |
| -- | 一元后递减 | |
| ++ | 一元前递增 | 从右到左 |
| -- | 一元前递减 | |
| + | 一元正 | |
| – | 一元负 | |
| ! | 一元逻辑否定 | |
| ~ | 一元按位取反 | |
| (类型) | C 风格的一元类型转换 | |
| * | 解引用 | |
| & | 取地址 | |
| sizeof | 决定字节大小 | |
| * | 乘法 | 从左到右 |
| / | 除法 | |
| % | 取模 | |
| + | 加法 | 从左到右 |
| – | 减法 | |
| << | 左移位 | 从左到右 |
| >> | 右移位 | |

图 A-1  操作符优先级及组合情况

| 操作符 | 描述 | 组合方向 |
|---|---|---|
| < | 小于 | 从左到右 |
| <= | 小于或等于 | |
| > | 大于 | |
| >= | 大于或等于 | |
| == | 等于 | 从左到右 |
| != | 不等于 | |
| & | 按位与 | 从左到右 |
| ^ | 按位异或 | 从左到右 |
| \| | 按位或 | 从左到右 |
| && | 逻辑与 | 从左到右 |
| \|\| | 逻辑或 | 从左到右 |
| ?: | 三元条件 | 从右到左 |
| = | 赋值 | 从右到左 |
| += | 加赋值 | |
| -= | 减赋值 | |
| *= | 乘赋值 | |
| /= | 除赋值 | |
| %= | 取模赋值 | |
| &= | 按位与赋值 | |
| ^= | 按位异或赋值 | |
| \|= | 按位或赋值 | |
| <<= | 左移位赋值 | |
| >>= | 右移位赋值 | |
| , | 逗号 | 从左到右 |

图 A-1　操作符优先级及组合情况（续）

# 附录 B ASCII 字符集

在图 B-1 所示的表中，左边一列的数字是字符代码对应的十进制数字（0～127）的左边数字，最上面一行的数字是字符代码对应十进制数字的右边数字。例如，第 6 行第 5 列的"A"的字符编码是 65，第 3 行第 8 列的"&"的字符编码是 38。

| | 0 | 1 | 2 | 3 | 4 | 5 | 6 | 7 | 8 | 9 |
|---|---|---|---|---|---|---|---|---|---|---|
| 0 | nul | soh | stx | etx | eot | enq | ack | bel | bs | ht |
| 1 | lf | vt | ff | cr | so | si | dle | dc1 | dc2 | dc3 |
| 2 | dc4 | nak | syn | etb | can | em | sub | esc | fs | gs |
| 3 | rs | us | sp | ! | " | # | $ | % | & | ' |
| 4 | ( | ) | * | + | , | − | . | / | 0 | 1 |
| 5 | 2 | 3 | 4 | 5 | 6 | 7 | 8 | 9 | : | ; |
| 6 | < | = | > | ? | @ | A | B | C | D | E |
| 7 | F | G | H | I | J | K | L | M | N | O |
| 8 | P | Q | R | S | T | U | V | W | X | Y |
| 9 | Z | [ | \ | ] | ^ | _ | ' | a | b | c |
| 10 | d | e | f | g | h | i | j | k | l | m |
| 11 | n | o | p | q | r | s | t | u | v | w |
| 12 | x | y | z | { | \| | } | ~ | del | | |

图 B-1 ASCII 字符集

# 附录 C　多线程/多核和其他 C18/C11/C99 主题

## 目标

在本附录中，你将学习以下内容。

- 理解C18的目的。
- 学习C99和C11/C18中增加的头文件。
- 用指定的初始值初始化数组和结构体。
- 使用数据类型bool来创建布尔变量，其数据值可以是true或false。
- 对复杂变量进行算术运算。
- 了解预处理程序的增强功能。
- 使用多线程来提高当今多核系统的性能。

## 提纲

## C.1　简介

　　C99（1999）和C11（2011）标准完善并扩展了C的功能。自C11以来，只有一个新版本，即C18[1]（2018）。它"解决了C11中的缺陷，但没有引入新的语言功能[2]。"C99和C11/C18标准所增加的一些功能被指定为可选功能。在使用本附录中所示的功能之前，请检查你的编译器是否支持这些功

---

[1] ISO/IEC 9899:2018, Information technology — Programming languages — C.

[2] 参见维基百科的C18（C standard revision）页面，或者参见iso-9899网站的The standard页面。

能。我们的目标是介绍这些功能并提供进一步阅读的资源。

我们用完整的代码例子和代码片段来解释指定的初始值、复合字面量、bool 类型和复数。我们对其他功能进行了简要解释，包括受限制的指针、可靠的整数除法、灵活数组成员、泛型数学、inline 函数和无表达式 return。

我们讨论了 C11/C18 的功能，包括改进的 Unicode® 支持、函数限定符 _Noreturn、泛型表达式、quick_exit 函数、内存对齐控制、静态断言、可分析性和浮点类型。

## C11/C18 多线程

本附录的一个主要特点是 C.9 节对多线程的介绍。在今天的多核系统中，硬件可以让多个处理器（核）工作在你的任务的不同部分。这使得任务（和程序）能够更快地完成。要从 C 语言程序中利用多核架构的优势，你需要编写多线程的应用程序。当一个程序将任务分割成不同的线程时，多核系统可以并行地运行这些线程，也就是同时运行。C.9 节首先演示了两个按顺序进行的、长时间运行的计算。然后，我们把这些计算分成两个线程，以证明在多核上并行运行线程的显著性能改进。

## C.2　在 C99 中增加的头文件

图 C-1 的表列出了在 C99 中增加的标准库头文件——这些文件在 C11/C18 中仍然可用。我们将在 C.8.1 节中讨论 C11/C18 的新头文件。

| 头文件 | 解释 |
| --- | --- |
| <complex.h> | 包含对复数的支持（见 C.5 节） |
| <fenv.h> | 提供关于 C 实现的浮点环境和功能的信息 |
| <inttypes.h> | 定义了可移植的整型类型，并为它们提供了格式说明符 |
| <stdbool.h> | 包含定义 bool、true 和 false 的宏，用于布尔变量（见 C.4 节） |
| <stdint.h> | 定义了扩展的整数类型和相关的宏 |
| <tgmath.h> | 提供泛型宏，允许 <math.h> 中的函数与各种参数类型一起使用（见 C.7 节） |

图 C-1　C99 中增加的标准库头文件

## C.3　指定的初始值和复合字面量

（本节可以在 10.3 节之后阅读。）

指定的初始值允许你通过下标初始化数组元素，按名称初始化 union 或 struct 成员。清单 C.1 展示了我们可以使用指定的初始值来初始化特定的数组元素。

**清单 C.1 | 用指定的初始值来初始化特定的数组元素**

```
1   // figC_01.c
2   // Initializing specific array elements with designated initializers.
3   #include <stdio.h>
4
5   int main(void) {
6      int values[5] = {
7         [0] = 123, // initialize element 0
8         [4] = 456 // initialize element 4
9      }; // semicolon is required
10
11     // output array contents
12     printf("values: ");
13
14     for (size_t i = 0; i < 5; ++i) {
15        printf("%d   ", values[i]);
```

```
16        }
17
18        puts("");
19  }
```

```
values: 123  0  0  0  456
```

第 6~9 行定义了一个数组，并在花括号内初始化了它的元素 0 和 4。请注意这个语法。每个初始值与下一个初始值之间用逗号隔开。初始值列表的结尾处必须有一个分号。没有明确初始化的元素被隐式初始化为零。

## 复合字面量

你可以使用初始值列表来创建未命名的数组、struct 或 union。这被称为复合字面量。例如，你可以将清单 C.1 的数组传递给一个函数，而不必事先声明它，如

```
demoFunction((int [5]) {[0] = 1, [4] = 2});
```

清单 C.2 使用复合字面量作为结构体数组中特定元素的指定初始值。第 12 行和第 13 行分别使用了指定的初始值来显式初始化数组中的一个 struct 元素。例如，在第 12 行，下面的表达式是一个复合字面量，它创建了一个匿名的 struct twoInt 类型的 struct 对象：

```
{.x = 1, .y = 2}
```

该对象的 x 和 y 成员被初始化为 1 和 2。struct 和 union 成员的指定初始值列出了每个成员的名称，前面有一个点（.）。

**清单 C.2 | 用指定的初始值来初始化 struct 成员**

```
1   // figC_02.c
2   // Initializing struct members with designated initializers.
3   #include <stdio.h>
4
5   struct twoInt { // declare a struct of two integers
6       int x;
7       int y;
8   };
9
10  int main(void) {
11      struct twoInt a[5] = {
12          [0] = {.x = 1, .y = 2},
13          [4] = {.x = 10, .y = 20}
14      };
15
16      // output array contents
17      printf("%2s%5s\n", "x", "y");
18
19      for (size_t i = 0; i < 5; ++i) {
20          printf("%2d%5d\n", a[i].x, a[i].y);
21      }
22  }
```

```
 x    y
 1    2
 0    0
 0    0
 0    0
10   20
```

第 11~14 行比下面的可执行代码更直截了当，下面的代码没使用指定的初始值：

```
struct twoInt a[5];

a[0].x = 1;
a[0].y = 2;
a[4].x = 10;
a[4].y = 20;
```

使用初始值而不是运行时赋值可以改善程序的启动时间。

## C.4　bool 类型

（本节可以在 3.6 节之后阅读。）

布尔类型（_Bool）只能容纳 0 或 1 的值。回顾一下，在 C 语言中，零代表假，任何非零值代表真。将任何非零值赋给_Bool，都会将其设置为 1。<stdbool.h>头文件定义了宏 bool、false 和 true。这些宏用关键字_Bool 代替 bool，用 0 代替 false，用 1 代替 true。清单 C.3 使用了一个名为 isEven 的函数（第 28～35 行），如果该函数的参数是偶数，则返回 bool 值 true，如果是奇数则返回 false。

**清单 C.3 | 使用 bool、true 和 false**

```
1   // figC_03.c
2   // Using bool, true and false.
3   #include <stdio.h>
4   #include <stdbool.h> // allows the use of bool, true, and false
5
6   bool isEven(int number); // function prototype
7
8   int main(void) {
9      // loop for 2 inputs
10     for (int i = 0; i < 2; ++i) {
11        printf("Enter an integer: ");
12        int input = 0; // value entered by user
13        scanf("%d", &input);
14
15        bool valueIsEven = isEven(input); // determine if input is even
16
17        // determine whether input is even
18        if (valueIsEven) {
19           printf("%d is even\n\n", input);
20        }
21        else {
22           printf("%d is odd\n\n", input);
23        }
24     }
25  }
26
27  // isEven returns true if number is even
28  bool isEven(int number) {
29     if (number % 2 == 0) { // is number divisible by 2?
30        return true;
31     }
32     else {
33        return false;
34     }
35  }
```

```
Enter an integer: 34
34 is even

Enter an integer: 23
23 is odd
```

第 15 行声明了 bool 变量 valueIsEven，并将用户的输入传递给函数 isEven，后者返回一个 bool 值。第 29 行确定争论点是否能被 2 整除，如果是，第 30 行返回真，否则，第 33 行返回假。结果在第 15 行中被赋值给 bool 变量 valueIsEven。如果 valueIsEven 为真，第 19 行显示一个字符串，表明该值为偶数。如果 valueIsEven 为假，第 22 行显示一个字符串，表示该值是奇数。函数 isEven 的主体可以更简洁地写成

```
return number % 2 == 0;
```

但我们想演示<stdbool.h>头文件的 true 和 false 宏。

## C.5 复数

（本节可在 5.3 节之后阅读。）

C99 引入了对复数和复数运算的支持。清单 C.4 显示了基本的复数运算。我们使用苹果的 Xcode 编译并运行这个程序。Visual C++只支持 C++标准所定义的复数功能，不支持 C 语言的复数功能。

**清单C.4 | 复数运算**

```
1   // figC_04.c
2   // Complex number operations.
3   #include <complex.h> // for complex type and math functions
4   #include <stdio.h>
5
6   int main(void) {
7       double complex a = 3.0 + 2.0 * I;
8       double complex b = 2.7 + 4.9 * I;
9
10      printf("a is %.1f + %.1fi\n", creal(a), cimag(a));
11      printf("b is %.1f + %.1fi\n", creal(b), cimag(b));
12
13      double complex sum = a + b; // perform complex addition
14      printf("a + b is: %.1f + %.1fi\n", creal(sum), cimag(sum));
15
16      double complex difference = a - b; // perform complex subtraction
17      printf("a - b is: %.1f + %.1fi\n", creal(difference), cimag(difference));
18
19      double complex product = a * b; // perform complex multiplicaton
20      printf("a * b is: %.1f + %.1fi\n", creal(product), cimag(product));
21
22      double complex quotient = a / b; // perform complex division
23      printf("a / b is: %.1f + %.1fi\n", creal(quotient), cimag(quotient));
24
25      double complex power = cpow(a, 2.0); // perform complex exponentiation
26      printf("a ^ b is: %.1f + %.1fi\n", creal(power), cimag(power));
27  }
```

```
a is 3.0 + 2.0i
b is 2.7 + 4.9i
a + b is: 5.7 + 6.9i
a - b is: 0.3 + -2.9i
a * b is: -1.7 + 20.1i
a / b is: 0.6 + -0.3i
a ^ b is: 5.0 + 12.0i
```

要使用 complex 值，需要包含<complex.h>头文件（第 3 行）。这会把宏 complex 展开为关键字 _Complex：一种保留了正好两个元素的数组的类型，对应复数的实部和虚部。你定义 complex 变量，如第 7、8、13、16、19、22 和 25 行所示。我们将每个变量定义为 double complex，表示复数的实部和虚部被存储为 double 值。C 语言也支持 float complex 或 long double complex。

算术操作符用于复数，<complex.h>头文件提供了额外的数学函数，如第 25 行的 cpow。你也可以用复数使用操作符 !、++、--、&&、||、==、!= 和一元&。

第 13～26 行输出各种算术运算的结果。你可以通过函数 creal 和 cimag 分别访问复数的实部和虚部，如第 10 行所示。在第 26 行的输出中，我们使用符号^来表示指数运算。

## C.6 具有可变长度的参数列表的宏

宏可以具有可变长度的参数列表。这允许对 printf 等函数进行宏包装。例如，为了在调试语句中自动添加当前文件的名称，你可以定义一个宏，如下所示：

```
#define DEBUG(...) printf(__FILE__ ": " __VA_ARGS__)
```

这个 DEBUG 宏需要一个可变数量的参数，如参数列表中的 ... 所示。与函数一样，... 必须是最后一个参数。与函数不同，... 可以是宏的唯一参数。标识符 __VA_ARGS__ 以两个下划线开头和结尾，是可变长度的参数列表的占位符。假设这个宏出现在文件 file.c 中，预处理程序会将下面的宏调用

```
DEBUG("x = %d, y = %d\n", x, y);
```

替换为

```
printf("file.c" ": " "x = %d, y = %d\n", x, y);
```

回顾一下，在预处理过程中，由空格分隔的字符串被连接起来，因此 3 个字符串字面值将被组合起来形成 printf 的第一个参数。

## C.7 其他 C99 特性

在这里，我们对一些额外的 C99 特性进行了简要的概述。这些包括关键字、语言能力和标准库的补充。

### C.7.1 编译器最小资源限制

（本节可在 15.4 节之后阅读。）

在 C99 之前，标准要求 C 实现支持以下两方面。

■ 对于具有内部链接的标识符，不少于 31 个字符。
■ 对于有外部链接的标识符，不少于 6 个字符（15.4 节）。

对于具有内部链接的标识符，C99 将这些限制增加到 63 个字符，对于具有外部链接的标识符，则增加到 31 个字符。这些只是下限。编译器可以自由地支持字符超过这些限制的标识符。欲了解更多信息，请参见 C18 标准的 5.2.4.1 节。

C 语言还对许多语言特性设置了最低限度。例如，编译器必须支持 struct、enum 或 union 中的至少 1023 个成员，以及一个函数的至少 127 个参数。关于其他限制的更多信息，请参阅 C18 标准的 5.2.4.1 节。

### C.7.2 restrict 关键字

（本节可以在 7.5 节之后阅读。）

关键字 restrict 声明了一个受限制的指针，它应该对内存区域有独占的访问权。通过受限制的指针访问的对象不能被其他指针访问，除非这些指针的值是由受限制的指针的值派生出来的，例如，通过将一个 restrict 限定的指针赋值给一个非 restrict 限定的指针。

我们可以这样声明一个指向 int 的受限制的指针：

```
int *restrict ptr;
```

受限制的指针允许编译器对程序访问内存的方式进行优化。例如，标准库中的函数 memcpy 定义如下：

```
void *memcpy(void *restrict s1, const void *restrict s2, size_t n);
```

memcpy 函数的规范指出，它不应该用于在内存的重叠区域之间复制。使用受限制的指针允许编译器通过同时复制多个字节来优化复制操作，这样做更有效率。当另一个指针指向相同的内存区域时，不正确地将一个指针声明为受限指针会导致未定义的行为。要了解更多信息，请参见 C99 标准的 6.7.3.1 段。

### C.7.3 可靠的整数除法

（本节可在 2.5 节之后阅读。）

在早期的 C 语言编译器中，整数除法的行为在不同的实现中有所不同。有的将负数商向负无穷大方向四舍五入，而有的则向零方向四舍五入，导致了不同的答案。考虑用 −28 除以 5，准确答案是 −5.6。如果我们将商向零方向四舍五入，我们得到 −5。如果我们将 −5.6 向负无穷大方向四舍五入，我们得到 −6。今天的 C 语言编译器简单地抛弃了小数部分（相当于将商向零方向舍入），使得整数除法的结果在不同的系统中都是可靠的。欲了解更多信息，请参见 C 标准的 6.5.5 小节。

## C.7.4　灵活数组成员

*（本节可在 10.3 节之后阅读。）*

struct 的最后一个成员可以是一个未指定长度的数组，如：

```
struct s {
    int arraySize;
    int array[];
};
```

这被称为灵活数组成员，通过在数组名称后面指定空方括号（[]）来声明。要分配一个带有灵活数组成员的 struct，请使用如下代码：

```
int desiredSize = 5;
struct s *ptr;
ptr = malloc(sizeof(struct s) + sizeof(int) * desiredSize);
```

sizeof 操作符忽略了灵活数组成员，所以 sizeof(struct s) 返回除了灵活数组成员以外的所有 struct 的成员的大小。我们用 sizeof(int) * desiredSize 分配的额外空间是灵活数组的大小。

### 灵活数组成员的限制

对灵活数组成员有很多限制。

- 灵活数组成员只能作为 struct 的最后一个成员被声明，因此每个 struct 最多只能包含一个灵活数组成员。
- 灵活数组不能成为 struct 的唯一成员，该 struct 必须有一个或多个固定成员。
- 包含灵活数组的 struct 不能成为另一个 struct 的成员。
- 带有灵活数组成员的 struct 必须是动态分配的。你不能在编译时固定灵活数组成员的大小。

更多信息请参见 C99 标准的 6.7.2.1 节。

## C.7.5　泛型数学

*（本节可在 5.3 节之后阅读。）*

C99 <tgmath.h> 头文件为 <math.h> 中的许多数学函数提供了泛型宏。例如，在包含 <tgmath.h> 之后，表达式 sin(x) 将调用下面的函数。

- sinf（sin 的 float 版本），如果 x 是 float。
- sin（需要一个 double 参数），如果 x 是 double。
- sinl（sin 的 long double 版本），如果 x 是 long double。
- 如果 x 是复数，则为 csin、csinf 或 csinl（complex 类型的 sin 函数）之一。

C11/C18 增加了更多的泛型功能，我们将在本附录的后面提到这些功能。

## C.7.6　内联函数

*（本节可以在 5.5 节之后阅读。）*

你可以通过在函数声明前放置关键字 inline 来声明内联函数，如：

```
inline void someFunction();
```

这可以提高性能。函数调用需要时间。当我们将一个函数声明为 inline 时，程序可能不再调用该函数。作为替代，编译器可以选择用该函数代码主体的副本来替换 inline 函数的每次调用。这可以提高运行时的性能，但它可能会增加程序的大小。只有当函数很短并且经常被调用时，才把它们声明为 inline 函数。如果你改变了一个 inline 函数的定义，你必须重新编译任何调用该函数的代码。inline 声明只是给编译器的建议，编译器可以决定忽略它。编译器也可以通过内联没有声明 inline 的函数来优化性能。要了解更多信息，请参见 C99 标准的 6.7.4 节。

## C.7.7 __func__ 预定义标识符

（本节可在 14.9 节之后阅读。）

__func__ 预定义标识符类似于 __FILE__ 和 __LINE__ 的预处理器宏。当在函数的主体中使用时，__func__ 是一个包含当前函数名称的字符串。与 __FILE__ 和 __LINE__ 不同，__func__ 是一个真正的变量，而不是一个在预处理时可见的字符串字面量。因此，__func__ 在预处理过程中不能与其他字面量连接。

## C.7.8 va_copy 宏

（本节可以在 15.2 节之后阅读。）

15.2 节介绍了<stdarg.h>头文件和带有可变长度的参数列表的函数。va_copy 宏需要两个 va_list 并将其第二个参数复制到第一个参数中。这允许对一个可变长度的参数列表进行多次传递，而不必每次都从头开始。

## C.8 C11/C18 特性

C11/C18 完善并扩展了 C 的功能。C11/C18 的一些功能是可选的。Visual C++只对 C99 和 C11/C18 中增加的功能提供了部分支持。

## C.8.1 C11/C18 头文件

图 C-2 的表列出了 C11 中添加的标准库头文件。

| 头文件 | 解释 |
|---|---|
| <stdalign.h> | 提供类型对齐控制 |
| <stdatomic.h> | 提供对多线程中使用的对象的不间断访问 |
| <stdnoreturn.h> | 不返回的函数 |
| <threads.h> | 线程库（见 C.9 节） |
| <uchar.h> | UTF-16 和 UTF-32 字符实用工具 |

图 C-2 C11 中添加的标准库头文件

## C.8.2 quick_exit 函数

除了 exit（15.5 节）和 abort 之外，C11/C18 还提供了函数 quick_exit（头文件<stdlib.h>）来终止一个程序。像 exit 一样，你调用 quick_exit 并将退出状态作为参数传给它——通常是 EXIT_SUCCESS 或 EXIT_FAILURE，但其他平台特定的值也可以。程序向调用环境返回退出状态值，以表明程序是成功终止还是发生错误。

当被调用时，quick_exit 可以依次调用至少 32 个其他函数来完成清理任务。你用 at_quick_exit 函数（类似于 15.5 节中的 atexit）注册这些函数，它们必须返回 void，并有一个 void 参数列表。它们的调用顺序与注册时的顺序相反。

关于函数 quick_exit 和 at_quick_exit 的动机，请看 Open Standars 网站中的解释。

## C.8.3　Unicode®支持

国际化和本地化是创建支持多种语言和特定于地区的需求（如显示货币格式）的软件的过程。Unicode®字符集包含了世界上许多语言和符号的字符。

C11/C18 包括对 16 位（UTF-16）和 32 位（UTF-32）Unicode 字符集的支持，使你的应用程序更容易实现国际化和本地化。C18 标准中的 6.4.5 节讨论了如何创建 Unicode 字符串字面量。标准中的7.28 节讨论了 Unicode 实用程序头文件（<uchar.h>），其中包括新的类型 char16_t 和 char32_t，分别用于 UTF-16 和 UTF-32 字符。

## C.8.4　_Noreturn 函数限定符

_Noreturn 函数限定符表示一个函数将不会返回给它的调用者。例如，函数 exit（15.5 节）终止了一个程序，所以它不会返回给它的调用者。这样的 C 语言标准库函数现在都用_Noreturn 来声明。例如，C11/C18 标准中显示函数 exit 的原型为：

```
_Noreturn void exit(int status);
```
如果编译器知道一个函数不返回，它可以进行各种优化。如果一个_Noreturn 函数无意中被写成了有返回，它也可以发出错误信息。

## C.8.5　泛型表达式

C11/C18 的_Generic 关键字提供了一种机制，你可以用来创建一个宏（第 14 章），该宏可以根据宏的参数类型调用不同类型的函数版本。在 C11/C18 中，_Generic 被用来实现泛型数学头文件（<tgmath.h>）的功能。许多数学函数提供了单独的版本，可以接受 float、double 或 long double 参数。在这种情况下，有一个宏可以自动调用相应的特定类型版本。例如，当参数是 float 时，宏 ceil 调用函数 ceilf；当参数是 double 时，宏 ceil 调用函数 ceil；当参数是 long double 时，宏 ceil 调用函数 ceill。C18 标准的 6.5.1.1 节讨论了使用_Generic 的细节。

## C.8.6　Annex L：可分析性和未定义行为

C11/C18 标准文档定义了编译器供应商必须实现的语言特性。由于硬件和软件平台的特殊范围和其他问题，该标准在多个地方规定，操作的结果是未定义行为。这些都会引起安全性和可靠性的问题。每当有一个未定义的行为，就会发生一些事情，可能会使系统受到攻击或失败。术语"未定义行为"在 C18 标准文档中出现了大约 50 次。

负责 C11/C18 的可选 Annex L 的人来自卡内基梅隆大学软件工程研究所的 CERT 部门，他们仔细检查了 C 标准中提到的所有未定义行为，发现这些行为可分为两类。

■　那些编译器实现者应该能够做一些可以避免严重后果的事情，即所谓的受限的未定义行为。
■　那些实现者不能做任何合理的事情的行为，即所谓的关键的未定义行为。

事实证明，大多数未定义行为都属于第一类。David Keaton（大卫·基顿，CERT 安全编码项目的研究员）在 SEI 博客中的 Improving Security in the Latest C Programming Language Standard 一文中解释了这些类别。

C11/C18 标准的 Annex L 确定了关键的未定义行为。把这个附件作为标准的一部分，为编译器实现者提供了机会。一个符合 Annex L 的编译器可以依靠它对大多数未定义的行为进行合理的处理，而这些行为在早期的实现中可能被忽略。Annex L 仍然不能保证关键的未定义行为有合理行为。程序可以通过使用条件编译指令（14.5 节）来确定实现是否符合 Annex L 的要求，这些指令可以测试宏 \_\_STDC_ANALYZABLE\_\_ 是否已定义。

### C.8.7 内存对齐控制

在第 10 章中，我们讨论了计算机平台有不同的边界对齐要求，这可能导致 struct 对象需要的内存超过其成员的总大小。C11/C18 允许你使用<stdalign.h>头文件的功能来指定任何类型的边界对齐要求。\_Alignas 是用来指定对齐要求的。操作符 alignof 返回其参数的对齐要求。函数 aligned_alloc 允许你为一个对象动态地分配内存并指定其对齐要求。更多细节请参见 C18 标准文档的 6.2.8 节。

### C.8.8 静态断言

在 14.10 节中，你了解到 C 的 assert 宏在执行时测试表达式的值。如果条件的值为假，assert 会输出一条错误信息，并调用函数 abort 来终止程序。这对于调试是很有用的。C11/C18 为编译时断言提供了\_Static_assert，该断言在预处理程序执行后和编译期间表达式类型已知时测试常量表达式。更多细节请参见 C18 标准文档的 6.7.10 节。

### C.8.9 浮点类型

C11/C18 编译器可以选择性地提供对 IEC 60559 浮点运算标准的支持。在其特性中，IEC 60559 定义了应该如何进行浮点运算，以确保你在不同的实现中总是得到相同的结果，无论计算是由硬件、软件还是两者共同完成。你可以在 ISO 网站了解更多关于这个标准的信息。

## C.9 案例研究：多线程和多核系统的性能

如果我们能把注意力集中在一次只执行一项任务上，并把它做好，那就更好了。在一个同时有很多事情发生的复杂世界里，这通常很难做到。本节介绍了 C 语言创建和管理多个任务的能力。正如我们将展示的那样，这可以大大改善程序的性能和响应性。

**并发与并行**

当我们说两个任务在并发运行时，意思是它们都在取得进展。直到 21 世纪初，大多数计算机都只有一个处理器。这类计算机上的操作系统通过在任务之间快速切换来执行任务，在进入下一个任务之前，先完成每个任务的一小部分，从而使所有的任务都在不断进展。例如，你的计算机同时执行许多任务是很常见的，如编译程序、向打印机发送文件、接收电子邮件信息、发布推文、向 YouTube 上传视频、向 Facebook 或 Instagram 上传照片等。

当我们说两个任务在并行运行时，意思是它们在真正地同时执行。在这个意义上，并行是并发性的一个子集。人体以并行方式执行大量的操作。例如，呼吸、血液循环、消化、思考和行走可以并行进行，所有的感官（眼、耳、鼻、舌等）也可以并行工作。

没有人知道人脑到底有多强大，但各种文章[1][2][3]说它有相当于 1000 亿个"处理器"，我们找到的

[1] "How Many Supercomputers Would Fit Inside Your Brain?" 2020 年 12 月 4 日访问。

[2] "When compared to a computer CPU, is human brain single-core or multi-core?" 2020 年 12 月 4 日访问。

[3] "Which is the equivalent processing of human brain in terms of computer processing?" 2020 年 12 月 4 日访问。

一篇文章[1]说大脑有相当于"500万个当代2亿个晶体管芯片核"。今天的多核计算机有多个处理器，可以并行地执行任务。

## C语言的并发性

C语言程序可以有多个执行线程，每个线程都有自己的函数调用栈和程序计数器（用于跟踪下一条要执行的指令），允许该线程与其他线程同时执行。这种能力被称为多线程。

PERF ✎　　单线程应用程序的一个问题是，冗长的活动必须在其他活动开始之前完成——这可能会导致响应性差。在多线程应用程序中，线程可以分布在多个可用的核上，从而使多个任务并行执行，使应用程序能够更有效地运行。多线程还可以提高单处理器系统的性能——当一个线程不能进行时（例如，因为它在等待一个事件的发生，如定时器到期或I/O操作的完成），另一个线程可以使用处理器。

一个有多线程的单核系统可以有几个线程同时执行，但不是并行的。一个具有多线程的多核系统可以有一些线程同时执行，一些线程真正地并行执行。

## 多核系统

尽管多线程从20世纪60年代末就已经出现[2]，但由于多核系统的普及，人们对它的兴趣正在迅速上升。智能手机和平板电脑通常包含多核处理器。

第一个多核CPU是由IBM在2001年推出的[3]。今天，大多数新的处理器至少有两个核，现在常见的有3个、4个和8个核。苹果公司最近推出的M1处理器有8个CPU内核和多达8个额外的图形处理单元（GPU）内核[4]。AMD公司有多达32个内核的桌面处理器[5]。英特尔有面向消费者的多达18个核的处理器[6]，以及面向超级计算机、高端服务器和超高性能桌面系统的多达72个核的高端处理器[7]。为了充分利用多核架构，你需要编写多线程应用程序。

## 并发编程是困难的

编写多线程程序是很困难的。尽管人类的大脑可以同时执行各种功能，但人们发现在并行的思维轨迹之间跳跃是很困难的。为了明白为什么多线程程序在编写和理解上具有挑战性，请尝试以下实验。打开三本书的第一页，试着同时阅读这三本书。从第一本书中读几个字，然后从第二本书中读几个字，再从第三本书中读几个字，然后循环往复，从第一本书中读下几个字，以此类推。经过这个实验，你会明白多线程的许多挑战。你必须做到以下5点。

- 在书之间切换。
- 简短阅读。
- 记住你在每本书中的位置。
- 把你正在读的书移近，以便你能看到它。
- 把你不看的书推到一边。

而且，在快速重复这些任务的混乱中，你必须努力理解书中的内容！

## 标准的多线程实现

以前，C语言的多线程库是非标准的、针对平台的语言扩展。C程序员经常希望他们的代码能够跨平台移植——这是标准化多线程的一个关键好处。<threads.h>头文件声明了（可选择的）多线程能力，用于编写更可移植的多线程代码。

---

[1] "Neural waves of brain." 2020年12月4日访问。

[2] "Thread（computing）" 2020年12月4日访问。

[3] "Power 4: The First Multi-Core, 1GHz Processor" 2020年12月4日访问。

[4] "Apple unleashes M1." 2020年11月18日访问。

[5] "AMD unveils world's most powerful desktop CPUs." 2020年11月18日访问。

[6] "Intel Core Processor Family." 2020年11月18日访问。

[7] "Xeon Phi" 2020年11月18日访问。

微软的 Visual C++和苹果的 Xcode 中的 Clang 编译器版本不支持<threads.h>。因此，我们使用以下编译器测试了本节的例子。

- Ubuntu Linux 上的 GNU gcc 10.2。
- GNU Compiler Collection Docker 容器中的 GNU gcc 10.2，它可以在 Windows、macOS 和 Linux 上运行。
- 运行于 Windows Subsystem for Linux（WSL）的 Ubuntu Linux 上的 GNU gcc 10.2。
- Linux 上的 Clang 10.0。

在本节中，我们介绍了一些基本功能，使你能够创建和执行线程以及简单的多线程应用程序。在本节的最后，我们提到了其他几个多线程功能，如果你想创建更复杂的多线程应用程序，你会想去探索这些功能。

### 运行多线程程序

当你运行一个程序时，它的任务与以下工作竞争处理器的注意力。

- 操作系统。
- 其他程序。
- 操作系统代表你运行的其他活动。

当你执行本节中的例子时，执行每项计算的时间将根据你的计算机的以下因素而变化。

- 处理器速度。
- 处理器核的数量。
- 在你的计算机上运行的任务。

这就像开车去商店——所需的时间会根据交通状况、天气和其他因素而变化。有些时候，开车可能需要 10 分钟，但在高峰期或恶劣天气下可能需要更长时间。

多线程本身也有固有的开销。简单地将一个任务分成两个线程并在双核系统上运行，并不能使其运行速度提高一倍，尽管它通常会比按顺序执行线程的任务要快。在单核处理器上执行一个多线程应用程序，实际上会比简单地按顺序执行线程任务花费更长的时间。

### 本节示例概述

为了令人信服地展示多线程在多核系统上的威力，本节将介绍两个程序。

- 一个按顺序执行两个计算密集型的计算。
- 另一个以并行线程执行同样的计算密集型计算。

显示的输出是使用 GNU Compiler Collection Docker 容器生成的。Docker 允许你在启动容器时通过命令行参数来指定专用于容器的核数量：

`--cpus=numberOfCores`

我们使用 Docker 容器执行每个程序，先是一个核，然后是两个，以显示程序在每种情况下的性能。我们显示了每个程序的单个计算时间和总计算时间。输出显示了多线程程序在两个核上执行时的时间改进，而不是仅在一个核上。

## C.9.1　示例：两个计算密集型任务的顺序执行

清单 C.5 的第 35~42 行定义了递归 fibonacci 函数，最初在 5.15 节讨论过。正如我们在 5.15 节中看到的，对于较大的斐波那契值，递归实现可能需要大量的计算时间。这个示例按顺序执行 fibonacci (50)（第 14 行）和 fibonacci (49)（第 23 行）的计算。

**清单 C.5 | 按顺序执行的斐波那契计算**

```
1  // figC_05.c
2  // Fibonacci calculations performed sequentially
3  #include <stdio.h>
```

```
 4  #include <time.h>
 5
 6  long long int fibonacci(int n); // function prototype
 7
 8  int main(void) {
 9      puts("Sequential calls to fibonacci(50) and fibonacci(49)");
10
11      // calculate fibonacci value for 50
12      time_t startTime1 = time(NULL);
13      puts("Calculating fibonacci(50)");
14      long long int result1 = fibonacci(50);
15      time_t endTime1 = time(NULL);
16
17      printf("fibonacci(50) = %llu\n", result1);
18      printf("Calculation time = %f minutes\n\n",
19          difftime(endTime1, startTime1) / 60.0);
20
21      time_t startTime2 = time(NULL);
22      puts("Calculating fibonacci(49)");
23      long long int result2 = fibonacci(49);
24      time_t endTime2 = time(NULL);
25
26      printf("fibonacci(49) = %llu\n", result2);
27      printf("Calculation time = %f minutes\n\n",
28          difftime(endTime2, startTime2) / 60.0);
29
30      printf("Total calculation time = %f minutes\n",
31          difftime(endTime2, startTime1) / 60.0);
32  }
33
34  // Recursively calculates fibonacci numbers
35  long long int fibonacci(int n) {
36      if (0 == n || 1 == n) { // base case
37          return n;
38      }
39      else { // recursive step
40          return fibonacci(n - 1) + fibonacci(n - 2);
41      }
42  }
```

(a) 在有一个核的 Docker 容器上运行。

```
Sequential calls to fibonacci(50) and fibonacci(49)
Calculating fibonacci(50)
fibonacci(50) = 12586269025
Calculation time = 1.700000 minutes

Calculating fibonacci(49)
fibonacci(49) = 7778742049
Calculation time = 1.050000 minutes

Total calculation time = 2.750000 minutes
```

(b) 在有两个核的 Docker 容器上运行。

```
Sequential calls to fibonacci(50) and fibonacci(49)
Calculating fibonacci(50)
fibonacci(50) = 12586269025
Calculation time = 1.666667 minutes

Calculating fibonacci(49)
fibonacci(49) = 7778742049
Calculation time = 1.066667 minutes

Total calculation time = 2.733333 minutes
```

在每次调用 fibonacci 之前和之后，我们都会捕获时间，这样我们就可以确定计算的总处理时间。我们还使用这些时间来计算两次计算所需的总时间。第 19、28 和 31 行使用函数 difftime（来自头文件<time.h>）来确定两个时刻之间的秒数。

第一个输出显示了该程序在 GNU Compiler Docker 容器中使用一个核的结果。第二个显示了在 Docker 容器配置为使用两个核的情况下运行程序的结果。清单 C.5 没有使用多线程，所以程序只能在一个核上执行，即使是在双核的 Docker 容器上。在我们的测试中，用一个和两个核多次运行程序，每次的结果都略有不同。使用单核通常需要更长的时间，因为该程序和 Docker 之间共享处理器。

## C.9.2　示例：两个计算密集型任务的多线程执行

清单 C.6 也使用了递归的 fibonacci 函数，但在一个单独的线程中执行每个调用。要用 GNU gcc 编译这个程序（无论是在 Linux 还是在 GNU Compiler Collection Docker 容器中），请使用以下命令：

```
gcc -std=c18 figC_06.c -pthread
```
链接器使用-pthread 选项将我们的程序链接到 Linux 操作系统的线程库中。如果你在 Linux 上有 Clang，你可以用以下命令编译程序：

```
clang -std=c18 figC_06.c -pthread
```

**清单 C.6 | 在不同的线程中进行斐波那契计算**

```
1   // figC_06.c
2   // Fibonacci calculations performed in separate threads
3   #include <stdio.h>
4   #include <threads.h>
5   #include <time.h>
6
7   #define NUMBER_OF_THREADS 2
8
9   int startFibonacci(void *nPtr);
10  long long int fibonacci(int n);
11
12  typedef struct ThreadData {
13     time_t startTime; // time thread starts processing
14     time_t endTime; // time thread finishes processing
15     int number; // fibonacci number to calculate
16  } ThreadData; // end struct ThreadData
17
18  int main(void) {
19     // data passed to the threads; uses designated initializers
20     ThreadData data[NUMBER_OF_THREADS] =
21        {[0] = {.number = 50},
22         [1] = {.number = 49}};
23
24     // each thread needs a thread identifier of type thrd_t
25     thrd_t threads[NUMBER_OF_THREADS];
26
27     puts("fibonacci(50) and fibonacci(49) in separate threads");
28
29     // create and start the threads
30     for (size_t i = 0; i < NUMBER_OF_THREADS; ++i) {
31        printf("Starting thread to calculate fibonacci(%d)\n",
32           data[i].number);
33
34        // create a thread and check whether creation was successful
35        if (thrd_create(&threads[i], startFibonacci, &data[i]) !=
36           thrd_success) {
37           puts("Failed to create thread");
38        }
39     }
40
41     // wait for each of the calculations to complete
42     for (size_t i = 0; i < NUMBER_OF_THREADS; ++i) {
```

```
43          thrd_join(threads[i], NULL);
44      }
45
46      // determine time that first thread started
47      time_t startTime = (data[0].startTime < data[1].startTime) ?
48          data[0].startTime : data[1].startTime;
49
50      // determine time that last thread terminated
51      time_t endTime = (data[0].endTime > data[1].endTime) ?
52          data[0].endTime : data[1].endTime;
53
54      // display total time for calculations
55      printf("Total calculation time = %f minutes\n",
56          difftime(endTime, startTime) / 60.0);
57   }
58
59   // Called by a thread to begin recursive Fibonacci calculation
60   int startFibonacci(void *ptr) {
61      // cast ptr to ThreadData * so we can access arguments
62      ThreadData *dataPtr = (ThreadData *) ptr;
63
64      dataPtr->startTime = time(NULL); // time before calculation
65
66      printf("Calculating fibonacci(%d)\n", dataPtr->number);
67      printf("fibonacci(%d) = %lld\n",
68          dataPtr->number,  fibonacci(dataPtr->number));
69
70      dataPtr->endTime = time(NULL); // time after calculation
71
72      printf("Calculation time = %f minutes\n\n",
73          difftime(dataPtr->endTime, dataPtr->startTime) / 60.0);
74      return thrd_success;
75   }
76
77   // Recursively calculates fibonacci numbers
78   long long int fibonacci(int n) {
79      if (0 == n || 1 == n) { // base case
80          return n;
81      }
82      else { // recursive step
83          return fibonacci(n - 1) + fibonacci(n - 2);
84      }
85   }
```

(a) 在有两个核的 Docker 容器上运行。

```
fibonacci(50) and fibonacci(49) in separate threads
Starting thread to calculate fibonacci(50)
Starting thread to calculate fibonacci(49)
Calculating fibonacci(50)
Calculating fibonacci(49)
fibonacci(49) = 7778742049
Calculation time = 1.083333 minutes

fibonacci(50) = 12586269025
Calculation time = 1.733333 minutes

Total calculation time = 1.733333 minutes
```

(b) 在有两个核的 Docker 容器上运行。

```
fibonacci(50) and fibonacci(49) in separate threads
Starting thread to calculate fibonacci(50)
Starting thread to calculate fibonacci(49)
Calculating fibonacci(50)
Calculating fibonacci(49)
fibonacci(49) = 7778742049
```

```
Calculation time = 1.033333 minutes

fibonacci(50) = 12586269025
Calculation time = 1.600000 minutes

Total calculation time = 1.600000 minutes
```

（c）在有一个核的 Docker 容器上运行。

```
fibonacci(50) and fibonacci(49) in separate threads
Starting thread to calculate fibonacci(50)
Starting thread to calculate fibonacci(49)
Calculating fibonacci(50)
Calculating fibonacci(49)
fibonacci(49) = 7778742049
Calculation time = 2.150000 minutes

fibonacci(50) = 12586269025
Calculation time = 2.816667 minutes

Total calculation time = 2.816667 minutes
```

（d）在有一个核的 Docker 容器上运行。

```
fibonacci(50) and fibonacci(49) in separate threads
Starting thread to calculate fibonacci(50)
Starting thread to calculate fibonacci(49)
Calculating fibonacci(50)
Calculating fibonacci(49)
fibonacci(49) = 7778742049
Calculation time = 2.166667 minutes

fibonacci(50) = 12586269025
Calculation time = 2.833333 minutes

Total calculation time = 2.833333 minutes
```

前两个输出显示了多线程的斐波那契示例在两个核的 Docker 容器上的执行情况。虽然执行时间不同，但执行两个斐波那契计算的总时间（在我们的测试中）少于清单 C.5 的按顺序执行——总执行时间与更长的 fibonacci (50) 计算相同。将我们的程序分成两个线程，使得两个斐波那契计算可以同时执行，每个在一个核上。最后两个输出显示了这个示例在一个核的 Docker 容器上的执行情况。同样，每次执行的时间都不同，但由于程序线程和 Docker 之间共享一个处理器的开销，总时间比清单 C.5 的顺序执行要多。

### struct ThreadData

第 12～16 行定义了一个 ThreadData struct 类型，其中包含我们传递给函数 fibonacci 的 number 和两个 time_t 成员，在这里我们存储每个线程调用 fibonacci 前后的时间。本例中每个线程执行的函数都会接收一个 ThreadData 对象作为其参数。第 20～22 行创建了一个 ThreadData 数组，并使用指定的初始值（在 C.3 节中介绍）将其 number 成员设置为 50 和 49，即我们要计算的斐波那契数字。

### thrd_t

第 25 行创建了一个 thrd_t 对象的数组。当你创建一个线程时，多线程库会创建一个唯一的线程 ID，并将其存储在 thrd_t 对象中。该线程的 ID 可以用于各种多线程函数。

### 创建和执行一个线程

第 30～39 行通过调用函数 thrd_create（第 35 行）创建两个线程。该函数的 3 个参数如下。

■　一个 thrd_t 指针，thrd_create 用来存储线程的 ID。

- 一个指向函数（startFibonacci）的指针，指定要在线程中执行的任务——这个函数必须返回一个 int 值，并接收一个代表函数参数的 void *指针。int 的返回值代表线程终止时的状态。void * 指针使该函数能够接收任何适合你的应用程序的参数类型——在我们的例子中，是一个指向 ThreadData 对象的指针。回顾一下，任何指针类型都可以赋值给一个 void *。
- void *指针是 thrd_create 将传递给函数的第二个参数。

如果线程被创建，函数 thrd_create 返回 thrd_success；如果没有足够的内存分配给线程，则返回 thrd_nomem；否则返回 thrd_error。如果线程成功创建，作为 thrd_create 的第二个参数指定的函数开始在新线程中执行。

### 合并线程

为了确保程序在线程终止之前不会终止，第 42～44 行针对每个线程调用了 thrd_join。这使得程序在执行 main 中的剩余代码之前等待两个线程的终止。函数 thrd_join 接收要合并的线程的 thrd_t ID 和一个 int 指针，thrd_join 在其中存储了线程终止时返回的状态——如果你不需要这个状态，就为这个参数传入 NULL。

### 计算执行时间

线程结束后，第 47～56 行通过确定第一个线程开始和第二个线程结束之间的时间差，计算并显示总的执行时间。

### 函数 startFibonacci

函数 startFibonacci（第 60～75 行）指定了要执行的任务。在这个例子中，我们执行以下任务。

- 调用 fibonacci 来进行递归计算。
- 对计算进行计时。
- 显示计算的结果。
- 显示计算所花费的时间（正如我们在清单 C.5 中所做的那样）。

该线程一直执行到 startFibonacci 返回线程的状态（thrd_success，第 74 行），此时线程就会终止。当这个函数执行完毕时，其对应的线程就会终止。

## C.9.3　其他多线程特性

还有许多其他多线程特性，包括_Atomic 变量和原子操作、线程局部存储、竞争条件和互斥。关于这些主题的更多信息，请参见 C18 标准的 6.7.2.4 节、6.7.3 节、7.17 节和 7.26 节以及 SmartBear 网站的 C11: A New C Standard Aming at Safer Programming 页面和 LWN 网站编号为 508220 的文章。有关文档，请参见 cppreference 网站的 Concurrency support library 页面。

# 附录 D  面向对象的编程概念介绍

## D.1  简介

在学习了 C 语言之后，你可能会学习一种或多种基于 C 语言或受 C 语言影响的面向对象的语言。这些语言包括 Java、C++、C#、Objective-C、Python、Swift 等。这些语言通常支持以下编程范式。

- 过程式编程。
- 面向对象编程。
- 泛型编程。
- 函数式编程。

本附录提供了面向对象编程术语和概念的友好概述。

## D.2  面向对象的编程语言

C 语言催生了新一代的编程语言，它们超越了 C 语言的过程式编程模型。随着对新的、更强大的软件的需求激增，快速、正确、经济地构建软件是很重要的。对象（或者更准确地说，对象所来自的类）本质上是可复用的软件组件。有日期对象、时间对象、音频对象、视频对象、汽车对象、人物对象等。几乎任何名词都可以用属性（如名称、颜色和大小）和行为（如计算、移动和通信）合理地表示为一个软件对象。软件开发小组可以用模块化、面向对象的设计和实现方法，从而比早期流行的技术更有效率。面向对象的程序通常更容易理解、纠正和修改。

## D.3  汽车作为一个对象①

为了帮助你理解对象和它们的内容，请考虑一个简单的类比。假设你想驾驶一辆汽车，并通过踩下加速踏板使其加速行驶。在你这样做之前必须发生什么？好吧，在你能驾驶一辆汽车之前，必须有

---

① 当你阅读本附录的其余部分时，想一想自动驾驶汽车会如何影响讨论。

人设计它。一辆汽车通常以工程图纸开始，类似于描述房屋设计的蓝图。这些图纸包括加速踏板的设计。踏板向司机隐藏了使汽车加速的复杂机制，就像刹车踏板"隐藏"了使汽车减速的机制，以及方向盘"隐藏"了使汽车转向的机制。这使人们能够驾驶汽车，即使他们对发动机、制动和转向机制如何工作几乎一无所知。

就像你不能在厨房的蓝图中做饭一样，你也不能在汽车的工程图纸上驾驶。在你能驾驶一辆汽车之前，必须根据描述它的工程图纸来建造它。一辆完工的汽车有一个实际的加速踏板，使它跑得更快，但即使这样也是不够的。汽车不会自己加速（希望如此！），所以司机必须踩下踏板来加速汽车。

## D.4　方法和类

在面向对象的程序中执行一项任务需要一个方法。方法容纳了执行其任务的程序语句。每个方法都对其用户隐藏这些语句，就像汽车的加速踏板对司机隐藏使汽车加速的机制一样。在面向对象的编程中，一个名为类的程序单元容纳了执行该类任务的一组方法。例如，一个代表银行账户的类可能包含一个将钱存入账户的方法，另一个从账户中取钱的方法，还有一个是查询账户余额的方法。一个类在概念上类似于汽车的工程图纸，它包含了加速踏板、方向盘等设计。

## D.5　实例化

就像有人在驾驶汽车之前必须根据工程图纸建造一辆汽车一样，在程序执行类的方法所定义的任务之前，你必须建造一个类的对象。这样做的过程被称为实例化。然后，将对象作为其类的实例来引用。

## D.6　复用

就像一辆汽车的工程图纸可以被多次重复使用来制造许多汽车一样，你可以多次重复使用一个类来构建许多对象。在构建新的类和程序时重复使用现有的类，可以节省时间和精力。复用还可以帮助你建立更可靠和有效的系统。现有的类和组件通常都经过了大量的测试和调试（发现和消除错误）以及性能调优。正如可互换部件的概念对工业革命至关重要一样，可复用类对对象技术所推动的软件革命也至关重要。

在 C++、Java、C#、Python、Swift 等面向对象的语言中，你通常会使用积木式的方法来创建你的程序。为了避免重新发明轮子，你会尽可能地使用现有的高质量部件。这种软件复用是面向对象编程的一个关键好处。

## D.7　消息和方法调用

当你驾驶一辆汽车时，踩下加速踏板向汽车发送一条消息，让它执行一项任务——也就是加速行驶。同样，你向一个对象发送消息。每个消息都被实现为一个方法调用，它告诉对象的一个方法来执行其任务。例如，程序可能会调用银行账户对象的存款方法，让账户余额增加指定的数额。

## D.8　属性和实例变量

一辆汽车，除了有完成任务的能力外，还有一些属性，比如它的颜色、车门的数量、油箱中的油量、它的当前速度和它的总里程记录（即它的里程表读数）。就像它的能力一样，汽车的属性在其工程图中被表示为其设计的一部分（例如，它包含一个里程表和一个燃油表）。当你驾驶一辆真正的汽车时，这些属性会伴随汽车一起出现。每辆汽车都有自己的属性。例如，每辆车都知道自己的油箱里有多少汽油，但不知道其他车的油箱里有多少。

同样，一个对象也有它在程序中使用时携带的属性。这些属性被指定为对象类的一部分。例如，一个银行账户对象有一个余额属性，代表账户中的资金数额。每个银行账户对象知道它所代表的账户的余额，但不知道银行其他账户的余额。属性是由类的实例变量指定的。一个类（和它的对象）的属性和方法是密切相关的，所以类将它们的属性和方法包装在一起。

## D.9 继承

一个新的对象类可以很方便地通过继承来创建——新的类（称为子类）从现有的类（称为超类）的特征开始，可能会自定义它们并添加自己的独特特征。在我们的汽车类比中，一个敞篷车类的对象当然是一个更通用的"汽车"类的对象，但更具体地说，它的车篷可以升起或降下。

## D.10 面向对象的分析和设计

许多程序员为他们的程序创建代码（即程序指令），却没有一个最初的规划阶段。这种方法对于像我们在本书早期章节中介绍的那些小程序可能是有效的。但是，如果有人要求你创建一个软件系统来控制一家银行的数千台自动取款机呢？或者假设有人要求你在一个由 1000 名软件开发人员组成的团队中工作，建立下一代的美国空中交通控制系统呢？

为了给如此庞大和复杂的项目创造好的解决方案，你应该遵循一个详细的分析过程来确定项目的需求——也就是说，定义系统应该做什么。然后，你要开发一个满足这些要求的设计——也就是说，明确系统应该如何做。理想情况下，在编写任何代码之前，你都会经历这个过程，仔细审查设计，并让其他软件专家审查你的设计。如果这个过程涉及从面向对象的角度来分析和设计你的系统，它就被称为面向对象的分析和设计（Object Oriented Analysis and Design，OOAD）过程。用面向对象的语言编程被称为面向对象编程（Object Oriented Programming，OOP），它允许你将面向对象的设计实现为一个工作系统。

--- **Comments from Ninth Edition and Earlier Editions Reviewers (and Their Affiliations at the Time)** ---

"An excellent introductory computer science text. While C is a complex language, this book does a good job making this material accessible while providing a strong foundation for further learning." —**Robert C. Seacord, Secure Coding Manager at SEI/CERT, author of The CERT C Secure Coding Standard and technical expert for the international standardization working group for C**

"Nearly 50 years after its introduction, C is still as relevant as ever: almost every operating system's kernel is implemented in C, as are many web servers, compilers, networking protocols and embedded systems. Mastering C can be tricky—unless you pick the right textbook. Be it zero-indexed arrays, pointers, data structures, algorithms, and the C preprocessor, the Deitels have packed these and more in this accessible, up-to-date **ninth edition of C How to Program**. Source code has been rigorously tested on three IDEs. Each chapter includes **integrated Self-Check Q&A, end-of-chapter self-review exercises with solutions**, a **summary**, performance tips, **secure coding guidelines** and—most importantly—plain English definitions of key concepts. With **C How to Program, 9/e**, learning C has never been easier!" —**Danny Kalev, A Certified System Analyst, C Expert and Former Member of the C++ Standards Committee**

"An excellent introduction to C, with many clear examples. Pitfalls of the language are identified and concise programming methods are defined to avoid them." —**John Benito, Blue Pilot Consulting, Inc., and Convener of ISO WG14—the working group responsible for the C Programming Language Standard**

"An already excellent book now becomes superb. This new **ninth edition** focuses on **secure programming** and provides extensive coverage of C11 features, including **multicore programming**. All of this, of course, while maintaining the typical characteristics of the Deitels' How to Program series—astonishing **writing quality**, great selection of **real-world examples and exercises**, and **programming tips and best practices that prepare students for industry**." —**José Antonio González Seco, Parliament of Andalusia**

"Covers essential topics that form the foundation of any education in **computer science**, as well as important practices from **software engineering**, like approaches to **software design** and **secure programming**. A clear introduction to computing in general and to C programming in particular; nice to see context and history given before diving into the language. Up-to-date examples. Great job introducing core concepts. Good use of **pseudocode**. Good job covering program structure. An **excellent pointers chapter**; pointers are the most difficult part of learning C and the topic is presented here in an easy-to-understand way. I found the **function pointers** section easy to read; **nice exercises**, too (particularly, **the Simpletron simulator**). Strings chapter really shines with its exercises, **especially the larger-scale ones**. The Formatted I/O chapter is just right—it does a fine job explaining printf and scanf features. **Structs** are explained clearly—the **playing-card example** does a good job illustrating their use. This chapter brings back fond memories of learning **data structures** in C; it does a great job of covering those lessons in a clear and interesting way; with the exercises at the end, the usefulness of these structures should become readily apparent to the student, and implementing them should be fun practice. A good job highlighting the pitfalls of **macros**. Great introduction to **sorting**—the examples do a good job illustrating sort algorithms and make it clear why some are more efficient than others. Other Topics chapter is very interesting to read; many of the topics indicate how code will interact with the world outside the OS—redirections, errors, build systems (make), command line, etc.—which is nice." —**Brandon Invergo, GNU/European Bioinformatics Institute**

"Teaches a beginning programmer how to write good C programs. Covers all the topics you would expect, explained in an easy, matter-of-fact style, with lots of examples. But it also covers topics you might not expect: recursion, algorithms, Big-O notation, tree traversals and multithreading—in that same style that makes them simple and natural. **Another excellent feature is the long list of coding exercises at the end of each chapter.**" —**Jim Hogg, Program Manager, C/C++ Compiler Team, Microsoft Corporation**

"This **ninth edition** includes an intriguing new intro chapter that lists 21st century computing challenges and software-industry trends. Clear presentations of **algorithms, structured programming** and **pseudocode**. Excellent coverage of the function-call mechanism and stack frames, enum types, storage class specifiers, scoping rules and recursion. The **code listings** and the **self-check questions and exercises** are incredibly useful. A very good introduction to some of the trickiest features of C, i.e., **arrays, pointers** and **pointers to functions**. Code examples, including the **card-shuffling-and-dealing simulation**, exemplify **efficient and safe programming** with **reuse** and **modularity**. **Building Your Own Computer** is an excellent exercise to demonstrate the power of C programming and along the way, become acquainted with the concepts of **machine code**. Covers the essential techniques and the standard string- and memory-manipulation functions. Few textbooks dedicate a complete code listing for every standard library string function—this is a key feature of this book. The string exercises are very good, particularly the **advanced string manipulation exercises** for random sentence generation and style and textual analysis. There are plenty of **formatted I/O** examples with every format flag and a detailed explanation. Explains C's derived types: **structs, unions** and **enumerations**. Presents **bit-fields** and their related **bitwise operators**. Straightforward tutorial of **file processing**. Very good (and rare among C textbooks) presentation of **data structures design and implementation**—one of the strongest features of this book. Introduces **Big O** notation, exemplifying it with real-world examples of sorting algorithms. A detailed guide for the **C preprocessor**." —**Danny Kalev, A Certified System Analyst, C Expert and Former Member of the C++ Standards Committee**